KB037308

✦ 생물 1타강사 **노용관**

편입생물 비밀병기

출제되는 생물의 모든 것 **심화편 1권**

노용관 편저

도서출판 **오스틴북스**

목차
CONTENTS

PART 01

생명의 특성

PART 02

물질대사(metabolism)

PART 03

유전학(Genetics)

비밀병기

심화편 ❶

PART 01

생명의 특성

생체 구성 물질

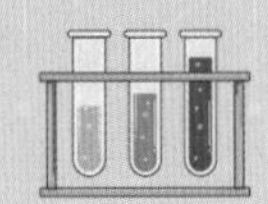

1 유기물(organic compound; 탄소를 포함하는 모든 화합물)

(1) 탄소가 생명체의 골격으로 가장 적합한 이유

㉠ 전기음성도가 중간 정도이기 때문에 대부분의 다른 원소와 공유결합 형성이 가능함

㉡ 원자가전과 4개로서 최대 4개의 공유결합 가지 형성이 가능함

(2) 이성질체(isomer)

분자식이 同一하지만 configuration이 다른 화합물

㉠ 구조이성질체(structural isomer): 공유결합 배열 자체가 다른 화합물의 관계
ex. pentane과 2-methylbutane의 관계

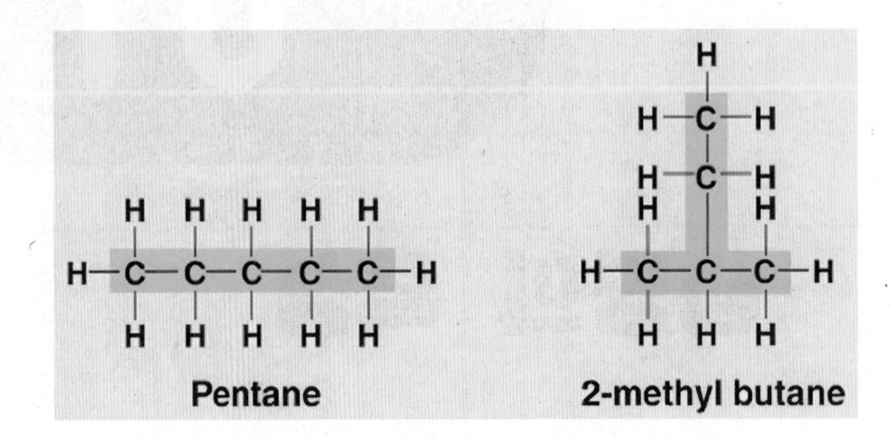

㉡ 기하이성질체(geometric isomer): 공유결합 배열은 같지만 이중결합을 중 심으로 한 공간적 배열이 다른 화합물의 관계. cis 이성질체와 trans 이성질체로 구분함

cis isomer: The two Xs are on the same side.

trans isomer: The two Xs are on opposite sides.

「기하이성질체의 생물학적인 예」

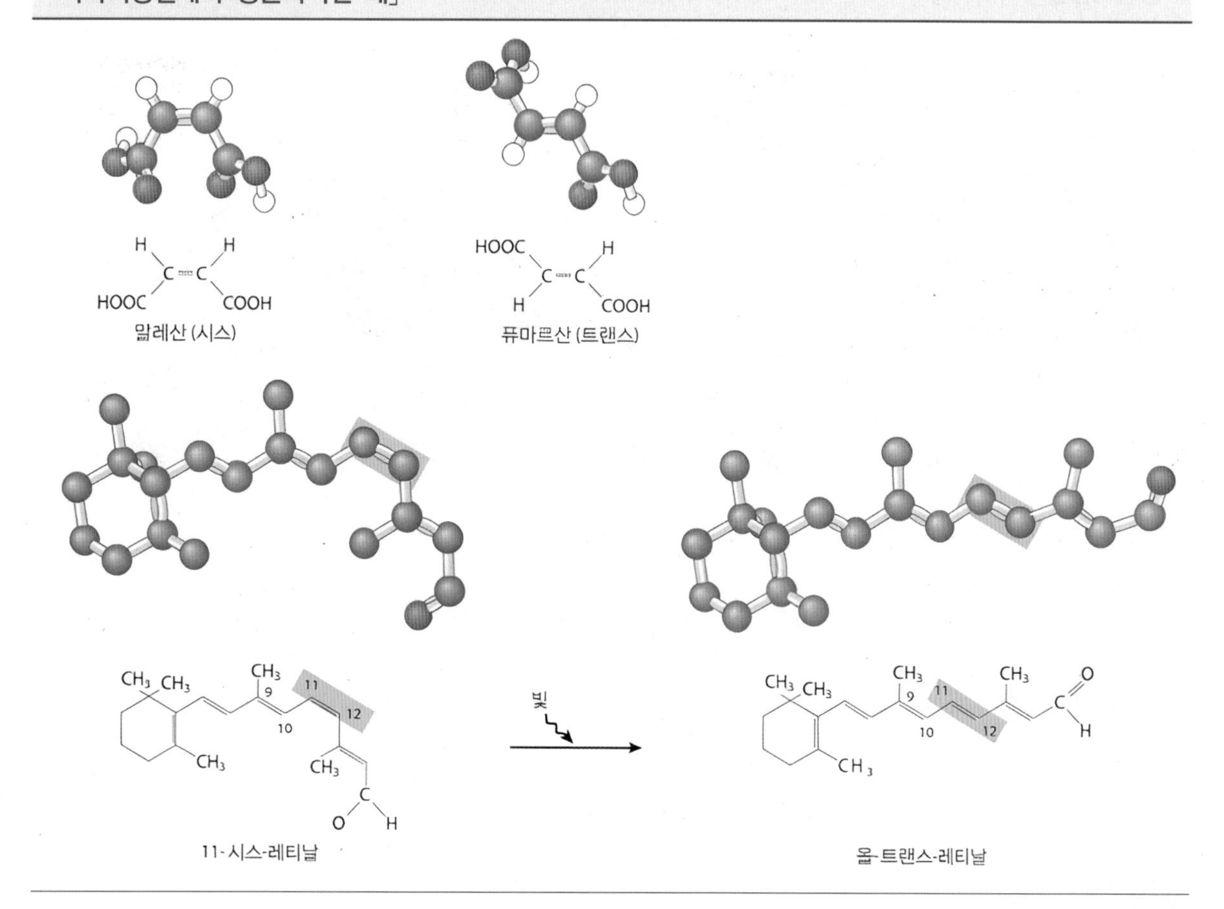

㉢ 광학이성질체(= 광학 이성질체)

ⓐ 서로 거울상을 지닌 화합물의 관계

ⓑ 좌선성(S; Sinister)과 우선성(R; rectus)이 존재함. 대부분의 경우에 있어 S form은 L form, R form은 D form으로 이해해도 무방한데, 일반적으로 생체 내에서는 둘 중 하나만이 생물학적 활성을 보임

ⓒ 일반적으로 당은 R form, 아미노산은 L form 형태임

「광학이성질체의 이해」

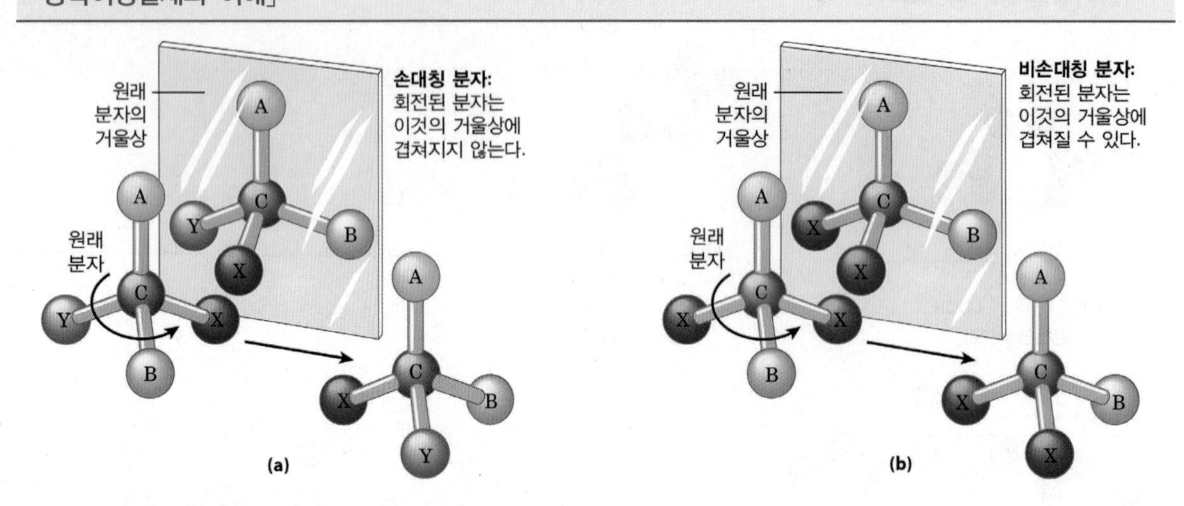

Ⓐ 거울상 이성질체는 입체형태적으로 포개질 수 없는 물질임

Ⓑ RS system에 의한 명명

1. 작용기의 priority: $-OCH_2 > -OH > -NH_2 > -COOH > -CHO > -CH_2OH > -CH_3 > -H$
2. priority가 가장 낮은 것(예를 들어 -H)을 멀리 떨어뜨린 상황에서 나머지의 priority를 따짐
3. 생체분자간의 반응은 입체특이적인데 생체의 효소나 기타 단백질은 입체이성질체에 대한 구분능력을 지니고 있음

2 작용기(functional group)

「생물학적으로 중요한 작용기 정리」

Ⓐ 아미노기(아민): 생체내에서 염기로 작용 ex. 아미노산의 아미노기

STRUCTURE

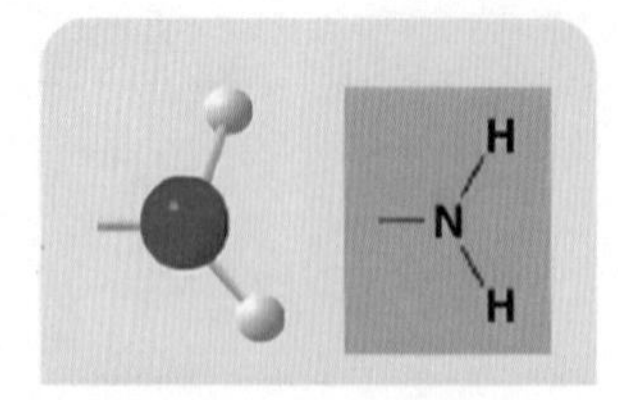

Amines

NAME OF COMPOUND

「생물학적으로 중요한 작용기 정리 2」

Ⓑ 카르복실기(카르복실산): 생체내에서 산으로 작용함 ex. 아세트산(식초)

Carboxyl

STRUCTURE

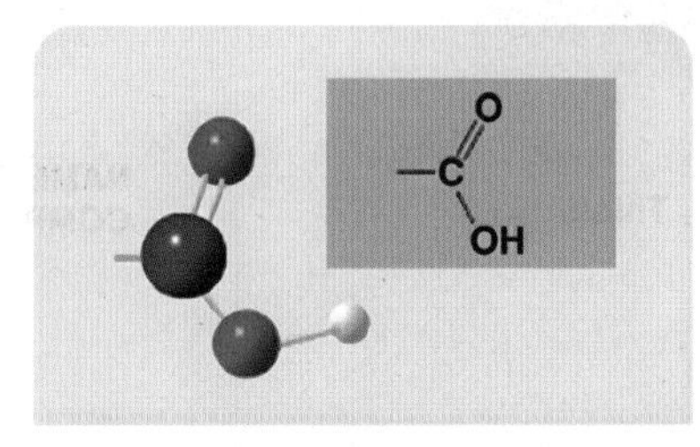

NAME OF COMPOUND

Carboxylic acids , or organic acids

Ⓒ 메틸기(메틸 화합물): DNA나 DNA 결합 단백질에 결합하여 유전자 발현에 영향을 줌, 인식 표지로 작용 (제한효소의 분해 작용에 대한 세균 자신의 DNA 보호 메커니즘) ex. DNA의 methylation: 유전자의 전사율을 감소시킴

Methyl

STRUCTURE

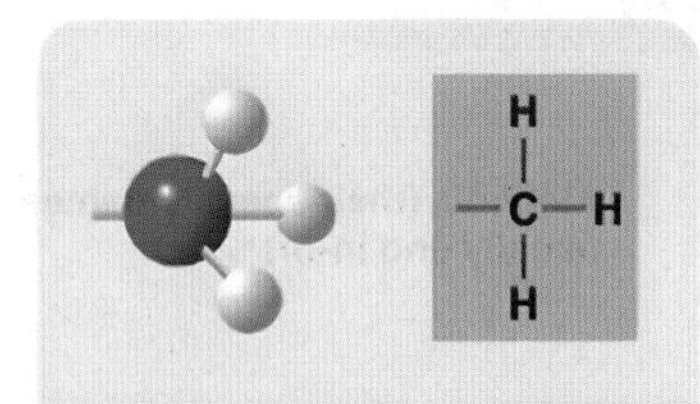

NAME OF COMPOUND

Methylated compounds

Ⓓ 카르보닐기(알데히드 or 케톤; 서로 구조 이성질체 관계): 알데히드를 포함하는 당을 알도오스(aldose), 케톤을 포함하는 당을 케토오스(ketose)라 함 ex. glucose(aldose), fructose(ketose)

Carbonyl

STRUCTURE

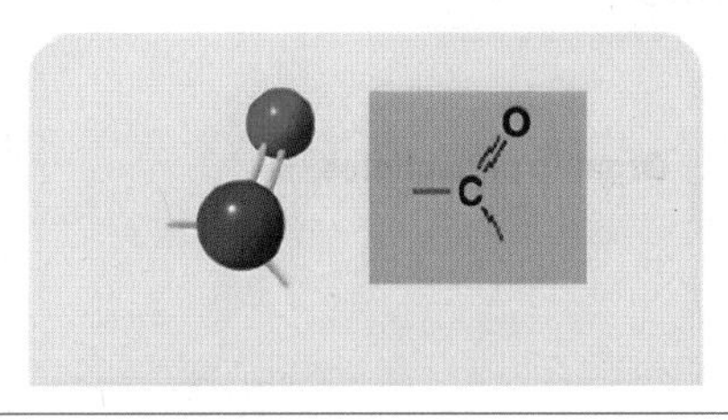

NAME OF COMPOUND

Ketones if the carbonyl group is within a carbon skeleton

Aldehydes if the carbonyl group is at the end of the carbon skeleton

「생물학적으로 중요한 작용기 정리 3」

Ⓔ 설프히드릴기(티올): 산화반응에 의해 설프히드릴기 간에 이황화결합형성하여 단백질의 3차구조 안정화에 기여 ex. 시스테인(Cys)

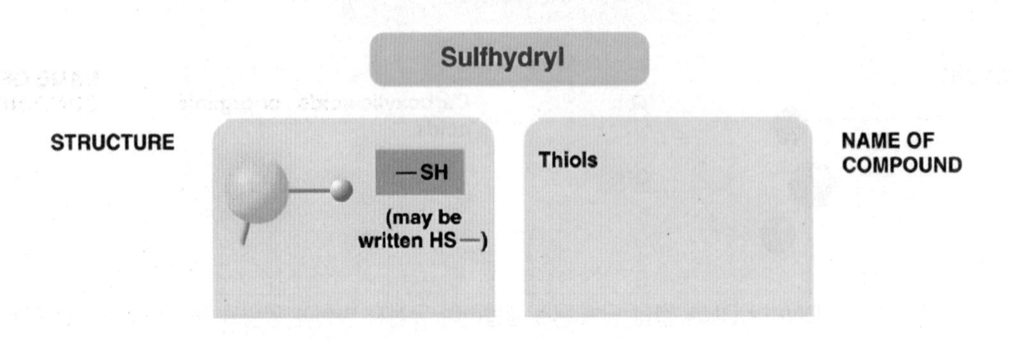

Ⓕ 수산기(알코올): 수산기를 포함하는 분자에 극성을 부여하여 친수성을 띰
ex. 에탄올

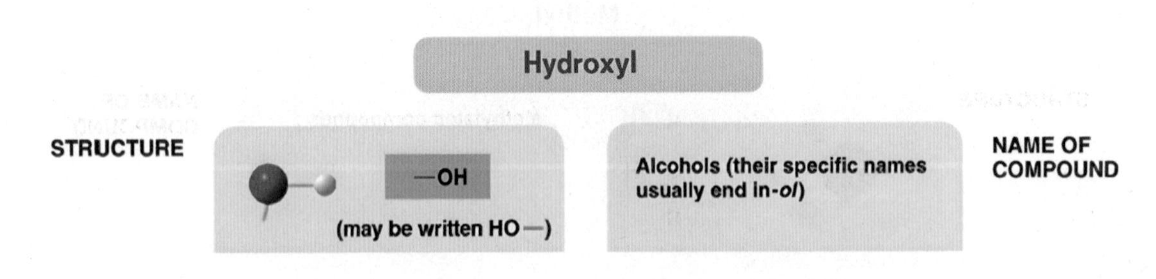

Ⓖ 인산기(유기 인산): 분자에 음성전기를 부여하며 에너지원로 작용함, 생체 내 주요물질에 결합하여 활성을 조절
ex. ATP(adenosine triphosphate), 글리세롤 인산(세포막 주요 성분인 인지질을 구성)

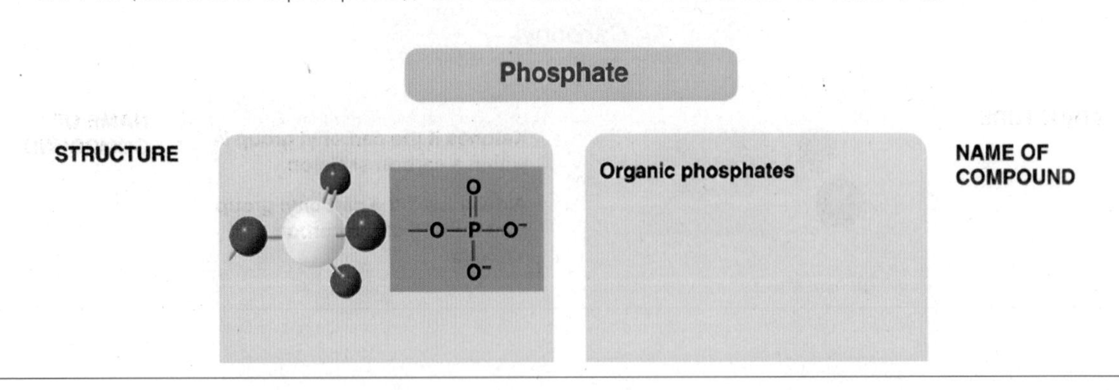

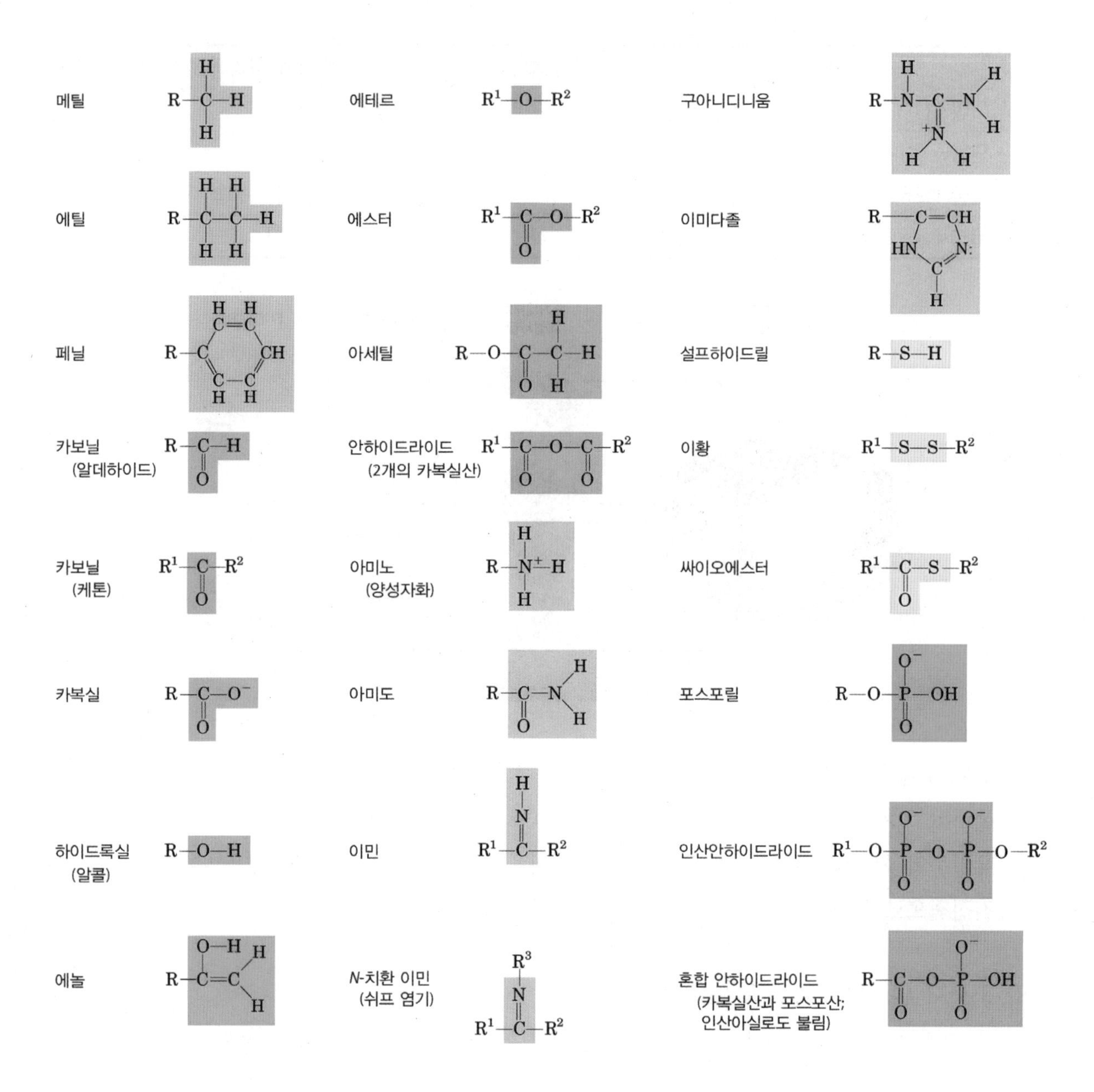

3 고분자 화합물에 대한 서설

(1) 고분자 화합물의 종류

고분자(macromolecule)는 단위체(monomer)라고 불리는 작은 분자들이 공유결합에 의해 연결된 거대한 중합체(polymer)임. 분자량이 1000Da을 보통 넘으며 단백질, 다당류 및 핵산 등이 이에 포함됨

단량체	중합체	중합체 내의 단량체 결합
아미노산	단백질	펩티드 결합
단당류	탄수화물	글리코시드 결합
뉴클레오티드	핵산	인산이에스테르 결합
글리세롤, 지방산	중성지방	에스테르 결합

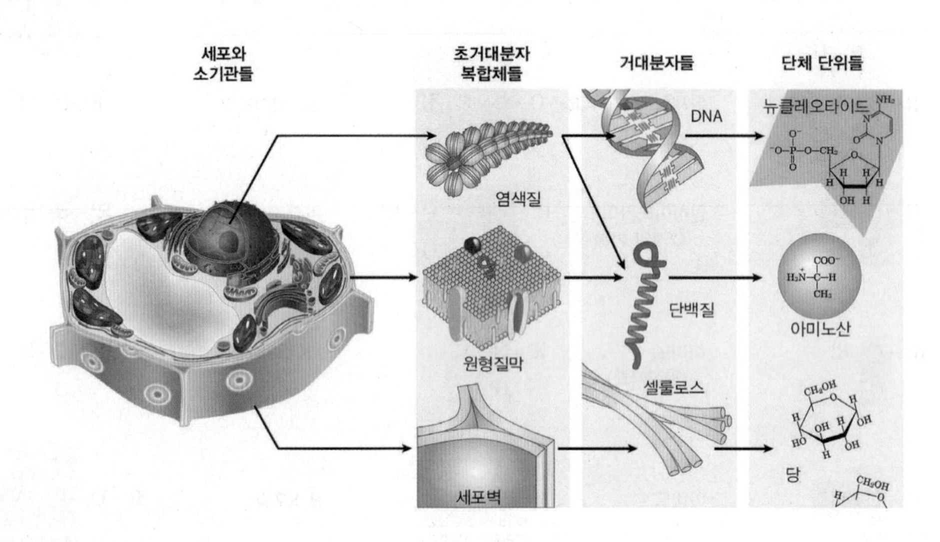

(2) 고분자 유기물의 기능

에너지 저장, 구조적지지, 보호, 촉매, 수송, 방어, 조절, 운동, 유전정보의 보존 등이 고분자 유기물의 기능에 속하며, 이러한 기능은 단위체 분자의 형태와 서열, 그리고 화학적 성질과 직접적으로 관계됨

(3) 고분자 유기물의 합성과 분해

㉠ 탈수축합(condensation): 2개의 단위체 분자가 물분자를 잃으면서 공유결합되어 연결되는 반응

㉡ 가수분해(hydrolysis): 물이 첨가되면서 단위체로 분해되는 반응

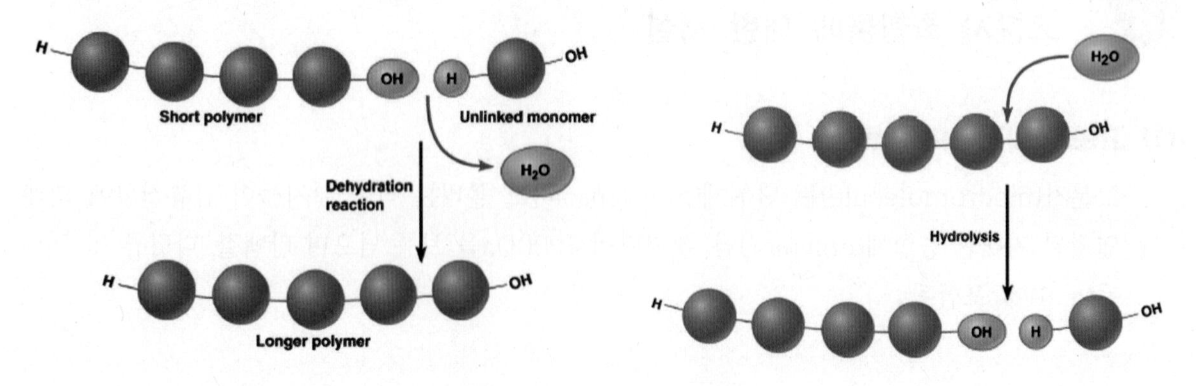

4 탄수화물(carbohydrate)

(1) 단당류(monosaccharide)

일반적으로 CH_2O 단위의 배수인 분자식을 지님

(a) D-알도스

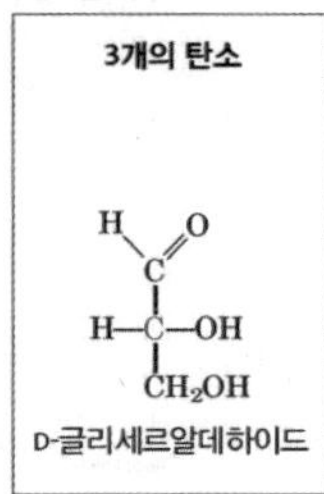

4개의 탄소

D-에리트로스 D-트레오스

5개의 탄소

D-라이보스 D-아라비노스 D-자일로스 D-라익소스

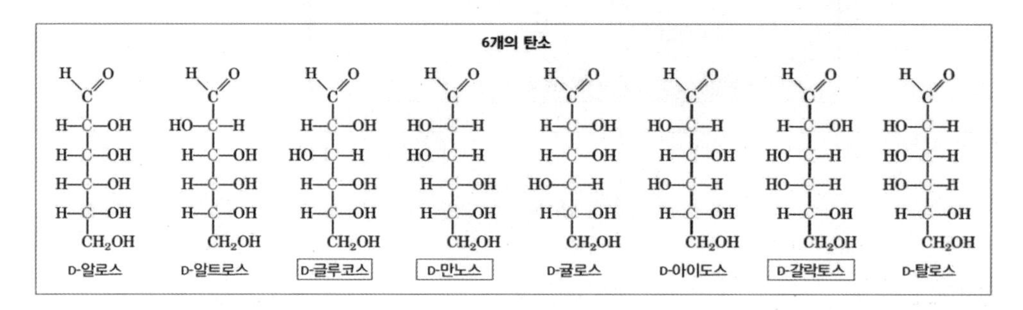

㉠ 육탄당(hexose): 포도당(aldose), 과당(ketose), 갈락토오스(aldose) 등으로 이성질체의 관계임

㉡ 오탄당(pentose): 리보오스(RNA의 구성성분), 디옥시리보오스(DNA의 구성 성분)

㉢ 사탄당(tetrose): erythorese 등

㉣ 삼탄당(triose): glyceraldehyde 등

(b) D-케토스

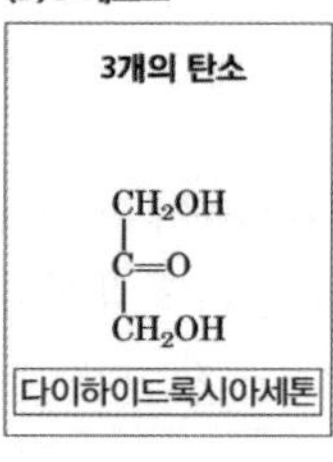

4개의 탄소

D-에리트룰로스

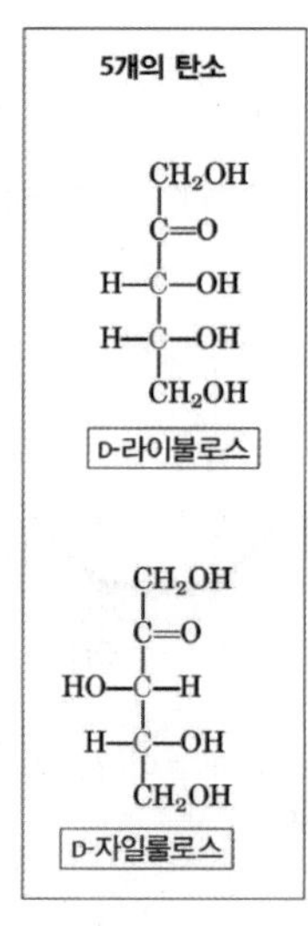

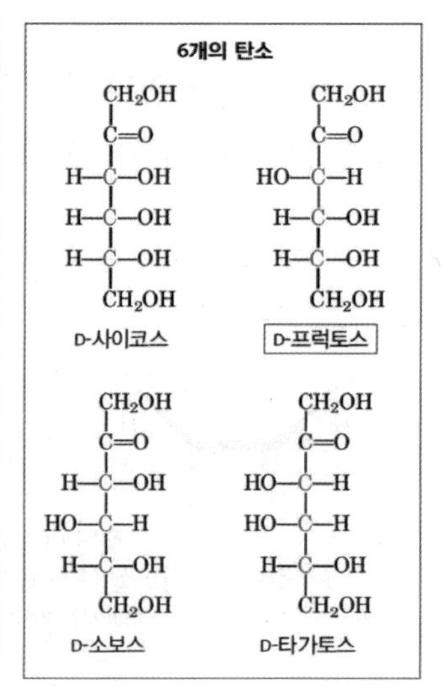

「생물학에서 중요한 일부 육탄당 유도체」

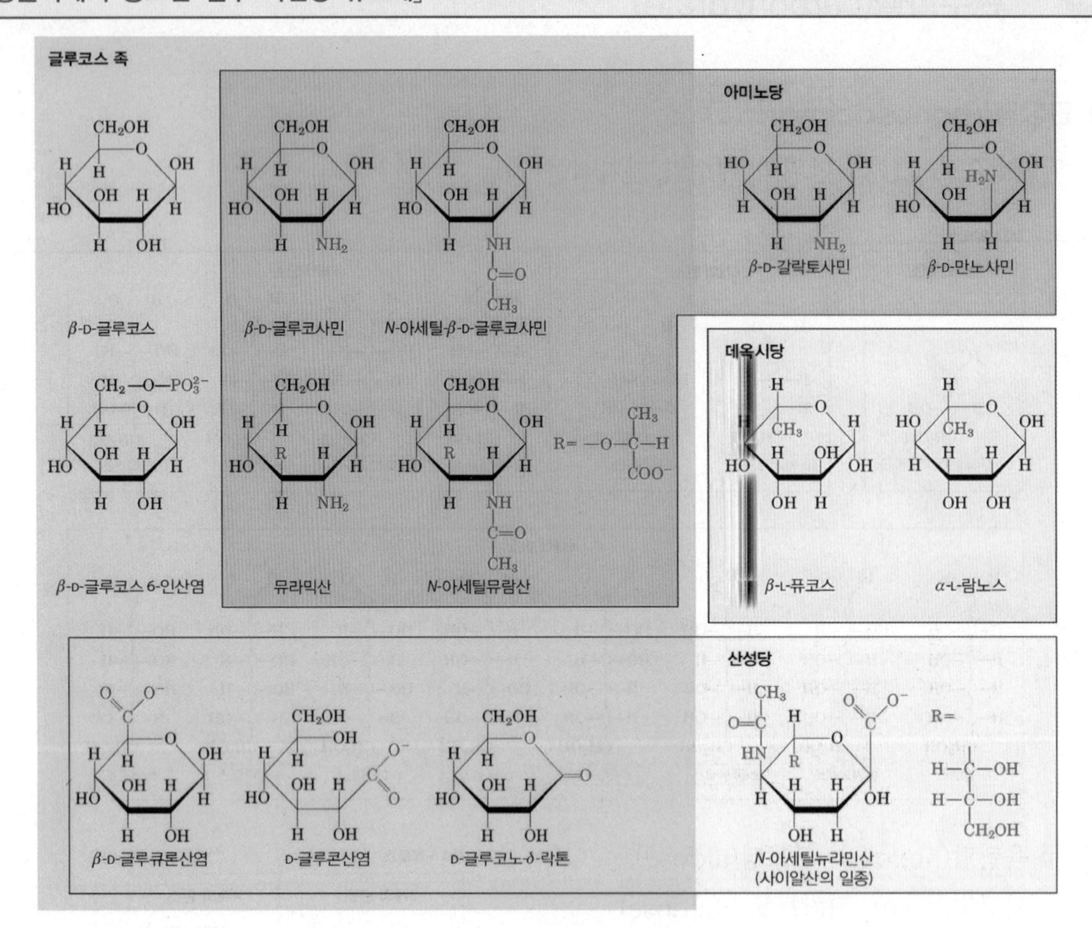

Ⓐ N-Acetylglucosanine, N-Acetylmuramic acid: 세균의 세포벽 성분(peptidog lycan)을 구성
Ⓑ N-Acetylneuraminic acid: 동물 조직에서 많은 당단백질과 당지질의 구성성분으로 발견
Ⓒ glucose 6-phosphate와 같은 인산화된 당: 활성화되지만 세포 밖으로의 확산이 어려워짐

(2) 이당류(disaccharide)

2개의 단당류가 O-글리코시드 결합에 의해 형성됨

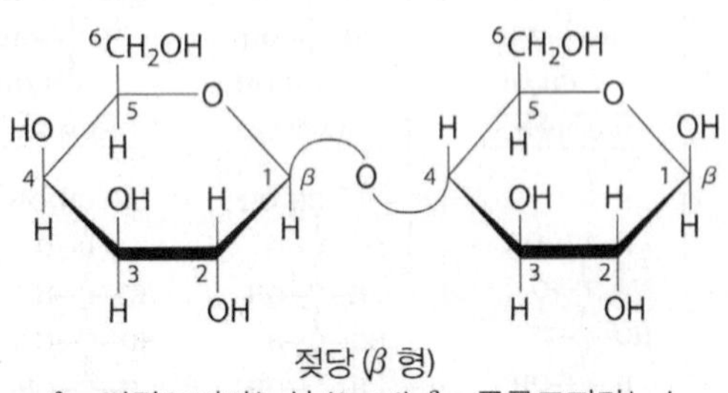

젖당 (β 형)
β-D-갈락토피라노실-(1→4)-β-D-글루코피라노스
Gal(β1→4)Glc

슈크로스
β-D-프럭토퓨라노실 α-D-글루코피라노사이드
Fru(2β↔α1)Glc ≡ Glc(α1↔2β)Fru

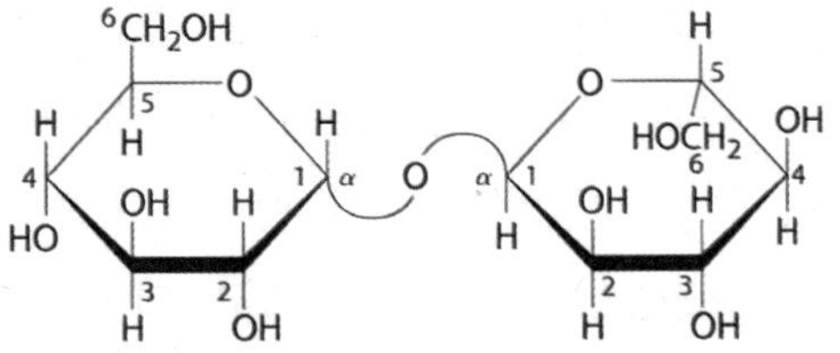

트레할로스
α-D-글루코피라노실 α-D-글루코피라노사이드
Glc(α1↔1α)Glc

「환원제로서의 당」

변형되지 않은 포도당은 제2구리 이온(Cu2+)과 같은 산화제와 반응하는데, 그 이유는 열린 사슬 형태는 쉽게 산화되는 자유 알데히드기를 가지기 때문임. 제2구리 이온 용액(펠링 용액)은 포도당과 같이 자유 알데히드나 자유 케톤으로 존재할 수 있는 당들에 대한 간단한 시험법을 제공하는데 반응하는 당을 환원당(reducing sugar)이라고 부르고 반응하지 않는 당을 비환원당(nonreducing sugar)이라고 부름

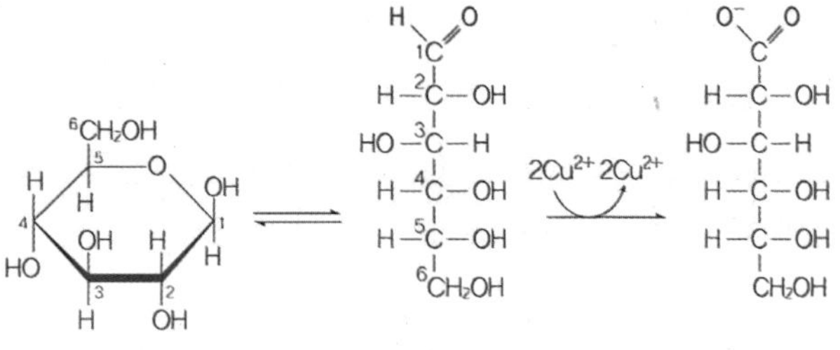

β-D-Glucose　D-Glucose (linear form)　D-Gluconate

환원당 - 펠링의 환원당 정량 원리

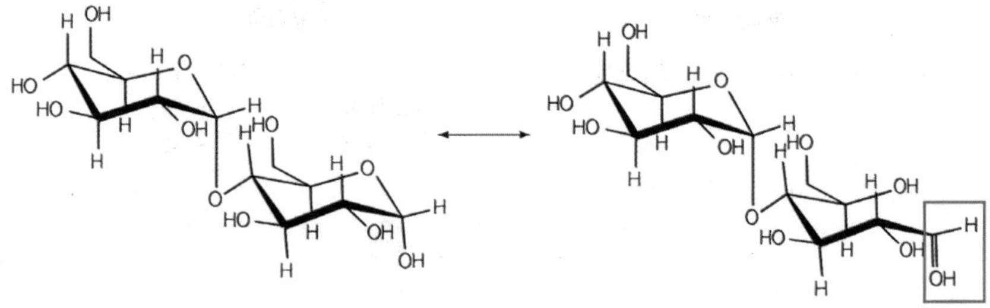

maltose

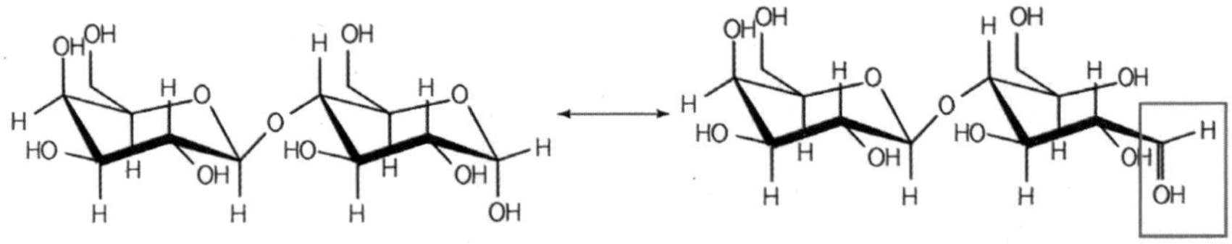

lactose

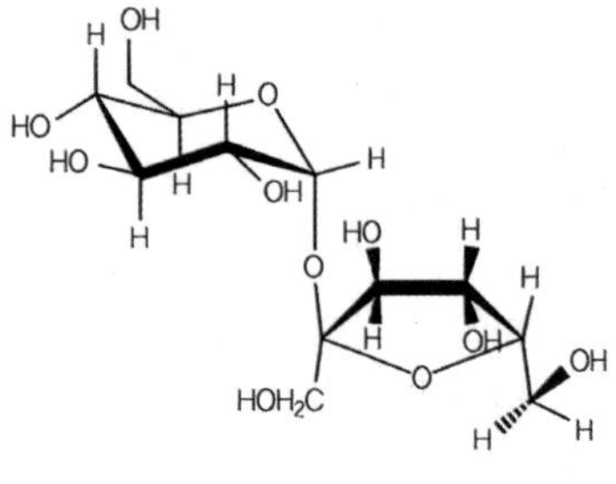

sucrose

㉠ 엿당(maltose): 맥아당이라고도 하며 포도당과 포도당이 중합된 것으로 맥주를 양조하는 데 이용되는 성분이며 사람의 경우 maltase에 의해 분해됨

㉡ 젖당(lactose): 포유동물의 젖에서 발견되어 유당이라고도 하며 갈락토오스와 포도당이 중합된 것으로 사람의 경우 lactase에 의해 분해되고, 대장균의 경우 β-galactosidase에 의해 분해됨 cf. 젖당 불내성(lactose intolerance): 성인에게서 젖당분해효소 결핍으로 나타나는 장애

㉢ 설탕(sucrose): 포도당과 과당이 중합된 것으로 식물에서의 탄수화물 이동형태이며, 설탕을 구성하는 어느 단당류 성분도 쉽게 알데히드나 케톤으로 바뀌지 않는 비환원당임. 사람의 경우 sucrase에 의해 분해됨

(3) 다당류(polysaccharide)

수백 내지 수천 개의 단당류가 글리코시드 결합으로 연결되어 중합된 고분자로서, 동종 다당류(homopolysaccharide; 한 종류의 당으로 구성된 다당류)와 이종 다당류(heteropolysaccharide; 두 종류 이상의 당으로 구성된 다당류)로 구분함

「동종다당류와 이종다당류의 이해」

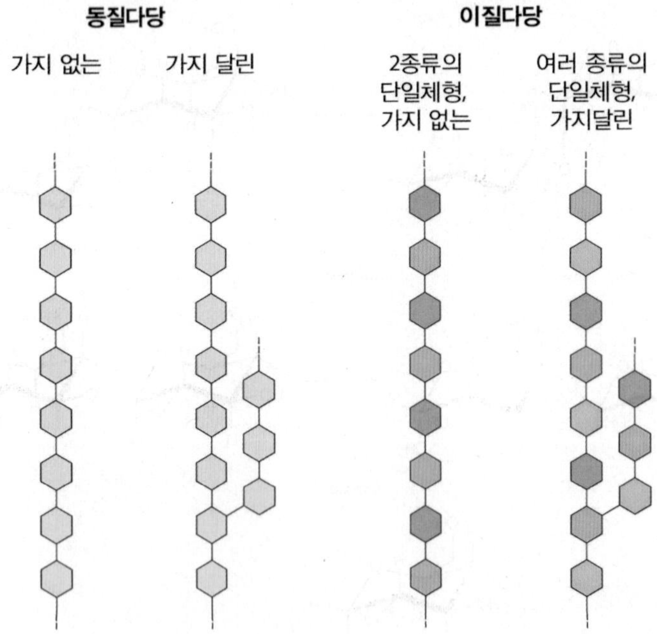

Ⓐ 동종다당류의 종류: 녹말, 글리코겐, 셀룰로오스, 키틴

Ⓑ 이종다당류의 종류: 한천, 펩티도글리칸, 글리코사미노글리칸

㉠ 녹말(starch; 나선형): 사람이 섭취하는 탄수화물의 절반 이상을 차지하며 식물의 엽록체, 백색체 등에 저장되고 가지가 없는 아밀로오스와 가지가 있는 아밀로펙틴으로 구분함. 아밀로오스와 아밀로펙틴 모두 침샘과 이자에서 분비되는 α-아밀라아제에 의해 빠르게 가수분해됨

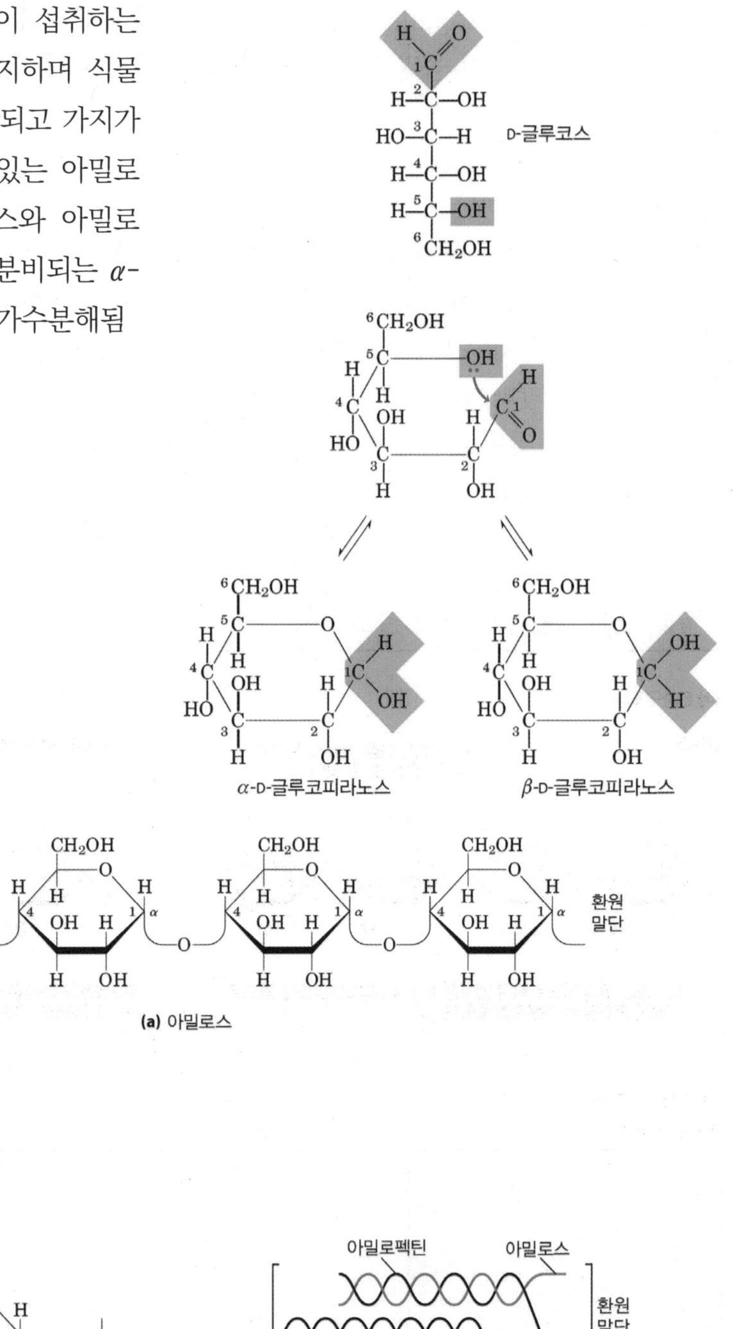

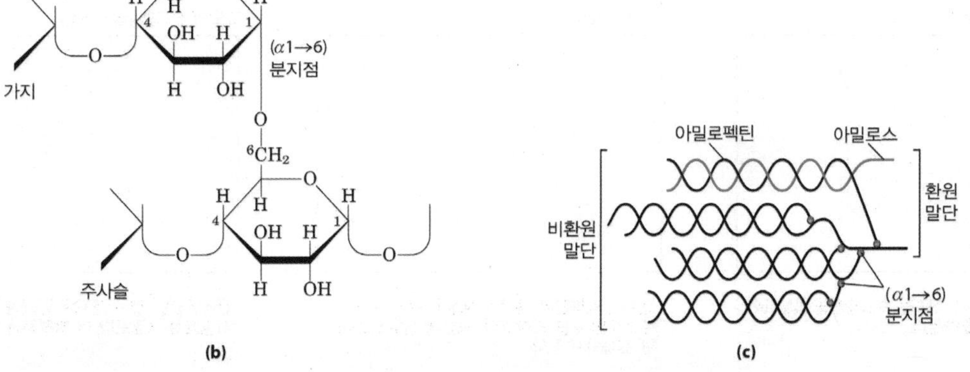

ⓐ 아밀로오스(amylose): α-1,4 결합으로 연결된 포도당 잔기들로 이루어져 있음

ⓑ 아밀로펙틴(amylopectin): 30개의 α-1,4 결합마다 약 한 개 정도의 α-1,6 결합을 가지고 있으므로 가지를 친 정도가 더 낮다는 것을 제외하고는 글리코겐과 유사함

ⓛ 글리코겐(glocogen; 나선형): 동물의 간이나 근육 등에 저장되며 amylopectin보다 가지가 더욱 많아서 녹말보다 조밀한 구조를 가지게 됨. 글리코겐의 각 가지는 비환원성 단위로 끝나기 때문에 한 분자의 글리코겐은 그것이 가진 가지 수만큼의 비환원 말단을 가지고 있으며, 환원말단을 하나만 지님. 글리코겐이 에너지원으로 이용될 때 비환원 말단으로부터 한번에 하나씩 포도당 단위가 떨어져 나오게 되며, 따라서 비환원 말단에만 작용하는 분해효소들이 동시에 많은 가지 말단에서 한꺼번에 작용하여 분해를 가속화함

ⓒ 셀룰로오스(cellilose; 직선형): 식물 세포벽의 주성분으로서 특히 줄기, 대, 몸통 그리고 모든 식물체의 목질부에 풍부함. 결합(β 1→4 결합; 녹말이나 글리코겐은 α 1→4 결합)의 성격이 달라 아밀라아제에 의해 분해가 되지 않음. 흰개미의 경우 셀룰로오스를 잘 분해하는데, 그것은 흰개미 창자에 서식하고 있는 공생 미생물원 Trichonympha가 셀룰라아제(cellulase)를 갖고 있어 셀룰로오스를 분해하기 때문임

「녹말, 글리코겐, 셀룰로오스 구조 비교」

(A) 분자구조

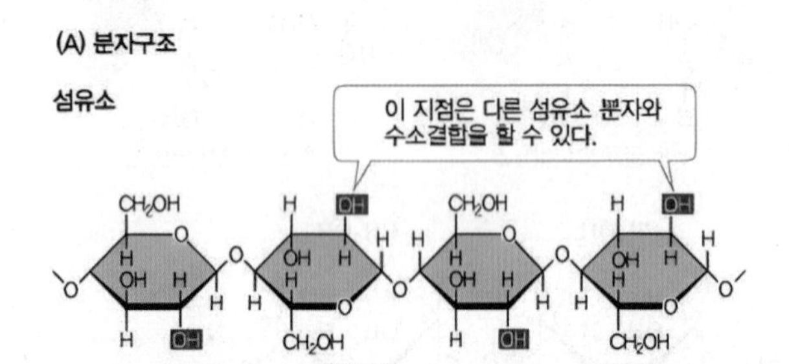

섬유소는 화학적으로 매우 안정한 β-1, 4 글리코사이드결합으로 연결된 포도당의 비분지성 중합체이다.

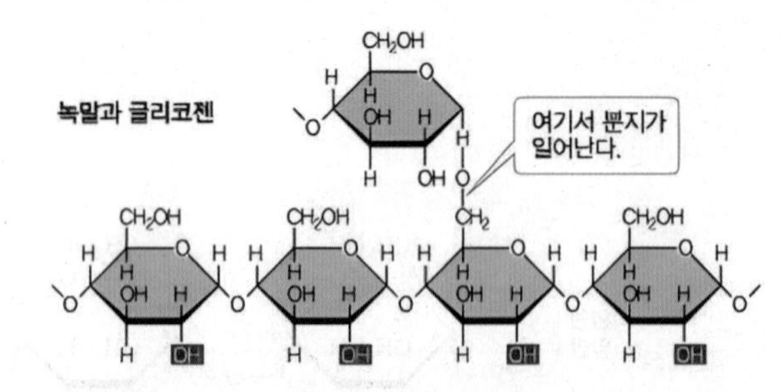

글리코젠과 녹말은 α-1,4 글리코사이드결합으로 연결된 포도당의 중합체이다. α-1, 6 글리코사이드결합은 6번 탄소에서 가지를 형성한다.

(B) 거대분자 구조

직선형(섬유소)

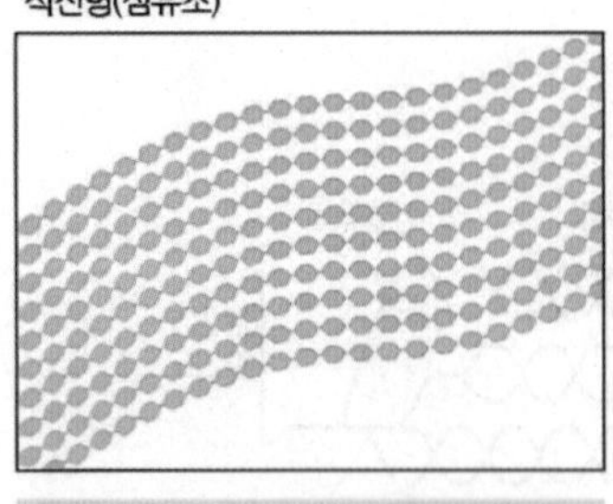

평행한 섬유소 분자는 수소결합을 형성하여 가는 섬유를 이룬다.

분지형(녹말)

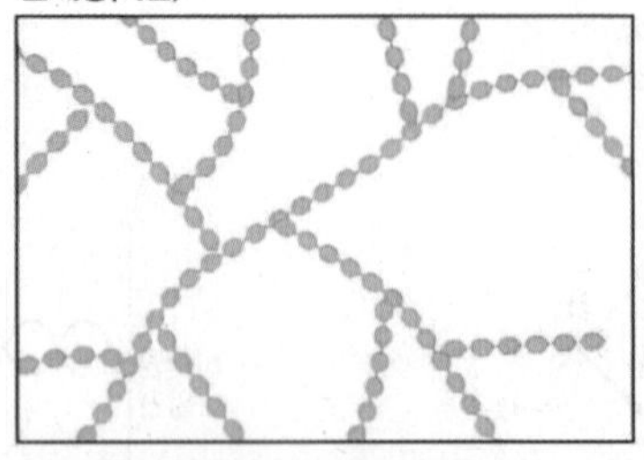

분지는 녹말분자 내에서 형성할 수 있는 수소결합 수를 제한하여, 녹말이 섬유소보다 덜 밀집되게 한다.

고도의 분지형 (글리코젠)

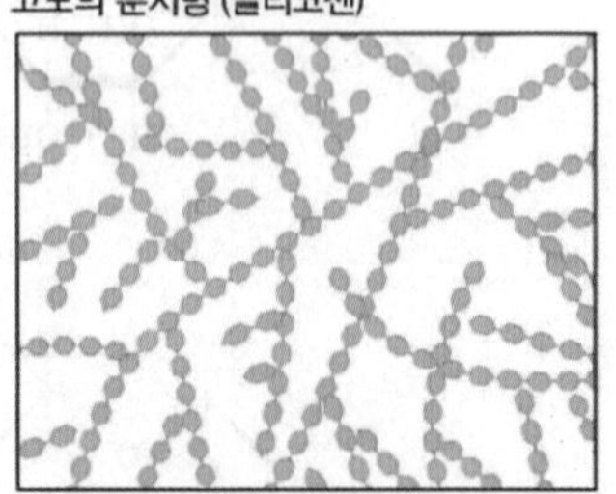

글리코젠은 많은 분지로 인하여 고체 저장물을 녹말보다 더 빽빽하게 만든다.

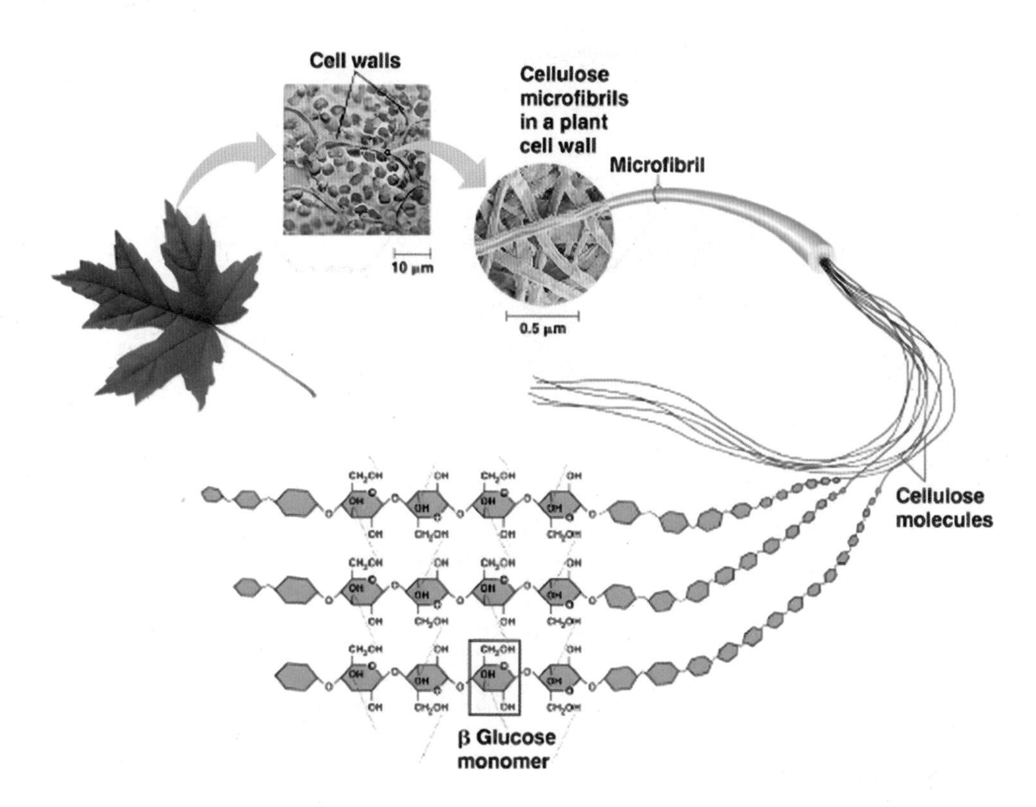

㉣ 키틴(chitin): N-아세틸글루코사민으로 구성되며 절지동물이나 여러 균류의 세포벽을 구성하는 물질임. 셀룰로오스처럼 긴 섬유질을 만들고 척추동물에 의하여 소화되지도 않음

CH_3 $C{=}O$ NH CH_3 $C{=}O$ NH
$^6CH_2OH$ H H CH_2OH H
H 5 H O O 3 2 OH H H H H O O OH H H
4 OH H 1 4 H 1 OH H H H H
O H H H 5 O O H H O
3 2 H NH CH_2OH 6 H NH CH_2OH
$C{=}O$ CH_3 $C{=}O$ CH_3

㉤ 펩티도글리칸(peptidoglycan): N-아세틸글루코사민과 N-아세틸뮤람산이 β 1→4 결합에 의해 교대로 연결된 이질다당류임. 이러한 선형 중합체가 나란히 놓인 채로 짧은 펩티드에 의해 교차 연결되는데 이 반응은 transpeptidase에 의해 촉매되며 penicillin에 의해 비가역적으로 저해됨. 펩티도글리칸은 단단한 껍질을 형성하여 물의 삼투성 유입에 의한 세포의 팽창과 용해를 방지함

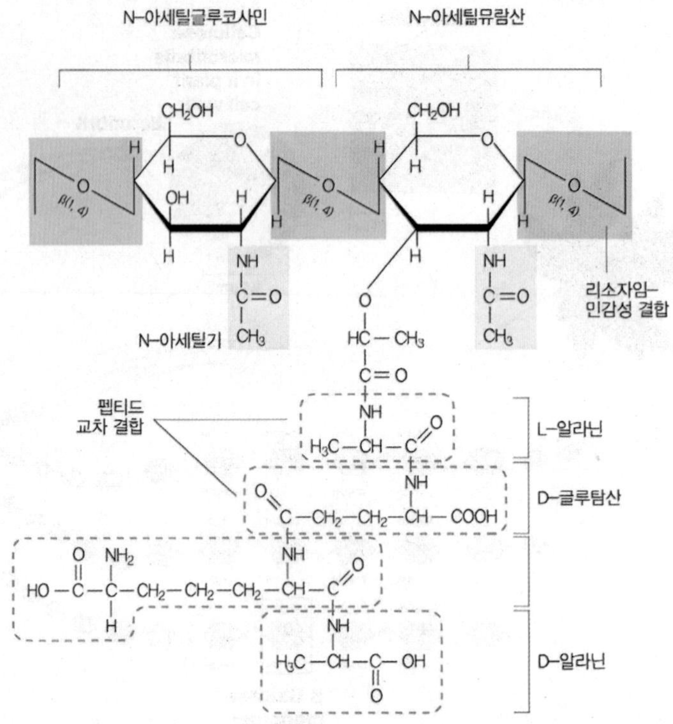
N-아세틸글루코사민
N-아세틸유람산
β(1, 4)
리소자임-
민감성 결합
N-아세틸기
펩티드
교차 결합
L-알라닌
D-글루탐산
D-알라닌

펩티도글리칸의 구조

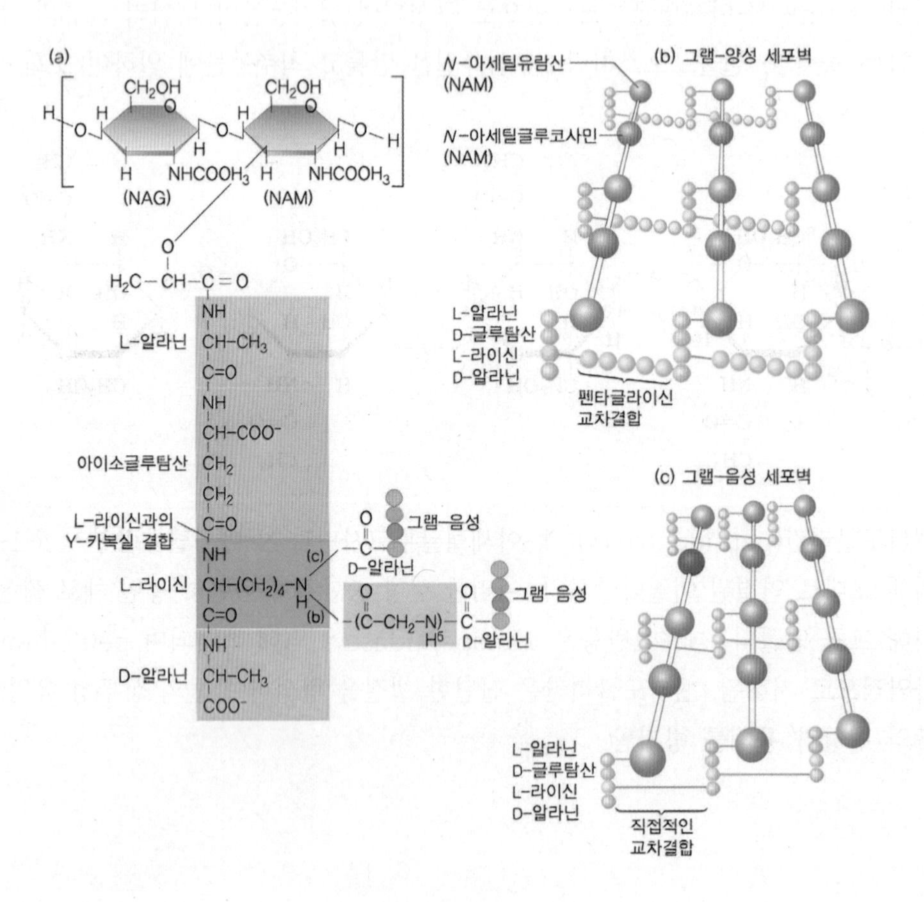
(a)
(NAG)
(NAM)
L-알라닌
아이소글루탐산
L-라이신과의
Y-카복실 결합
L-라이신
D-알라닌
그램-음성
D-알라닌
그램-음성
D-알라닌
(b) 그램-양성 세포벽
N-아세틸유람산
(NAM)
N-아세틸글루코사민
(NAM)
L-알라닌
D-글루탐산
L-라이신
D-알라닌
펜타글라이신
교차결합
(c) 그램-음성 세포벽
L-알라닌
D-글루탐산
L-라이신
D-알라닌
직접적인
교차결합

「리소자임(lysosyme)」

N-acetylglucosamine과 N-acetylmuramic acid 간의 β 1→4 글리코시드 결합을 분해함. 주로 눈물, 침 등에 분포하는데, 세균의 감염을 방여하는데 이용됨. 일부 세균 바이러스(bacteriophage)에 의해서도 생성되며, 이는 바이러스 생활사에서 용균 생활사(lytic cycle)를 진행하는데 필요함

ⓑ 한천(agar): 일부 홍조류의 세포벽을 구성하며, 세균 콜로니의 성장을 위한 표면을 제공하기 위해서나 또는 비타민이나 약을 싸는 캡슐을 만드는데 이용됨. 한천의 두가지 주요 성분은 가지가 없는 분자량이 120,000인 아가로오스(agarose)와 가지가 있는 아가로펙틴(agaropectin)임

「아가로오스(agarose)」

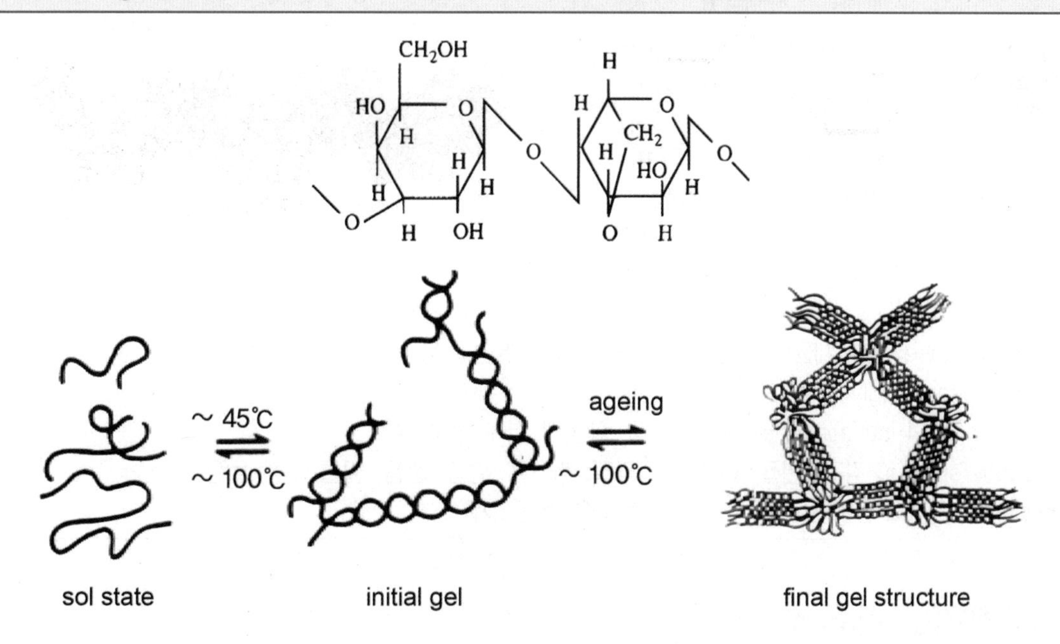

아가로오스 부유액을 가열하고 나서 식히면, 아가로오스가 이중나선 구조를 형성하는데 두 개의 분자가 세 개의 잔기마다 한바퀴씩 꼬이게 됨. 이 때 중심의 빈 공간에는 물 분자가 잡히게 되며 이러한 구조물들이 연합하여 많은 양의 물을 붙잡아 두는 삼차원 바탕의 젤을 형성하게 됨. 아가로오스 젤은 DNA 염기서열 분석에 있어서 필수적 핵산의 분리를 위한 전기영동에서의 불활성 구조물로 이용됨

ⓢ 글리코사미노글리칸(glycosaminoglycan): 이당 단위가 반복되어 중합된 선형 중합체로서 일부 잔기(황산기와 카르복실기)들로 인해 높은 음전하를 지녀, 인접하는 음전하들 간의 반발력을 최소화하기 위해 glycosaminoglycan 분자는 용액 중에서 곧게 뻗은 입체 형태로 존재함. 특정 잔기들은 정전기적 상호작용을 통해 다양한 단백질 리간드에 의하여 인식되는 부위로 작용하며, 세포 밖 단백질에 부착하여 프로테오글리칸을 형성함

「글리코사미노글라칸의 단위체 구분」

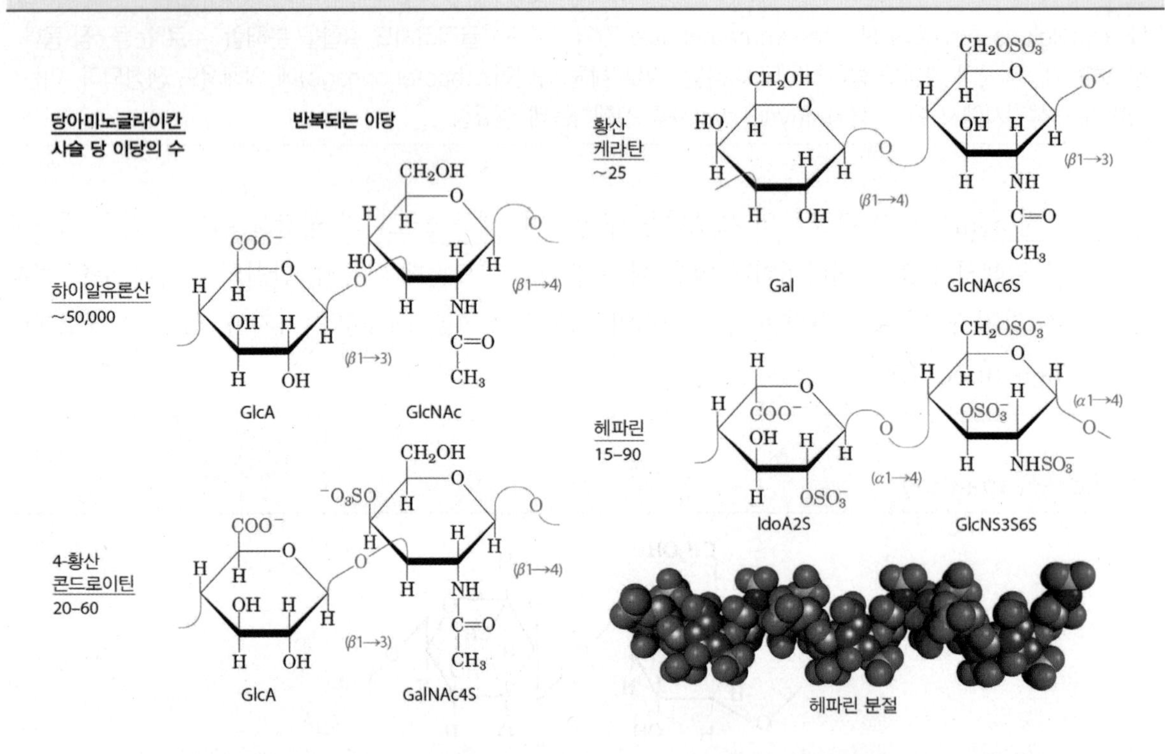

1. hyaluronate: 맑고 매우 점성이 높은 용액으로 관절의 윤활액에서 윤활제 역할을 수행. 척추동물 안구에서 젤리 정도의 경도를 제공하여 유리체액을 구성. 연고로가 힘줄에 있는 세포 밖 바탕질의 필수 성분 cf. hyaluronidase: 일부 세균에서 분비되어 세균의 조직 침범을 용이하게 함. 정자에도 유사한 효소가 있어 난자의 glycosaminoglycan을 분해
2. chondroitin 4-sulfate: 연골, 힘줄, 인대, 대동맥 벽에 장력 부여
3. keratan sulfate: 각막, 연골, 뼈, 조직, 각질, 뿔, 털, 발굽, 손톱, 발톱 구성 물질
4. heparin: 간세포나 비만세포에서 합성되는 천연 항응고제

(4) 당포합체(glycoconjugate)

정보를 전달하는 탄수화물이 단백질이나 지질에 공유결합으로 연결되어 생물학적 활성 물질을 형성한 것

㉠ 프로테오글리칸(proteoglycan): 세포 표면과 세포외 기질에 있는 거대분자인데, 하나 이상의 글리코사미노글리칸이 막단백질 또는 분비 단백질에 공유결합되어 있는 형태임. 일반적으로 프로테오글리칸 분자의 글리코사미노 글리칸 성분이 더 큰 부분을 차지하여 구조를 결정하고, 생물학적으로 활성을 나타내는 부위가 됨. 프로테오글리칸은 연골과 같은 결합조직의 주된 구성 성분으로 다른 프로테오글리칸, 단백질, 글리코사미노글리칸 등과 많은 비공유결합 상호작용을 통해 강도와 탄성을 부여함

「프로테오글리칸의 화학적 구조」

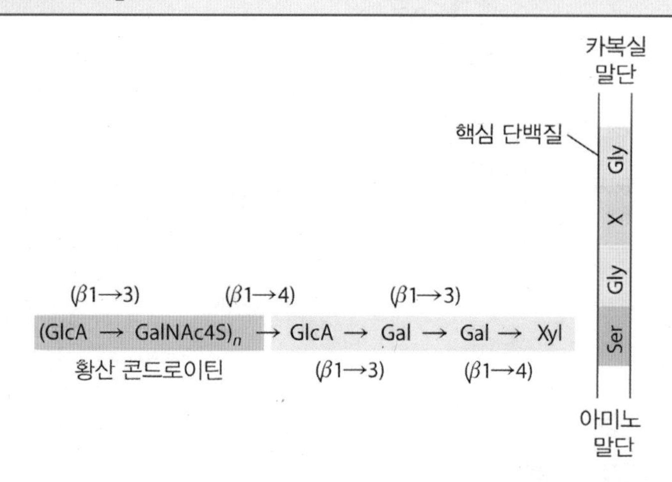

Ⓐ 체계화된 세포집단을 분리하는 얇은 판상 세포밖 바탕질(기저판; basal lamina)은 여러 핵심 단백질로 구성되는데, 각각에 여러 분자의 황산 헤파란 사슬이 공유결합되어 있음

Ⓑ 결합부위는 보통 Ser 잔기이고, 여기에 glycosaminoglycan이 trisaccharide bridge를 통해 연결됨

Ⓒ 많은 프로테오글리칸은 세포밖 바탕질로 분비되지만 일부분은 내재성 단백질로 존재함

ⓐ 세포밖 바탕질의 프로테오글리칸 응집체: 하나의 하이알루론산(hyaluronate)에 많은 핵심 단백질이 결합하여 프로테오글리칸 응집체를 형성하며 콜라겐, 엘라스틴, 피브로넥틴 등과 같은 섬유단백질이 이러한 거대 프로테오글리칸과 섞여 짜여져 전체 세포밖 바탕질에 강도와 탄성을 부여하는 교차 연결 그물구조를 형성함

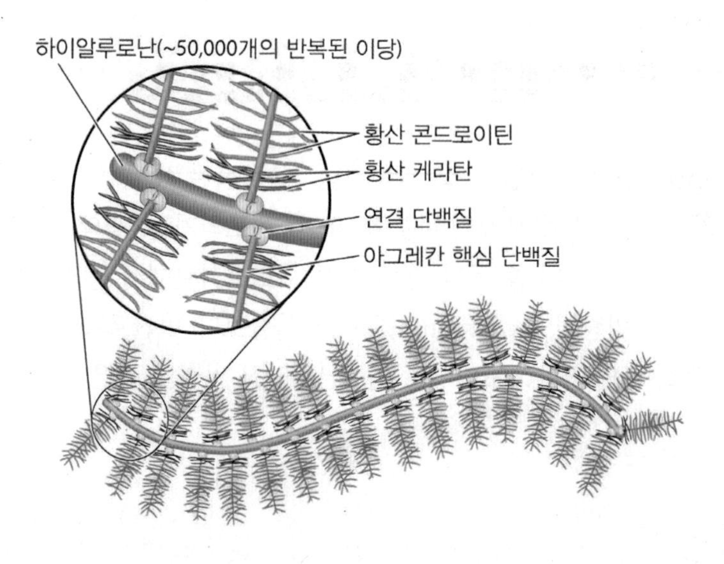

ⓑ 내재성 단백질의 프로테오글리칸: 핵심 단백질은 하나의 막횡단 영역과 세포밖 영역을 가지고 있는데, 세포밖 영역에 세 개의 황산 헤파란 사슬과 두 개의 콘드로이틴 황산염 사슬이 각각 Ser 잔기를 통해 연결되어 있음

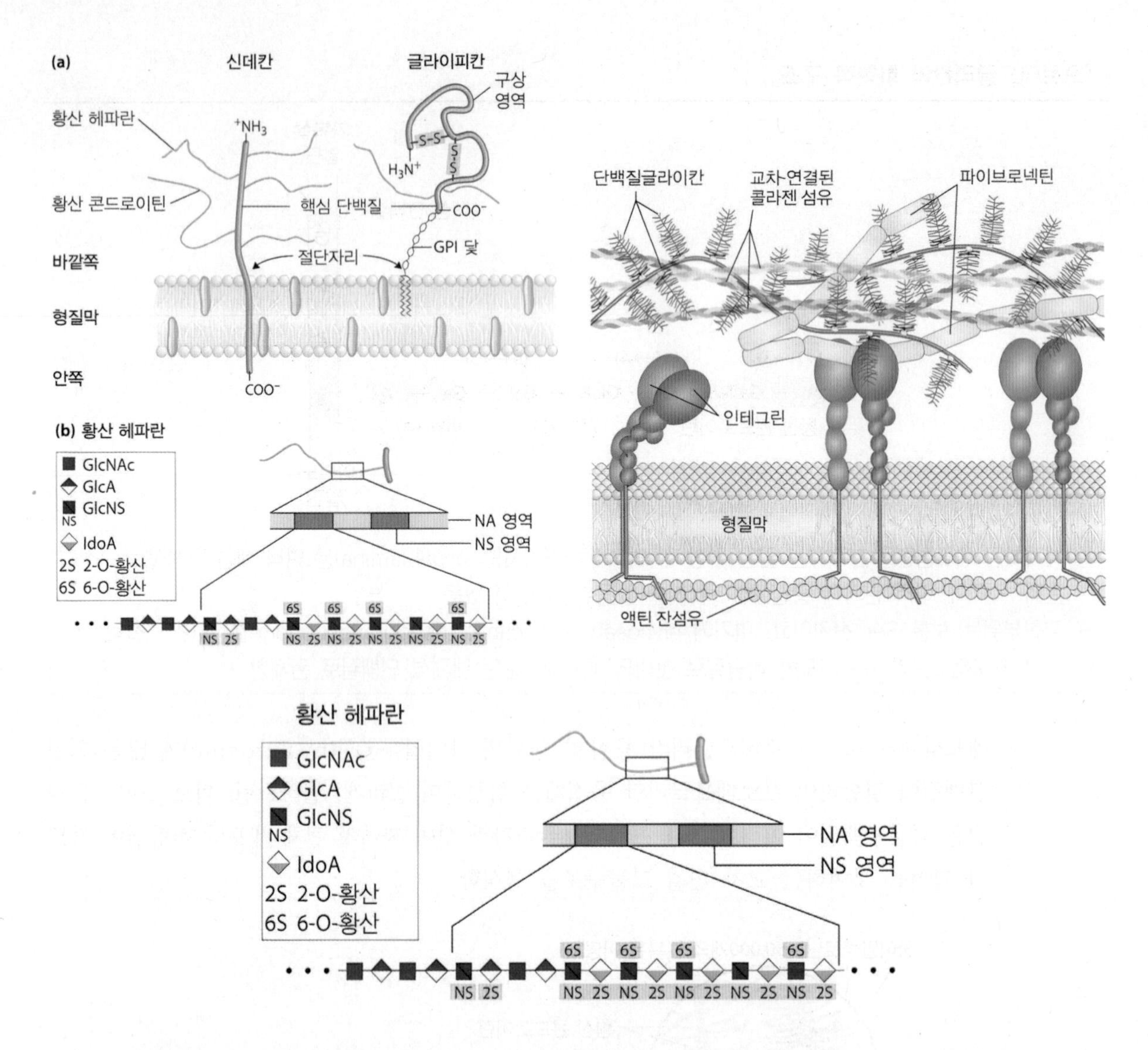

㉡ 당단백질(glycoprotein): 다양한 복잡성을 지닌 하나 혹은 몇 개의 올리고당이 단백질에 공유결합되어 있는 형태. 원형질막의 바깥쪽 표면, 세포외기질, 혈액 등에서 발견. 세포안에서는 골지체, 분비소낭, 리소좀 등과 같은 특정 세포소기관에서 발견. 당단백질의 올리고당 부분은 프로테오글리칸의 glycosaminglycan 사슬보다 훨씬 복잡성이 더함. 정보가 풍부하여 다른 단백질에 의하여 고도의 특이성 있는 인식 자리와 높은 친화성으로 결합 자리를 형성함

「당단백질에서의 올리고당 결합」

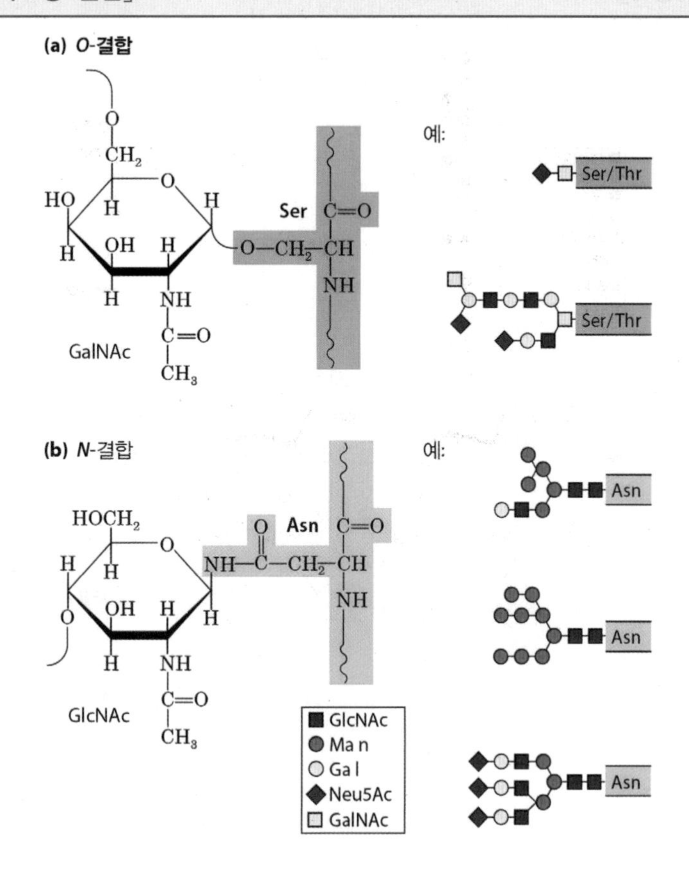

Ⓐ 탄수화물 글리코시드 결합을 통해 세린이나 트레오닌의 -OH기에 연결되어 있거나(O-결합) 아스파라진 잔기의 질소에 연결(N-결합)되어 있음

Ⓑ 일부 당단백질은 한 개의 올리고당 사슬을 가지지만, 많은 당단백질은 하나 이상의 올리고당 사슬을 지님

ⓒ 당지질(glycolipid)과 지질다당류(lipoplysaccharide): 친수성 머리 부위가 올리고당으로 된 막지질인데 이 부위가 당단백질의 경우처럼 탄수화물 결합 단백질에 의한 특이적 인식 부위로 작용함

ⓐ 갱글리오시드(gaglioside): 진핵세포의 막지질이며 막의 바깥 표면을 이루는 이 지질의 극성 머리 부분은 사이알산(sialic acid; N-acetylneuraminic acid라고도 함)과 다른 단당을 함유하는 복잡한 올리고당으로 구성됨. 갱글리오시드의 일부 올리고당 성분은 혈액형 결정에 관여하는 당단백질의 올리고당과 동일하며 당단백질의 올리고당 성분처럼 막지질의 올리고당도 일반적으로 원형질막의 바깥쪽에서 발견됨

ⓑ 지질다당류(lipopolysaccharide): 대장균이나 살모넬라균과 같은 그람음성균 외막 표면에 존재하며, 이것은 척추동물 면역계에서 세균 감염에 반응하여 생산하는 항체의 주된 표적이 되어 균주의 혈청형을 결정하는 중요한 요소가 됨

「살모넬라균의 지질다당류」

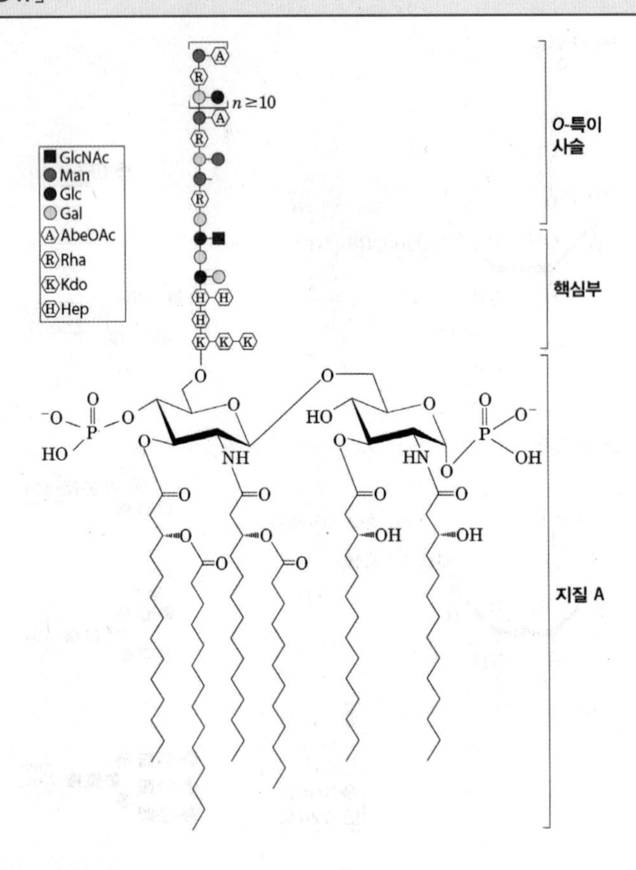

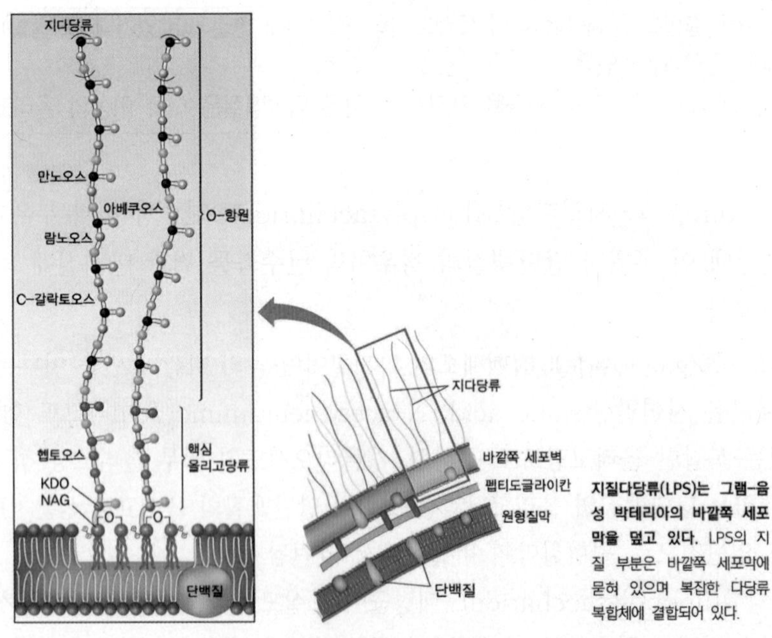

지질다당류(LPS)는 그램-음성 박테리아의 바깥쪽 세포막을 덮고 있다. LPS의 지질 부분은 바깥쪽 세포막에 묻혀 있으며 복잡한 다당류 복합체에 결합되어 있다.

두 개의 글루코사민 잔기와 결합된 6개의 지방산을 지니고 있는데, 글루코사민 잔기 하나가 복잡한 올리고당 부착점이 됨

(5) 렉틴(lectin)

당 부호를 읽는 단백질로서 모든 생물체에서 발견되는 단백질과 강한 친화력과 높은 특이성을 가지고 탄수화물과 결합함

㉠ 매우 다양한 세포간의 인식, 신호전달, 부착과정, 새로 합성된 단백질의 세포 내 표적화 등의 역할을 수행함

㉡ 한 세포의 표면에 있는 렉틴들의 결합자리들은 또 다른 세포의 표면에 있는 다양한 탄수화물과 상호작용하는데 렉틴과 탄수화물은 비교적 많은 약한 상호작용들로 연결되기 때문에 특이성이 보장되지만 필요할 때에는 연결이 끊어짐

㉢ 실험실에서 정제된 렉틴은 각기 서로 다른 올리고당 성분을 지닌 당단백질을 검출하고 분리하는 유용한 시약으로 이용됨

「렉틴의 예」

Ⓐ 셀렉틴(selectin): 염증성 반응에서 면역계 세포들을 상처가 난 자리에 결합시키는 기능을 수행하는데 L형 셀렉틴은 림프절의 혈관(lymph-node vessel)에, E형 셀렉틴은 혈관의 내피(endothelium)에, P형 셀렉틴은 활성화된 혈소판(platelet)에 특이하게 결합함. 태아는 산모의 자궁내막에 착상했을 때 L형 셀렉틴을 만드는데 태아가 렉틴을 통해 자궁내막에 부착할 때 부착은 자궁내막의 신호전달경로를 활성화시켜서 태아의 착상이 가능토록 함

Ⓑ 대장균의 렉틴: 대장균은 위장관의 내피세포에 부착할 수 있는데 대장균의 표면에 있는 렉틴들이 표적세포의 표면에 존재하는 당단위들을 인식하기 때문임. 이 렉틴들은 핌브리아(fimbriae)라는 가느다란 털 모양의 부속물에 자리잡고 있음

Ⓒ 헤마글루티닌(hemagglutinin): 일부 바이러스(예를 들어 독감 바이러스)가 세포 표면의 시알산에 부착하여 숙주포 내로 진입하게 하는 단백질임. 바이러스가 세포막을 침투하고 들어온 후에는 neuraminidase(sialidase)라는 또 하나의 바이러스 단백질이 시알산 잔기들과의 글리코시드 결합을 끊어 바이러스를 해방시키면 바이러스가 세포를 감염하게 됨. 타미플루(Tamiflu)는 이 효소의 억제물로 대표적은 항독감 약물로 알려져 있음

5 지질(lipid)

(1) 지질의 특성

㉠ 화학적으로 다양한 화합물의 집합으로 물에 대해서 불용성이라는 공통적 특징이 있음

㉡ 생물학적 기능의 다양성: 에너지의 주요 저장형태(중성지방), 생체막의 주요성분(인지질, 스테롤) 등의 중요역할을 수행함

(2) 기능에 따른 지질 구분

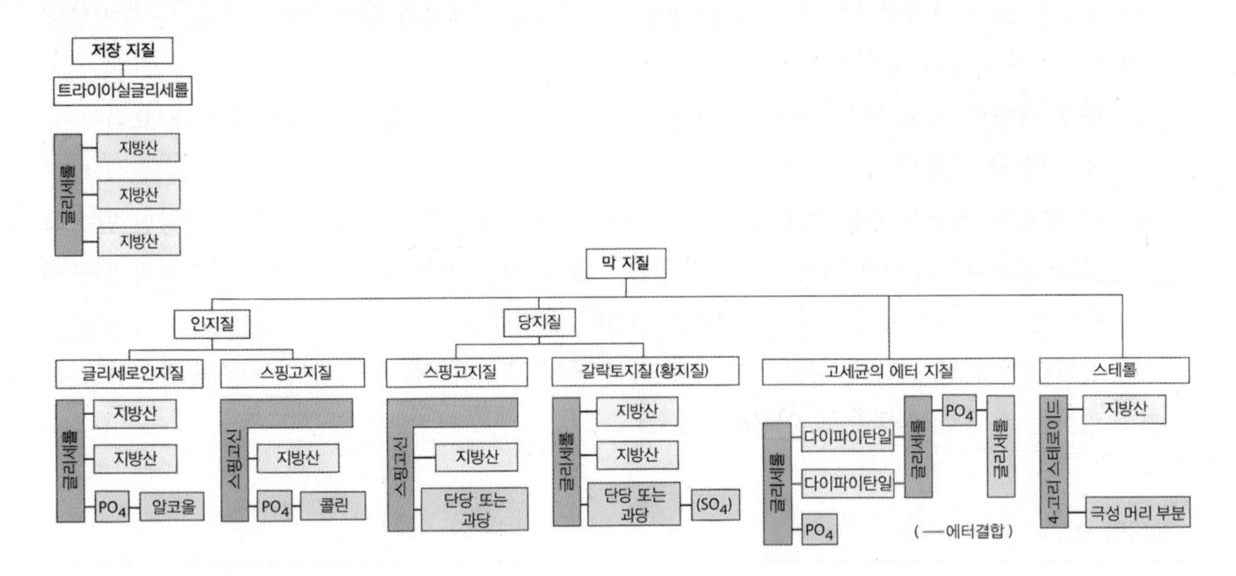

㉠ 중성지방(triacylglycerol)

ⓐ 중성지방의 구조: 3개의 지방산과 1개의 글리세롤이 에스테르 결합을 통해 연결된 상태

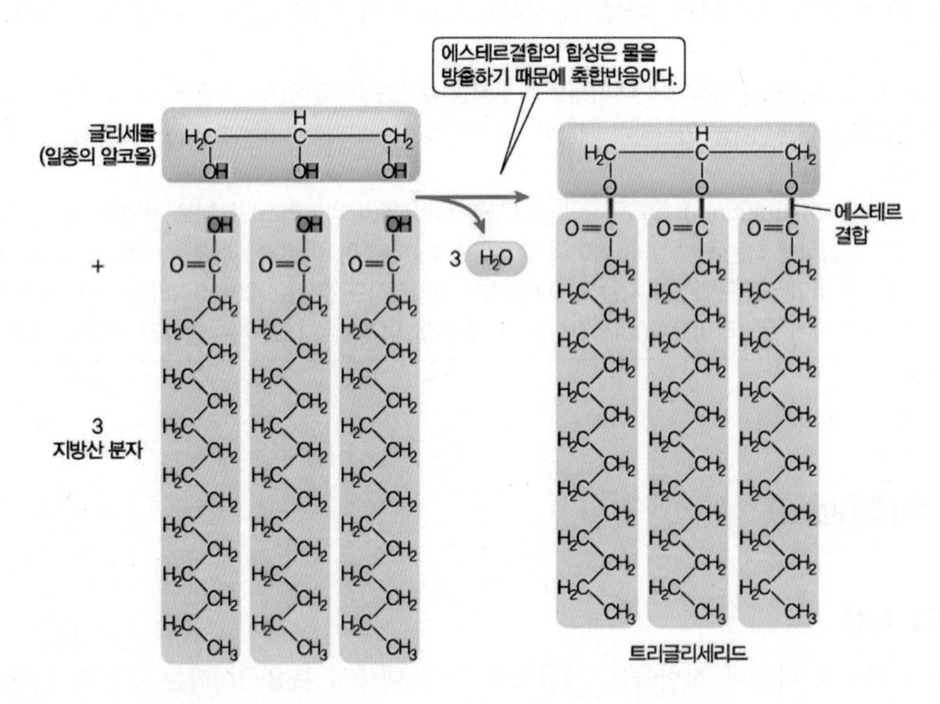

ⓑ 중성지방의 기능

- 생체 내 에너지 source(9kcal/g): 지방산의 탄소원자들은 당보다 더 환원된 상태이므로 산화시 당보다 2배 이상의 에너지를 생성할 수 있으며, 소수성이며 수화되어 있지 않으므로 무게가 덜 나가게 됨

- 지방조직(adipose tissue; 에너지 저장 뿐만 아니라 기관 보호 기능도 수행)의 지방 방울 (far droplet)에 저장됨
- 피부 밑(피하지방)에서 절연체 역할 수행을 수행하기도 함

「지방산 비율에 따른 중성지방의 상태」

지방산이나 지방산을 함유한 화합물(중성지방과 인지질)의 물리적 성질은 탄화수소의 길이와 불포화도에 의하여 크게 좌우. 지방산은 포화지방산(이중결합이 없는 지방산), 불포화지방산(이중결합이 있는 지방산: 시스 지방산, 트랜스 지방산으로 구분

Ⓐ 지방(fat): 포화지방산의 비율이 높아 반고체 상태로 존재함

Ⓑ 기름(oil): 불포화지방산의 비율이 높아 액체 상태로 존재함

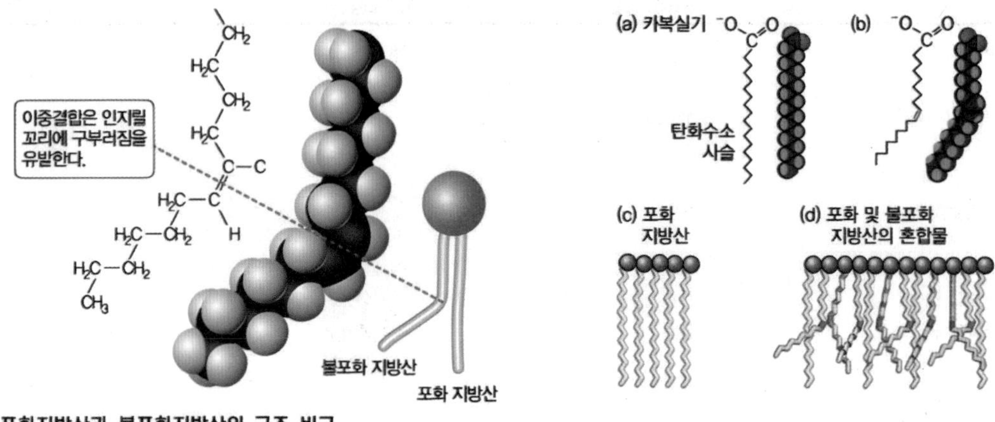

포화지방산과 불포화지방산의 구조 비교

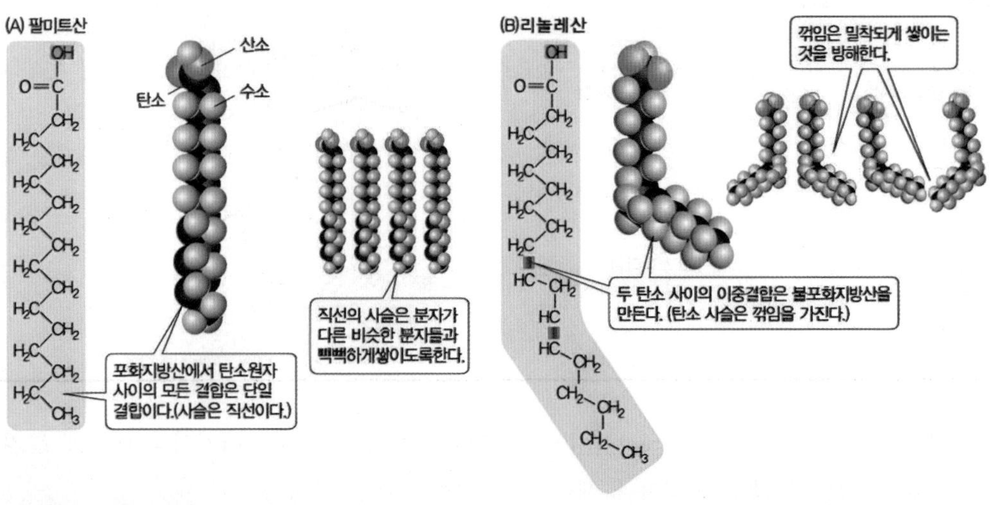

포화지방산과 불포화지방산

(A) 포화지방산의 직선의 탄화수소 사슬은 분자가 비슷한 다른 분자들과 빽빽하게 쌓이도록 한다.

(B) 불포화지방산에서는 사슬의 꺾임이 밀착되게 쌓이는 것을 방해한다.

㉡ 막구조를 형성하는 지질

ⓐ 글리세로인산지질(glycerophopholipid): 막지지로로서 글리세롤의 1번과 2번 탄소에 에스테르 결합된 2개의 지방산과 3번 탄소에 phosphodiester bond로 결합된 극성이 매우 크거나 전하를 띠는 작용기로 구성됨.

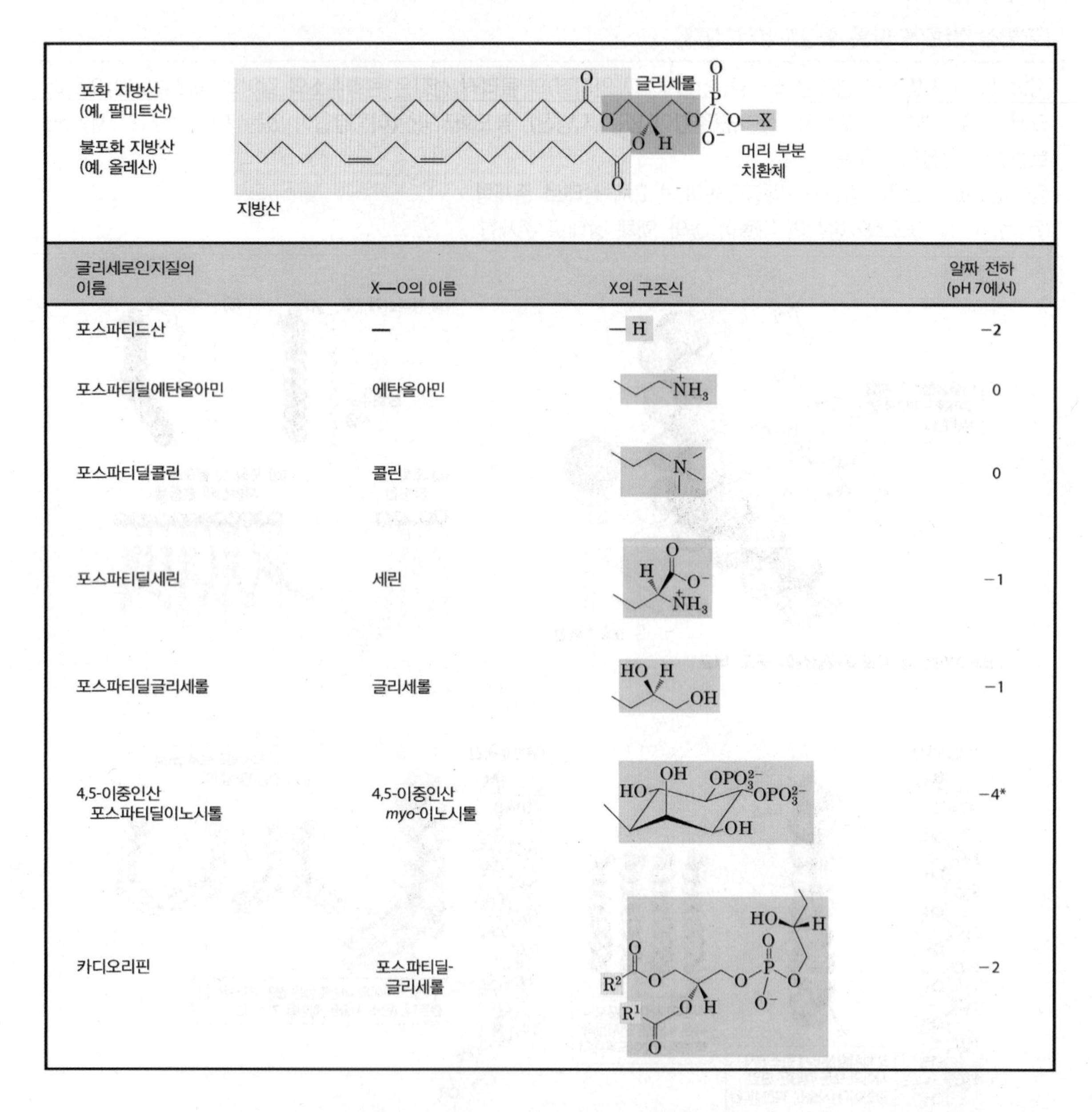

글리세로인지질의 이름	X—O의 이름	X의 구조식	알짜 전하 (pH 7에서)
포스파티드산	—	—H	−2
포스파티딜에탄올아민	에탄올아민	$-CH_2CH_2NH_3^+$	0
포스파티딜콜린	콜린	$-CH_2CH_2N^+(CH_3)_3$	0
포스파티딜세린	세린	$-CH_2CH(NH_3^+)COO^-$	−1
포스파티딜글리세롤	글리세롤	$-CH_2CH(OH)CH_2OH$	−1
4,5-이중인산 포스파티딜이노시톨	4,5-이중인산 *myo*-이노시톨	HO, OH, OPO_3^{2-}, OPO_3^{2-}, OH (이노시톨 고리)	−4*
카디오리핀	포스파티딜-글리세롤	R^1, R^2 (포스파티딜글리세롤 구조)	−2

- phosphatidylcholine(=lecithin): 세포막을 구성하는 주요 인지질로 머리에 콜린기를 지니고 있으며 막의 외층이나 계란 노른자에서 주로 발견됨

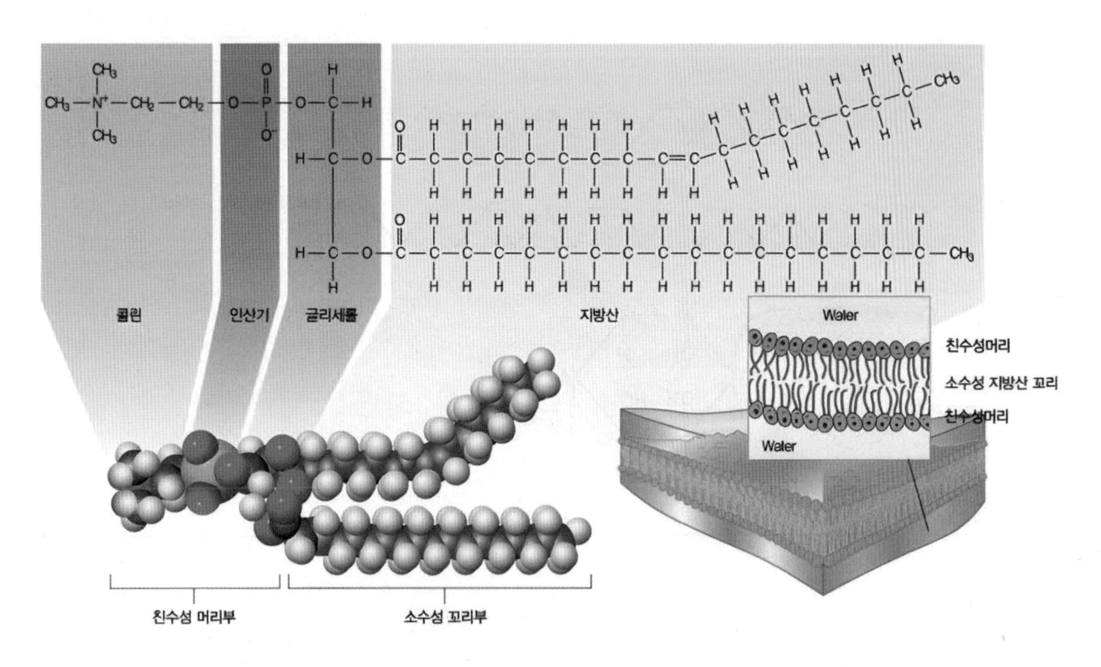

- phohsphatidylinositol(PT I): 주로 내층에 존재하는 신호전달물질 전구체

「세포내 신호전달에서의 PT I 의 역할」

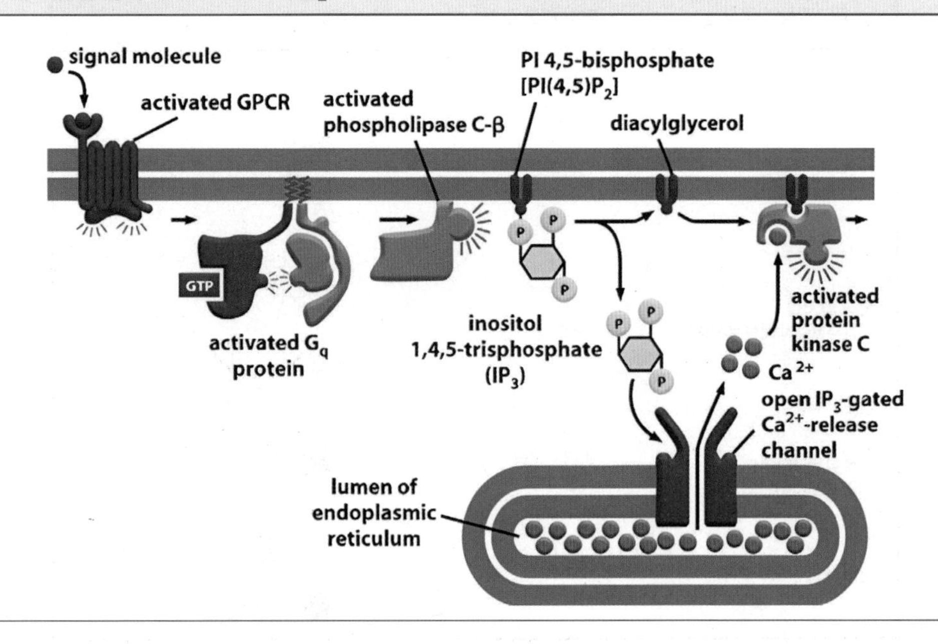

- cardiolipin(diphosphatidylglycerol): 2분자의 인지질이 단일 글리세롤에 결합한 형태로서 H^+에 대한 투과성이 낮으며 미토콘드리아, 틸라코이드막, 세균세포막에 다량 존재함

ⓑ 스핑고지질(sphingolipid): 1개의 극성 머리부분과 2개의 비극성 꼬리부분을 지니나, 글리세로인산지지로가 갈락토지질과는 달리 글리세롤을 포함하지 않음. 세포 표면의 스핑고지질은 생물학적 인식자리가 됨

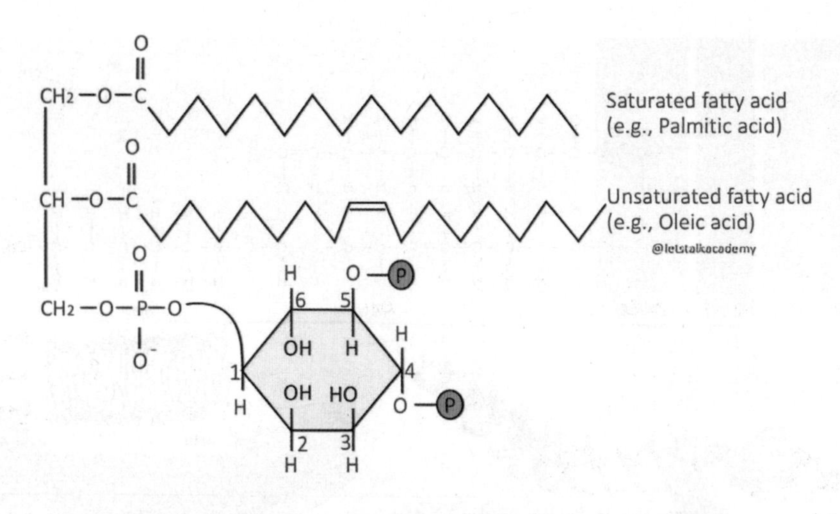

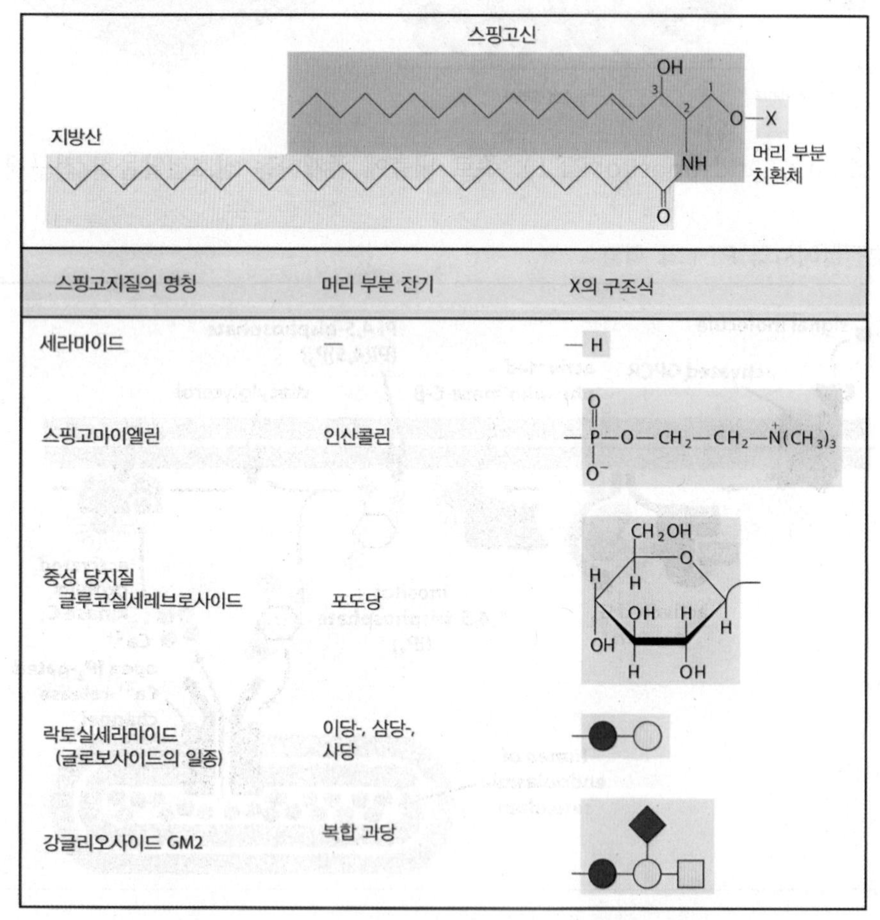

스핑고지질의 명칭	머리 부분 잔기	X의 구조식
세라마이드	—	—H
스핑고마이엘린	인산콜린	$-\mathrm{P(=O)(O^-)}-\mathrm{O}-\mathrm{CH_2}-\mathrm{CH_2}-\overset{+}{\mathrm{N}}(\mathrm{CH_3})_3$
중성 당지질 글루코실세레브로사이드	포도당	
락토실세라마이드 (글로보사이드의 일종)	이당-, 삼당-, 사당	
강글리오사이드 GM2	복합 과당	

- 스핑고미엘린(shingomyelin): 머리 부분으로 phosphochline을 지니며 동물체 내에 널리 분포하고 있는 대표적인 인지질로, 뇌 이외에도 간・척수 등에 들어 있으며 당지질과 함께 존재함
- 갱글리오시드(ganglioside): 가장 복잡한 형태의 스핑고지질로서 머리 부분에 올리고당을 지니고 있으며 말단에 하나 이상의 시알산을 지님

「혈액형을 결정하는 당스핑고지질」

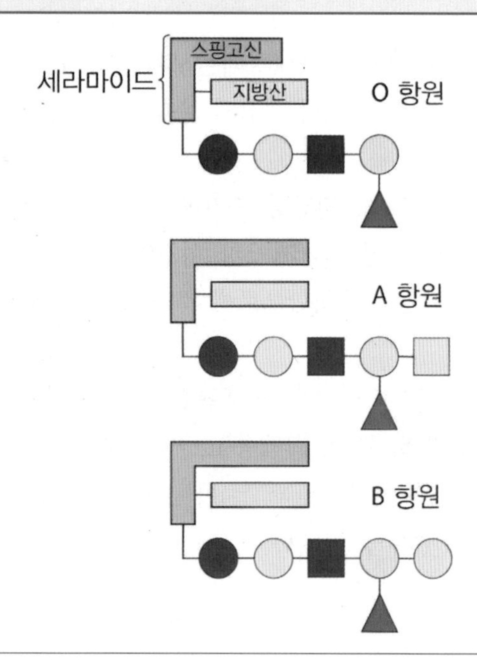

㉢ 스테로이드(steroid): 4개의 합쳐진 고리로 구성된 탄소골격이 특징이며 콜레스테롤을 전구체로 하는데 소수성 호르몬이나 담즙산염으로 작용함

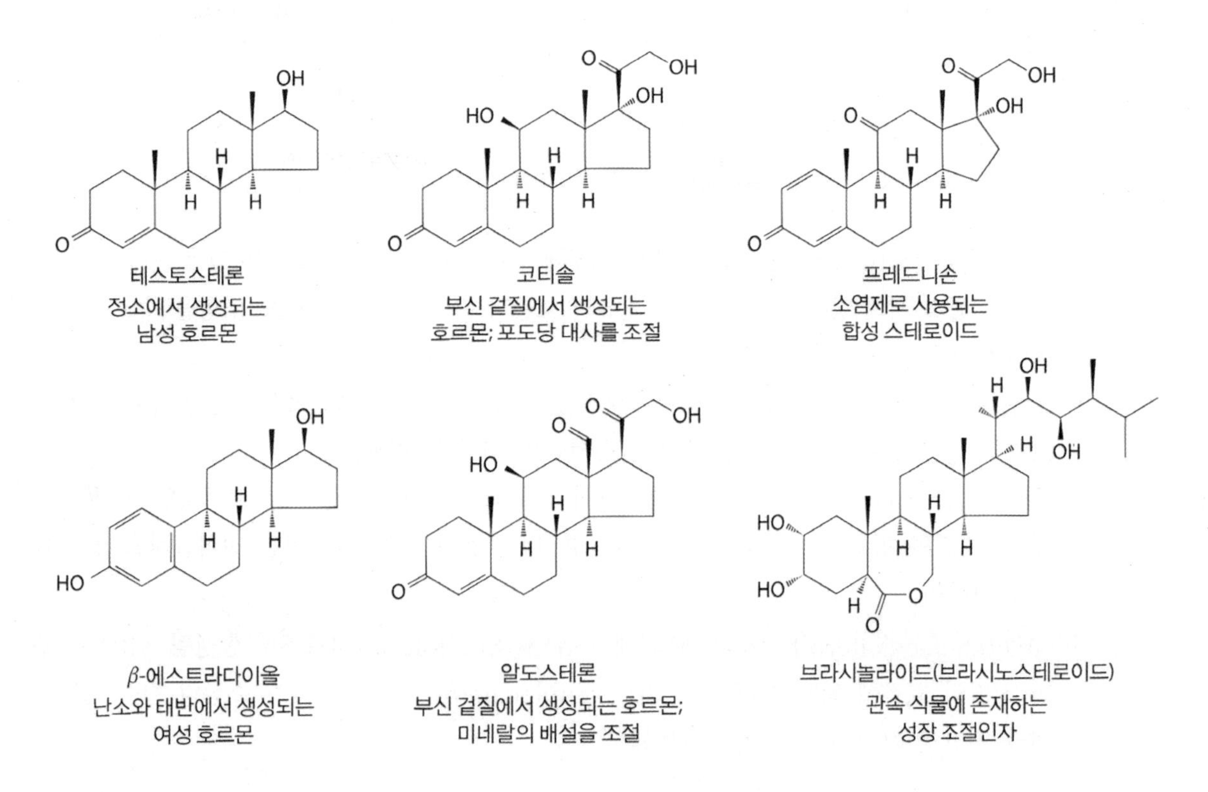

ⓐ 콜레스테롤: 동물세포막의 구성성분으로서 척추동물에서는 간에서 합성되며 동맥경화의 주요 원인이 됨

ⓑ 비타민 D_2(에르고칼시페롤): 비타민 D_3(콜레칼시페롤)와 구조적으로 유사. 동일한 생물학적 효능(창자에서의 칼슘 흡수 촉진, 뼈나 신장의 칼슘 농도 조절)을 지님. 비타민 D가 부족하면 구루병이 유발됨

ⓒ 코티솔: 부신피질에서 분비되며, 혈당량 증가에 관여함

ⓓ 테스토스테론: 생식기관의 남성화와 제 2차 성징에 관여함

ⓔ 담즙산염: 창자 내에서 지질을 유화함으로써 소화효소인 리파아제가 쉽게 작용할 수 있도록 함

㉣ 아이코사노이드(eicosanoid): 주변분비 신호물질로서, 합성된 곳 주위의 인접세포에 작용하여 생식기능, 염증반응, 발열, 통증, 혈액응고, 위산 분비 등과 관련되어 있음. 비스테로이드 항염제(NASID; 아스피린, 이부프로펜 등)가 프로스타글란딘과 트롬복세인이 만들어지는 초기과정을 촉매하는 COX를 억제함

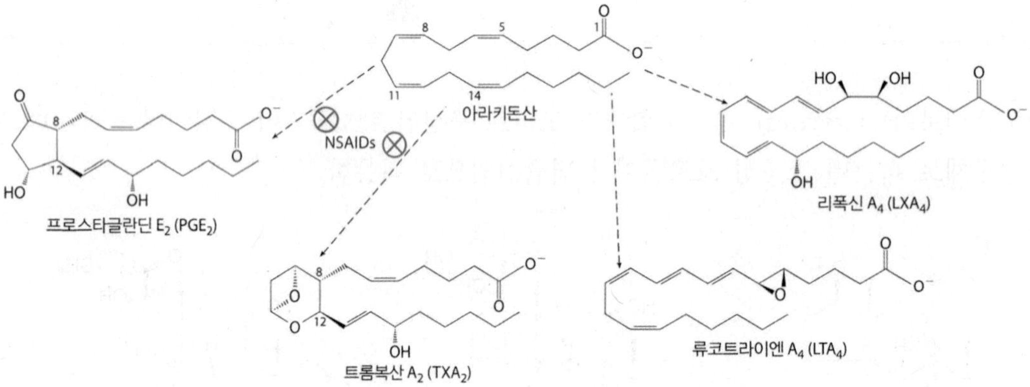

아라키돈산

NSAIDs

프로스타글란딘 E_2 (PGE_2)

리폭신 A_4 (LXA_4)

트롬복산 A_2 (TXA_2)

류코트라이엔 A_4 (LTA_4)

ⓐ 프로스타글란딘(prostaglandin): 많은 조직에서 cAMP 합성을 조절하는 작용을 수행함. 분만이나 월경 시의 평활근 수축 유발, 혈류의 흐름과 각성-수면 회로에도 영향을 주고 체온을 올리며 염증반응과 통증을 야기함

ⓑ 트롬복세인(thromboxane): 혈소판에서 만들어지며 혈액 응고의 형성에 관여하며 혈액 응고가 형성된 부위로 혈액의 흐름을 감소시키는 역할을 수행함

ⓒ 류코트리엔(leukotriene): 강력한 생물학적 신호로서 류코트리엔 D_4(류코트리엔 A_4에서 유래)는 기도의 평활근 수축을 유발하는데 류코트리엔이 과량 합성되면 천식발작을 일으킴

㉤ 소수성 비타민

ⓐ $vitD_3$(cholecalciferol): 자외선에 의해 7-dehydrocholesterol로부터 합성됨. $vitD_3$는 간과 신장의 효소에 의해 1,25-dihydroxycholecalciferol로 전환되어 소장의 칼슘 흡수와 뼈와 신장의 칼슘 농도 조절에 관여함

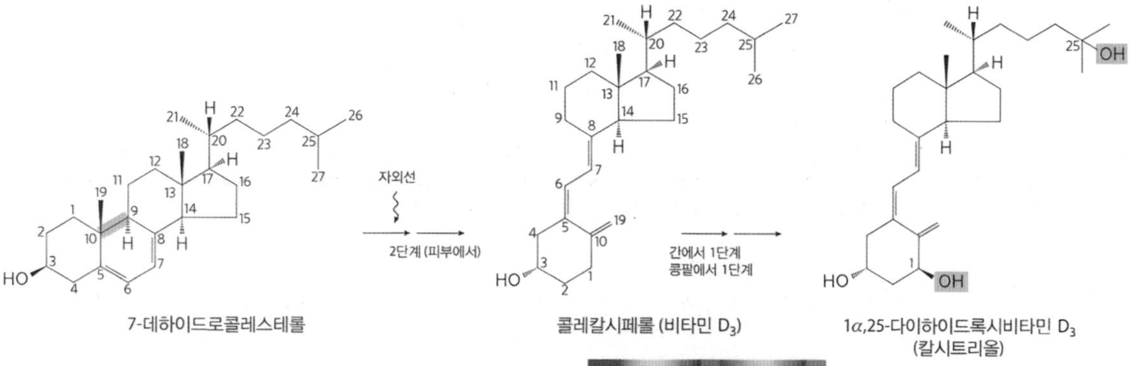

7-데하이드로콜레스테롤

자외선

2단계 (피부에서)

콜레칼시페롤 (비타민 D_3)

간에서 1단계
콩팥에서 1단계

1α,25-다이하이드록시비타민 D_3
(칼시트리올)

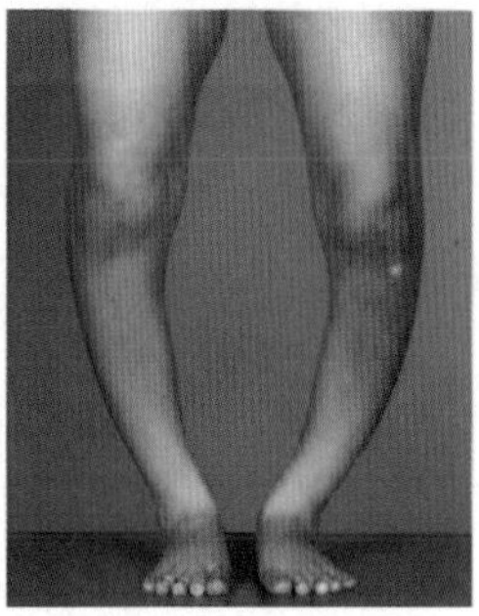

ⓑ vitA: 식물의 색소인 카로틴에서 유래하며 다양한 형태를 가지고 호르몬이나 척추동물의 눈에서 시각 색소로 작용함

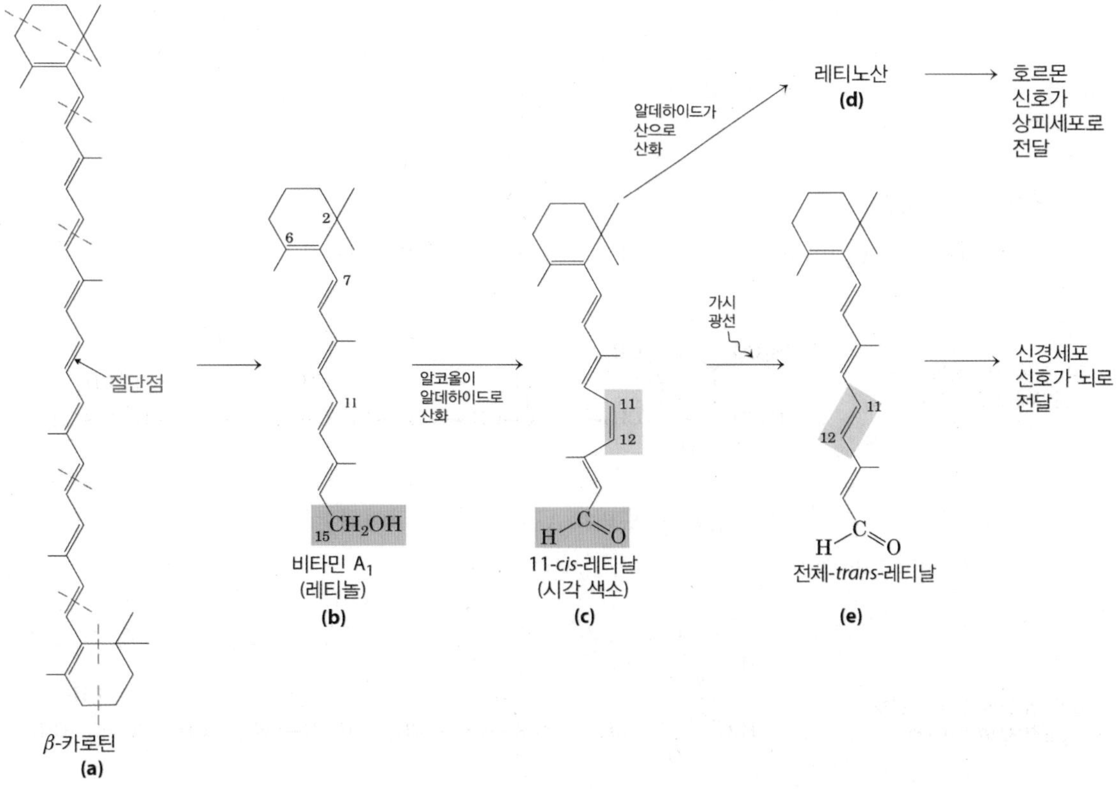

절단점

β-카로틴
(a)

비타민 A_1
(레티놀)
(b)

알코올이
알데하이드로
산화

11-*cis*-레티날
(시각 색소)
(c)

알데하이드가
산으로
산화

레티노산
(d)

호르몬
신호가
상피세포로
전달

가시
광선

전체-*trans*-레티날
(e)

신경세포
신호가 뇌로
전달

ⓒ vitE(tocopherol): 생물학적 항산화제로서 계란과 식물성 기름에 존재하며 특히 밀의 배아에 다량 존재함

비타민 E: 항산화제

HO, CH_3, H_3C, CH_3, O, CH_3

$CH_2-CH_2-CH_2-\underset{}{CH}(CH_3)-CH_2-CH_2-CH_2-CH(CH_3)-CH_2-CH_2-CH_2-CH(CH_3)-CH_3$

ⓓ vitK: 정상적 혈액응고과정에 필수적 단백질인 활성 프로트롬빈 생성과정에 관여함

비타민 K_1: 혈액 응고 보조인자 (필로퀴논)

O, O, $-CH_3$

$CH_2-CH=C(CH_3)-CH_2-(CH_2-CH_2-CH(CH_3)-CH_2)_2-CH_2-CH_2-CH(CH_3)-CH_3$

「와파린(wafarin)」

O, O, OH, $CH-$

$CH_2-C(=O)-CH_3$

비타민K의 합성 유도체이며 프로트롬빈 합성시 비타민 K의 경쟁적 억제제로 작용. 쥐에게는 매우 독성이 강하여 내출혈을 일으키는 쥐약 성분으로 이용되지만 인간에게는 유용한 항응고제로 쓰임

ⓗ 퀴논과 돌리콜

ⓐ 유비퀴논(ubiquinone): ATP 생성에 관여하는 미토콘드리아 내막의 지방 친화 전자운반체

유비퀴논: 사립체의 전자 운반체 (보조효소 Q) ($n = 4 \sim 8$)

H_3CO, H_3CO, O, O, CH_3

$CH_2-CH=C(CH_3)-CH_2-(CH_2-CH=C(CH_3)-CH_2)_n-CH_2-CH=C(CH_3)-CH_3$

ⓑ 플라스토퀴논(엽록체의 틸라코이드막): ATP 생성에 관여하는 엽록체 틸라코이드막의 지방 친화 전자운반체

플라스토퀴논: 엽록체 전자 운반체 ($n = 4 \sim 8$)

H_3C, H_3C, O, O

$CH_2-CH=C(CH_3)-CH_2-(CH_2-CH=C(CH_3)-CH_2)_n-CH_2-CH=C(CH_3)-CH_3$

ⓒ 돌리콜(dolichol): 다당이 특정 단백질안 지질에 첨가될 때 관여하는데, 막지질과 매우 강한 소수성 상호작용을 하여 부착되어 있는 당들은 당전이반응이 일어난 막부위에 고정시킴

돌리콜: 당 운반체
($n = 9 \sim 22$)

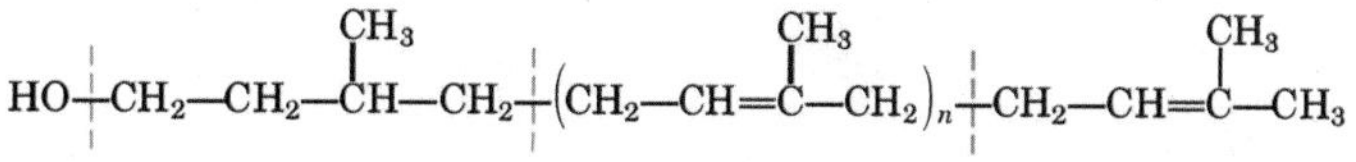

$$HO-CH_2-CH_2-\underset{}{\overset{CH_3}{\overset{|}{C}}}H-CH_2-(CH_2-CH=\overset{CH_3}{\overset{|}{C}}-CH_2)_n-CH_2-CH=\overset{CH_3}{\overset{|}{C}}-CH_3$$

(3) 지질 분석

지질은 물에 녹지 않기 때문에 조직에서 지질을 추출하고 분류하기 위해서 유기용매와 특정 기술을 필요로 함

㉠ 지질의 추출

ⓐ 중성 지질(triacylglycerol, wax, pigment 등)의 추출: 에틸에테르, 클로로포름, 벤젠 등과 같은 용매를 이용하여 추출. 이러한 용매 내에서 지질은 소수성 상호작용에 의해 덩어리를 형성하지 않아 쉽게 추출됨.

ⓑ 막지질의 추출: 에탄올이나 메탄올과 같은 극성이 조금 더 높은 유기용매를 이용하여 추출하게 되는데 이러한 용매들은 지질 분자간의 소수성 상호작용을 저하시킬 뿐만 아니라 지질이 막단백질과 결합하는데 필요한 수소결합의 강도와 정전기 상호작용도 저하시킴

㉡ 지질의 분리

ⓐ 흡착 크로마토그래피(adsorption chromatography): 실리카 젤 같은 극성물질을 유리관에 채우고, 그 관의 상부에 혼합된 지질을 넣어 분리함

- 중성지질은 흡착되지 않고 관을 통과하기 때문에 가장 먼저 용출되며, 점차 극성이 높은 용매로 관을 씻어주면, 극성도가 낮은 것부터 높은 순서로 지지링 용출되어 나옴
- 전하를 띠지 않는 극성지질은 아세톤으로 용출되며, 극성이 매우 크거나 전하를 띠는 지질은 메탄올에 용출됨

ⓑ 얇은층 크로마토그래피(thin layer chromatography; TLC): 실리카 젤을 유리판에 얇게 펴서 발라 유리판에 흡착되는 정도에 따라 분리하는 방식임

- 적은 양의 지질 시료는 클로로포름에 녹여 판의 한쪽 끝 부근에 발라 준 다음 유기 용매를 얕게 넣은 용기에 판을 담금. 용기는 용매의 포화를 위해 밀폐해야 함
- 모세관 현상에 의해 용매가 얇은 층 유리판을 따라 올라가면서 지질도 같이 이용하는데, 극성이 가장 작은 지질이 극성인 규산과 결합하는 경향이 가장 적기 때문에 제일 빨리 이동함

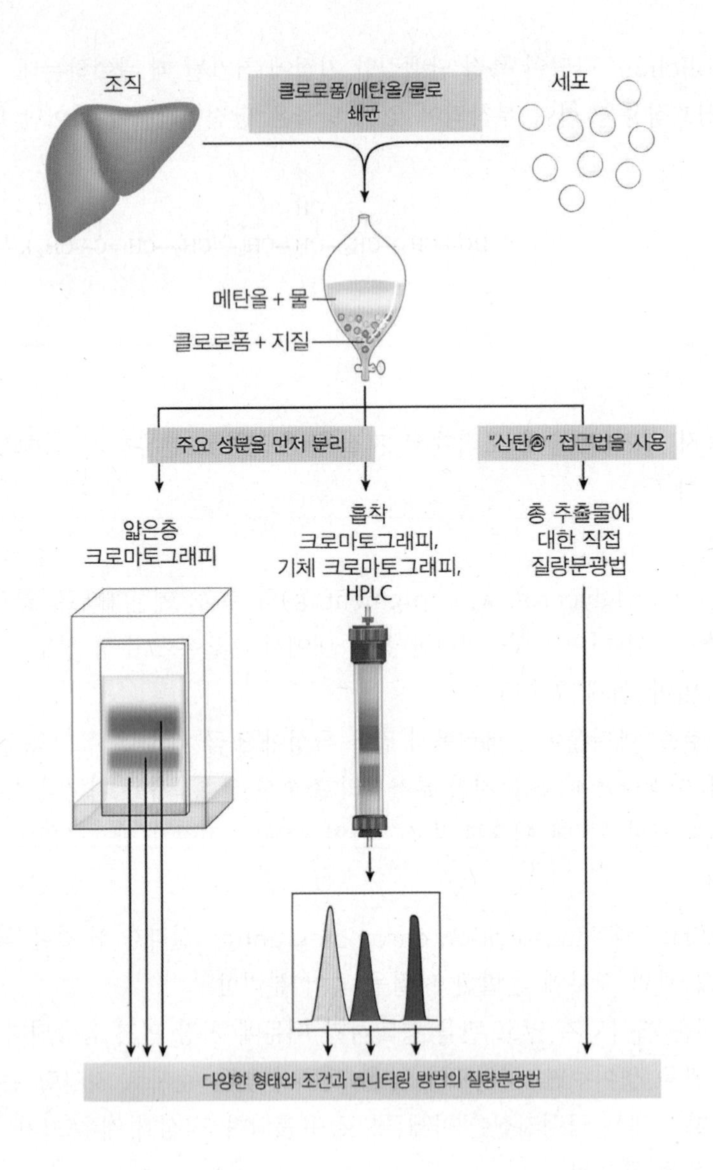

6 핵산(nucleic acid)

(1) 핵산의 구분

㉠ DNA(DeoxyriboNucleic Acid): 일부 RNA 바이러스를 제외한 모든 생명체의 유전물질로, dNTP의 중합체임. 일반적으로 이중나선 구조로 존재하여 매우 안정하고 상보적으로 자기 복제가 가능함

㉡ RNA(RiboNucleic Acid): 일부 바이러스의 유전물질이기도 하며 DNA의 전사과정을 통해 형성됨

ⓐ rRNA(robosomal RNA): 단백질을 생합성하는 복합체인 리보솜의 구성 성분

ⓑ mRNA(messenger RNA): 전령자로서, 한 개 또는 몇 개의 유전자로부터 유전정보를 리보솜으로 운반하는 기능을 가지고 있으며 리보솜에서 유전정보에 따라 해당 단백질을 합성할 수 있음

ⓒ tRNA(transfer RNA): 연결자 분자로서, mRNA의 유전정보에 따라 그 특이적 아미노산을 리보솜으로 운반하는 기능을 담당

(2) 뉴클레오티드(nucleotide): 핵산을 구성하는 단량체

㉠ 뉴클레오티드의 구조

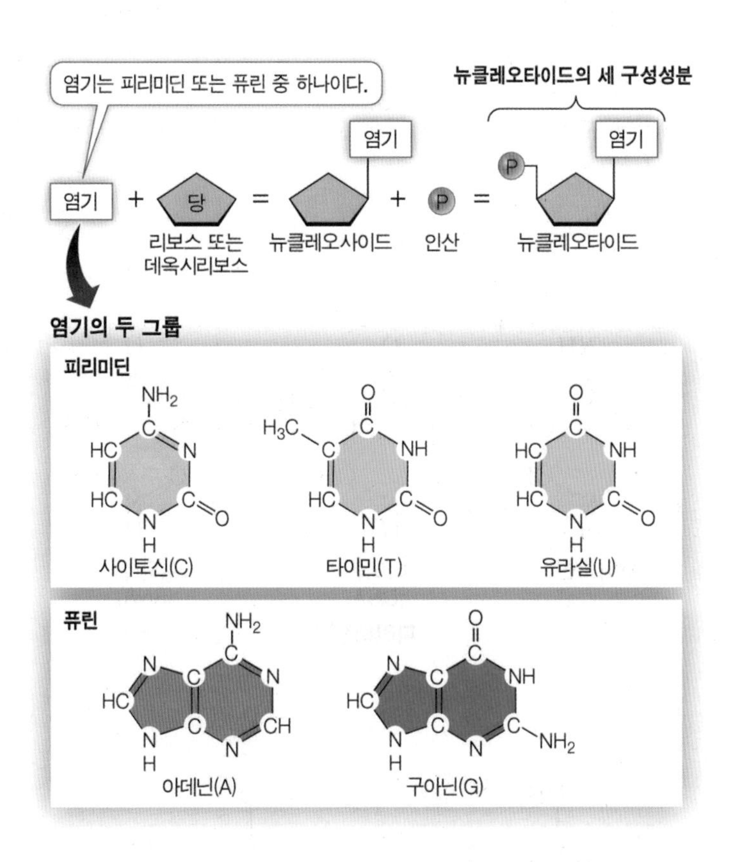

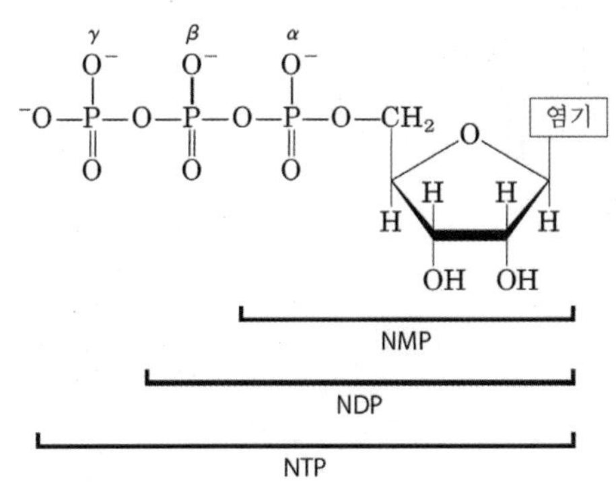

5′-인산 라이보뉴클레오사이드의 약자			
염기	일-	이-	삼-
아데닌	AMP	ADP	ATP
구아닌	GMP	GDP	GTP
사이토신	CMP	CDP	CTP
유라실	UMP	UDP	UTP

5′-인산 데옥시라이보뉴클레오사이드의 약자			
염기	일-	이-	삼-
아데닌	dAMP	dADP	dATP
구아닌	dGMP	dGDP	dGTP
사이토신	dCMP	dCDP	dCTP
타이민	dTMP	dTDP	dTTP

ⓐ 오탄당(pentose): ribose(2'-OH)와 deoxyribose(2'-H)로 구분

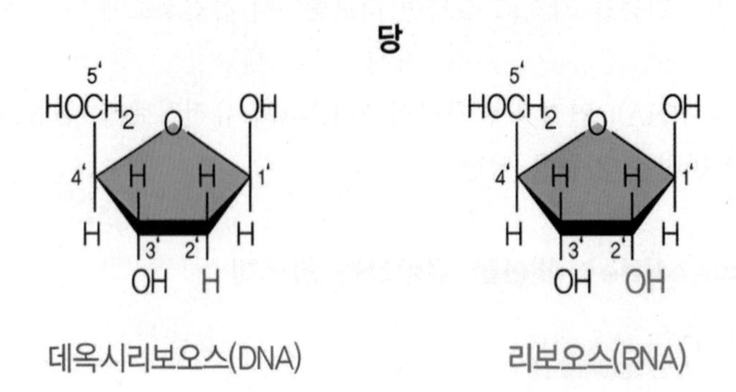

ⓑ 질소염기(nitrogenos base): 탄소와 질소가 포함된 염기성 고리구조로 핵산의 유전정보를 지니며 질소염기에 포함된 공유 전자쌍은 260nm의 자외선에 대한 강한 흡광도(aborbance)를 나타냄

- 피리미딘(pyrimidine; 단일 고리 구조): 시토신(C), 티민(T; DNA에만 존재), 우라실(U; RNA에만 존재)

사이토신　타이민 (DNA)　유라실 (RNA)

피리미딘

- 퓨린(purine; 이중 고리 구조): 아데닌(A), 구아닌(G)

아데닌　구아닌

퓨린

㉡ 여러 가지 뉴클레오티드의 구분

ⓐ dNTP(deoxyNucleoside TriPhosphate): DNA를 구성하는 뉴클레오티드

ⓑ NTP(Nucleoside TriPhosphate): RNA를 구성하는 뉴클레오티드

뉴클레오타이드:	데옥시아데닐산 (5′-일인산 데옥시아데노신)	데옥시구아닐산 (5′-일인산 데옥시구아노신)	데옥시타이미딜산 (5′-일인산 데옥시타이미딘)	데옥시사이티딜산 (5′-일인산 데옥시사이티딘)
기호:	A, dA, dAMP	G, dG, dGMP	T, dT, dTMP	C, dC, dCMP
뉴클레오사이드:	데옥시아데노신	데옥시구아노신	데옥시타이미딘	데옥시사이티딘

뉴클레오타이드:	아데닐산 (5′-일인산 아데노신)	구아닐산 (5′-일인산 구아노신)	유리딜산 (5′-일인산 유리딘)	사이티딜산 (5′-일인산 사이티딘)
기호:	A, AMP	G, GMP	U, UMP	C, CMP
뉴클레오사이드:	아데노신	구아노신	유리딘	사이티딘

「뉴클레오티드의 중요한 예 몇 가지」

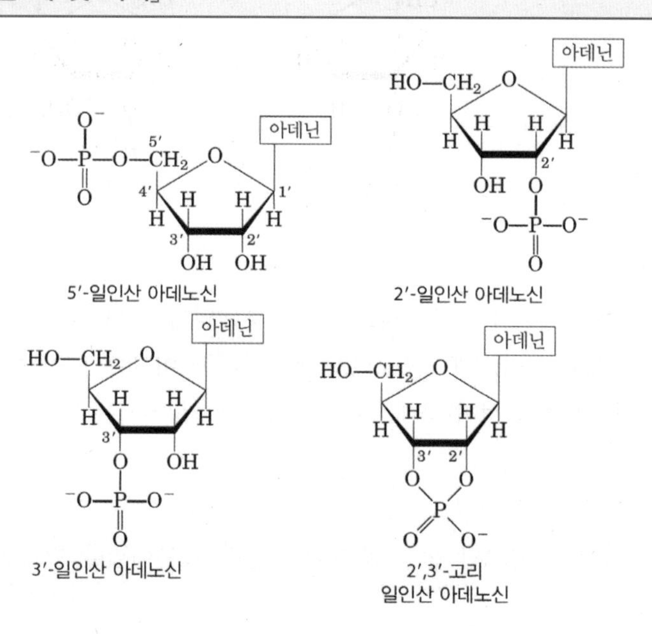

Ⓐ ATP(Adenosine TriPhosphate): 생명체에게 있어서 “에너지 화폐”

Ⓑ cAMP: 세포 내의 중요한 신호전달물질. ATP→cAMP 반응은 adenylyl cyclase에 의해 촉매됨

(3) 핵산의 일반적은 구조와 특성

㉠ 핵산의 골격: 인산이에스테르 결합(phosphodiester bond) 형성을 통해 골격이 형성되는데 DNA와 RNA의 골격은 모두 인산이에스테르 결합의 음전하로 양전하를 갖는 히스톤 단백질이나 염색약(아세트산카민, 메틸렌블루, 헤마톡실린)과 이온결합이 가능함

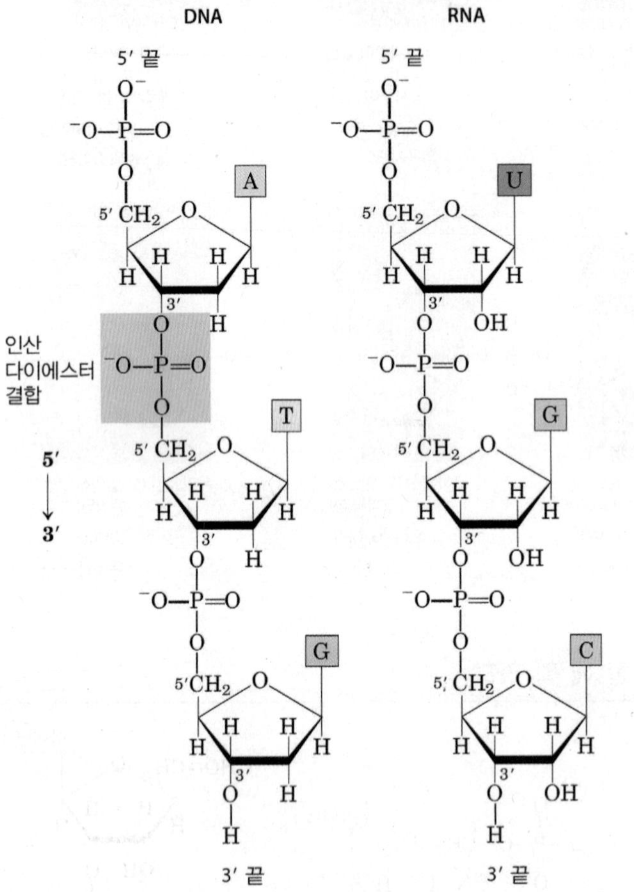

DNA
RNA
5′ 끝
인산 다이에스터 결합
5′ → 3′
3′ 끝

㉡ RNA의 불안정성

ⓐ 알칼리성 조건하에서는 RNA는 재빨리 가수분해되어 분해되는 반면 DNA는 염기쌍 간의 수소결합만 저해되어 단일가닥으로 변성됨. 이러한 이유는 RNA가 지니고 있는 2'-OH가 알칼리성 조건에서 반응성이 극대화되기 때문. 강산성에서는 DNA, RNA 분자의 염기가 모두 분해됨

ⓑ 알칼리에서 RNA가 분해되는 점을 이용하여 DNA, RNA 혼합물에서 알칼리를 처리하여 RNA는 분해시키고 DNA만 순수 분리하는 알칼리 분해법을 이용함

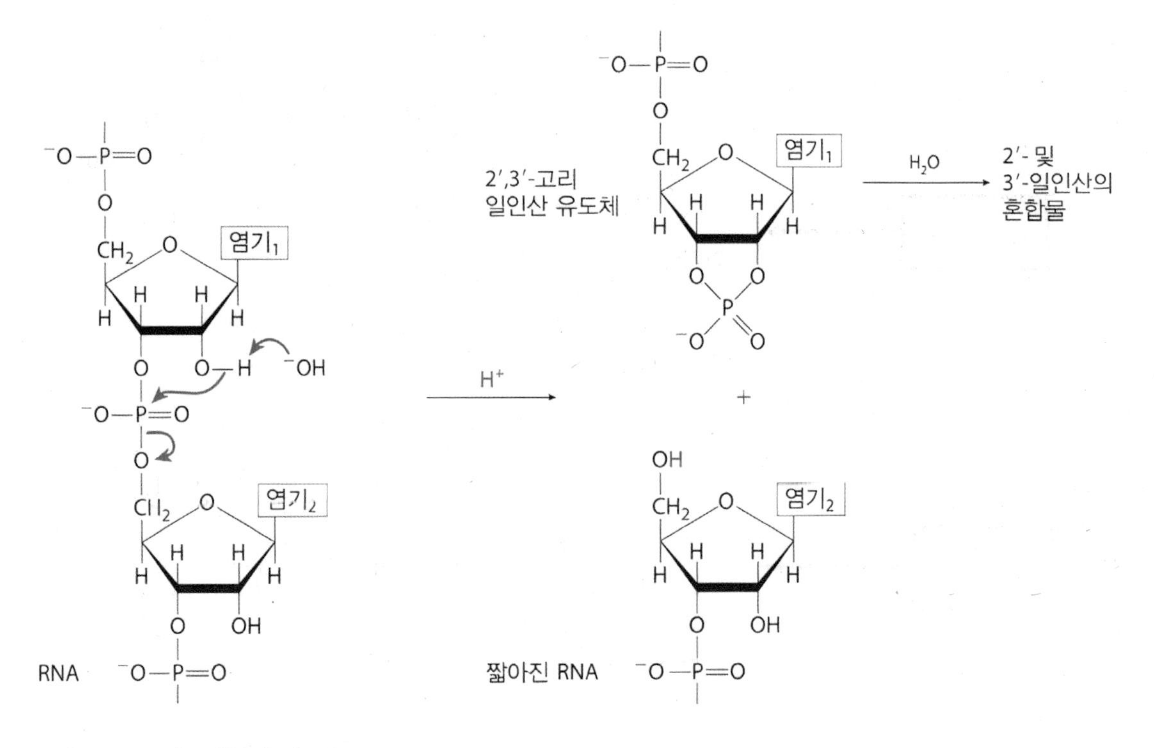

㉢ DNA의 이중나선 구조

ⓐ DNA의 개괄적 구조

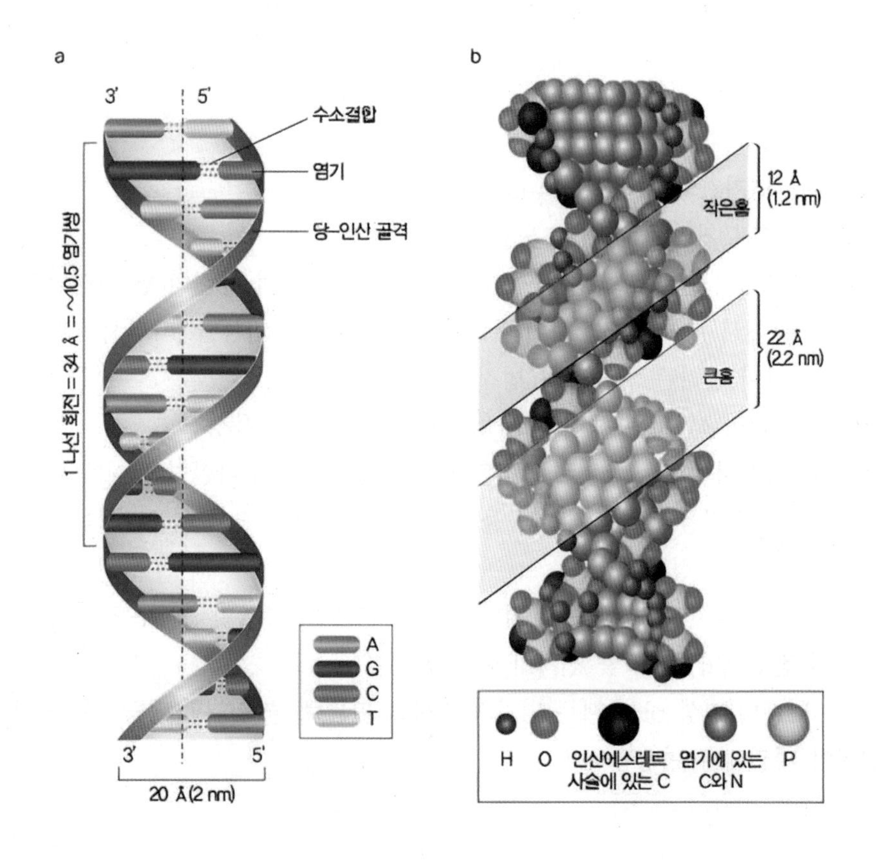

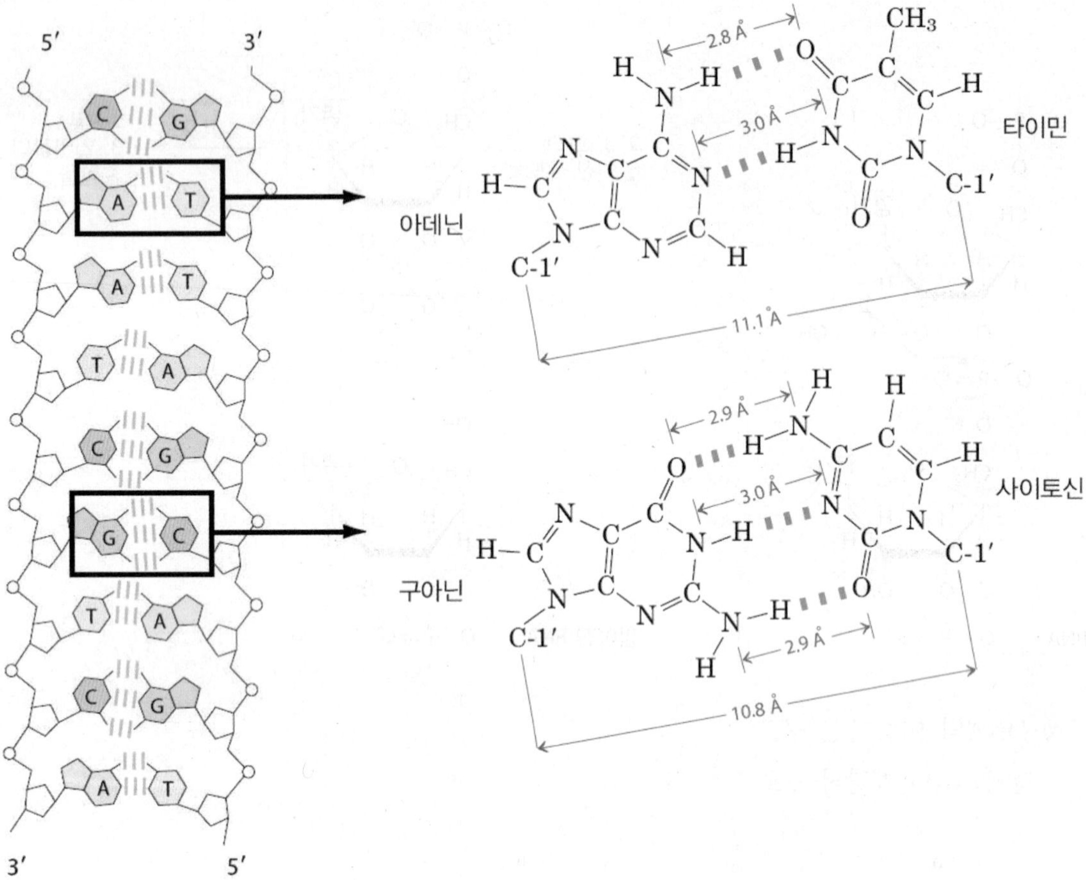

- 이중나선의 폭: 2nm
- 이웃하는 염기간의 거리: 0.34nm
- 나선의 1회전 거리: 3.4nm

ⓑ DNA 구조에서의 염기의 특성과 샤가프 법칙: 피리미딘과 퓨린의 염기 사이에 형성되는 수소결합을 통해서 핵산 2가닥 사이의 상보적 수소결합이 가능함. 따라서 A과 T의 양이 같고 G과 C의 양이 같다는 샤가프의 법칙이 도출됨

- 퓨린과 피리미딘염기는 생리적 pH(7.4)의 수용액에 불용성임
- 생리적 pH에서 수소결합으로 연결된 염기쌍의 평면들이 나란히 쌓이게 되면 염기간의 반데르발스 상호작용으로 염기쌍과 물의 접촉이 극소화되면서 이중나선을 형성하여 핵산의 3차원 구조가 안정화됨
- A와 T(U), G과 C 간의 상보적 결합은 이중가닥의 DNA 및 DNA-RNA 혼성체에서 형성되어 유전정보의 복제 및 전사가 가능함
- 산성이나 알칼리성 pH에서는 염기가 전하를 띠므로 물에 대한 용해도는 증가하면서 수소결합이 파괴되어 변성됨

ⓒ DNA의 변성: DNA 용액을 충분히 가열하면 수소결합이 끊어지는데 이를 DNA의 변성이라 함. DNA의 변성은 T_m값(melting temperature; DNA 가닥이 절반 변성되었을 때의 온도)과 관련있음

- DNA 길이가 길수록, 염기중 GC 비율이 높을수록 T_m값은 높아짐

「GC 비율과 T_m값 간의 관계」

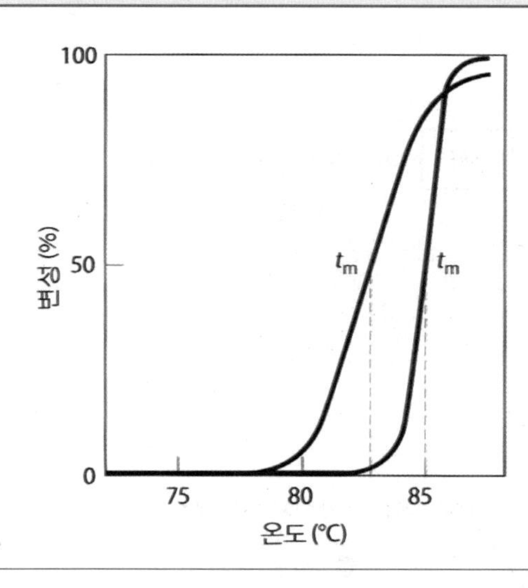

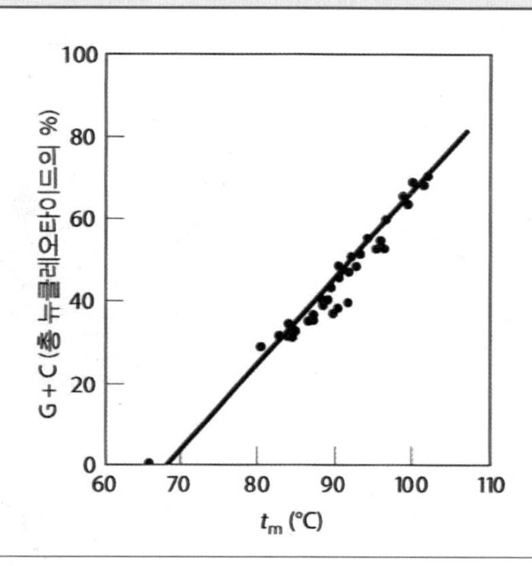

- DNA 변성을 촉진하는 조건: 고온, 높은 pH, 낮은 염농도, formamide, guanidine, urea 등이 DNA 변성을 유발함. 특히 formamide, guanidine, urea와 같은 물질들의 공통점은 수소결합을 이룰 작용기를 많이 갖고 있다는 것인데 이와 같이 비교적 크기가 작은 분자들이 helix의 미세한 틈을 파고들어 염기와 수소결합을 이루게 되고 결국 renaturation 속도를 저하시키게 됨. 이러한 화학물질들은 높은 온도나 높은 pH 같은 극한 상황을 피하면서 helix를 변성시킬 수 있기 때문에 혼성화 등의 실험에서 빈번하게 이용됨

(4) 핵산의 분리정제 및 정량

㉠ 핵산의 추출: 유전공학에서의 가장 기본적인 기술 중에 하나임

ⓐ DNA의 추출: 진핵세포의 경우 DNA는 세포핵 내에 대부분 존재하지만 핵 DNA는 염기성 단백질인 히스톤 및 그 외의 단백질과 결합하여 크로마틴 복합체로 존재함. 따라서 DNA 추출 정제에는 단백질 제거 조작이 필요한데, 단백질 제거 방법으로는 일반적으로 단백질 변성제인 SDS(sodium dodecyl sulfate)를 이용하여 단백질을 변성제거하여 DNA를 추출함. 혼재하는 RNA는 ribonuclease로 제가하며 마지막으로 냉 에탄올에 의해 침전시켜 DNA를 추출 정제함

ⓑ RNA의 추출: 조직 또는 세포 추출액을 산성으로 하여 phenol 추출을 시행하려면 RNA는 수층에 남지만 DNA는 중간층으로 이동하는 것을 이용하여 RNA만을 분리하게 됨. RNA는

DNA보다 분해되기 쉬운 물질인데 사용 용액이 알칼리성이거나 ribonuclease가 혼합된 경우에 RNA 분해가 일어남. 따라서 RNase의 불활성화 과정이 필요하며 DNase를 이용하여 DNA를 분해하면 됨

ⓛ 핵산 전기영동: 아가로오스 젤이나 폴리아크릴아마이드 젤을 통해 핵산을 loading시키며 보통 아가로오스 젤을 이용하지만 핵산의 크기가 아주 작을 것이라고 예상되는 경우는 폴리아크릴아마이드 젤을 이용함. 분리된 핵산을 염색하는 경우 EtBr 용액에 젤을 잠시 담근 후에 UV를 쬐어주며 polaroid 필름을 통해 결과를 확인함

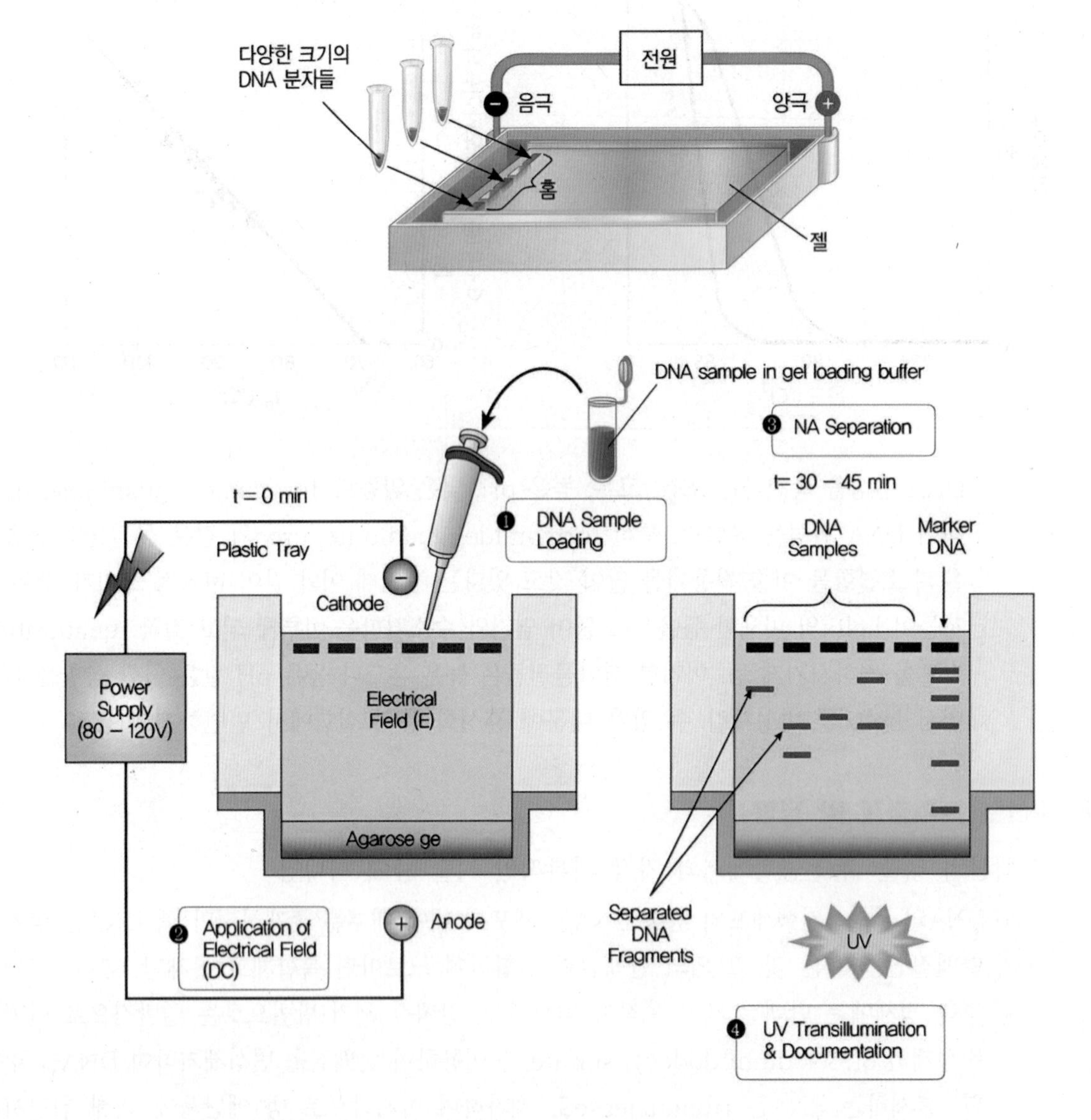

ⓒ 핵산의 정량: 핵산은 분광광도계를 통해 A_{260}값을 확인하여 정량해야 함

「분광광도계를 통한 농도 측정」

- 어떤 특정 파장에서 용액에 의하여 흡수되는 입사광의 양은 흡수층의 두께와 흡광물질의 농도와 관계 있음. 이것을 람베르트-베르 법칙이라고 하며 다음과 같은 식으로 표시됨
- A(absorbance; 흡광도)=$\log\frac{I_0}{I}=\varepsilon cl$
  (I_0=입사광의 세기, I=투과광의 세기, c=흡광시료의 농도, l=흡광시료의 투과길이, ε=몰흡광계수)
- 투과의 길이를 고정한 흡수층에서 흡광도 A는 흡광용액의 농도에 직접적으로 비례함

ⓐ DNA의 정량: DNA 염기는 260nm 부근에서 흡수극대치를 가지기 때문에 DNA를 PBS buffer에 희석하여 이 파장의 흡광계수를 구함. 특히 불순물의 단백질이나 정제시 사용된 phenol은 280nm 부근에서 흡수극대치를 갖기 때문에 반드시 측정파장을 이용하여 280nm에서의 시료의 흡광계수를 함께 구하고 에탄올 침전을 통해 phenol을 제거해야 함. 이 때 순도는 A_{260}/A_{280}값을 기준으로 함. 이중 가닥의 DNA 50㎍/ml의 A_{260}이 약 1.0이며 고순도 DNA의 경우 A_{260}/A_{280}값이 약 1.8~2.0 정도 됨

ⓑ RNA의 정량: RNA의 경우 40㎍/ml의 A_{260}이 1.0이며 이 때, 280nm 부근에 peak가 있는 경우에는 phenol의 흡수 때문인데 에탄올 침전을 하면 phenol을 제거할 수 있음

7 단백질(protein)

(1) 단백질의 특성

㉠ 모든 단백질은 유전자에 의해 암호화되어 있음

㉡ 단백질의 구조는 아미노산서열에 의해 결정됨

㉢ 단백질의 기능은 구조에 의존적임

㉣ 특정 단백질은 대개 몇 개의 안정적인 구조로 존재함

㉤ 단백질의 특정 구조 유지에 중요한 힘은 비공유결합성 상호작용임

㉥ 공통적 구조 패턴이 존재함

㉦ 생체 내에서 아주 다양한 역할을 수행하는 원형질의 주성분임

(2) 단백질의 기능

단백질의 종류	기능	예
효소 단백질	화학반응의 선택적 가속화	소화효소는 음식물에 있는 중합체의 가수분해를 촉매한다.

단백질의 종류	기능	예
구조 단백질	지지	곤충과 거미는 고치와 거미줄을 만드는 데 명주실을 사용한다. 콜라겐과 엘라스틴은 동물의 결합조직에서 섬유구조를 제공해준다. 케라틴은 머리카락, 뿔, 깃털, 그 밖에 피부 부속기관의 단백질이다.
저장 단백질	아미노산의 저장	오브알부민은 달걀 흰자의 단백질인데, 발달 과정에 있는 배의 아미노산 공급원으로 사용한다. 우유 단백질인 카제인은 포유동물 새끼의 주된 아미노산 공급원이다. 식물은 종자에 저장단백질을 지님
운반 단백질	다른 물질의 운반	척추동물 혈액에서 철을 함유하고 있는 단백질인 헤모글로빈은 산소를 폐로부터 몸의 다른 부분으로 운반한다. 또 다른 단백질은 세포막을 가로질러 분자를 운반한다.
호르몬 단백질	생명체의 활성 조절	이자에서 분비되는 호르몬인 인슐린은 척추동물의 혈액에서 혈당 농도 조절을 돕는다.
수용체 단백질	화학 자극에 대한 세포의 반응	다른 신경세포에서 방출되는 화학신호를 감지하는 신경세포막의 수용체
수축 및 운동 단백질	운동	액틴과 미오신은 근육운동을 담당한다. 다른 단백질은 섬모와 편모 같은 세포소기관의 파동운동을 담당한다.
방어 단백질	질병에 대한 방어	항체는 박테리아나 바이러스와 싸운다.

(3) 단백질의 구조

㉠ 아미노산(amino acid): 단백질을 구성하는 단량체로 생체 내에는 20종류가 존재함

ⓐ 대부분의 아미노산은 L-광학이성질체임

ⓑ R기에 따라 아미노산은 몇몇 부류로 구분됨

「아미노산의 종류」

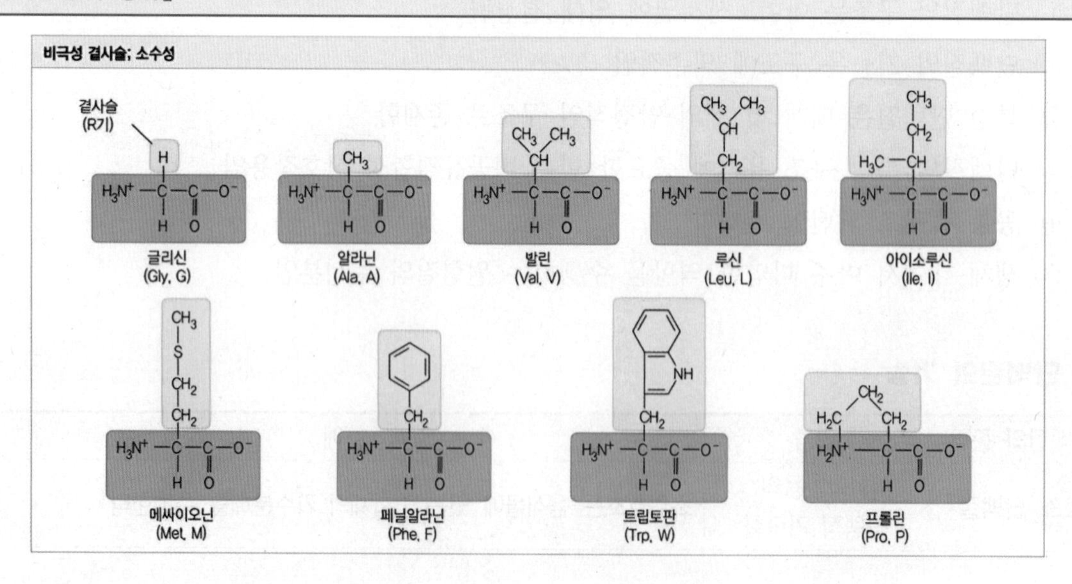

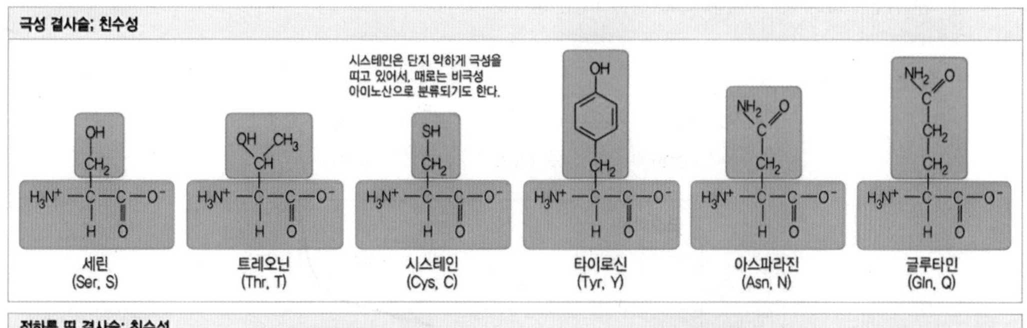

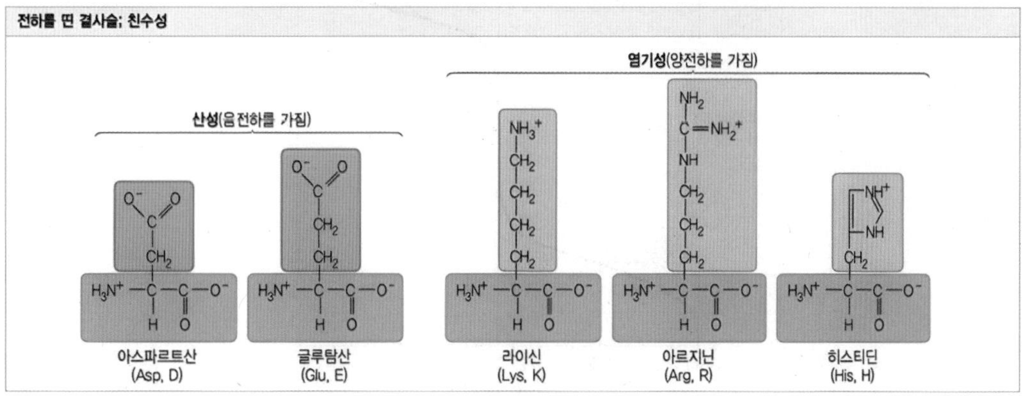

Ⓐ 비극성, 지방족 R기: 소수성 상호작용(Ala, Val, Leu, Ile)을 통해 단백질 구조 안정화시키는데 Gly은 너무 작아 소수성 상호작용에 직접적 영향을 주지 않아 제외함
  1. 프롤린: 해당 폴리펩티드 부위의 구조적 유연성을 감소시킴
  2. 메티오닌: 황(S)을 함유함

Ⓑ 방향족 R기: 소수성 상호작용에 관여할 가능성이 있음. 파장 280nm에서 강한 흡광성을 보이는데 이는 단백질 정량분석에 280nm 파장의 자외선이 이용되는 이유가 됨

Ⓒ 극성, 비전하 R기: 친수성 R기임
  1. 아스파라진, 글루타민: 산 또는 염기에 의해 쉽게 가수분해 되어, 각각 아스파르트산과 글루탐산으로 전환됨
  2. 시스테인: 이황화결합(소수성 결합) 형성에 관여함

Ⓓ 양전하(염기성) R기: 생체 내에서 양전하(+)를 띰
  1. 히스티딘: 생체 내에서 전자 주개나 발개로 작용하며 헤모글로빈의 산소결합에 관여함
  2. 리신, 아르기닌: DNA 결합 단백질인 히스톤의 주요 아미노산이 됨

Ⓔ 음전하(산성) R기: 생체내에서 음전하(-)를 띰

ⓒ 아미노산은 산과 염기로 작용함. 아미노산이 물에 용해되면 양쪽성 이온(zwitterion)으로 존재하여 pH변화에 대한 완충제로 작용함

$$\underset{\text{Zwitterion}}{R-\overset{H}{\underset{^{+}NH_3}{C}}-COO^-} \rightleftharpoons R-\overset{H}{\underset{NH_2}{C}}-COO^- + H^+ \qquad \underset{\text{Zwitterion}}{R-\overset{H}{\underset{^{+}NH_3}{C}}-COO^-} + H^+ \rightleftharpoons R-\overset{H}{\underset{^{+}NH_3}{C}}-COOH$$

ⓓ 아미노산은 특정 적정곡선을 지니며 적정곡선으로부터 아미노산의 전하를 예측할 수 있음.

아래 설명은 Gly을 기준으로 하여 진술한 것임

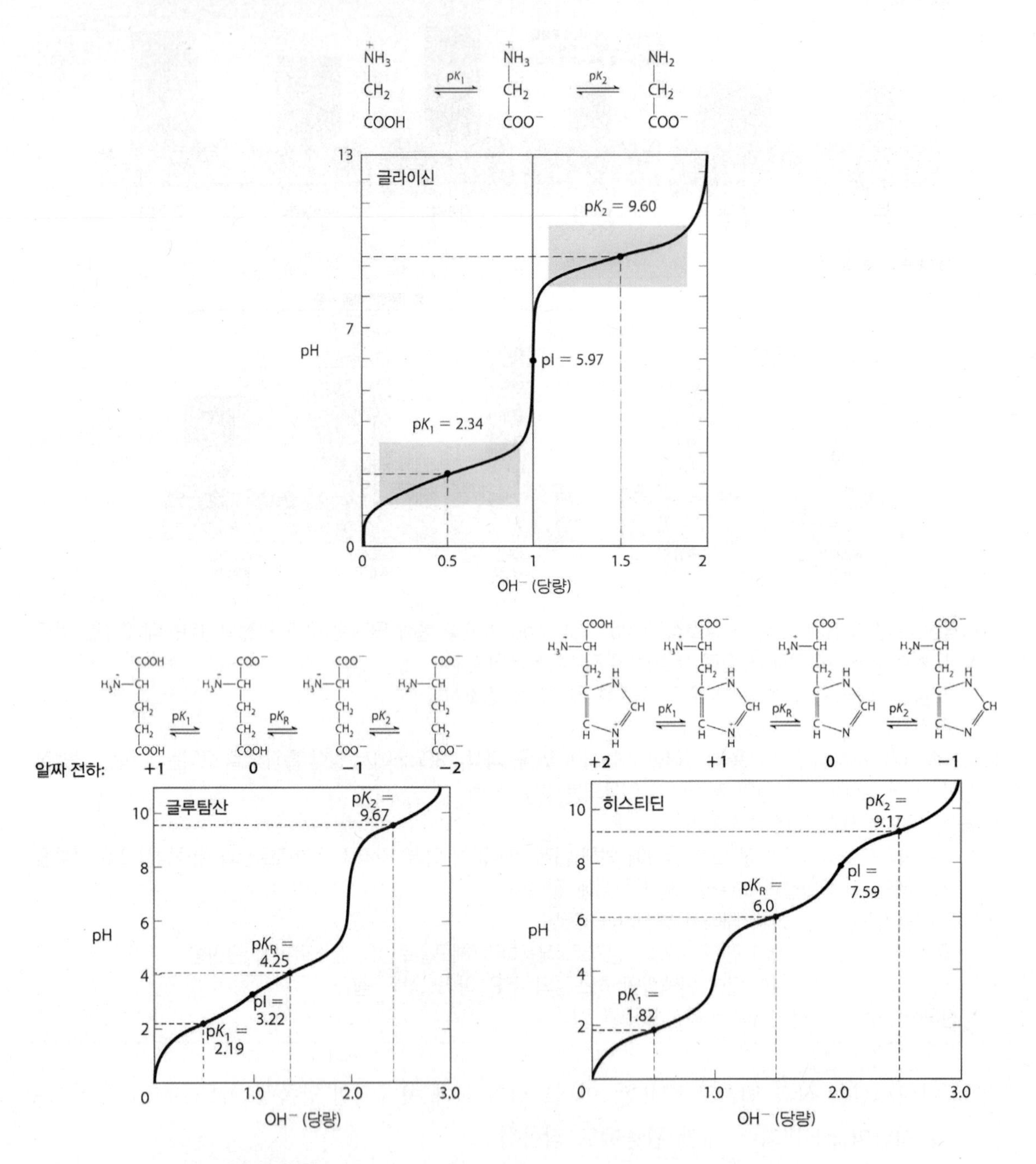

- 적정곡선과 pKa값: 이온화 작용기의 pKa값을 정량적으로 측정할 수 있으며 아미노산의 완충작용을 나타내는 2개의 영역을 알 수 있음. Gly의 경우 -COOH의 pKa값은 2.34이며 -NH2의 pKa값은 9.60이고 각 pKa값 부근의 pH에서 Gly은 좋은 완충제로 작용할 수 있음
- 적정곡선을 통해 알 수 있는 알짜 전하와 용액의 pH의 관계: Gly의 경우 pH 5.97에서는 완전히 이온화된 양극성 이온형태로 존재하는데 알짜 전하는 0이 되며 이 때의 pH를 등전

점(isoelectric point; pI)이라고 하는데 곁사슬에 이온화되는 작용기를 갖지 않는 Gly의 경우 pI=$\frac{1}{2}(pK_1+pK_2)=\frac{1}{2}(2.34+9.60)=5.97$과 같은 식을 통해 구해질 수 있음. 등전점보다 높은 pH에서는 음전하를 띠게 되고 등전점보다 낮은 pH에서는 양전하를 띠게 된다는 점을 주목해야 함

- 완충 범위 내에서의 산(양성자 주개)와 염기(받개)의 비율 계산

$$pH=pK_a+\log\frac{[A^-;\text{염기}]}{[HA;\text{산}]}$$

ⓛ 단백질의 구조 단계

ⓐ 1차 구조(primary structure): 아미노산 서열로서 단백질의 구조를 결정하게 됨. 단백질의 1차 구조 합성은 리보솜에서 이루어짐

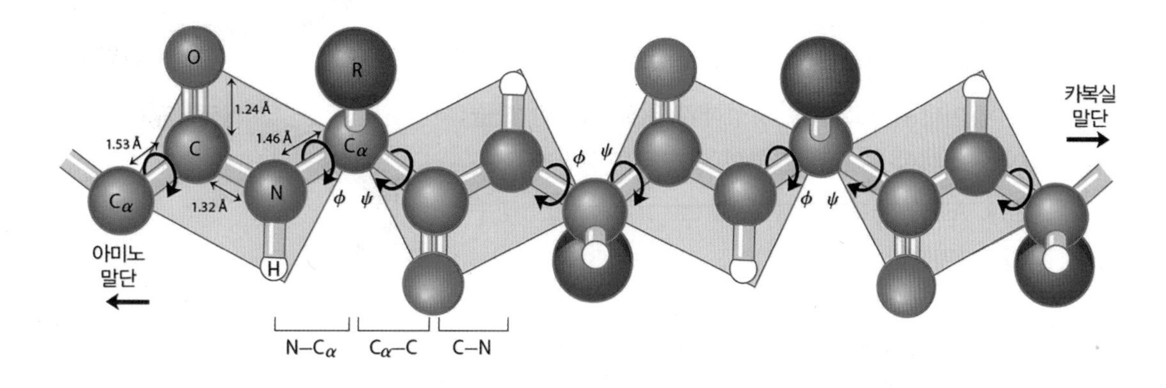

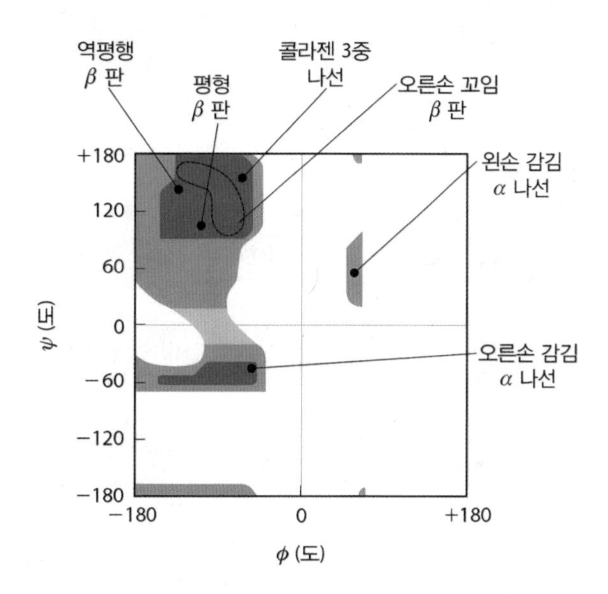

ⓑ 2차 구조(secondary structure): 단백질에서의 반복적으로 꼬이거나 접히는 폴리펩티드 사슬 단편으로 단백질의 전체적 구조에 기여함. 이러한 꼬임과 접힘은 아미노산 곁사슬 간의 결합이 아니라 폴리펩티드 골격에서 반복되는 구성요소 간의 수소결합 때문임

- α helix: 우선성이며, 단백질 2차 구조에서 흔하게 보이고 N-H⋯O=C 간의 수소결합을 통해 형성됨. Gly, Pro은 α helix 구조에서 잘 보이지 않음 ex. α keratin: 머리카락의 성분
- α-나선의 N-말단에 위치한 N—H기 4개와 C-말단에 위치한 C=O기 4개는 수소결합을 형성할 파트너가 없다. 근처에 있는 다른 공여체작용기나 수용체 작용기와 수소결합이 형성되는 것을 나선의 캡구조형성(helix capping)이라 한다. 이러한 캡 형성작용에는 나선 구조의 양 끝에 위치한 비극성 결사슬들에 의한 소수성 상호작용도 일부 관여되어 있다.
- β sheet: 폴리펩티드 사슬이 병풍 구조로 조직화된 것이며 수소결합을 형성하기 위해 평행한 사슬이 근접해야 하므로 일부의 단백질은 R기가 작은 Gly, Ala을 풍부하게 함유함 ex. β keratin: 명주실, 거미줄의 성분

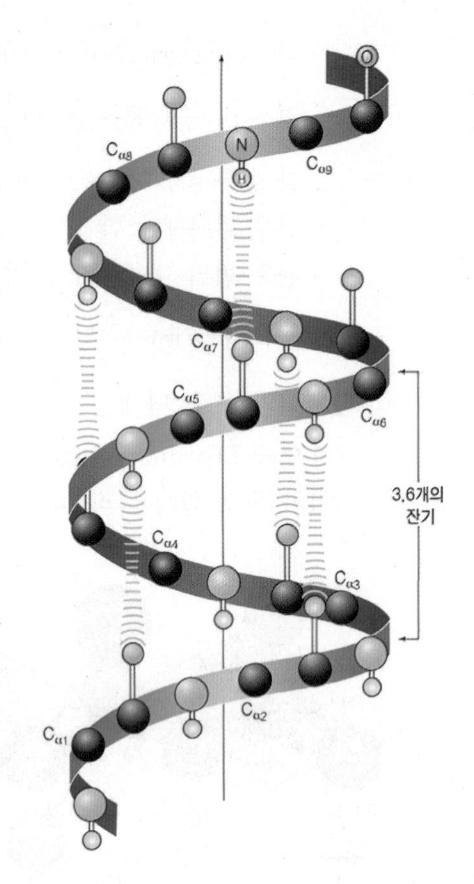

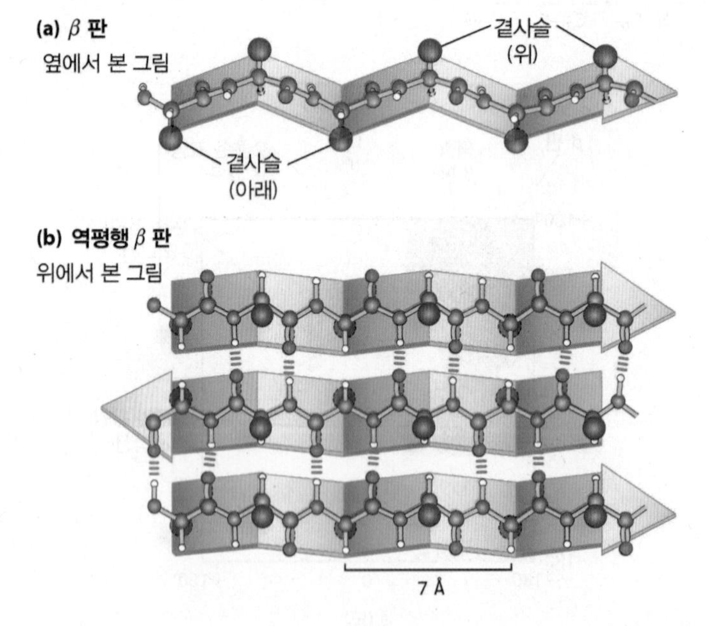

ⓒ 3차 구조(tertiary structure): 단백질을 구성하는 모든 원자의 3차원적 배열로서 2차구조가 중첩된 것이고 이황화결합, 이온결합, 소수성 상호작용, 수소결합에 의해 안정화되며 구형 단백질(globular protein)과 섬유형 단백질(fibrous protein)로 구분됨

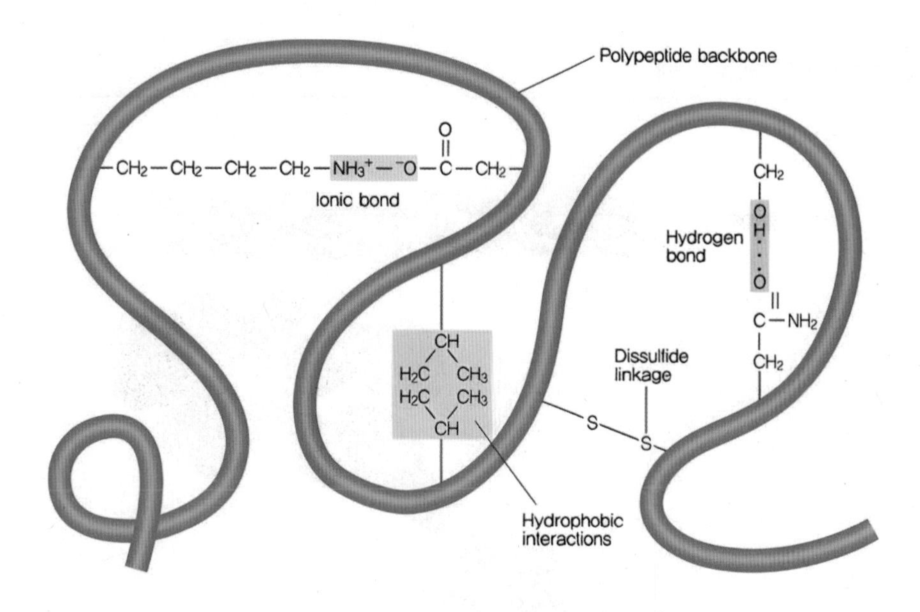

- 구형 단백질(globular protein): 여러 유형의 2차 구조로 이루어지며, 대부분의 효소와 조절 단백질이 이에 속함

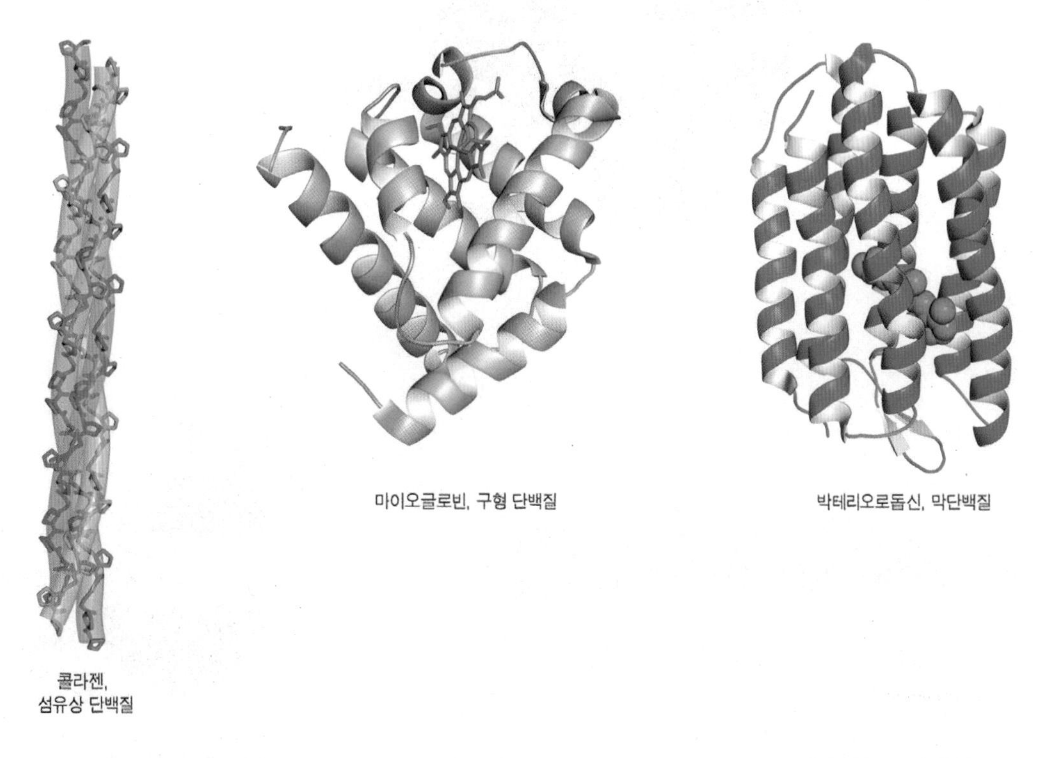

콜라젠, 섬유상 단백질

마이오글로빈, 구형 단백질

박테리오로돕신, 막단백질

- 섬유형 단백질(fibrous protein): 대개 한 종류의 2차 구조로 이루어지며, 몸을 지탱하고 모양을 이루며 외부로부터 보호해주는 구조물이 이에 속함. ex. keratin, collagen

ⓓ 4차구조(quatenary structure): 둘 또는 그 이상의 폴리펩티드 사슬이 모여서 1개의 기능적인 고분자를 이룬 것으로 폴리펩티드 소단위의 집합에 의해 나타나는 구조를 가리킴 ex. hemoglobin, keratin, collagen

「4차구조를 형성하는 단백질의 예」

Ⓐ 헤모글로빈과 콜라겐

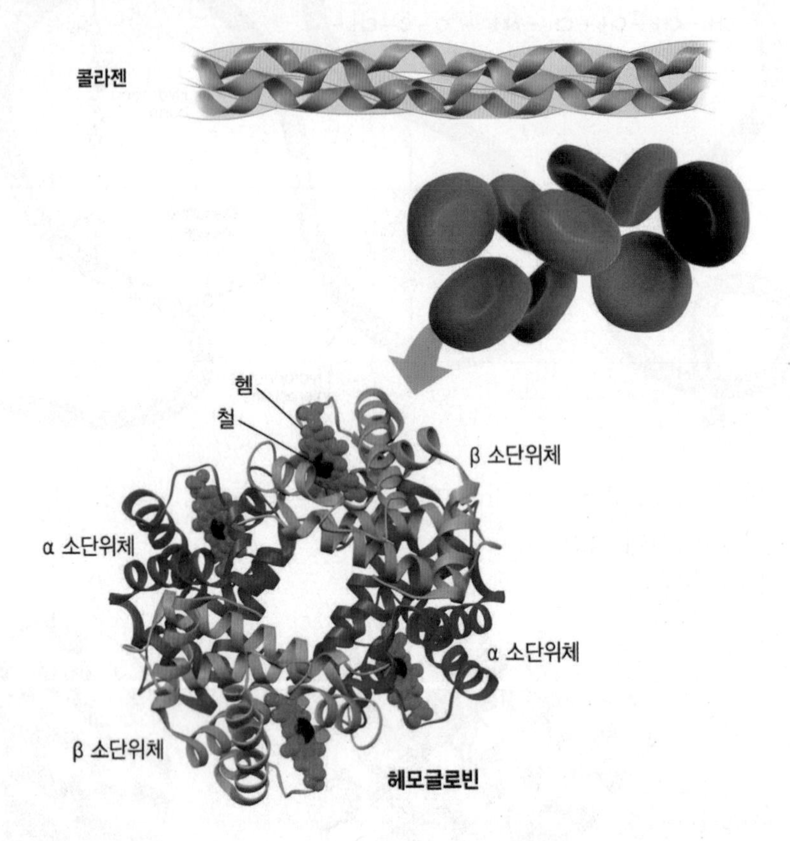

Ⓑ 케라틴

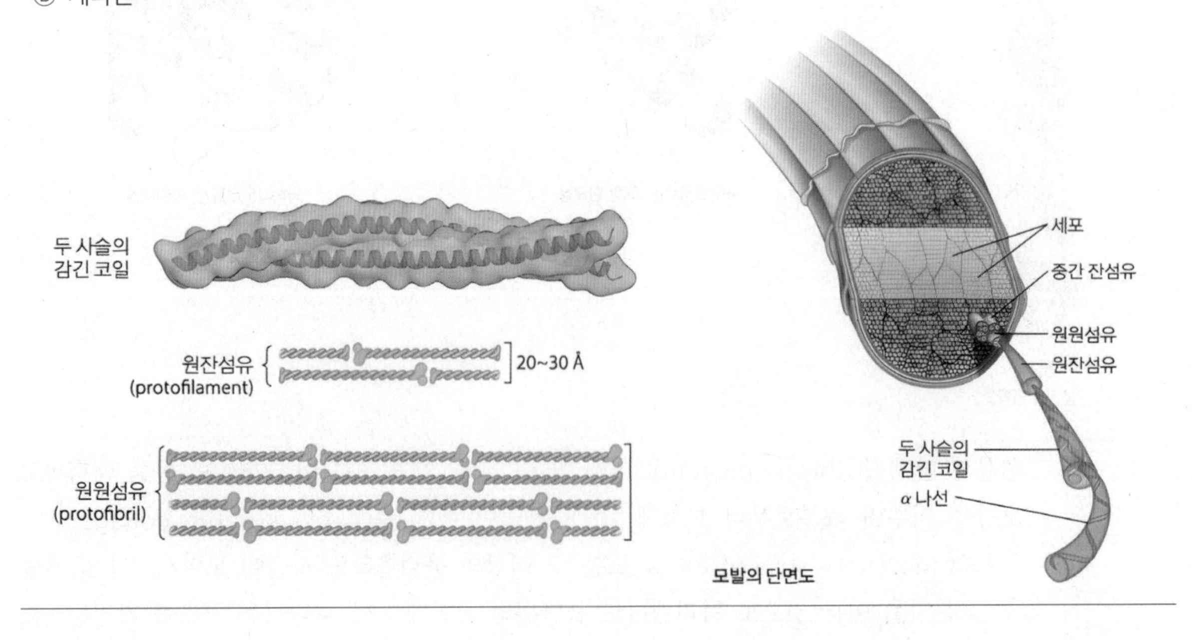

ⓒ 단백질의 변성: 기능의 상실을 초래하기에 충분한 단백질 3차원 구조의 상실

ⓐ 대부분의 단백질은 단백질 내 약한 상호작용에 영향을 미치는 열을 가함으로써 변성됨

ⓑ 열 뿐만 아니라 극단의 pH, 알코올과 아세톤처럼 혼합 가능한 유기용매, 요소나 염산 구아니딘과 같은 물질, 계면 활성제 등에 노출되어도 변성됨

- 유기용매, 요소, 계면활성제: 주로 단백질의 안정된 핵심을 유지하고 있는 소수성 상호작용을 파괴
- 극단의 pH: 단백질의 알짜 전하를 변화시켜서 정전기적 반발을 불러일으키고 부분적으로 수소결합을 파괴함

(3) 단백질의 분리정제

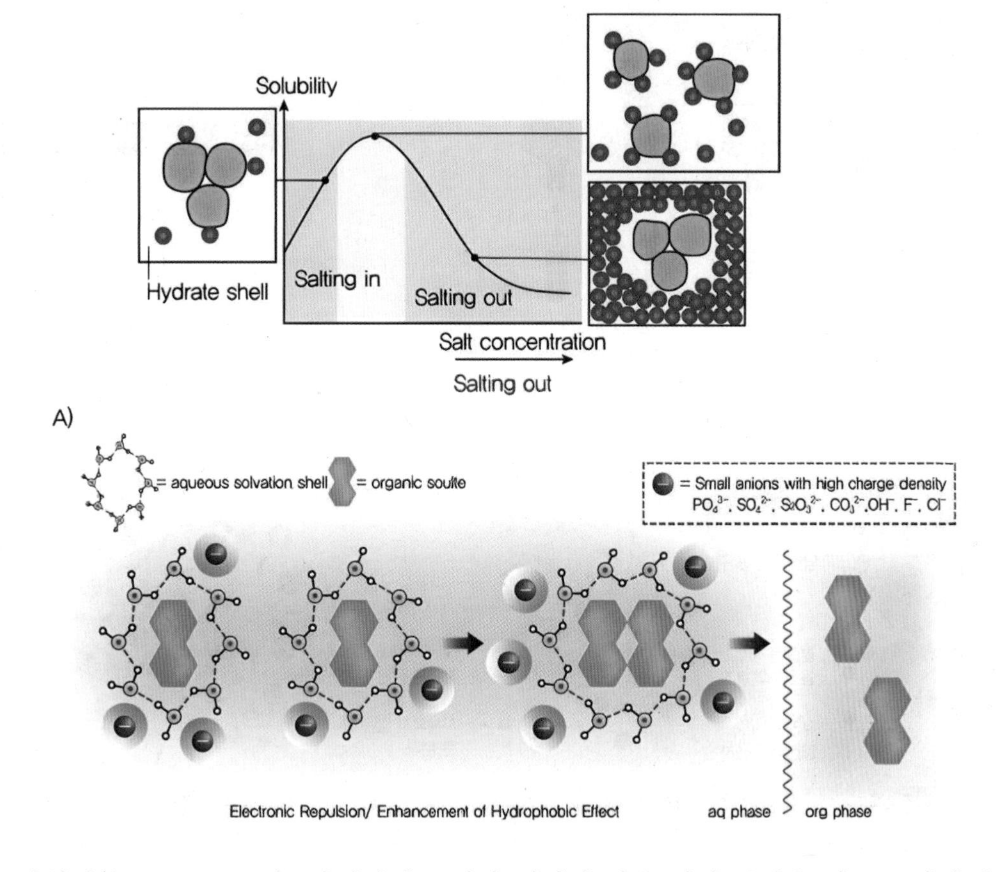

㉠ 분획법(fractionation): 단백질의 크기와 전하와 같은 어떤 특성을 기초로 하여 추출물에 어떠한 처리를 함으로써 서로 다른 분획으로 분리

ⓐ 분획법의 초기 단계에서는 pH, 온도, 염농도 등에 의해 영향을 받는 단백질의 용해도 차이를 이용함

ⓑ 단백질의 용해도는 일반적으로 염농도가 높아질수록 낮아지게 되는데 염석에는 $(NH_4)_2SO_4$ 등이 자주 이용됨

㉡ 투석법(dialysis): 단백질의 크기를 이용하여, 단백질을 용매로부터 분리해 내는 과정, 단백질 시료로부터 황산암모늄을 제거시키기 위해 사용하게 됨

㉢ 컬럼 크로마토그래피(column chromatography): 단백질의 전하와 크기, 결합, 친화력 등을 이용한 분리정제법

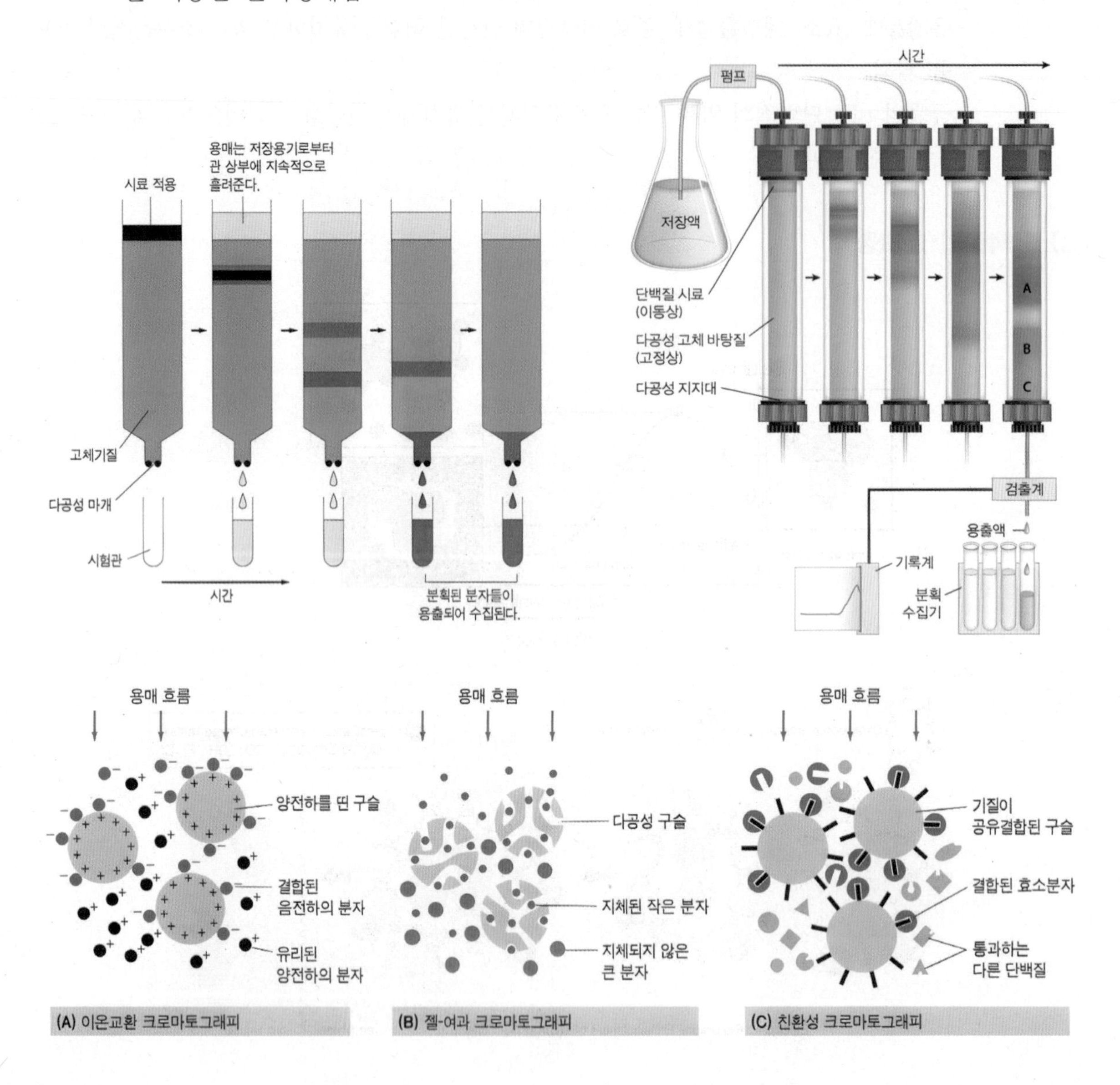

ⓐ 이온 교환 크로마토그래피(ion-exchange chromatography): 단백질의 pI값에 따른 분리 방법

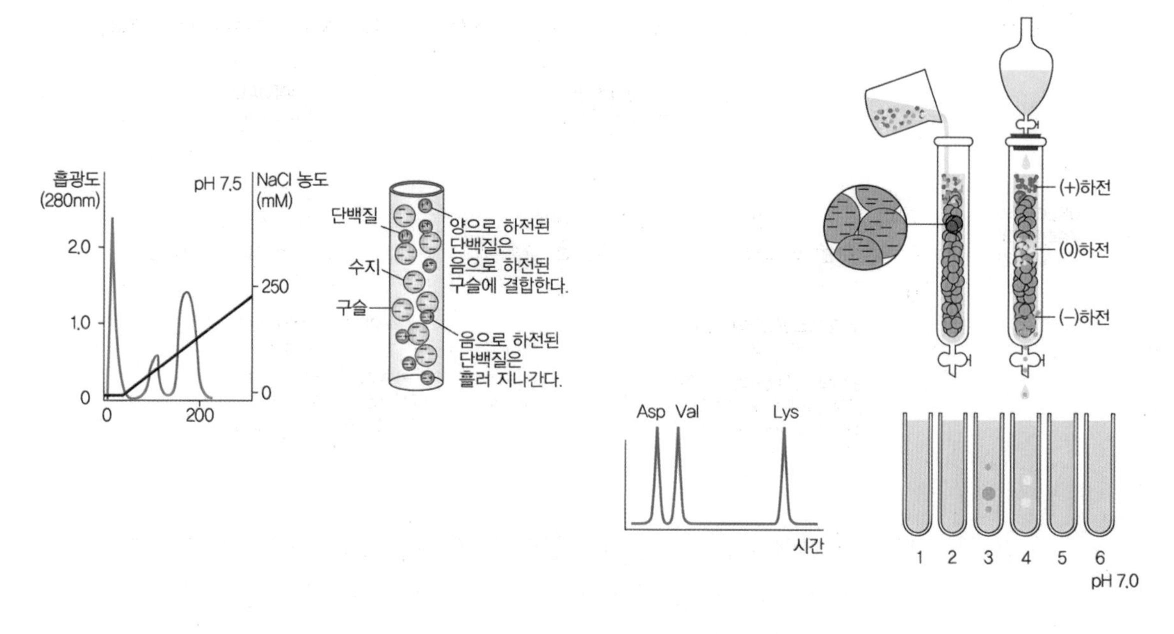

- 고정상으로는 표면에 전하를 띠는 수지(이온교환수지)를 이용하는데 단백질의 pI 값에 따라 분리하고자 하는 것이 목적임. 양이온 교환 수지(음이온 수지)를 이용하는 경우에는 pI 값이 낮은 단백질이 먼저 용출되고 pI값이 높은 단백질이 나중에 용출됨. 음이온 교환 수지를 이용하는 경우에는 반대의 결과가 발생함
- 완충액의 pH를 조절함으로써 분리하고자 하는 단백질의 이온화 정도를 조절할 수 있는데 용출액의 working pH가 단백질의 pI와 다를수록 단백질-이온교환수지 간의 작용력이 커지는데 양이온 교환 크로마토그래피를 수행하는 경우에는 working pH를 낮췄다가 높이는 방식으로, 음이온 교환 크로마토그래피를 수행하는 경우에는 working pH를 높였다가 낮추는 방식으로 진행함

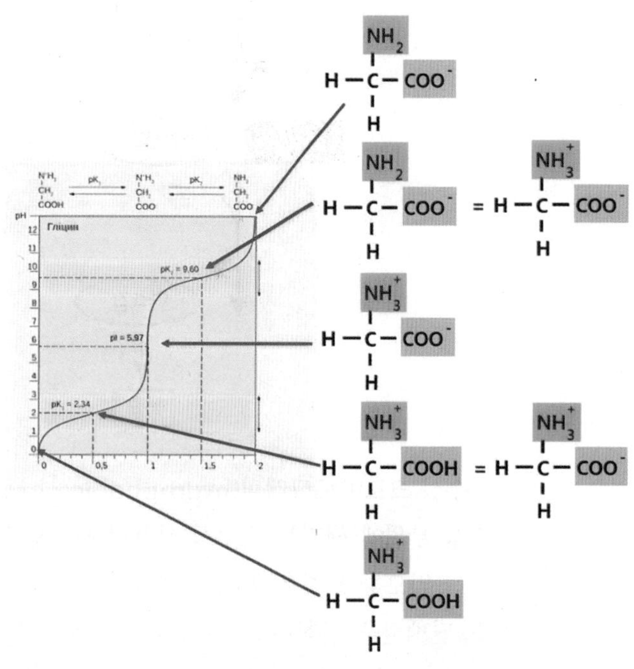

<글리신의 카복시기와 아미노기의 변화에 따른 pK_a와 PI>

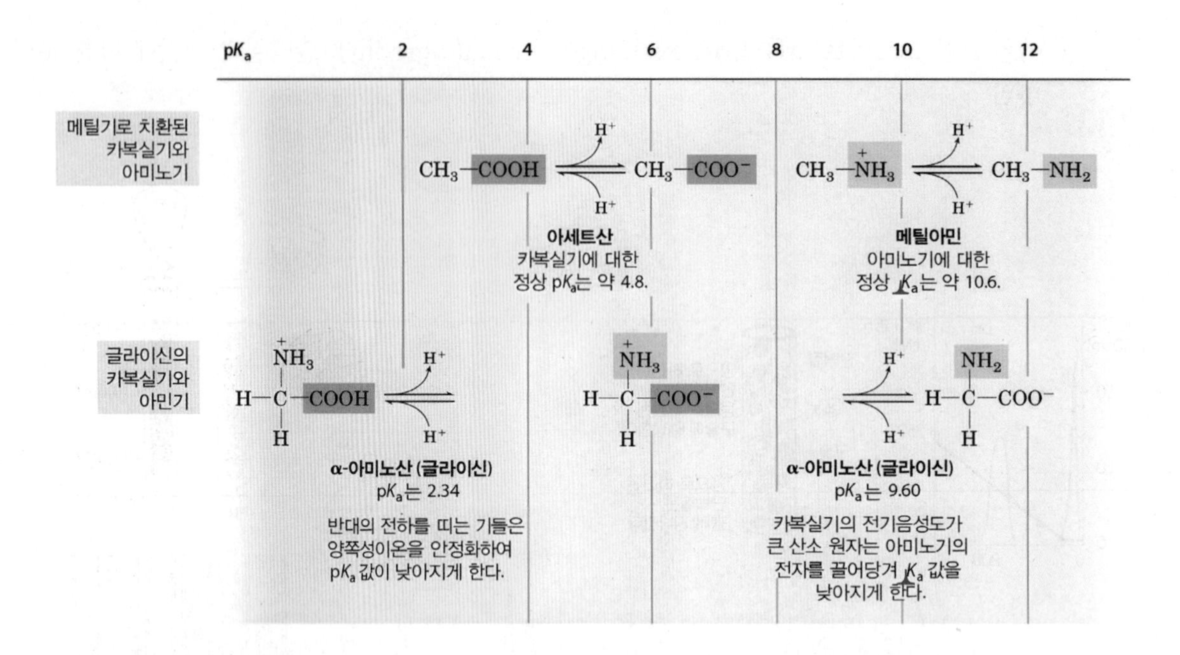

- 분리하고자 하는 단백질과 수지 간의 결합력이 클수록 단백질을 용출하기 위한 염용액의 농도는 높아져야 함. 일반적으로 낮은 염농도에서 시작해서 염농도를 조금씩 높여 단백질을 용출시키는 방식을 채택함

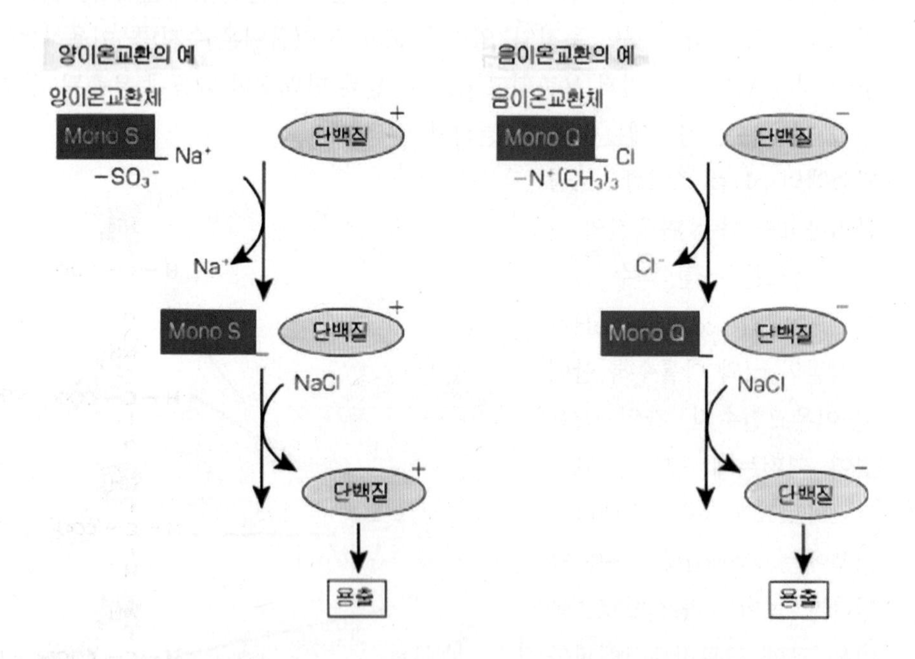

ⓑ 소수성 크로마토그래피(hydrophobic chromatography): 수지의 소수성기와 단백질의 소수성 부위에 생기는 소수성 상호작용이 단백질의 종류에 따라 다른 것을 이용한 것임. 보통 황산 암모늄과 같은 염석 효과가 큰 염을 1~2M 정도 첨가한 완충액을 초기 용출액으로 하고 단백질을 흡착시킨 후 염농도를 낮추어 단백질을 선택적으로 이탈시켜 분리함

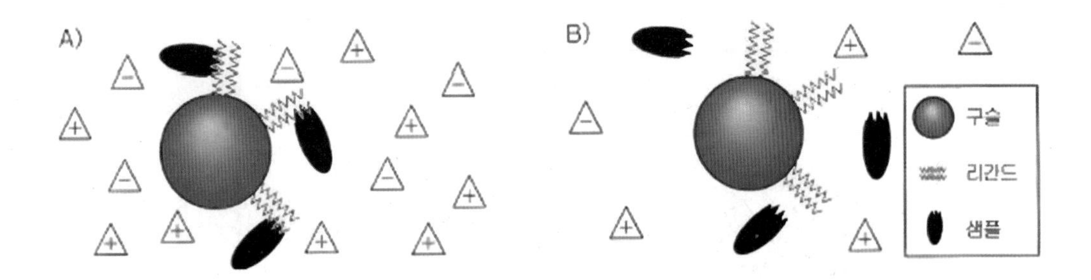

- 소수성 상호작용은 높은 염 농도 이외에 높은 온도에 의해서도 강화된다는 사실을 통해 염 농도와 온도를 낮추는 것, 유기용매의 존재, 계면활성제의 존재, pH의 증가 등을 통해 소수성 단백질을 용출할 수 있다는 것을 알 수 있음
- 소수성 크로마토그래피의 흡착제로는 짧은 지방족 사슬이나 페닐기로 구성된 것이 가장 널리 이용됨

ⓒ 크기 배제 크로마토그래피(size-exclusion chromatography): 단백질의 크기에 따른 분리 방법

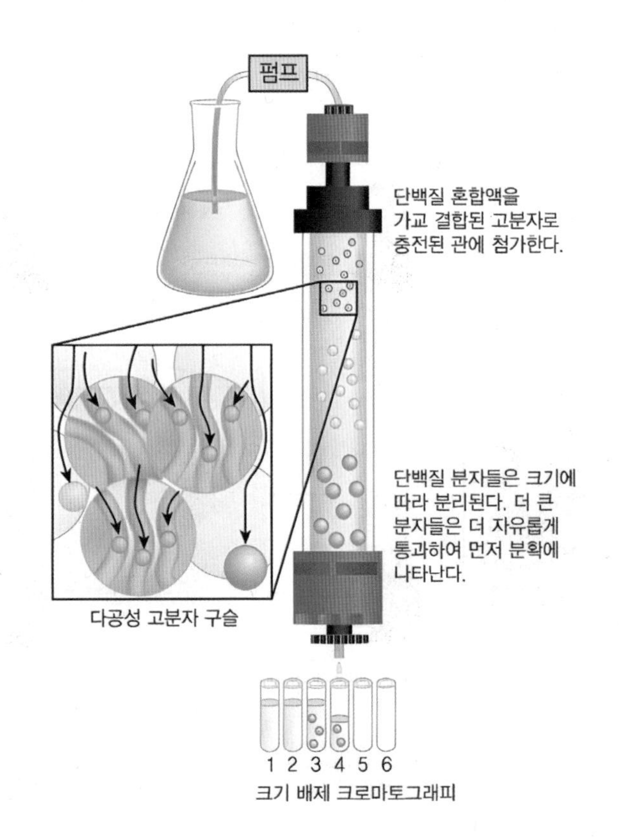

크기 배제 크로마토그래피

- 고정상으로 다공성 bead를 사용함
- 크기가 큰 단백질은 크기가 작은 구멍이 있는 다공성 bead 내로 들어갈 수 없어서 용출 경로가 짧아 상대적으로 빨리 용출되지만 크기가 작은 단백질은 크기가 작은 구멍을 통해 다공성 bead로 들어가게 되므로 용출 경로가 길어 상대적으로 느리게 용출됨

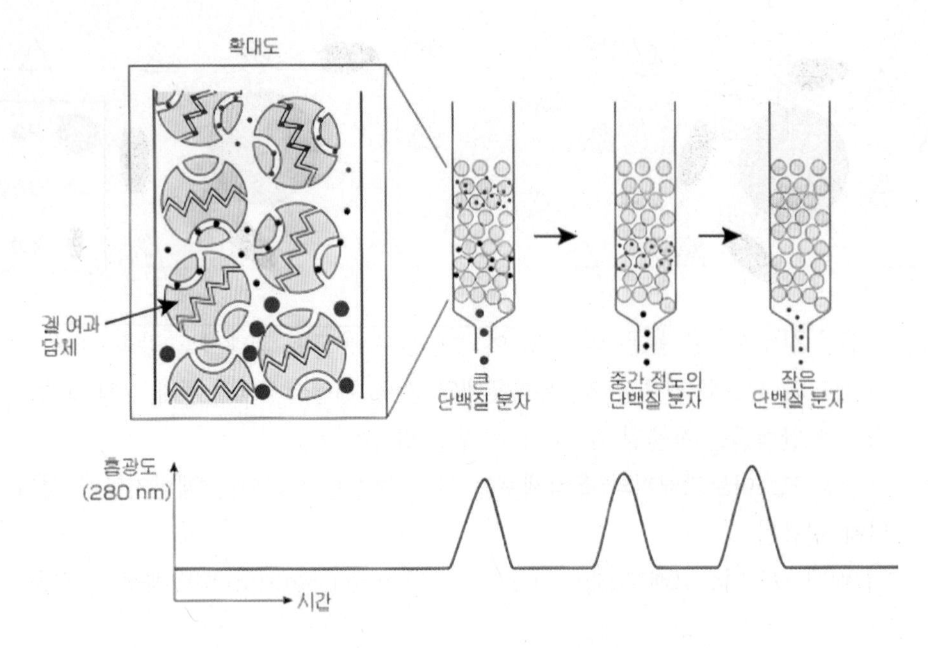

ⓓ 친화성 크로마토그래피(affinity chromatography): 특정한 리간드를 지니거나 수용체인 단백질을 분리해내는 방법으로서 단백질을 가장 순수하게 얻을 수 있는 방법임

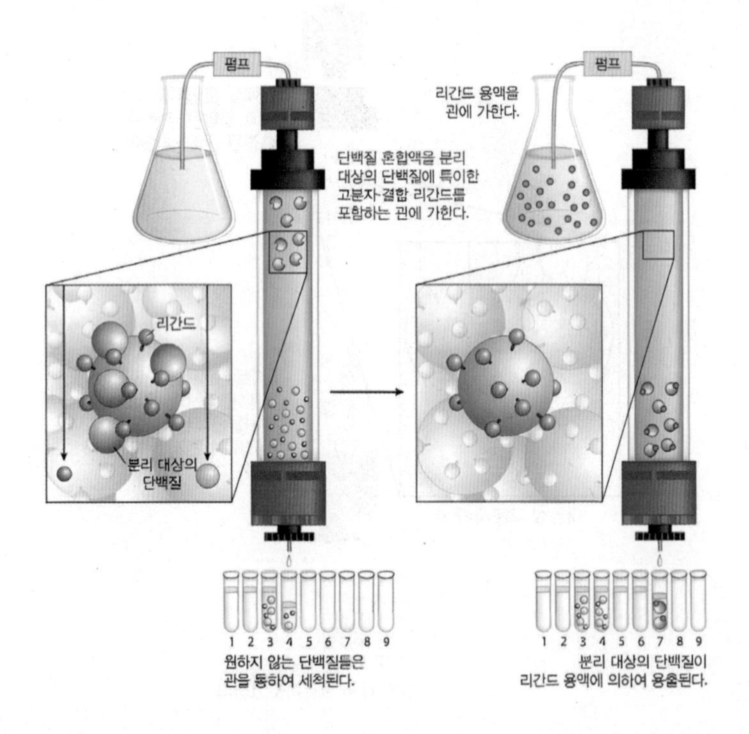

- 특정 리간드나 수용체가 결합된 수지를 고정상으로 이용함
- 수지에 리간드가 결합되어 있다면 해당 리간드에 결합하는 수용체 단백질만 순수하게 분리해 낼 수 있고 수지에 수용체가 결합되어 있다면 해당 수용체에 결합하는 리간드를 포함하는 단백질만 순수하게 분리해 낼 수 있음

- 자유 리간드나 수용체를 과량 함유하는 용액으로 분리하고자 하는 단백질을 용출시킴

㉣ 단백질 전기영동: 전기장 내에서 하전된 단백질의 이동에 기초한 단백질 분리 방법으로서 단백질을 분리할 뿐만 아니라 눈으로 볼 수 있으므로, 혼합물에 들어있는 다른 단백질의 수 또는 특정 단백질 시료의 순도에 대한 추정이 가능함. 전기영동된 단백질 밴드를 젤 상에서 확인하기 위해서는 Coomassie blue를 가해야 함

단백질이 대사물질과 결합한다. 따라서 이 대사물질은 이 단백질과 특이적으로 결합하는 리간드이다.

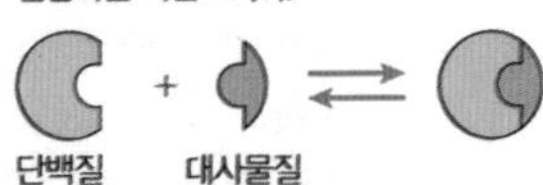

이 대사물질을 아가로오스 중합체와 같은 불용성 지지체에 공유결합으로 고정시킨다. 수많은 각각의 단백질이 포함된 세포 추출물을 지지체를 통해 통과시킨다.

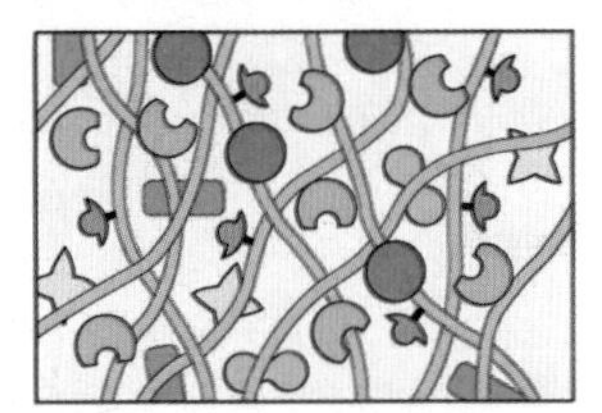

특정한 단백질이 리간드에 붙는다. 리간드에 붙지 않은 다른 물질들은 모두 씻어서 지지체 밖으로 흘려버린다.

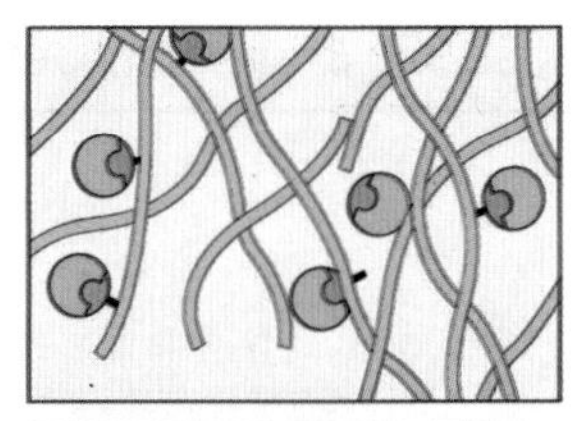

결합하지 않은 리간드를 과량 가해주면, 단백질에 결합한 리간드와 첨가한 리간드들이 단백질에 대해 경쟁적으로 작용할 것이다. 그러면 단백질이 크로마토그래피 지지체로부터 떨어져 나온다. 단백질은 첨가된 리간드와 복합체를 형성한 상태로 칼럼 밖으로 빠져나온다.

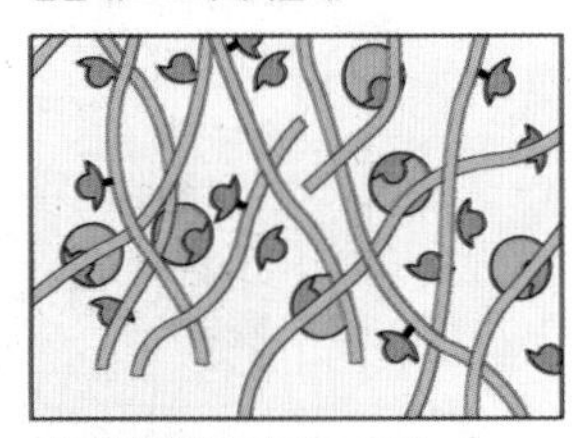

이러한 친화성 크로마토그래피 방법 하나만으로도 단백질이 보통 1,000배 이상 정제된다.

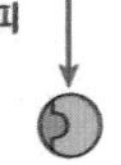

ⓐ SDS-PAGE(Sodium Dodecyl Sulfate - PolyAcylamide Gel Electrophoresis): 전기영동할 단백질 샘플에 SDS와 β-mercaptoethanol을 처리하여 단백질의 완전한 unfolding을 유발하여 단백질이 이동한 정도가 오직 단백질의 크기에 의해서만 결정되도록 한 방법임. SDS는 일종의 계면활성제로서 약 2개의 아미노산 잔기 당 하나씩 단백질에 결합하여 단백질을 변성시키고 β-mercaptoethanol은 단백질 내 이황화결합을 환원시켜 제거함

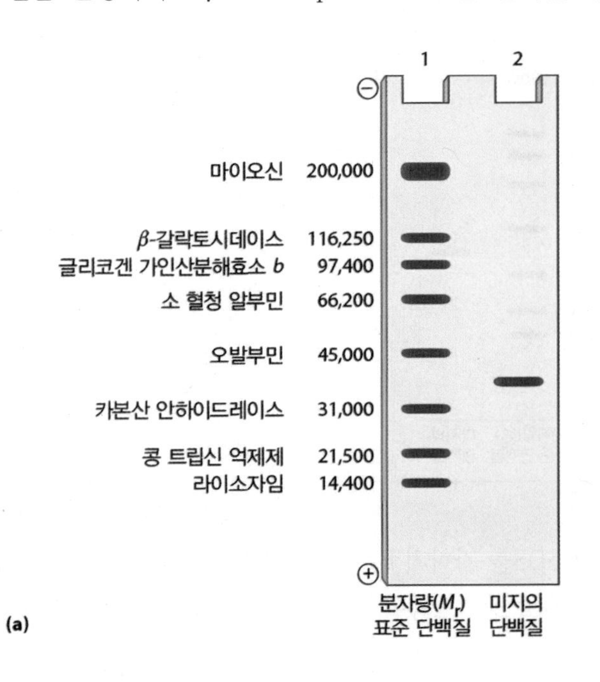

(a)

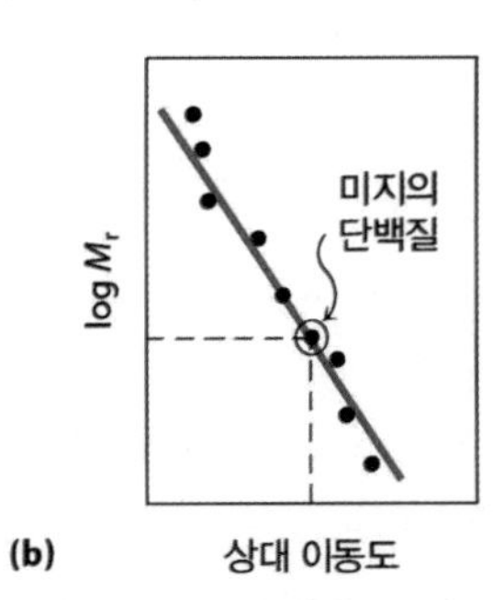

(b)

「SDS와 β-mercaptoethanol의 구조와 기능」

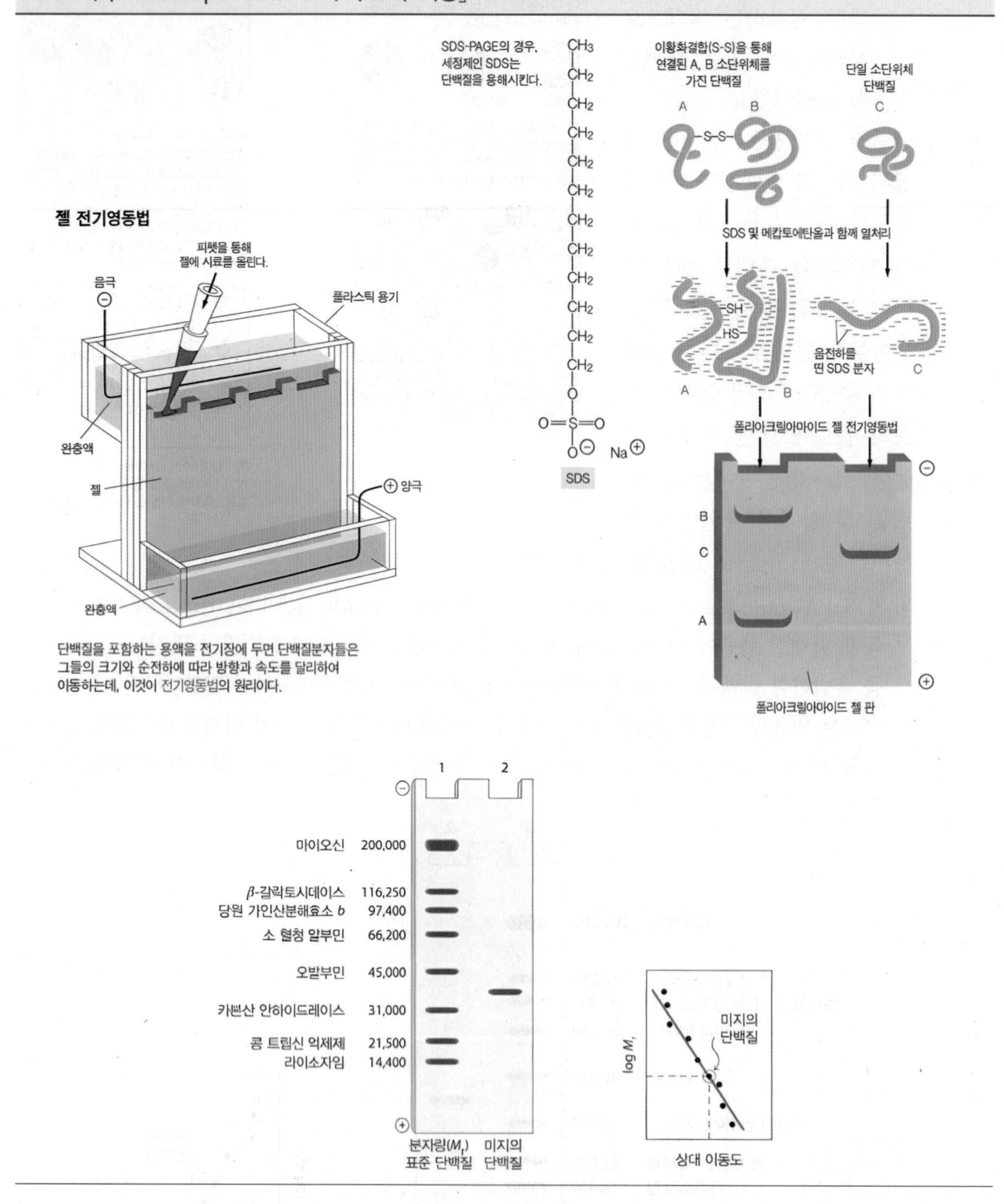

ⓑ Native PAGE: 단백질 샘플에 SDS를 가하지 않은 상태에서 PAGE를 실시하는 경우를 말하며 단백질이 변성되지 않은 상태로 전기영동됨. 단백질은 하부단위로 분리되지 않고 전체가 하나의 밴드로 나타나게 됨

ⓜ 등전집중법(isoelectric focusing): 단백질의 등전점(isoelectric point; pI)을 결정하기 위해 사용되는 방법

ⓐ 저분자량의 양쪽성 전해질을 젤을 가로질러 형성된 전기장 내에 분배시킴으로써 pH 기울기가 형성

ⓑ 단백질의 혼합물이 전개되면 각 단백질은 그것의 pI와 일치하는 pH에 도달할 때까지 이동. 이와같이 함으로써 서로 다른 등전점을 가지고 있는 단백질은 젤 중에서 여러 가지로 분배됨

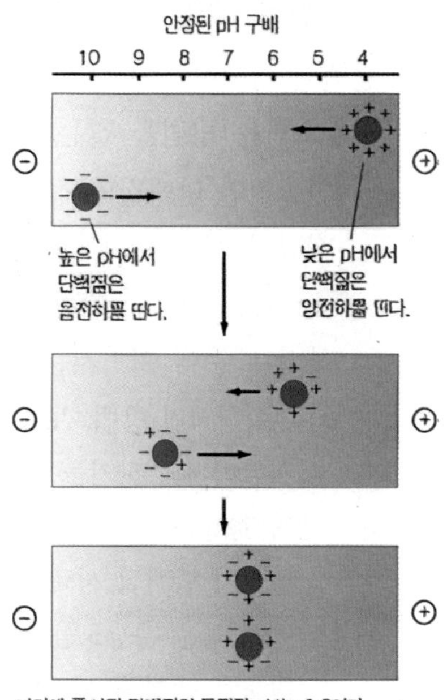

여기에 표시된 단백질의 등전점 pH는 6.5이다.

ⓗ 2차원 전기영동(two-dimensional electrophoresis): 등전 집중법과 SDS 전기영동을 순차적으로 결합히여 단백질의 복잡한 혼합물을 분석하는 방법으로 서로 다른 pI를 가지고 있는 같은 분자량의 단백질 또는 아주 유사한 pI를 가지고 있으나 분자량이 다른 단백질을 분리할 수 있다는 것이 장점 임

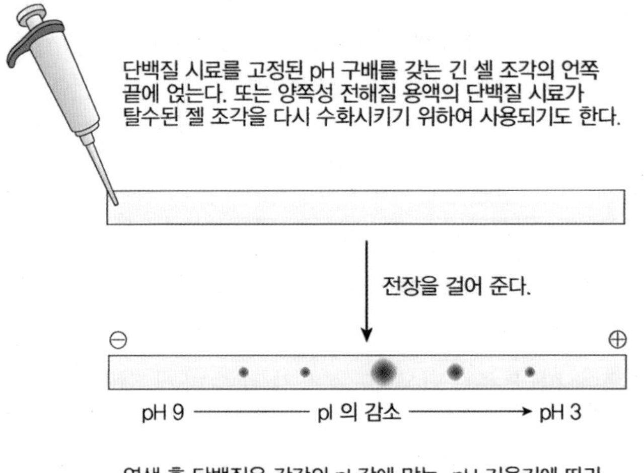

단백질 시료를 고정된 pH 구배를 갖는 긴 셀 조각의 언쪽 끝에 얹는다. 또는 양쪽성 전해질 용액의 단백질 시료가 탈수된 젤 조각을 다시 수화시키기 위하여 사용되기도 한다.
전장을 걸어 준다.
pH 9
pI 의 감소
pH 3
염색 후 단백질은 각각의 pI 값에 맞는 pH 기울기에 따라 분포되는 것을 알 수 있다.

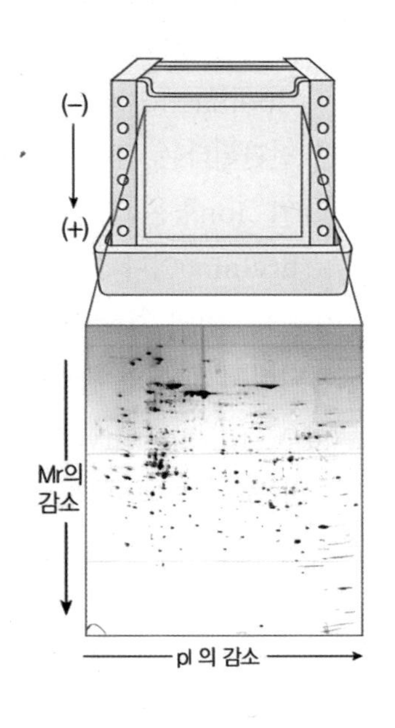

✓ 등전점(isoelectric point, pI)

· 정의 : 아미노산과 단백질 등의 양성 전해질 혹은 콜로이드 입자의 전하의 합이 0이 될 때의 pH 값

· 아미노산에서 등전점 계산

① 무극성 아미노산 : 아미노기의 pK_a값(pK_1)과 카르복시기의 pK_a값(pK_2)의 평균

② 산성 아미노산 : 두 카르복시기 pK_a값의 평균

③ 염기성 아미노산 : 두 염기성 그룹의 pK_a값 평균

(4) 단백질의 정량

단백질 정제시 각 단계마다 서로 다른 많은 단백질이 섞여 있는 상태에서 목적하는 단백질을 정량화하는 방법을 찾는 것이 중요함

㉠ 일반적인 단백질의 정량: 분광학적인 방법이나 여러 가지 colormetric한 방법을 통해 단백질의 정량을 시도함. colormetric한 방법은 BSA와 같은 표준검량물질을 통해 그려진 standard curve를 이용하는 것이 특징이며 colormetric한 방법의 프로토콜은 서로 유사하기 때문에 여기서는 Bradford법만 소개하기로 함

ⓐ 분광학적인 방법: 보통 단백질의 경우에 거의 일정하게 포함되어 있는 트립토판, 티로신, 페닐알라닌의 잔기들은 280nm 부근에서 최대 흡광도를 지님. 이 방법은 순수 단백질의 농도가 1mg/ml이고 큐벳이 1cm일 때 1.0의 흡광도를 지닌다. 분석이 빠르고 다른 시약이 필요없으며 단백질 시료를 회수하여 그대로 쓸 수 있다는 장점이 있지만, 자연계에서는 280nm에서 높은 흡광도를 지니는 화합물들이 많이 있고 핵산과 섞여 있는 경우 260nm에서의 흡광도를 측정해 보정해야 한다는 번거로움이 있다는 점에서 단점도 지님

ⓑ Bradford법: 간단하고 빠르고, 보다 감도가 높은 방법이며, 반응에 있어서 비단백질에 의한 방해를 덜 받음. Bradford법은 Coomassie blue G250과 단백질과의 결합에 의한 것인데 Coomassie blue G250이 단백질과 결합하게 되면 최대흡광도가 465nm에서 595nm로 전환된다는 점에 기초하여 통상 595nm에서 흡광도를 측정함. Coomassie blue의 푸른색의 ion형은 단백질의 arginine이나 lysine 잔기에 결합하여 발색하며, 단백질 중의 arginine이나 lysine의 함량에 따라 다소 차이가 있음

㉡ 효소의 정량: 효소가 나타내는 촉매 효과(catalytic effect)에 의하여 정량화됨. 정제가 진행되면서 효소의 활성(activity; 용액 중의 효소의 총단위)은 감소하지만, 효소의 특이 활성(specific activity; 단백질 1mg당 효소의 단위수)은 증가함. 특이 활성은 효소의 순도에 대한 척도가 되며 효소가 정제됨에 따라 증대되는데, 효소가 순수하게 되면 특이활성은 최대가 되고 일정해짐

진행 단계	분획 부피(ml)	총단백질(mg)	활성(unit)	특이 활성 (unit/mg)
세포 추출물	1400	10000	100000	10
염석	280	3000	96000	32
이온교환 크로마토그래피	90	400	80000	200
크기배제 크로마토그래피	80	100	60000	600
친화 크로마토그래피	6	3	45000	15000

(5) 단백질의 서열 분석 - 폴리펩티드 서열 결정

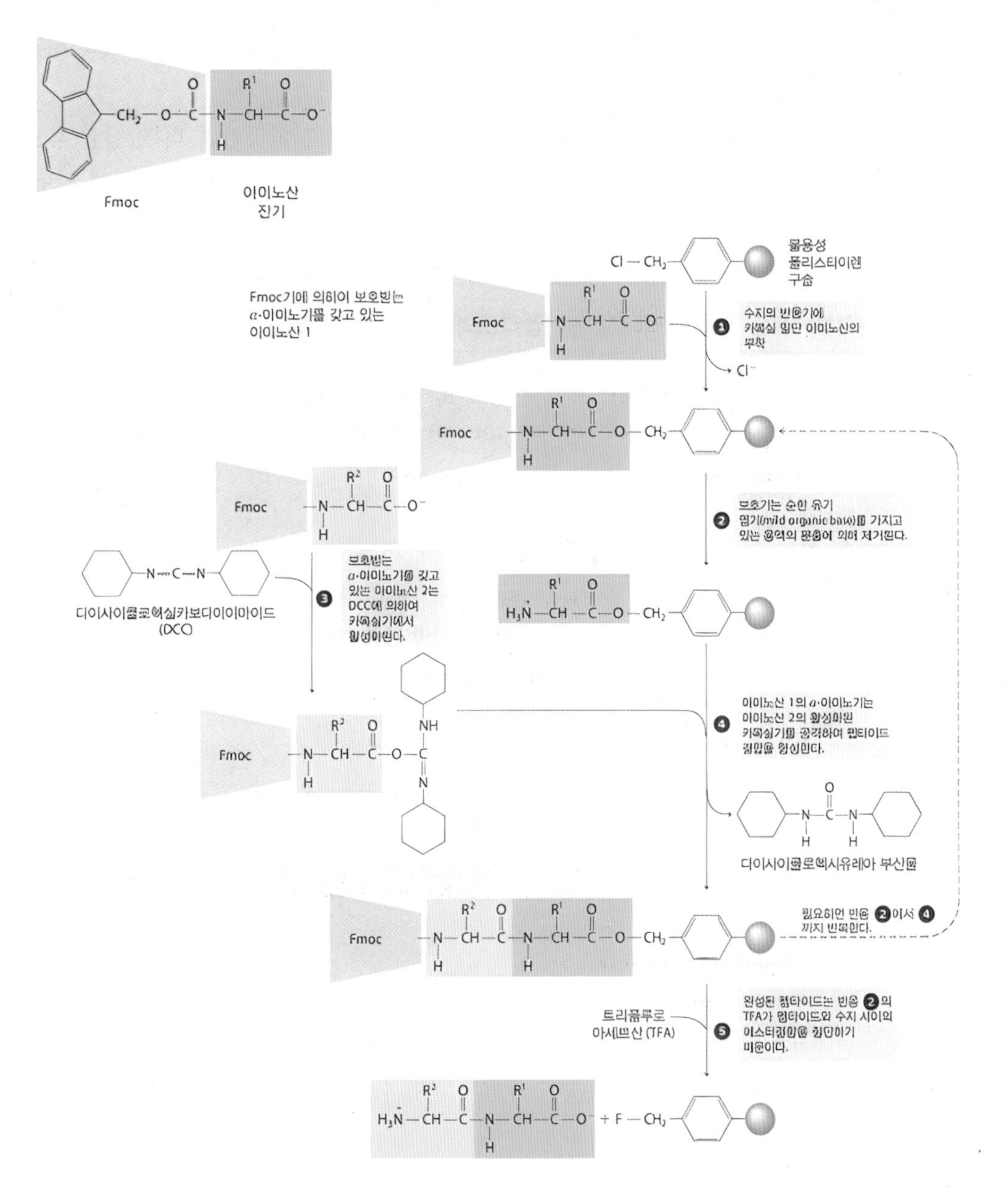

㉠ Sanger법: FDNB 시약을 통해 아미노 말단 잔기를 표지한 뒤 말단 아미노산을 밝히는 방법임. 6M HCl 조건을 통하여 가수분해를 수행하는 단계는 폴리펩티드를 파괴하기 때문에 아미노 말단 잔기 외에 다른 아미노산의 서열을 알 수 없다는 단점이 있지만 단백질 내의 서로 다른 아미노 말단 잔기를 갖는 구분되는 폴리펩티드의 수를 확인하는데는 도움이 됨

㉡ 에드만 분해법(Edman degradation): 짧은 펩티드의 서열을 결정하기 위해 고안된 화학적 방법으로서 펩티드의 아미노 말단 잔기만을 표지하여 제거하고 그 밖의 모든 펩티드 결합은 그대로 보존함

ⓐ 펩티드를 약한 알칼리 조건에서 PTC와 반응시키면 아미노 말단 아미노 잔기는 PTC 부가물로 변함

ⓑ PTC 부가물 다음의 펩티드 결합은 CF3COOH를 처리할 때 절단되며 아미노 말단 아미노산이 유도체화되어 제거됨

ⓒ 유도체화된 아미노산은 유기용매로 추출하여 산성 용액으로 처리하면 더 안정된 유도체로 바뀜. 아미노 말단 아미노산과의 개개의 반응은 펩티드 내의 다른 팹티드 결합에 영향을 주지 않음

「단백질 절단, 서열결정, 조각 맞춤 방법: 긴 폴리펩티드의 서열 결정을 위한 방법」

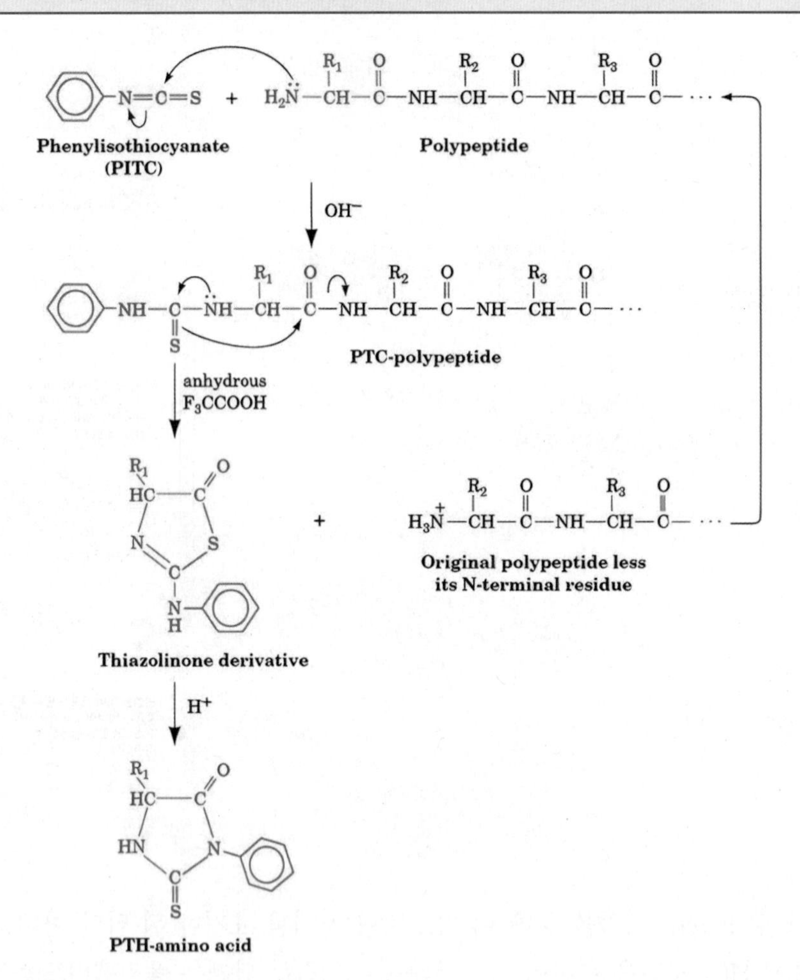

① 이황화 결합을 분해시킴
② 폴리펩티드 사슬의 절단: endopeptidase를 이용하여 특정 아미노산 주위의 펩티드 결합을 끊음
③ 펩티드의 서열 결정: Edman degradation을 이용함
④ 펩티드 조각의 순서를 결정함
⑤ 이황화 결합의 위치를 결정함

02 세포 연구

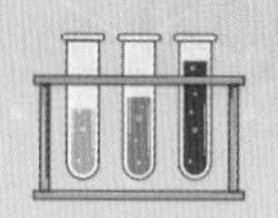

1 세포 연구 기제

(1) 세포 배양(cell culture)

생물체로부터 분리한 세포를 분리하여 배양하는 과정으로 생체조직을 무균적으로 선발해서 트립신이나 프로테나아제 등의 소화효소로 처리하여 단세포로 분리하여 초대배양을 수행함. 또 계대중인 세포계나 세포주를 같은 효소처리로 분산시켜 얻어낸 단세포를 증식배지에 이식, 접종하여 다음의 계대배양을 수행함. 이와 같이 단백질분해효소 등의 처리로 단세포를 분산해서 배양하는 방법을 세포배양이라 함

㉠ 배지의 특성

ⓐ 배지의 의미와 특성: 배지란 세포나 조직이 생리적 조건을 양호하게 가지고 정상적인 기능을 영위하기 위해 사용되는 배양액임. 보통 세포배양에 쓰이는 배지는 아미노산, 비타민, 무기염류 등의 영양소, 미량성분 외에 염류용액이 포함됨. 염류용액은 무기이온 공급과 삼투압 및 pH 조절 작용을 수행하는데 염류용액의 pH는 $NaHCO_3$와 높은 분압의 CO_2를 포함하는 공기 하에서 평형상태가 됨. 가장 기본적인 구성성분을 포함하고 있는 배지를 기본 배지라고 하는데 기본 배지에는 각종 아미노산, 비타민, 지질, 당질, 핵산염기, 무기염류 등 저분자량의 이미 알려진 성분이 포함됨. 기본 배지만으로 증식하는 세포도 있지만 그 수는 많지 않으며 통상은 최적의 증식이나 분화기능을 발휘할 수 있도록 혈청을 기본 배지에 첨가하는 경우가 많음. 기본 배지에 혈청 대신에 세포접착인자나 세포성장인자, 호르몬 등 이미 알려진 성분을 첨가한 배지를 성분기지 배지라 부르고 이것은 무혈청 배지에 속하는 것임

ⓑ 배지 제조에 있어서 주의 할 점: 배지를 만들 때에는 그 조성에 따라 필요한 내용물을 저울에 달아서 용기에 담고 혼합하여 물을 가한 후 멸균함. 배지에 사용하는 물질을 혼합할 때에는 혼합순서대로 혼합해야 하는데 순서가 바뀌면 침전 현상이 일어날 수도 있음. 여러 제조회사에서 탈수 배지를 시판하고 있는데 탈수 배지는 규정 농도로 물에 녹인 후 멸균하여 사용하면 됨. 배지를 담을 유리 용기는 깨끗한 경질 유리를 사용해야 하며 특별한 경우가 아니면 대부분 증류수에 녹여야 함. 배양온도나 pH를 엄밀하게 조절, 제어하는 것이 중요한데 일반적으로 배양액에 탄산수소나트륨을 첨가하여 5% 이산화탄소 하에 탄산완충액이나 HEPES 등으로 pH를 제어함. 때에 따라서는 pH 변화를 감지하기 위한 시약(페 놀 레드 등)을 처리해야 하며 동물세포 배양의 경우 멸균의 목적으로 각종 항생제를 포함해야 하는 경우도 있음

ⓒ 혈청의 역할과 문제점: 최적의 세포증식이나 생리기능을 발휘하기 위해서 종종 혈청을 배지에 첨가하게 되는데 혈청의 역할은 영양성분, 비타민, 미량금속, 호르몬, 세포성장 인자 등의 공급, 세포가 생산하는 증식 저해 물질의 중화, pH, 배지 중의 CO_2나 O_2 농도 등 물리 화학적

환경의 최적화, 세포분산에 사용하는 단백질 분해효소의 저해작용 등임. 그러나 혈청을 배양에 이용하는 것은 많은 잠재적 문제를 갖게 되는데, 혈청은 생물재료이기 때문에 종류마다 생물활성이 달라져 품질이 좋은 종류를 선택할 필요가 있고 혈청에 혼재하는 mycoplasma, 바이러스, 프리온에 의한 감염 위험도 있기 때문임. 따라서 최근에는 혈청 배지 대신에 무혈청 배지에 의한 세포배양법이 계속해서 개발되고 있음

㉡ 무균작업: 배양세포를 미생물 감염으로부터 지키기 위해서 배양재료의 멸균을 확실하게 행하고 또 숙련된 무균조작으로 배양환경을 청결하게 유지하는 일이 지극히 중요함

오염경로	예방법
배양기구	유리제 pipette, 배지병 등의 멸균을 확실하게 행함. 또한 배양 조작 중에 pipette 끝이 오염되지 않도록 주의함
배지, 염류용액, trypsin/EDTA액	autoclave 혹은 여과에 의해 확실히 멸균하는 것은 말할 것도 없고 멸균이 확실히 되었는지를 확인하기 위해서 사용전에 무균 test를 수행함
CO_2 incubator(37℃)	습도가 높아 진균이 자라기 쉽기 때문에 정기적으로 내부벽면과 문을 70% 에탄올로 소독하고 선반은 고압멸균 혹은 건열멸균함
실험자	무균조작에 익숙해지는 것이 무엇보다 중요하며 또한 배양작업 전에 손을 씻고 작업 중에 말을 하지 않도록 주의함
배양실	사용하지 않을 때는 자외선 등을 점등해 둠. 사용중에는 말할 것도 없이, 사용하지 않을 때에는 가능한 한 공기의 흐름을 억제하도록 함

㉢ 세포의 박리: 배양세포는 단백질을 매개로 배양기질과 접착하고 있음. 또한 세포와 세포의 결합에는 Ca^{2+} 등의 이온이나 단백질이 관여하고 있음. EDTA에 의해 Ca^{2+}을 제거하고 trypsin에 의해 단백질을 소화하면 세포는 하나하나로 유리 가능한 상태가 되는데 이것에 pipetting 조작에 의한 물리력을 더하게 되면 세포는 하나하나로 떨어지게 됨. 한편 cell scraper로 떼어 내는 기계적 방법에서는 세포와 배양기질 간의 결합은 물리적으로 절단되지만 세포간 결합은 그대로 유지되므로 단일세포로 분리되지 않음. 그리고 임계온도(약 30℃) 근처에서 gel에서 sol로 변화하는 온도 감수성 polymer 상에서 세포를 배양하면 온도를 30℃ 이하로 낮추는 것에 의해 sheet 상태의 세포를 회수할 수 있음. 또한 계면활성제를 배양세포에 사용하면 세포막이나 핵막이 파괴되어 액상화된 세포성분을 회수할 수 있음

㉣ 세포주의 계대: 생체에서 분리한 세포를 초대 배양하면 많은 경우 세포는 서서히 증식해서 배양용기에 가득 차게 되어 증식을 정지함. 그러나 세포를 배양용기에서 박리하고 그 일부를 신선한 배지로 분산해서 새로운 용기로 옮기면 세포는 다시 증식을 시작함. 이렇게 세포를 다른 용기로 옮기는 조작을 계대라고 하고 이러한 배양을 계대 배양이라고 함. 이렇게 하여 계 대 배양을 지속하며 어떤 세포는 일정 횟수 분열한 후, 증식능력을 읽고 죽어가는데 이러한 세포는 유한 수명을 가진 것이고 세포계(cell strain)라고 부르고 어떤 세포는 배양 기간 중에 어떤 변이를 일으켜 무한적으로 증식하게 되는 것이 있음. 이들 세포를 세포주(cell line)라고 부름

ⓐ 세포주의 특징: 정상세포는 유한 증식성이지만 이들 세포에 simian virus 40(SV40) large T항원 유전자와 같은 바이러스 암 유전자를 도입하면 무한 증식성의 세포가 출현해서 세포주화하는 것이 있음. 또한 배양과정에서 저절로 어떤 유전자 변이를 일으키고 무한 증식성을 획득해서 세포주화하는 것도 있음. 이러한 gustdk은 인간 세포에서는 대단히 드물지만 설치류 세포에서는 비교적 자주 발생함. 생체로부터 분리해서 배양계로 옮긴 암세포는 배양조건이 맞지 않아 사멸하는 것도 있지만, 한번 증식을 시작하면 대부분은 끝없이 증식할 수 있게 되어 세포주화함. 세포주는 가볍게 이용할 수 있어서 편리하지만 초대 배양세포와는 달리 오랜 배양 기간을 거쳐 세포주화되는 과정에서 본래 생체 내에서 가지고 있던 성질이나 기능 일부 혹은 대부분을 잃어버리는 경우가 있음. 결국, 세포주는 생체내의 세포와는 동떨어진 인공적인 세포로 받아들이는 것이 타당함. 즉, 세포주에서 얻어진 현상은 끝까지 그 세포주 고유의 현상이지, 그것이 유래한 조직에 적용시키는 것은 불가능함

ⓑ 세포주 취급상의 주의점: 세포주는 수없이 존재하지만 완전히 동일한 것은 없고 제각각 특이한 성질을 지니고 있음. 예를 들어 특이 유전자의 발현 혹은 결손, 특이산물의 생산, 특정 증식인자 감수성, 바이러스 감수성 등이 있음. 제각각 세포주 고유의 성질은 배양조건에 따라 영향을 받아 변화하기 때문에, 세포주를 사용하여 실험을 수행할 때에는 그 세포주의 배양조건을 정확히 파악해야 함. 특히, 배지와 계대 방법이 중요함. 배지의 경우 우선 그 종류, 혈청의 유무, 혈청의 종류와 농도, 또 첨가하는 증식인자, 접착인자 등임. 예를 들면, 원래 무혈청 배지에서 증식하는 세포이지만 증식속도가 느리다는 이유로 혈청을 첨가해서 배양을 계속하면 혈청 의존성의 세포집단으로 변화되어 형질이 바뀜. 계대 방법의 경우 우선 세포가 부유성인지 혹은 접착성인지에 따라 크게 다름. 부유성의 경우 신선한 배지로 희석해서 새로운 배양용기로 바꿔 옮기기만 하면 되나 접착성 세포의 경우는 효소나 chelate제를 사용하여 배양용기로부터 세포를 박리하지 않으면 안 됨. 그러나 어느 경우에도 세포 특성을 안정하게 유지하게 위해서 적정한 간격(timing), 적절한 희석율로 계대하는 것이 중요함. 세포주는 적절하게 취급하면 그 성질은 비교적 안정하게 유지되나 아무리 엄중한 조건에서 배양유지되고 있는 경우에도 세포주의 성질은 장기간의 계대 배양으로 조금씩 변화함. 따라서 외부에서 세포를 입수했다면 우선 적절한 배양조건에서 세포를 증식시켜 동일 stock을 충분히 확보하는 것이 중요함. 이 세포 stock으로부터 세포를 적당한 시기에 융해시켜 실험에 사용하는 것이 양호하고 안정한 실험결과를 얻는 비결이 됨. 한번 배양을 시작했다면 매일 빠뜨리지 말고 현미경 관찰을 수행하여 세포 형태에 변화가 없는지 또한 세균, 곰팡이 등의 미생물 오염의 유무를 체크하는 것이 중요함. 미생물 오염이 발견되었다면 바로 폐기해야 함. 또한 본래의 형태와 다른 세포가 혼입되었을 교차오염의 가능성을 생각할 수 있음. 교차오염의 최대 원인은 동일 배지를 두 종류 이상의 세포에 사용하는 것임. 예를 들면, 배지 병에 집어 넣은 같은 pipette으로 몇 가지 종류의 세포에 배지를 공급하고 있으면 생각지도 않은 곳에서 "세포가 튀어" 교차오염을 일으키는 것임

ⓒ 세포주 계대 배양의 주의점: 세포주를 사용하여 실험을 하기 위해서는 세포를 계대 배양해서 대량으로 늘려야만 함

- 세포의 증식 곡선 개요: 우선 사용하는 세포의 적절한 계대 배양의 조건(계대 간격, 희석율)을 알기 위해서 그 세포의 증식곡선을 작성하는 것이 중요함. 계대 후의 세포증식 패턴은 4개의 기간으로 크게 구별됨. 첫째는 지연기(lag phase)인데 이 시기는 세포박리에 의한 손상을 회복해서 새로운 환경에 적응하기 위한 시간대로서 일부의 세포는 회복하지 못하고 죽음에 이르는 것도 있으며 세포는 이 시기에 거의 증식을 하지 않음. 이 시기가 지나면 세포는 활발하게 증식하게 되는 대수증식기(logarithmic growth phase)로 진입함. 그리고 정체기(stationary phase)를 맞이하는데 이 시기는 세포밀도의 상승, 영양분의 고갈, 노폐물의 축적 등에 의해 증식이 정지한 상태임. 그 뒤 사멸기(death phase)에 들어가는데 세포를 양호하게 유지하기 위해서는 세포를 정체기에 장기간 두지 않는 것이 중요함
- 계대 간격: 지연기나 대수 증식기의 초기는 세포수가 적어서 계대에 적당하지 않음. 세포를 지속적으로 증식상태에 둘 필요가 있을 때에는 대수증식기의 중간정도에서 계대를 하면 되나 이 경우에는 계대 간격이 짧고 계대 빈도가 높기 때문에 미생물 오염의 확률이 높으므로 주의를 요함. 통상, 계대는 대수증식기의 끝 무렵, subconfluent일 때에 실시함
- 희석율: 통상의 배양에서는 배양용기에 가득찬 세포를 1: 4 ~ 1: 16 정도로 희석해서 접종하고 일주일에 1회의 계대를 기준으로 함. 너무 희석해서 세포수가 적은 경우는 증식의 지연기 연장이 일어나고 사멸해 버릴 염려가 있음. 거꾸로 너무 희석률이 낮아 세포가 너무 많으면 빈번하게 계대를 하게 되어 미생물 오염의 기회가 늘어나기 때문에 주의를 요함. 계대상의 세포수는 부유성 배양계 혹은 접착성 배양계 세포에 따라 다르지만 일반적으로 전자는 1×10^5 cells/ml, 후자는 1×10^4 cells/ml를 기준으로 함

ⓜ 세포의 동결보존: 세포를 장기간 계속 배양하는 것은 많은 시간이나 노력, 경비가 필요하고 또한 많은 문제를 내포하게 되는데 이러한 문제들은 세포를 동결 보존하는 것에 의해 해결이 가능함

ⓐ 세포를 장기간 배양하는 것에 있어서의 문제점: 계대 중에 세포가 성질 변화를 일으키거나 정상 세포는 분열 수명이 있기 때문에 한정된 기간 밖에 배양할 수 없다는 점이며 세균 등에 의한 미생물 오염으로 귀중한 세포가 사멸된다는 점임

ⓑ 동결보존의 유익함: 장기간의 실험을 대비해서 단일 세포집단을 안정하게 공급할 수 있으며 동일 세포에 대해서 배양초기의 세포와 장기간 계대 후의 세포를 비교할 수 있다는 점임

ⓒ 동결에 의한 세포 손상: 세포 안과 밖에 생기는 얼음 결정에 의한 물리적 손상, 세포 밖 얼음 결정에 동반하는 세포의 탈수현상, 세포 내 전해질 농도 증대에 의한 화학적 손상, 세포구조의 생리적 변화나 여러 요인에 의한 세포사멸 유도 등이 있는데 동결 보호제를 더한 배지를 사용하여 동결하고 초저온에서 보존함으로써 이러한 세포 손상을 줄일 수 있음

ⓓ 세포 동결시의 주의점: 동결 전의 세포 상태, 특히 살아있는 세포의 비율이 중요하므로 대수증식기의 세포가 적당하며 동결속도는 동결 보호제를 첨가하고 -1℃/분 정도의 완만한 속도

로 냉동시키는 것이 바람직함

ⓔ 동결된 세포 취급시의 주의점: 가능하면 저온에서 안정된 온도를 유지하는 것이 중요함. 세포를 동결할 때에는 반드시 액체질소 등으로 냉각하면서 단시간에 수행함

ⓕ 해동 배양시의 주의점: 해동 배양은 세포손상을 일으키기 쉬운 -20℃ 부근을 빨리 통과하기 위해 급속해동이 좋으므로 해동에서 배양까지 단 시간에 수행해야 함

ⓗ 연속배양과 회분배양

ⓐ 연속배양(continuous culture): 생물체나 생물체의 일부를 적당히 인공적으로 조절한 환경 속에서 연속적으로 배양시키는 방법으로 온도・습도・빛 그리고 기체 중의 산소와 이산화탄소의 조성 등을 잘 조절하여야 함. 연속배양을 위해서는 먼저 생물체가 자라면서 발생하는 여러 가지 현상을 관찰하고 그에 따른 조치를 취해야 함. 즉, 배지에 넣어 두었던 영양물질은 생물체가 섭취하게 되면서 감소하고 생물체의 대사에 따라 pH가 변화하며 세균의 농도가 높아지는 등 배양을 하는 데 알맞지 않은 환경으로 변하는데 여기에 대한 대책을 세워야만 생물체를 연속배양할 수 있음. 그 대책으로는 배지에 영양물질을 일정한 양이 유지되도록 공급하고 세균의 농도를 알맞게 조절하기 위해서 물질 환경 제어장치를 사용하며 배지 내의 세균 번식을 막기 위하여 멸균 조작 장치나 항생물질이 포함된 약품을 사용하기도 함

ⓑ 회분배양(batch culture): 동식물배양에는 잘 사용하지 않는 용어임. 배지 내에서 원료로부터 제품을 생산하는 방법의 하나로서 발효나 효소변환반응을 배지 내에서 진행시키는 경우에는 원료와 미생물 및 효소를 넣고 반응을 진행시켜 생성물을 추출하고 마지막으로 다음 반응에 대비하여 배지를 세척하는 과정을 1회 반응마다 반복하는 비연속 배양 방법임. 일반적으로 비연속배양은 접종 후 유도기, 대수생장기, 정상기, 생장감속기 및 정지기의 5단계로 나뉘는데 세포배양시 정상기의 세포를 새로운 배지에 심으면 다시 생장주기를 반복함. 배양 과정에서 배지성분이나 세포밀도가 변화해서 세포 환경이 일정하지 않은 결점이 있지만 연속배양에 비하여 장치나 방법이 간편하기 때문에 자주 사용됨

(2) 현미경(microscope)

빛의 굴절이나 전자의 굴절을 통해 상을 확대할 수 있는 기기로서 두 가지 중요한 제한요소에는 배율과 해상력이 있음. 배율(magnification)이란 물체의 이미지와 그것의 실체 크기의 비율을 말하며, 해상력(resolution)은 이미지가 또렷하게 보이는 정도로, 두 개의 아주 가까운 거리에 떨어져 있는 점이 확실히 두 개의 점으로 분리되어 보이는 최소한의 거리가 척도가 됨

㉠ 광학 현미경(light microscope): 빛의 굴절을 이용하여 상을 확대(해상력: 0.2㎛)하며 살아있는 시료의 관찰이 가능한 것이 장점임

「특수광학현미경」

Ⓐ 위상파(phase-contrast) 현미경: 시료 자체의 다양한 밀도의 증폭에 의해서 염색하지 않은 세포가 대비되어 보임

Ⓑ 차등간섭위상차(differential interference contrast) 현미경: 편광을 이용한 방법으로 표본을 통과한 빛과 표본이 없는 곳을 통과한 빛 간의 거리차에 의해 일어나는 입체감을 이용하여 명암의 차이를 얻는 방법임

Ⓒ 형광(fluorescence) 현미경: 세포에 형광염색약이나 항체를 이용하여 특정 분자를 표지하여 보는데 이러한 형광물질은 UV를 흡수하여 가시광선을 방출함

Ⓓ 공초점(confocal) 현미경: 형광염색된 시료를 레이저를 이용하여 단면적으로 관찰하는 것으로 오로지 초점이 맞는 부분만 보이며, 바늘구멍 틈을 통해 초점에서 벗어난 위치에서 나오는 빛을 제거함

ⓐ 배율(magnification): 물체의 이미지와 그것의 실체 크기의 비율로서 접안렌즈 배율과 대물렌즈 배율을 곱한 값임. 배율의 조정에 따라 아래 값들의 변화가 생김

구분	작동거리	상의 밝기	시야	상의 크기
고배율	작음	어두움	좁음	큼
저배율	큼	밝음	넓음	작음

ⓑ 해상력(resolution): 이미지가 또렷하게 보이는 정도로 두 개의 아주 가까운 거리에 떨어져 있는 점이 확실히 두 개의 점으로 분리되어 보이는 최소한의 거리(d)가 척도가 됨. 일반적으로 사람의 눈은 해상력이 0.2mm 정도이고 광학 현미경은 0.2㎛, 전자 현미경은 0.2nm 정도의 해상력은 가짐

「광학 현미경의 해상력 관련 해설」

해상력 개괄: 해상력은 광원의 파장(λ)과 대물렌즈의 개구수에 의하여 결정되는데 파장이 짧은 광원일수록 그리고 개구수가 클수록 d값이 작아지므로 해상력이 좋은 것임. 현미경에 조리개 밑에 달린 링은 필터를 끼우는 곳으로 주로 청색이나 녹색 필터를 많이 사용함. 파장이 짧은 청색 계통의 빛을 이용하면 해상력이 훨씬 향상되므로 섬세한 무늬나 더 미세한 구조물 등을 관찰하는데 유리함

$$d=0.61\frac{\lambda}{NA}$$ (λ: 사용하는 빛의 파장/NA: 개구수)

ⓒ 시료 고정: 일반적으로 고정액은 인산완충 포르말린 용액, 인산완충 4% 파라포름알데히드 용액, 메탄올: 아세톤 = 1: 1 혹은 95% 에탄올: 에테르 = 1: 1, 또는 초산이나 알코올 등을 이용함

ⓓ 시료 염색: 미세구조물 간의 대비효과를 증가시켜 광학현미경을 통한 상의 관찰을 용이케 함
- 핵 염색약: 아세트산카민, 메틸렌블루, 헤마톡실린, 김자액, 염기성 푸크신 용액, 사프라닌, 메틸 그린
- 세포질 염색약: 에오신, 산성 푸크신 용액
- 미토콘드리아 염색약: 야누스 그린 B

- 골지체 염색약: 오스뮴산

ⓔ 시료의 크기 측정: 접안 마이크로미터 한 눈금 길이를 결정하여 시료의 크기를 결정하게 되는데 대물마이크로미터 한 눈금의 길이는 정해져 있다는 것을 염두해 두어야 함. 시료의 크기는 접안마이크로미터의 눈금수와 크기를 측정한 접안마이크로미터 한 눈금 길이를 곱한 값이 됨

「세포의 크기를 측정하는 방법」

Ⓐ 시료의 크기=접안마이크로미터 한 눈금의 길이×접안마이크로미터 눈금수

Ⓑ 접안마이크로미터 한눈금 길이= $\frac{\text{겹쳐진 대물 마이크로미터 눈금수}}{\text{겹쳐진 접안마이크로미터 눈금수}} \times 10\mu m$

ⓛ 전자 현미경(electron microscope): 전자의 굴절을 이용하여 상을 확대(해상력: 2nm)하며 광학현미경으로 관찰할 수 없는 미세구조의 관찰이 가능한 것이 장점임

ⓐ SEM(Scanning Electron Microscope): 중금속으로 얇게 막을 씌운 표본을 전자현미경에서 렌즈로 작용하는 것과 같은 전자기 코일로 표본 위의 한 점에 빔을 투사해 표본을 주사함. 전자빔이 표본 표면 위의 연속되는 점에 발사되면, 분산되거나 방사되는 전자의 양이 탐지기에 의해 측정되어 비디오 화면 상에 나타나게 됨

주사전자현미경

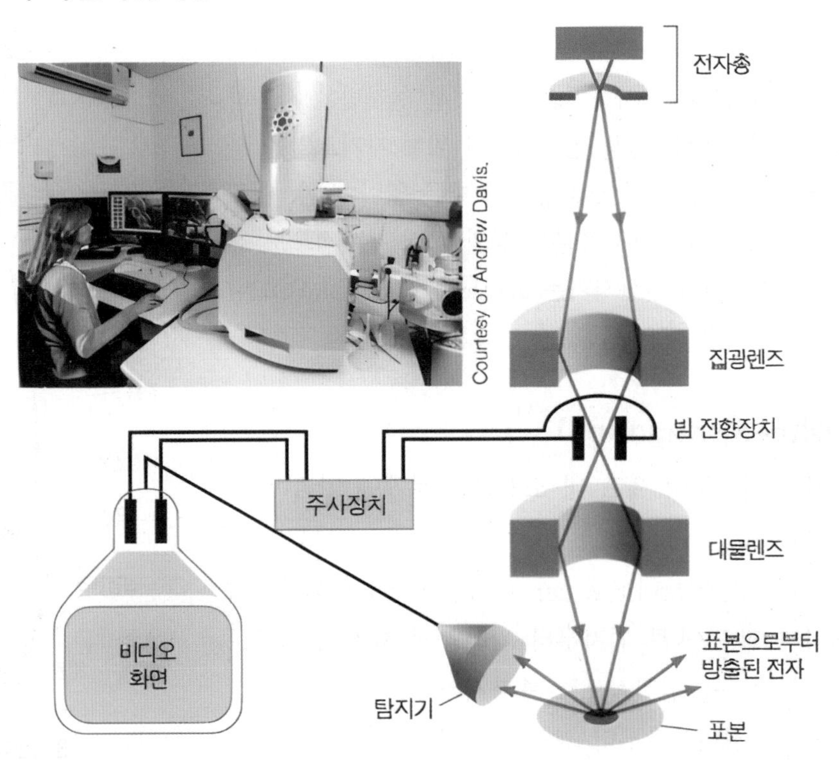

투과전자현미경

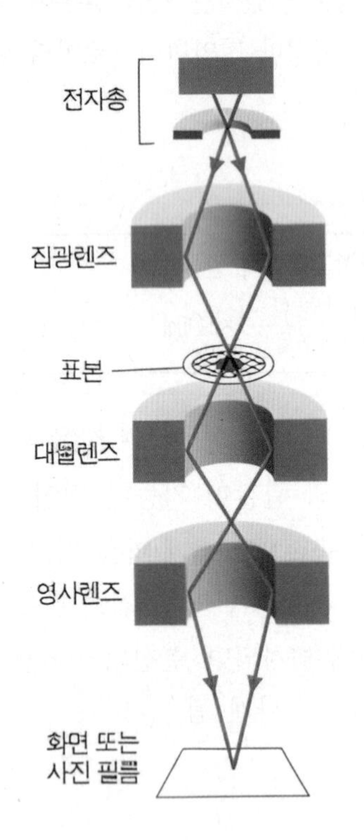

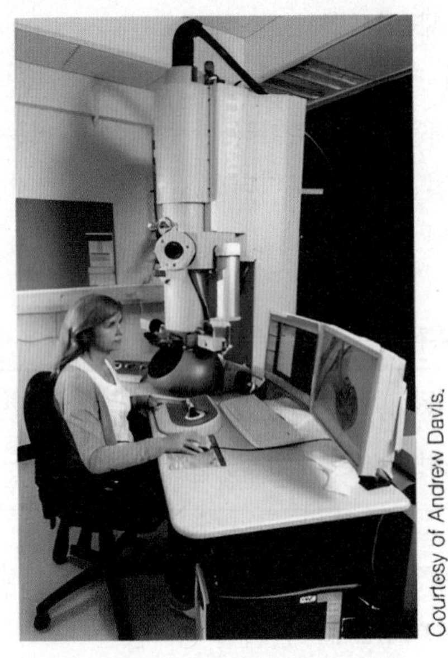

아래 전자현미경 사진은 정소에 있는 세포이다. 조직을 화학적으로 고정한 후 플라스틱에 끼워 넣고, 박편으로 자른 다음 우라늄염과 납으로 염색한다.

ⓑ TEM(Transmission Electron Microscope): 기본적으로 광학현미경과 유사하지만 광선대신 전자빔을 사용하여 유리렌즈 대신 빔을 집중시키기 위해 자기코일을 사용함. 표본은 진공 상태에 놓이며 매우 얇아야 함. 대조효과는 보통 전자빔이 표본을 통과할 때 부분적으로 전자를 흡수하거나 분산시키는 고밀도 전자 중금속으로 염색하여 얻어짐

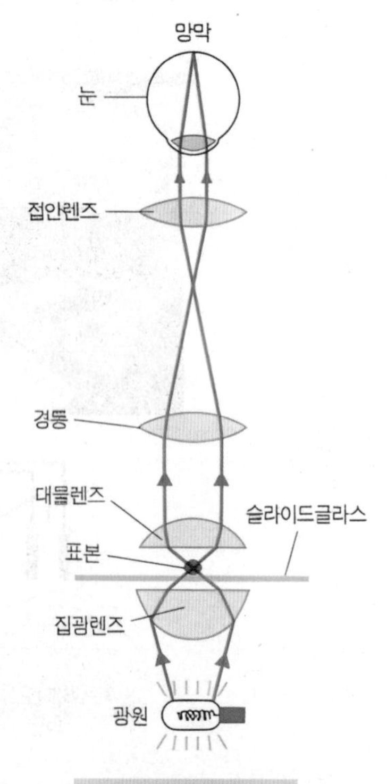

광학현미경의 빛이 지나가는 경로

(3) 원심분리법(centrifugation)

원심분리기를 이용하여 세포 내 소기관을 무게에 따라 분리해내는 방법

㉠ 분별원심분리(differential centrifugation): 원심분리시에 질량과 밀도가 큰 입자부터 가라앉게 하는 방식으로 원심분리 속도를 점진적으로 증가시켜 반복적으로 원심분리하면 균질액으로부터 세포의 구성성분을 분획화할 수 있음

「동물세포와 식물세포의 세포소기관 분리 순서 비교」

Ⓐ 동물세포의 세포소기관 분리 순서: 핵 → 미토콘드리아 → 리보솜, 소포체 → 세포질
Ⓑ 식물세포의 세포소기관 분리 순서: 세포벽 → 핵 → 엽록체 → 미토콘드리아 → 리보솜, 소포체 → 세포질

ⓛ 밀도 기울기 원심분리법: 물질의 부유밀도차에 기초를 둔 밀도기울기를 만들어 분석하는 원심분리법의 일종임

ⓐ 평형 밀도기울기 원심분리법: 초원심분리기를 사용하여 저분자 물질의 용액에 장시간 원심력장을 가하면 침강평형에 달하여 침강 내에 일정한 농도구배, 즉 밀도기울기가 나타남. 이 용액 중에 소량의 고분자를 첨가하면 그 밀도가 용매의 밀도보다 큰부분에서는 침강이, 그 반대의 부분에서는 부상이 일어나 최종적으로는 양자가 균형이 잡힌 위치에 고분자가 폭이 좁은 밴드에 모임. 이러한 현상을 이용하여 핵산, 단백질 등 부유 밀도의 측정이나 그 차에 근거한 분리・분석을 하는 것이 이 방법이며 일종의 침강평형법이라고 할 수 있음. 필요한 농도구배를 얻기 위해 고농도의 염화세슘용액을 사용하는 경우가 많아, 염화세슘 밀도기울기 원심법이라는 명칭도 사용하는데 염화루비듐, 브롬화세슘 등도 사용함

ⓑ 수크로오스 밀도기울기 원심분리법: 분리용 초원심분리기의 셀 내에 미리 밀도기울기를 제작해 두고, 그 위에 소량의 고분자용액을 층상으로 겹쳐놓고 원심을 하면 고분자는 층상을 이루며 침강함. 침강계수가 다른 많은 성분이 포함하면 다수의 층이 출현하는데 이 상황은 적당한 조작으로 셀 내의 용액을 꺼내어 조사한다. 이 방법은 평형 밀도기울기 원심분리법과는 달리 일종의 침강속도법으로 보통의 침강속도법과 같은 목적으로 사용될 뿐만 아니라 분리된 성분을 실제로 채취할 수 있다는 점에서 우수함

분별원심분리

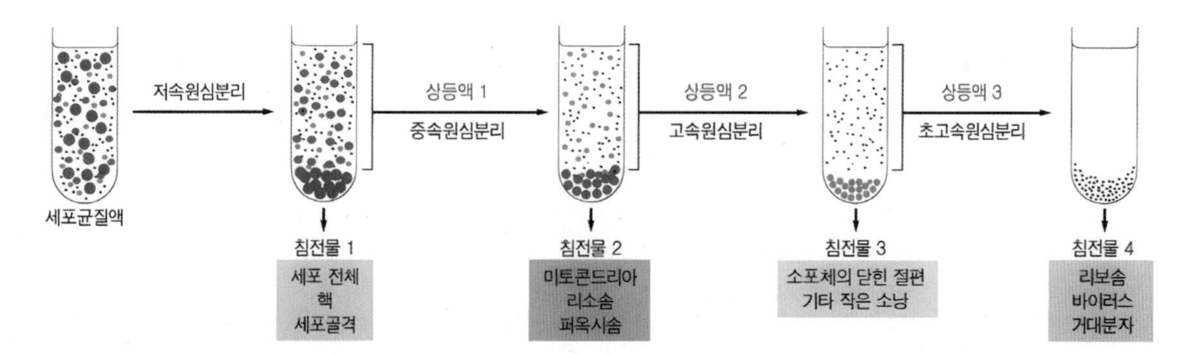

속도침강

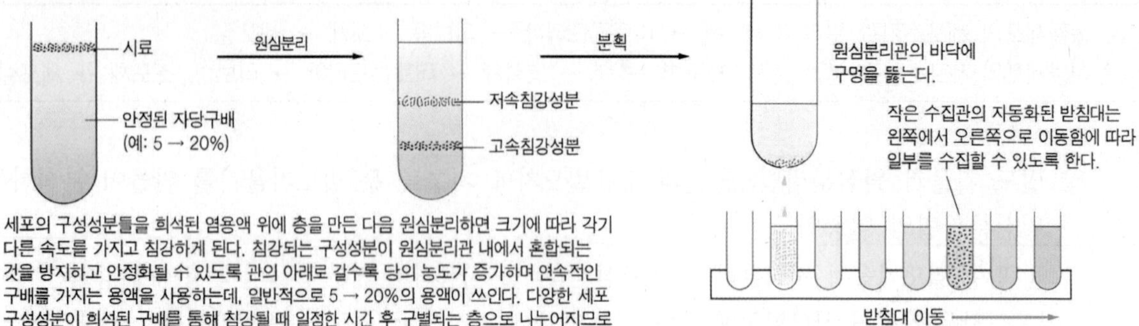

세포의 구성성분들을 희석된 염용액 위에 층을 만든 다음 원심분리하면 크기에 따라 각기 다른 속도를 가지고 침강하게 된다. 침강되는 구성성분이 원심분리관 내에서 혼합되는 것을 방지하고 안정화될 수 있도록 관의 아래로 갈수록 당의 농도가 증가하며 연속적인 구배를 가지는 용액을 사용하는데, 일반적으로 5 → 20%의 용액이 쓰인다. 다양한 세포 구성성분이 희석된 구배를 통해 침강될 때 일정한 시간 후 구별되는 층으로 나누어지므로 각각의 성분을 분리 수집할 수 있다.

적당한 시간의 원심분리 후 각 층들은 수집되는데, 대부분은 단순히 플라스틱 원심분리관에 구멍을 내어 바닥으로부터 떨어지는 방울을 모은다.

평형침강

초원심분리기 역시 크기와 형태와는 상관없이 부유밀도에 따라 세포 구성성분의 분리에 이용할 수 있다. 대개 구배 경사가 심한 매우 높은 농도의 자당 또는 염화세슘 용액 내에 시료를 분산시키거나 위쪽 층에 올려서 원심분리한다. 각 세포 구성성분들은 위 또는 아래로 이동하여 자신의 밀도와 주위 용액의 밀도가 일치하는 위치에 멈추게 되고 결국 서로 구분되는 층을 이룬다. 이때 가장 부유밀도가 큰 성분은 원심분리관의 아래에 위치한다. 이 방법을 밀도구배원심분리라 부르기도 한다.

시료는 자당밀도구배 전체에 분포한다.

평형 시 구성성분들은 자신의 밀도와 일치하는 구배 상의 위치로 이동한다.

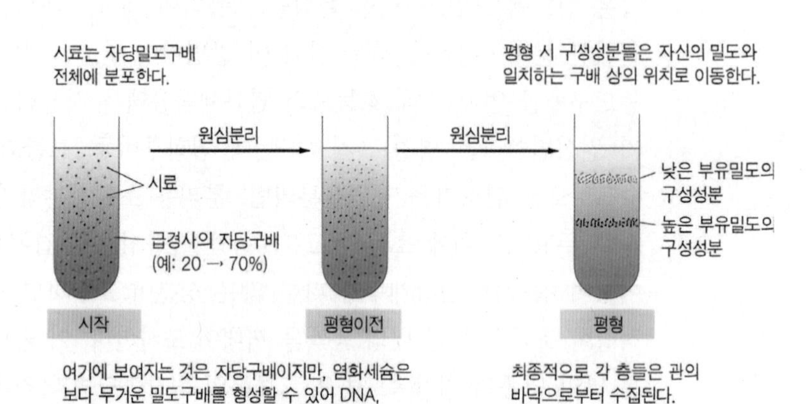

여기에 보여지는 것은 자당구배이지만, 염화세슘은 보다 무거운 밀도구배를 형성할 수 있어 DNA, RNA와 같은 핵산 분리 시 특히 유용하다.

최종적으로 각 층들은 관의 바닥으로부터 수집된다.

2 세포의 구조와 기능

(1) 세포의 구분

㉠ 원핵세포(prokaryotic cell): 핵, 막성 세포소기관, 세포골격 등이 존재하지 않는 세포 ex. 세균

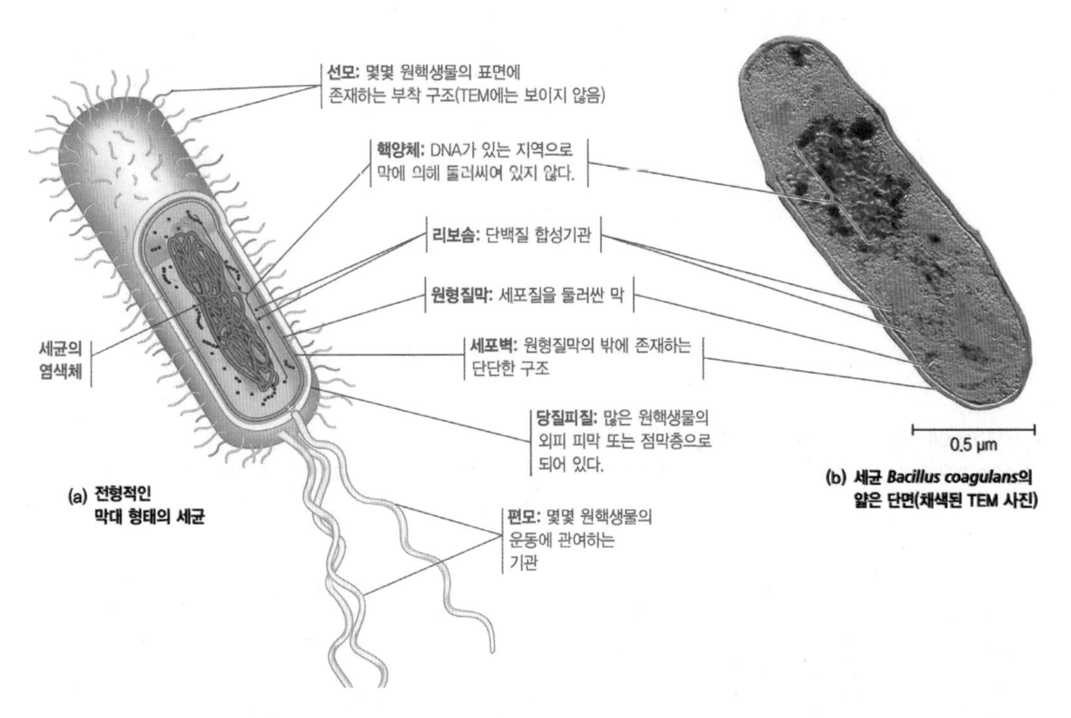

(a) 전형적인 막대 형태의 세균

(b) 세균 *Bacillus coagulans*의 얇은 단면(채색된 TEM 사진)

ⓐ 원핵세포의 일반적 특성

- 크기: 단세포성으로서 비교적 작고 길이가 몇 ㎛ 정도임
- 세포소기관(organelle): 핵 및 기타 막성 세포내 소기관은 없으나, 비막성 세포소기관인 리보솜은 존재함. 다만 원핵생물의 리보솜 크기는 진핵생물 리보솜 크기보다 조금 작다는 점이 특징임
- 세포골격(cytoskeleton): 진핵생물에 나타나는 세포골격이 존재하지 않음
- 원형질막(plasma membrane)과 세포벽(cell wall): 원핵생물의 원형질막은 물질 수송의 기능 외에 산화적 인산화를 통한 ATP 합성 기능을 수행하게 되며 광합성 수행 원핵생물의 경우 원형질막 또는 원형질막에서 유래된 주머니형태의 막에서 광인산화를 통한 ATP 합성이 진행됨. 원형질막은 세포벽이라는 견고한 외부층으로 둘러싸여 있음. 세포벽의 펩티도글리칸 유무에 따라 진정세균과 시원세균으로 구분함
- 협막(capsule): 많은 원핵세포의 세포벽은 협막이라고 불리는 끈적끈적한 점액성 다당류로 덮여 있어서 세포벽과 함께 물리적인 손상으로부터 세포를 보호함
- 염색체(chromosome): 보통 환형 염색체가 하나 존재함

- 플라스미드(plasmid): 환형 염색체 이외의 작은 환형 DNA인 플라스미드가 존재하는데 보통 플라스미드에는 핵심 재사 유전자(housekeeping gene)가 결여되어 있음
- 편모(flagella): 많은 원핵생물은 편모라고 불리는 길고 실처럼 생긴 단백질 섬유들을 이용하여 움직이는데 진핵생물의 편모와는 달리 나선형이며 원형질막과 세포벽에 있는 소켓에서 회전하여 세포를 이동케 함
- 생식과 접합: 이분법을 통해 분열, 생식하고 선모라는 구조를 통해 접합을 수행하여 세균 간 유전자 도입을 수행함
- 선모(pili): 선모는 생식기능을 지닌 선모(sex pili; 성선모)와 부착 기능을 가진 부착선모(fimbriae)로 구분됨
- 영양방식: 원핵생물은 진핵생물보다 더욱 다양한 영양방식을 보유하고 있음 ex. 광독립영양, 화학독립영양, 광종속영양, 화학종속영양

ⓑ 원핵세포의 구분
- 진정세균(Eubacteria): 세포벽의 주성분이 peptidoglycan이며 통상 그람 염색법을 통해 구분하게 되는데 염색 상태에 따라 그람양성균과 그람음성균으로 구분됨

「그람 염색법에 따른 진정세균 구분」

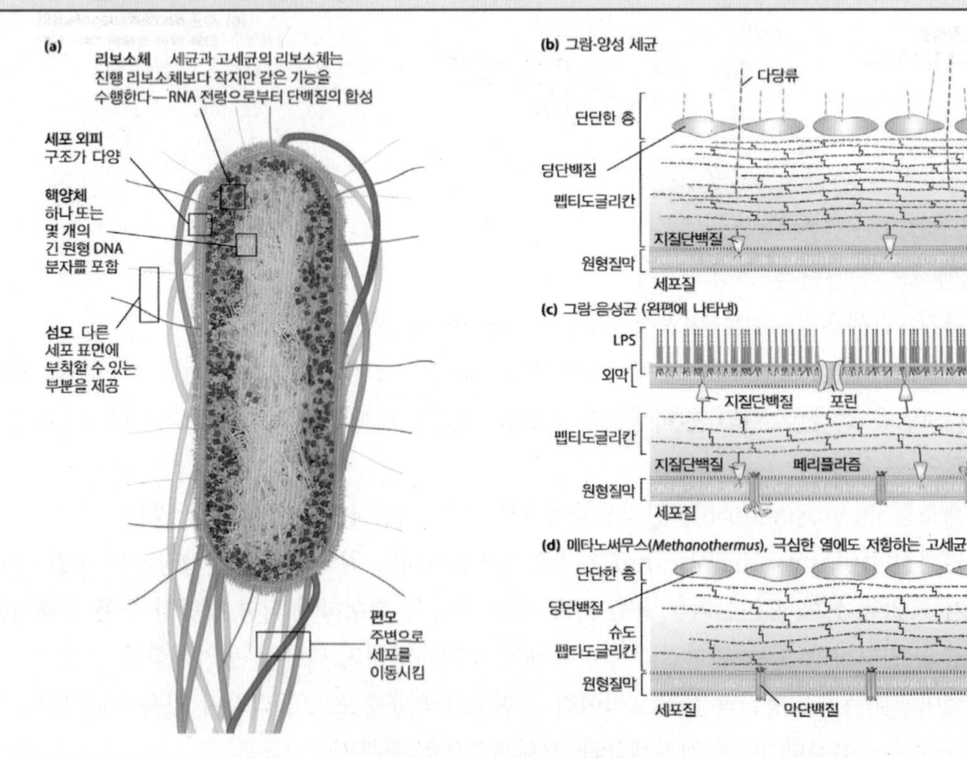

Ⓐ 그람 양성균(Gram-positive): peptidoglycan층이 두꺼워 crystal violet이 탈색되지 않아 safranin으로 염색되지 않으며 따라서 crystal violet의 색인 보라색으로 나타남
Ⓑ 그람 음성균(Gram-negative): peptidoglycan층이 얇아 crystal violet이 탈색되고 safranin으로 염색되어 safranin의 색인 분홍색으로 나타남

- 시원세균(Archaebacteria): 고세균은 변형된 펩티도글리칸인 유사펩티도글리칸(pseudopeptidoglican)이나 S층(S-layer)이라고 하는 단백질 막으로 세포벽이 구성되어 있으며 지질은 아이소프레노이드(isoprenoid)가 다중결합을 이루고 있는 알코올로 구성되어 있으며 이 알코올이 글레세롤과 에테르 결합을 이룸

ⓛ 진핵세포(eukaryotic cell): 핵, 막성 세포소기관, 세포골격 등이 존재하는 세포로서 원핵생물보다 세포의 크기가 커지면서 표면적 대 부피 비율이 감소함 ex. 동물, 식물, 균류, 원생생물

「표면적 대 부피비율(S/V ratio)」

- 반지름이 r인 구를 가정하면, 표면석은 $4\pi r^2$, 부피는 $4/3\pi r^3$
- 표면적대부피비율= $\dfrac{4\pi r^2}{\frac{4}{3}\pi r3} = \dfrac{3}{r}$
- 따라서 r값이 커질수록 일정한 부피에 비해서 지니고 있는 표면적의 비율이 감소하기 때문에 진핵생물에서는 내막계의 필요성이 대두함

ⓐ 세포소기관: 핵막을 포함하는 명실상부한 핵이 존재하며 막성 세포소기관(핵, 소포체, 골지체, 퍼옥시좀, 미토콘드리아, 엽록체 등)이 여러 종류 존재함. 특히 미토콘드리아, 엽록체는 각각 호기성 세균, 광합성 세균의 세포내 공생을 통해 진핵세포 내에 진화적으로 나타나게 된 것임

ⓑ 내막계(endomembrane system): 진핵세포를 기능적이고 구조적으로 나눈 구조로서 밀접한 관계에 있는 세포 내의 막으로 된 주머니의 집합체임. 단백질 합성과 변형, 단백질을 원형질막이나 세포소기관 또는 세포 밖으로의 수송, 지질의 합성 및 일부 독소들의 비독성화 등 많은 기능을 수행함. 내막계는 물리적으로 연결되어 있거나 소낭에 의해 간접적으로 연결되어 있는데 소낭은 작은 막으로 된 것으로 내막계 부분들 사이에서 물질을 전달하는 기능을 수행함 ex. 소포체, 골지체, 핵막, 리소좀, 소낭, 원형질막

ⓒ 염색체: 선형 DNA를 포함하는 염색체가 여럿 존재함

ⓓ 섬모(cilia)와 편모: 편모와 섬모는 세포 표면으로부터 뻗어 나온 길고 얇은 운동성의 구조로서 편모와 섬모는 구조상 섬모가 일반적으로 편모보다 짧고 세포에 훨씬 많이 존재한다는 점 외에는 동일함. 진핵세포의 편모는 원핵생물의 편모와는 달리 미세소관이라는 세포골격을 기본구조로 하고 있으며 프로펠러 운동방식이 아닌 노젓기 운동을 통해 세포의 이동을 유발함

ⓔ 세포벽: 균류, 식물, 다수의 원생생물 원형질막은 세포벽으로 둘러싸여 있음 ex. 식물과 녹조류의 셀룰로오스, 균류의 키틴질

ⓕ 생식: 무성생식, 유성생식 등의 다양한 생식방식이 존재함

진핵세포의 구조와 특징

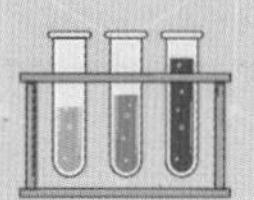

세포소기관(organelle)

「동물세포와 식물세포의 구조 비교」

Ⓐ 동물세포

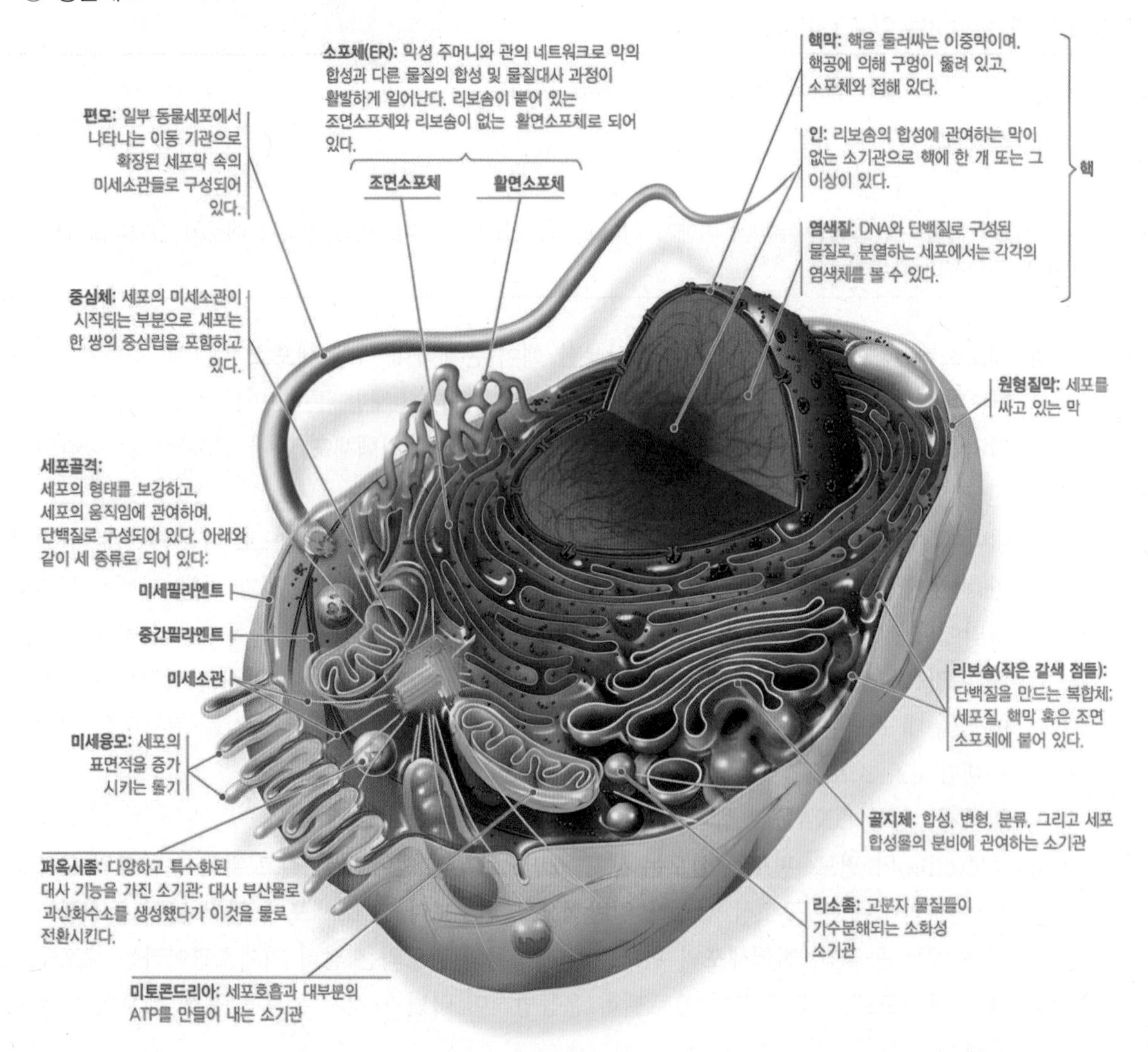

소포체(ER): 막성 주머니와 관의 네트워크로 막의 합성과 다른 물질의 합성 및 물질대사 과정이 활발하게 일어난다. 리보솜이 붙어 있는 조면소포체와 리보솜이 없는 활면소포체로 되어 있다.
조면소포체
활면소포체
편모: 일부 동물세포에서 나타나는 이동 기관으로 확장된 세포막 속의 미세소관들로 구성되어 있다.
중심체: 세포의 미세소관이 시작되는 부분으로 세포는 한 쌍의 중심립을 포함하고 있다.
세포골격: 세포의 형태를 보강하고, 세포의 움직임에 관여하며, 단백질로 구성되어 있다. 아래와 같이 세 종류로 되어 있다:
미세필라멘트
중간필라멘트
미세소관
미세융모: 세포의 표면적을 증가 시키는 돌기
퍼옥시좀: 다양하고 특수화된 대사 기능을 가진 소기관; 대사 부산물로 과산화수소를 생성했다가 이것을 물로 전환시킨다.
미토콘드리아: 세포호흡과 대부분의 ATP를 만들어 내는 소기관
핵막: 핵을 둘러싸는 이중막이며, 핵공에 의해 구멍이 뚫려 있고, 소포체와 접해 있다.
인: 리보솜의 합성에 관여하는 막이 없는 소기관으로 핵에 한 개 또는 그 이상이 있다.
염색질: DNA와 단백질로 구성된 물질로, 분열하는 세포에서는 각각의 염색체를 볼 수 있다.
핵
원형질막: 세포를 싸고 있는 막
리보솜(작은 갈색 점들): 단백질을 만드는 복합체; 세포질, 핵막 혹은 조면 소포체에 붙어 있다.
골지체: 합성, 변형, 분류, 그리고 세포 합성물의 분비에 관여하는 소기관
리소좀: 고분자 물질들이 가수분해되는 소화성 소기관

Ⓑ 식물세포

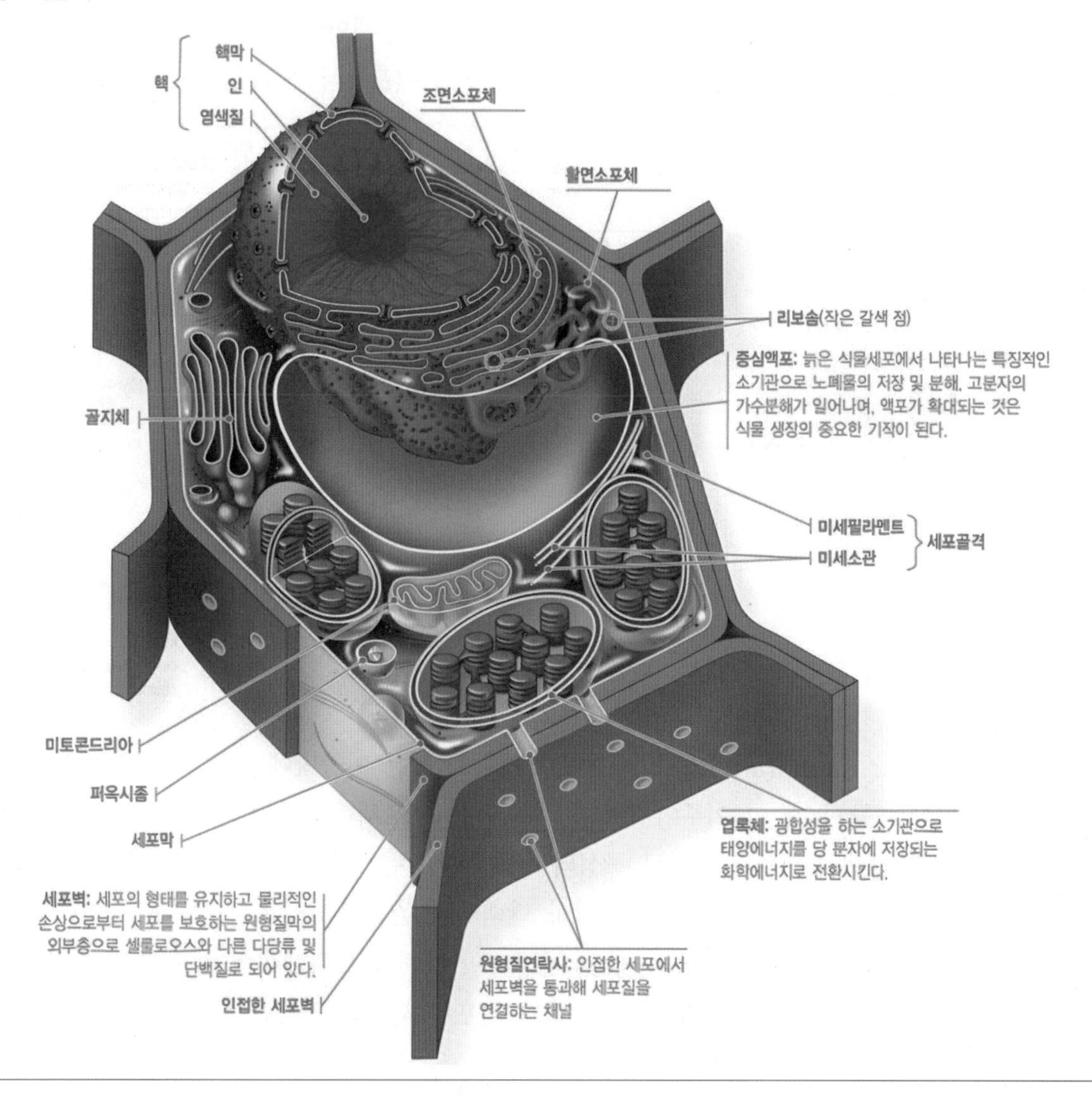
핵
핵막
인
염색질
조면소포체
활면소포체
리보솜(작은 갈색 점)
중심액포: 늙은 식물세포에서 나타나는 특징적인 소기관으로 노폐물의 저장 및 분해, 고분자의 가수분해가 일어나며, 액포가 확대되는 것은 식물 생장의 중요한 기작이 된다.
골지체
미세필라멘트
미세소관
세포골격
미토콘드리아
퍼옥시좀
세포막
엽록체: 광합성을 하는 소기관으로 태양에너지를 당 분자에 저장되는 화학에너지로 전환시킨다.
세포벽: 세포의 형태를 유지하고 물리적인 손상으로부터 세포를 보호하는 원형질막의 외부층으로 셀룰로오스와 다른 다당류 및 단백질로 되어 있다.
인접한 세포벽
원형질연락사: 인접한 세포에서 세포벽을 통과해 세포질을 연결하는 채널

(1) 핵(nucleus)

세포활동을 조절하는 중심이며 유전정보를 지닌 DNA가 존재함. 대부분의 세포에는 핵이 1개 존재하지만 다핵세포(포유류의 골격근 세포)와 무핵세포(포유류의 적혈구)도 존재함

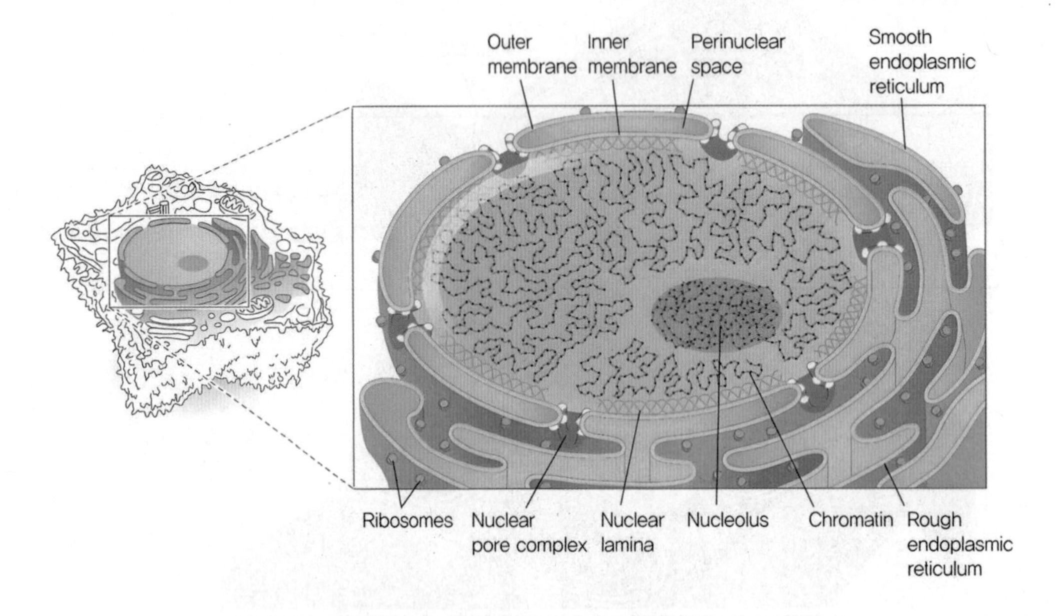

㉠ 핵막(nuclear membrane): 핵막하층이 지지하고 있는 이중막에 핵공 복합체가 존재하여 핵 안팎으로 물질수송이 이루어지며 핵의 외막은 소포체막과 연결되어 있음. 동물세포의 경우 핵막하층은 lamin 단백질로 구성되어 있으나 많은 원생생물, 균류, 식물의 핵막 안쪽 표면은 라민과 관련되지 않은 다른 강화 단백질이 존재함

㉡ 핵공 복합체(nuclear pore complex): 8량체의 단백질 복합체이며 작은 극성분자, 이온, 단백질 및 RNA와 같은 거대 분자들이 핵과 세포질 사이를 왕복할 수 있는 유일한 통로임

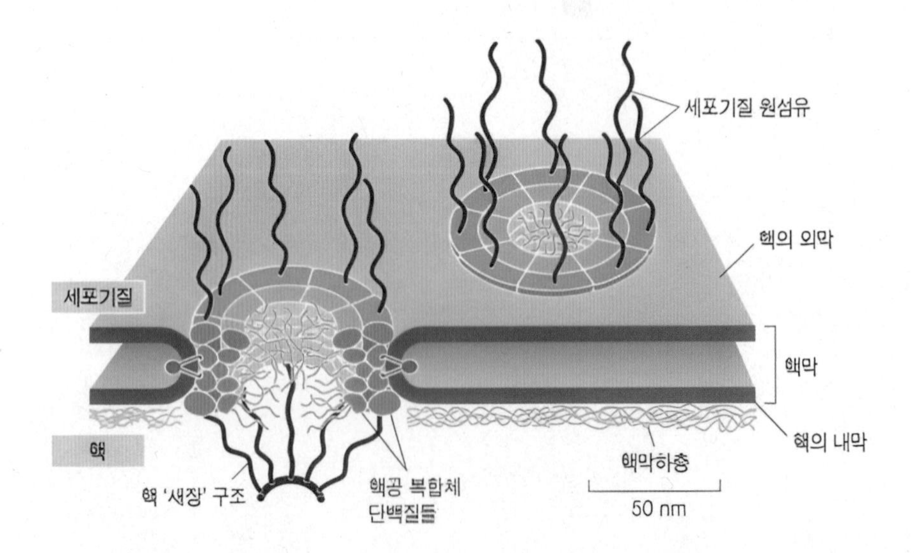

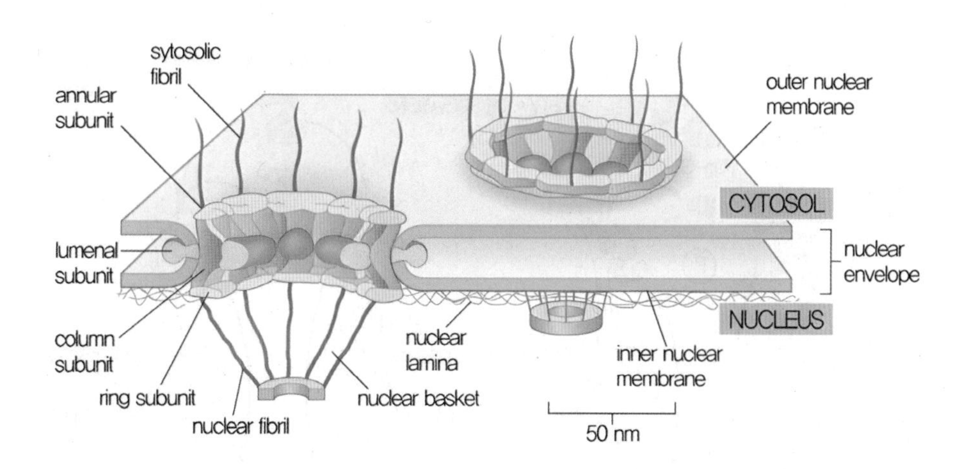

「핵공 복합체를 통한 거대 분자 수송 기작」

Ⓐ 분자량 50kd 이하의 단백질은 자유롭게 핵과 세포질 사이를 왕복하나 대부분의 단백질 및 RNA는 GTP 가수분해를 필요로 하는 에너지 의존단계를 지님. 특히 RNA는 NES를 지닌 단백질과 결합하여 ribonucleoprotein-RNA 복합체 상태로 수송되어야 함

Ⓑ 핵 위치 신호(nuclear localization signal; NLS): 핵으로 수송되는 폴리펩티드의 중간 정도에 존재하며 Lys, Arg이 많은 짧은 서열임. NLS는 폴리펩티드의 importin에 의해 인식되어 핵공 복합체를 통해 핵 안으로 수송되는 과정에 관여함

-Pro-Pro-Lys-Lys-Lys-Arg-Lys-Val-

Ⓒ 핵 방출 신호(nuclear export signal; NES): 핵 안에서 세포질로 이동하는 단백질에 Leu이 풍부한 아미노산 서열로, exportin에 의해 인식되어 단백질이 세포질로 수송되는 과정에 관여함

-Leu-Ala-Leu-Lys-Leu-Ala-Gly-Leu-Asp-Ile-

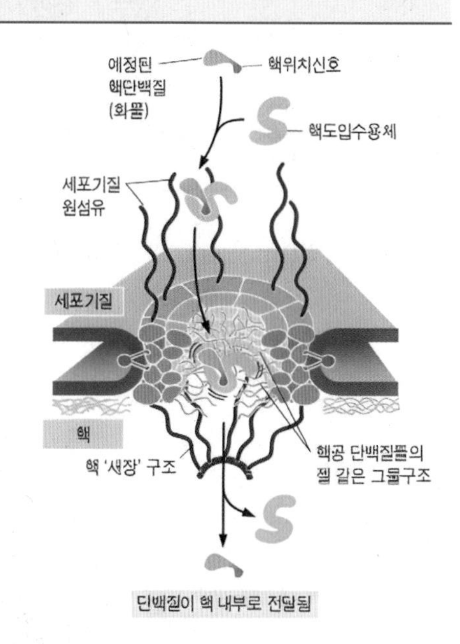

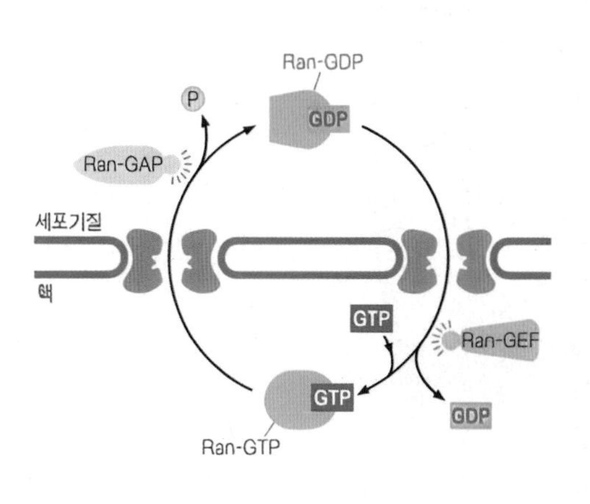

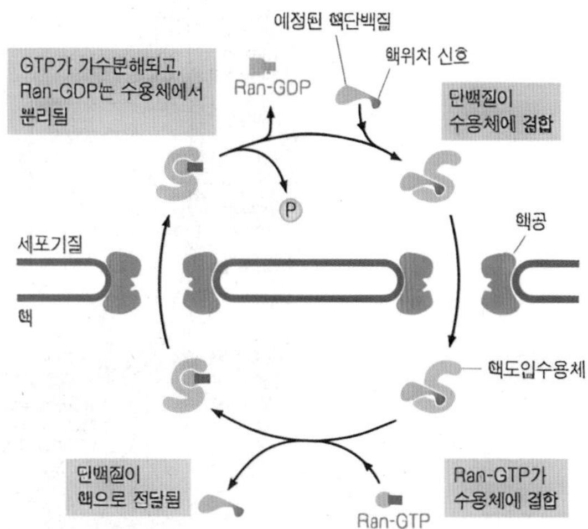

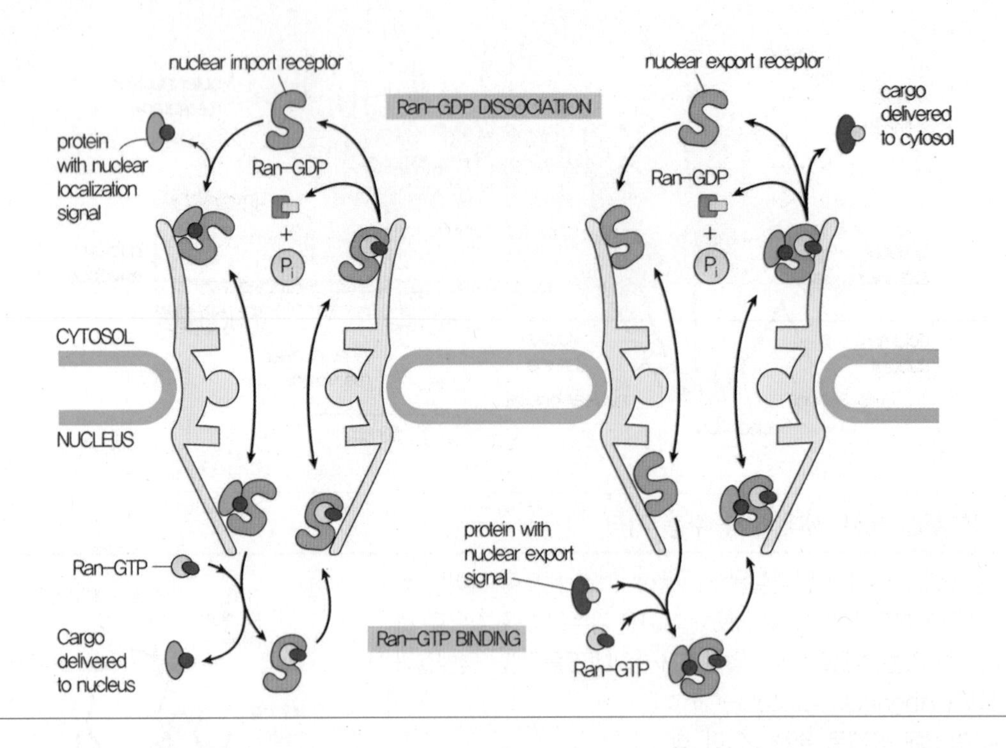

㉡ 핵인(nucleolus): 진핵세포의 핵은 보통 하나 이상의 핵인이 존재하며 rRNA 전사, 가공 및 리보솜 소단위체 조립, telomerase 합성이 일어나며 전자밀도가 높아 어둡게 보이며 단백질 합성이 왕성한 세포에서는 크게 보임

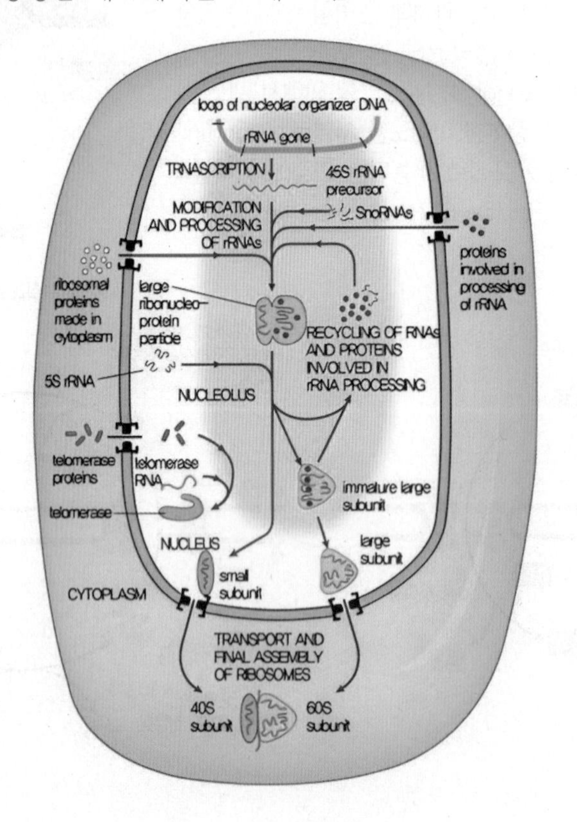

(2) 소포체(endoplasmic reticulum; ER)

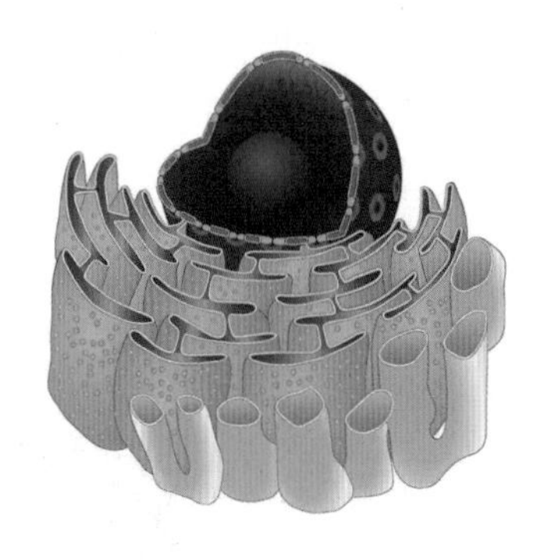

소포체는 막으로 된 관과 시스터나라고 불리는 소낭이 광범위하게 연결된 네트워크이며 단백질 가공과정 및 기타 물질 대사를 진행하게 되고 조면소포체와 활면 소포체로 구분됨. 조면소포체와 활면소포체의 비율은 세포의 종류에 따라 다른데 이자 세포나 형질세포와 같이 단백질을 주로 분비하는 세포는 조면소포제, 부신피질세포, 간세포와 같이 지질을 주로 분비하거나 독성물질을 제거하는 세포는 활면소포체가 발달되어 있음

㉠ 조면소포체(rough endoplasmic reticulum; RER): 리보솜이 표면에 부착된 소포체로서 단백질 변형과정에 참여하게 됨

ⓐ 구조: 층상 형태로 되어 있는 납작한 주머니의 집합체로서 핵의 외막과 연결되어 있으며 내강은 하나의 연속된 공간임. 표면에는 SRP 수용체가 존재하여 단백질을 합성하고 있는 리보솜이 결합할 수 있음

ⓑ 기능: 소포체에 붙어 있는 리보솜으로부터 만들어지는 단백질은 소포체 내강으로 들어가는데 소포체 내강에서는 단백질의 최종 형태로 구조가 갖추어짐

- 단백질의 당화작용: 소포체로 전자된 많은 단백질은 매우 복잡한 당과 공유결합을 통해서 변형됨. 이 과정은 아스파라진(Asn)기에서 일어나기 때문에 N-연결 당화(N-linked glycosylation)이라고 함. 돌리콜인산에서 단백질 기질로 가지 달린 탄수화물 구조물의 전달은 전좌 중에 일어나며 이 전달은 다중소단위 복합체인 당전이 효소(glycosyltransferase)가 촉매함

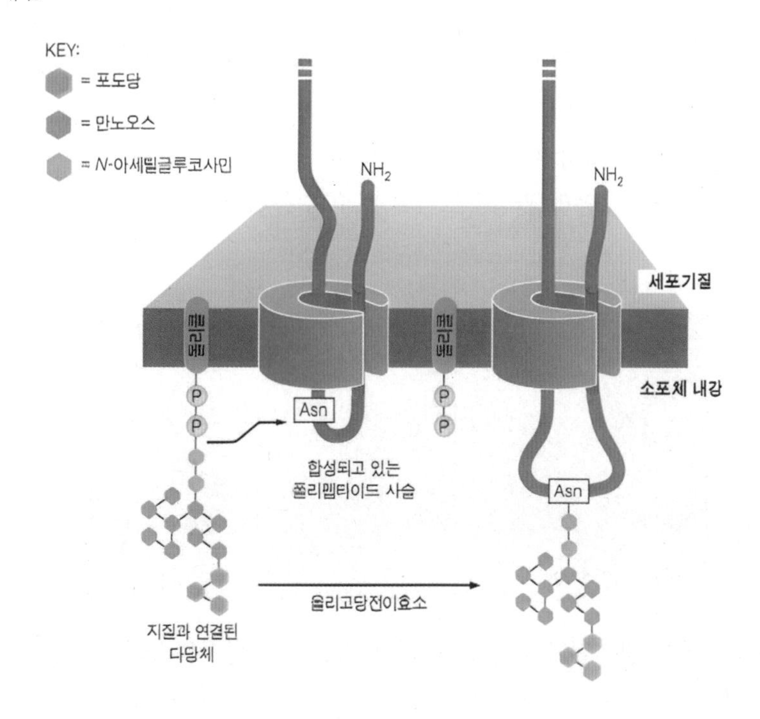

- GPI(glycophosphatidylinositol) anchor로의 연결: 소포체의 전좌된 단백질 중에서 적지만 상당한 수가 인지질의 공유첨가를 통해 변형됨. 특정 효소복합체가 기질 단백질을 절단하여 이 과정에서 절단된 단백질과 GPI 간에 공유결합을 형성함을 통해 이루어짐

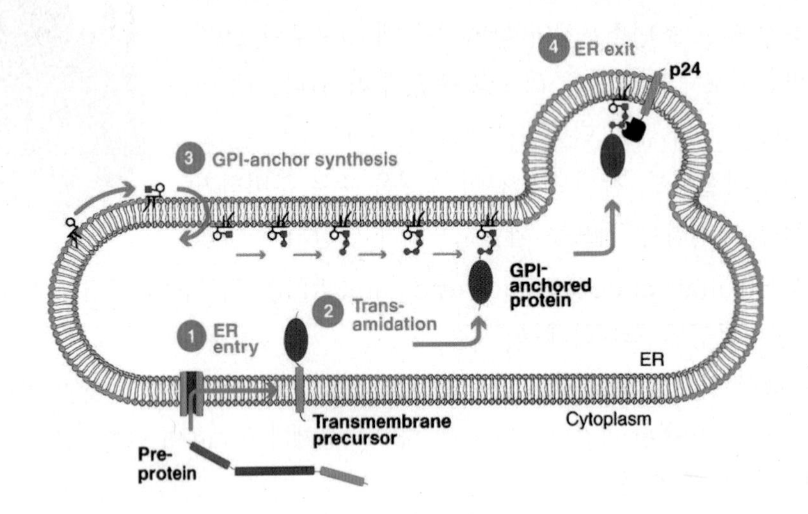

- 올바른 단백질의 접힘 과정: 전좌된 단백질의 접힘을 돕는 샤페론이 존재하여 올바르게 접힌 단백질만 분비경로로 이동하는 것을 보장하게 됨. 또한 칼넥신(calnexin)이라 불리는 일종의 렉틴 단백질에 의해서 추가적인 단백질 품질관리가 일어남
- 단백질 복합체의 조립: 접힘에 이어 일부 단백질은 복합체로 조립되는데 대부분의 다량체로 된 분비단백질과 막단백질은 소포체에서 조립됨. 조립이 되지 못한 대부분의 단백질은 특이 샤페론과 결합한 상태로 소포체에 머무르게 됨
- 이황화 결합(disulfide bond)의 형성: 이황화 결합의 형성은 단백질이 접힐 때 시스테인(Cys)기 사이에서 일어나고 단백질 이황화 이성질화효소(protein disulfide isomerase; PDI)가 이 과정을 촉매함

㉡ 활면소포체(smooth endoplamic reticulum)

ⓐ 구조: 조면소포체와는 달리 관상구조이며 SRP 수용체가 존재하지 않아 리보솜이 표면에 존재하지 않음

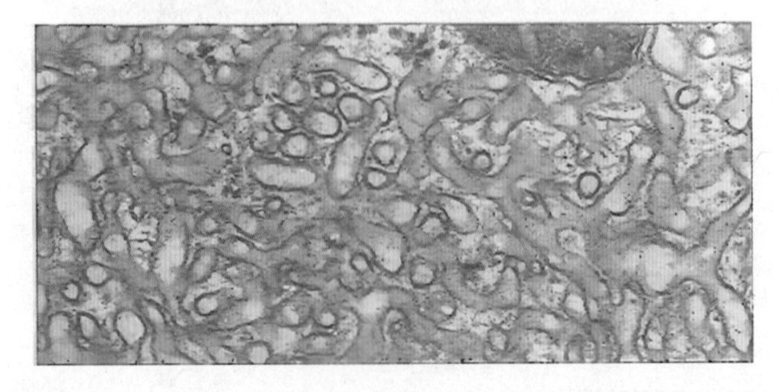

ⓑ 기능: 세포질에서 원형질막의 구성이 되는 지질을 합성하는 등의 여러 가지 기능이 수행됨

- 탄수화물 대사에 관여: 동물세포의 경우 포도당 6인산을 포도당을 전환시키고 글리코겐 대사도 진행되어 생체 내 혈당량의 항상성에 관여함
- 중성지방, 인지질, 스테로이드 및 담즙산의 생합성에 관여함
- Ca^{2+} 저장: 활면소포체 내에 저장되어 있는 Ca^{2+}이 세포질로 방출되면 특정 반응을 유발하는 2차 신호전달자로 기능을 수행하게 되며 특히 근육세포의 경우 활면소포체 내에 저장된 Ca^{2+}이 Ca^{2+} 채널을 통해 세포질로 방출되면 근육 수축이 유발됨
- 해독작용을 수행함: Cyt P450에 의한 소수성 독성물질의 수산화를 진행하여 친수성 물질로 전환시켜 체내에서 보다 쉽게 용해되고 체외로 배출될 수 있도록 함

ⓒ 소포체로의 단백질 이동: 소포체, 골지체, 리소좀, 세포막, 세포밖으로 이동할 단백질은 소포체 신호서열을 지니고 있어서 세포질에서 소포체로 이동함

ⓐ 리보솜에서 합성중인 단백질의 소포체로의 이동

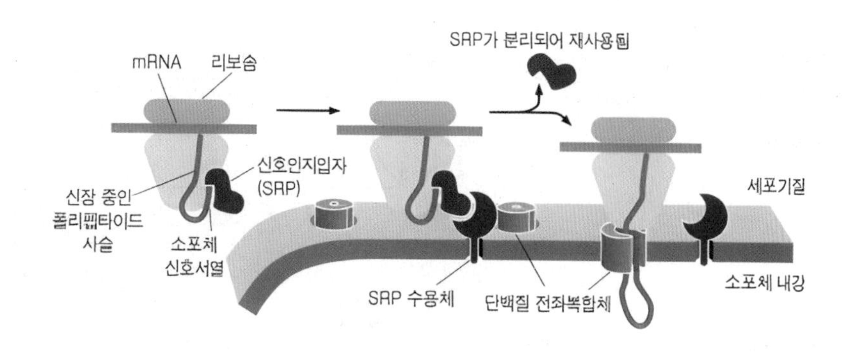

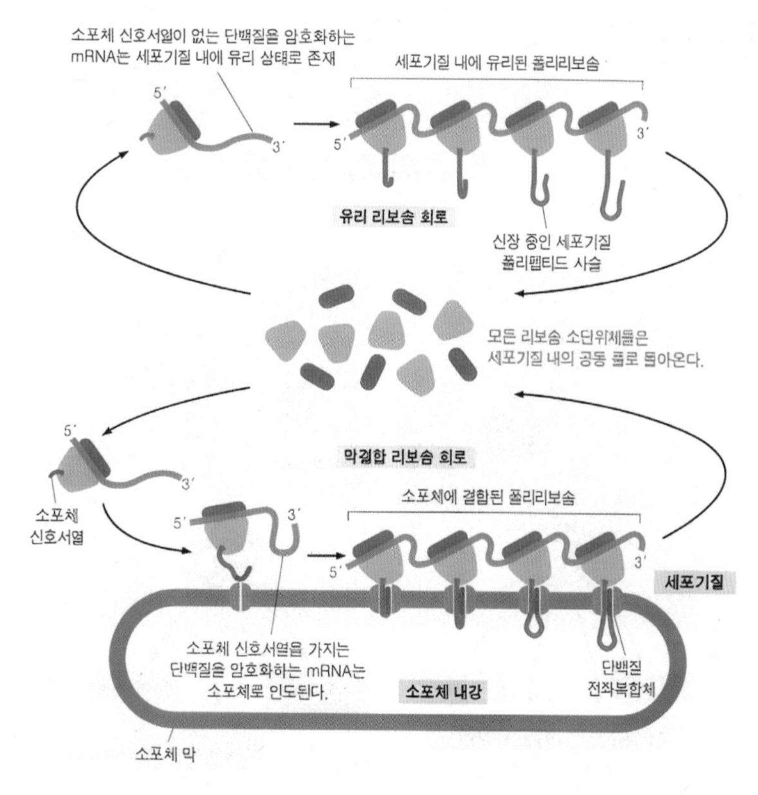

- 세포질에 존재하는 신호인지입자(signal recognition partigle; SRP)가 리보솜에서 신장되어 나오는 폴리펩티드의 소포체 신호서열에 결합함
- SRP가 소포체신호서열과 결합하여 리보솜의 단백질 합성을 지연시킴
- 소포체신호서열과 결합한 SRP가 SRP 수용체와 결합하는데 이후 SRP는 소포체 신호서열에서 분리되고 리보솜에 의한 단백질 합성은 다시 개시되어 합성되는 단백질이 소포체 내부로 이동하게 됨
- 합성된 단백질은 신호서열 가수분해효소(signal peptidase)에 의해 신호서열이 제거되고 다양한 샤페론에 의해 적절한 모양으로 접히게 됨

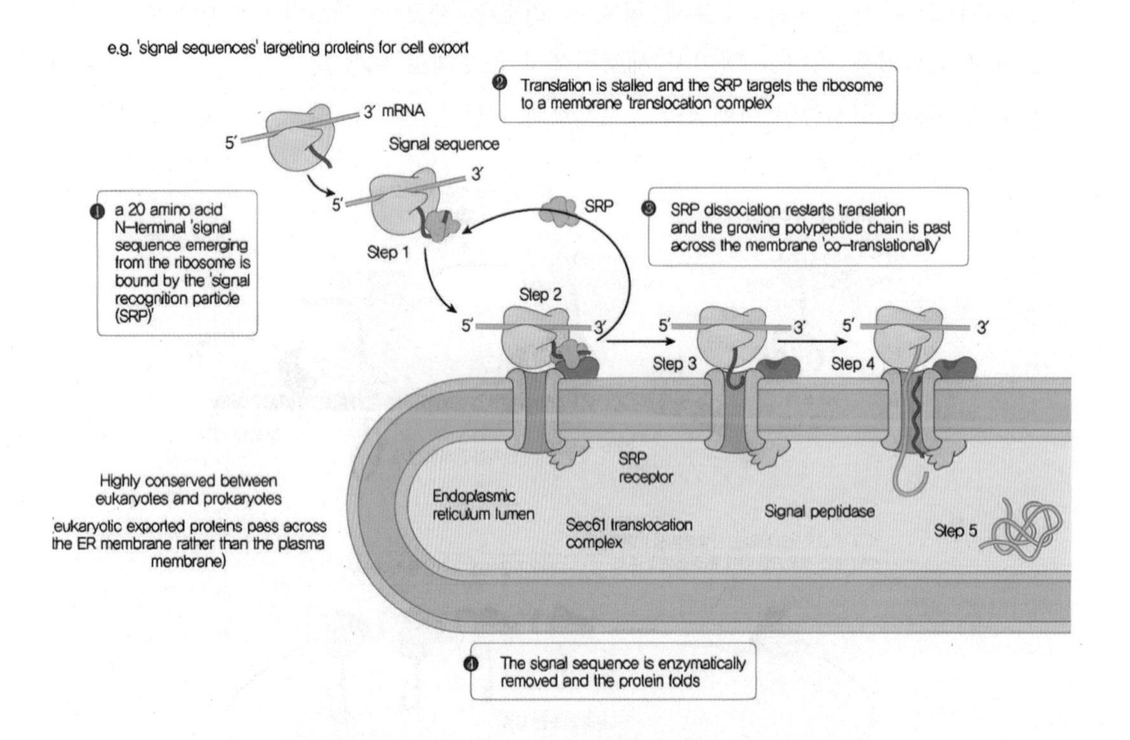

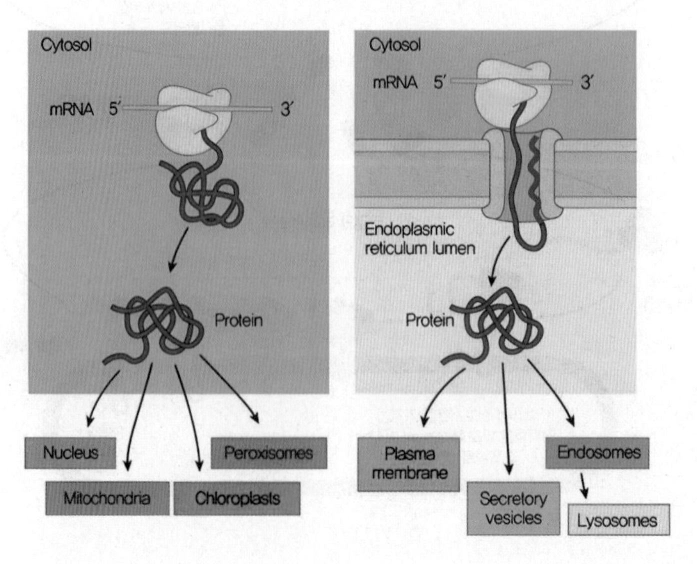

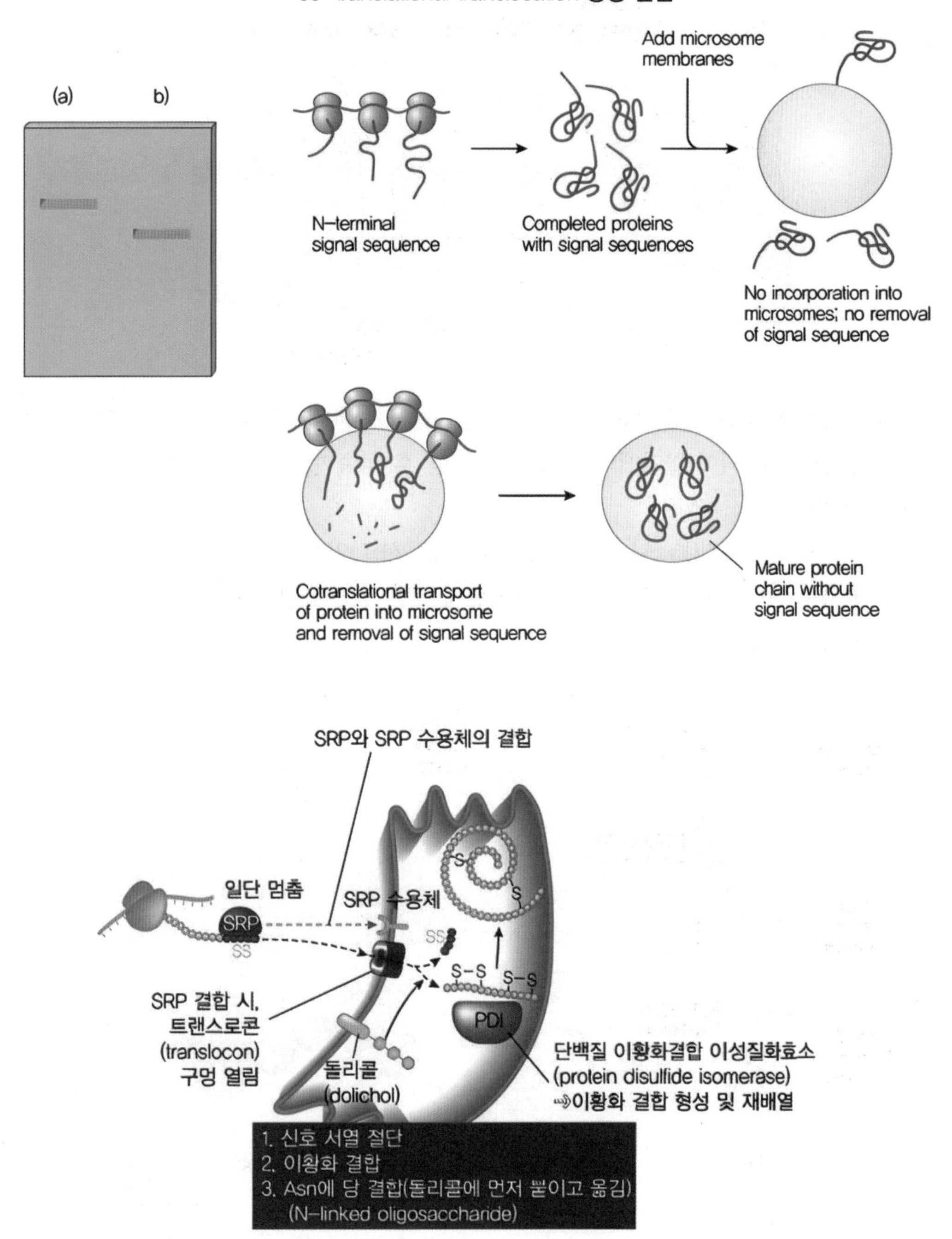

ⓑ 소포체 내로 진입한 단백질의 골지체로의 이동: 신호서열이 잘려서 소포체내로 진입한 단백질은 출아를 통해 형성된 소낭에 담겨 골지체의 cis면을 형성하여 trans면으로 이동하게 됨

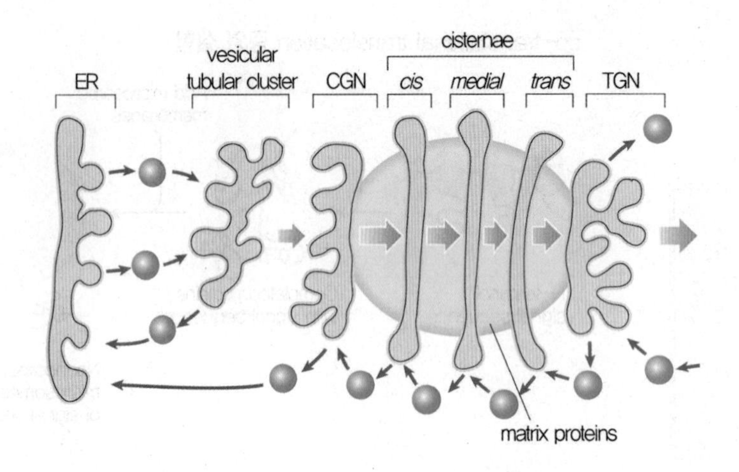

- 시스터나 성숙 모델(cisternal maturation model)에 따르면 조면소포체에서 출아된 소낭들이 융합되어 골지체의 cis면을 형성한 후 성숙면으로 이동하면서 시스터나에 존재하는 단백질이 수정됨
- 소포체 잔류서열(Lys-Asp-Glu-Leu; KDEL 서열)이 존재하는 단백질의 경우 골지체로 이동했다 하더라도 골지체의 KDEL 서열에 대한 수용체 결합하여 소낭을 통해 다시 소포체로 회수됨

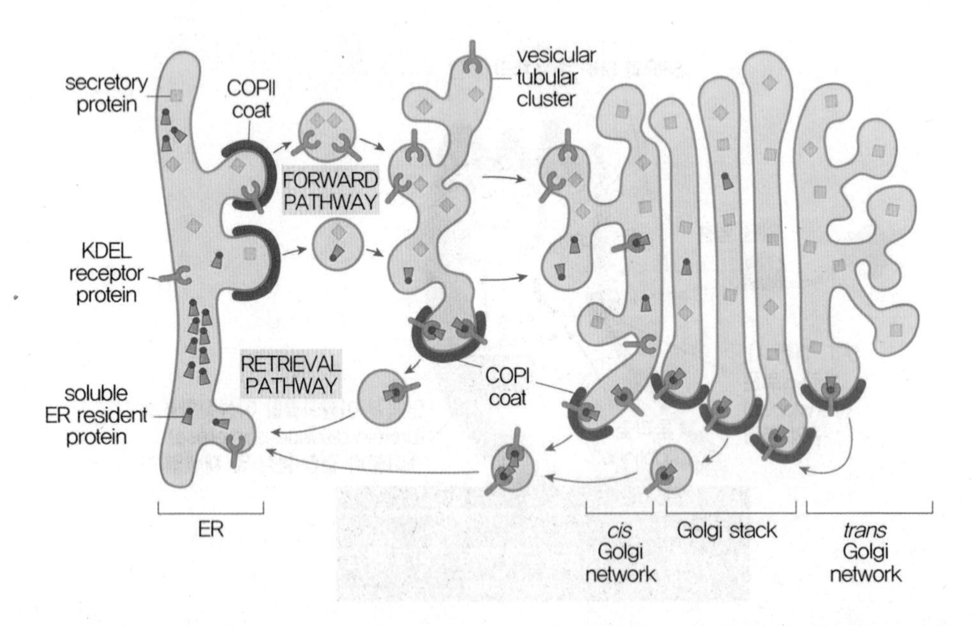

- 소포체에서 변형된 단백질은 샤페론에 의해 정확하게 접혀야만 골지체로 이동할 수 있는데 이 과정에 결함이 생기면 골지체로 이동할 수 없게 됨. ex. 낭포성 섬유증(cystic fibrosis): 점막생성세포의 Cl^- 수송단백질이 결손되어 끈적끈적한 점막이 형성되는 유전적 질병

ⓒ 소수성 신호서열이 존재하는 막단백질의 형성과 이동
- stop transfer sequence가 하나 존재하는 경우: 이 경우에 막단백질은 소포체의 막을 한 번만 관통하게 됨

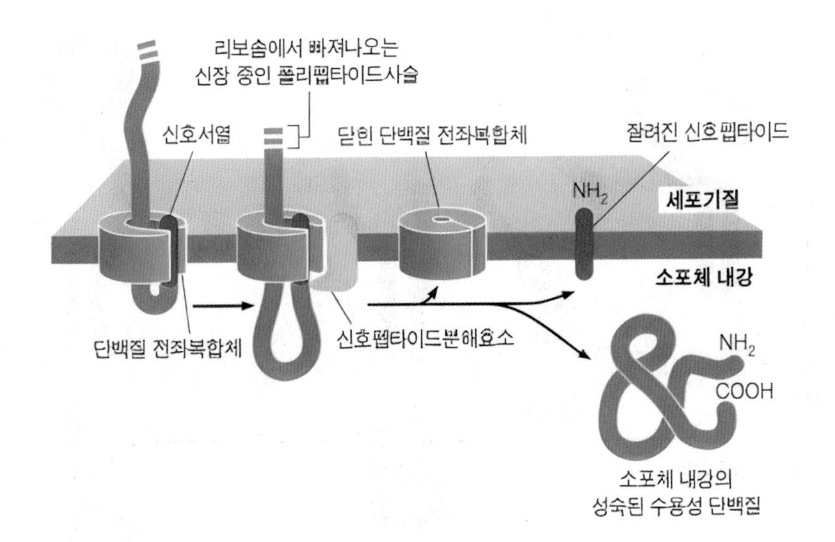

- internal start-transfer sequence가 하나 존재하는 경우: 이 경우에 막단백질은 소포체막을 한번만 관통하게 되는데 양전하를 띠는 아미노산이 N말단쪽에 주로 분포하느냐 C말단쪽에 주로 분포하느냐에 따라 소포체막을 관통하는 막단백질의 방향성이 달라지게 됨

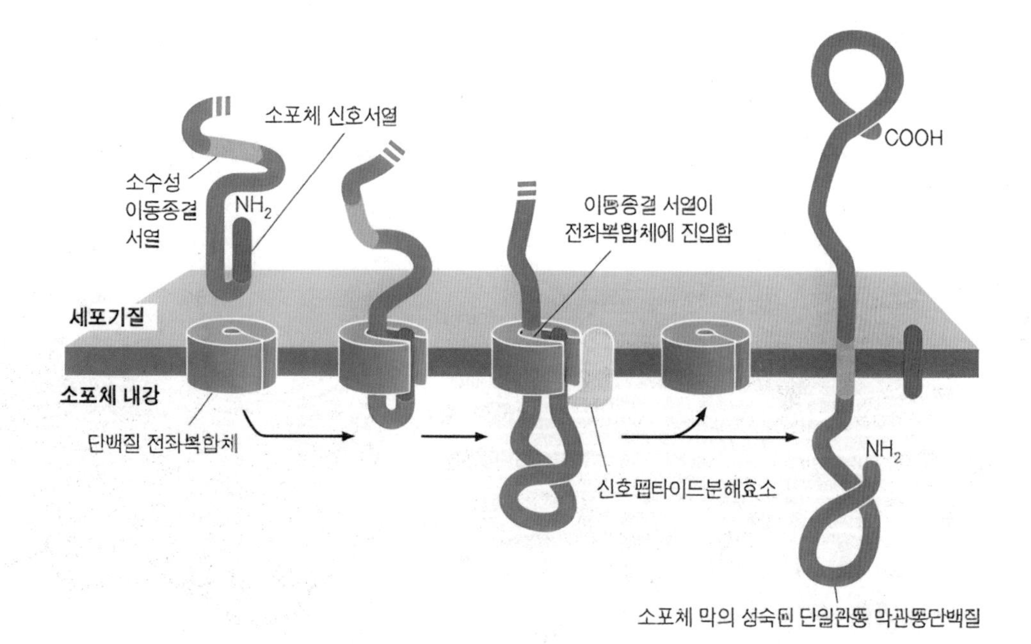

- start-transfer sequence와 stop-transfer sequence를 하나씩 지니는 경우: 이 경우에 막단백질은 소포체막을 두 번 관통하게 되는데 start-transfer sequence의 양전하 분포에 따라 막단백질의 방향성이 바뀜

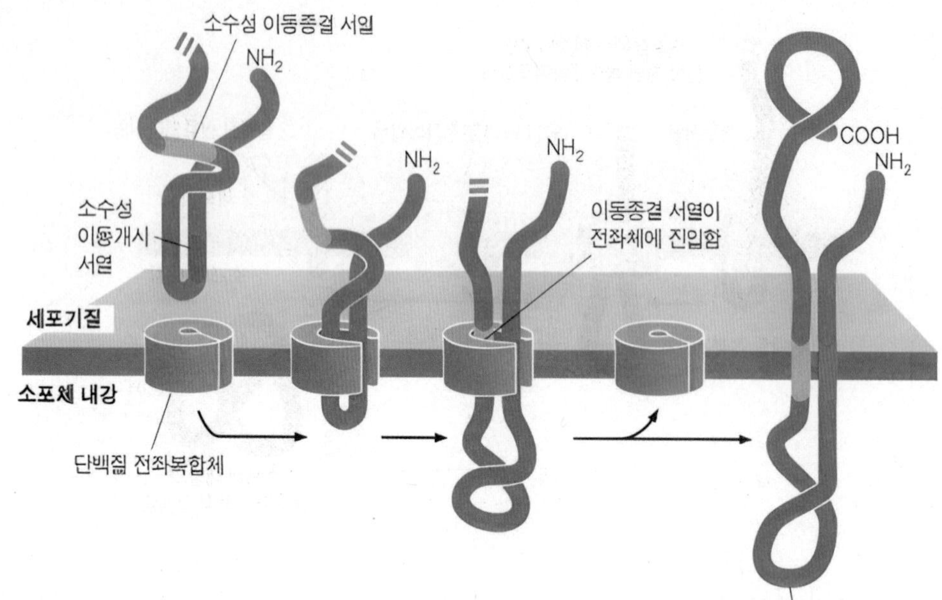

(3) 골지체(Golgi apparatus)

납작한 모양의 주머니인 시스터나가 포개진 형태이며 분비능력이 활발한 세포에 발달되어 있고 단일막으로 둘러싸여 있음. 식물세포에서는 딕티오솜이라고 함

㉠ 구조: 조면소포체에서 세포바깥을 향해 배치된 작은 소낭의 연합체이며 cis면과 trans면으로 구분됨

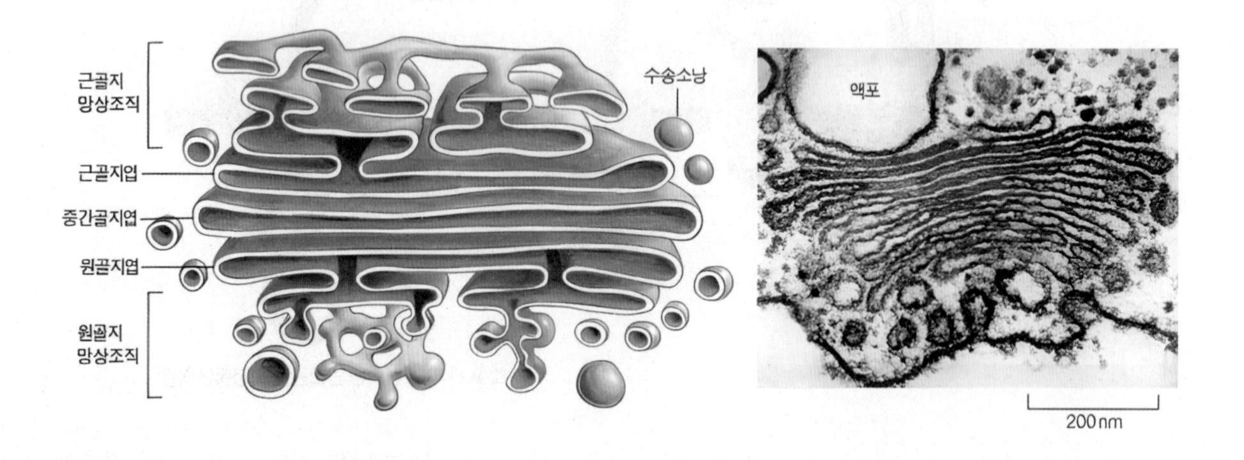

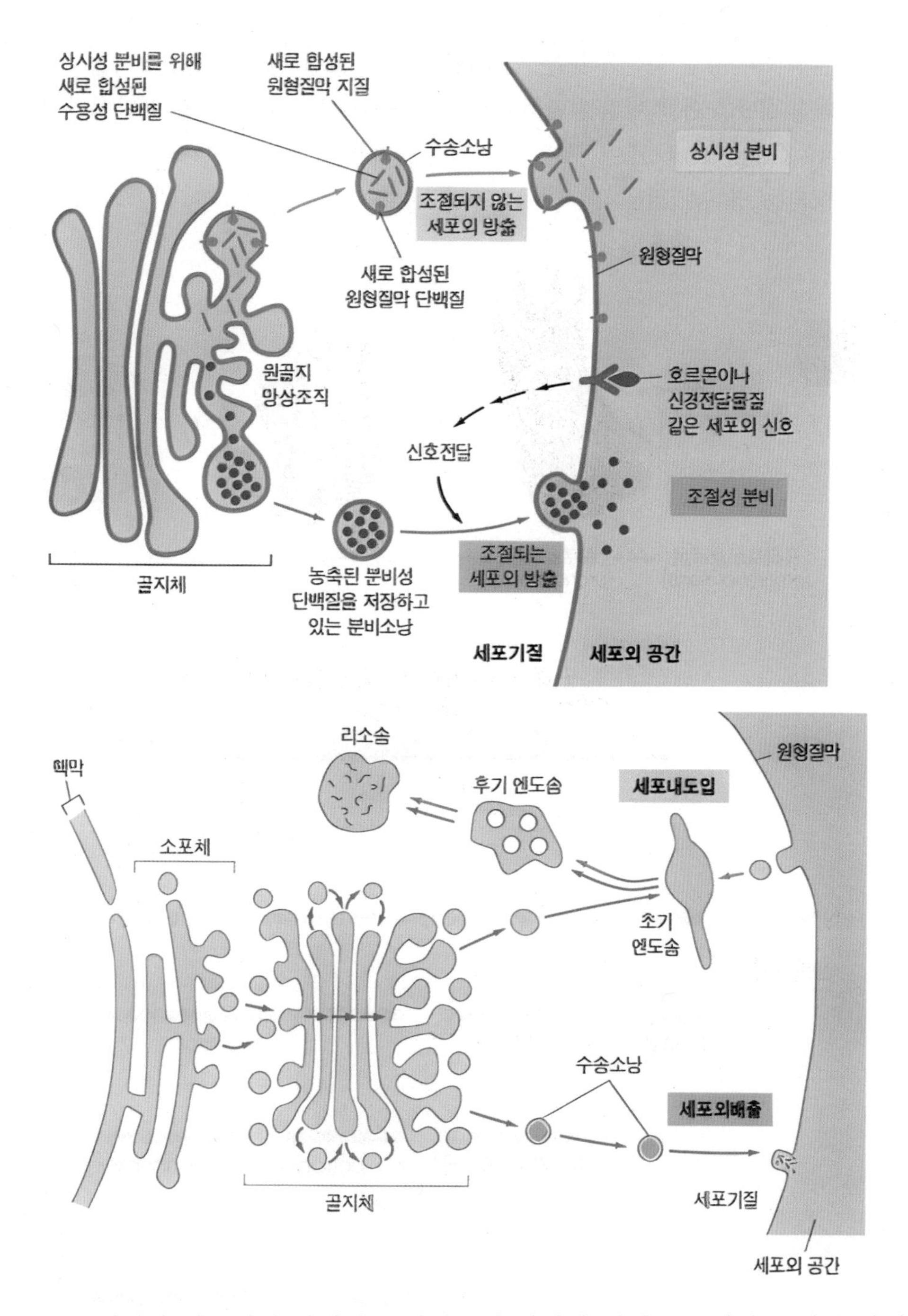

ⓛ 기능: 소포체에서 만들어진 단백질을 받아들여 화학적 변형을 추가하고 일부 단백질들의 이동을 조절하는 역할을 수행함

ⓐ 소포체에서 결합된 올리고당의 일부를 변형시키고 새로운 올리고당을 단백질에 결합시킴. N-연결 올리고당의 추가적인 당 변형이 일어나며 또한 단백질의 Ser, Thr의 -OH기에 당을 연결하는 O-연결 당화작용이 일어나게 됨. 점액의 당단백질인 mucin이나 핵심 단백질에 glycosaminoglycan이 중합, 결합하여 프로테오글리칸이 합성되는 일은 이러한 과정을 통해 일어나게 되는 것임.

ⓑ 당단백질의 당을 인산화 또는 황산화하거나 티로신 잔기를 황산화시킴

ⓒ 단백질 절단을 통해 비활성 단백질이 활성 단백질로 전환됨. 이렇나 단백질 절단을 골지체의 trans Golgi network에서부터 시작되며 출아된 소낭, 심지어 세포 밖으로 분비된 이후에도 진행되는 경우가 있음

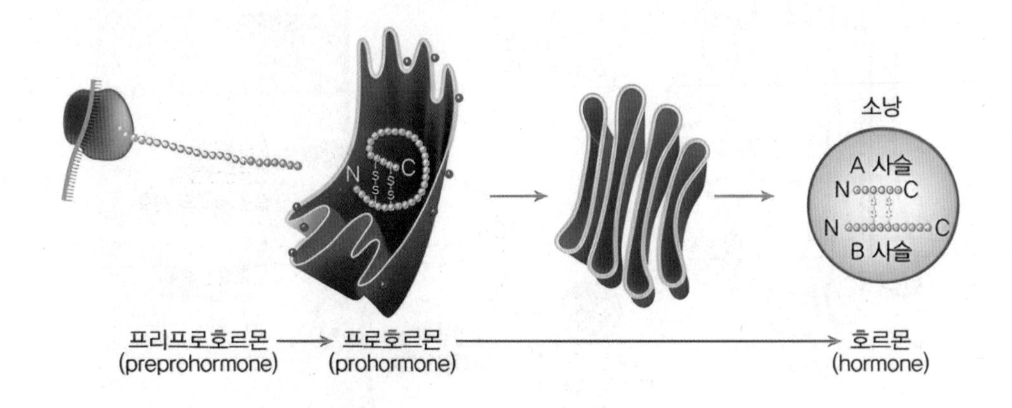

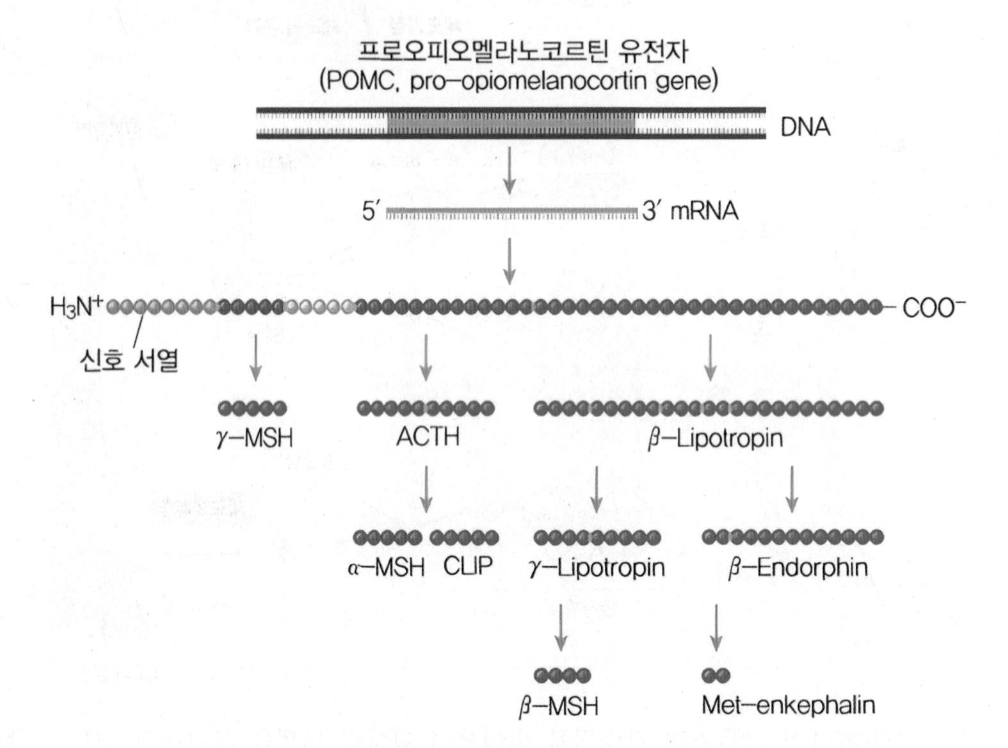

ⓓ 분류(sorting): 세포막, 리소좀, 세포외부로 이동하게 되는 단백질은 골지체에서 분류되는데 일부는 골지체에 잔류하거나 또 다른 일부는 세포막, 세포외부, 리소좀으로 각각 이동함

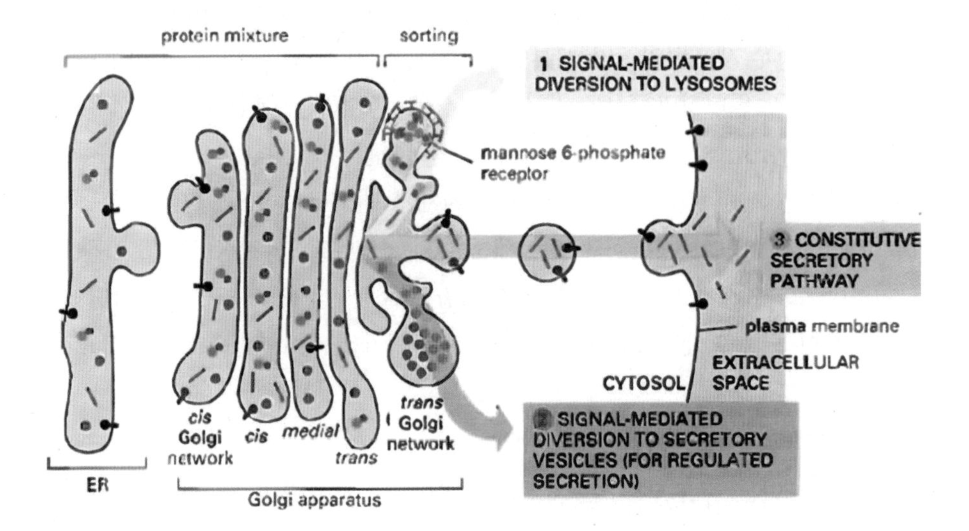

- 모든 세포는 항상적 분비 경로(constitutive secretory pathway)를 갖고 있어서 많은 수용성 단백질이 항상적으로 이런 방식을 통해 분비되는데 이러한 분비 기작은 원형질막에 새로 합성된 지질과 단백질을 공급하는 수단이 되기도 함
- 특수화된 세포는 조절 분비 경로(regulated secretory pathway)도 있어서 세포외부로부터의 신호가 있어야만 단백질을 분비하게 됨
- 리소좀으로 갈 단백질은 mannose 6-phosphate가 결합되어 있는데 이것은 렉틴과 결합하여 리소좀으로 이동하는 신호로 작용하는 것임

「골지체로부터 리소좀 단백질의 분류 과정」

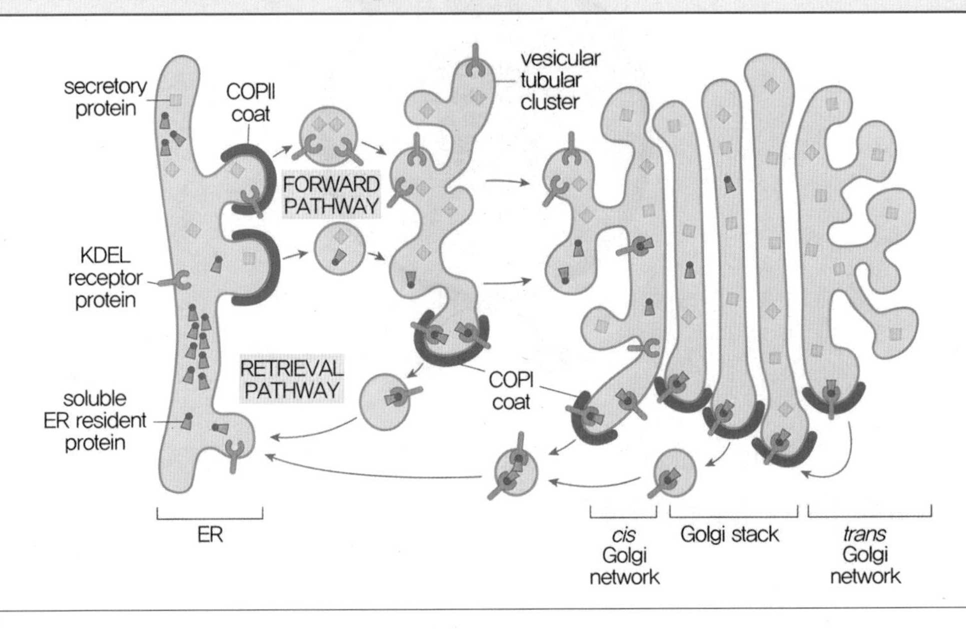

ⓔ 중성지방을 콜레스테롤 및 인지질, 단백질과 연합시켜 유미입자(chylomicron)를 형성함

ⓕ 식물세포의 경우 세포벽의 구성성분인 헤미셀룰로오스 및 펙틴을 합성함. 셀룰로오스 미세섬유의 합성은 원형질막 상의 원형질막 상에 존재하는 복합효소인 섬유소 합성 복합체(cellulose synthesizing complex)에서 이루어짐

ⓖ 정자의 첨체는 일반적인 세포소기관 중 골지체가 변화하여 만들어지며 정모세포에서 정자로 발달하는 시기에 형성된다. 골지체는 세포 내에 소화효소를 저장하는 소기관으로, 첨체 내에도 이러한 소화효소가 많이 존재한다. 이러한 효소는 난자를 덮고 있는 당단백질을 통과하기 위해 필요한 단백질 분해효소로 히알루로니다아제(hyaluronidase)가 대표적임

(4) 리소좀(lysosome)

동물세포에서 발견되는 구조로서, 골지체에서 떨어져 형성되며 세포내 소화에 관여함. 세포 밖으로부터 유입된 물질이나 오래된 세포소기관을 분해하는 데 관여함. 식물이나 균류의 경우 액포가 리소좀의 기능을 대신하게 됨

㉠ 구조: 구형의 세포소기관으로 50여종 이상의 가수분해효소가 포함되어 있으며 막 상에는 H^+-ATPase가 존재하여 리소좀 내부의 환경을 산성 상태로 유지함. 리소좀 내의 가수분해효소들은 산성 상태에서 활성을 유지할 수 있음

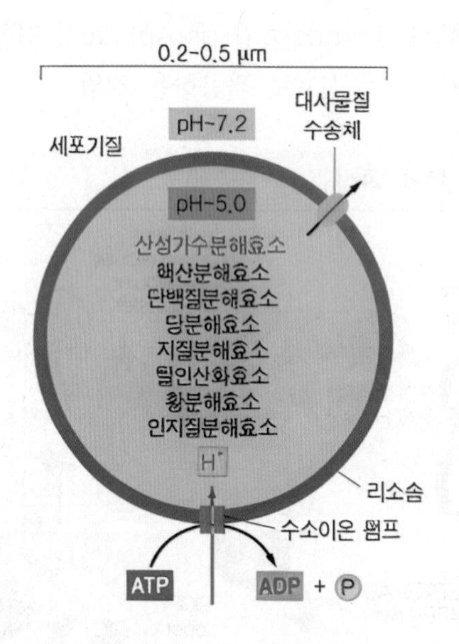

㉡ 기능: 세포내 소화(intracellular digestion)를 수행하며 골지체에서 형성된 1차 리소좀이 엔도솜과 융합하여 2차 리소좀이 됨

「리소좀에 의한 물질 분해 과정」

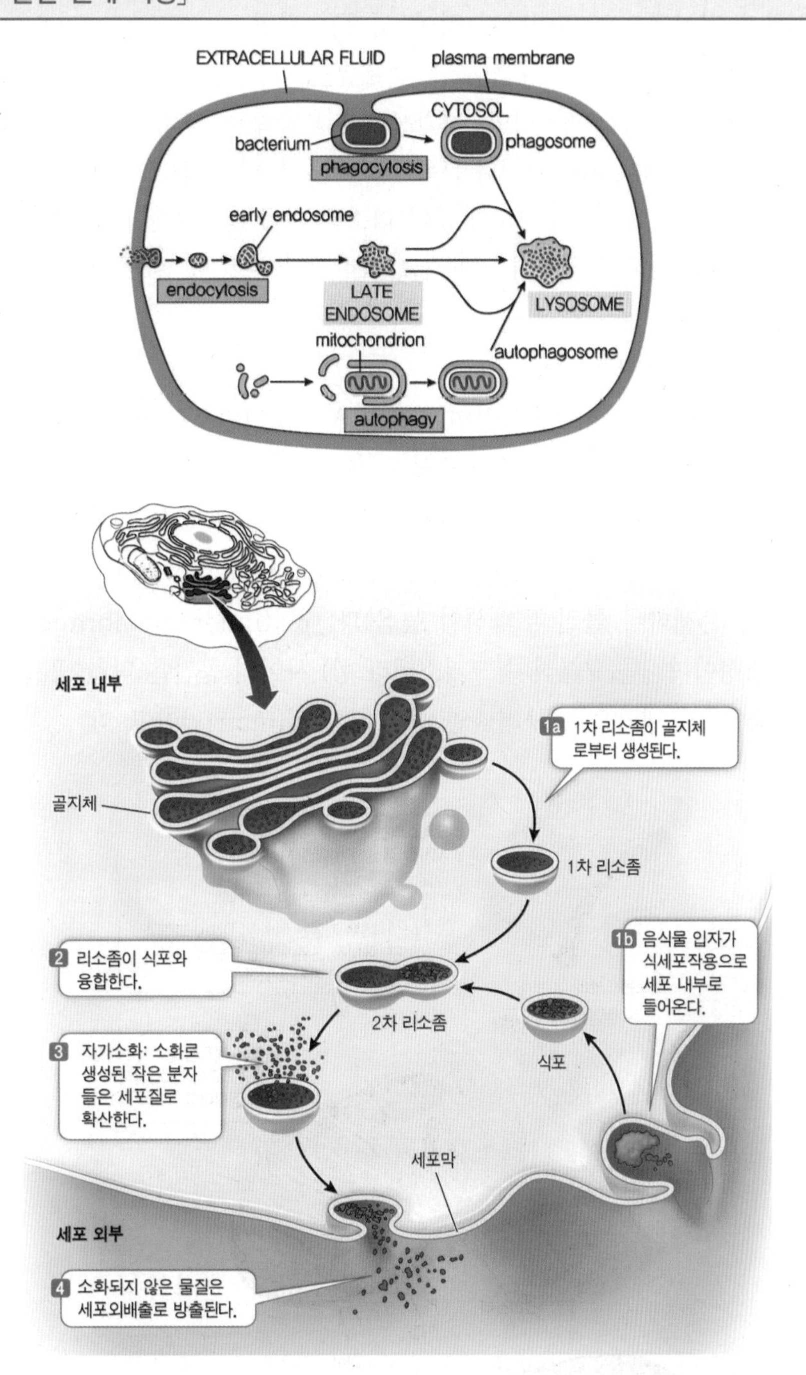

리소좀은 내포작용을 통해 형성된 소낭(endosome)과 융합하거나 식세포작용을 통해 형성된 소낭(phagosome)과 융합하며 또는 오래가거나 결함이 있는 세포내 구조물 주위에 형성된 소낭(autophagosome)과 융합하여 물질을 분해함

㉢ 리소좀 저장병(lysosomal storage disease): 리소좀의 가수분해효소 일부가 결핍되어 세포내 소화가 정상적으로 일어나지 않아 생기는 질병

ⓐ 테이-삭스(Tay-Sachs)병: ganglioside 분해효소(hexosaminidase)가 결핍되어 ganglioside가 뇌세포에 축적되어 정신박약, 시력상실이 유발되고, 끝내 사망하는 질환

ⓑ 폼페병(Pompe's disease): 간이나 근육 내의 리소좀 내에 글리코겐 분해효소(α-glucosidase)가 결핍되어 글리코겐이 분해되지 않아 리소좀 내에 글리코겐이 축적되는 질환으로서 이로 인해 세포가 손상되어 근육이 약해지고 특히 호흡부전 및 심근 병증이 생기게 됨

(5) 미토콘드리아(mitochondria)

진핵세포에 호기성 세균이 내부공생하여 진화한 세포소기관으로 세포호흡이 일어나는 장소이며 당이나 지방, 다른 열량을 내는 영양소들은 산소를 이용하여 분해함으로써 ATP를 얻는 대사가 일어나고 자신의 DNA를 지니고 있어서 분열을 통해 증식함

㉠ 구조: 외막과 내막의 2중막으로 구성되며 외막(outer membrane; 포린이라 불리는 물질수송 단백질이 존재하며 물질 투과성이 높음)과 내막(inner membrane; 대부분의 물질에 비해 비투과성이며 구불구불하여 크리스테라 함) 사이의 공간은 막간 공간(intermembrane space)이라 하며 내막으로 둘러싸인 공간은 기질(matrix)라고 함

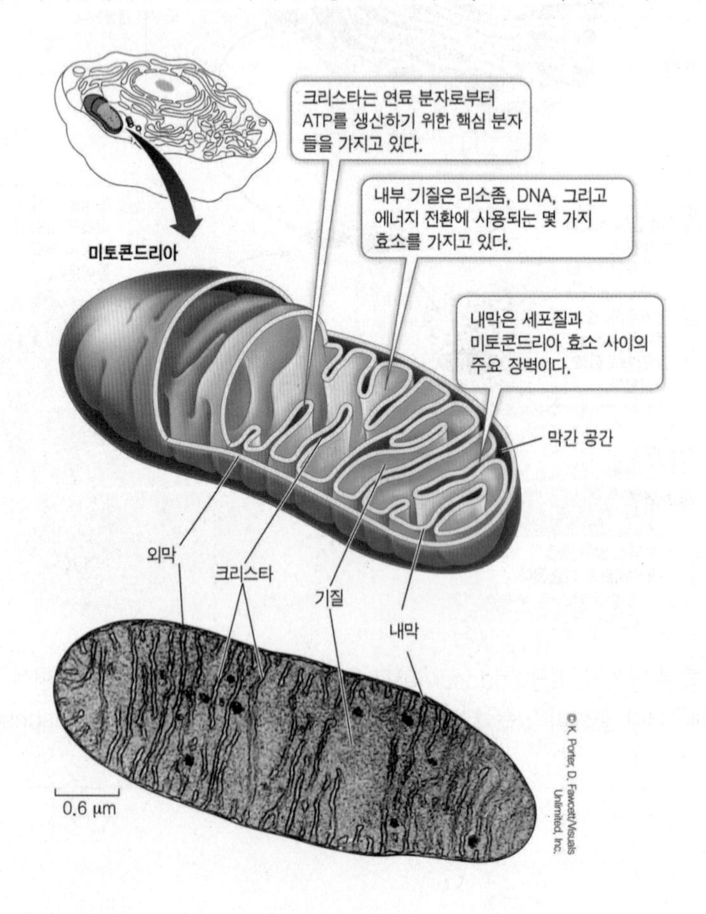
크리스타는 연료 분자로부터 ATP를 생산하기 위한 핵심 분자들을 가지고 있다.
내부 기질은 리소좀, DNA, 그리고 에너지 전환에 사용되는 몇 가지 효소를 가지고 있다.
내막은 세포질과 미토콘드리아 효소 사이의 주요 장벽이다.
미토콘드리아
막간 공간
외막
크리스타
기질
내막
0.6 µm
© K. Porter, D. Fawcett/Visuals Unlimited, Inc.

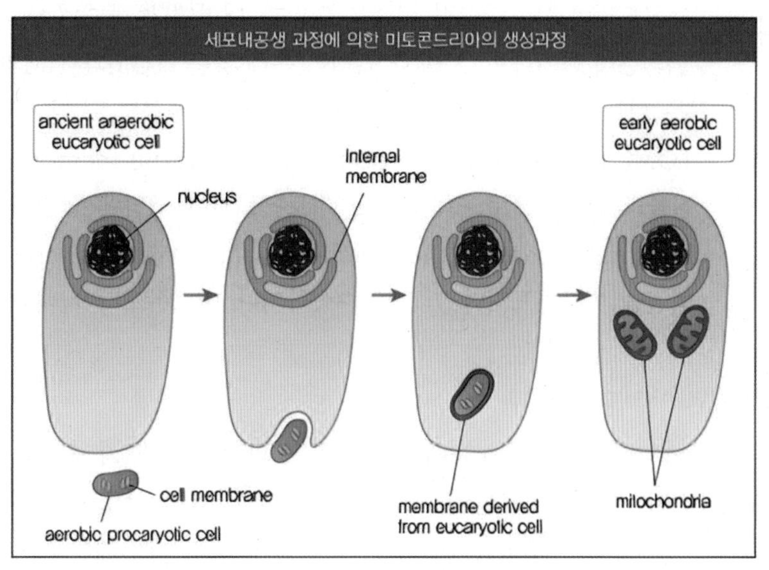

세포내공생 과정에 의한 미토콘드리아의 생성과정

ⓐ 카르디오리핀(cardiolipin) 인지질이 내막에 풍부한데 이것은 내막이 전하를 띤 물질에 대해 특히 비투과적이게 함

ⓑ 내막에는 선택적 투과성을 보이는 운반체 단백질(ATP-ADP translocator, H+-Pi symporter 등)이 존재하여 ATP 합성에 필요한 ADP나 Pi를 미토콘드리아 기질로 들여오고 합성된 ATP는 미토콘드리아 밖으로 수송하며 전자전달에 관여하는 효소들이 존재하여 화학삼투 인산화(chemiosmotic phophorylation)가 수행되어 ATP를 합성함

ⓒ 미토콘드리아 기질에는 환형 염색체 DNA와 리보솜, 각종 효소가 존재하는데 미토콘드리아 리보솜은 진핵세포의 세포질에 존재하는 리보솜보다는 세균의 리보솜과 유사함

ⓛ 기능: 산화적 인산화를 통해 ATP를 합성함

ⓒ 미토콘드리아로의 단백질 수송

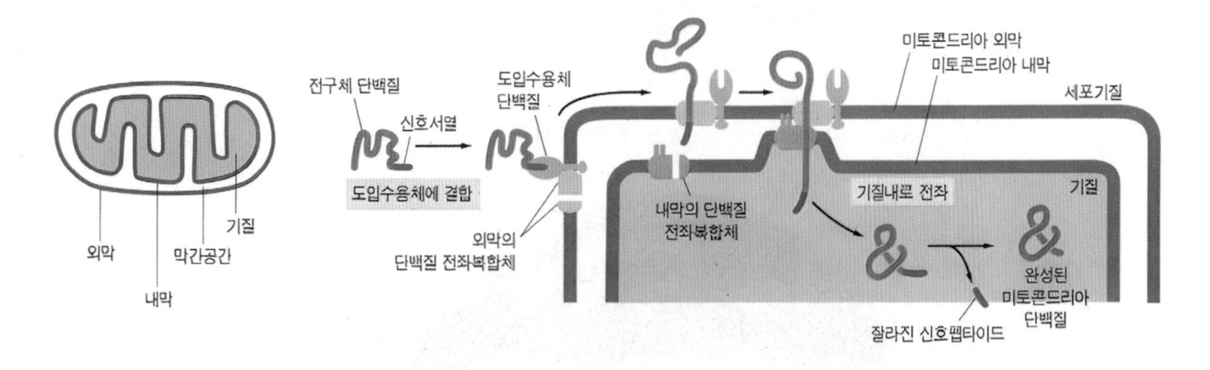

ⓐ 소포체로의 단백질 수송과는 달리 미토콘드리아로 수송되는 단백질은 세포질의 리보솜에서 합성이 완료된 뒤 수송됨

ⓑ 미토콘드리아로의 단백질 수송은 외막과 내막에 존재하는 translocator complex에 의해 수행되는데 여기에는 TOM과 TIM이 속해 있음. TOM과 TIM의 협력을 통해 세포질의 단백질은 미토콘드리아 기질로 한번에 이동할 수 있음

- TOM(translocase of the outer mitochondrial membrane): 세포질에서 합성된 단백질을 막간공간으로 수송하거나 미토콘드리아 외막에 삽입하는 것에 관여함
- TIM(translocase of the inner mitochondrial membrane): 막간공간으로 수송된 단백질을 미토콘드리아 기질로 수송하거나 미토콘드리아 내막에 삽입하는 것에 관여함

(6) 엽록체(chloroplast)

진핵세포에 광합성 세균이 내부공생하여 진화한 광합성 수행 세포소기관이며 식물과 조류에서만 발견할 수 있고 자신의 DNA를 지니고 있어서 분열을 통해 증식함

㉠ 구조: 2중막으로 구성되는데 외막은 투과성이 높으며 내막은 투과성이 낮고 선택적 투과성이 있는 운반단백질이 존재함. 엽록체의 내부는 틸라코이드 막으로 구성된 그라나와 틸라코이드 구조물 밖의 공간인 스트로마로 구분됨

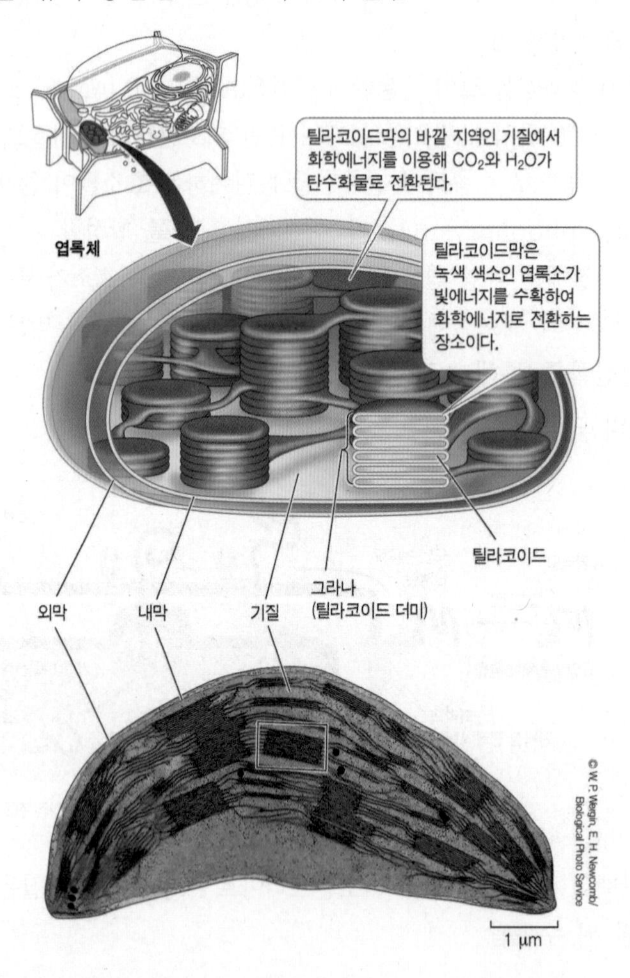
틸라코이드막의 바깥 지역인 기질에서 화학에너지를 이용해 CO_2와 H_2O가 탄수화물로 전환된다.
엽록체
틸라코이드막은 녹색 색소인 엽록소가 빛에너지를 수확하여 화학에너지로 전환하는 장소이다.
틸라코이드
그라나 (틸라코이드 더미)
외막
내막
기질
© W. P. Wergin, E. H. Newcomb/ Biological Photo Service
1 μm

ⓐ 그라나(grana): 틸라코이드가 겹겹이 쌓인 구조로서 그라나의 틸라코이드막(thylakoid membrane; 카르디오리핀이 풍부하여 전자전달에 따른 양성자 구동력 형성이 수월하고 빛을 흡수하는 색소 등이 존재하여 광합성의 명반응이 진행됨)으로 구성됨

ⓑ 스트로마(stroma): 환형 염색체 DNA와 각종 효소, 리보솜이 존재하는데 미토콘드리아와 마찬가지로 엽록체 리보솜도 진핵세포의 세포질에 존재하는 리보솜보다는 세균의 리보솜과 유사함

ⓛ 기능: 광합성(명반응, 암반응)이 수행됨

ⓒ 엽록체로의 단백질 수송

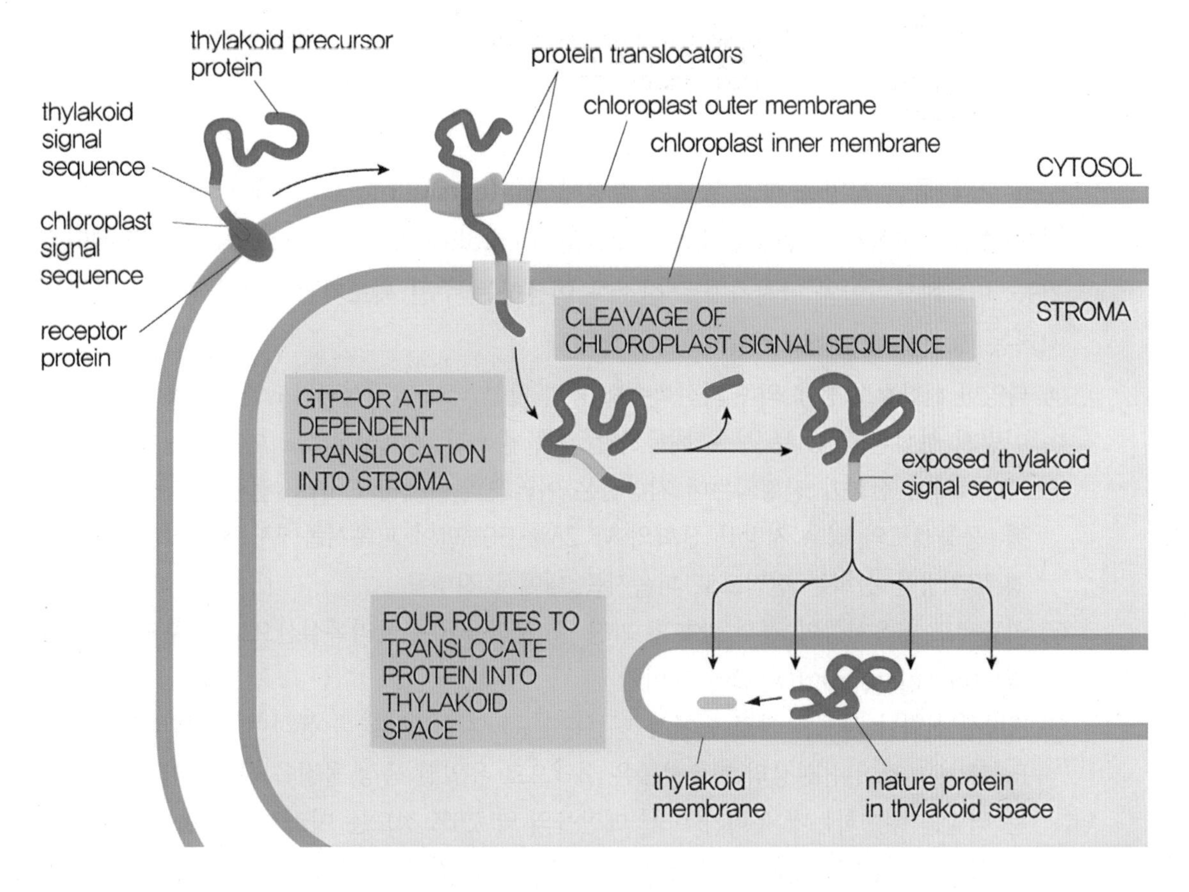

ⓐ 미토콘드리아와는 달리 틸라코이드막이라는 여분의 막성구조가 존재하여 엽록체로 수송될 모든 단백질은 엽록체 신호서열을 지녀야만 하고 일부 단백질은 틸라코이드 신호서열까지 포함하고 있음

ⓑ 틸라코이드 내강으로 수송될 단백질은 우선 엽록체 외막과 내막에 존재하는 translocator에 의해서 스트로마로 수송된 뒤 엽록체 신호서열이 잘리게 되고 이후에 다양한 수송방식을 통해 틸라코이드 내강으로 수송된 뒤 틸라코이드 신호서열이 잘리게 됨

(7) 퍼옥시좀(peroxisome)

주로 산화과정을 수행하는 세포소기관으로 단일막으로 둘러싸여 있음

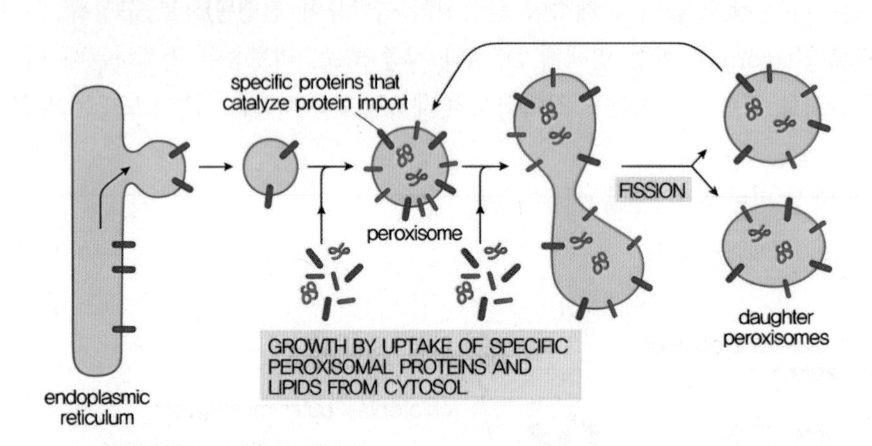

㉠ 구조: 거의 둥근 모양을 하고 있으며 결정체 중심(crystalloid core)을 가지고 있는데 이 결정체 중심은 퍼옥시좀 내에 존재하는 고농도의 catalase와 urate oxidase가 포함되어 있음

㉡ 기능: 미토콘드리아와 마찬가지로 산소를 이용하는 주된 세포기관이며 다양한 물질을 산화시키는 효소를 포함하고 있음

ⓐ 다양한 산화효소 등에 의해 과산화수소 등의 활성 산소가 형성되기도 함($RH_2+O_2 \rightarrow R+H_2O_2$). 이렇게 형성된 H_2O_2는 보통 해롭지만 간혹 중요한 신호물질로도 이용되는 경우가 있음

ⓑ 지방산의 β 산화가 진행되는데 지방산은 여러개의 아세틸-CoA로 전환되어 세포질로 방출됨. 동물세포의 경우 지방산 산화의 약 25%~50%만이 퍼옥시좀에서 진행되며 식물세포의 경우 지방산 산화는 전적으로 퍼옥시좀 내에서 진행됨

ⓒ 식물세포 퍼옥시좀의 경우 광호흡 과정 중 글리콜산이 글리옥실산으로 전환되는 글리콜산 경로(glycolate phthway)에 관여함

ⓓ 지방산 산화나 광호흡 과정 등에서 형성된 H_2O_2를 catalase를 통하여 제거함($H_2O_2+RH_2 \rightarrow R+2H_2O$). 간이나 신장의 퍼옥시좀은 혈액으로 유입된 독성 물질을 산화시켜 비독성화시키는 역할을 수행하는데 우리가 마신 에탄올의 약 25% 정도는 이러한 방식을 통해 아세트알데히드로 전환되고 있음. 게다가 과도한 양의 H_2O_2가 세포 내에 축적되면 catalase는 그것을 물로 전환시킴($2H_2O_2 \rightarrow 2H_2O+O_2$)

ⓔ 유수신경을 감싸는 미엘린이 함유하는 가장 풍부한 인지질인 plasmalogen 형성의 초기 과정에 관여함

㉢ 퍼옥시좀으로의 단백질 수송: peroxin이라 불리는 단백질들이 복합체를 형성하여 핵에서와 유사한 방식을 통해 세포질에서 합성된 단백질을 들여옴. 미토콘드리아나 엽록체로 수송될 단백질들이 3차 구조로 꼭 접혀져야만 하는 것과는 달리 퍼옥시좀으로 수송될 단백질은 꼭 3차 구조로 접힐 필요가 없음

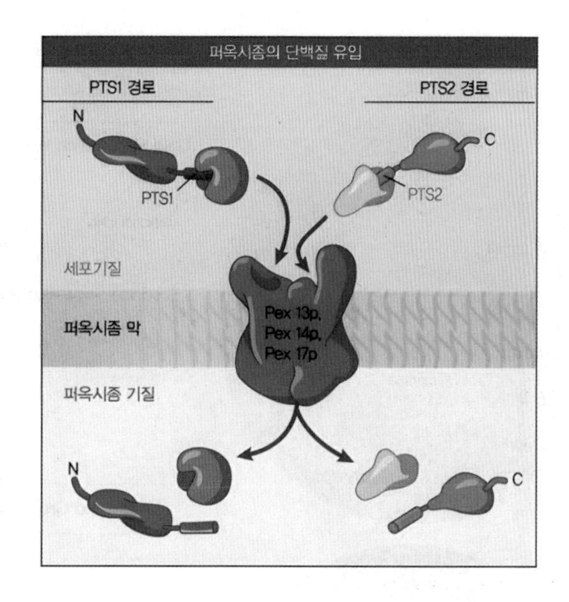

(8) 글리옥시좀(glyoxysome)

퍼옥시좀의 특수화된 형태로 식물 종자의 지방조직에 존재함. 단일막으로 둘러싸여 있음

㉠ 구조 퍼옥시좀과 유사하며 지질성 양분을 포함한 종자의 부위에 다수 존재함

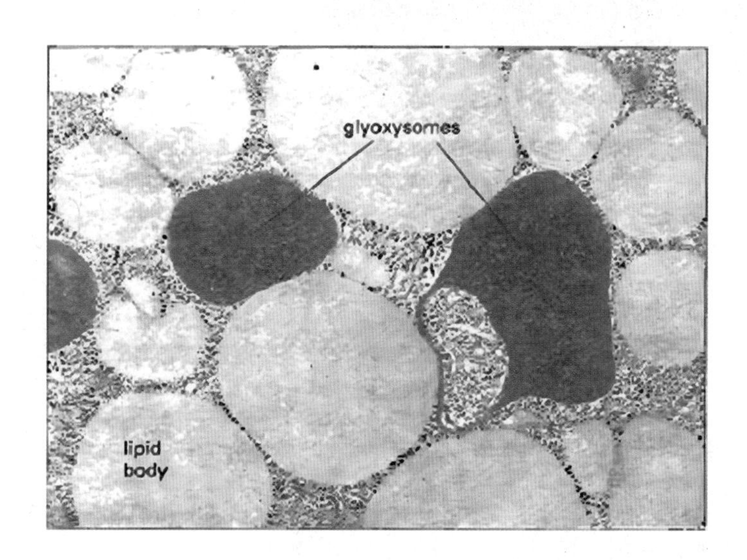

㉡ 기능: 퍼옥시좀과 유사하나 글리옥실산 회로(glyoxylate cycle)가 존재한다는 점이 특징임

ⓐ 지방산의 β산화가 진행되는데 지방산은 여러개의 아세틸-CoA로 전환되어 미토콘드리아로 이동한후 완전히 CO_2로 산화됨

ⓑ 지방산의 산화를 통해 형성된 아세틸-CoA는 글리옥실산 회로를 통해 당으로 전환될 수 있어서 종자에 저장된 지질은 식물개체가 광합성을 할 수 있을 때까지 에너지원으로 이용될 수 있음. 동물의 경우에는 글리옥시좀이 존재하지 않기 때문에 지방산을 당으로 전환시키는 것이 불가능함

ⓒ 퍼옥시좀에 비해서는 글리콜산 경로에 해당하는 효소(glycoate oxidase) 활성이 아주 적음

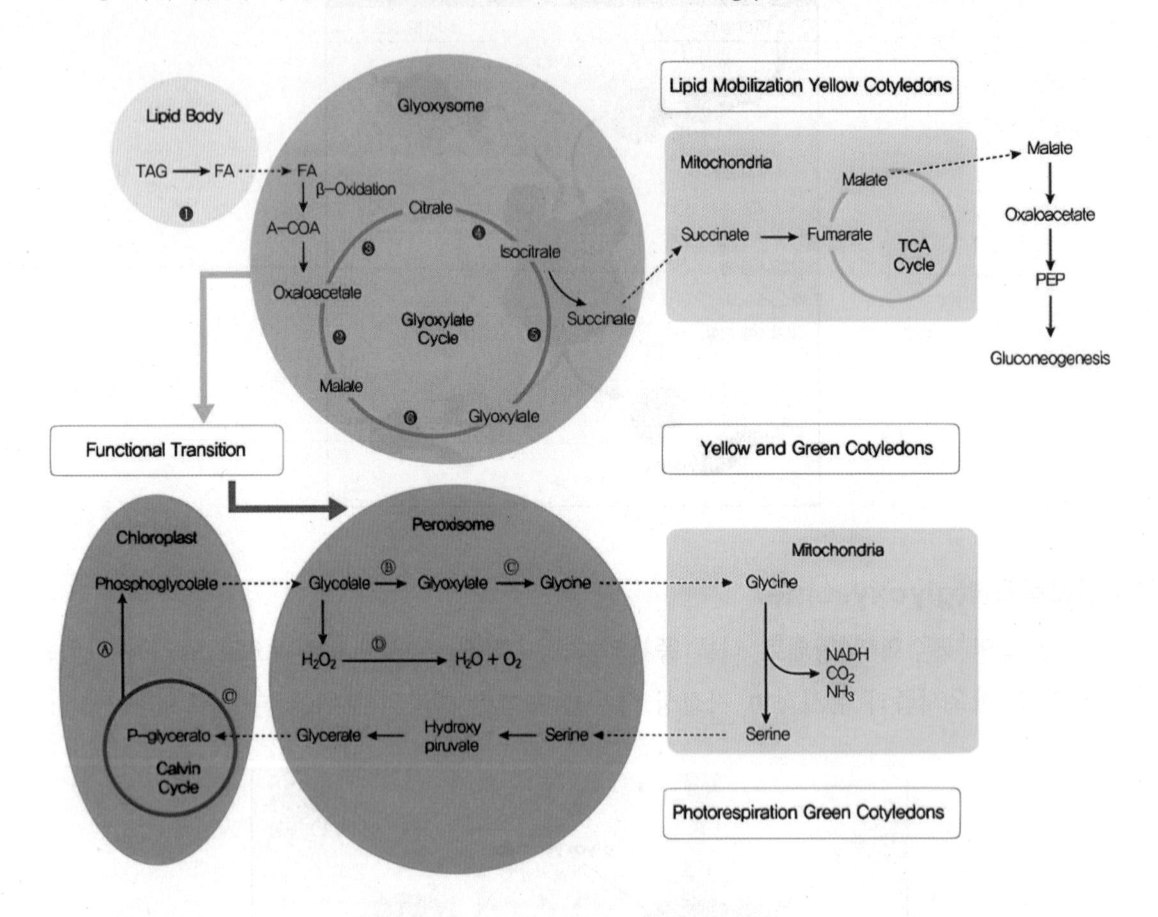

(9) 프로테아솜(proteasome)

잘못 접혀진 단백질을 분해하는 구조물

㉠ 구조: 실린더 모양의 비막성 단백질 구조물로서 세포질과 핵에 분포함. 중앙의 실린더 모양의 구조물은 프로테아제 소단위체 여러개가 합쳐진 복합체이며 그 양끝은 일종의 마개로서 유비퀴틴이 결합한 단백질에 결합하여 변성시키고 중앙의 실린더로 보내는 역할을 하게 됨

㉡ 기능: 돌연변이나 전사, RNA 가공과정, 해독과정 등에서의 문제로 인해 비정상적인 아미노산 서열을 갖게 된 단백질을 분해함

ⓐ 대부분의 경우 ubiquitin이라는 단백질이 공유결합되어 표지된 단백질을 분해함

ⓑ 변성되거나 잚소 접혀진 단백질 뿐만 아니라 산화되거나 비정상적인 아미노산을 포함하는 단백질 역시 분해하여 비정상적인 단백질을 분해함

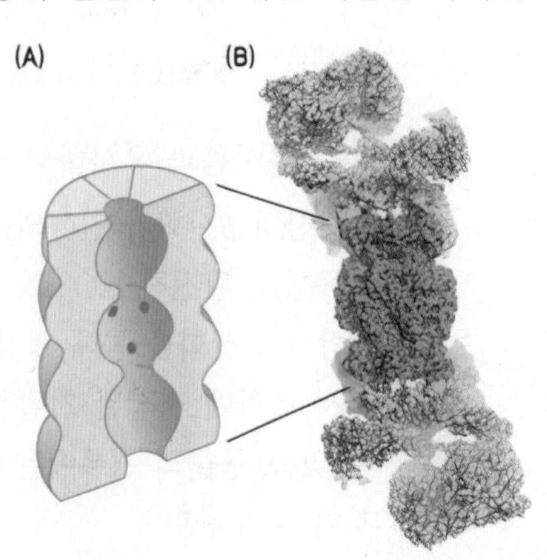

ⓒ 세포의 상태에 따라 그 농도가 조절되어야 하는 정상적인 단백질의 분해에도 관여하여 세포 활성 조절에 관여함. 이것은 원래 수명이 짧은 단백질의 경우에도 적용되지만 수명이 길지만 세포의 상황에 따라 빠르게 분해되어야 하는 단백질의 경우에도 적용됨

ⓓ 세포질이나 핵 내의 비정상적 단백질 분해에 관여할 뿐만 아니라 소포체 내로 이동한 비정상적 단백질도 특정 translocator를 통해 해당 단백질을 세포질로 수송된 뒤 유비퀴틴이 결합하여 프로테아솜에 의해 분해됨

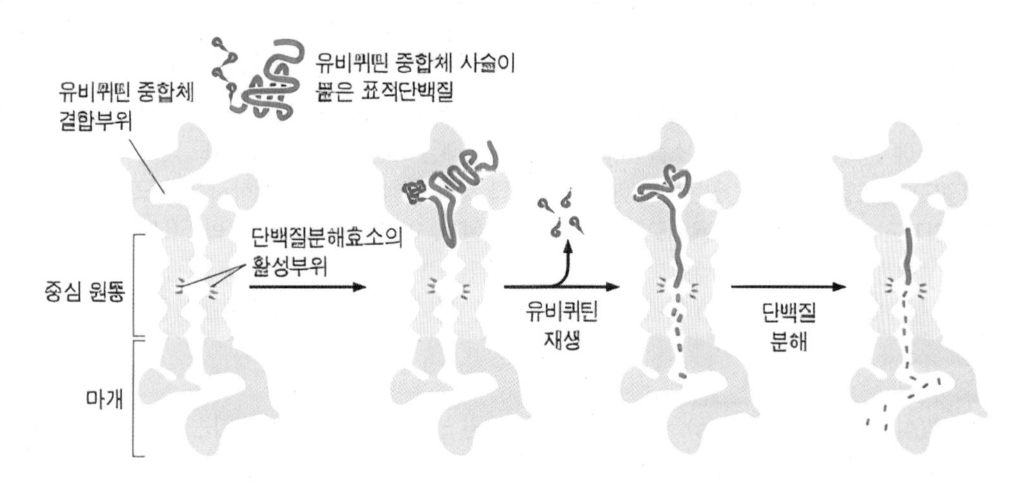

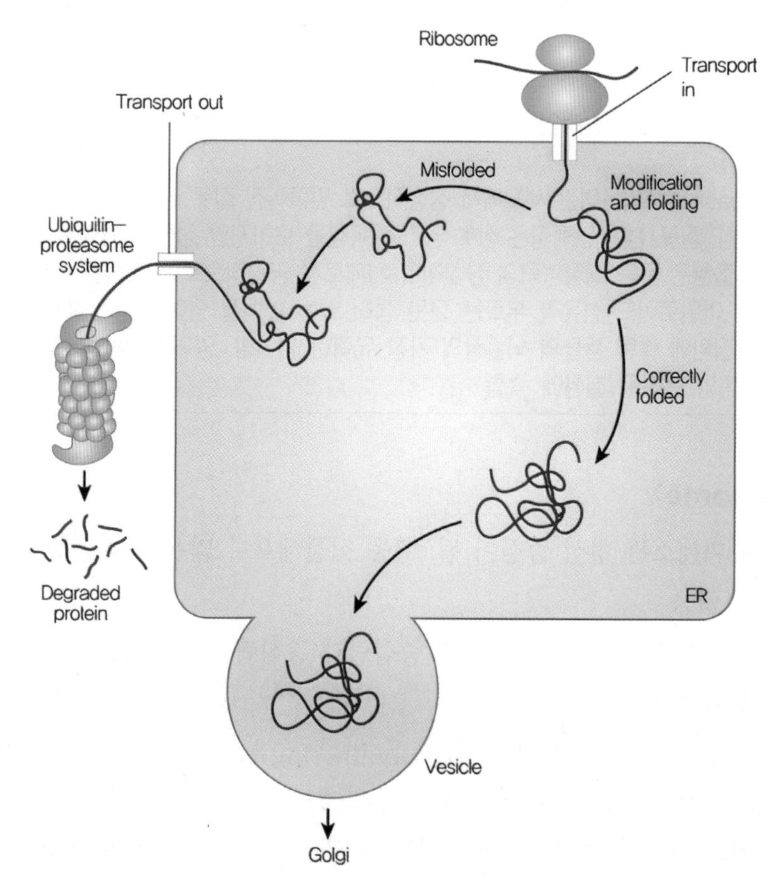

ⓔ 면역관련 대사: 프로테아좀은 바이러스 감염 세포 및 암세포에서 가공된 외인성 항원(extrinsic antigen) 단백질을 분해하여 분해된 조각을 소포체에 제공하고 그것은 MHC I 이라는 단백질 복합체에 결합된 상태로 세포표면에 제시되는데 이것을 통해 바이러스에 감염되었거나 암화된 세포가 감지되어 면역계의 공격을 받게 됨

「잘못 접혀진 단백질에 의해 유발되는 단백질 응집체 형성 관련 질환」

Ⓐ 겸상적혈구 빈혈증(sickle-cell anemia): 헤모글로빈은 4개의 소단위(subunit), 즉 4개의 폴리펩티드로 구성되어 있고 α사슬, β사슬이라 부르는 폴리펩티드가 2개씩 존재하는데 정상의 헤모글로빈은 β사슬의 6번째 아미노산이 글루탐산인데 반하여 이 질환에서는 발린으로 치환되어 헤모글로빈 S(HbS)로 변환됨. 따라서 헤모글로빈 구조에 변화가 일어나고 산소를 결합하지 않은 상태일 때는 정상의 것보다도 용해도가 상당히 낮음(약 1/50정도). 산소를 결합하고 있는 상태에서는 정상의 것과 용해도가 거의 변하지 않으므로 산소를 가지고 있을 때와 가지고 있지 않을 때의 용해도는 약 100:1이 된다. 이 때문에 헤모글로빈 S(HbS)가 혈구 내에서 불용성의 섬유를 형성하여 적혈구 세포가 불규칙적인 초생달 모양(낫 모양)으로 되어 혈관을 흐르게 됨에 따라 말초의 작은 혈관을 폐쇄하여 하부의 국소 허혈이나 경색증, 통증, 마비 등을 일으키고 용혈에 의한 빈혈, 황달을 일으킴

Ⓑ 알츠하이머병(Alzheimer's disease): 알츠하이머병은 노인 인구에서 치매를 유발하는 가장 흔한 질환임. 65세에서 85세 범위 내에서는 나이가 5세 증가할 때마다 알츠하이머병의 발병률이 2배씩 높아짐. 알츠하이머병은 일단 발병하면 계속 진행되고 근본적인 치료법이 없으며 연령대별 정상군에 비해 평균기대수명이 단축됨. 알츠하이머병은 아밀로이드와 같은 신경 독성물질의 축적으로 인한 양측 측두엽 기능 저하로 시작되고, 점차 비정상적으로 뭉쳐있는 특징적인 단백질 덩어리 즉, 노인판(신경세포 밖에 베타 아밀로이드가 쌓여 있음)과 신경섬유응집체9신경세포 안에 비정상적인 타우단백질이 실타래처럼 꼬여있음) 등이 전반적인 뇌의 피질부로 확산되면서 병이 진행됨

Ⓒ 프리온 진환(prion disease): 프리온이란 세포에서 정상적으로 만들어진 잘못 접혀진 단백질로서 동일한 단백질 접힘의 오류를 일으킴. 잘못 접힌 단백질은 상호 엉키는 특징을 보이지만 정상 단백질은 그렇지 않음. 프리온에 의하여 일어나는 질환은 운동 조절능력의 상실이나 치매로서 궁극적으로 사망하는 공통된 병증을 지님. 뇌조직에서 현미경으로 아밀로이드 섬유라 부르는 잘못 접혀 있는 단백질 덩어리가 관찰되며 뇌에서의 이런 단백질 축적이 프리온 질환에 걸린 동물의 뇌손상의 가장 유력한 원인임. 양이나 염소의 스크래피병, 인간의 크로이츠펠트-야콥병 등이 프리온 질환에 속함

(10) 중심체(centrosome)

비막성 구조물로서 미세소관 형성 중심이 됨. 고등 식물세포나 많은 척추동물의 난모세포에는 중심체가 나타나지 않음

㉠ 구조: 서로 직각으로 배열되어 있는 2개의 중심립과 중심립을 둘러싸는 기질(pericentriolar matrix)로 구성되어 있음

ⓐ 기질 성분 중 γ-튜불린 고리 복합체(γ-tubulin ring complex)는 미세소고나 핵 형성에 관여하고 있는 것으로 알려져 있는데 γ-튜불린 고리가 한 갱의 미세소관 성장을 위한 출발점이 되며 이들 각각의 출발점을 중합핵형성부위(nucleation site)라고 함

ⓑ 중심체의 복제는 세포주기 중 S기로의 진입 시에 시작하여 세포분열기 전에 완료됨

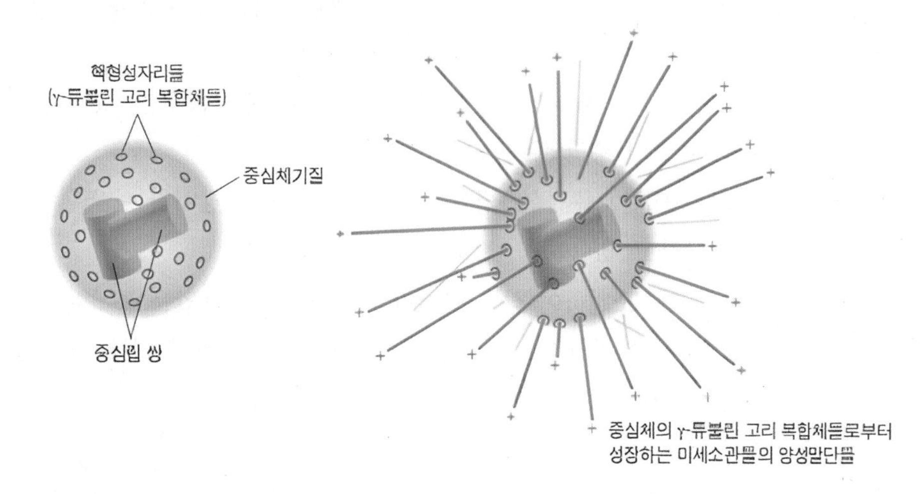

㉡ 기능: 미세소고나 형성과 그 배열에 관여함

ⓐ 세포분열시 둘로 복제되어 핵의 양극으로 이동하여 방추사를 형성하고 염색체를 이동시키는 데 관여함

ⓑ 대부분의 동물세포 중심체에는 γ-튜불린 고리 구조 뿐만 아니라 고등식물세포에서는 나타나지 않는 중심립이라는 구도도 존재함. 중심립은 일반적으로 미세소관 형성과는 관련이 없는 것으로 생각되지만 세포막 바로 아래에 자리잡게 된 중심립에서는 섬모와 편모가 형성되는 것으로 알려져 있으며 섬모와 편모의 발생이 완성되고 나서 중심립은 기저체(basal body)라는 구조로 남게 됨

(11) 중심 액포(central vacuole)

㉠ 구조: 성숙한 살아 있는 식물세포는 세포 전체 부피의 80~90%에 달하는 커다란 물로 채워진 주머니 구조임

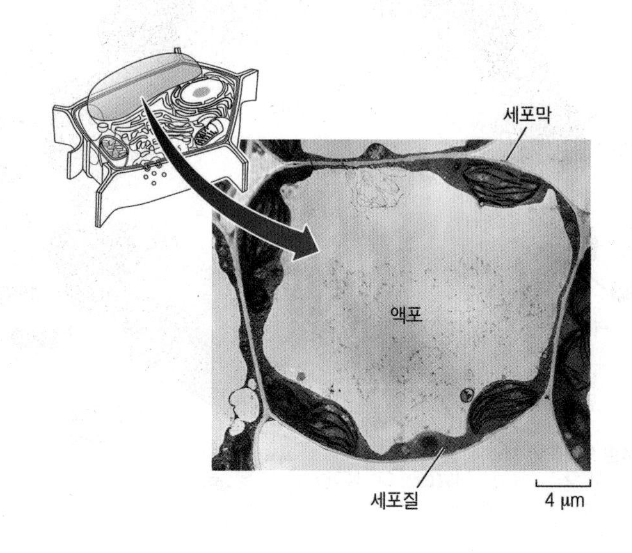

ⓐ 액포막으로 둘러싸여 있는데 액포막에는 중심 액포의 안팎으로 물질을 이동하게 하는 단백질들이 존재하는데 용질이 능동적으로 축적되면 액포가 수분을 흡수할 수 있는 삼투에 의한 기동력이 생기는데 이는 식물세포의 신장을 위해 필요함

ⓑ 트랜스 골지망에서 형성된 작은 전액포가 세포가 성숙함에 따라 서로 융합하여 대부분의 성숙한 식물세포의 특징인 중앙액포가 형성됨

ⓛ 기능: 물, 용존성 무기이온, 유기산, 당류, 효소 및 식물을 방어하는 역할을 하는 다양한 2차 대사산물을 포함하고 있음

ⓐ 식물세포의 수분함량을 조절하여 식물 형태변화에 관여하여 팽압을 통하여 식물세포를 지지하며 식물세포 성숙시에 일차적으로는 중심 액포의 부피 증가와 이에 따른 압력의 증가가 식물세포를 성장시키게 하는 원동력이 됨

ⓑ 포식자로부터 자신을 보호하기 위한 2차 산물 등을 저장하고 있음

ⓒ 액포에 농축되어 있는 색소는 많은 꽃들의 색깔을 나타냄 ex. 안토시아닌

ⓓ 생물 분자를 분해하는 데 관여하는 효소들 - 예를 들어 단백질분해효소, 핵산분해효소, 당분해효소 등 - 이 존재하여 동물세포의 리소좀과 유사하게 세포내 소화를 수행하게 됨. 하지만 동물 리소좀과는 달리 식물 액포는 세포의 생활사 전반에 걸쳐 고분자의 대사에 참여하지 않음. 대신, 세포가 노쇠하는 동안 액포의 분해효소들이 세포질로 방출되어 가치 있는 영양소를 식물체의 살아 있는 부분으로 재순환시키는데 도움을 줌

ⓔ 종자에는 단백질체(protein body)라고 부르는 특정 단백질을 저장하는 액포가 풍부한데 발아 동안에 단백질체 내의 저장단백질은 아미노산으로 가수분해된 뒤 세포질로 수송되어 단백질 합성에 이용됨

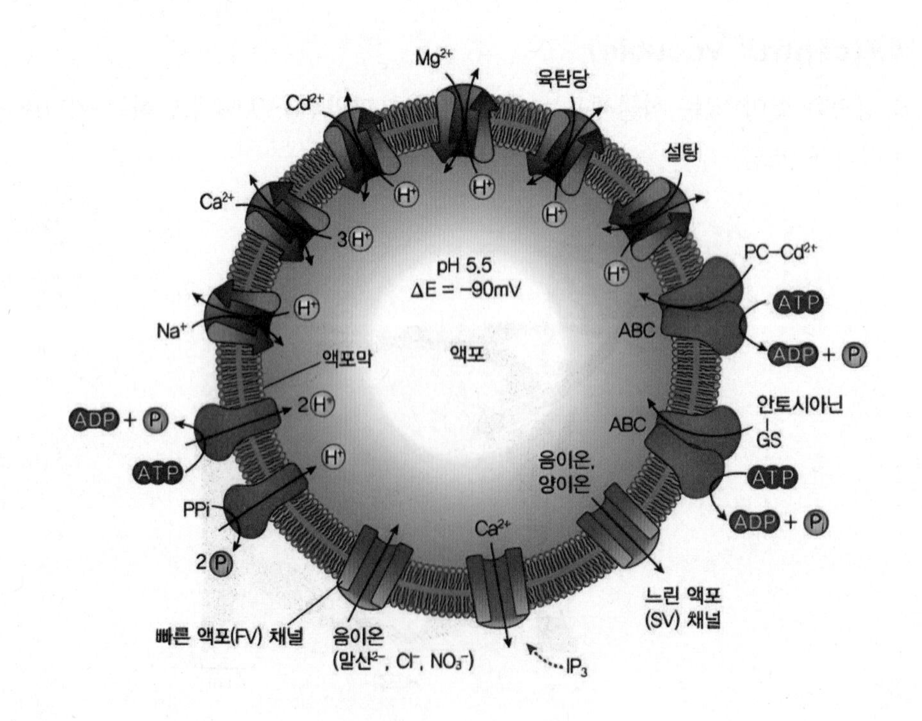

2 세포골격(cytoskeleton)의 구조와 기능

(1) 미세섬유(microfilament; actin filament)

지름이 약 7nm인 액틴 중합체로 세포 모양 유지 및 변화 등의 기능을 수행함

㉠ 미세섬유의 구조: 액틴 필라멘트는 미세소관보다 가늘고 더욱 유연하며 길이는 더욱 짧음. 그러나 전체 길이는 미세소관의 약 30배에 달하는데 일반적으로 액틴 필라멘트는 교차연결된 망상구조나 다발의 형태로 세포 내에 존재하며 그 인장강도는 개개의 필라멘트와 비교하여 매우 높음

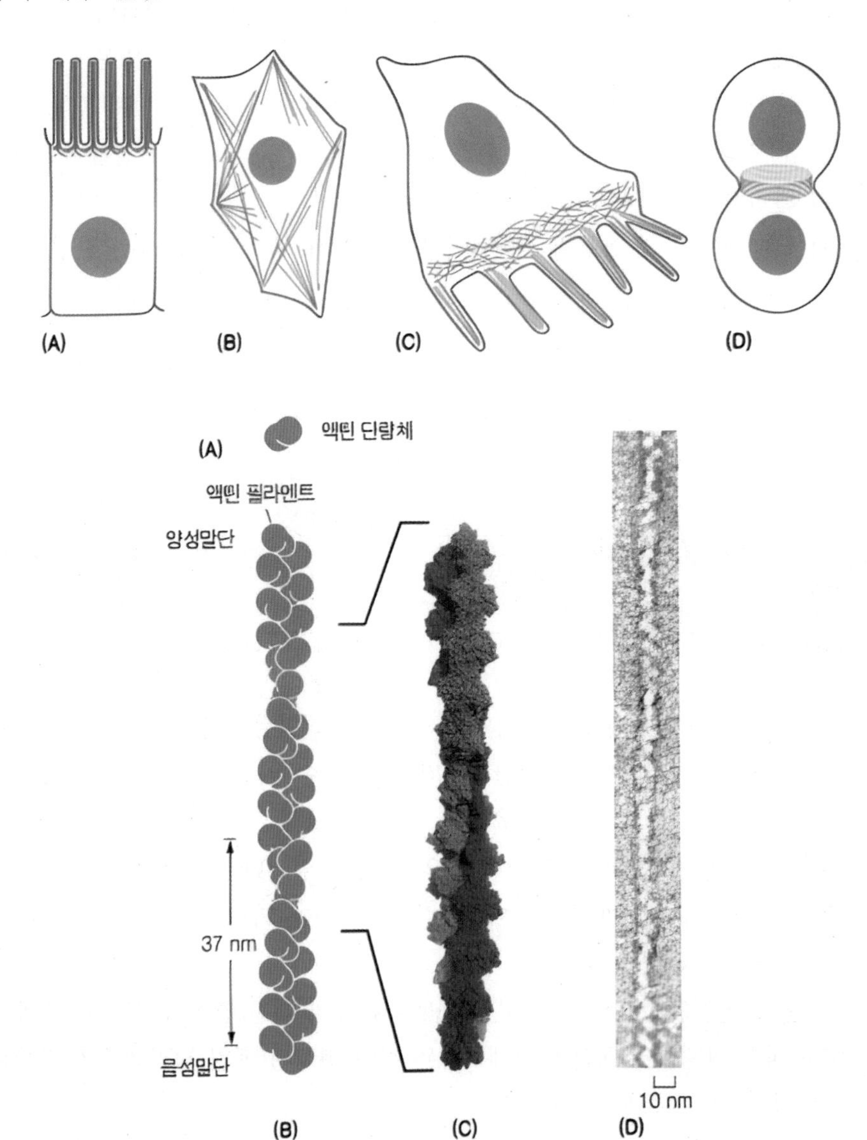

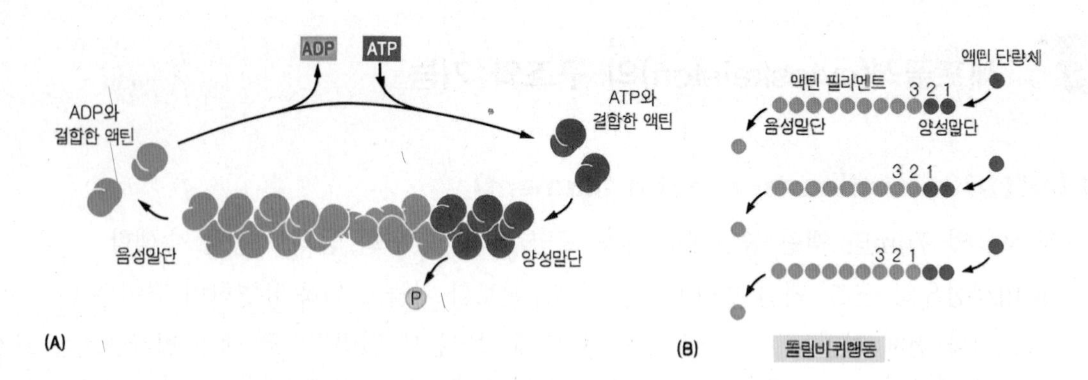

ⓐ 구형 액틴 단백질(G-actin)이 중합된 두 사슬이 우선성으로 꼬여 형성됨

ⓑ 미세소관처럼 (+) end와 (-) end 부위가 존재하는데 (+) end에서의 액틴 단량체 중합이 (-) end에서의 액틴 단량체 중합보다 더욱 잘 일어나는 경향이 있음

ⓒ 유리 액틴 단량체는 ATP와 강하게 결합하고 있으며, 이 ATP는 액틴 단량체가 필라멘트에 끼어든 후 가수분해됨. ATP가 ADP로 가수분해되면 단량체 간의 결합 강도가 약화되어 안정성이 떨어짐

ⓓ 시험관 상에서 시간의 흐름에 따른 액틴의 자발적 중합은 3단계로 진행되는데, 핵형성기(nuceation), 신장기(elongation), 안정기(steady state)가 그것임

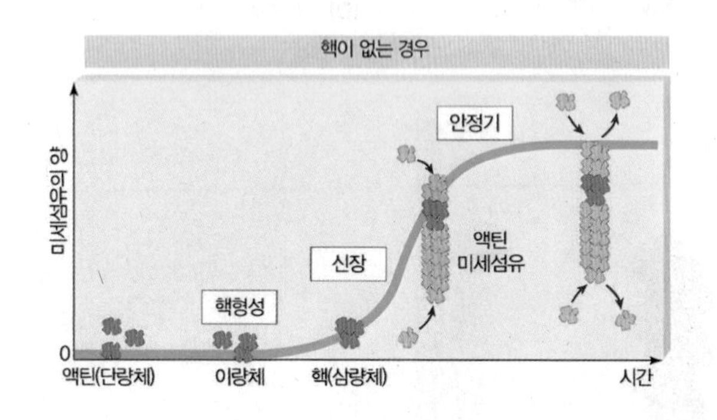

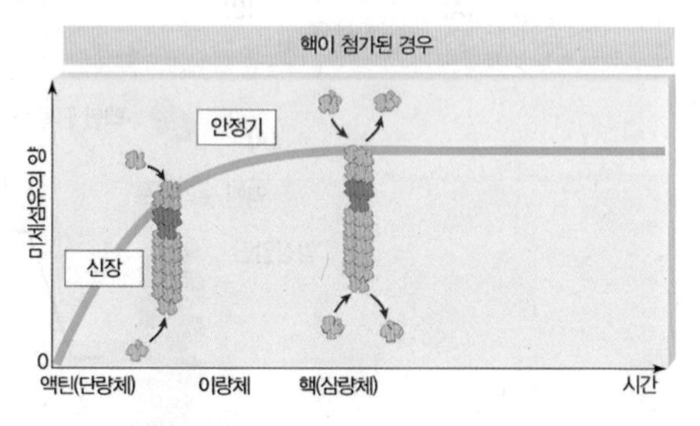

1. 핵형성기: 액틴 소중합체가 형성되는 시기로서 핵형성은 시간에 따른 액틴의 자발적 중합 과정에서의 일종의 지연기임. 단량체가 성장할 수 있는 핵의 이용이 가능하다면 지연 단계는 없어지게 됨
2. 신장기: 미세섬유의 빠른 길이 방향의 성장이 일어나는 시기임
3. 안정기: 미세섬유의 알짜 성장이 일어나지 않는 시기로 미세섬유 말단의 액틴 소단위는 느리지만 끊임없이 교체됨

ⓔ 액틴 결합 단백질: 세포 내에는 상당히 많은 종류의 액틴 결합 단백질이 존재하는데 대부분의 액틴 결합 단백질은 액틴 단량체보다는 이미 형성된 액틴 필라멘트에 결합하여 필라멘트의 구조적, 기능적 특성을 조절함

1. 프로필린(profilin)은 액틴 단량체에 결합하여 액틴의 중합을 촉진하며, 티모신(thymosin)은 액틴 단량체에 결합하여 액틴의 중합을 저해함

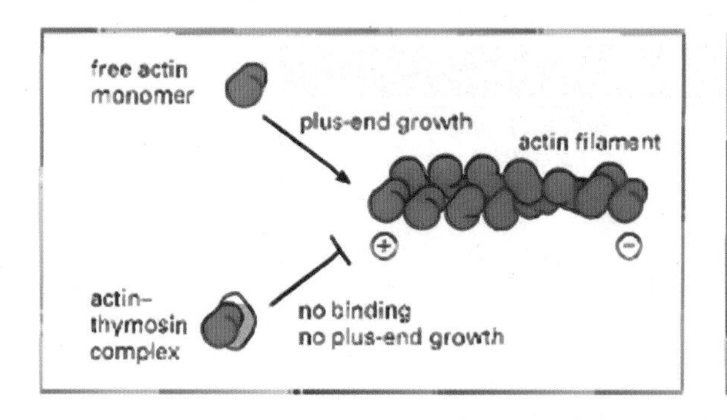

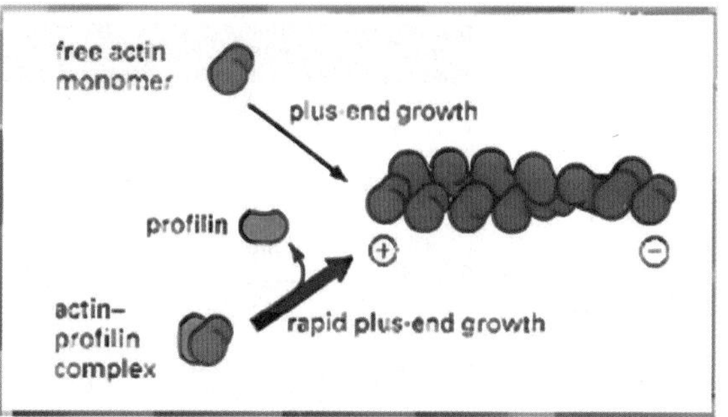

2. 핌브린(fimbrin)과 같은 다양한 다발성 단백질은 액틴 필라멘트간의 횡적인 결합을 유도하여 융모의 구조 유지에 중요한 역할을 수행함

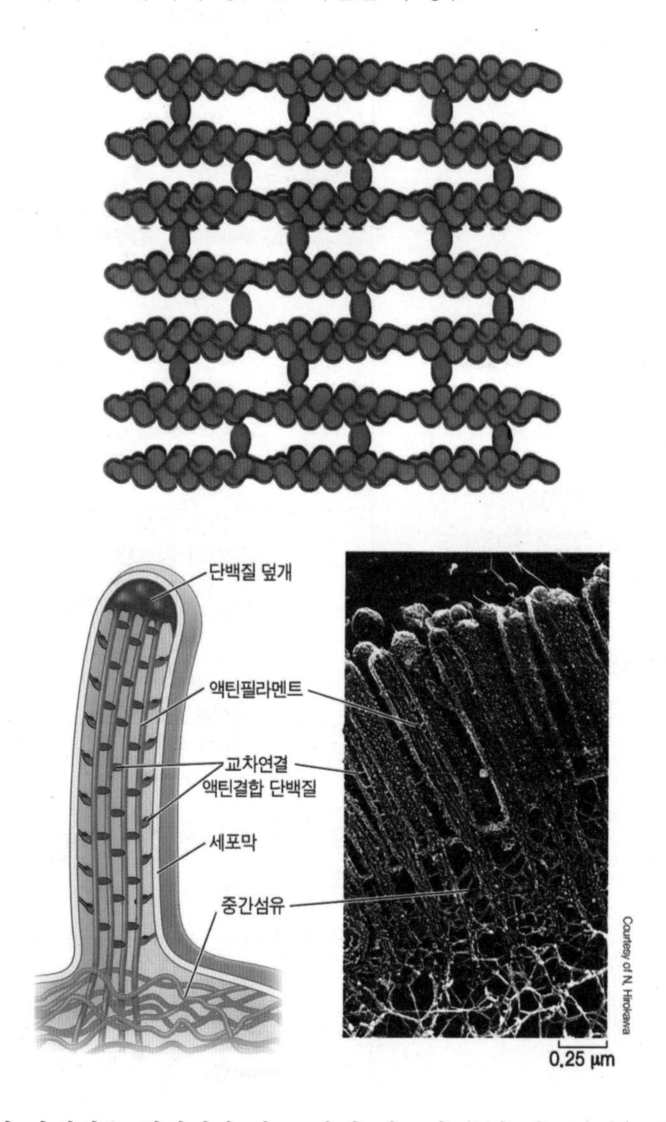

3. 교차연결 단백질은 원형질막 바로 아래 세포질 층인 세포피질(cell cortex) 내의 젤 상 망상구조의 유지에 관여함

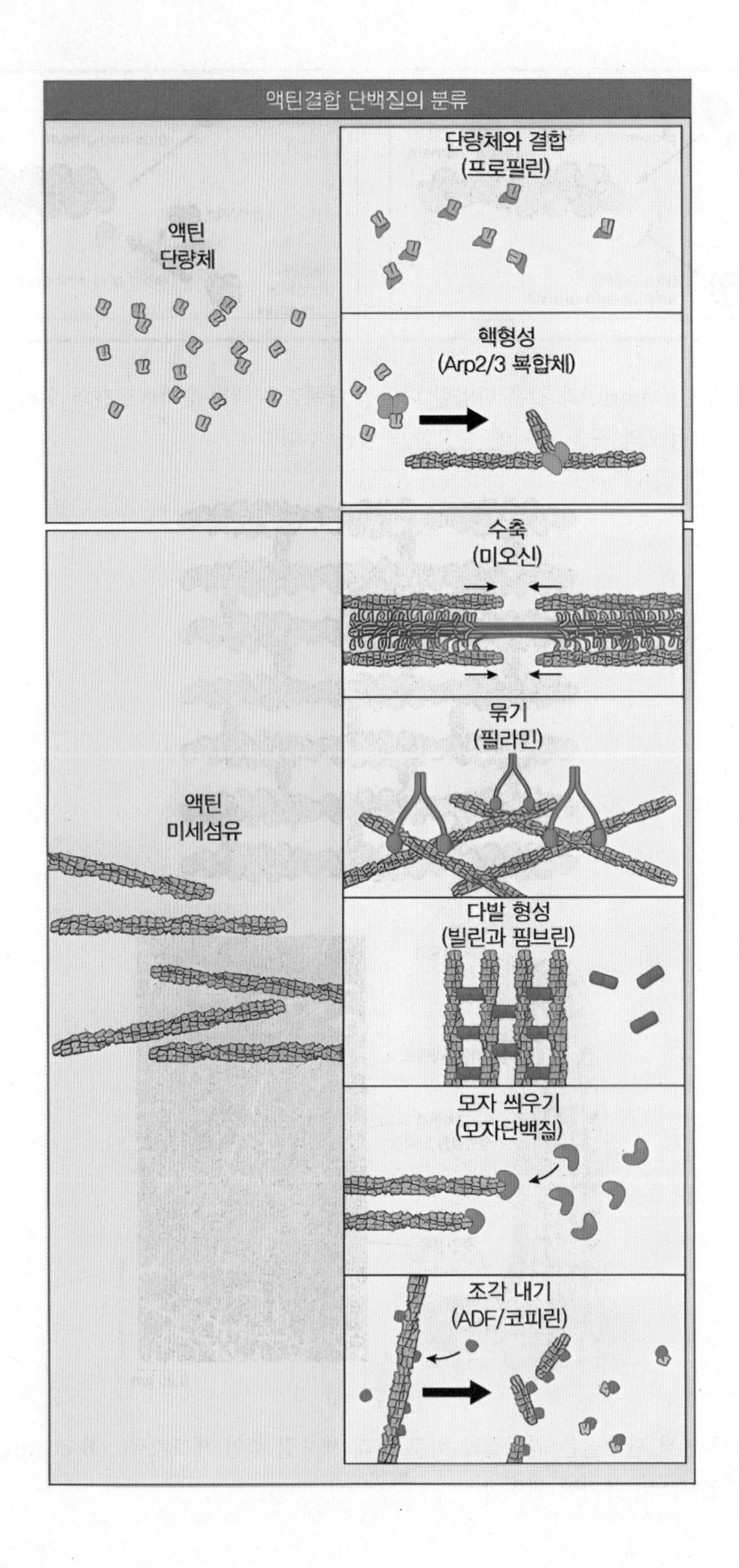
액틴결합 단백질의 분류
액틴
단량체
단량체와 결합
(프로필린)
핵형성
(Arp2/3 복합체)
액틴
미세섬유
수축
(미오신)
묶기
(필라민)
다발 형성
(빌린과 핌브린)
모자 씌우기
(모자단백질)
조각 내기
(ADF/코피린)

4. 젤솔린(gelsolin): 액틴 필라멘트 절단 단백질로서 액틴 필라멘트를 절단하여 그 길이를 단축시킴으로써 액틴 젤이 보다 유동상태로 전환되도록 함

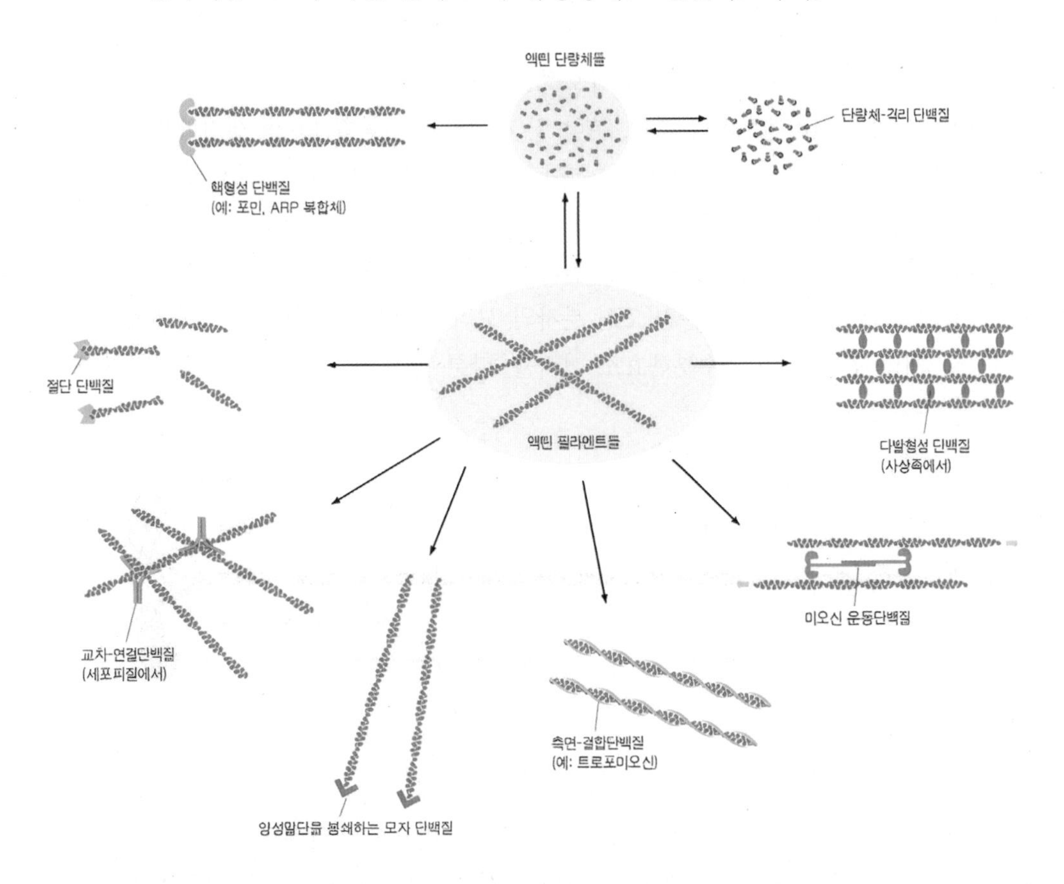

5. 액틴-관련 단백질(actin-related protein; ARP): ARP 복합체(Arp2/3 복합체)는 액틴 필라멘트의 가지치기를 촉진시키는데 이 단백질들이 액틴 필라멘트에 결합하여 복합체를 형성하고 거기에 새로운 필라멘트의 성장이 집중되면 곁가지가 만들어져 자라게 됨. 또한 액틴 필라멘트의 (-) 말단에서 핵을 형성하여 (+) 말단에서의 더욱 빠른 액틴 중합을 가능케 함

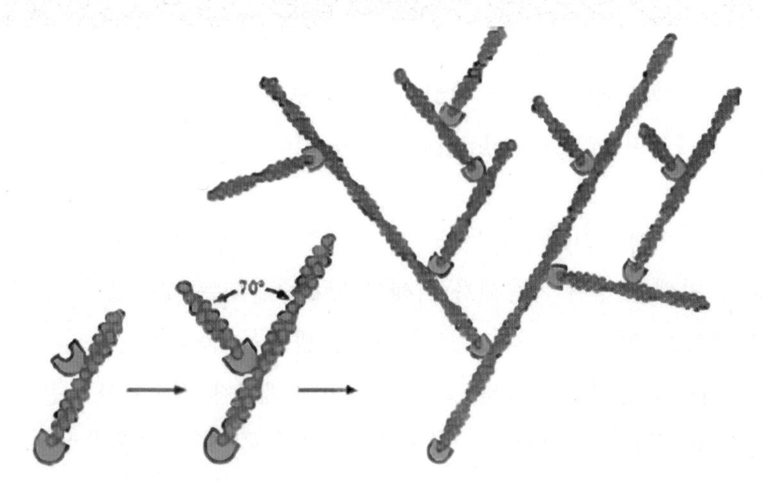

ⓕ 미오신(myosin): 액틴 의존성 운동단백질로서 이 단백질은 ATP를 가수분해시킴으로써 액틴 필라멘트를 따라 (-) end에서 (+) end 쪽으로 이동함

1. 미오신-I 분자: 모든 형태의 세포에서 발견됨. 한 개의 머리부위와 꼬리부위를 갖고 있는데 머리부위는 액틴 필라멘트와 상호작용하여 ATP 가수분해에 의한 운동활성능을 갖고 있어서 액틴 필라멘트와의 결합, 분리 및 재결합을 반복함으로써 필라멘트를 따라 이동할 수 있음. 꼬리부위는 미오신-I의 종류에 따라 다양하며 어떤 세포구성물을 액틴 필라멘트를 따라 이동시킬지를 결정함
2. 미오신-II 분자: 미오신-II는 액틴 필라멘트와 함께 수축성 구조를 형성하는데 각 미오신-II 분자는 한 쌍의 동일한 미오신 분자의 꼬리가 결합하여 형성된 이량체이며 한쪽 끝에는 2개의 구형 ATP 가수분해효소 머리를, 다른 한쪽 끝에는 단일의 코일처럼 꼬인 꼬리를 가지고 있음

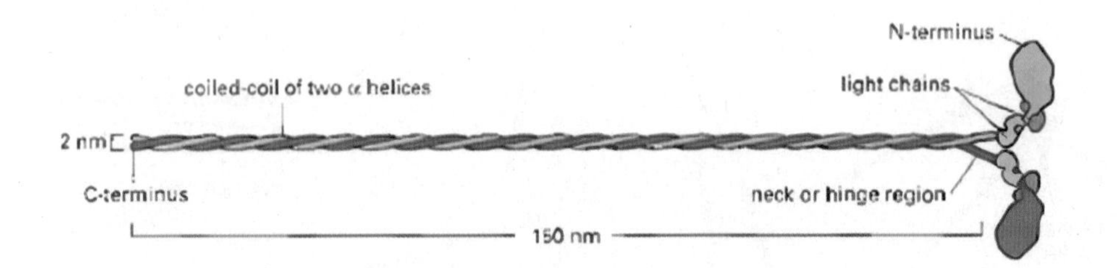

미오신-II 분자의 다발들이 꼬리를 통해 서로 결합하여 머리가 측면으로 돌출한 양극성 미오신 필라멘트를 형성함. 미오신 필라멘트는 2개의 머리를 가진 화살과 같으며 액틴 필라멘트와 결합하여 이동시키며 액틴 필라멘트와 미오신 필라멘트가 다발을 이루면 수축력이 발생함. 이는 특히 근육세포에서 극명하게 볼 수 있으며 비근육 세포에서는 액틴 필라멘트와 미오신-II 필라멘트의 일시적 조립으로 형성되는 수축성 다발(contractile bundle) 등의 형태로 볼 수 있음

ⓖ 액틴 활성 저해제: 액틴 중합을 저해하는 사이토칼라신(cytochalasin)이나 액틴 해체를 저해하는 자스플라키놀리드(jasplakinolide)를 처리하면 액틴 필라멘트의 기능을 저해할 수 있음

ⓛ 미세섬유의 기능: 액틴 미세섬유는 두 가지 방식으로 힘으로 생성하고 세포운동을 유발하게 되는데 첫 번째는 액틴 단량체가 미세섬유로 중합되는 것이고 두 번째는 액틴이 다양한 액틴 결합 단백질 및 미오신과 상호작용하는 방식을 통해서 가능함

ⓐ 대부분의 세포에서 액틴 필라멘트는 원형질막 아래층에 집중되어 있는데 이 부위를 세포피질(cell cortex)이라고 하며 액틴 필라멘트는 여러 가지 액틴 결합 단백질에 의해 연결되어

망상구조를 형성함으로써 세포의 외부형태를 유지하고 세포에 기계적 강도를 부여함. 많은 세포들은 세포 표면의 여러 부위에서 발견되는 사상족(filopodia)이라는 돌출부를 갖고 있는데 (+) end가 외부를 향하는 10~20개의 액틴 필라멘트로 구성됨. 또한 소장의 상피세포의 미세융모 구조도 미세섬유 및 결합 단백질의 작용과 관련 있음

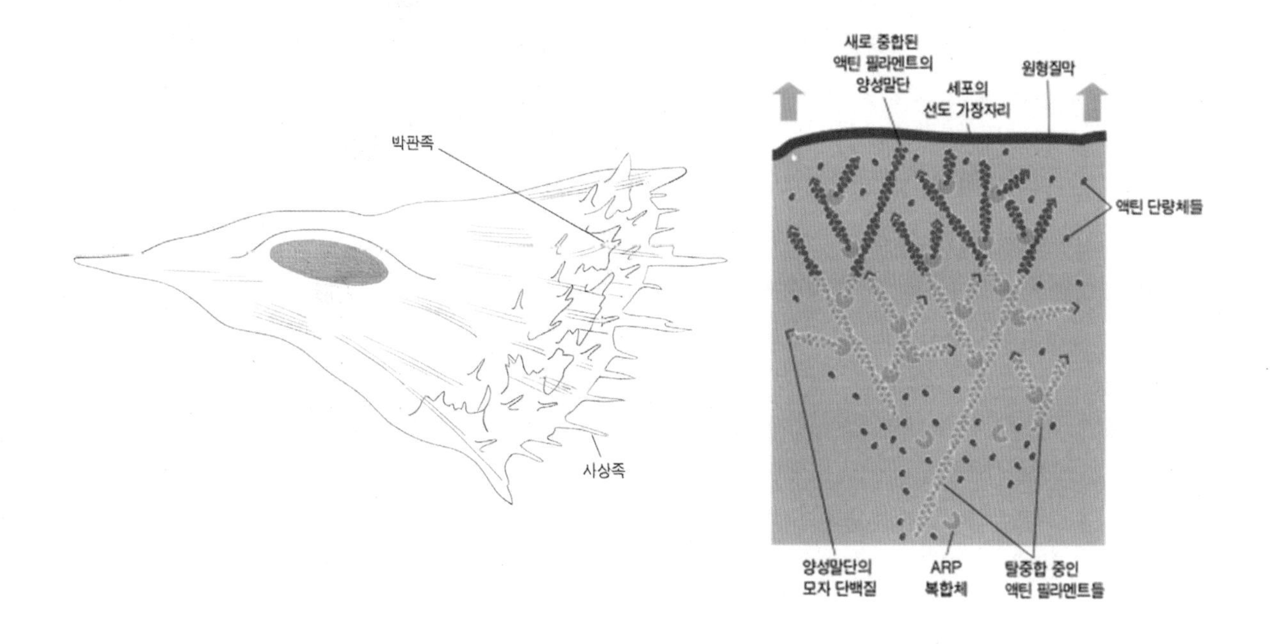

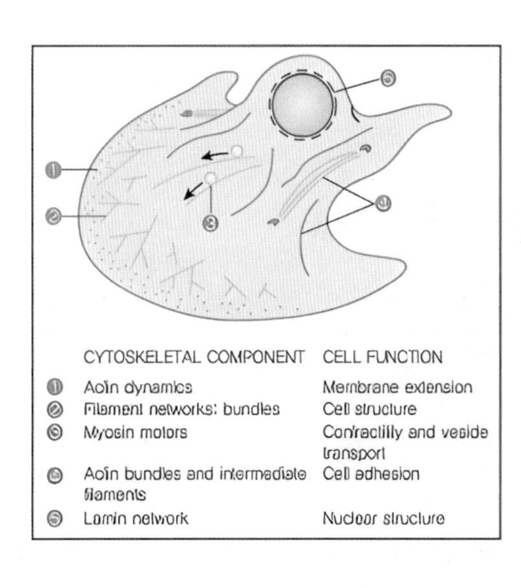

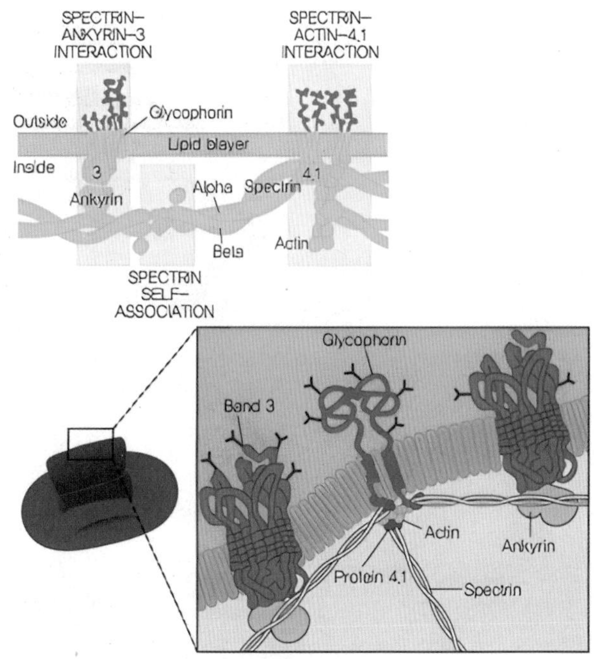

ⓑ 세포의 포복 현상: 많은 세포는 기어서 이동하는데 이에 액틴 필라멘트 작용이 깊게 관여되어 있음

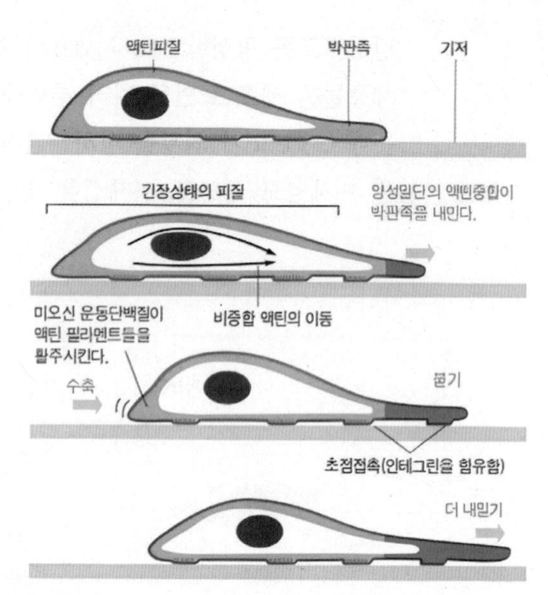

1. 액틴의 중합에 의해 세포는 전진하고 잇는 방향으로 동출부위를 형성하게 됨. 배양 중에 있는 섬유아세포의 돌출부위에서는 얇은 모양의 박판족(lamellipodia)이 형성됨
2. 박판족이 특정 장소에 다다르면 표면에 고착되는데 박판족이나 사상족의 표면에의 고착은 인테그린(integrin)이라고 하는 막관통단백질이 세포밖 기지르이 특정 분자나 또 다른 세포의 특정 분자와 결합하는 경우에 나타남. 이 때 인테그린은 세포막 안 쪽의 액틴 필라멘트를 응집시켜 액틴 필라멘트 다발이 강하게 고착될 수 있는 고착점을 제공함
3. 세포는 이 고착점을 이용하여 전진하며 이를 위해 세포 전체의 액틴 필라멘트를 수축시키는데 이 경우 액틴 필라멘트의 수축은 미오신이라고 하는 운동 단백질과 액틴 필라멘트 간의 상호작용에 의해 이루어짐

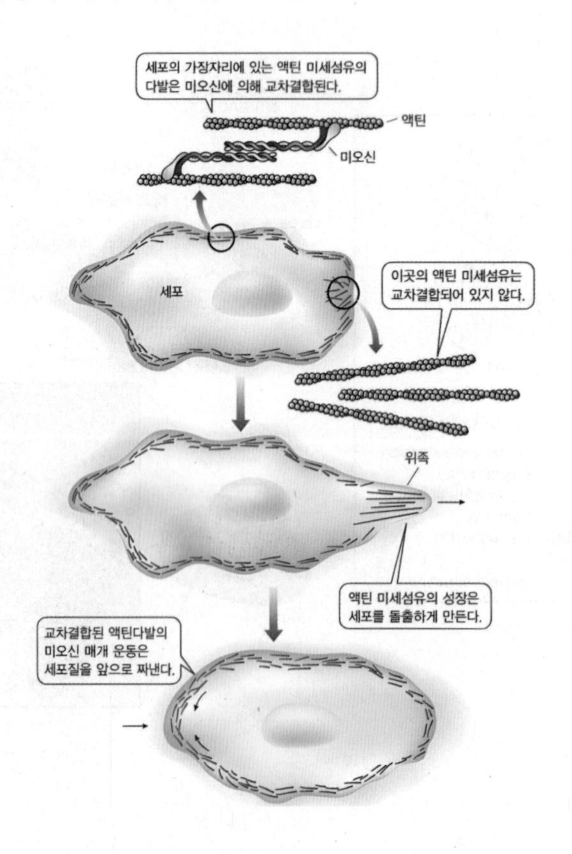

ⓒ 근육 수축: 근 수축 과정에서 액틴 필라멘트는 미오신 필라멘트를 활주하게 됨

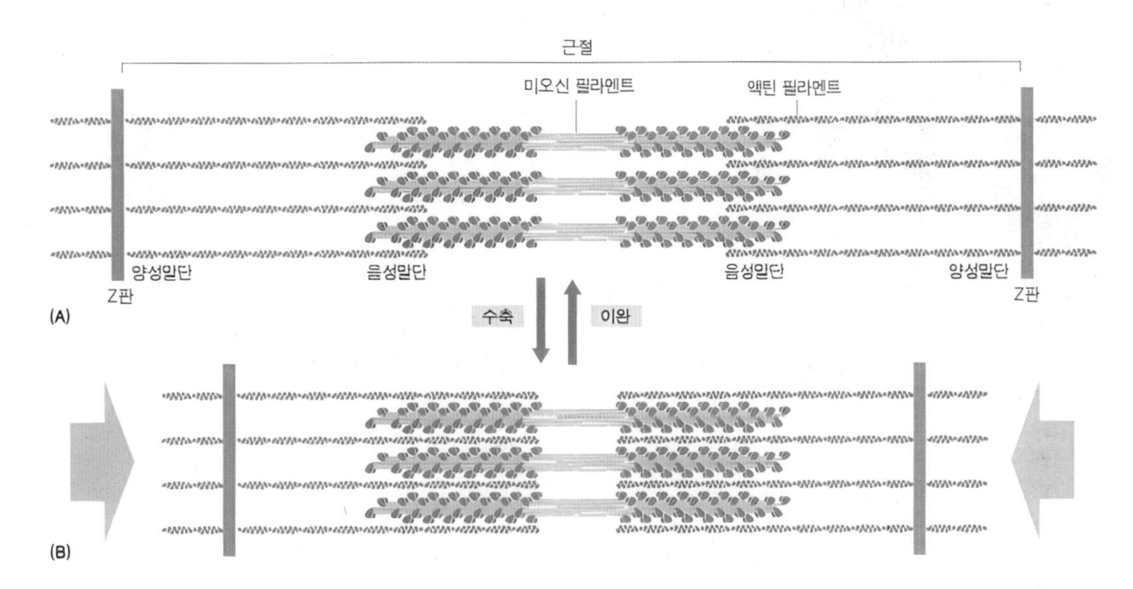

ⓓ 기타: 동물 세포의 세포질 분열 및 백혈구 등의 식세포 작용, 식물이나 동물세포의 원형질 유동

「식물세포에서의 원형질 유동」

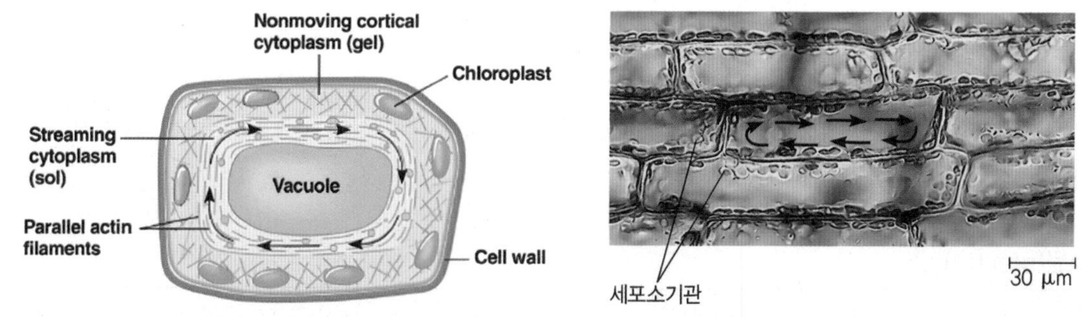

식물세포내에서 원형질이 방향성을 갖고 운동하녀 현상으로서 유동에 관여하는 운동성 단백질은 대부분의 경우 액틴과 미오신임. 세포소기관에 부착한 미오신 분자들은 액틴 섬유를 따라 움직이면서 같은 방향으로 세포소기관과 다른 세포질 내용물들을 이동시키는데 관여함. 원형질 유동은 세포 내에 서의 물질수송을 함과 동시에 세포 내에 서의 물질 분포를 균등화하는 역할도 하고 있음

(2) 중간섬유(intermediate filament)

미세섬유나 미세소관보다는 세포의 영구적인 지지물로 세포사멸 후에도 중간섬유 네트워크는 남아있음. 대부분 동물세포의 세포질에서 발견되며 세포질 전체에 걸쳐 그물망을 형성하고 있고 데스모좀과 같은 세포와 세포의 접촉 부위에서는 원형질막에 고정되어 있는 경우도 발견됨

㉠ 중간섬유의 구조: 중간섬유는 여러 개의 긴 끈을 꼬아서 만든 밧줄과 같은 구조를 지니고 있어서 그 인장강도가 매우 높음

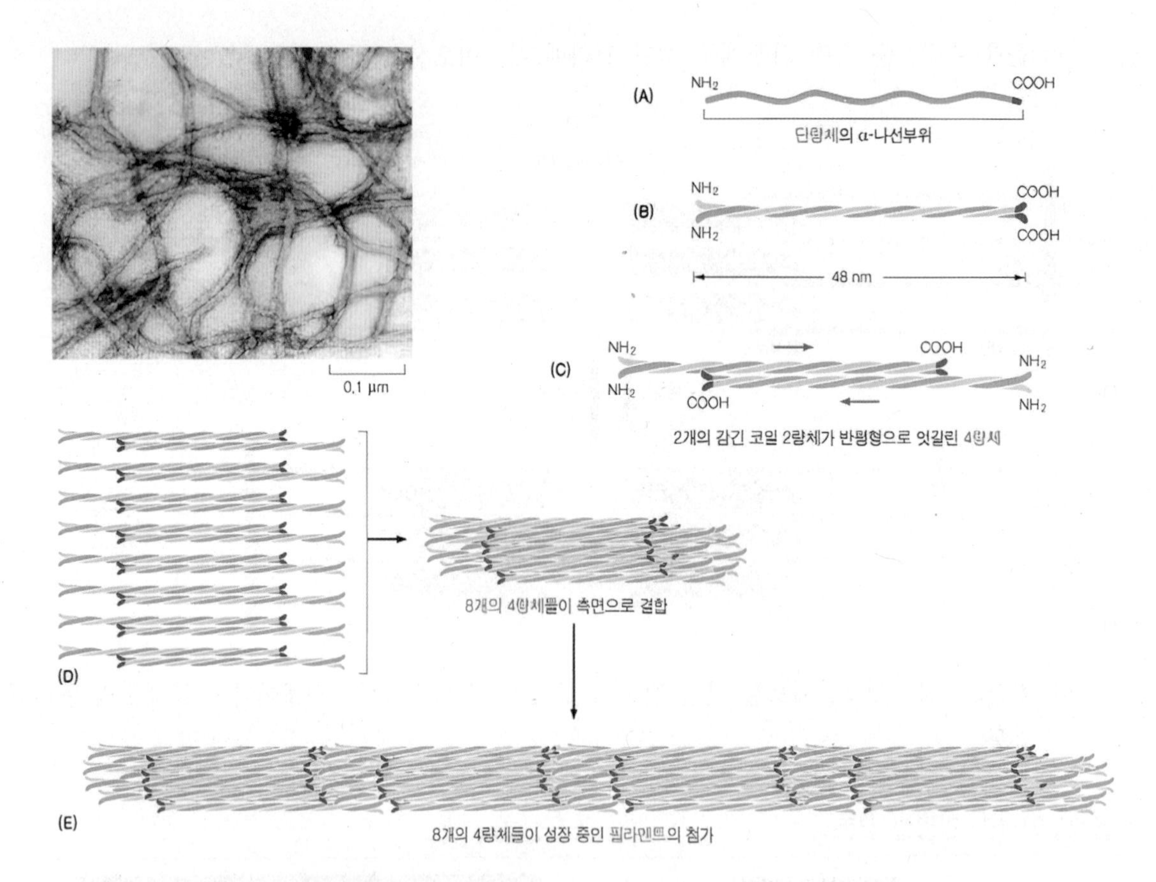

ⓐ 단위체: N-terminal globular head + α-helix + C-terminal globular head

ⓑ 단위체 두 가닥이 꼬여 dimer를 구성하여 2개의 dimer는 비공유결합을 형성하여 tetramer를 형성하며, tetramer는 끝과 끝이 묶어져 나선형으로 결합하며, 최종적으로 밧줄과 같은 중간 필라멘트를 형성함

「플렉틴(plectin)」

중간필라멘트 다발들을 강한배열로 교차연결시키는 부착 단백질 중의 하나. 교차연결 부수단백질은 다발들은 교차연결시키는 기능과 함께, 중간 필라멘트를 미세소관, 액틴 필라멘트, 데스모좀 등과 연결시킴. 플렉틴 유전자에 돌연변이가 생기면, 단순수포성 표피박리증(피부 케라틴의 붕괴), 근위축증(근육의 비멘틴 붕괴), 신경퇴행(신경필라멘트의 붕괴) 등이 수반됨

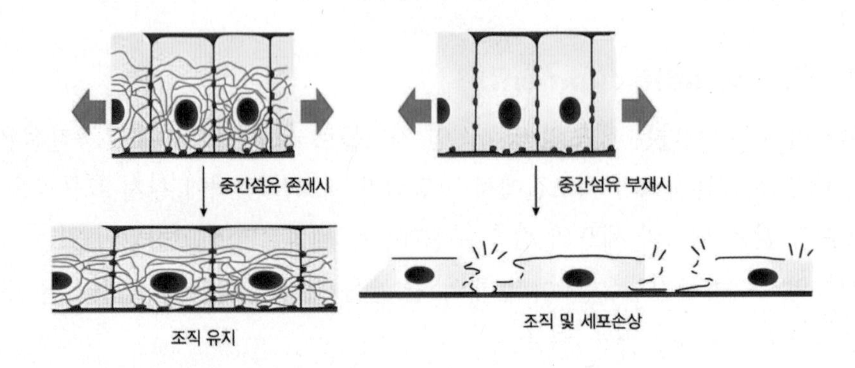

㉡ 중간섬유의 종류와 기능: 막대 형태의 중간 부위의 크기와 아미노산 서열이 매우 유사하여 서로의 결합이 가능하고 항상 비슷한 직경과 구조를 갖는 섬유를 형성하지만 중간섬유의 표면에 노출되어 있는 구형 아미노 말단과 카르복시 말단 부위는 그 크기와 아미노산 서열이 중간섬유의 구성 단백질의 종류에 따라 매우 다르며 주로 세포질의 다른 구성물과의 상호작용에 관여함

ⓐ 케라틴 섬유(keratin filament): 상피세포의 중간섬유. 상피세포 내부에 광범위하게 퍼져있으며 주변의 상피세포와 데스모좀(desmosome)이라는 세포 연접 부위를 통해 간접적으로 연결됨

ⓑ 비멘틴 섬유(vimentin filament) 및 비멘틴-관련 섬유(vimentin-related filament): 결합조직의 세포, 근육세포, 신경계의 지지세포의 중간섬유

ⓒ 신경 섬유(neurofilament): 신경세포의 중간섬유

ⓓ 핵라민(nuclear lamin): 핵막을 강화시키는 중간섬유로 세포질에 존재하는 중간섬유와는 달리, 핵막의 소실과정에서 라민이 인산화되면서 핵막과 함께 해체되었다가, 분열이 끝나면 라민이 탈인산화되면서 핵막과 같이 재구성되는 과정을 반복함

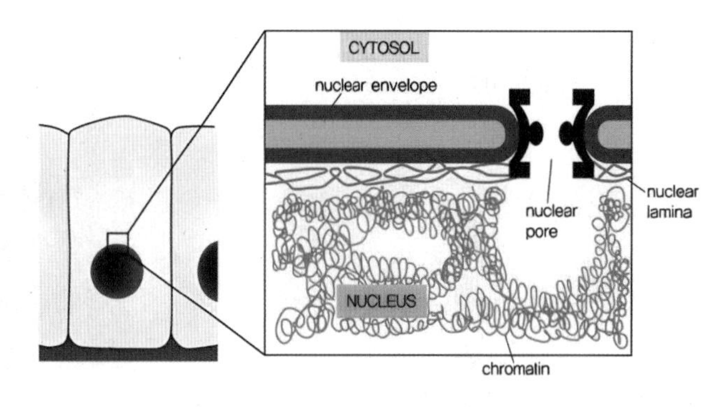

「라민 인산화와 탈인산화에 의한 핵막 분해와 형성 유도」

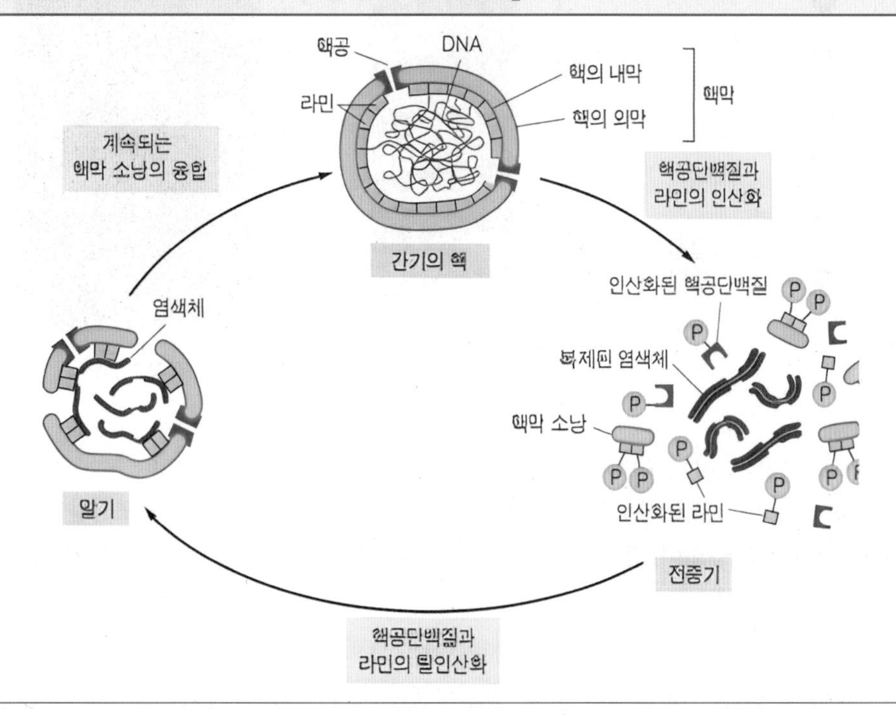

(3) 미세소관(microtubule)

튜불린 이합체의 중합과 분해로 길어지거나 짧아지면서 기능을 수행하게 되는데 운동단백질을 통해 세포소기관이나 소낭의 이동에도 관여함

㉠ 미세소관의 구조: 지름이 약 25nm인 원통형의 구조물로서 세포의 중심부위에서 발견되는 중심체에서 조립됨

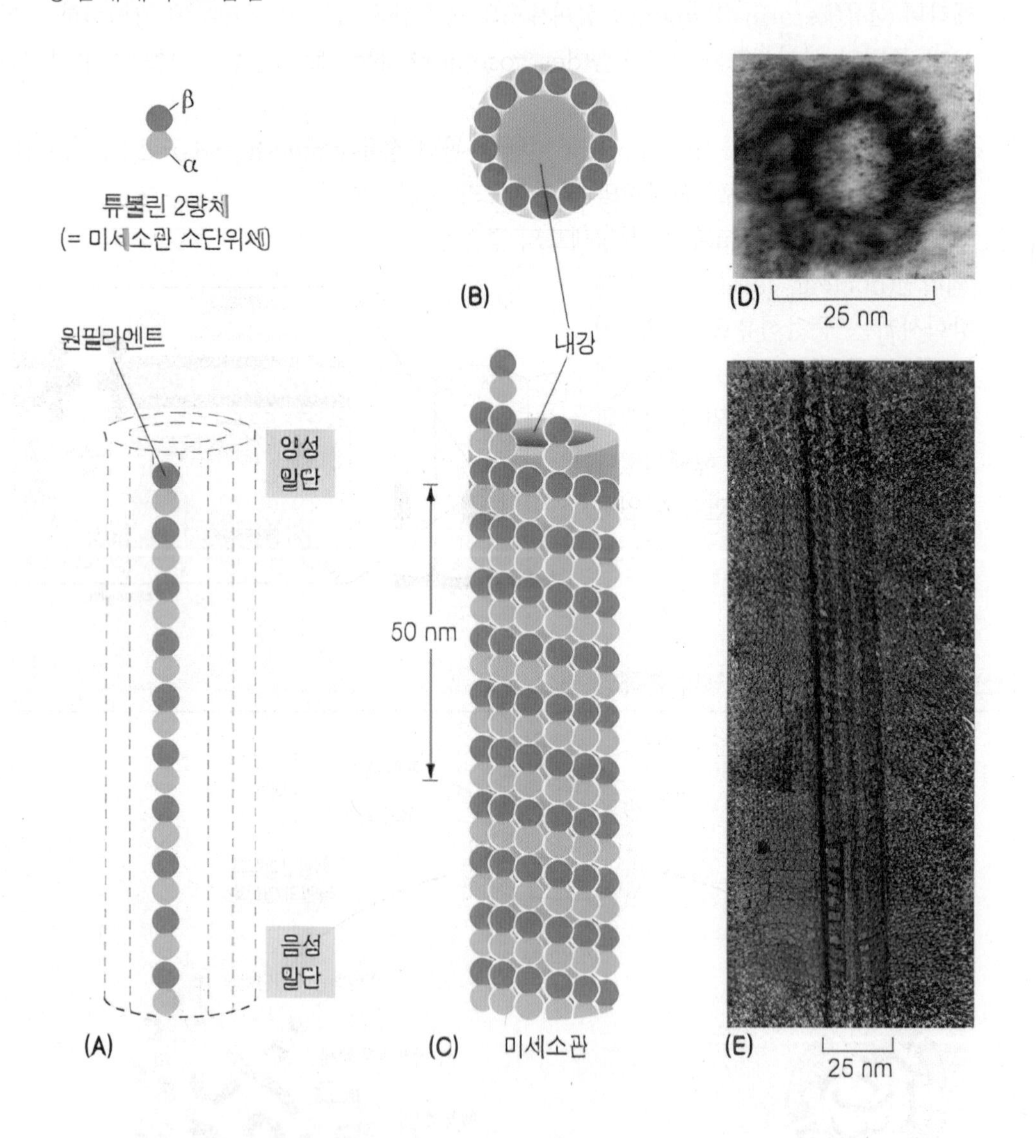

ⓐ 단위체: α-tubulin과 β-tubulin으로 이루어진 $\alpha\beta$-tubulin dimer

ⓑ $\alpha\beta$ tubulin이 교대로 배열되어 있는 protofilament 13개가 원통모양을 형성한 구조

ⓒ α-tubulin이 노출되어 있는 부분을 (-) end 라고 하고, β-tubulin이 노출되어 있는 부분을 (+) end 라고 함

ⓓ 미세소관의 성장: 시험관에 순수 튜불린 단백질을 넣어두면 튜불린 이량체가 형성되면서 미세소관이 형성되는 것을 관찰할 수 있는데 이 때 (-) end와 (+) end 모두에 튜불린이 첨가

되나 (+) end 부위가 더욱 선호됨. 순수 분리한 고농도의 $\alpha\beta$-튜불린은 시험관 상에서 스스로 중합되어 미세소관을 형성하기도 하지만 실제 세포 내에서의 $\alpha\beta$-튜불린 농도는 매우 낮고 (-) end는 중심체에 묻히게 되므로 미세소관의 성장은 (+) end에서만 이루어지게 되는데 중심체의 핵 형성부위는 낮은 $\alpha\beta$-튜불린 농도에서도 미세소관 형성을 효율적으로 유도하는 역할을 수행하게 됨. 액틴 필라멘트와 마찬가지로 시험관 상에서 미세소관 성장은 지연기, 성장기, 안정기로 진행됨

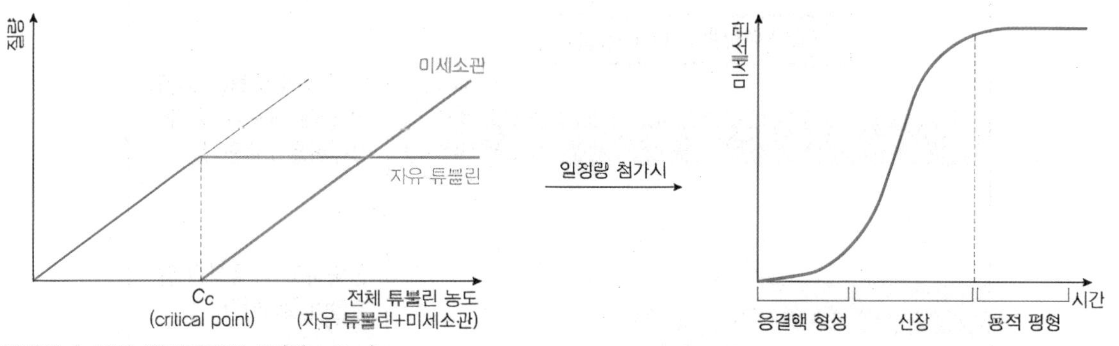

튜불린의 농도와 필라멘트의 중합(invitro)

액틴필라멘트의 중합과 동일하게 Cc보다 높은 $\alpha\beta$ 튜불린농도는 중합을 촉진하며, Cc 보다 낮은 $\alpha\beta$ 튜불린의 농도는 해리를 촉진한다.

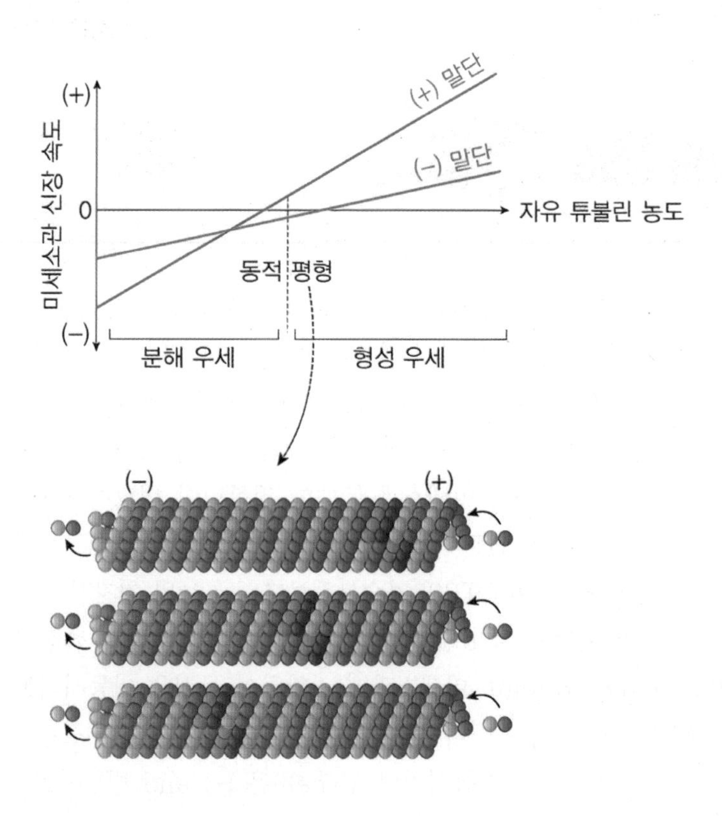

ⓔ 미세소관의 동적 불안정성(dynamic instability): 미세소관의 갑작스런 성장과 축소, 그리고 성장과 축소 간의 갑작스러운 전환

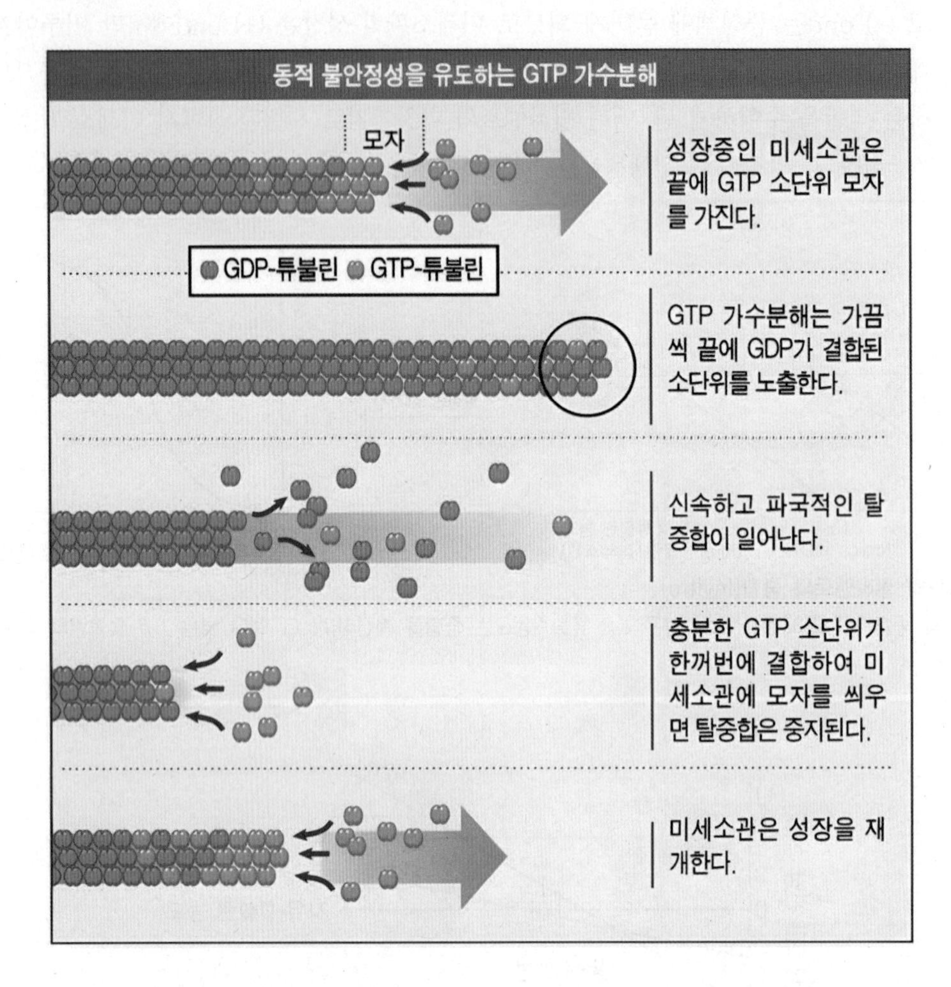

1. 동적 불안정성은 튜불린 단백질이 지닌 GTP 가수분해능 때문에 발생하는데 세포질 내의 튜불린 이량체는 GTP와 강하게 결합하고 있으며 성장 중에 있는 미세소관에 이량체가 결합하면 GTP가 가수분해되어 GDP로 전환되어 이량체에 남게 됨. GTP와 결합하고 있는 튜불린 분자는 서로 간의 결합이 매우 강력하여 미세소관에 남아 있으나 GDP와 결합하고 있는 튜불린 분자는 미세소관에 대한 결합력이 비고적 약해짐
2. $\alpha\beta$ tubulin dimer에 GTP가 결합한 상태이면 중합된 상태로 존재하며, GTP가 가수분해되면 분해가 진행되며 GTP의 가수분해보다 dimer의 첨가가 더 빠르면 중합이 촉진되며, GTP의 가수분해보다 dimer 첨가가 더 느리면 분해가 촉진됨

ⓕ 운동단백질(motor protein): 미세소관에 결합하여 물질을 이동시키는 역할을 담당하며 이때 ATP 가수분해로 생성된 에너지를 이용함. kinesin은 세포내 물질 및 세포소기관을 미세소관의 (+) end 방향으로 이동시키며, dynein은 (-) end 방향으로 이동시킴

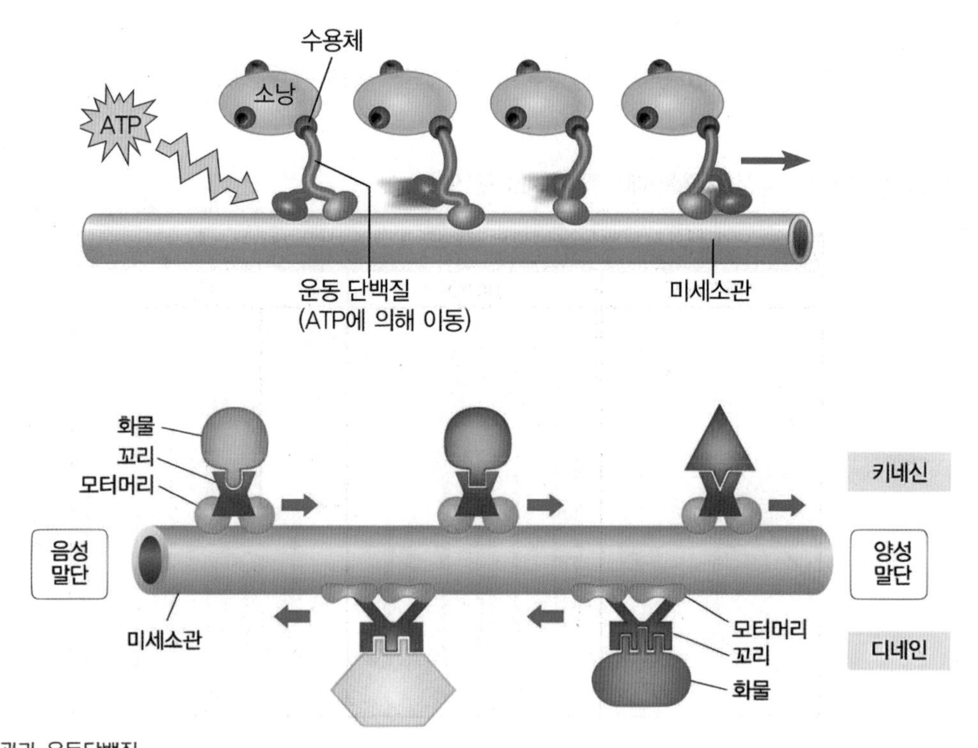

미세소관과 운동단백질

ⓖ 콜히친이나 택솔을 처리하면 세포주기가 유사분열 중기에 멈추게 되는데 이러한 사실은 균형있는 튜불린 소단위체들의 지속적인 첨가와 소실에 의해 유사분열기와 방추사가 유지되고 있음을 알 수 있음

미세소관 관련 시약	작용
taxol	미세소관에 결합하여 튜불린의 소식을 저해함
colchicine	미세소관 소단위체에 결합하여 중합을 저해함

「taxol의 구조」

㉡ 미세소관의 기능

ⓐ 중심체(centrosome)에서 형성되며, 운동단백질을 통해 세포내 물질 이동에 관여함

「섬유아세포(왼쪽)와 뉴런(오른쪽)에서의 미세소관 역할」

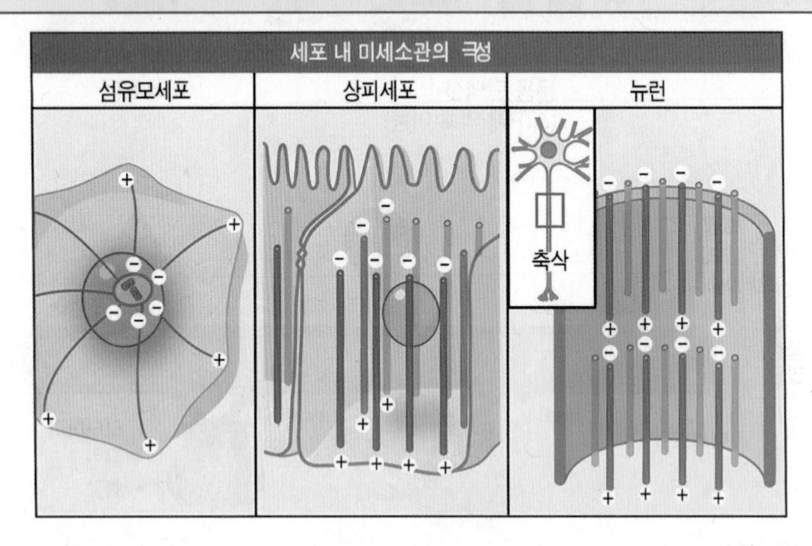

분화된 대부분의 동물세포는 분극화되어 있는데 예를 들면 물질 분비의 역할을 담당하는 섬유아세포는 분비 방향을 향해 미세소관의 양성말단 및 골지체가 배열되어 있으며 신경세포는 축색돌기 내에 존재하는 모든 미세소관의 양성말단은 축색돌기 말단을 향해 배열되어 있으며 이러한 통로를 이용하여 신경세포의 중심부위에서 만들어진 막소낭과 분비성 단백질 등이 축색돌기 말단부위까지 이동할 수 있음

ⓑ 방추사(mitotic spindle)를 구성하며 염색체 분리에 관여함. 따라서 콜히친이나 택솔을 처리하면 미세소관으로 구성된 방추사의 염색체 분리를 저해하여 우사분열을 중단시킬 수 있게 됨. 이처럼 미세소관을 안정화시키거나 불안정화시키는 항유사분열제를 이용하면 암세포를 증식까지도 제어할 수 있음

ⓒ 섬모(cilia)와 편모(flagella)를 구성하며 세포의 이동에 관여함. 섬모와 편모는 한 쌍의 미세소관으로 구성된 9개의 미세소관 다발이 환형을 이루고 있으며 중앙에는 두 개의 미세소관이 존재하는 9+2 배열을 지님

ⓓ 세포의 극성화에 관여함. 새로 형성된 미세소관은 양 말단이 탈중합화로부터 보호될 때에만 존속할 수 있는데 세포에는 일반적으로 미세소관의 (-) end 는 필라멘트가 자라는 형성중심부에 의해 보호되며 (+) end 는 초기에는 유리되어 있지만 다른 단백질에 의해 선택적으로 안정화됨. 이러한 선택적 안정화는 미세소관을 신속히 재배치하며 세포는 강한 극성 형태로 변환됨

「섬모, 편모의 구조와 구부러짐 기작」

Ⓐ 섬모, 편모의 구조(9+2구조)

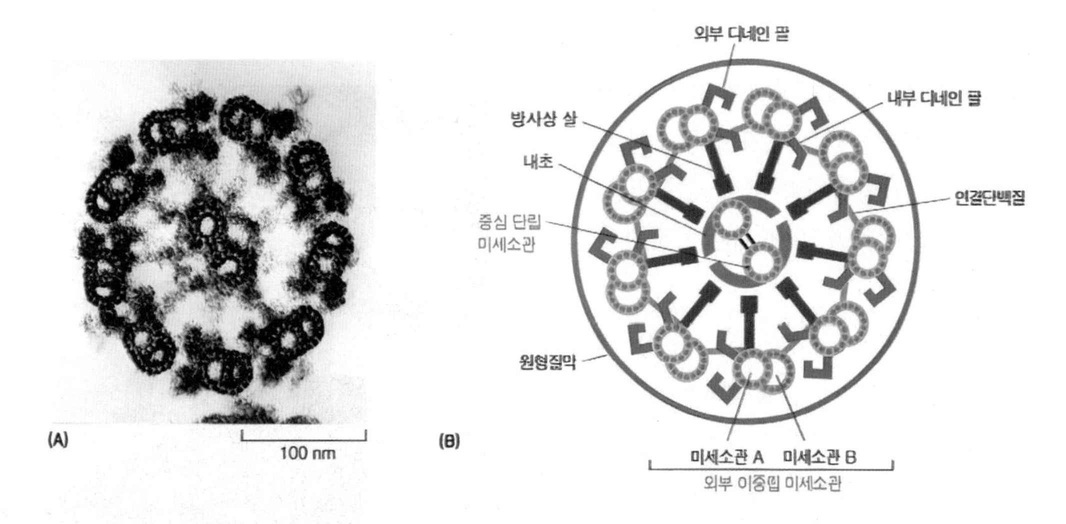

1. 섬모(지름: 약 0.25㎛, 길이: 약 2~20㎛): 세포 표면에 많은 수로 존재하며 중심축과 수직 방향으로 추진력 제공함. 신호수용에도 관여하는 경우가 있음
2. 편모(지름: 약 0.25㎛, 길이: 약 10~200㎛): 세포 표면에 적은 수로 존재하며 중심축과 동일한 방향으로 추진력 제공함
3. 섬모나 편모는 기저체에 의해 세포에 고정됨

Ⓑ 섬모, 편모의 구부러짐 기작: 섬모성 디네인과 교차 연결 단백질의 운동을 통해 구부러짐이 일어남

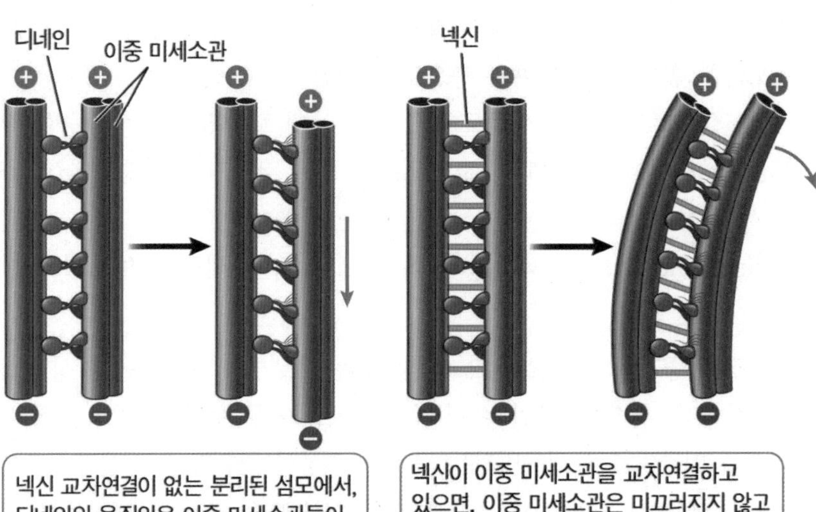

디네인
이중 미세소관
넥신
넥신 교차연결이 없는 분리된 섬모에서, 디네인의 움직임은 이중 미세소관들이 서로를 지나쳐 미끄러지게 만든다.
넥신이 이중 미세소관을 교차연결하고 있으면, 이중 미세소관은 미끄러지지 않고 디네인의 운동으로 생성된 힘은 섬모가 휘게 한다.

3 식물의 세포벽과 동물의 세포외기질

(1) 식물의 세포벽

식물세포를 보호하고, 형태를 유지하며, 지나친 수분의 흡수를 막는 세포외 구조물로서 식물 세포벽은 원형질연락사(plasmodesmata)에 의해 구멍이 뚫려 있어 세포간 통합적 환경 조성이 가능함

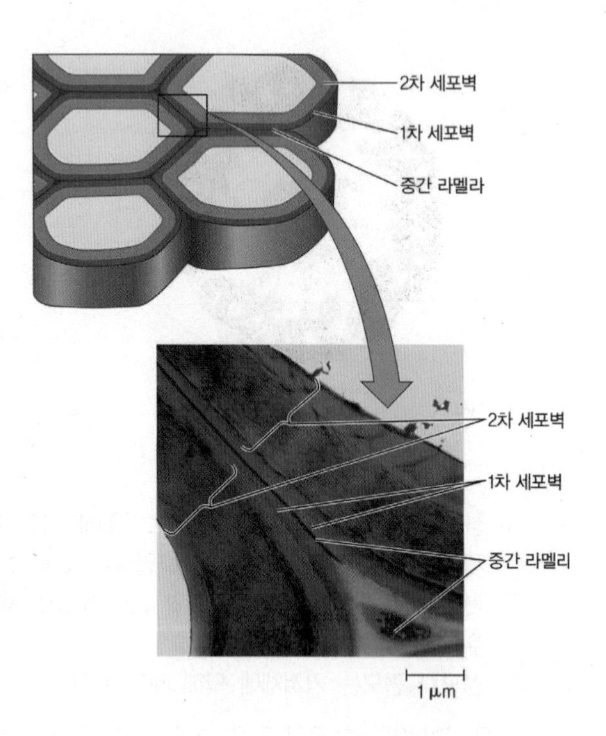

㉠ 1차 세포벽(primary cell wall): 세포막과 중엽층 사이에서 형성되는데 처음에는 매우 부드럽고 얇지만 형성 과정이 끝나면 조금 두꺼워지고 또 단단해짐

ⓐ 활발하게 성장하는 세포에서 형성되며 셀룰로오스 미세섬유가 세포가 팽창하는 방향에 직각으로 놓여 성장 패턴에 영향을 줌

ⓑ 상대적으로 분화가 덜되고 모든 세포 유형에서 분자 구성이 유사함

ⓒ 유조직 세포의 1차 세포벽은 매우 얇으면 구조적으로 단순하지만 후벽세포나 표피세포의 1차 세포벽은 훨씬 두텁고 여러 층으로 구성됨

ⓓ 성분으로는 셀룰로오스, 헤미셀룰로오스, 펙틴 등이 포함되는데 기질 중합체인 헤미셀룰로오스, 펙틴은 골지체에서 합성되어 소낭으로 배출된 것이지만 셀룰로오스 미세섬유는 원형질막 상에서 합성됨

㉡ 2차 세포벽(secondary cell wall): 여러 층으로 싸여 세포를 보호하고 지지하는 역할을 수행함

ⓐ 세포벽 신장이 중지된 후에 일부의 식물세포는 때로 2차 세포벽을 합성함. 2차 세포벽은 헛물관, 섬유 등의 후벽세포에만 존재하는 것으로 아주 두터운 것이 특징임

ⓑ 흔히 다층을 이루며 1차 세포벽과는 구조와 조성면에서 다름. 셀룰로오스의 비율이 높으며 셀룰로오스 미세섬유의 방향이 1차 세포벽에서보다는 더욱 규칙적으로 평행하게 배열됨

ⓒ 리그닌 성분이 포함됨. 리그닌은 세포벽에 상당한 기계적 힘을 부가하며 병원체에 공격을 받는 세포벽의 감수성을 감소시키고 셀룰로오스와 단단히 결합하는 소수성 네트워크를 형성하여 세포신장을 방해함

㉢ 중엽(middle lamella): 인접하는 식물세포들이 서로 접촉하는 연접에서 볼 수 있음

ⓐ 중엽의 조성은 펙틴 함량이 높고 이웃하는 세포를 붙여주는 역할을 수행함
ⓑ 세포분열 동안에 형성된 세포판에서 기원함

(2) 동물세포의 세포외 기질(extracellular matrix; ECM)

세포외 기질의 주요 성분은 당단백질로, 세포에 의해서 분비됨. 당단백질은 보통 짧은 당 사슬로 된 탄수화물과 단백질이 공유결합된 것임

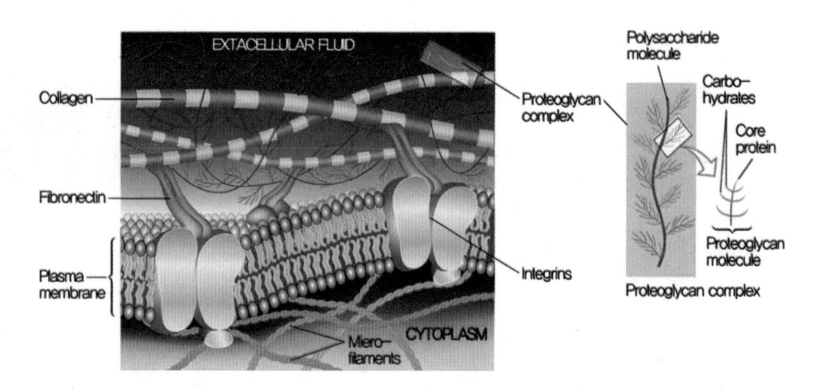

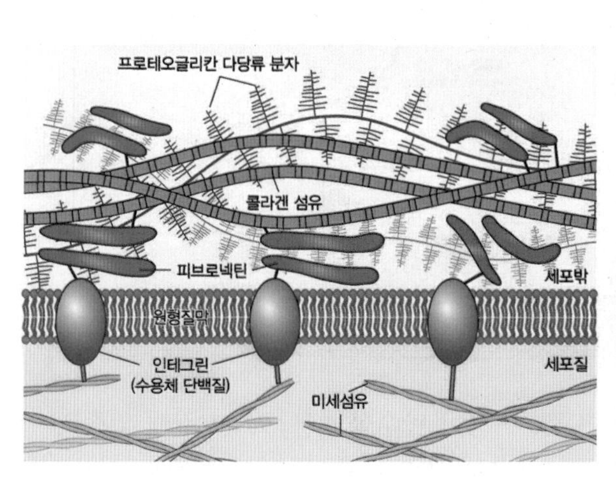

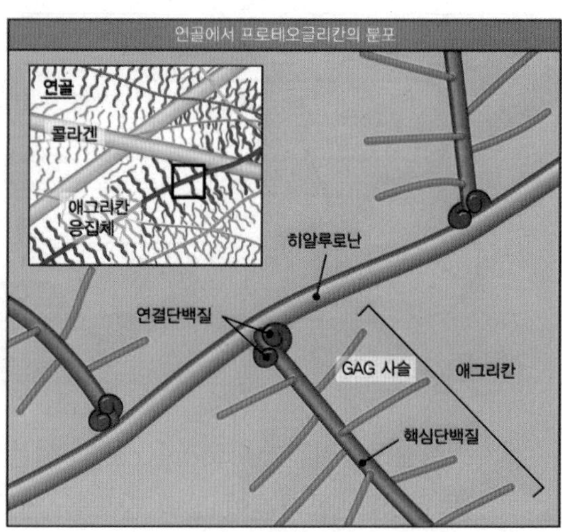

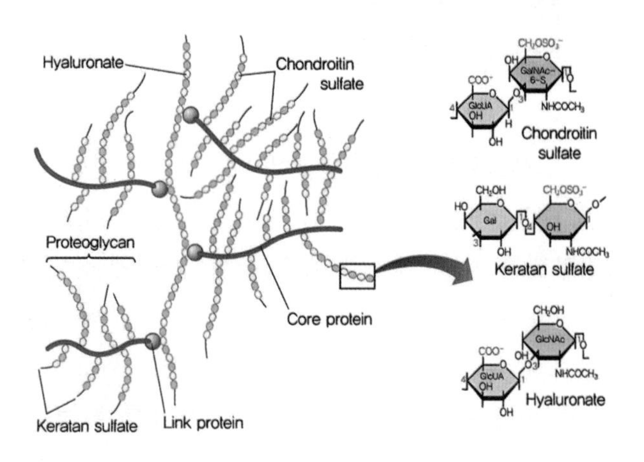

㉠ 콜라겐(collagen): 가장 많은 양을 차지하는 섬유단백질임. 원콜라겐(protocollagen) 형태로 세포밖으로 분비된 후 원콜라겐 펩티다아제(protocollagen peptidase)에 의해 아미노말단과 카르복시말단의 일부 아미노산이 잘려진 후 교차 결합하여 불용성의 중합체인 콜라겐 원섬유(collagen fibril)라는 중합체를 형성하고 이들이 모여 조금 더 두꺼운 콜라겐 섬유(collagen fiber)를 형성함. 유전적으로 원콜라겐 펩티다아제가 결핍된 사람은 콜라겐 원섬유가 제대로 조립되지 않아 피부와 다른 결합조직의 장력 강도가 감소되어 필요 이상으로 쉽게 늘어나는 경향이 생김

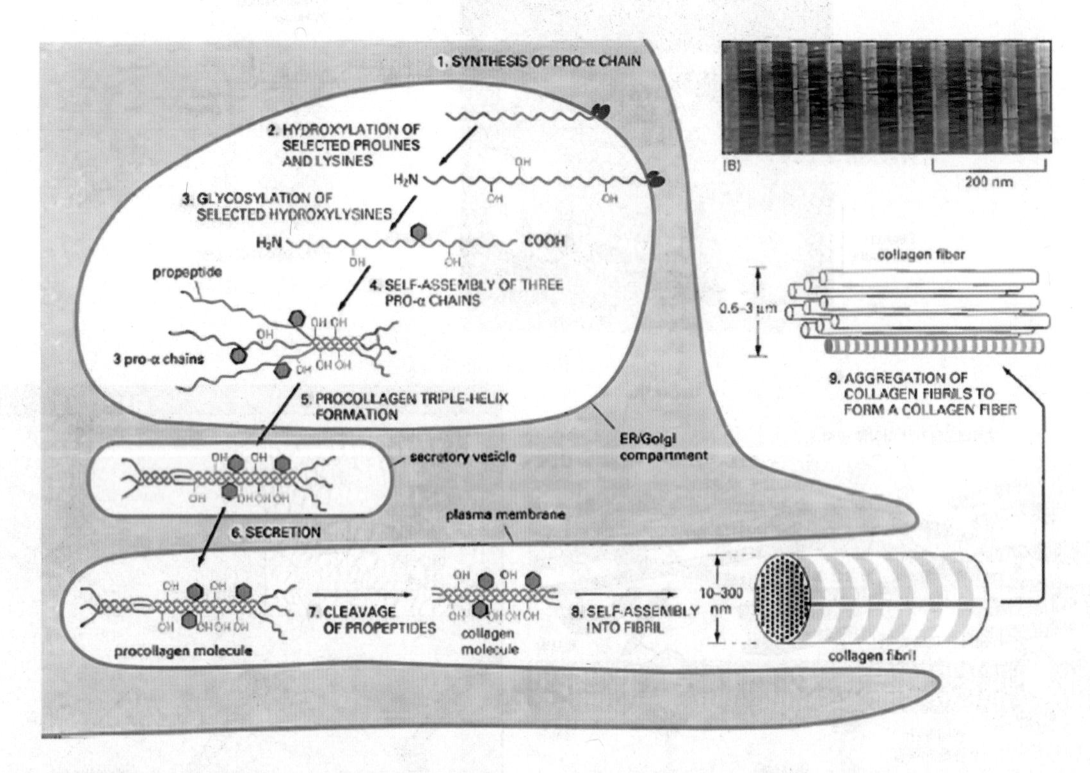

㉡ 프로테오글리칸(proteoglycan): 성분의 95% 이상이 탄수화물, 세포외기질에 일종의 그물을 형성함. 콜라겐이 장력 강도를 제공하는 반면 프로테오글리칸은 압축력에 견디는 힘을 제공하고 공간을 메우는 상보적인 기능을 가짐

㉢ 피브로넥틴(fibronectin): 인테그린과의 결합을 통해 세포내부와 세포외 바탕질 간의 신호전달을 매개함

㉣ 인테그린(integrin): 인테그린의 세포 외 부위에는 피브로넥틴이 결합하고 세포질쪽 부위에는 액틴 필라멘트가 결합하는 결합부위를 가지고 있어서 세포질쪽 부위에는 액틴 필라멘트가 결합하는 결합부위를 지님. 세포와 세포외기질 사이에 장력이 작용할 때 세포막이 찢어지지 않도록 인테그린 분자는 그 힘을 세포외기질 에서 세포골격으로 전달하는 역할을 하며 세포외기질 분자와의 결합을 통해 인테그린 분자는 세포 내부 말단과 접촉하고 있는 단백질 인산화효소를 통해 여 세포 내 신호 증폭 체계를 활성화시킴

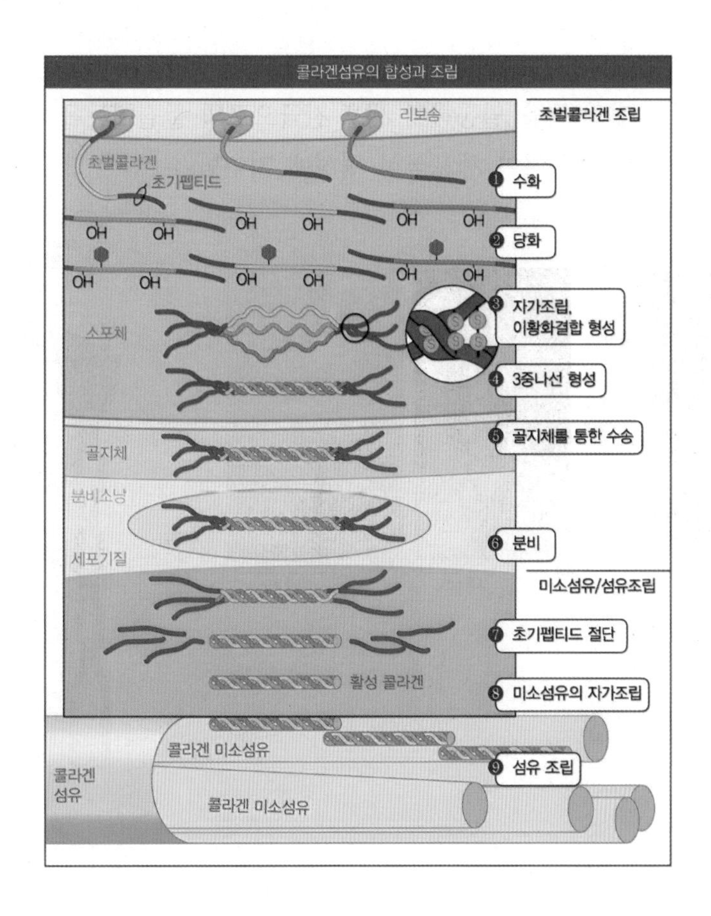

4 세포연접(cell junction)

(1) 동물세포의 세포연접

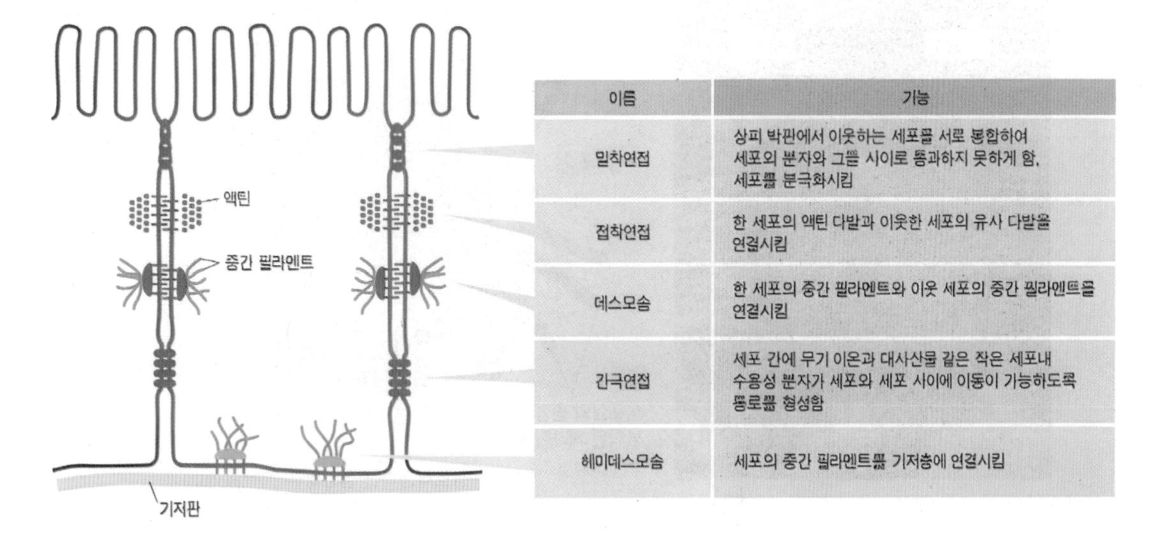

이름	기능
밀착연접	상피 박판에서 이웃하는 세포를 서로 봉합하여 세포외 분자와 그들 사이로 통과하지 못하게 함. 세포를 분극화시킴
접착연접	한 세포의 액틴 다발과 이웃한 세포의 유사 다발을 연결시킴
데스모솜	한 세포의 중간 필라멘트와 이웃 세포의 중간 필라멘트를 연결시킴
간극연접	세포 간에 무기 이온과 대사산물 같은 작은 세포내 수용성 분자가 세포와 세포 사이에 이동이 가능하도록 통로를 형성함
헤미데스모솜	세포의 중간 필라멘트를 기저층에 연결시킴

㉠ 밀착연접(tight junction): 클라우딘(claudin)과 오클루딘(occludin) 단백질이 사슬 형태로 배열되어 세포 간의 틈을 밀봉하며 세포 간극으로의 물질이동을 제한하고 세포막 막단백질의 이동을 일부 제한하여 세포극성 형성에 기여함

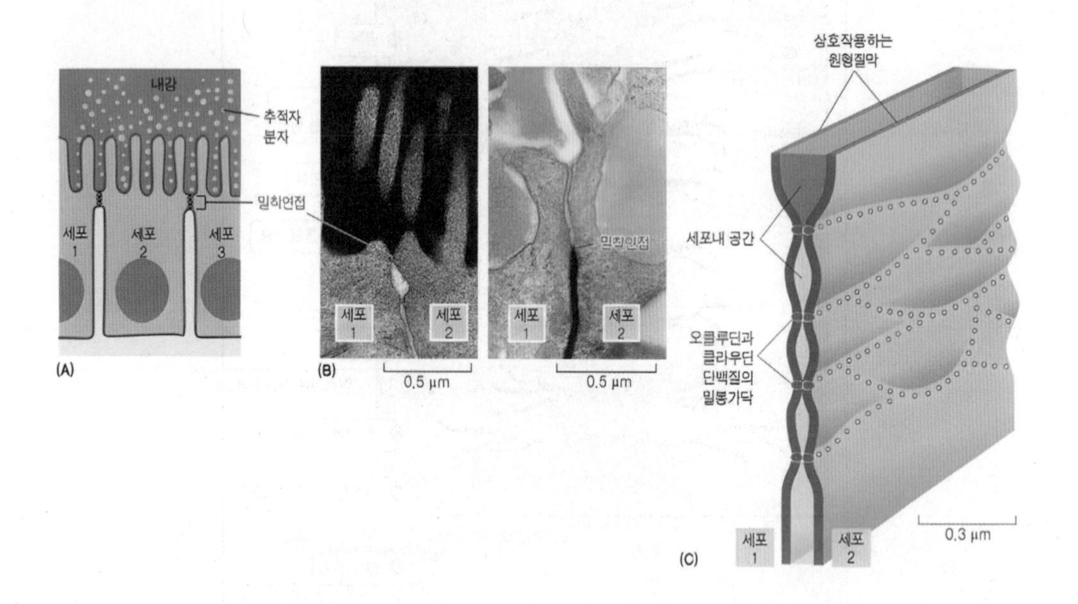

㉡ 데스모좀(desmosome): 한 세포의 중간섬유를 이웃한 세포의 중간섬유에 연결하는 국부적 결합

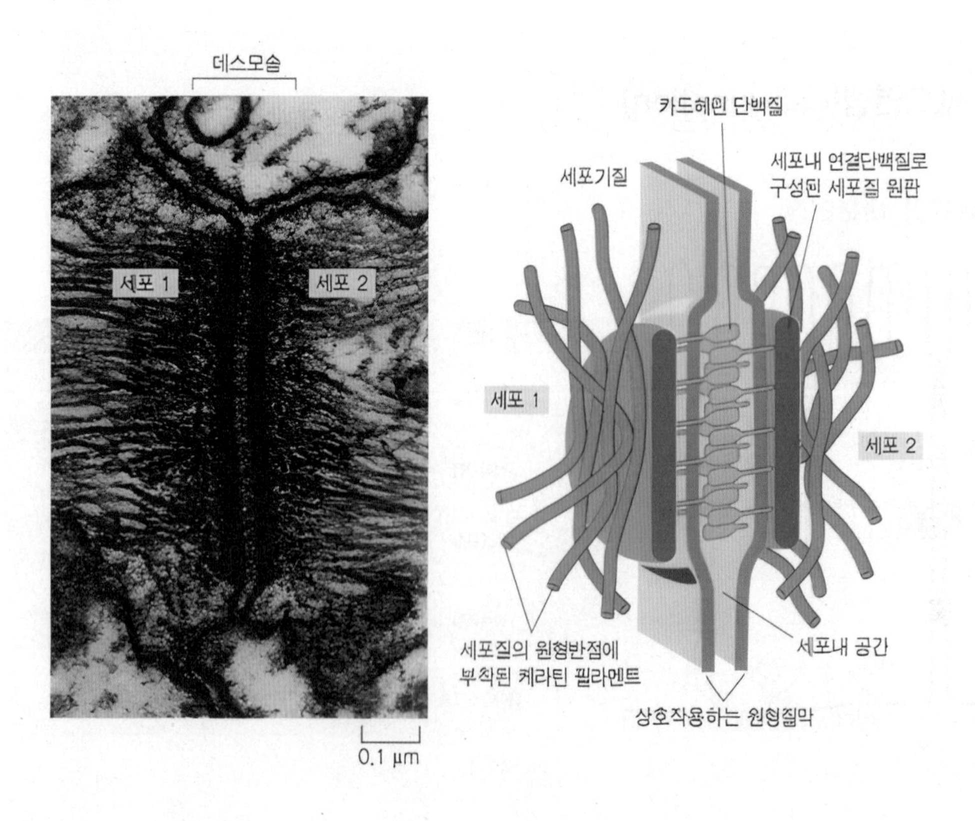

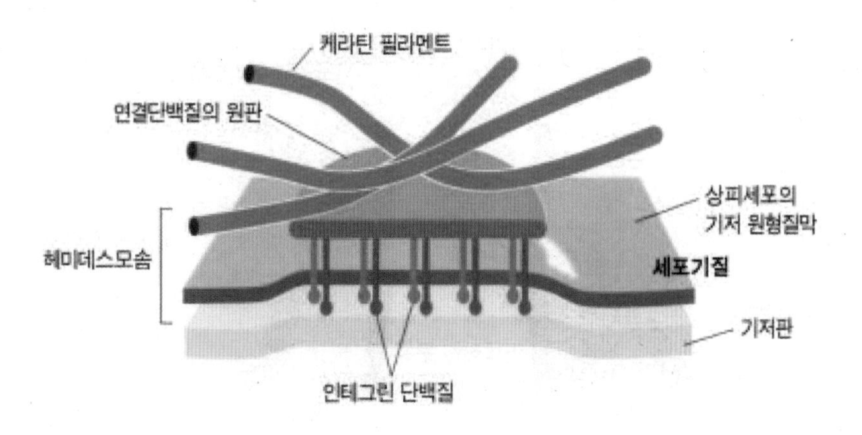

ⓐ 중간섬유에 결합된 카드헤린(cadherin)이 인접 세포의 카드헤린에 직접 결합하여 상피세포를 서로 연결하는데 카드헤린 간의 결합은 Ca^{2+}을 필요로 하고 카드헤린이 세포 내 중간섬유에 부착되어 있음. 특히 상피세포에서 발견되는 중간섬유를 케라틴이라고 함

ⓑ 상피세포간의 강합 결합력이 요구되는 조건에서 주로 발견되며 배의 초기 발생과정에서 세포의 위치를 결정하는 중요한 역할을 수행함. 세포가 암세포화될 때 데스모좀이 사라지는 것은 전이를 쉽게 하기 위한 기작인 것으로 추정됨

㉢ 헤미데스모좀(hemidesmosome): 상피세포 기저표면의 인테그린 단백질이 기저판의 라미닌에 결합하고 세포 안쪽으로는 중간섬유인 케라틴에 결합하여 상피세포를 기저판에 부착시키는 역할을 수행함

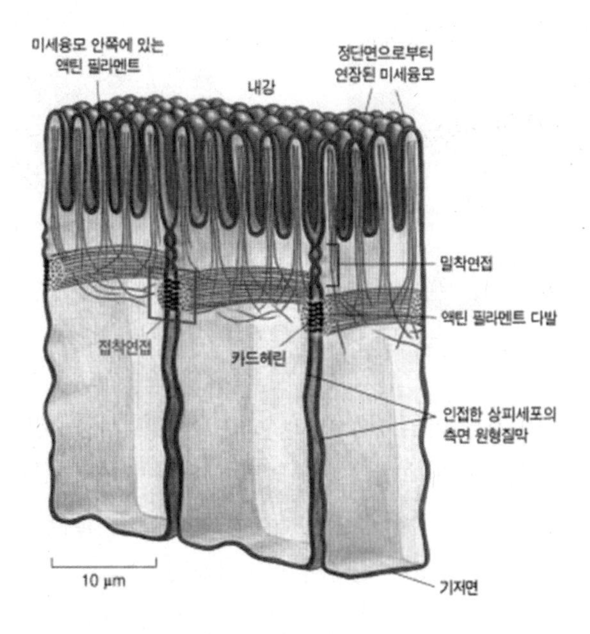

㉣ 접착연접(adherens junction): 세포간의 결합에 관여하며 각 카드헤린 분자는 연결 단백질을 통해 세포 내 액틴 필라멘트에 연결됨. 간혹 접착연접은 인접하는 상피세포의 주변에 연속적인 접착벨트(adhesion belt)를 형성함

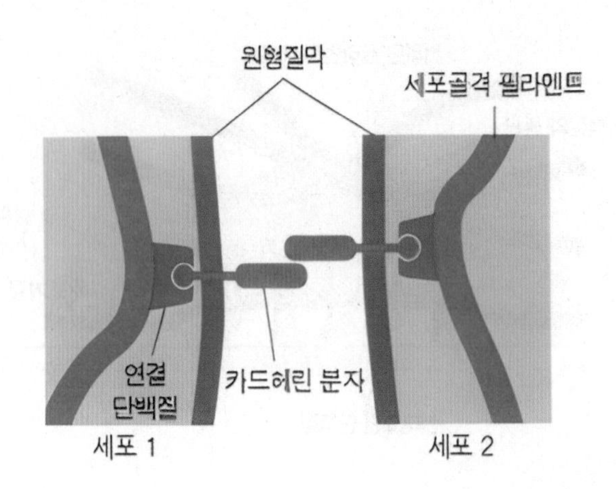

ⓜ 간극연접(gap junction): 모든 진피와 그 외 여러 조직에서 발견되며 다른 연접 형태와는 전혀 다른 목적을 수행함

ⓐ 접촉하고 있는 두 세포의 세포막 사이는 비어 있는 것이 아니라 수많은 동일한 단백질 복합체인 코넥손(connexon)을 통해 연결되어 있음. 코넥손은 1000Da 이하의 작은 수용성 분자(아미노산, 당, 비타민, 뉴클레오티드, 물 등)이 직접 이동할 수 있는 통로가 되며 이는 두 세포를 전기적으로나 대사 활동에 있어 통합시켜 주는 역할을 하게 됨. 특히 심장근에서 전기적 시냅스를 형성하여 빠른 신호전달을 야기하기 때문에 심방의 동시 수축이 가능하게 됨

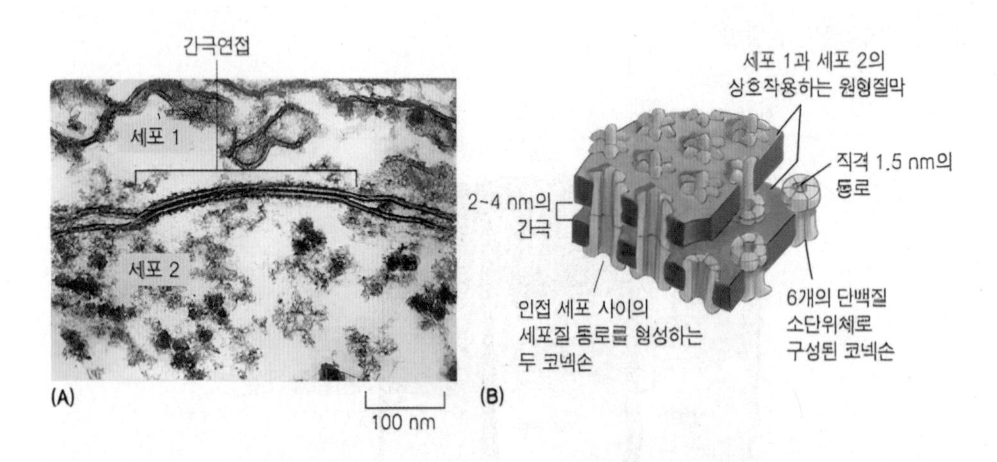

ⓑ 많은 조직에서 간극연접은 외부 신호에 반응하여 필요할 때 개폐됨. 예를 들면 신경전달물질인 도파민은 빛의 강도 증가에 반응하여 망막에 있는 신경세포들 간의 간극연접을 통한 신호 전달을 감소시킴. 이러한 간극연접의 투과성 감소는 전기적인 신호 패턴의 변화를 가져오고 간상세포 대신에 원추세포가 반응하도록 유도함

(2) 원형질 연락사(plasmodesmata; 식물세포의 세포연접)

식물세포간의 통합 환경 형성에 관여하는데 간극연접과는 달리 원형질막으로 형성된 관으로서 이웃하는 세포막은 이 관을 통해 연결되어 있음. 물과 작은 용질들에 대한 투과도는 간극연접과 유사하지만 이동 단백질(movement protein)이 관여하면 단백질이나 RNA의 이동까지도 가능하다는 특징이 있음

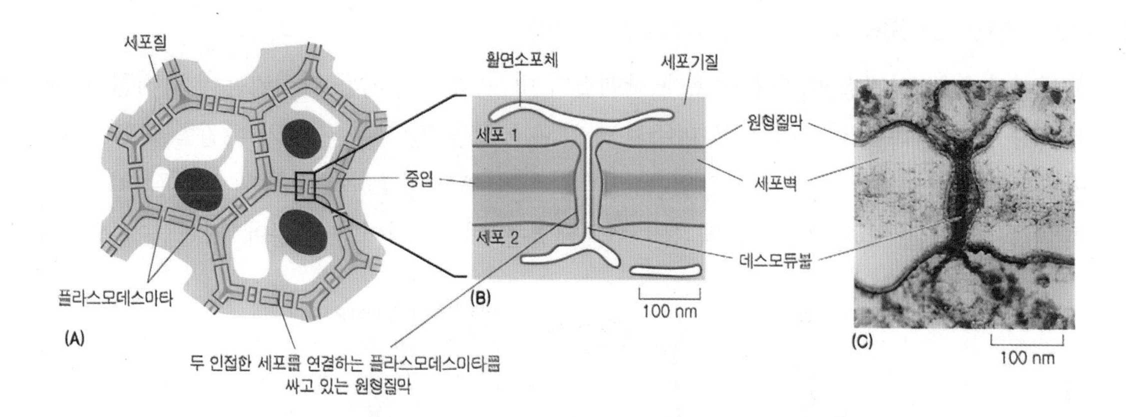

세포막의 구조와 물질 수송

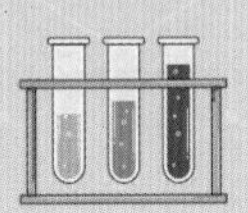

1 세포막의 구조: 유동 모자이크막 구조

(1) 유동 모자이크 모델(fluid mosaic model)

유동성이 있는 막지질 이중층 구조에 단백질이 박혀 있는 상태를 가리키는데 막지질의 비극성 부위가 막의 안쪽을 향하여 서로 마주보고 있고 극성을 띤 부분은 막의 바깥쪽을 향하여 세포 안팎으로 수용액과 상호작용하고 있음. 단백질은 소수성 상호작용을 통해 막지질 이중층에 박혀 있는데 지질 이중층에서 단백질의 위치배열은 비대칭적이기 때문에 이면성이 생김

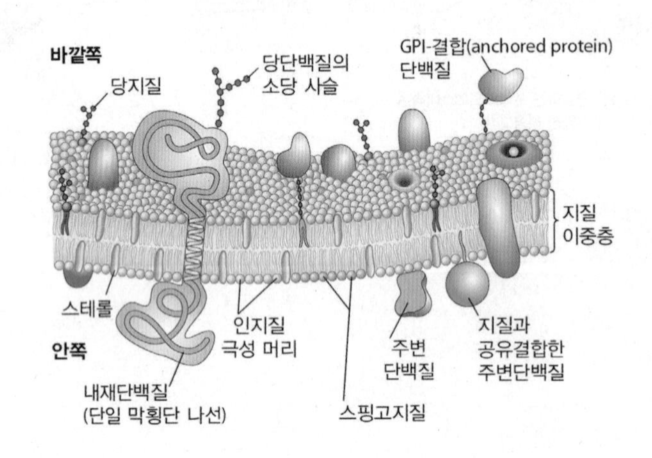

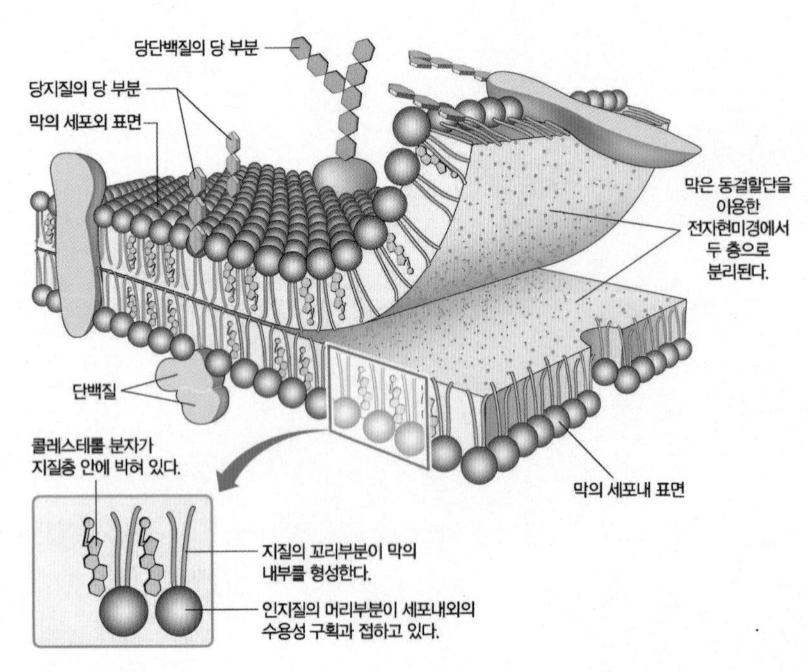

(2) 막지질(membrane lipid)

세포막 내의 지질은 친수성 머리와 소수성 꼬리를 모두 가지고 있어서 친수성과 소수성 특징을 둘 다 지니는 양친매성(amphopathic)을 지님. 이러한 양극성은 지질 분자로 하여금 이중층을 형성할 수 있도록 도와주는 역할을 함

㉠ 막지질의 배열 형태

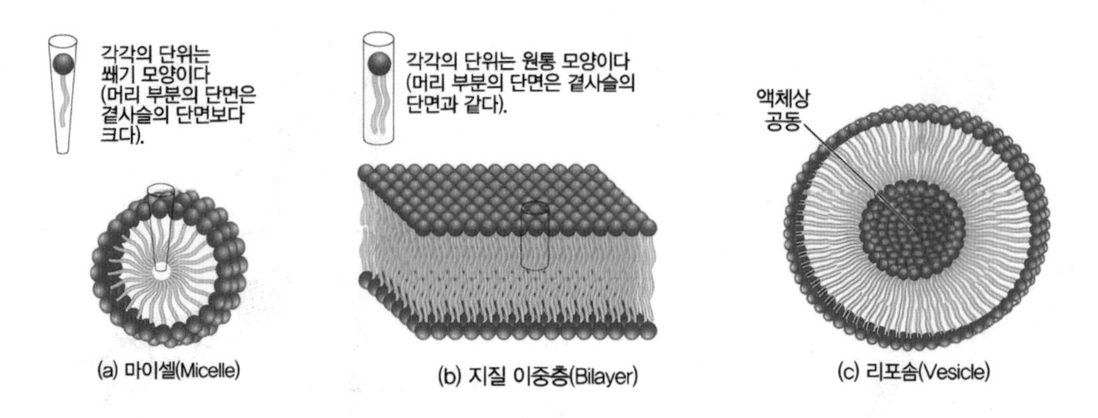

(a) 마이셀(Micelle) (b) 지질 이중층(Bilayer) (c) 리포솜(Vesicle)

ⓐ 미셀(micelle): 수십 개에서 수천 개의 양극성 분자들을 포함하고 있는 둥근 구조물로서 구성 분자들의 소수성 부위는 물을 밀쳐내며 안쪽에 모여 있고 친수성 머리 부분은 표면에 존재하여 물과 접촉하고 있음. 유리 지방산, 리소인지질, SDS 등과 같은 세제와 같이 머리 부분의 단면적이 꼬리의 단면적보다 클 때 잘 형성됨

ⓑ 지질 이중층(lipid bilayer): 두 개의 지질 단층이 모여 형성된 2차원적인 지질 판으로서 지질 이중층은 글리세로인산지질과 스핑고지질처럼 지질의 머리 부분의 단면적과 꼬리 단면적이 유사할 때 쉽게 형성됨. 이중층의 모서리에 있는 소수성 구역이 물 분자와 접촉하고 있기 때문에 비교적 불안정하여 저절로 리포솜이라는 구조를 형성하게 됨

ⓒ 리포솜(liposome): 지질 이중층의 양 끝이 뒤집어져 서로 결합된 속이 빈 구로서 지질 이중층은 소수성 모서리 부분이 사라지게 되고 물 속에서 최대한의 안정성을 갖게 됨. 이 이중층으로 이루어진 소포는 안쪽에 물을 포함하기 때문에 바깥쪽과 분리된 환경을 갖게 되는 셈이며 최초의 생물도 아마 리포솜처럼 소수성 껍질에 의해 내부의 액체 환경을 주변 환경으로부터 격리시켰을 것이라 추정됨

㉡ 막지질의 종류

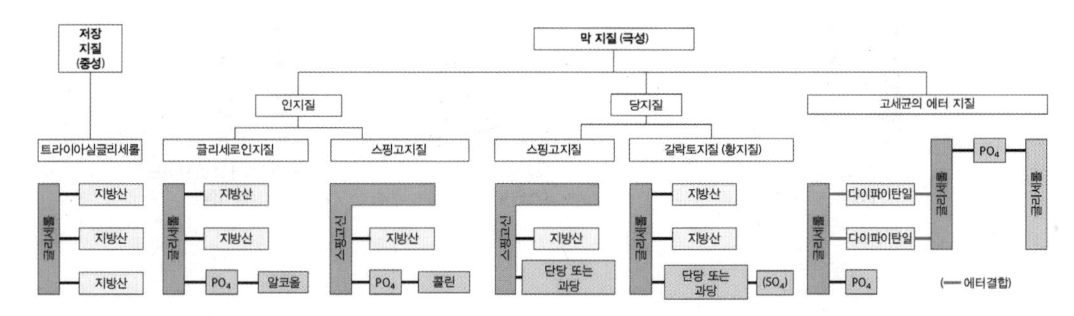

ⓐ 인지질(phospholipid): 음전하를 띠는 인산기를 포함하는 친수성인 머리부분과 소수성인 꼬리부분으로 구성되므로 따라서 소수성 꼬리부분이 서로 마주보고 있는 이중층 구조를 형성함

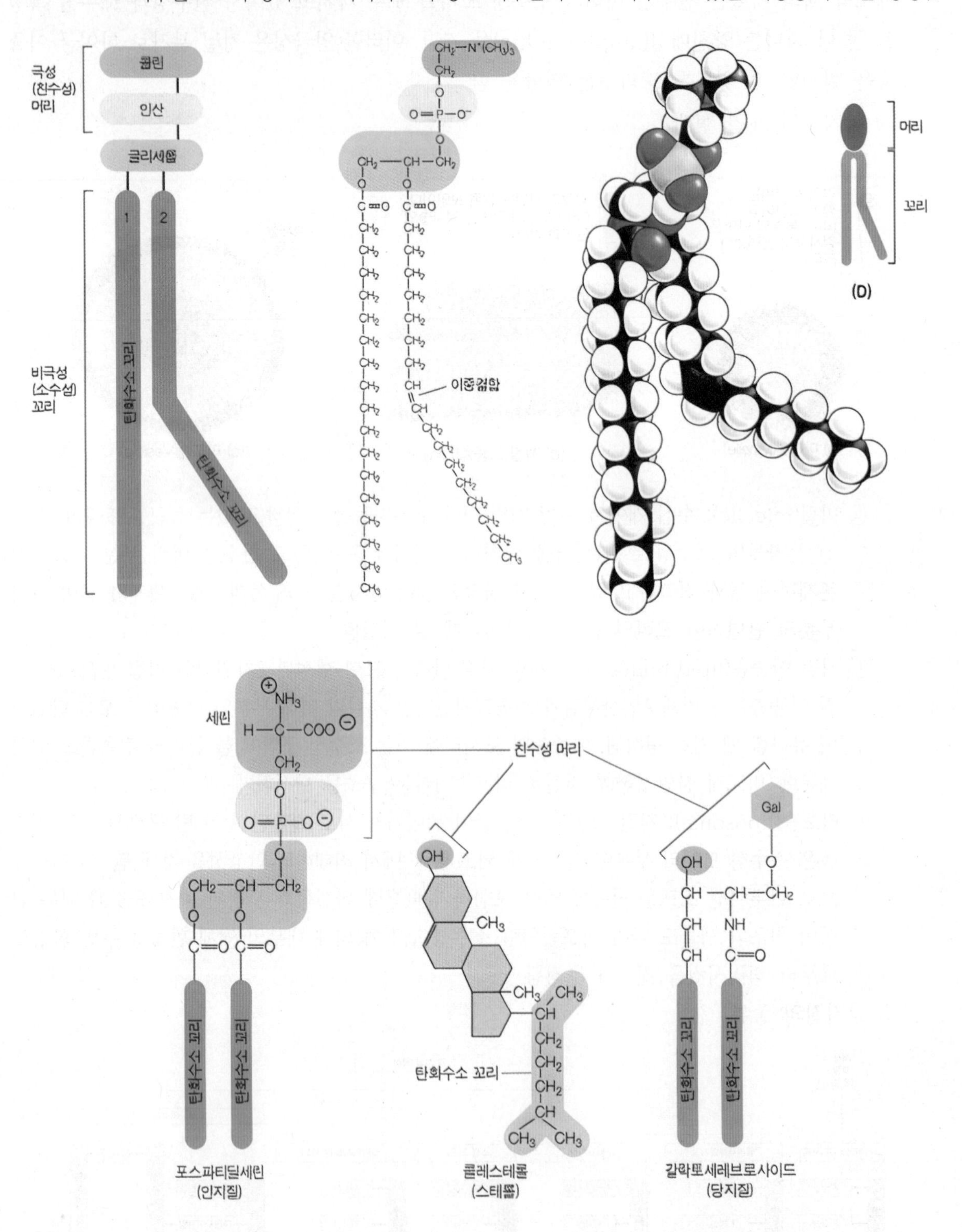

「주요 인지질의 종류」

Ⓐ phosphatidylchline(=lecithin): 막을 구성하는 주요 인지질로 주로 외층에 존재하며 양전하 물질과 반발하며 특히 H^+ 등의 양이온 투과성이 낮음

Ⓑ phosphatidylinositol(PTI): 주로 내층에 존재하며 IP_a라는 2차 전달자(second messenger)의 전구체로서 세포내 신호전달에 중요한 역할을 수행함

Ⓒ cardiolipin: 2분자의 인지질이 단일 글리세롤에 결합해 있는 상태로 H^+의 투과성이 낮게 유지되어야 하는 세균 세포막, 미토콘드리아 내막, 엽록체 틸라코이드막에 풍부함

ⓑ 당지질(glycolipid): 세포외기질면에 존재하는 탄수화물이 결합된 막지질

「ganglioside」

가장 복잡한 형태의 스핑고지질로서 머리 부분에 올리고당을 지니고 있으며 말단에 하나 이상의 sialic acid(시알산: N-acetylneuraminic acid)를 지니며 혈액형 결정에 관여하기도 함

1. 원형질막 구성성분의 약 2% 정도를 차지하며 주로 cerebroside나 ganglioside 형태로 존재하며 세포와 세포간의 인식, 신호전달에 관여함
2. 지질의 당화는 골지체 내강에 존재하는 효소에 의해 첨가되므로 결국 세포막의 외층에만 분포하고 당 부위는 세포 밖으로 노출됨

ⓒ 콜레스테롤(cholesterol): 친수성 부위인 극성 알코올기는 인지질의 머리 부분과 수소 결합을 하고 소수성 꼬리는 막지질의 소수성 부위와 결합하게 됨

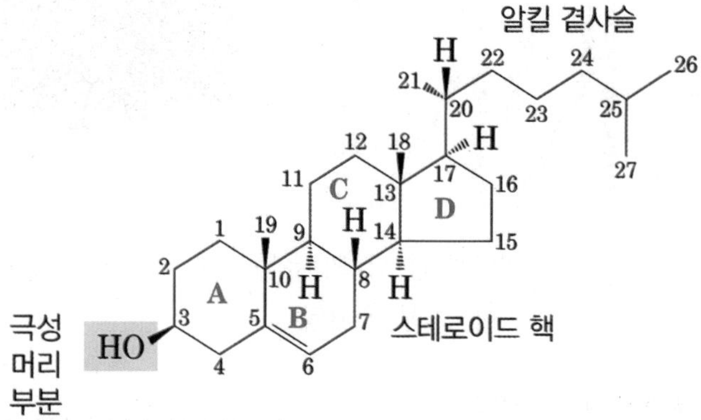

알킬 곁사슬

스테로이드 핵

극성 머리 부분

1. 온도가 낮을 때에는 막지질의 유동성을 높이는 역할을 수행함
2. 온도가 높을 때에는 막지질의 유동성을 낮추는 역할을 수행함

ⓒ 막지질 이중층의 유동성: 세포막 유동성의 정도는 막기능에 있어 중요하며 일정 범위 내에서 유지되어야만 함

ⓐ 지질의 탄화수소 길이가 길수록 유동성이 감소됨. 탄화수소의 길이가 길면 다른 지질 분자와 결합하는 힘이 상대적으로 강해지게 됨

ⓑ 지질 탄화수소의 포화정도가 높아서 조밀하고 규칙적으로 배열될수록 이중층은 점성이 더 강하고 유동성이 낮아짐. 반대로 불포화 꼬리에 있는 이중결합으로 생긴 작은 비틀림 현상은 이웃한 탄화수소 꼬리들을 잘 포개진 상태로 유지하기 어렵게 만들기 때문에 많은 양의 불포화 탄화수소 꼬리를 가지는 지질 이중층이 더욱 유동적이 됨

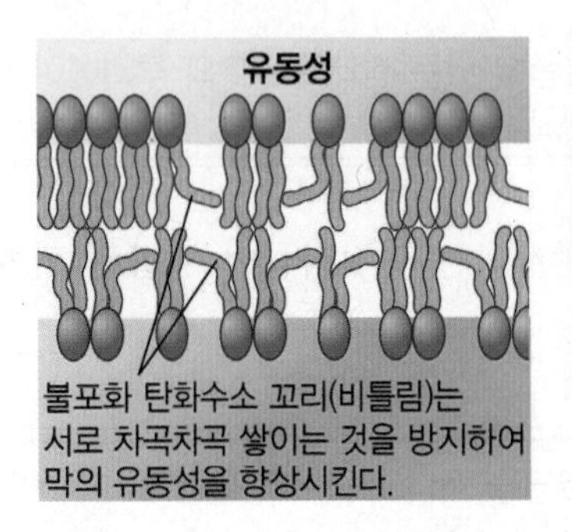

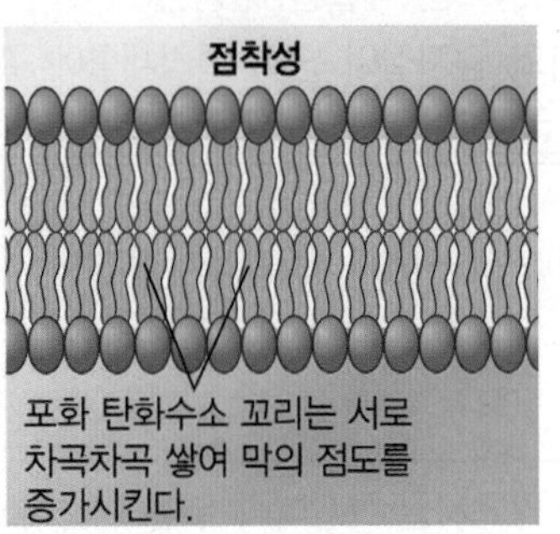

ⓒ 동물세포의 경우, 콜레스테롤 함량이 높을수록 지질 유동성의 변화폭도 작아짐. 콜레스테롤은 짧고 견고한 분자로 탄화수소 꼬리의 불포화에 의한 비틀림 현상으로 생긴 인지질 분자 간의 공간을 채우는 역할을 수행하기 때문에 콜레스테롤은 지질 이중층을 견고하고 덜 유동적이며 투과성이 적은 막으로 만듦

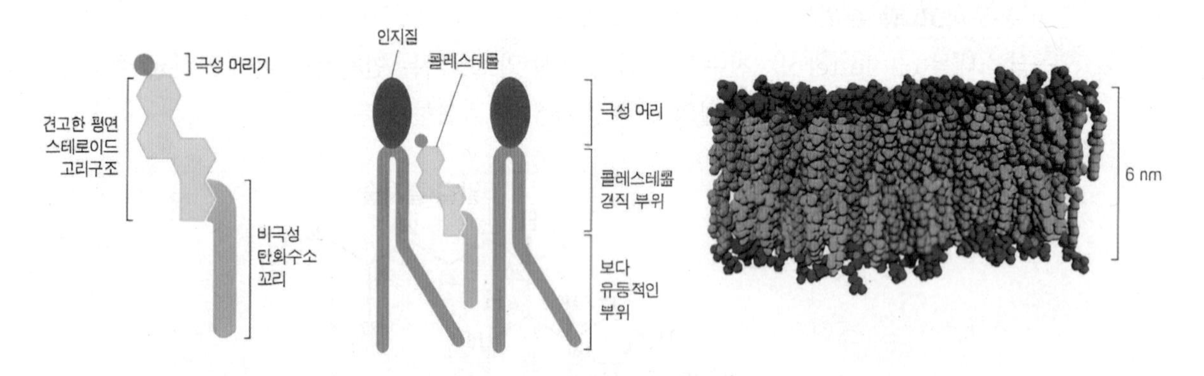

ⓓ 측면으로의 유동성은 크나 수직방향으로의 유동성은 극히 적음. 수직방향으로의 유동성은 플립파제(flippase)라는 효소에 의해 촉매됨

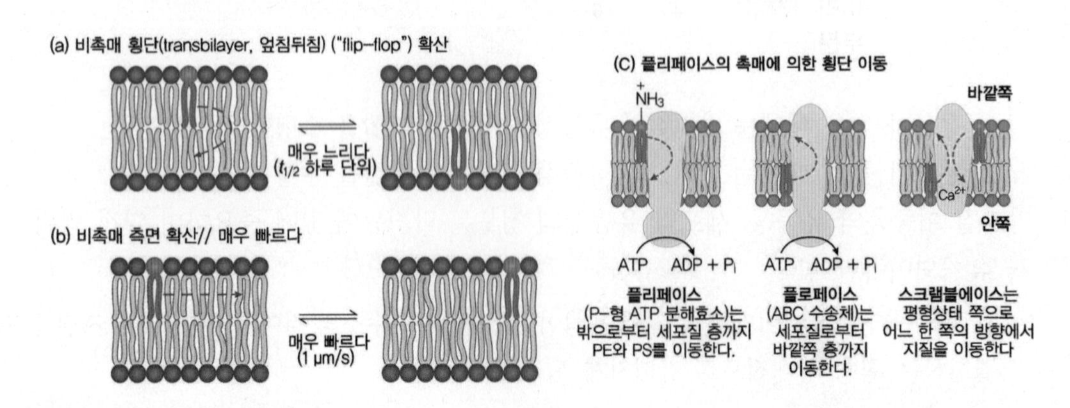

「지질 뗏목(lipid raft)」

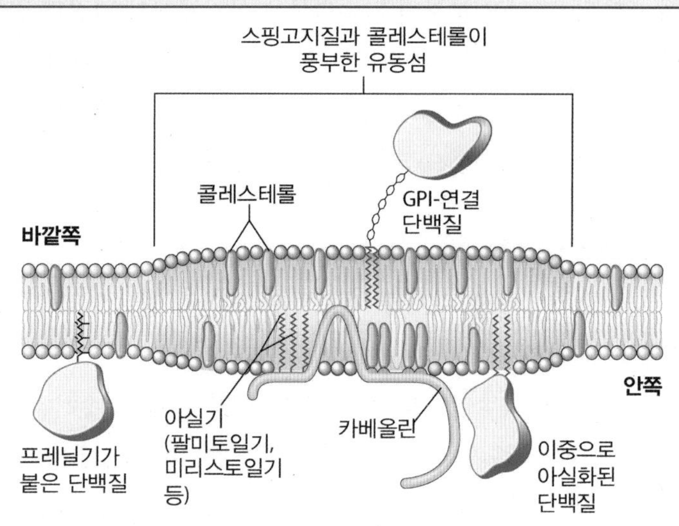

Ⓐ 콜레스테롤과 스핑고지질이 풍부한 부위로 주위보다 막지질의 길이가 길고 포화지방산의 비율이 높아 유동성이 작음

Ⓑ GPI 연결 단백질은 지질 뗏목의 바깥층에서 흔히 발견됨

Ⓒ 카베올래(caveolae): 카베올린이라는 내재성 단백질이 존재하여 안쪽으로 구부러진 지질 뗏목으로서 세포질쪽으로 카베올린이, 바깥쪽으로는 GPI 연결 단백질이 분포함. 세포 속에서 막을 통한 수송과 외부의 신호를 세포반응으로 전달하는 과정을 포함하는 다양한 세포의 기능과 관련되어 있음. 막횡단 신호와 관련이 있는 특정 G 단백질등과 단백질 키나아제, 인슐린 및 다른 성장인자에 대한 수용체들도 카베올래에 위치하는 것으로 보임

㉣ 막지질 이중층의 비대칭성: 일반적으로 세포막은 비대칭성을 보이는데 세포나 세포소기관의 내부가 외부와는 상대적으로 매우 다른 모습을 가지는 것을 의미함. 세포막 이중층의 각 층은 인지질과 당지질의 조성에서 아주 다른 양상을 보임

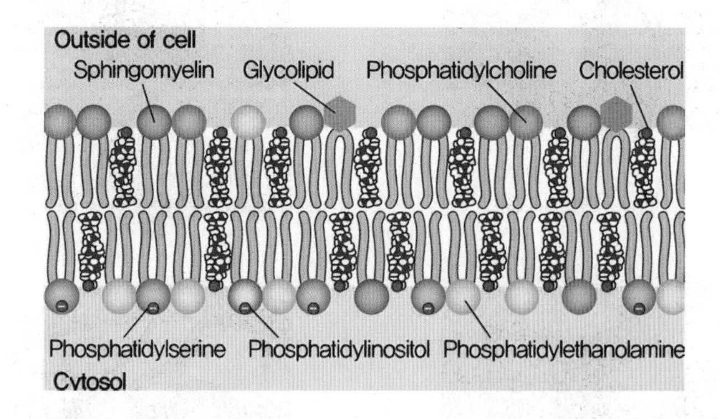

ⓐ 인지질의 비대칭성: 포스파티딜콜린, 스핑고미엘린은 전형적으로 이중층의 바깥쪽 단층에서 주로 발견되는 반면 포스파티딜세린, 포스파티딜에탄올아민, 포스파티딜이노시톨 등은 안쪽 단층에서 주로 발견됨. 이러한 비대칭성은 선택적인 플립파제의 flip-flop 작용에 의해 수행되는 것으로 알려져 있음

ⓑ 당지질의 비대칭성: 당지질은 이중층의 바깥쪽 단층에서만 발견되는데 당지질의 탄수화물은 세포 외부에 노출됨. 당지질 분자의 탄수화물은 골지체에서 지질과 결합하는데 그것은 당을 결합시켜 주는 효소가 골지체 내부에만 존재하기 때문이며 따라서 지질이 중층의 비세포질 쪽면에 위치한 지질 분자에만 당을 붙임. 결국 세포막으로 당지질이 전이되면 당지질은 세포질과 반대쪽을 향하게 되고 세포 외부에 당이 노출됨

(3) 막단백질(membrane protein)

지질이중층은 모든 세포막의 기본 구조를 제공하고 투과성 장벽으로 작용하지만 대부분의 막 기능은 막단백질에 의해 수행됨

㉠ 막단백질의 기능: 막단백질은 영양분, 대사물질, 이온 등을 수송하는 일 외에 다른 여러 가지 기능을 수행함. 단백질 중 일부는 막의 어느 한 쪽 면에 거대분자를 고정시키거나 세포 외부의 화학적 신호를 인식하여 이를 세포 내로 전달하는 수용체로서 작용하며 일부는 특정 화학반응을 촉매하는 효소로 작용함

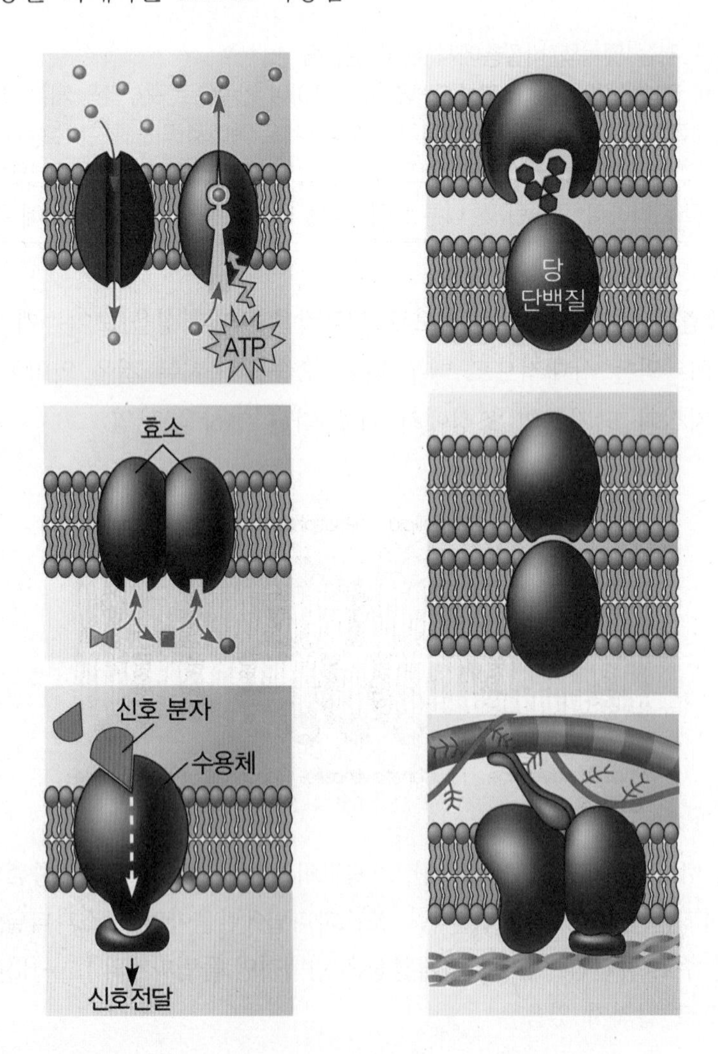

㉡ 막단백질의 종류: 내재성 단백질과 외재성 단백질로 구분함

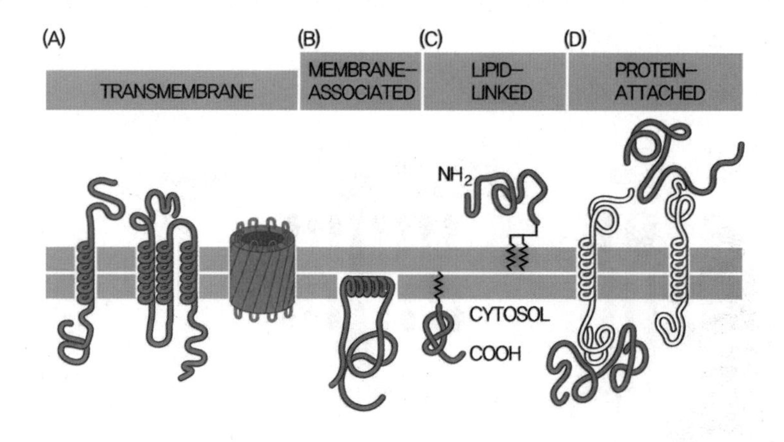

ⓐ 내재성 단백질(integral protein): 인지질 이중층에 일부 박혀 있거나 또는 막지질과 공유결합되어 있거나 막을 고나통하고 있는 단백질을 가리킴. 막관통 단백질이 막공을 형성하는 경우 대부분은 막을 통과하는 단백질 부위는 여러 개의 α-나선구조를 형성하고 있는데 소수성 잔기는 나선 구조의 한쪽 면에 위치하여 막지질이나 또다른 아미노산과 소수성 상호작용을 하고 있으며 다른 쪽 면에는 친수성 잔기가 위치하여 친수성 통로를 형성함. 내재성 단백질은 계면활성제를 사용하여 추출이 가능함

「소수성 지표(hydropathy index)를 통한 내재성 단백질의 공간배열 추정」

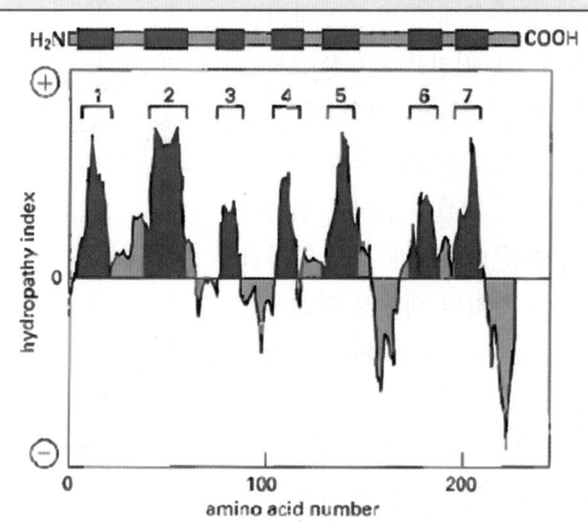

창(window)이라는 정해진 길이의 분절의 각각의 아미노산 잔기에 대한 소수성 지표는 각 창에 있는 잔기들에 대한 소수성 지표의 평균값으로 계산됨. 7개의 소수성 부위를 갖고 있는 박테리오로돕신은 독립적으로 수행한 물리적 연구에서 7개의 막횡단 나선을 갖고 있는 것으로 밝혀졌는데 소수성 도표에서는 분절 6과 7이 애매한 것으로 보임

ⓑ 외재성 단백질(peripheral protein): 인지질에 직접 접해 있거나, 내재성 단백질에 접해 있으며 친수성인 막 표면에 비공유 결합으로 연결되어 높은 pH와 극성 용매, 약한 염 농도의 변화에도 쉽게 추출됨

ⓒ 막단백질의 추출과 계면 활성제

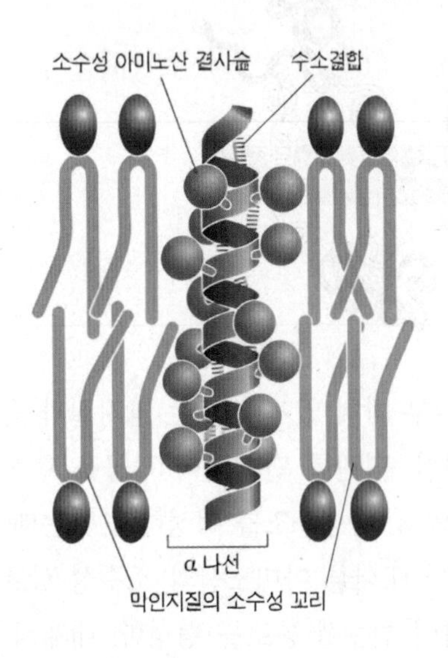

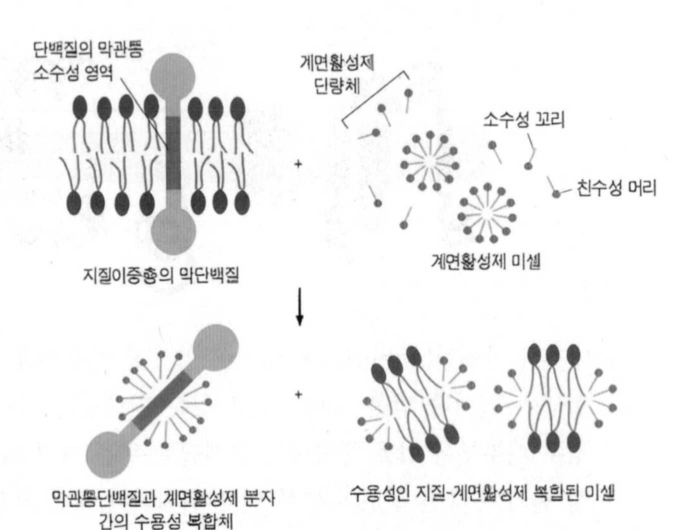

1. 대부분의 외재성 단백질은 pH, 염농도의 변화, 킬레이트제에 의한 Ca2+의 제거, 요소나 탄산염 첨가 등의 방법으로 분리될 수 있으나 내재성 단백질은 계면활성제로 추출해야 하며 이 시약들은 단백질과 지질 이중층의 소수성 상호작용을 파괴하고 각각의 단백질 분자를 미셀과 유사한 덩어리로 만듦. GPI 연결 단백질과 같은 막지질에 공유결합으로 부착된 내재성 단백질의 경우는 phospholipase C의 처리에 의해 분리가 가능함
2. SDS는 강한 이온성 계면활성제이고 Triton X-100은 순한 비이온성 계면활성제임. SDS와 같이 강한 이온성 계면활성제는 단백질과 결합한 지질을 제거할 뿐만 아니라 단백질 구조의 변성도 일으킬 수 있음

황산도데실나트륨 (SDS)

트리톤 X-100

ⓒ 막단백질의 유동성: 많은 막단백질은 지질의 바다에 떠 있는 것처럼 보이는데 막지질처럼 이 단백질들은 지질 이중층의 면을 따라 자유롭게 수평확산하게 됨

ⓐ 막단백질의 유동성 검사

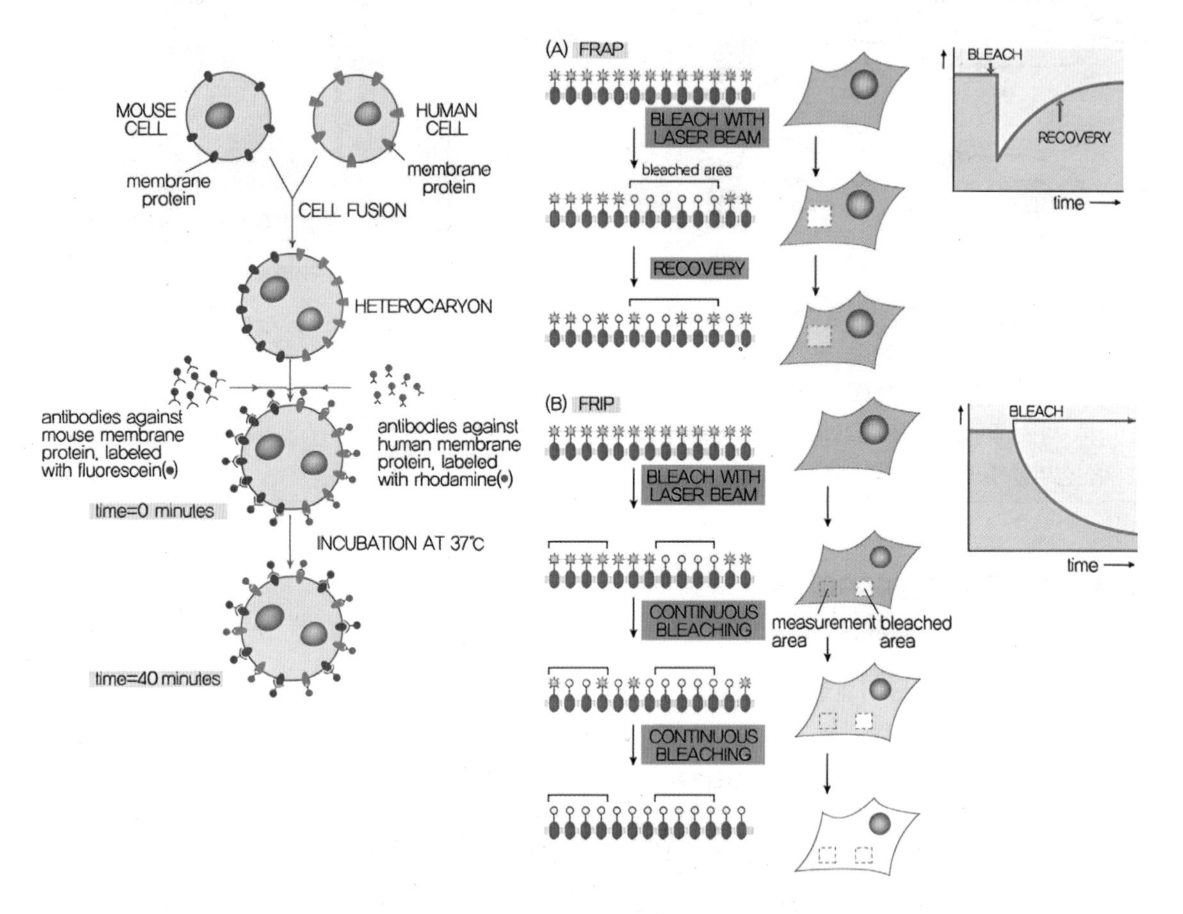

1. 사람과 쥐의 단백질이 처음에는 새로 만들어진 융합세포막의 절반부위에 각각 위치하지만 짧은 시간 내에 서로 섞이게 됨. 이를 조사하기 위해 사람과 쥐 단백질에 대한 항체를 각각 서로 다른 형광 표지물질인 로다민(rhodamine)과 플로레신(fluirescein)으로 표지하여 세포에 첨가하였음
2. FRAP 기술에서는 형광분자를 bleaching한 부분에서의 시간의 흐름에 따른 형광강도 변화를 측정한 것이며 FLIP 기술에서는 특정한 부분을 계속 bleaching시키고 나머지 부분에서의 시간의 흐름에 따른 형광강도 변화를 측정한 것임

ⓑ 막단백질 유동성의 제한: 세포는 지질이중층 내의 특정 부위에 특정 막단백질의 유동성을 제한시키는 방법을 가지고 있어 세포나 세포소기관 표면 상에 기능적으로 특수화된 부위인 막영역(membrane domain)을 만들어냄

「특정 막단백질의 유동성이 제한되는 4가지 방식」

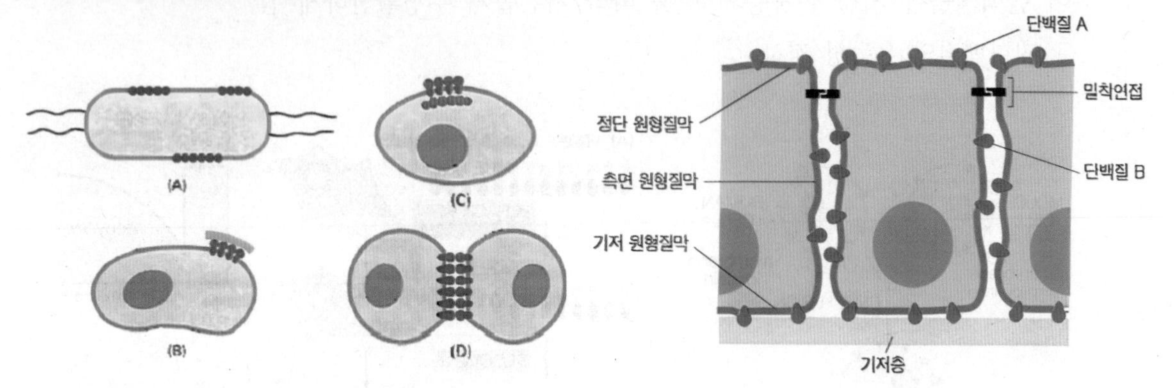

Ⓐ 막단백질 간의 상호작용을 통한 유동성 제한
Ⓑ 세포 외부 기질과의 결합을 통한 유동성 제한
Ⓒ 세포 내부 기질과의 결합을 통한 유동성 제한
Ⓓ 다른 세포 막단백질과의 결합을 통한 유동성 제한
Ⓔ 확산장벽을 통한 막단백질 유동성 제한

(4) 글리코칼릭스(glycocalyx)

세포막 외부의 탄수화물 외피층을 가리키며 탄수화물은 막단백질 및 막지질과 당단백질 및 프로테로글리칸, 당지질을 형성함

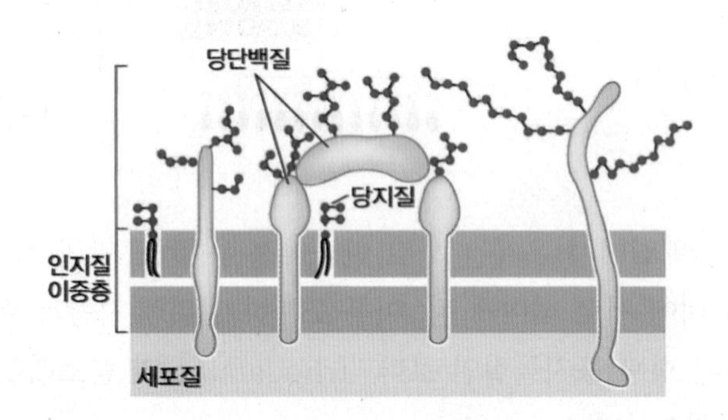

㉠ 글리코칼릭스의 위치: 당단백질, 프로테로글리칸, 당지질 상의 탄수화물은 모두 세포 표면에만 위치하고 있음

㉡ 글리코칼릭스의 기능

ⓐ 지질이중층 위에 물리적인 층을 형성함으로써 기계적, 화학적 손상으로부터 세포표면을 보호함

ⓑ 탄수화물층 내의 올리고당과 다당류는 수분을 흡수하기 때문에 세포표면이 미끌미끌해지는데 백혈구와 같이 운동성 세포가 좁은 공간도 쉽게 빠져나갈 수 있는 것도 이 때문임

ⓒ 세포간의 인식이나 세포의 정착에 중요한 역할을 하는데 렉틴 등의 단백질은 특정 올리고당

잔기를 인식하여 결합할 수 있음. 예를 들어 세균 감연 초기에 호중구 세포 표면의 탄수화물이 감염된 부위의 혈관벽 세포 상의 렉틴에 의해 인식되면 호중구세포는 혈관에 붙게 되고 혈류로부터 빠져나와 감염 부위의 조직으로 이동할 수 있게 됨

2 세포막을 통한 물질 수송

(1) 지질 이중층의 투과성 정리

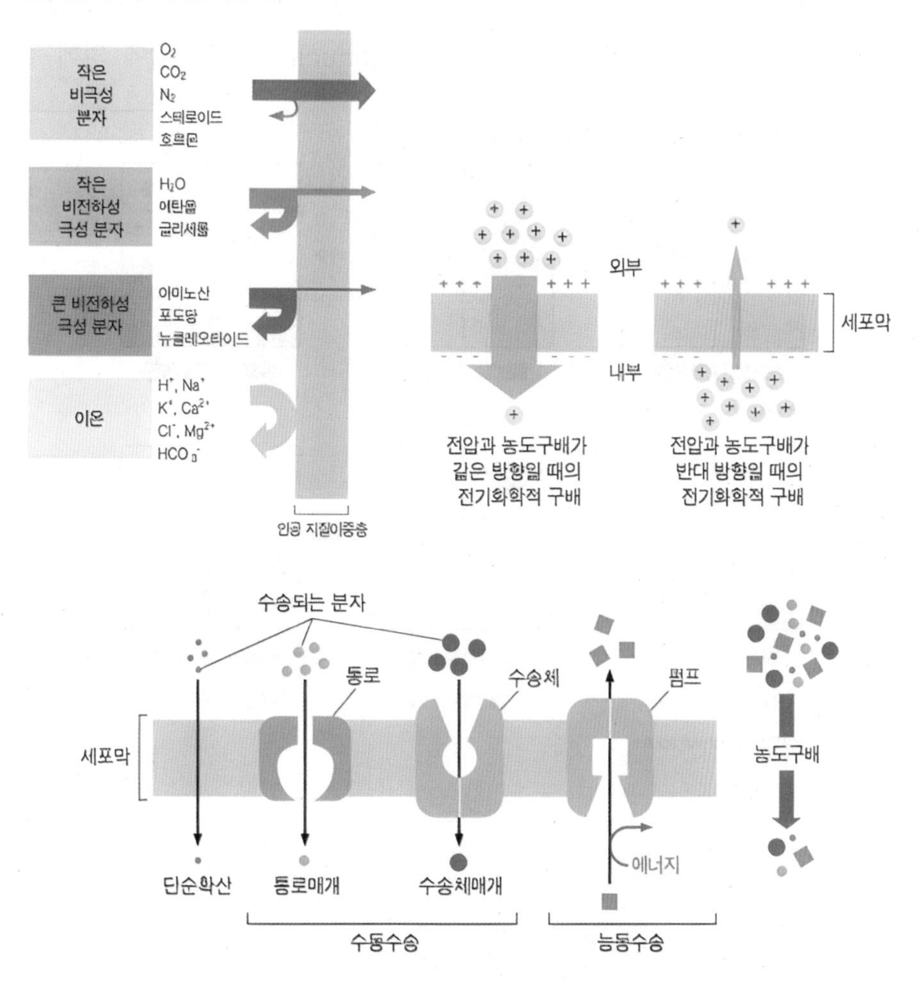

㉠ 작은 비극성 분자: 산소 분자나 이산화탄소는 쉽게 지질이중층에 용해되어 막을 빠르게 투과함. 세포는 세포호흡을 위해 기체에 대한 투과성을 지녀야 함

㉡ 비전하성 극성 분자: 크기만 작다면 지질이중층을 빠르게 투과할 수 있는데 물과 에탄올은 비교적 빠르게 투과하며 글리세롤은 그보다 조금 더디게 투과하고 포도당은 거의 투과하지 못함

㉢ 이온, 전하성 분자: 지질이중층은 크기에 상관없이 이온이나 전하를 띠는 분자에 대해 투과성을 지니지 않음. 이러한 분자들은 전하를 띠고 있어서 물에 대한 친화력이 강하기 때문에 이중층의 소수성 중심을 뚫고 들어가지 못함

(2) 수동수송(passive transport)

에너지를 사용하지 않는 물질 수송으로 고농도 지역에서 저농도 지역으로 물질이 이동함

㉠ 확산(diffusion): 용질의 수동수송으로 용질의 고농도 부위에서 용질의 저농도 부위로 용질이 이동함. 단 이온이나 전하를 띠는 용질이 막을 통과하여 자발적으로 움직이는 방향은 막 사이의 화학 기울기(chemical gradient; 용질의 농도차이)와 전기 기울기(electrical gradient)의 합인 전기화학적 기울기(electrochemical gradient)에 의해 결정됨

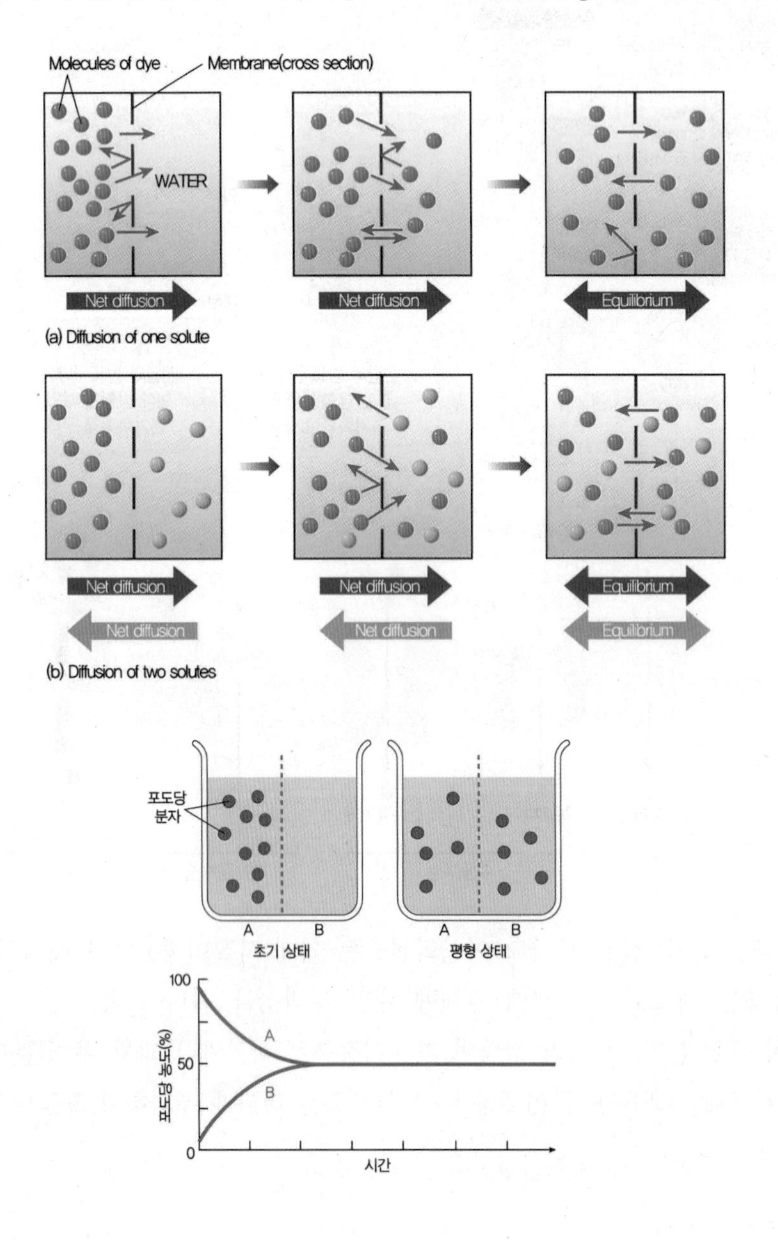

ⓐ 단순확산(simple diffusion): 농도가 다른 수용성 화합물이나 이온을 함유한 두 개의 수용액 구획이 투과성이 있는 막으로 나뉘어져 있을 때 용질은 두 구획의 농도가 같아질 때까지 막을 통하여 농도가 높은 쪽에서 낮은 쪽으로 이동함

1. 크기가 작고 소수성이 큰 물질은 지질 이중층에 대한 투과성이 큼
2. 전하를 띠지 않는 극성물질은 크기가 작을수록 높은 막투과성을 보임

ⓑ 촉진확산(facilitated diffusion): 세포막 수송체를 통한 확산으로서 세포막을 통과하기 어려운 친수성 물질의 경우 수송 단백질을 통해 확산하게 됨

1. 이온 통로(ion channel)을 통한 이온의 촉진 확산: 전형적인 운반체의 수송속도보다 상당히 빠르고 최대 속도에 근접하는 속도로 막횡단 수송을 일으킴. 통로는 주로 나선의 막횡단 부분으로 구성되어 있는데 일부는 β통 구조를 지님

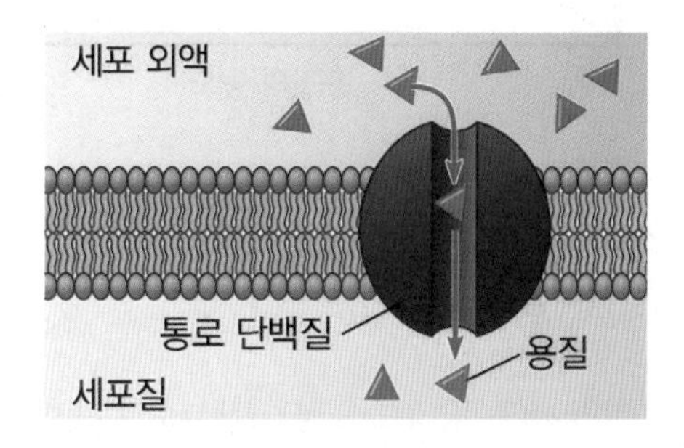

「통로 단백질(channel protein)」

Ⓐ 특징

1. 수송되는 물질과의 직접적인 결합이 없어 운반체 단백질의 수송속도보다 1000배 이상 빠름
2. 이온선택성을 지님
3. 생체 내에서의 이온통로는 거의 포화되지 않음

Ⓑ 이온 통로의 구분

1. 누출 채널: 신호가 없어도 열려 있는 채널 ex. K+ 누출 채널, 아쿠아포린
2. 개폐성 채널: 신호가 있어야 열리는 채널 ex. 리간드 의존성 채널(ligand-gated channel), 전압 의존성 채널(voltage-gated channel), 기계적인 힘 의존성 채널(mechanically-gated channel)

2. 운반체 (carrier)를 통한 친수성 유기물질의 촉진 확산: 기질과 높은 입체특이성을 갖고 결합하여 훨씬 느린 속도로 수송을 촉매하여 어느 기질 농도 이상에서는 수송 속도의 증가가 일어나지 않는 포화 현상을 보임

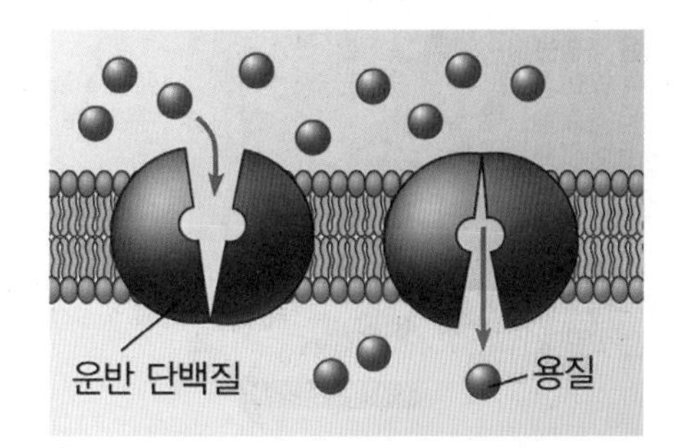

「촉진확산 관련 운반체 단백질(carrier protein)」

Ⓐ 특징

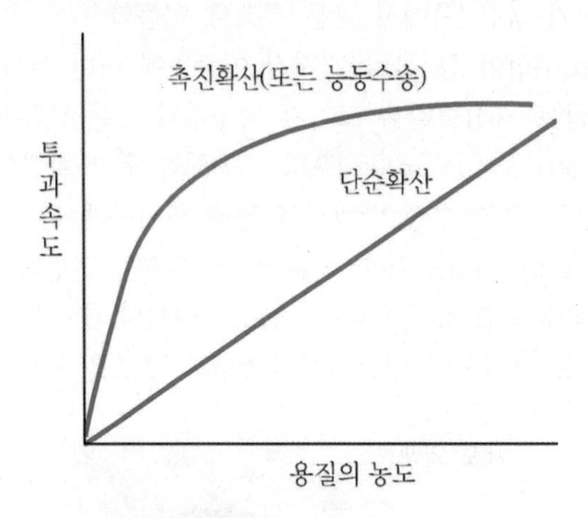

1. 포도당, 아미노산과 같은 세포 대사에 필요한 물질의 이동에 이용되는 수송 단백질임
2. 수송되는 물질과 직접적인 결합을 하며 포화 현상을 보임
3. 수송되는 물질에 대한 엄격한 특이성을 보임

Ⓑ 운반체 단백질의 예 - 포도당 운반체

1. GLUT1: 다양한 세포에 존재하며 세포 밖의 포도당을 내부로 수송함
2. GLUT2: 간 등에 존재하며 글리코겐이 분해된 산물인 포도당을 간세포 밖으로 수송함
3. GLUT4: 근육과 지방조직에 존재하는 포도당 운반체

ⓛ 삼투(osmosis): 용매의 수동수송으로 용매의 고농도 부위에서 용매의 저농도 부위로 용매가 이동함

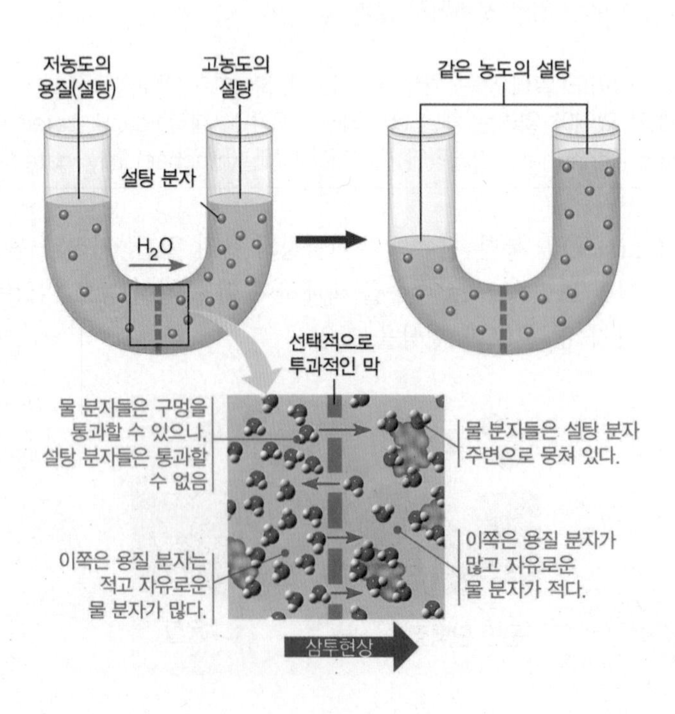

ⓐ 삼투압(osmotic pressure): 용매가 이동하려는 압력으로 세포막을 통과할 수 없는 용질의 농도에 비례하여 그 크기가 결정됨

Ⅱ=CRT(C: 용액의 삼투 농도, R: 기체상수(0.082), T: 절대온도)

ⓑ 삼투 적용: 용매분자는 통과하지만 용질분자는 통과하지 못하는 반투과성막의 존재 하에 삼투가 실행되는데 실제의 세포는 엄격한 의미의 반투과성막을 갖고 있지 않고 용질에 대한 선택적 투과성을 지니고 있어서 삼투 적용이 개념적으로 복잡함

1. 고장액에 담겼을 때는 동물세포와 식물세포 모두 세포 내부의 수분이 용액으로 빠져나가게 되어 세포의 부피가 감소하게 되고 저장액에 담겼을 때는 동물세포와 식물세포 모두 용액의 수분이 세포 내부로 들어오게 되어 세포의 부피가 증가하게 됨
2. 동물세포의 특이사항: 저장액 상태에서 너무 많은 양의 수분이 들어오게 되는 경우 세포가 터지는 현상인 용혈현상이 발생함
3. 식물세포의 특이사항: 식물세포의 경우 세포벽이 존재하기 때문에 동물세포에서는 볼 수 없었던 팽압이 존재하는데 팽압은 식물세포 수분 흡수의 제한요소가 됨. 또한 너무 수분이 빠져나가게 되는 경우 세포막과 세포벽이 분리되는 현상인 원형질 분리가 발생함

ⓒ 식물세포와 수분 포텐셜(water potential; φ): 단위부피당 물의 자유에너지를 가리키며 수분은 수분 포텐셜이 높은 곳에서 수분 포텐셜이 낮은 곳으로 흐르는데 막을 가로지르는 물의 흐름 방향과 속도는 물의 농도 기울기나 압력 기울기에 의해서만 결정되지는 않으며 두 추진력의 합에 의해서 결정됨

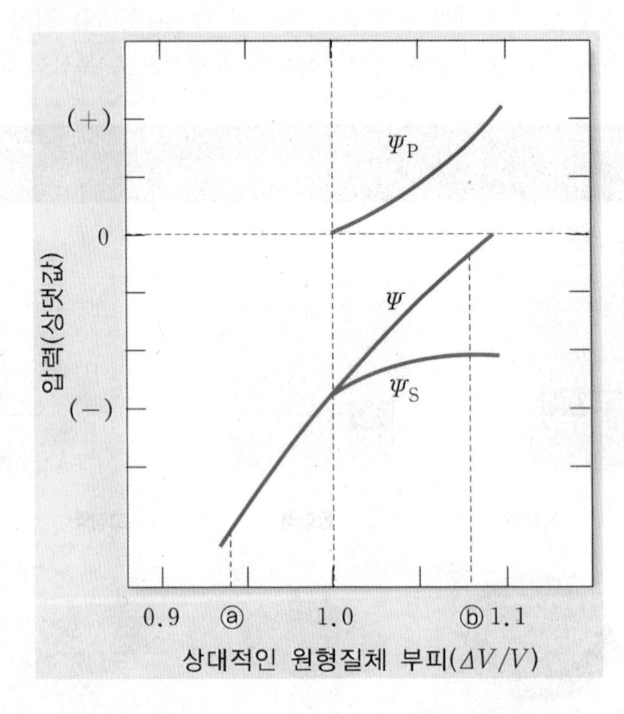

1. 용질 포텐셜(solute potential; φ_s): 삼투 포텐셜이라고도 하며, 수분 포텐셜에 영향을 미치는 녹아 있는 용질의 양을 나타내는데 용질 포텐셜은 녹아 있는 용질의 특성과는 무관하며 삼투압에 음의 부호를 붙였다고 간주하면 됨

   φ_s=-CRT(C: 용액의 삼투농도, R: 기체상수(0.082), T: 절대온도)

2. 압력 포텐셜(pressure potential: φ_p): 용액의 정수압(hydrostatic pressure)이며 세포 내에서는 팽압이라고도 불. 기준 상태의 물은 평상 압력에 있으며 1기압 하에서의 표준 상태의 물의 압력 포텐셜은 0MPa임

(3) 능동수송(active transport)

운반체를 통해 세포 안팎의 전기화학적 농도 구배를 역행하는 물질의 수송으로 능동수송에 필요한 에너지는 ATP 에너지 또는 ATP 에너지에서 유래한 물질의 농도구배를 이용함

㉠ 1차 능동수송(primary active transport): ATP 가수분해 에너지를 직접적으로 이용하는 능동수송

「1차 능동수송의 예」

Ⓐ Na^+/K^+ pump

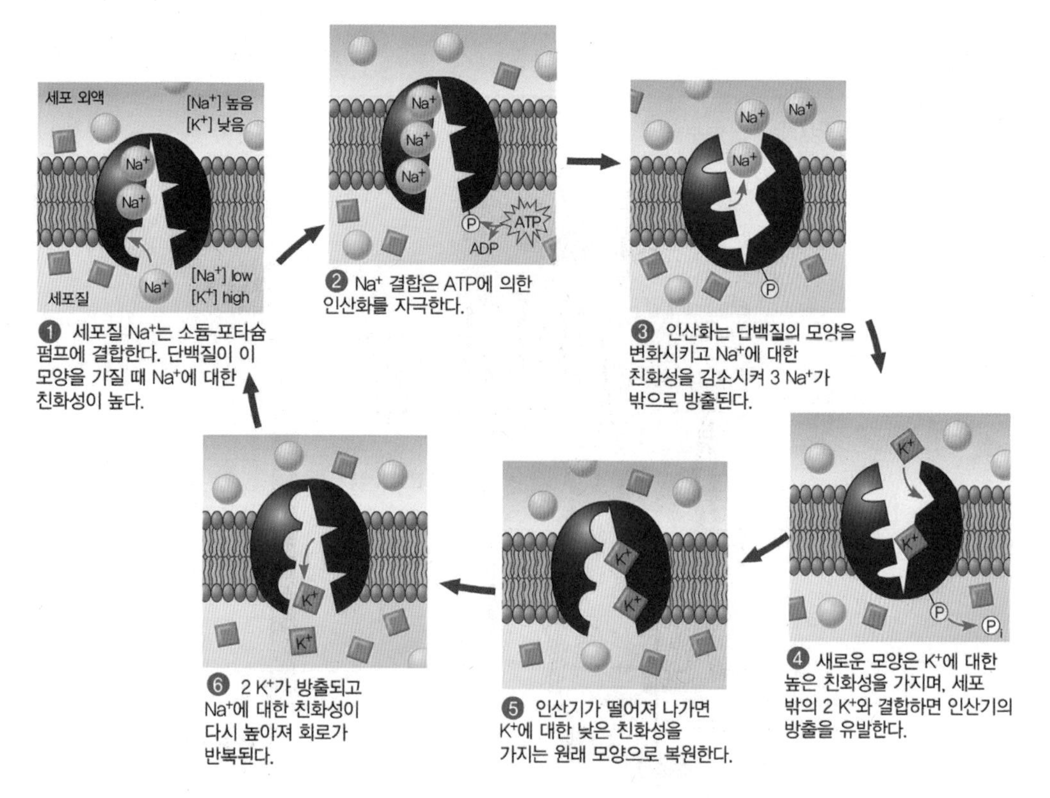

세포 외액
[Na^+] 높음
[K^+] 낮음
세포질
[Na^+] low
[K^+] high
① 세포질 Na^+는 소듐-포타슘 펌프에 결합한다. 단백질이 이 모양을 가질 때 Na^+에 대한 친화성이 높다.
ATP
ADP
② Na^+ 결합은 ATP에 의한 인산화를 자극한다.
③ 인산화는 단백질의 모양을 변화시키고 Na^+에 대한 친화성을 감소시켜 3 Na^+가 밖으로 방출된다.
④ 새로운 모양은 K^+에 대한 높은 친화성을 가지며, 세포 밖의 2 K^+와 결합하면 인산기의 방출을 유발한다.
⑤ 인산기가 떨어져 나가면 K^+에 대한 낮은 친화성을 가지는 원래 모양으로 복원한다.
⑥ 2 K^+가 방출되고 Na^+에 대한 친화성이 다시 높아져 회로가 반복된다.

1. Na^+/K^+ pump에 의하여 세포 내부의 K^+농도는 주변 환경에 비하여 10~20배 정도 높고 Na^+은 반대로 세포 주변 환경에 10배 정도 높게 분포되어 있음
2. Na^+과 K^+의 불균등 분포는 세포막 전위 형성에 기여하며 특히 Na^+이온의 분포는 삼투압에 의한 세포 부피의 조절과 포도당이나 아미노산의 세포내 수송에 필요함

Ⓑ H^+-ATPase: 막을 중심으로 하여 H^+의 농도구배를 형성함 ex. 리소좀막, 액포막, 세균막

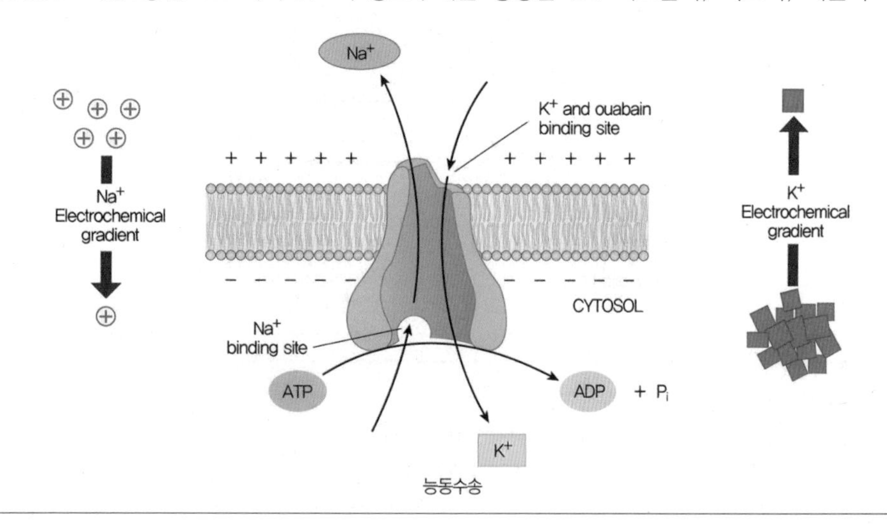

㉡ 2차 능동수송(secondary active transport): 1차 능동수송을 통해 생성된 특정 물질의 농도구배를 이용한 물질수송으로 모두 공동수송의 형태를 띠고 있음

「2차 능동수송의 예」

Ⓐ 소장 상피세포의 포도당/Na^+ 공동수송

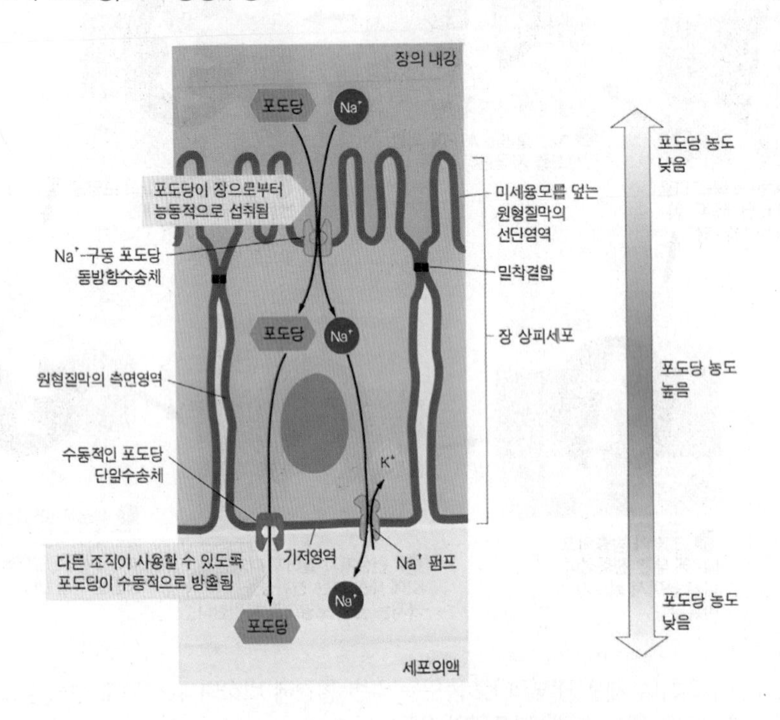

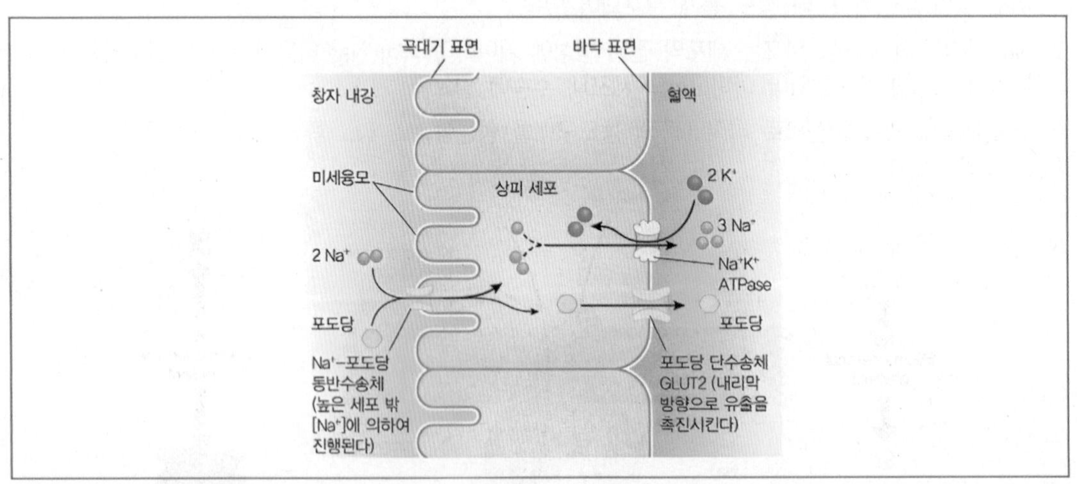

✓ Na^+/K^+ ATPase : ATP를 직접 사용한 1차 능동수송
Na^+/glucose symporter : Na^+ 농도구배를 이용한 간접적인 2차 능동수송
GLUT2 : 세포질에 고농도로 형성된 포도당의 촉진확산

Ⓑ 식물세포에서의 H^+/설탕 공동수송

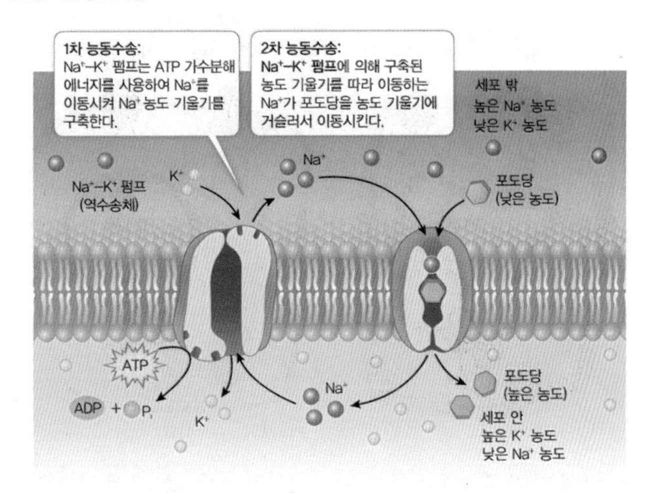

Ⓒ 대장균에서의 H^+/젖당 공동수송

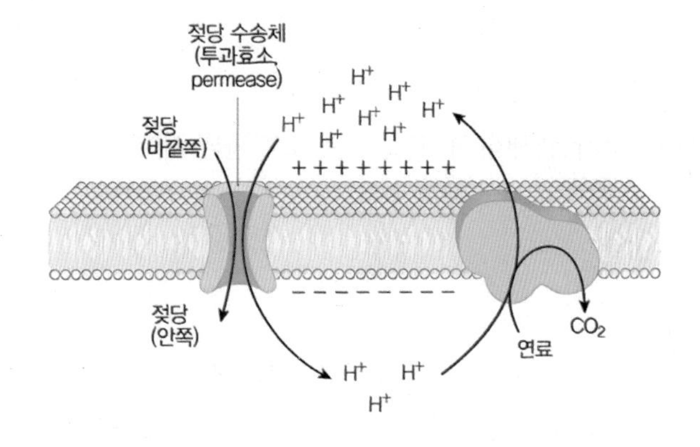

Ⓓ 적혈구막의 Cl^-/HCO_3^- 교환체

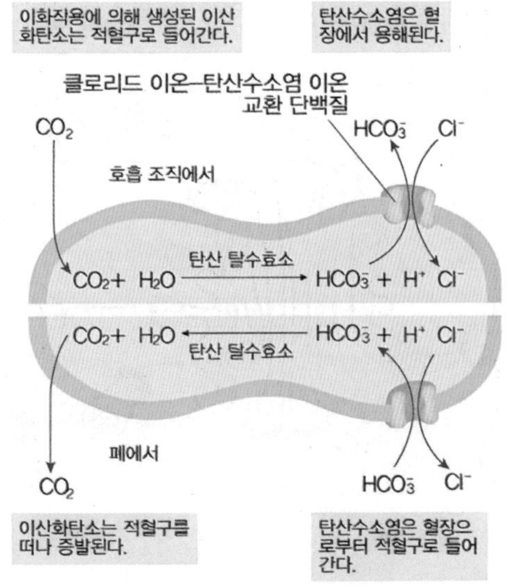

적혈구 막의 Cl^- - HCO_3^- 교환체

(4) 동물세포와 식물세포의 막수송체 종류와 분포 비교

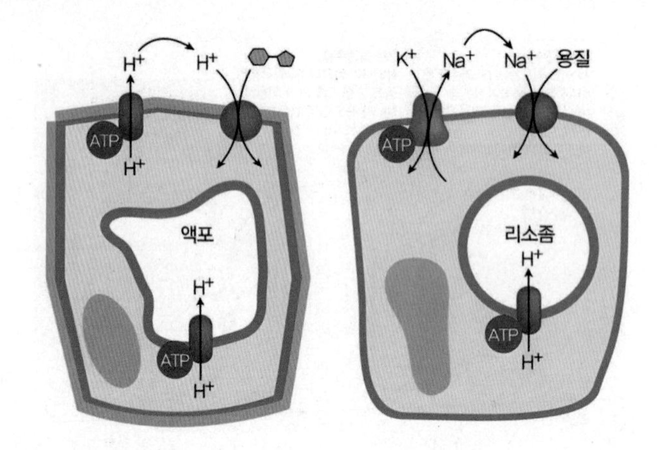

㉠ 동물세포에서는 원형질막을 가로지르는 능동수송을 수행하기 위해 Na^+-K^+ 펌프에 의해 생성된 Na^+의 전기화학적 구배가 이용되나 식물세포, 세균, 진균류에서는 H^+ 전기화학적 구배가 이용됨

㉡ 동물세포의 리소좀과 식물 및 진균류의 액포막에는 H^+을 세포소기관 내부로 펌프질하는 H^+ ATP 가수분해효소가 존재하여 이들 세포소기관의 내부 환경이 산성을 유지하도록 도움

(5) 소낭을 통한 물질의 이동

㉠ 막의 함입과 융합을 통한 물질 이동 기작

ⓐ 피복 소낭 형성을 통한 물질 수송: 클래스린-피복소낭이나 COP-피복소낭이 형성되면서 분비성 경로나 세포내 도입 경로를 진행함. 분비성 경로는 소포체막에서 단백질의 생합성, 소포체 내강으로의 이동, 그리고 골지체를 경유하여 세포 표면으로 이동하는 경로로 구성되며 세포내 도입경로는 원형질막에서부터 엔도솜을 통하여 리소좀까지 이동하는 과정으로 이루어짐

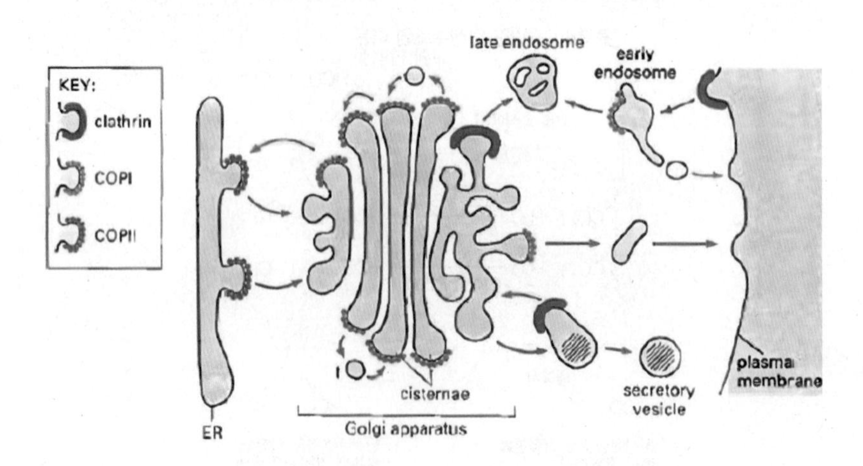

피복소낭의 종류	외피 단백질	기원	이동위치
클래스린-피복소낭	클래스린+어댑틴1	골지체	리소좀
	클래스린+어댑틴2	세포막	엔도솜
COP-피복소낭	COP Ⅱ 단백질	소포체	골지체
	COP Ⅰ 단백질	골지엽	골지엽
		골지체	소포체
		골지체	세포막
		엔도솜	리소좀

「클래스린-피복소낭의 형성」

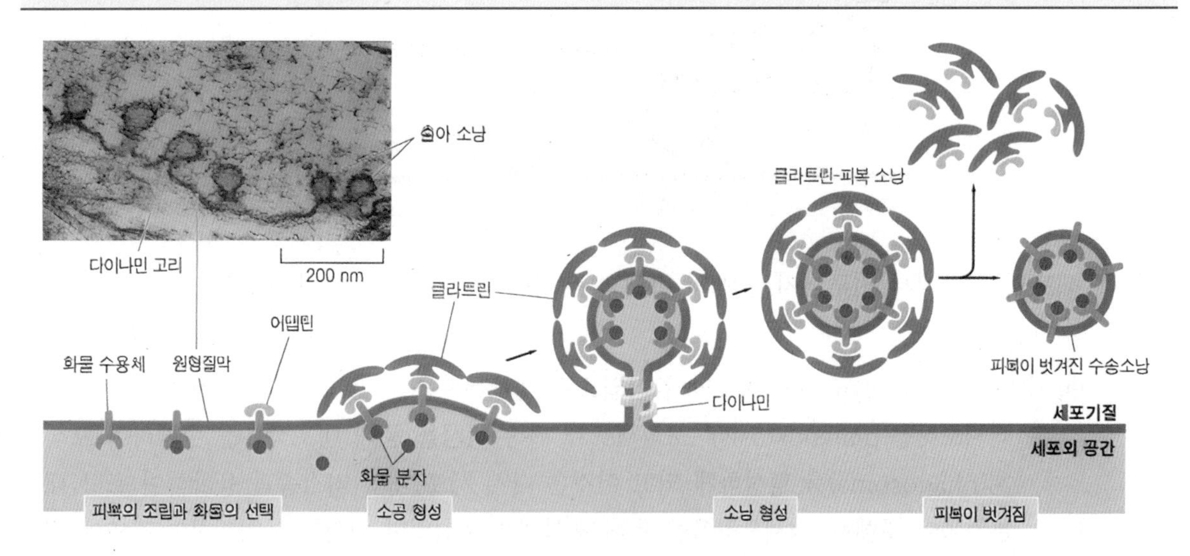

수용체가 수송 물질과 결합한 후 세포질 쪽에서 어댑틴과 결합하고 여기에 다시 클래스린 분자가 결합함. 다이나민 단백질이 소낭의 목부분을 둘러싸고 GTP를 가수분해하여 소낭이 출아되도록 함. 출아된 후 외피 단백질을 제거되고 피복되지 않은 소낭은 표적막과 융합함. 다른 종류의 외피 소낭에도 기능적으로 유사한 외피 단백질이 존재함

ⓑ SNARE를 통한 막의 융합: 소낭에 존재하는 v-SNARE가 표적기관의 표면에 존재하는 t-SNARE와 특이적으로 결합하여 막의 융합을 유도함

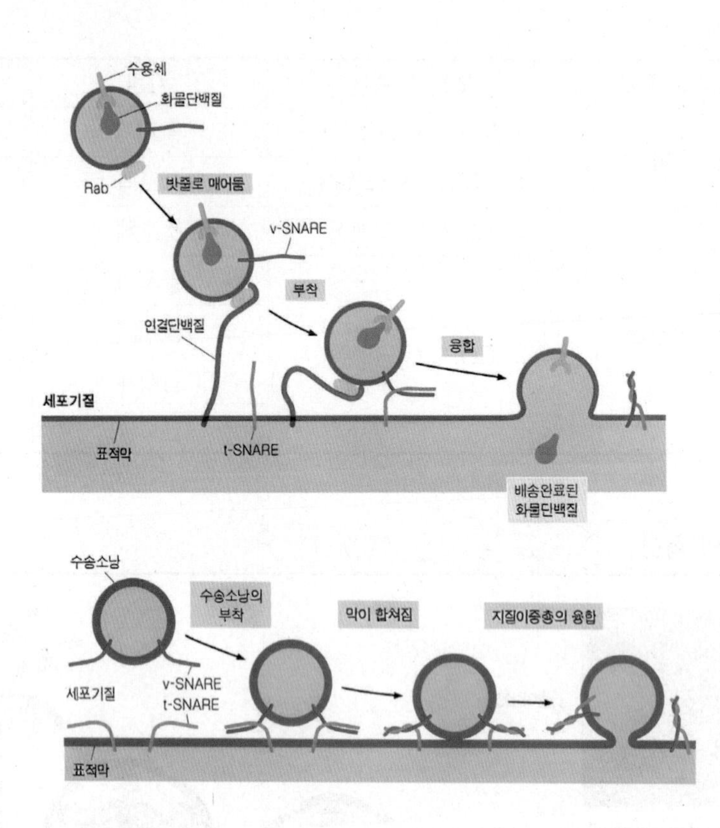

ⓛ 세포의 표면에서 이루어지는 막의 함입과 융합을 통한 물질의 수송 방식 - 내포작용과 외포작용

ⓐ 내포작용(endocytosis): 세모막의 함입으로 생체분자들을 받아들이는 작용

1. 식세포작용(phagocytosis): 포식세포가 위족 형성을 통해 내포작용을 수행하여 포식소체(phagosome)를 형성하게 되고 이것은 다시 세포 내의 리소좀과 융합하여 소낭 내의 분자들이 분해됨. 식세포작용을 통해 포식세포는 침입한 미생물을 섭취하여 감염에 대한 일차적인 방어작용을 수행하게 되며 또한 죽거나 손상된 세포와 세포 단편들을 처리하는 역할을 수행하게 됨
2. 음세포작용(pinocytosis): 진핵세포는 작은 음세포 소낭 형태로 원형질막 조각들을 끊임없이 섭취하고 또한 이를 세포 표면으로 돌려보냄. 음세포작용은 클래스린-피복 소낭에 의해 주로 수행되는데 비특이적으로 세포외 물질도 원형질막이 피복소낭을 형성하기 위해 함입되는 과정에서 소낭에 포함됨
3. 수용체-매개성 내포작용(recepter-mediated endocytosis): 대부분의 동물세포는 클래스린-피복 소낭에 의한 수용체-매개성 내포작용을 통해 특정 물질을 선택적으로 세포외액으로부터 섭취하는 기작을 가지고 있는데, 수용체-매개성 내포작용이란 세포외 물질의 리간드와 세포의 수용체가 결합해야 내포작용이 일어나는 상당히 특이적인 물질수송 방식으로 비특이적으로 진행되는 음세포작용보다 특정 거대분자를 1000배 이상의 효율로 세포 내로 유입할 수 있음

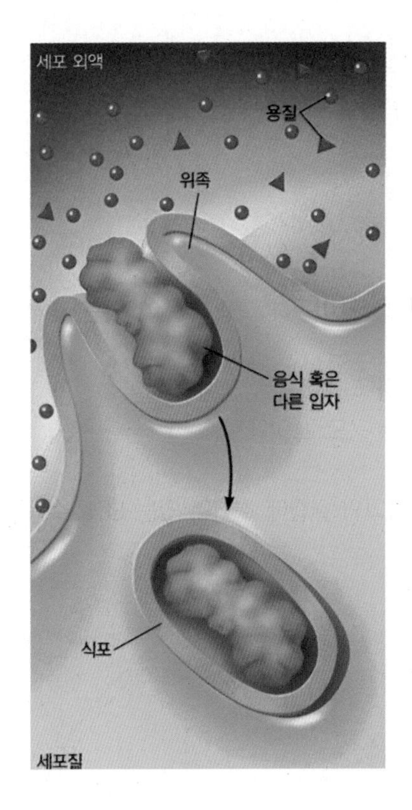

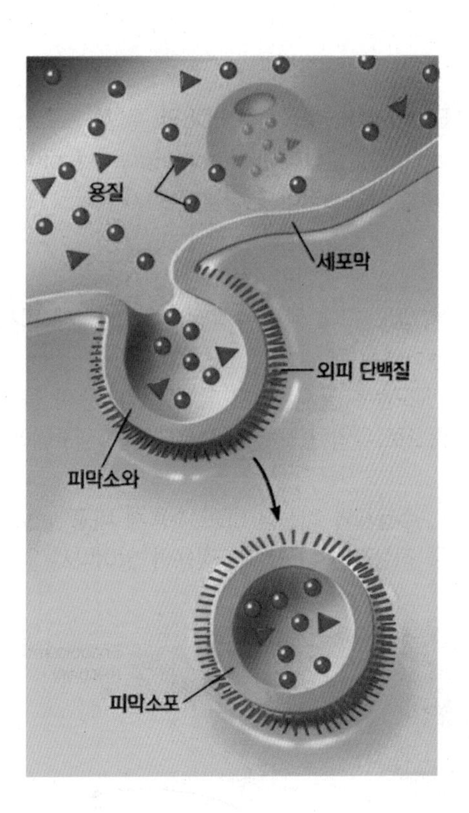

ⓑ 외포 작용(exocytosis): 세포 안의 소낭과 세포막의 융합을 통해 물질을 내보내는 작용으로 이동 소낭 내의 내용물이 밖으로 배출됨. 상시 분비경로와 호르몬 조절 분비경로가 존재함

「수용체 매개성 내포작용의 예 – 세포의 LDL 내포작용」

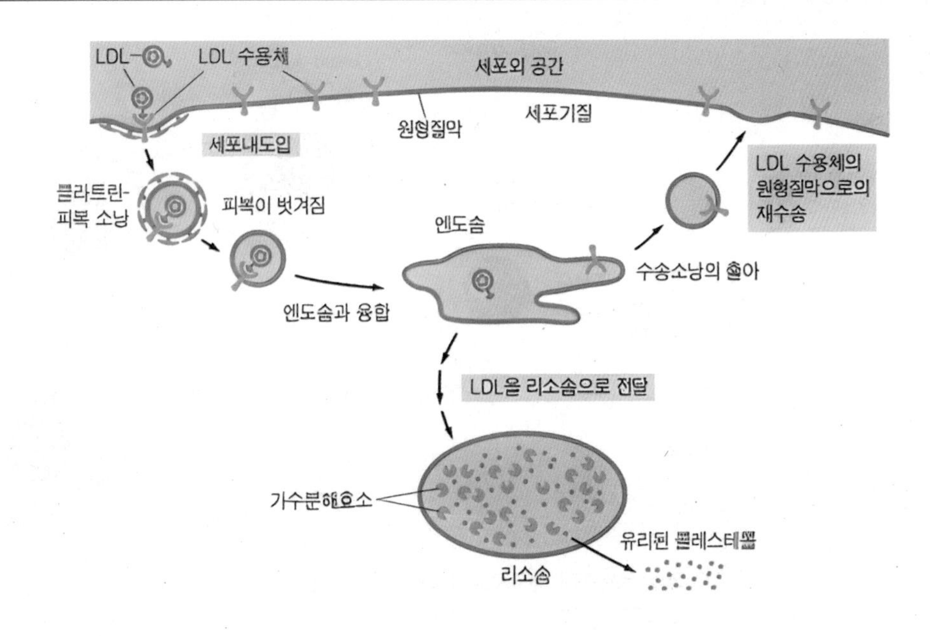

Ⓐ 과정

1. 세포표면이 LDL 수용체가 LDL과 결합함으로써 수용체가 막의 특정 부위로 집중되며 수용체의 세포질 쪽에 clathrin이 결합하여 clathrin-coated pit가 형성됨
2. clathrin 피복 소낭이 형성됨
3. 피복 단백질이 분리됨
4. 초기 엔도솜과 결합함
5. LDL은 엔도솜 내 다른 수용성 물질과 함께 미세소관에 의해 이동하여 핵 부근에 있는 후기 엔도솜으로 이동함
6. 후기 엔도솜은 골지체에서 유래한 리소좀과 융합하여 2차 리소좀으로 전환됨
7. 리소좀으로 유입된 물질들은 분해되어 세포내에서 다양한 용도로 이용됨

Ⓑ 정상 LDL 수용체와 비정상 LDL 수용체 비교: adaptor 분자와의 결합에 결함이 있는 LDL 수용체를 가지고 있는 경우 정상적인 LDL 내포작용이 일어나지 않게 됨

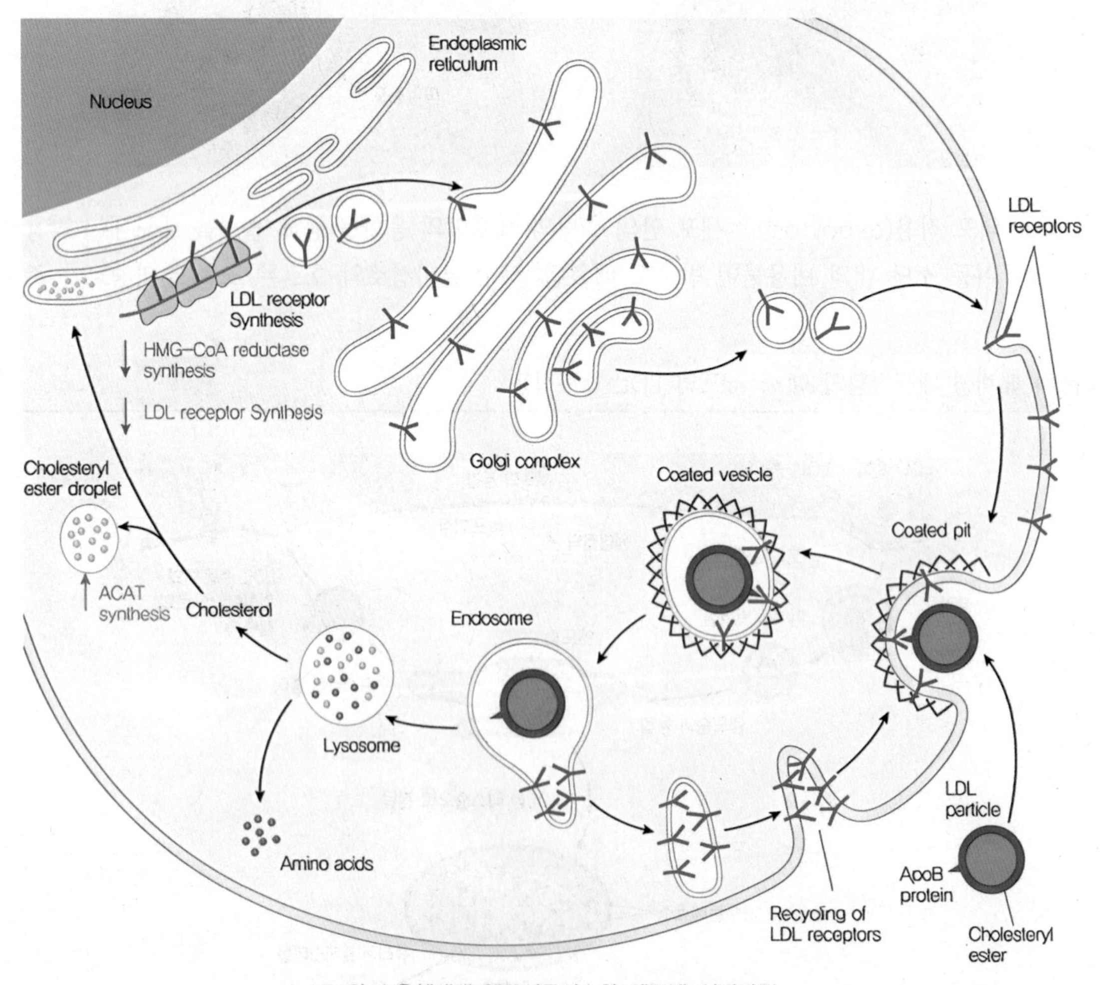

LDL의 수용체매개 엔도시토시스와 세포내 처리과정

세포 신호전달 (cell signal transduction)

1 세포 신호전달의 개요

(1) 세포 신호전달의 단계: 신호의 수용 → 세포내 신호전달 → 반응

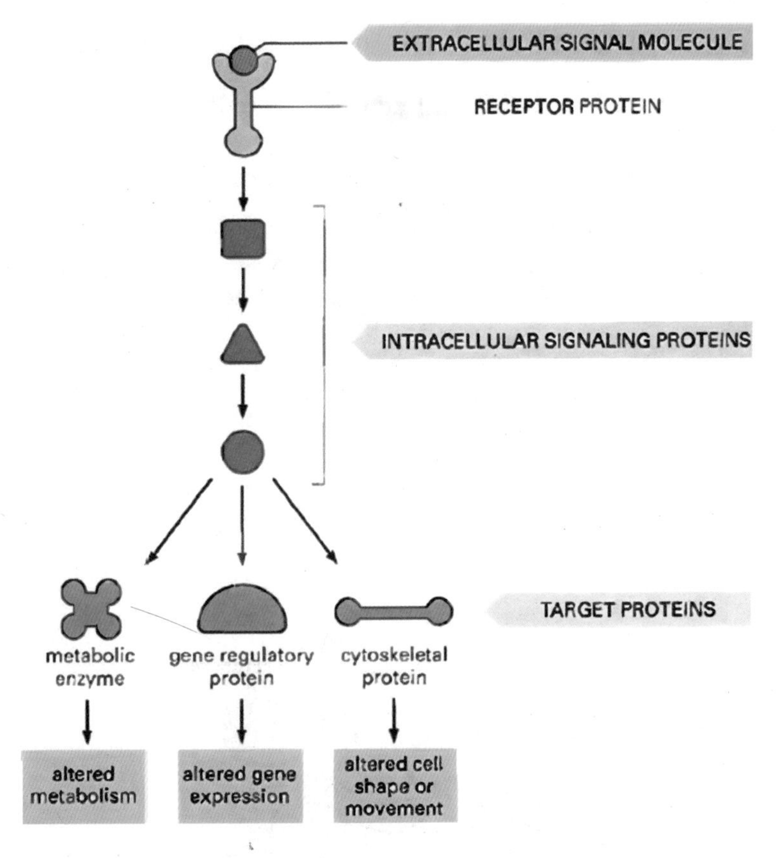

㉠ 신호의 수용(recognition): 표적세포가 세포외부에서 오는 신호물질을 탐지하는 경우로 화학신호물질이 세포의 표면이나 세포 내부에 존재하는 수용체에 결합되어 탐지됨

㉡ 세포내 신호전달: 신호물질의 결합이 수용체 단백질을 변화시켜 세포내 반응을 유도하는 신호전달을 진행함

㉢ 반응(response): 전달된 신호가 세포의 반응을 유도

ⓐ 일부 세포는 세포의 대사 활성을 조절함

ⓑ 일부 세포는 핵 내에서 특정 유전자의 발현을 조절함

ⓒ 일부 세포는 세포의 형태나 운동을 유발함

(2) 세포 신호전달의 유형

㉠ 동물의 간극연접(gap junction)이나 식물의 원형질연락사(plasmodesmata)를 통해서도 세포간 신호물질이 자유롭게 이동함

㉡ 접촉의존성 신호전달(contact-dependent signaling): 세포들이 세포막에 위치하는 신호물질을 통해 직접 접촉하여 신호를 전달함

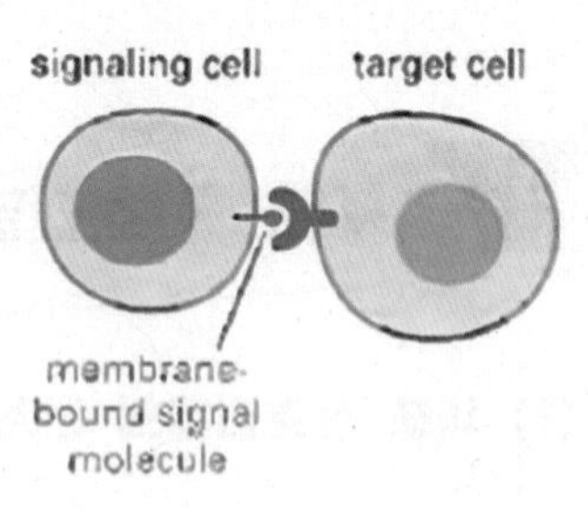

㉢ 자가분비(autocrine): 분비된 신호물질이 자신의 수용체에 결합하여 반응을 이끌어냄

㉣ 측분비(paracrine): 분비된 신호물질이 주변세포의 수용체에 결합하여 반응을 이끌어냄

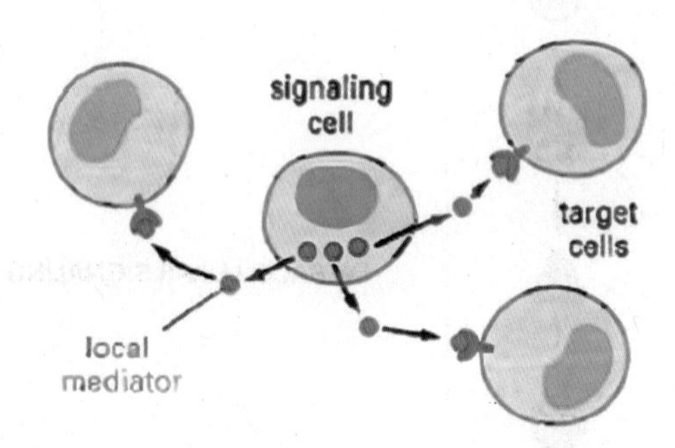

㉤ 내분비(endocrine): 분비된 신호물질이 순환계를 통해 원거리를 이동하여 표적세포의 수용체에 결합하여 반응을 이끌어냄

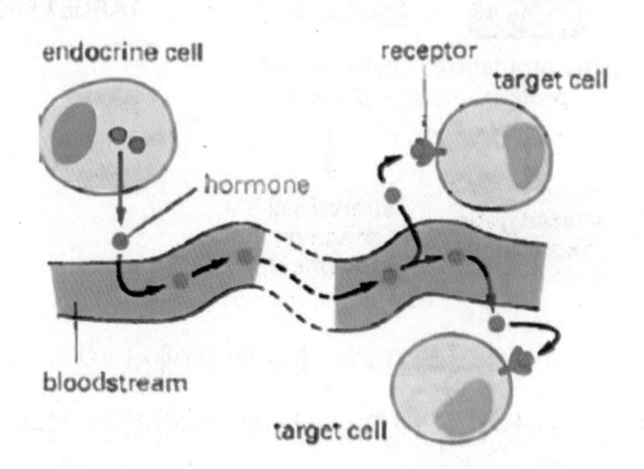

㉥ 신경전달(neuronal signaling): 뉴런 간의 신경전달물질을 통한 신호전달

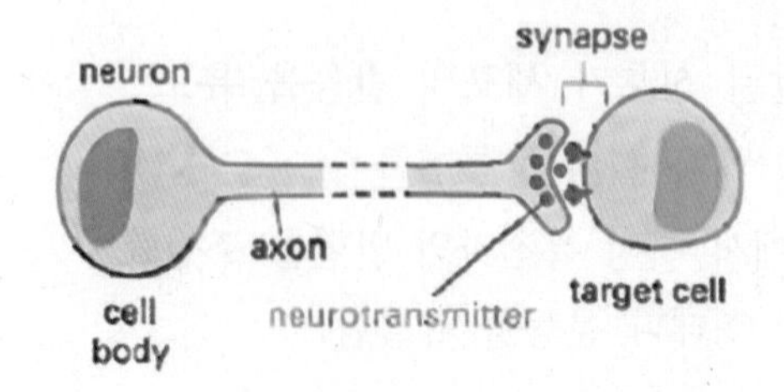

(3) 세포 신호전달의 특징

신호는 특이적인 수용체에 의해 감지되고 세포 반응으로 전환되는데 이 세포 반응은 항상 화학적인 과정을 표함함. 이러한 정보의 화학적 변화로의 전환은 살아있는 세포의 보편적인 특징임

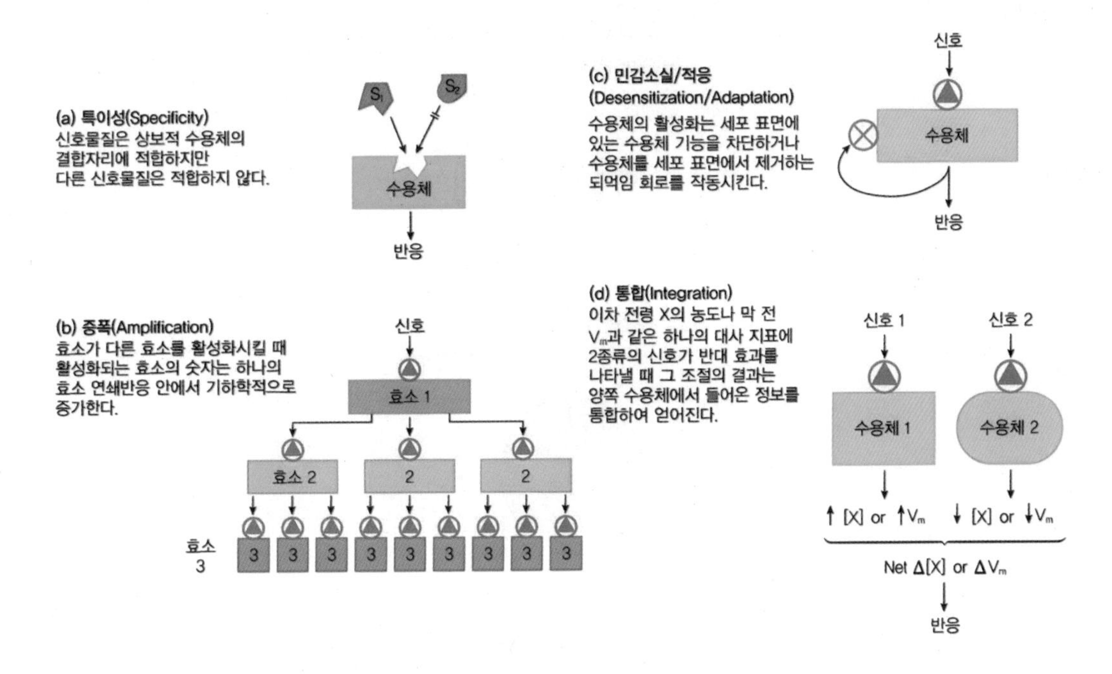

㉠ 특이성(specificity): 신호와 수용체 분자 간의 정교한 분자적 상보성에 의해 이루어지는 특징으로서 이것은 효소-기질, 항원-항체 간의 상호작용과 같이 약한 힘에 의해 성립됨. 다세포 생물체에서 신호를 받아들이는 수용체 또는 세포 속에 존재하는 신호전달 경로의 표적이 특정 세포에만 존재하기 때문에 특이성은 더욱 높아짐

㉡ 순응(adaptation): 신호가 일정한 강도를 갖고 계속적으로 존재할 때 수용체계가 그 신호에 대해 민감성을 소실하게 됨

㉢ 통합(integration): 여러 종류의 신호를 받아들이게 될 때 개체 또는 세포의 요구에 알맞게 일정한 반응을 나타내는 것을 의미하는데 서로 다른 신호전달 경로가 여러 단계에서 각각의 상황에 알맞게 서로 연결되어 세포와 개체의 항상성을 유지시키는 다양한 상호작용을 나타냄

㉣ 신호증폭(amplification): 효소 연쇄반응에 의한 신포증폭은 신호 수용체에 연결된 하나의 효소가 활성화되면 그 효소는 수많은 두 번째 효소의 활성화를 초래하고 이어서 각각의 두 번째 효소는 또 다른 수많은 세 번째 효소의 활성화를 일으키는 방식으로 작용함으로써 기능하게 됨. 몇 십만 배, 몇 백만 배 크기의 신호증폭은 이러한 연쇄적 작용에 의하여 천분의 일초 단위의 짧은 시간 내에 반응할 수 있음

2 신호의 수용

(1) 신호 수용의 특징

「아세틸콜린 수용체를 지닌 세포의 반응 다양성」

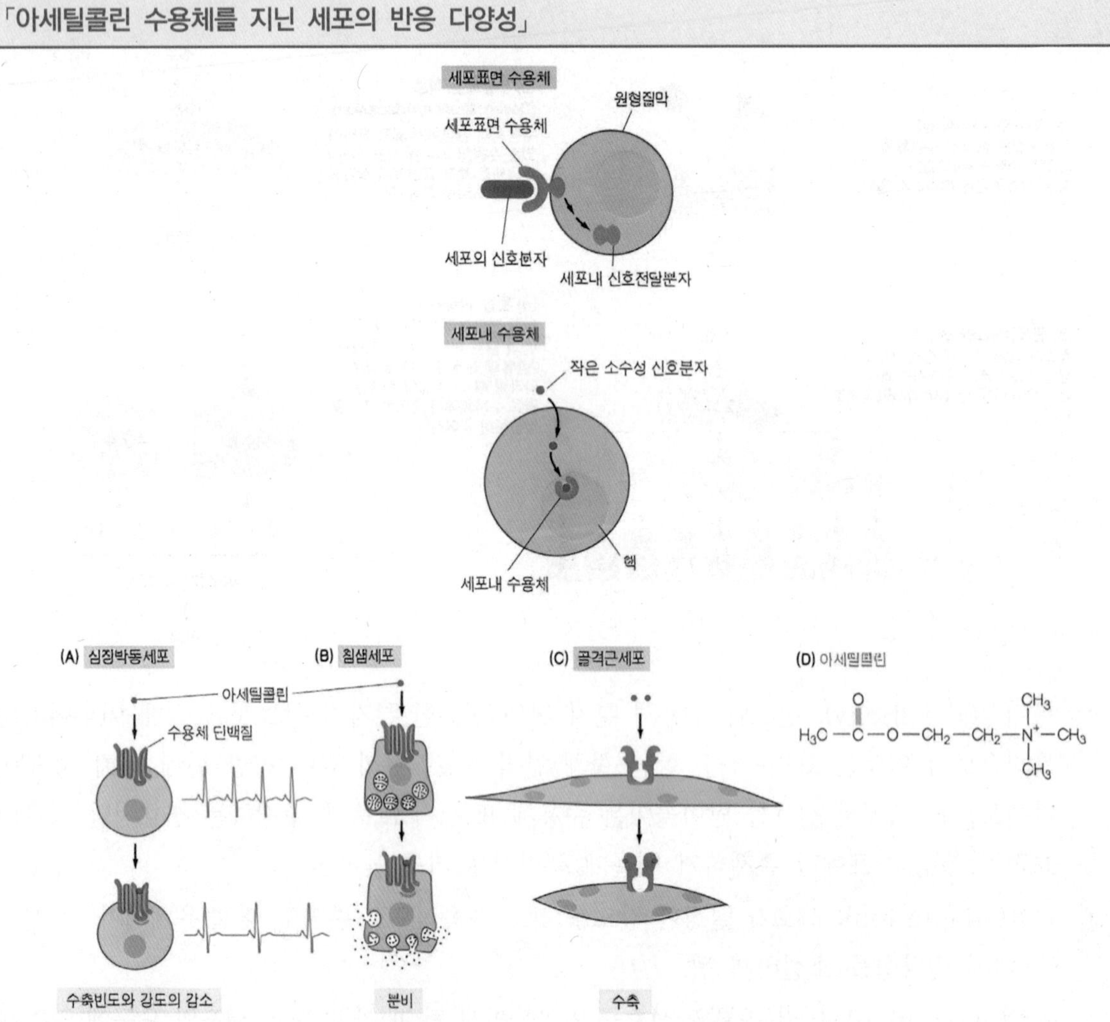

Ⓐ 심근세포: G단백질 연결 수용체를 통해 신호전달을 수행하여 수축빈도가 감소함
Ⓑ 침샘세포: G단백질 연결 수용체를 통해 신호전달을 수행하여 침 분비가 증가함
Ⓒ 골격근세포: 이온통로 수용체를 통해 신호전달을 수행하여 수축빈도가 증가함

㉠ 한 세포가 신호물질에 반응할 수 있는지는 해당신호에 대한 적절한 수용체 유무에 의존하는데 세포마다 서로 다른 수용체를 발현함

㉡ 제한된 신호만으로도 세포반응은 복잡하고 다양하게 조절됨

(2) 수용체의 종류

수용체는 크게 세포막 수용체와 세포내 수용체로 구분함

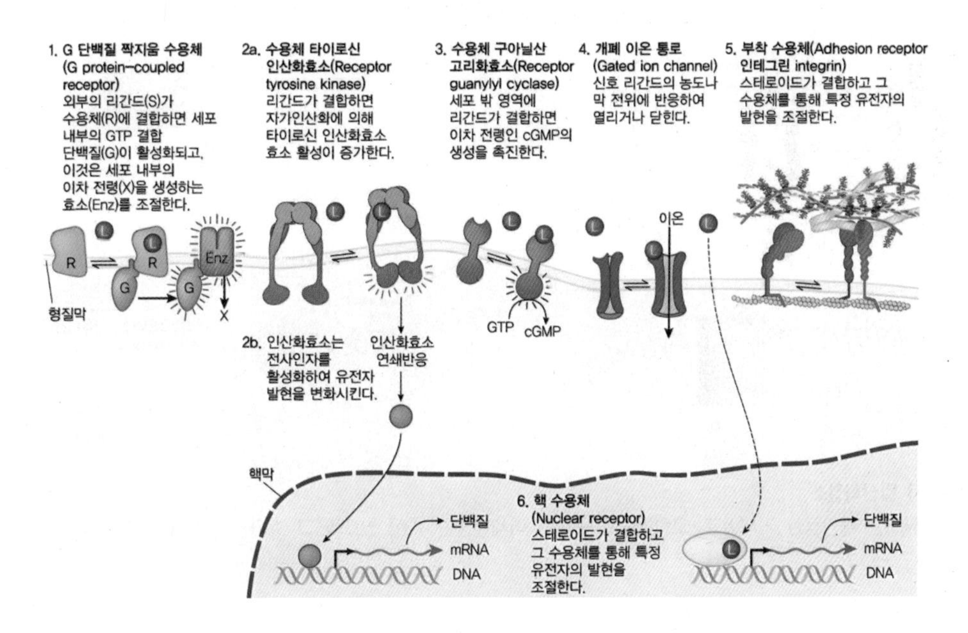

㉠ 세포막(세포표면) 수용체: 개폐성 이온통로, 수용체 효소, G단백질 연결 수용체, 내재 효소 활성이 없는 수용체, 부착 수용체

㉡ 세포내 수용체: 표적세포의 세포질이나 핵 내에서 발견되며 수용체에 도달하기 위해서 신호물질이 소수성이면서 크기가 작아 세포막을 통과해야함

「세포내 수용체를 통한 신호전달」

Ⓐ NO(일산화질소): 세포 외부에서 물, 산소와 반응하여 질산염과 아질산염으로 전환되는데 반감기가 짧아서 작용범위가 국소적임

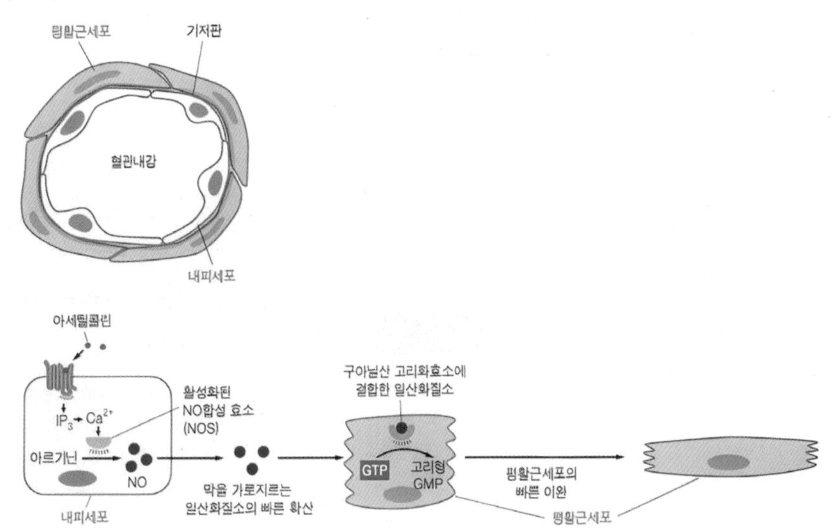

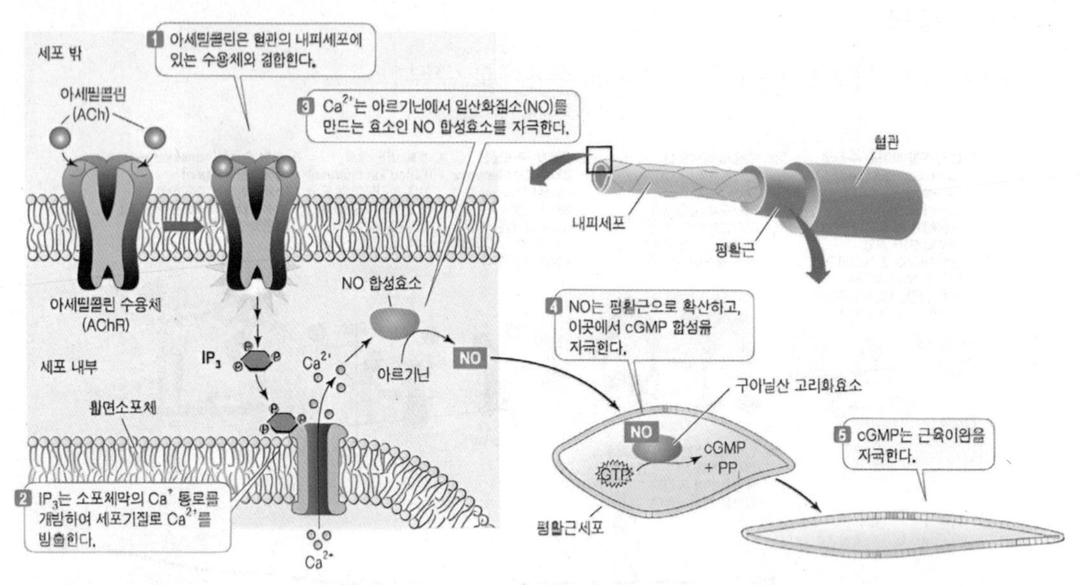

신호전환에서 일산화질소

일산화질소(NO)는 불안정한 기체이고, 그럼에도 불구하고 아세틸콜린(ACh) 신호와 그 효과인 평활근 이완 사이의 매개체로서 이용된다.

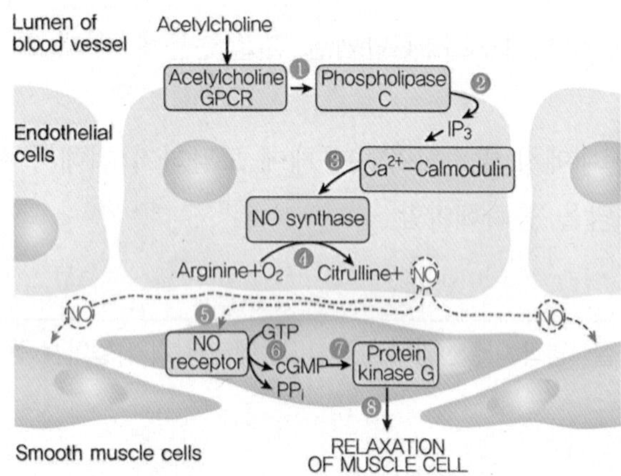

Ⓑ 소수성 호르몬: 세포내 수용체 단백질은 많은 경우에 있어서 그 자체가 전사인자(transcription factor)로서 특정한 세포에서의 유전자 발현을 조절하는 경우가 많음 ex. 스테로이드 호르몬, 티록신

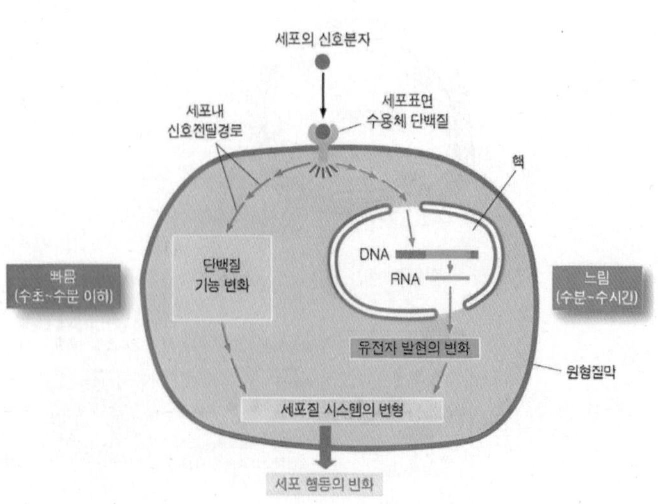

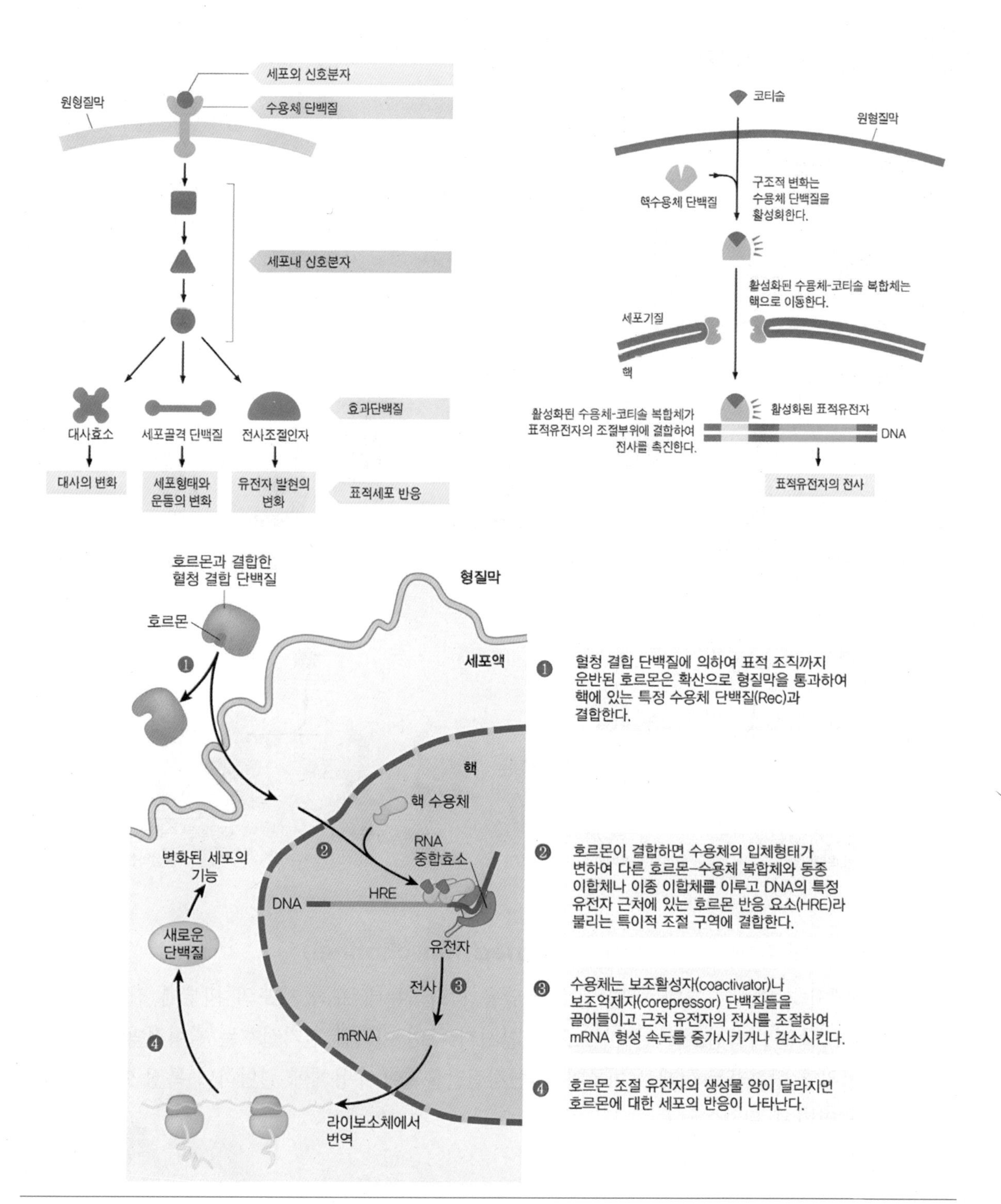
세포의 신호분자
원형질막
수용체 단백질
세포내 신호분자
효과단백질
대사효소
세포골격 단백질
전사조절인자
대사의 변화
세포형태와 운동의 변화
유전자 발현의 변화
표적세포 반응
코티솔
원형질막
핵수용체 단백질
구조적 변화는 수용체 단백질을 활성화한다.
활성화된 수용체-코티솔 복합체는 핵으로 이동한다.
세포기질
핵
활성화된 수용체-코티솔 복합체가 표적유전자의 조절부위에 결합하여 전사를 촉진한다.
활성화된 표적유전자
DNA
표적유전자의 전사
호르몬과 결합한 혈청 결합 단백질
형질막
호르몬
세포액
핵
핵 수용체
RNA 중합효소
변화된 세포의 기능
DNA
HRE
새로운 단백질
유전자
전사
mRNA
라이보소체에서 번역
❶ 혈청 결합 단백질에 의하여 표적 조직까지 운반된 호르몬은 확산으로 형질막을 통과하여 핵에 있는 특정 수용체 단백질(Rec)과 결합한다.
❷ 호르몬이 결합하면 수용체의 입체형태가 변하여 다른 호르몬-수용체 복합체와 동종 이합체나 이종 이합체를 이루고 DNA의 특정 유전자 근처에 있는 호르몬 반응 요소(HRE)라 불리는 특이적 조절 구역에 결합한다.
❸ 수용체는 보조활성자(coactivator)나 보조억제자(corepressor) 단백질들을 끌어들이고 근처 유전자의 전사를 조절하여 mRNA 형성 속도를 증가시키거나 감소시킨다.
❹ 호르몬 조절 유전자의 생성물 양이 달라지면 호르몬에 대한 세포의 반응이 나타난다.

3 대표적인 세포막 수용체

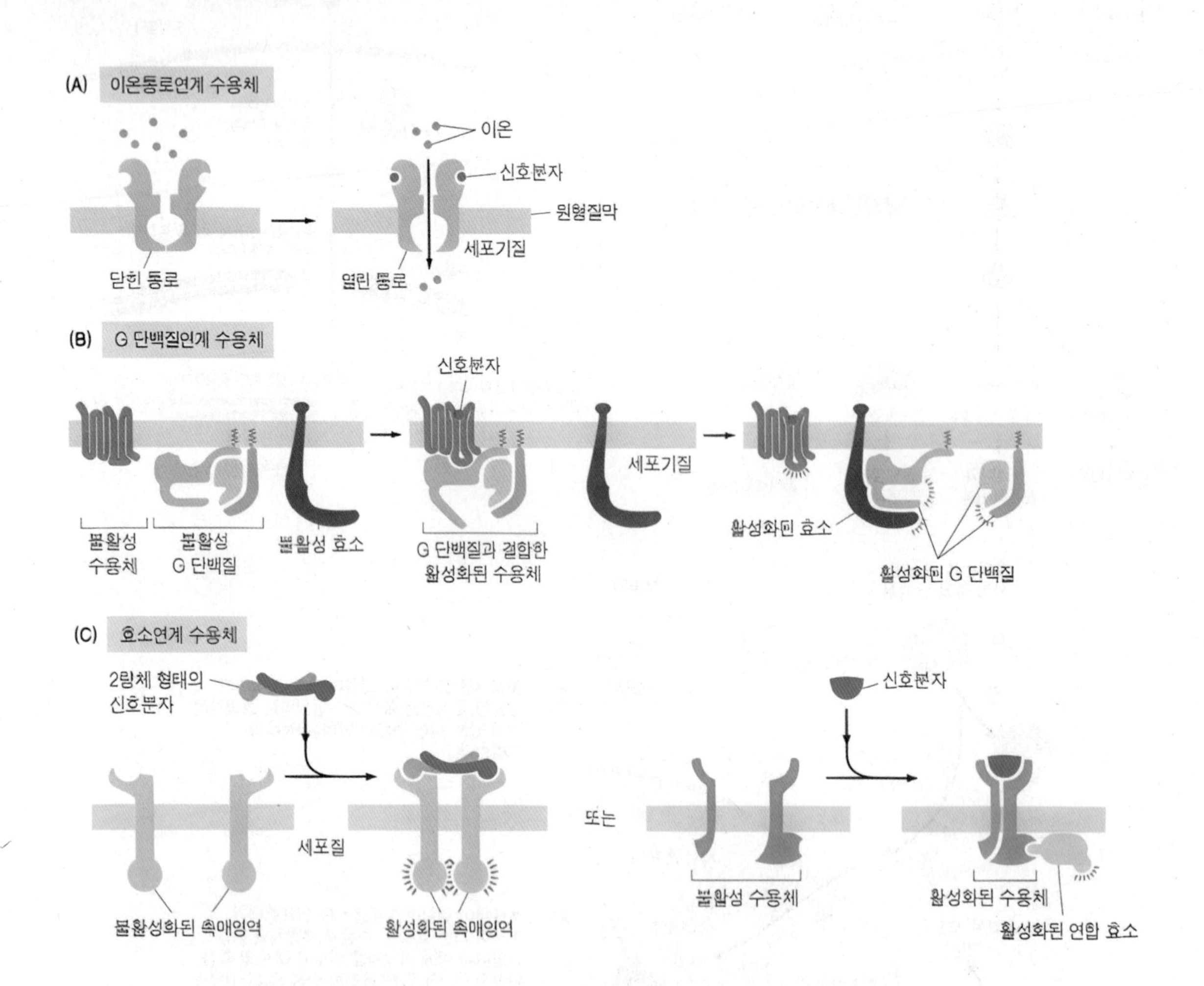

(1) 이온통로 수용체(ionic receptor; gated ion channel)

신경계에서 시냅스를 통한 빠른 신호 전달을 담당하는데 표적 세포의 외부에 신경전달물질 형태로 도달한 화학신호를 전기신호로 전환시켜 주며 이러한 전기신호는 원형질막 내부와 외부의 전위차 변화라는 형태로 이루어짐. 신경전달물질이 수용체에 결합하며 특정 이온에 대한 통로가 열리게 됨

「이온통로 수용체의 예 - 니코틴성 아세틸콜린 수용체」

흥분성 신경세포에 의하여 방출된 아세틸콜린(Ach)은 시냅스틈이나 신경근육 접합부를 확산하여 각각 시냅스후 신경세포막이나 근육세포막의 수용체에 결합하여 Na+에 대한 수용체의 통로를 열게 됨

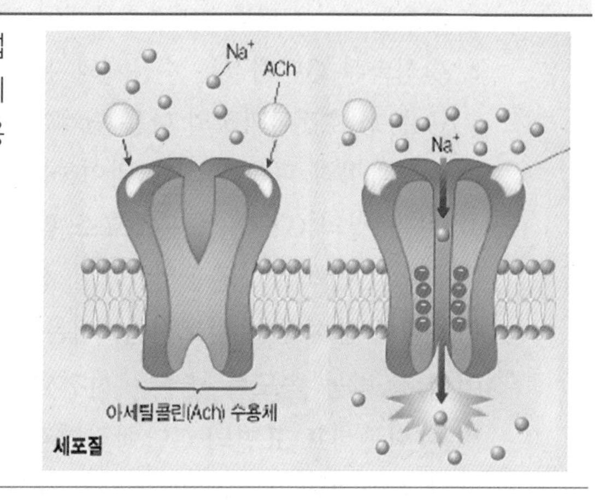

(2) G단백질연결수용체(G protein-coupled receptor)

㉠ G단백질연결수용체의 구조와 특징: 세포막을 막관통 α나선이 7번 왕복하여 통과하는 하나의 폴리펩티드 사슬로 구성됨. G단백질을 활성화시켜 반응을 이끌어내며 세포막 수용체 중 가장 다양함

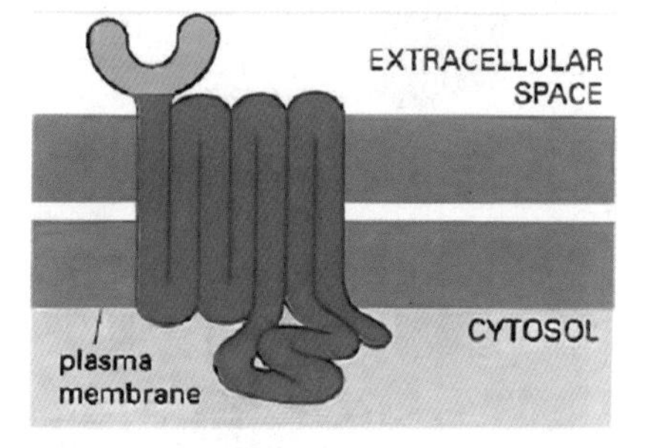

㉡ G단백질을 통한 신호전달과정 개요

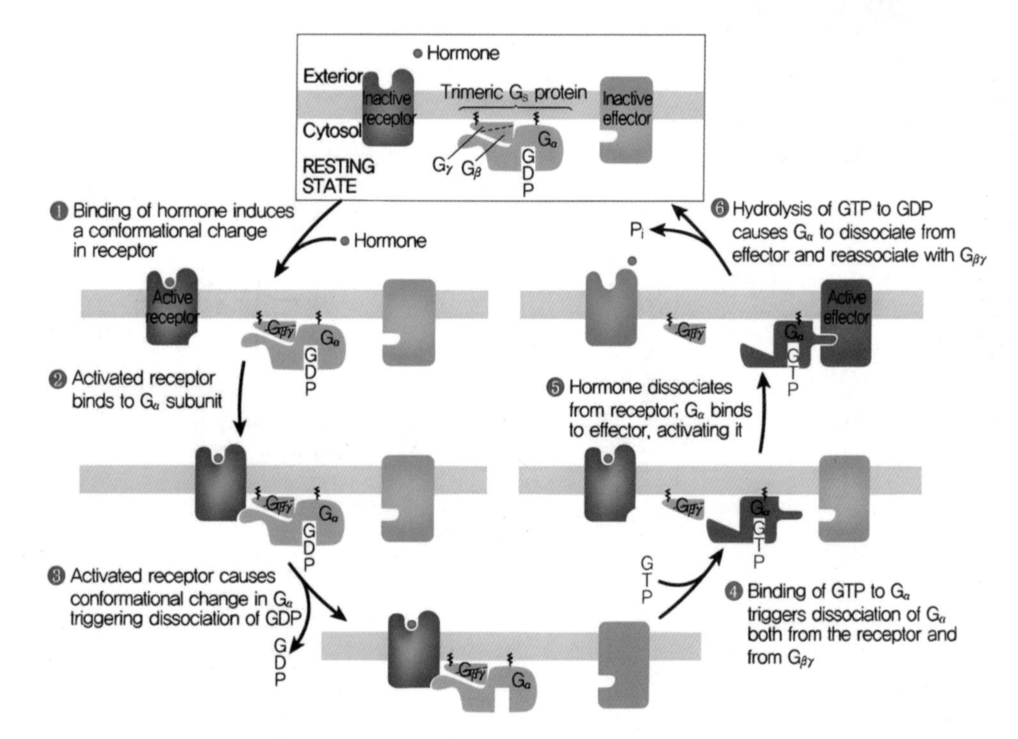

① 신호물질이 수용체에 결합하지 않은 상태로 G단백질은 불활성화되어 있는 상태임
② 신호물질이 G단백질연결수용체에 결합하면 G단백질연결수용체에 의해 G단백질 활성화됨
③ 활성화된 G단백질은 수용체와 분리되어 신호전달과정에 관여하는 표적의 활성을 조절함. Gs는 신호전달과정의 다음 단계에 관여하는 표적을 활성화시키는 G단백질이며, Gi는 신호전달과정의 다음 단계에 관여하는 표적을 불활성화시키는 G단백질임
④ G단백질의 GTP 가수분해효소 활성으로 인해 G단백질에 결합된 GTP가 GDP로 가수분해되어 G단백질이 불활성화되어 신호전달이 종료됨

ⓒ 이온통로 개폐조절 신호전달: 이온통로의 개폐조절을 통해 막전위 변화를 유발함. 예를 들어 심장 박동 속도를 늦추는 신경세포는 아세틸콜린을 분비하여 속도를 늦추는데 아세틸콜린은 심근세포 표면의 G단백질연결수용체에 결합하여 Gi를 활성화시킴. 이 경우 $\beta\gamma$ 복합체가 능동적인 신호물질 역할을 하게 되며 이 복합체는 K+통로의 열림을 유발하게 됨

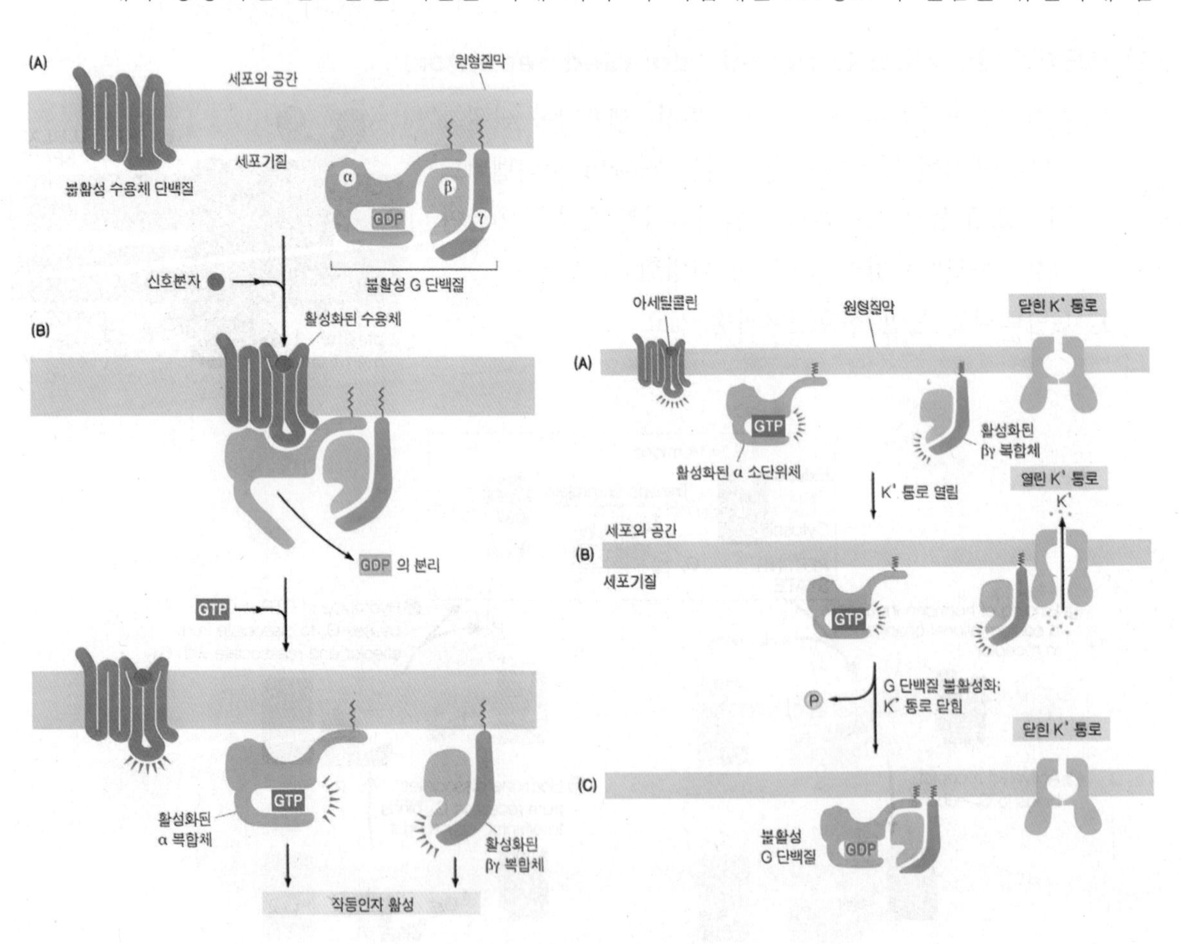

㉣ 아데닐산고리화효소(adenylyl cyclase) 활성화 관련 신호전달: cAMP를 통한 신호전달

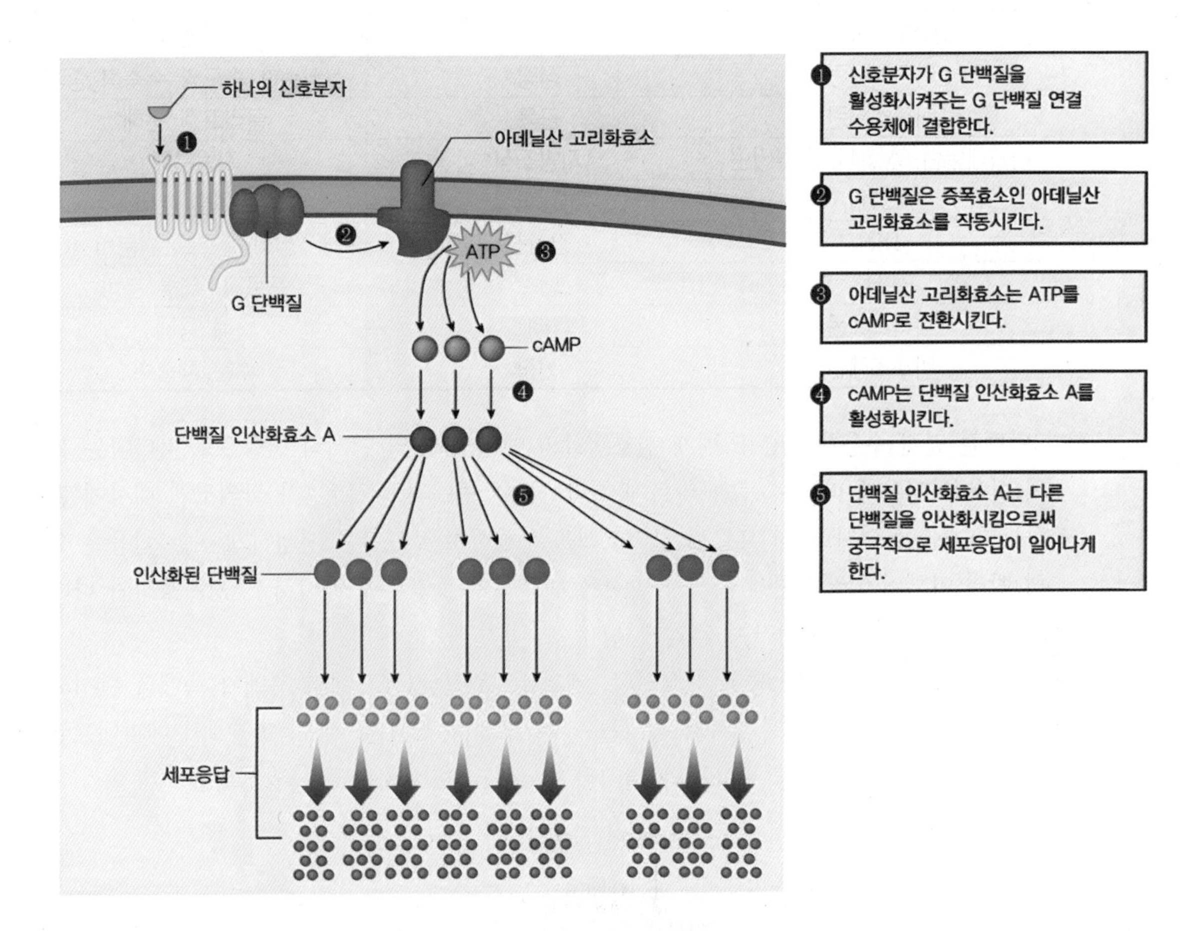

하나의 신호분자
아데닐산 고리화효소
G 단백질
ATP
cAMP
단백질 인산화효소 A
인산화된 단백질
세포응답
❶ 신호분자가 G 단백질을 활성화시켜주는 G 단백질 연결 수용체에 결합한다.
❷ G 단백질은 증폭효소인 아데닐산 고리화효소를 작동시킨다.
❸ 아데닐산 고리화효소는 ATP를 cAMP로 전환시킨다.
❹ cAMP는 단백질 인산화효소 A를 활성화시킨다.
❺ 단백질 인산화효소 A는 다른 단백질을 인산화시킴으로써 궁극적으로 세포응답이 일어나게 한다.

ⓐ 신호전달과정

1. 신호전달과정에서 아데닐산고리화효소(adenylyl cyclase)는 ATP를 cAMP로 전환시킴

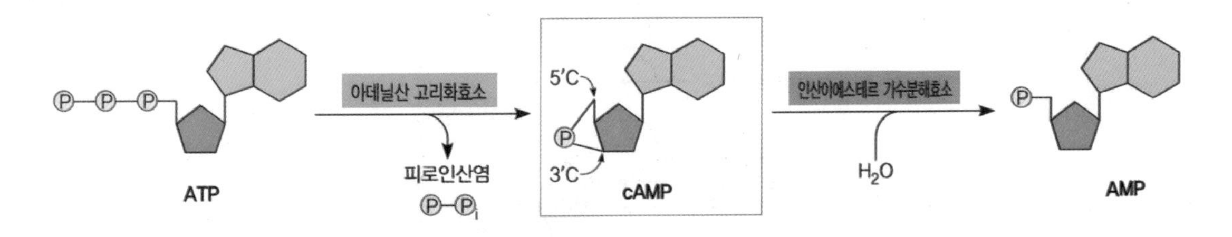

ATP
아데닐산 고리화효소
피로인산염
5'C
3'C
cAMP
인산이에스테르 가수분해효소
H2O
AMP

2. 신호가 사라지면 인산이에스테르가수분해효소(phosphodiesterase)에 의해 cAMP가 AMP로 전환됨
3. cAMP는 직접적으로 단백질 인산화효소 A(protein kinase A; PAK)라 불리는 세린/트레오닌 인산화효소를 활성화시킴. 골격근 세포의 경우

ⓑ cAMP에 의해 매개되는 반응

세포외 신호물질	표적조직	주요반응
아드레날린	심장	심장수축 속도와 수축력 증가
아드레날린	근육	글리코겐 분해
아드레날린, ACTH, 글루카곤	지방조직	지방분해
ACTH	부신피질	코티솔 분비
TSH	갑상선	갑상선 호르몬 분비
LH	난소	프로게스테론 분비
파라토르몬	뼈	뼈 용해
바소프레신	신장	수분 재흡수

ⓒ G단백질 연결 수용체/cAMP 매개 신호전달의 예: cAMP의 단계적 반응으로 나타나는 세포의 반응은 경우에 따라 속도가 다르게 나타나는데 예를 들어 PKA가 글리코겐 대사에 관여하는 효소들을 인산화시킴으로써 글리코겐을 분해하여 포도당을 생성하게 하는 반응은 상당히 빨리 이루어지는 반면에 유전자 발현을 변화시키는 경우에 있어서 cAMP 효과가 나타나기까지는 몇분에서 몇시간이 걸리게 됨

1. 에피네프린 수용체를 통한 신호전달: 에피네프린은 간세포에서 촉매가 촉매를 활성화시키는 일련의 반응을 촉발시켜 신호를 매우 크게 증폭시킴. 세포 표면에서 에피네프린의 특정 β-아드레날린성 수용체와 결합하여 adenylyl cyclase가 활성화됨

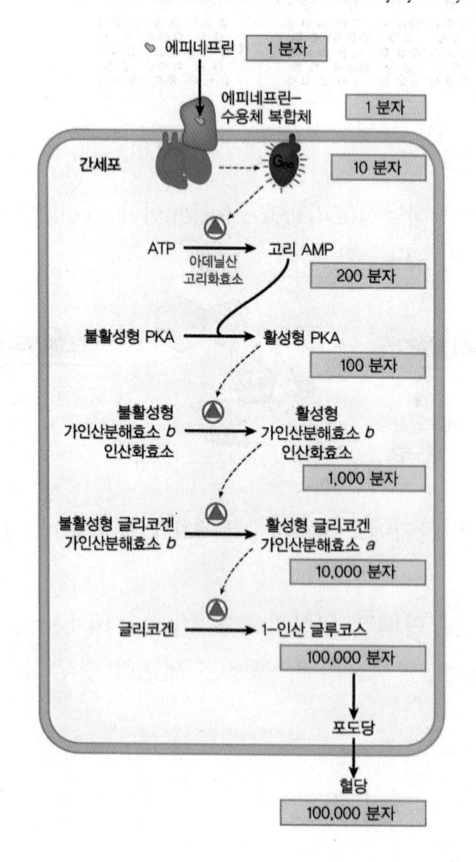

2. 뇌에서의 장기기억에 필요한 단백질 생성 과정: 신호물질이 G단백질연결수용체에 결합하게 되면 adenylyl cyclase가 활성화되어 cAMP의 농도가 증가하는데 cAMP에 의해 PKA가 활성화되어 핵으로 이동하게 되고 여러 유전자 조절 단백질을 활성화시킴

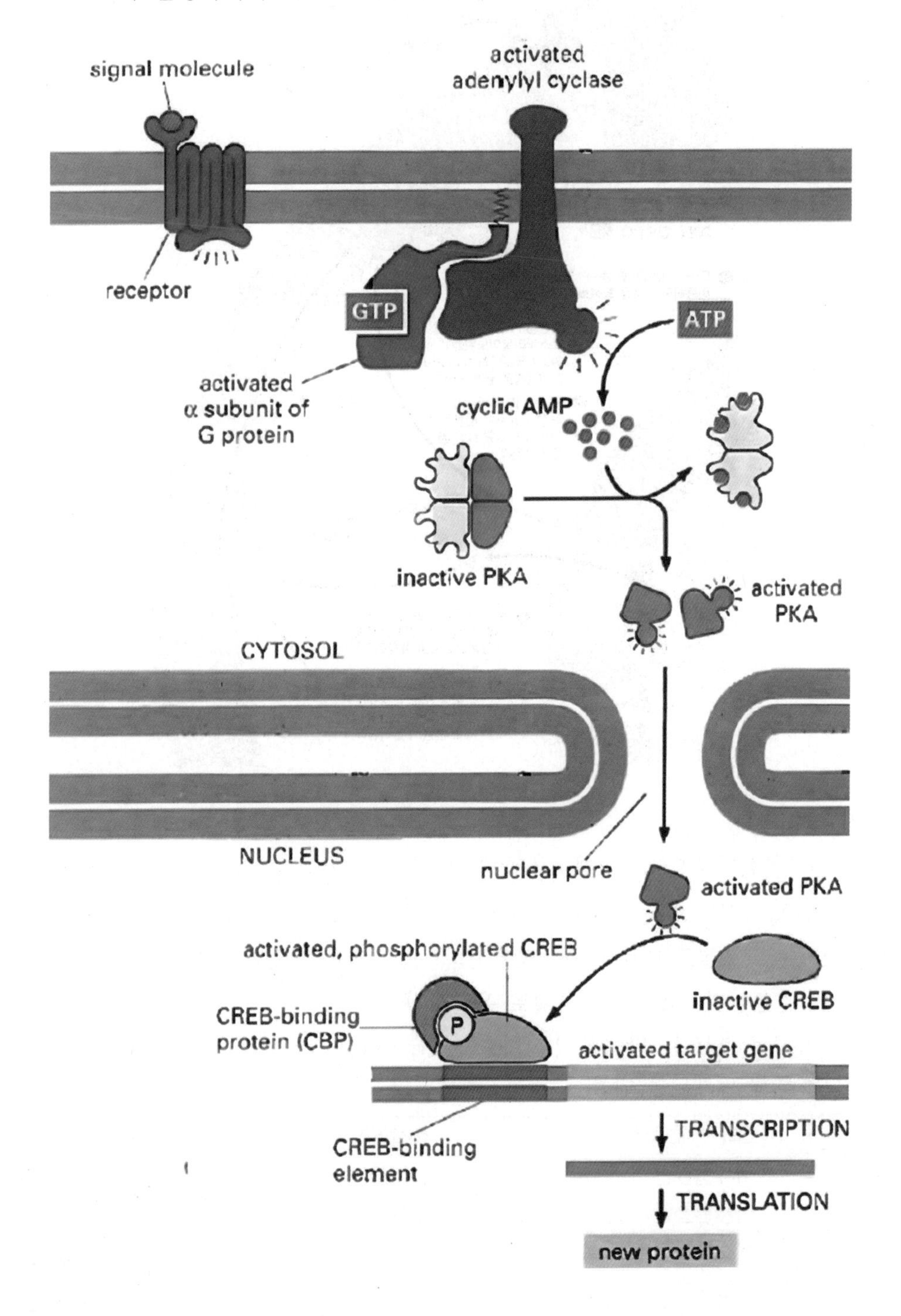

ⓜ 인지질가수분해효소 C(phospholipase C; PLC) 활성화 관련 신호전달

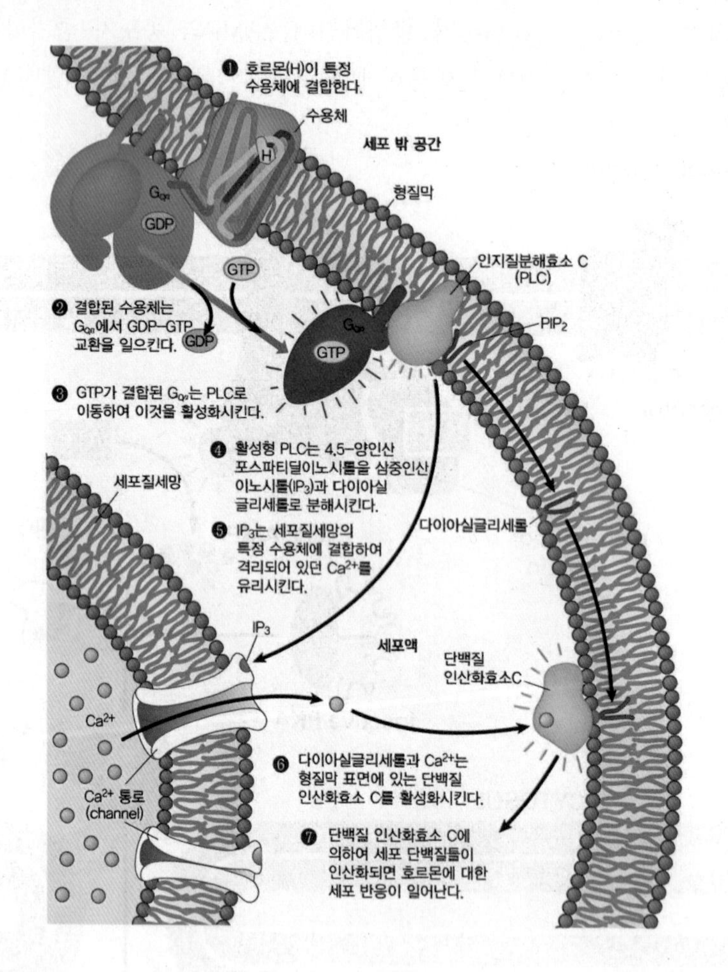

ⓐ 신호전달과정

1. 신호물질이 G단백질연결수용체에 결합하여 인지질가수분해효소 C를 활성화시킴
2. PLC는 PIP_2(phosphatidyl inositol 4,5-bisphosphate)를 DAG와 IP_3로 분해함
3. IP_3는 세포질로 빠르게 확산되어 Ca^{2+}을 저장하고 있는 SER막의 IP_3-gated channel에 결합하여 Ca^{2+}을 세포질로 유출시킴
4. Ca^{2+}과 DAG는 단백질 인산화효소 C(protein kinase C; PKC) 활성화에 관여함

ⓑ IP_3에 의해 매개되는 반응

세포의 신호물질	표적조직	주요반응
아세틸콜린	이자	아밀라아제 분비
아세틸콜린	평활근	근육 수축
바소프레신	간	글리코겐 분해
트롬빈	혈소판	응집

ⓒ 칼모듈린(calmodulin): Ca^{2+} 결합단백질로서 식물, 균류, 원생동물에 이르기까지 확인된 모든 진핵세포의 세포질에 존재하며 Ca^{2+}과 결합하면 그 구조가 바뀌어서 세포 내의 다양

한 단백질들과의 결합이 가능해지고 해당 단백질의 활성을 변화시킴. 특히 Ca^{2+}/칼모듈린-의존적 인산화효소(Ca^{2+}/calmodulin-dependent protein kinase; CaM-kinase)가 칼모듈린에 의해 활성화되면 특정 단백질들을 인산화시킴으로써 세포의 다른 반응에 영향을 미치게 됨

ⓗ G단백질의 정상적 작용을 저해하는 독소

ⓐ 콜레라 독소(cholera toxin): Vibrio cholerae에 의하여 생성되는데 NAD^+의 ADP-리보오스 기를 G_s의 α소단위에 옮기는 작용을 촉진함. 이 작용에 의하여 G_s의 GTPase작용이 차단되어 G_s는 계속 활성화된 상태를 유진함. 따라서 창자 상피세포의 adenylyl cyclase도 계속적으로 활성화되어 세포 속의 cAMP 농도가 계속 올라가 Cl^-, HCO_3^- 등이 창자 내강으로 배출됨

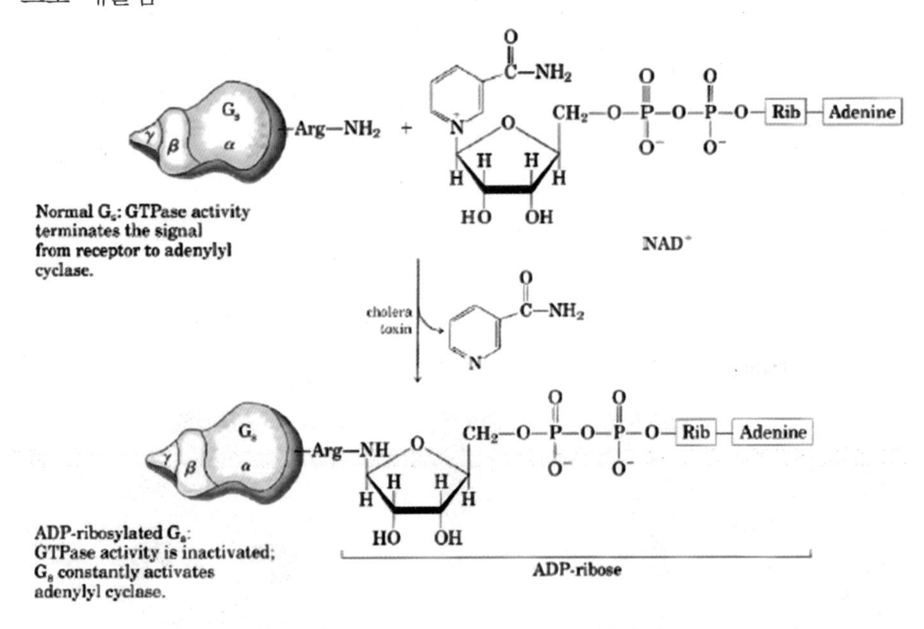

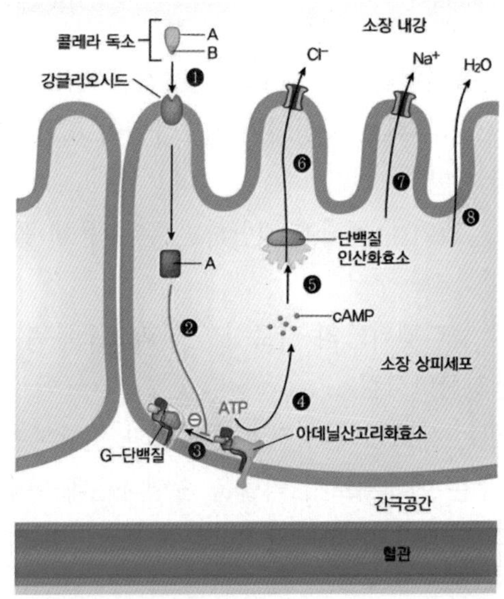

ⓑ 백일해 독소(pertussis toxin): Bordetella pertussis에 의하여 생성되는데 G_i의 ADP-ribosylation을 촉진하여 G_i의 GDP가 GTP로 대체되지 못하도록 함으로써 adenylyl cyclase가 $G_i$dp 의하여 억제되는 것을 막음으로써 신호를 계속 유지시킴

(3) 효소연결수용체(enzyme-coupled receptor)

㉠ 효소연결수용체의 구조와 특징

ⓐ 막관통단백질로서 세포 외부에 리간드 결합부위가 존재하며 세포질 영역은 효소 활성을 갖고 있는 부위와 효소와 복합체를 이룰 수 있는 아미노산 서열을 갖고 있음

ⓑ 동물세포의 성장, 분화, 생존을 조절하는 세포의 신호전달 단백질에 반응함

ⓒ 세포의 움직임이나 모양을 조절하는 세포골격에 직접적이고 신속한 재배열 유도하는 것으로도 알려져 있음

ⓓ 효소연결 수용체에 의해 매개되는 신호전달 경로 이상은 암 유발 가능성을 증가시킴

ⓔ 많은 효소연결수용체는 티로신 인산화효소 활성을 갖고 있어서 세포내의 특정 단백질 티로신 잔기를 인산화시킴. 이렇게 해서 진행된 신호전달은 티로신 탈인산화효소에 의해 인산화된 부위의 인산기를 떼어냄으로써 중지됨

㉡ 수용체 티로신 인산화효소를 통한 신호전달과정 개요

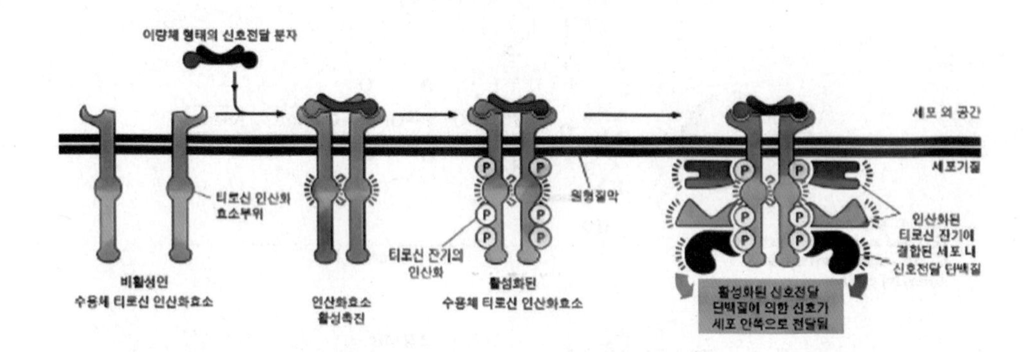

ⓐ 수용체를 구성하는 각 폴리펩티드는 세포외 신호결합부위, 막 관통 α나선, 여러개의 티로신 인산화 활성을 지닌 꼬리 부위로 구성되며 신호물질이 결합하기 전에는 수용체의 각 폴리펩티드가 독립적으로 존재함

ⓑ 보통 생장인자인 신호물질이 수용체에 결합하면 두 수용체 폴리펩티드가 결합하여 이량체를 형성함

ⓒ 이량체가 형성되면 각 폴리펩티드의 티로신 인산화효소부위가 활성화되어 상대편 폴리펩티드의 티로신 부위를 인산화시킴

ⓓ 인산화된 수용체 부위는 세포내 신호전달 단백질과 결합하여 결합된 단백질을 활성화시킴

ⓔ 결합된 단백질 중 일부는 매개체로서 역할을 수행하는데 이렇게 매개체에 의해서 형성되는 신호 복합체의 핵심적 단백질 중 하나가 Ras로서 Ras 단백질은 하위 신호 전달체계를 활성화시킴

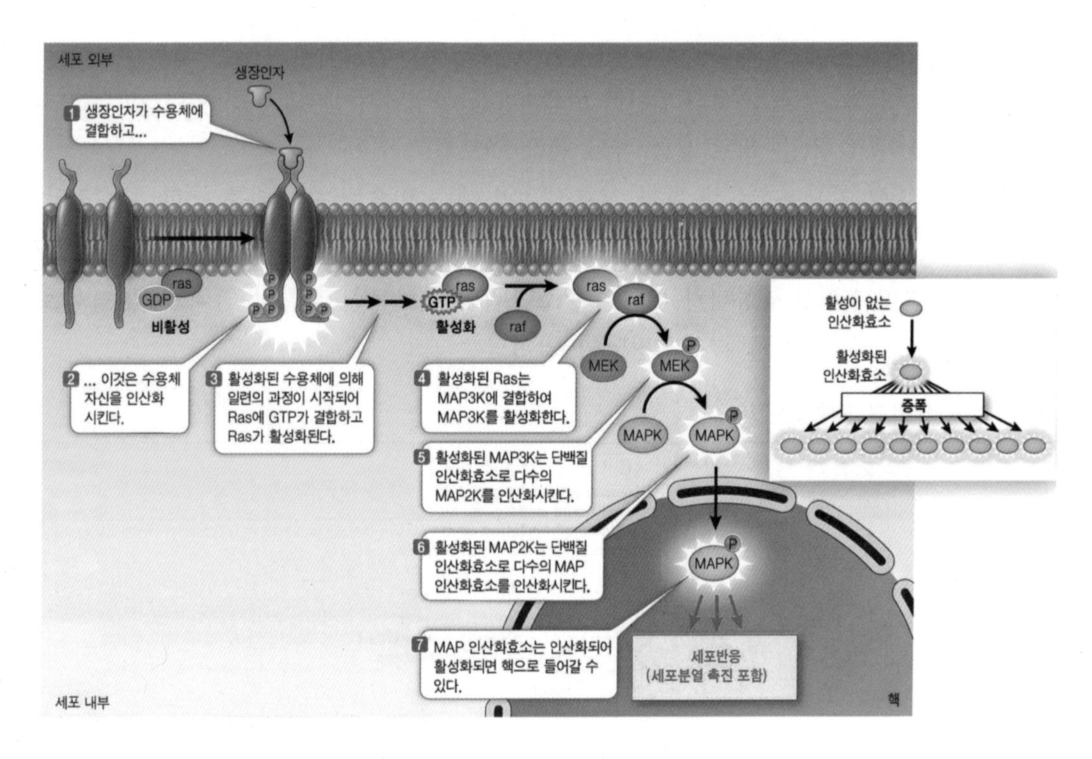

㉢ Ras에 의해 활성화되는 MAP-인산화효소 연쇄체계 정리

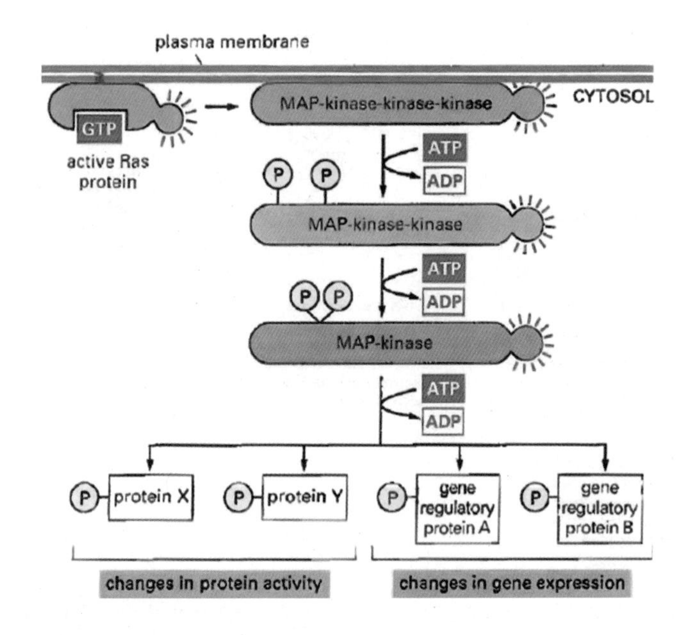

ⓐ Ras: 원형질막의 세포질면에서 지질로 이루어진 꼬리에 의해 세포막에 결합하고 있는 작은 단백질임. 각종 성장인자와 결합하는 거의 모든 수용체 티로신 인산화효소는 Ras 단백질을 활성화시킴. Ras는 하나의 소단위체로 구성된 작은 GTP 결합 단백질군의 한 종류인 단량체 GTP 결합 단백질로서 전형적인 G단백질의 α소단위체와 유사하며 작용 기작이 매우 흡사함

ⓑ MAP 인산화효소 연쇄체계(MAP-kinase cascade): 활성화된 Ras는 세포 내에서 일련의 단백질 인산화효소로 구성된 인산화 연쇄반응을 활성화시키는데 이러한 연쇄반응은 세포 증식, 세포 생존 촉진, 세포 분화 유도 등을 일으킴

ⓡ 수용체 티로신 인산화효소를 통한 신호전달의 예 - 인슐린 수용체를 통한 신호전달: 인슐린 수용체는 원형질막 바깥쪽에 있는 두 개의 α사슬과 β사슬로 구성되어 있음. 인슐린이 α사슬에 결합하면 입체형태가 변하여 β소단위의 카르복실기 말단 영역에 있는 티로신 잔기에 자가인산화가 일어나 신호전달이 일어남

「인슐린에 의한 유전자 발현 조절」

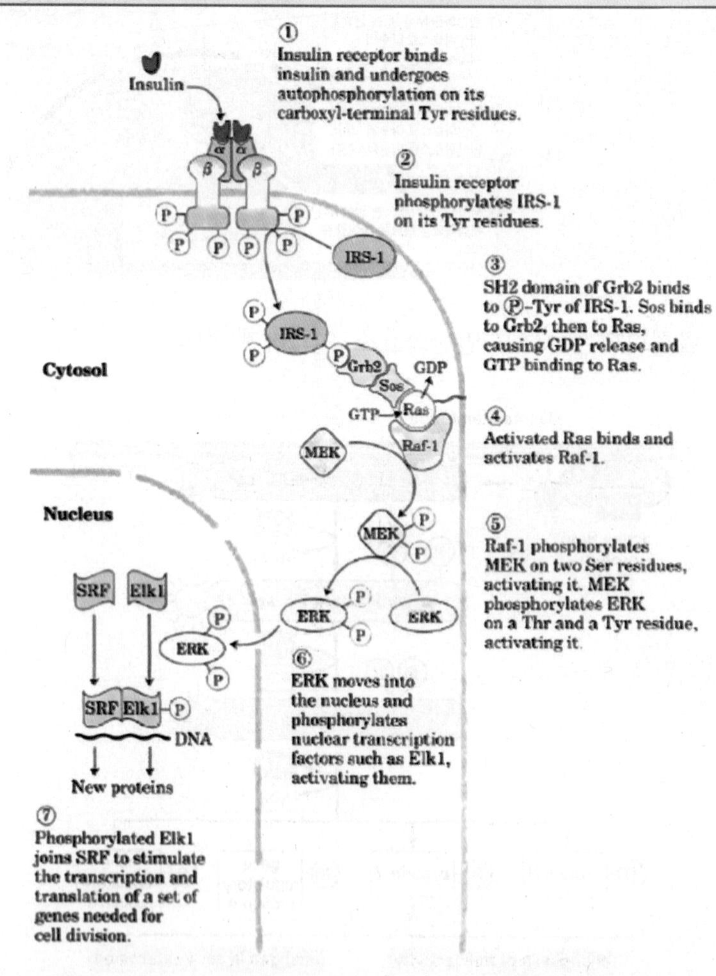

① 인슐린 수용체에 인슐린이 결합하면 수용체의 카르복실기 말단 영역의 티로신 잔기에서 자가인산화가 일어남
② 인슐린 수용체는 IRS-1의 티로신 잔기를 인산화시킴
③ Grb2의 SH2 영역은 IRS-1의 인산화된 티로신에 결합함. Sos는 Grb2 사이에 결합하여 Ras에 결합된 GDP를 방출하고 GTP결합을 촉진함
④ 활성화된 Ras는 Raf-1에 결합하여 그것을 활성화시킴
⑤ Raf-1은 MEK의 두 개의 세린 잔기를 인산화시켜 그것을 활성화시킴. MEK는 ERK의 트레오닌과 티로신 잔기를 인산화시켜 활성화시킴

MEMO

비밀병기

심화편 ①

PART 02

물질대사 (metabolism)

효소(enzyme)

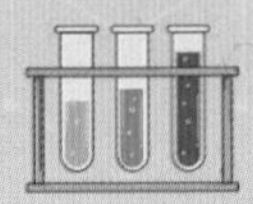

1 효소의 기능

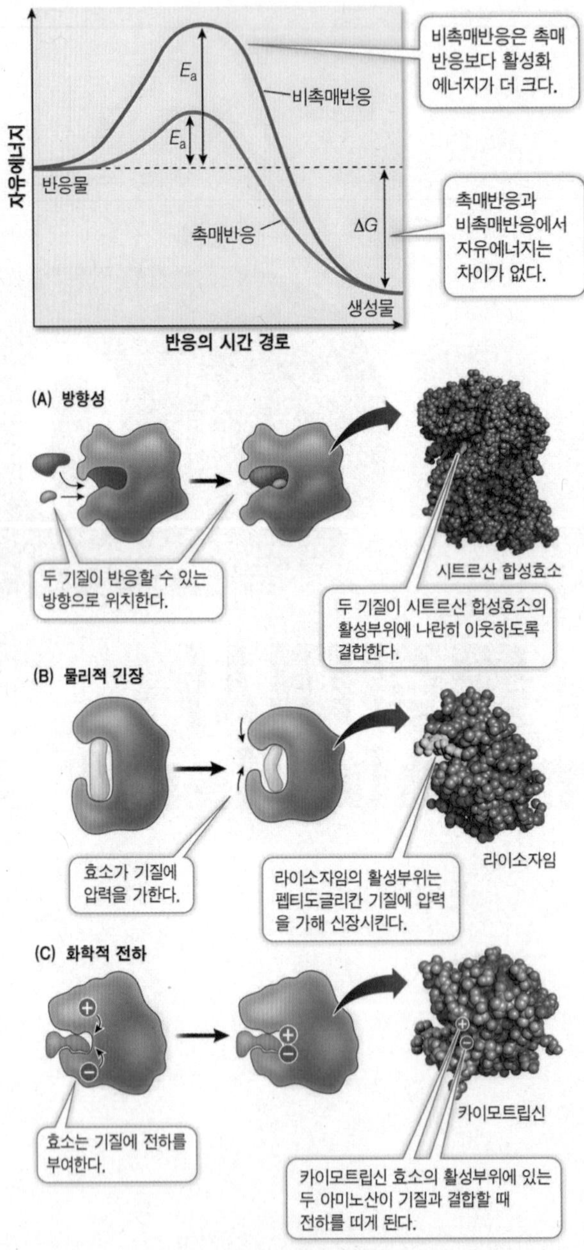

㉠ 활성화 에너지(activation energy; Ea): 반응을 진행시키는 데 필요한 최소한의 에너지

㉡ 효소는 생체촉매로 반응의 활성화 에너지를 낮추어 반응속도를 증가시키나 자유에너지 변화량에는 영향을 주지 않아 화학평형시의 반응물과 생성물의 농도 관계는 변화시키지 못함

「△G와 화학평형의 관계」

Ⓐ A를 반응물이라고 하고, B를 생성물이라 가정했을 경우
  1. △G<0 → 화학적 평형을 향한 정반응이 우세([A]↓, [B]↑)
  2. △G>0 → 화학적 평형을 향한 역반응이 우세([A]↑, [B]↓)
Ⓑ 살아 있는 세포는 평형상태에 놓이지 않음

2 효소의 특성

㉠ 기질 특이성(substrate specificity): 효소는 특정 기질과만 결합하여 반응을 진행시킴. 효소는 특정 반응에만 관여하는 것임. 기질 특이성은 효소의 활성부위와 기질의 모양이 유사해야 한다는 사실에서부터 비롯됨

「금속봉 절단효소를 통한 효소의 기질 특이성 이해」

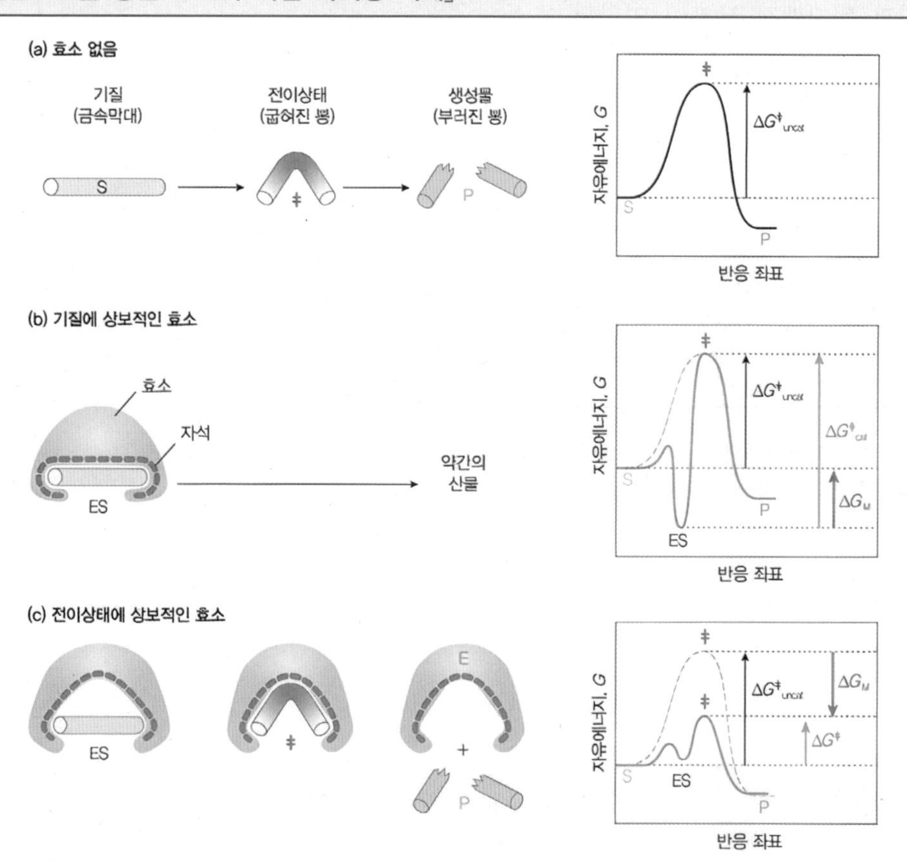

효소는 기질 그 자체와 상보적인 결합을 하는 것이 아니라 기질의 전환 상태(transition state)와 상보적인 결합을 하게 됨으로써 기질을 생성물로 전환시킬 수 있게 됨

㉡ 반응 후 재이용됨. 즉, 촉매작용이 끝난 효소 자신은 변하지 않으므로 소량의 효소로도 다량의 기질을 전환시킬 수 있음
㉢ 효소는 주로 단백질로 구성되어 있으므로 온도의 변화나 pH의 변화에 민감함
㉣ 효소는 활성화 에너지를 감소시킬 뿐 자유에너지 변화에는 영향을 주지 않으므로 평형상수(K_{eq})는 변하지 않고 반응속도만 증가하게 됨

3 효소의 구성

(1) 단순단백질 효소

단백질로만 구성된 효소 ex. 아밀라아제, 펩신, 리파아제 등의 소화효소

(2) 복합단백질 효소

단백질과 비단백질 부분이 연합된 효소
㉠ 주효소(aopenzyme): 효소의 단백질 부위
㉡ 보조인자(cofactor): 효소의 비단백질 부위로, 효소활성에 결정적인 역할을 수행하는데 주효소와 영구적으로 결합된 보조인자를 보결족(prosthetic group)이라고 함

운반체 역할 수행 보조효소	운반 물질	포유동물에서의 식이성 전구체
coenzyme A	아실기	판토텐산과 그 외 화합물
FAD	전자	비타민B_{12}
NAD^{+}	전자	니코틴산(니아신)

ⓐ 조효소(coenzyme): 유기물로 구성된 보조인자 ex. NAD^{+}, FAD 등
ⓑ 무기물: 금속원소 ex. Mg, Fe 등

4 효소의 종류

종류	기능
산화·환원 효소(oxidoreductase)	전자의 전이에 관여함 ex. oxidase, dehydrogenase
전이 효소(transferase)	특정 작용기를 다른 물질로 옮겨 줌 ex. kinase, transferase
가수 분해 효소(hydrolase)	물을 첨가하여 물질을 분해 ex. 각종 소화효소
리아제(lyase)	기질에서 원자단을 제거하거나 첨가하는 반응을 돕는 효소이며 동시에 새로운 이중결합 또는 고리구조를 만들기도 함 ex. decarboxylase
이성질화 효소(isomerase)	기질의 분자식을 변화시키지 않고, 분자의 구조만 변화시킴
연결 효소(ligase)	ATP 분해와 짝지어진 축반반응에 의해서 공유결합을 형성함

5 효소 반응에 영향을 주는 요인

(1) 온도

온도의 증가는 반응속도를 증가를 초래할 수 있지만 효소가 변성되는 온도 이상에서는 급격히 효소의 활성이 감소함

㉠ 최대반응속도를 나타내는 온도를 최적 온도(optimum temperature)라고 함. 서로 다른 생명체의 효소 최적온도는 서로 다를 가능성이 있음

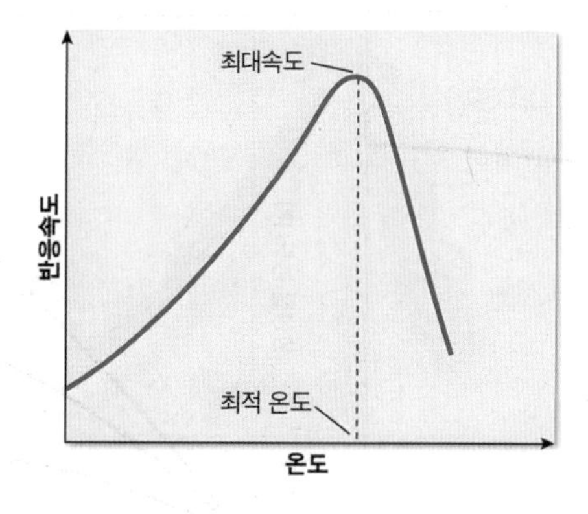

(2) pH

효소는 최적 pH에서 가장 활성이 높음

㉠ 최적 pH에서는 효소 활성부위의 proton 공여기 및 수용기, 효소-기질 복합체 그리고 기질이 적당한 이온화 상태가 되어 기질과의 친화성이 증가하므로 반응속도가 최대로 됨

㉡ 세포 내에서는 각 부위의 pH가 정확하게 유지되어 효소반응이 효율적임

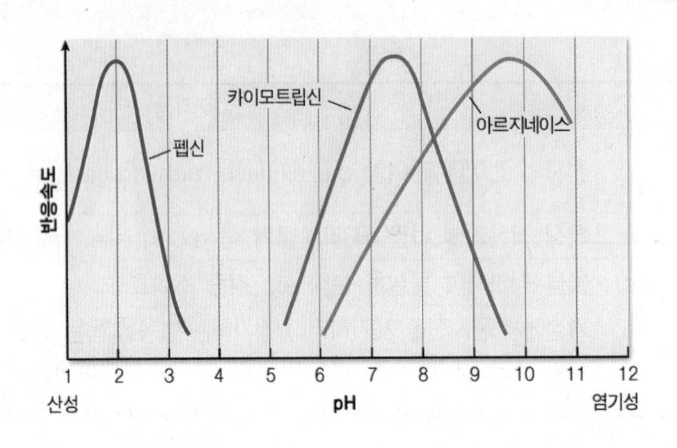

6 효소 반응 속도론

(1) 기질의 농도와 반응속도와의 관계

일정량의 효소가 기질을 생성물로 변환시키는 속도는 부분적으로 기질의 최초농도의 함수임

㉠ Michaelis-Menten equation: 단일 기질에 대한 효소 반응의 속도식이며 K_m값이 작고 [S]가 클수록 V값은 크므로 반응속도가 빠른 것으로 간주함

$$v = \frac{[S]}{k_m + [S]} V_{max}$$

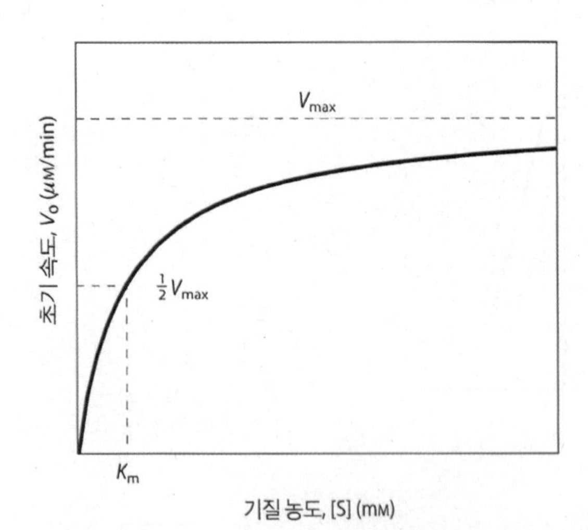

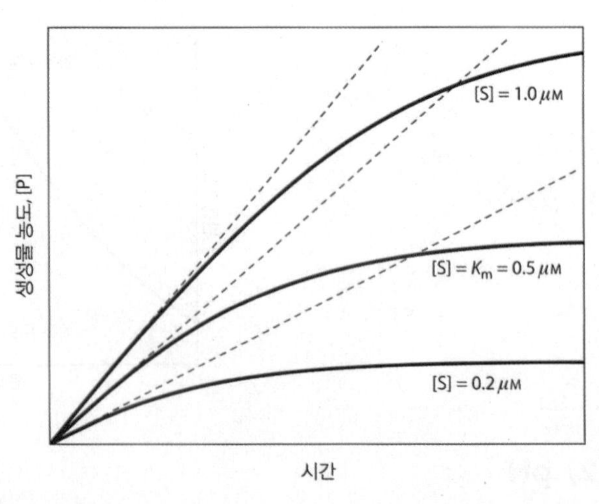

- V_{max}: 기질농도가 증가함에 따라 초기반응속도(V_0)는 빠르게 증가하지만 기질의 농도가 높아지면서 더 이상 초기반응속도는 증가하지 않는데 이 때의 반응속도를 가리킴
- K_m: 초기반응속도가 최대반응속도(V_{max})의 1/2에 도달할 때의 기질의 농도를 가리킴

㉡ Lineweaver-Burk equation: Michaelis-Menten equation에 역수를 취하여 직선의 방정식

$$\frac{1}{v}=\left(\frac{K_m+[S]}{[S]}\right)\frac{1}{v_{max}} \qquad \frac{1}{v}=\frac{K_m}{v_{max}}\frac{1}{[S]}+\frac{1}{v_{max}}$$

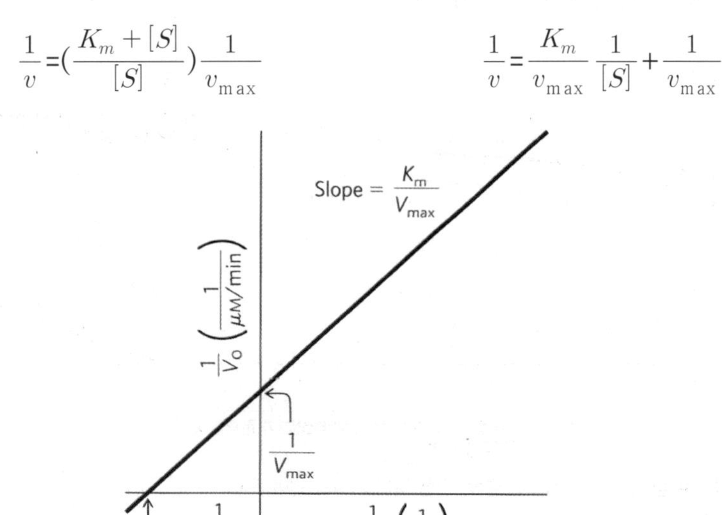

V_{max}: y편값의 역수가 됨

K_m: x절편값의 역수가 됨

㉢ 속도론에서의 매개변수 의미 고찰

ⓐ K_m: K_m값은 효소에 따라서 아주 다르며 또한 같은 효소일지라도 기질에 따라서 다름. 때로 K_m값은 효소의 기질에 대한 친화도의 지표로 사용되는데 K_m값이 작을수록 효소의 기질 친화력이 높다고 간주함

ⓑ k_{cat}: 효소-촉매 반응의 포화 상태에 있어서 속도제한 단계의 속도를 나타내는 데에는 보다 일반적인 속도상수 k_{cat}을 정의하면 편리한데 Michaelis-Menten equation에서 $k_{cat}=V_{max}/[E_t]$ 가 되며 식은 다음과 같이 정리됨

$$V_0=\frac{k_{cat}[E_t][S]}{K_m+[S]}$$

이것은 도한 대사전환수(turnover number)라고도 부르는데 효소가 기질로 포화되었을 때 한 개의 효소 분자에 의해서 단위 시간당 생성물로 바뀌는 기질 분자의 수를 말하는 것임

ⓒ k_{cat}/K_m: 특이성 상수(specificity constant)라고 하며 효소의 속도론 효율성을 평가하는데 이용됨. [S]《Km일 때 식은 다음과 같이 정리됨

$$V_0=\frac{k_{cat}}{K_m}[E_t][S]$$

(2) 효소 활성의 조절 1 - 효소의 억제를 통한 반응속도 조절

㉠ 가역적 저해(reversible inhibition)

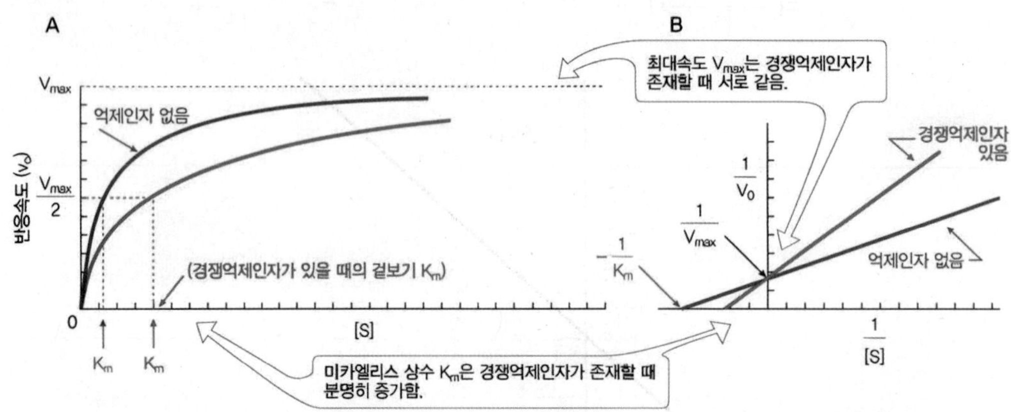

경쟁적 억제인자 : 활성부위에 경쟁적으로 결합, 기질 특히 기질의 전이상태와 유사
V_{max} 동일, K_m 증가

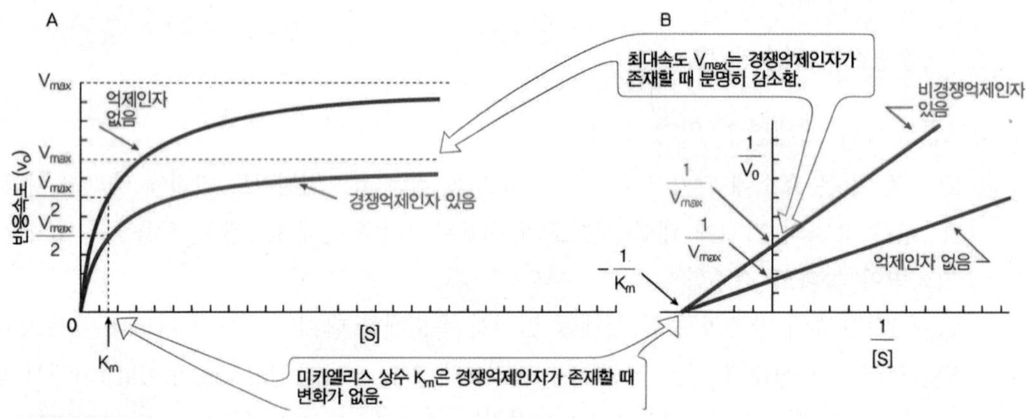

비경쟁적 억제인자 : 효소의 활성부위가 아닌 곳(allosteric 자리)에 결합
V_{max} 감소, K_m 동일

ⓐ 경쟁적 저해(competitive inhibition): 경쟁적 저해제는 효소가 기질과 결합하거나 저해제와 결합할 수 있지만 둘 모두와 결합하지는 못하는 것을 이용하여 기질에 결합하는 효소의 비율을 감소시킴으로써 반응을 저해함. 경쟁적 저해제를 처리하면 K_m값은 증가하나, V_{max}값은 일정함

ⓑ 비경쟁적 저해(noncompetitive inhibition): 혼합성 저해(mixed inhibition)의 일종인데 혼합성 저해란 기질이 결합하는 활성부위와 다른 곳에 결합하지만 효소나 혹은 효소-기질 복합체에 결합할 수 있어서 전환속도를 감소시키게 됨. 일반적인 혼합형 저해시에는 K_m값이 증가하고 V_{max}는 감소하지만 비경쟁적 저해의 경우 K_m값은 변화 없고 V_{max}값만 감소하게 됨

㉡ 비가역적 저해(irreversible inhibition): 비가역적 저해제는 효소의 활성에 중요한 작용기와 공유결합하거나 파괴하고 또는 특히 안정된 공유결합을 형성하여 효소 활성을 저해함

(3) 효소 활성의 조절 2 - 알로스테릭 조절

㉠ 알로스테릭 조절자(allosteric modulator): 효소의 조절부위에 가역적으로 결합하여 효소의 활성을 증가시키거나 감소시키며 피드백 조절 방식과 밀접한 관련이 있음

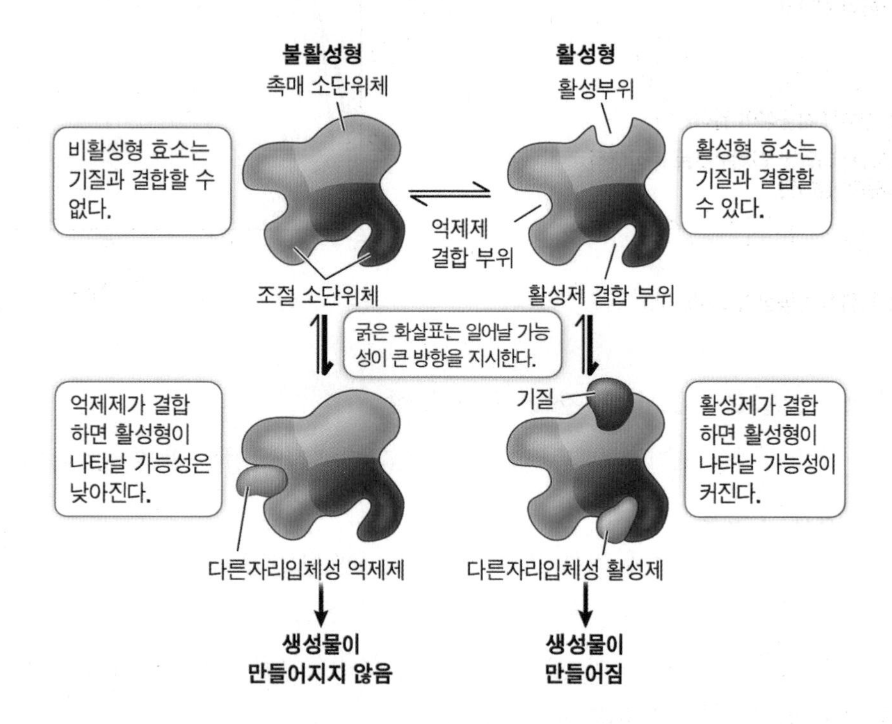

ⓐ 활성자(activator): 효소의 알로스테릭 조절 부위에 결합해서 효소의 활성을 증가시키는 물질

ⓑ 억제자(repressor): 효소의 알로스테릭 조절 부위에 결합해서 효소의 활성을 감소시키는 물질

㉡ 알로스테릭 효소의 특성

ⓐ 보통 2개 이상의 소단위체로 구성

ⓑ 조절자와 결합하여 입체형태의 변화가 유발됨

ⓒ 되먹임 조절(feedback regulation)에 참여하는 경우가 많음

ⓓ 협동성(cooperativity)의 양상을 보이는데 하나의 소단위 구조가 변화하면 인접한 소단위 구조 변화가 유발되어 활성화되어 S자 형태의 곡선을 그림

ⓔ 조절자가 기질 그 자체인 경우(homotropic)가 있고, 다른 종류의 대사산물인 경우(heterotropic)가 있음

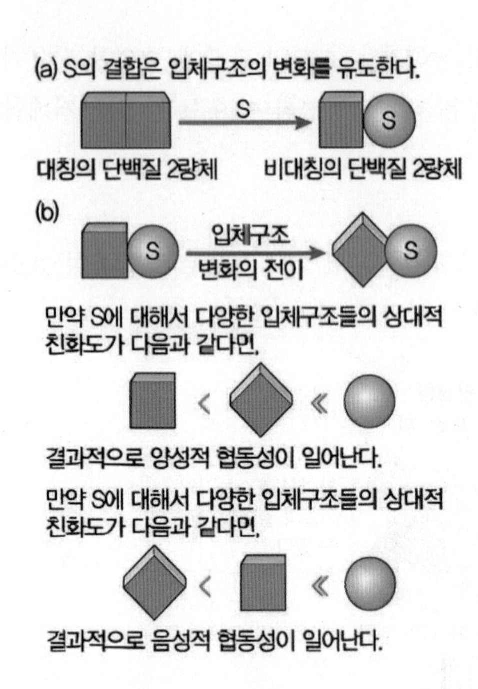

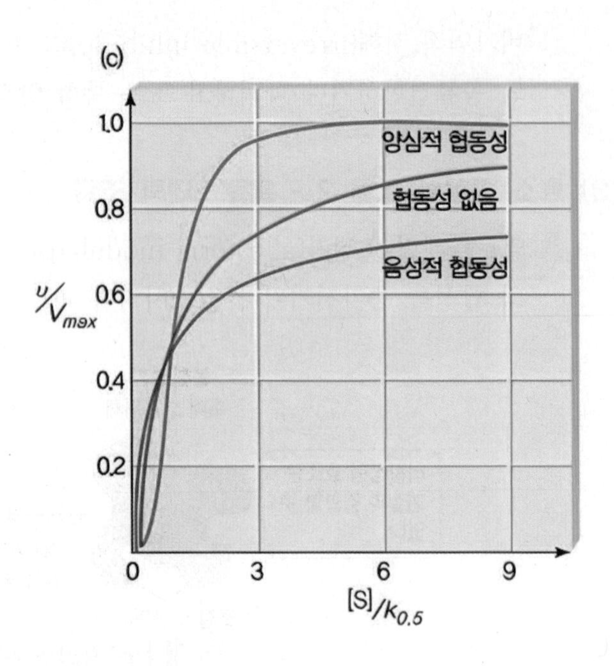

(4) 효소 활성의 조절 3 - 그 밖의 효소 활성 조절

㉠ 조절 단백질에 의한 조절: 칼모듈린과 같은 조절 단백질의 경우 많은 효소들의 활성을 조절하는 역할을 수행함

㉡ 가역적 공유결합성 변형에 의한 조절: 세린, 트레오닌, 티로신 잔기의 -OH기가 인산화되어 효소 활성이 조절되거나 특정 부위의 메틸화 등을 통해서도 효소 활성이 조절됨

㉢ 단백질 가수분해에 의한 조절: 일부 효소들은 불활성화된 상태(zymogen) 형태로 합성되는데 일부 펩티드가 절단되면서 활성화됨

「인산화에 의한 효소 활성화와 글리코겐 포스포릴라아제 활성의 조절」

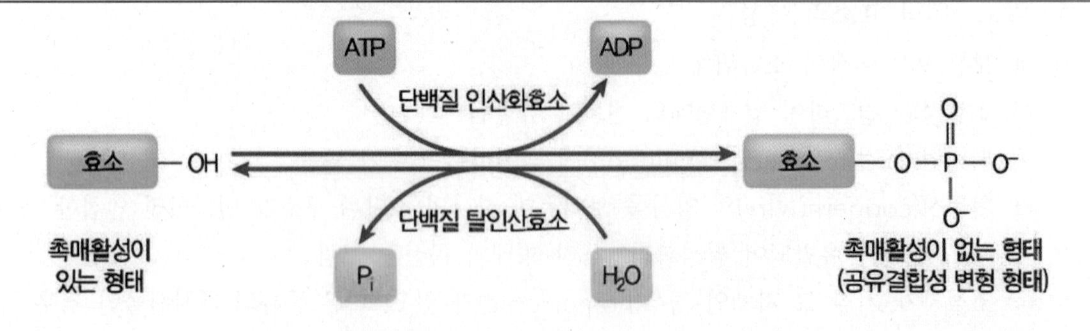

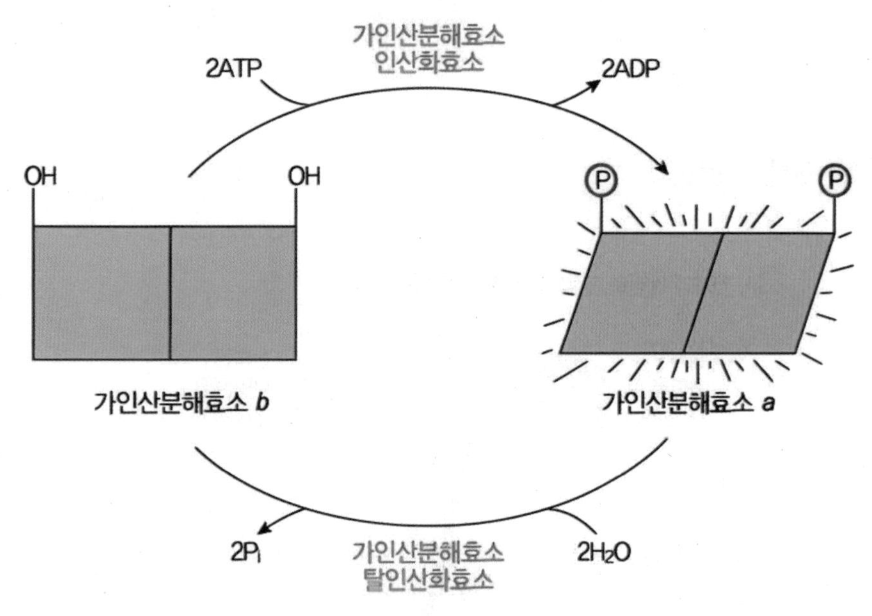

Ⓐ 일부 단백질의 활성은 카나아제에 의한 인산화와 탈인산화효소에 의한 탈인산화에 의해 조절됨

Ⓑ 활성효소인 포스포릴라이제 a는 각 소단위에 있는 하나의 특정 세린 잔기가 인산화된 상태임. 포스포릴라아제 a는 이 인산기들이 포스포릴라아제 포스파타아제에 의하여 제거되어 비교적 활성이 포스포릴라아제 b로 바뀜. 포스포릴라아제 b는 포스포릴라아제 키나아제의 작용에 의하여 포스포릴라아제 a로 재전환됨

「펩티드 절단에 의한 키모트립신과 트립신의 활성화」

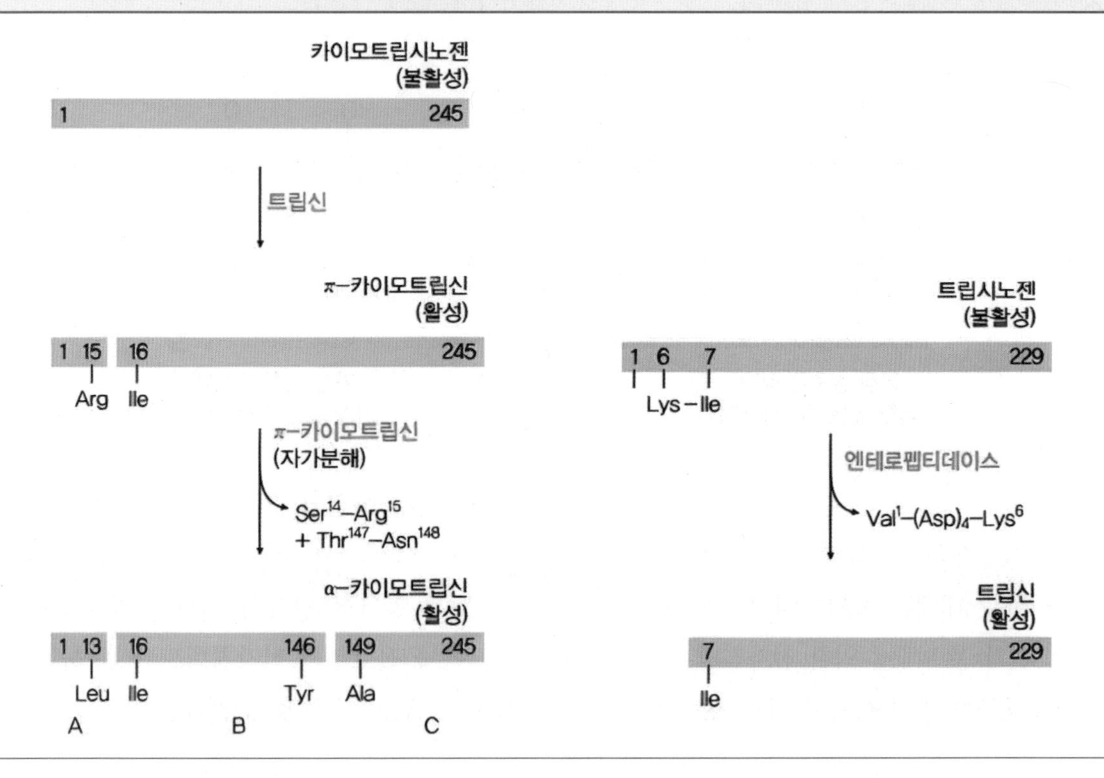

07 세포내 물질대사 I - 세포호흡

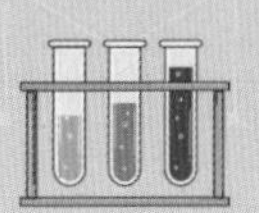

1 산화-환원 반응

(A) 전자가 완전히 전달되는 산화-환원 반응

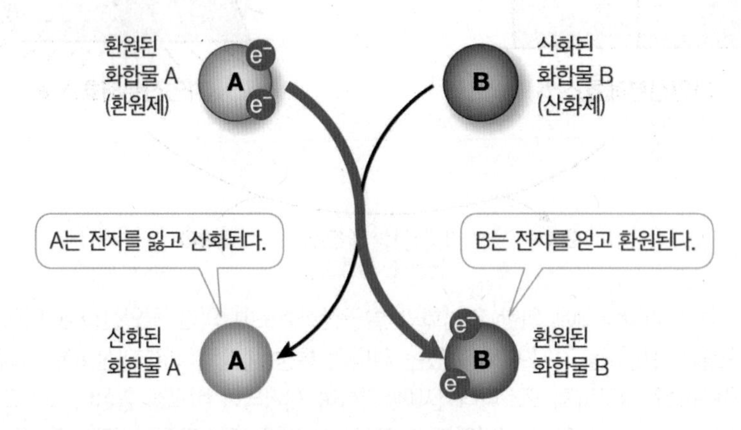

(B) 전자가 부분적으로 전달되는 산화-환원 반응

$$H_3C^{\delta+}-O^{\delta-}-H^{\delta+} \longrightarrow CH_4 + \frac{1}{2}O_2$$

메테인	메탄올	폼알데하이드	폼산	이산화탄소
(CH_4)	(CH_3OH)	(CH_2O)	(HCOOH)	(CO_2)

가장 환원된 상태
가장 높은 자유에너지

가장 산화된 상태
가장 낮은 자유에너지

㉠ A + B → A^+ + B^- 반응에서 A는 산화된 것이며, B는 환원된 것이고, A는 환원제라 하고 B는 산화제라고 함

㉡ 세포 내에는 NAD^+나 FAD 같은 전자 운반체들이 있어서 전자의 전달을 매개함

㉢ 전자 운반체에 의한 전자전달은 전자친화도가 작은 물질로부터 전자친화도가 큰 물질로 진행되는 과정으로, 여기서 생성된 에너지의 일부는 ATP 생성에 투입함

ⓐ 수소는 전자친화도가 상대적으로 작아 산화는 종종 탈수소화와 동일한 의미를 지니며 산화 반응을 촉매하는 많은 효소들은 탈수소효소(dehydrogenase)임

ⓑ 산화 반응시에 방출된 전자는 NAD^+와 FAD와 같은 전자운반체 조효소에 전해져 산화-환원 반응이 짝지어짐

「몇몇 전자 운반체의 구조」

Ⓐ NAD^+(nicotinamide adenine dinucleotide; 탈수효소의 조효소): $NAD^+ + 2e^- + 2H^+ \rightarrow NADH + H^+$

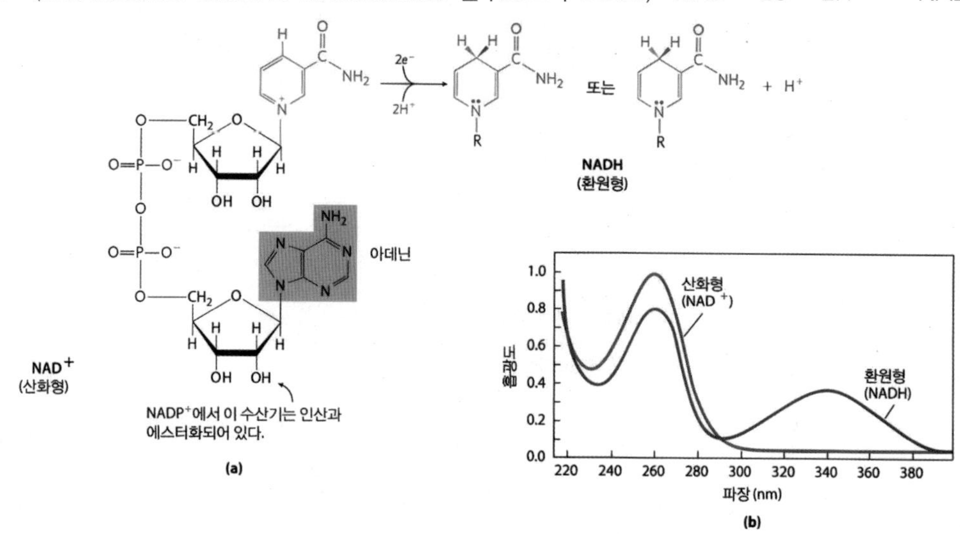

Ⓑ FAD(flavin adenine dinucleotide; 탈수소효소의 조효소): $FAD + 2e^- + 2H^+ \rightarrow FADH_2$

아이소알록사진 고리

FMN

FAD

$H^+ + e^-$

FADH• (FMNH•)
(세미퀴논)

$FADH_2$ ($FMNH_2$)
(완전히 환원된)

플라빈 아데닌 다이뉴클레오타이드(FAD)와
플라빈 모노뉴클레오타이드(FMN)

ⓒ Fe-S cluster: 전자전달계의 각종 전자전달 단백질에 포함된 구조임 ex. 시토크롬 c

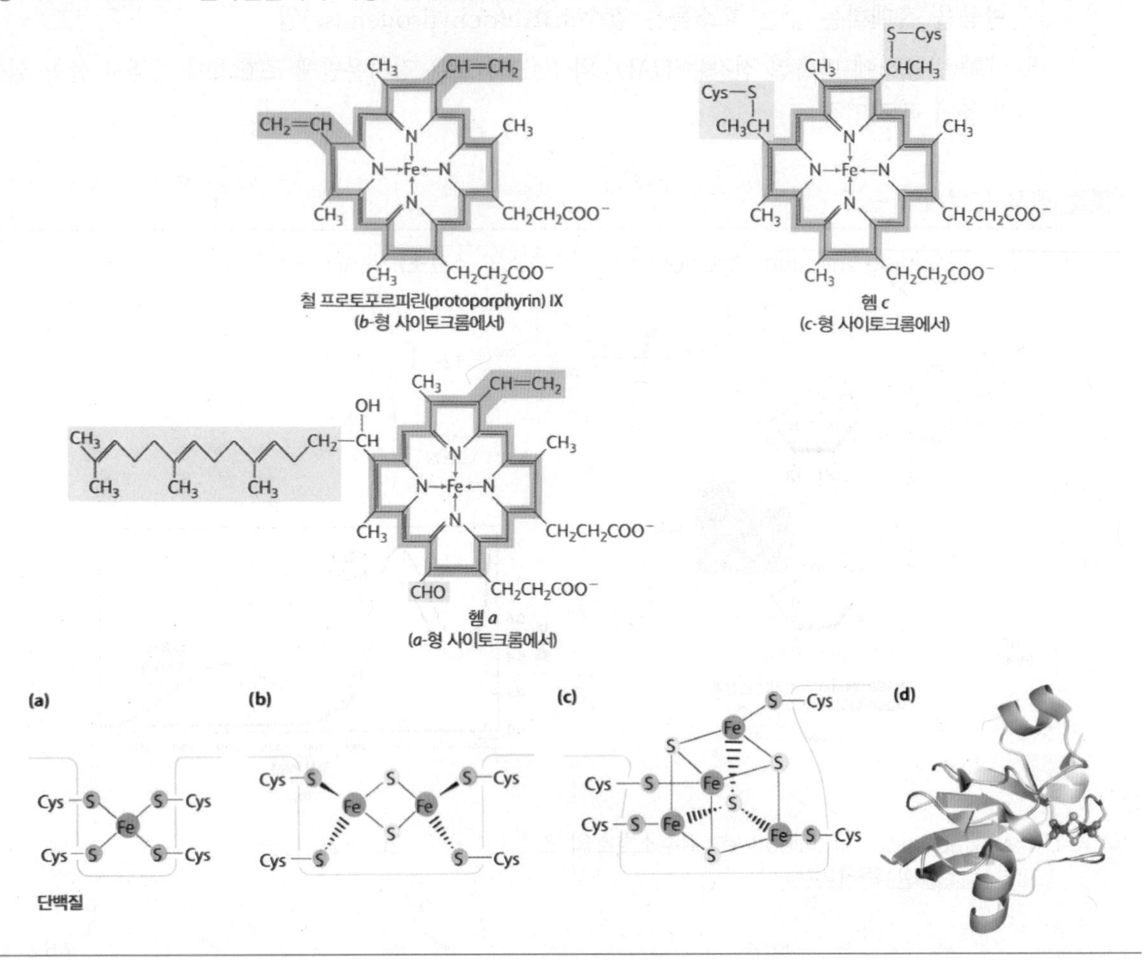

2 미토콘드리아의 구조

㉠ 외막(outer membrane): 포린이 있어 비교적 물질의 투과성이 좋음

㉡ 내막(inner membrane): 구불구불한 크리스테 구조이며 대부분의 물질에 대해 투과성이 낮고 막지질의 성분에 cardiolipin이 다량 함유되어 H^+와 같은 양이온에 대해 특히 투과성이 낮음. 막에는 ADP-ATP translocase, ATP 합성효소, P_i translocase, 전자전달 관련 효소 복합체 등이 존재함

㉢ 기질(matrix): 피루브산 탈수소효소 복합체, TCA 회로 관련 효소, 지방산 산화효소, 아미노산 산화효소 등을 포함하고 있으며 자체의 환형 DNA와 70S 리보솜을 지님

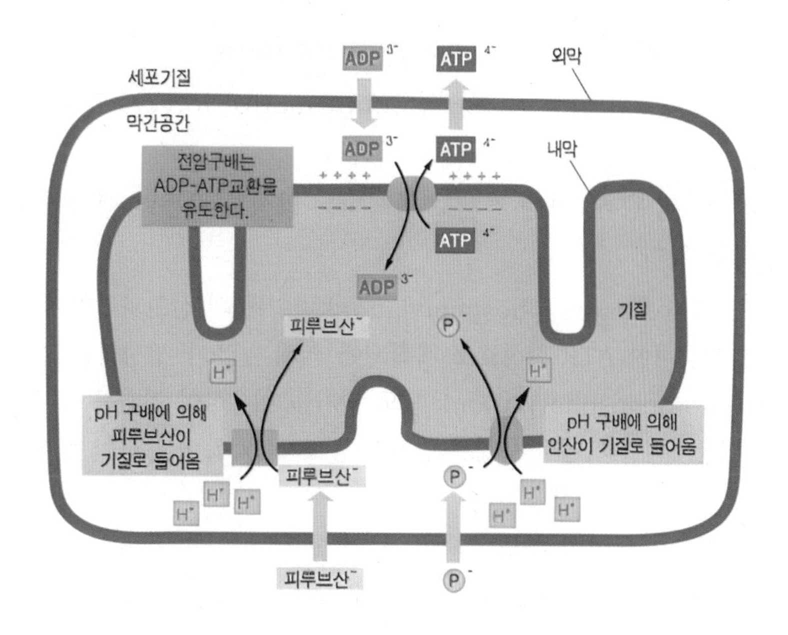

3 ATP 생성기작

(1) 기질 수준의 인산화(substrate-level phosphorylation)

기질에 존재하는 고에너지 결합의 유기인산의 자리옮김으로 ADP가 ATP로 인산화되는 과정

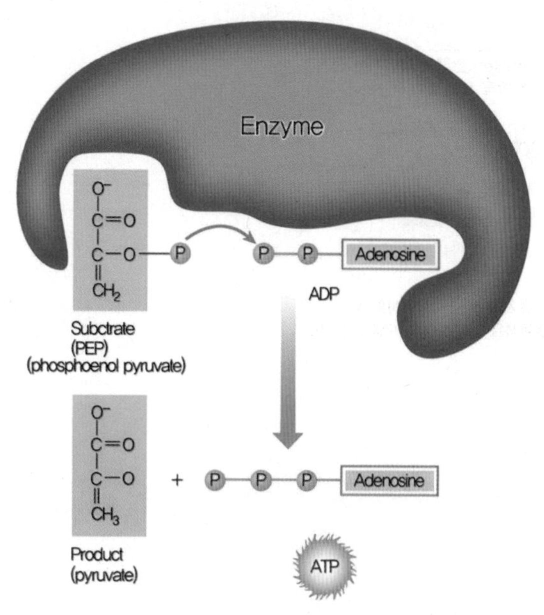

PEP를 사용한 기질수준 인산화

(2) 화학삼투인산화(chemiosmotic phosphorylatoion)

원형질막을 경계로 형성된 양성자 구동력(proton-motive force)을 이용하여 ATP 합성효소의 구조변화를 야기하여 ATP를 형성하는 기작임

㉠ 화학삼투 인산화의 종류: 막을 경계로 형성되는 양성자 구동력 형성에 기여하는 에너지의 근원에 따라 구분함

ⓐ 산화적 인산화(oxidative phosphorylation): 유기물의 산화과정에서 생성된 양성자 농도기울기를 이용하여 ATP 합성효소 복합체에 의해 ATP가 생성되는 과정

ⓑ 광인산화(photophosphorylation): 빛의 광자를 이용하여 전자를 흥분시킨 후 전자전달계를 따라 이동하는 과정에서 생성된 양성자 농도기울기를 이용하여 ATP 합성효소 복합체에 의해 ATP가 생성되는 과정

㉡ 화학삼투 인산화의 실험적 증명

ⓐ 미토콘드리아를 이용한 실험: 미토콘드리아를 분리한 후 pH가 높은 용액에 넣으면 미토콘드리아 내부의 H^+ 농도가 낮아짐. 이후 미토콘드리아를 pH가 낮은 용액에 옮겨서 ATP 생성을 조사해보니 ATP 생성이 확인됨

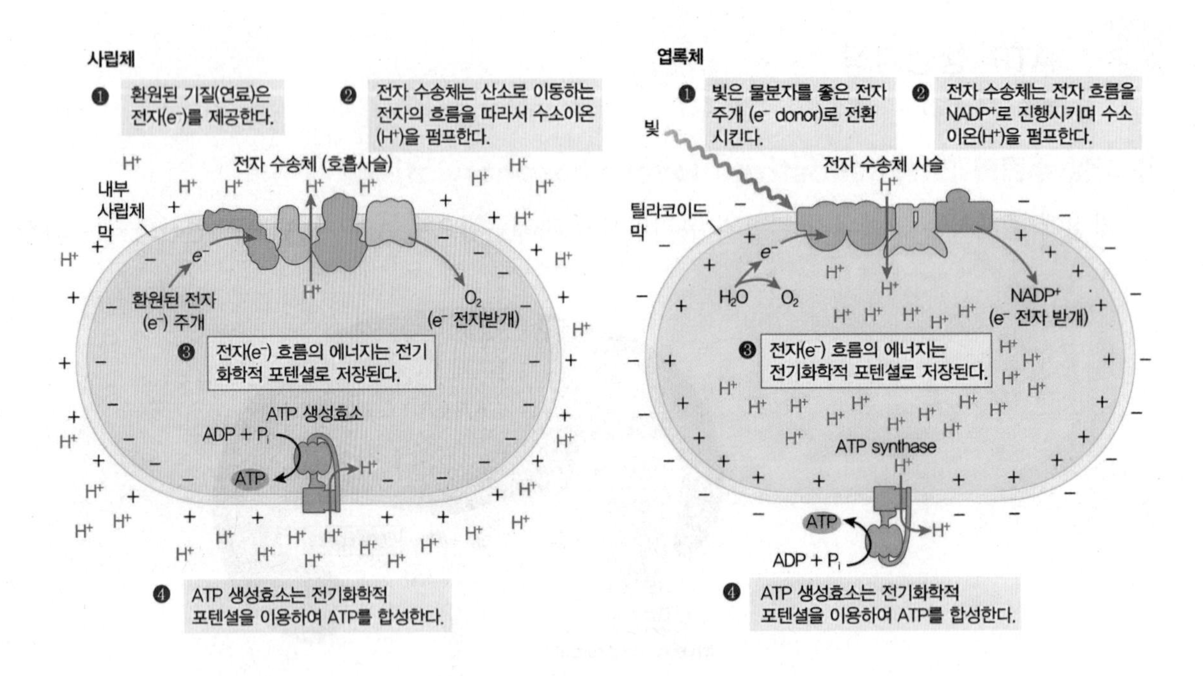

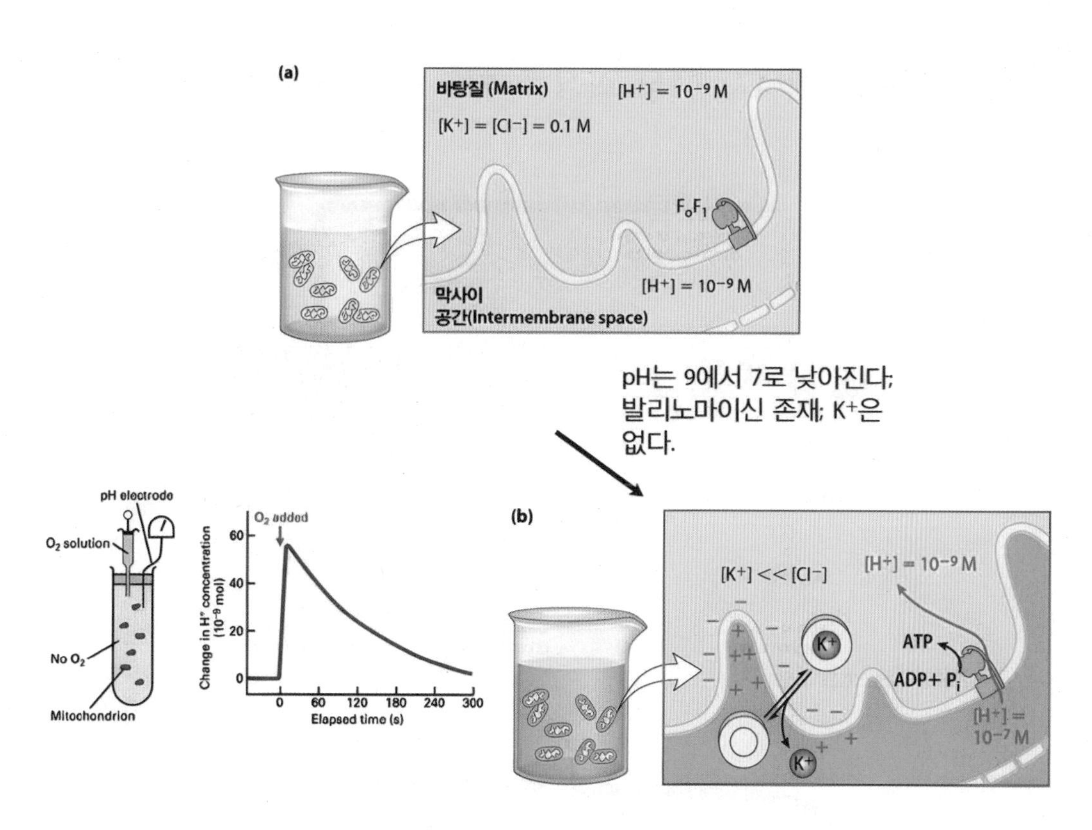

ⓑ 엽록체를 이용한 실험: 엽록체를 분리하여 빛이 없는 상태에서 pH가 낮은 용액에 장기간 담궈두면 엽록체 전체에 다량의 H+가 유입되는데 이 엽록체를 높은 pH 용액으로 이동시키게 되면 틸라코이드 외부로 H+가 유출되면서 ATP 생성이 확인됨

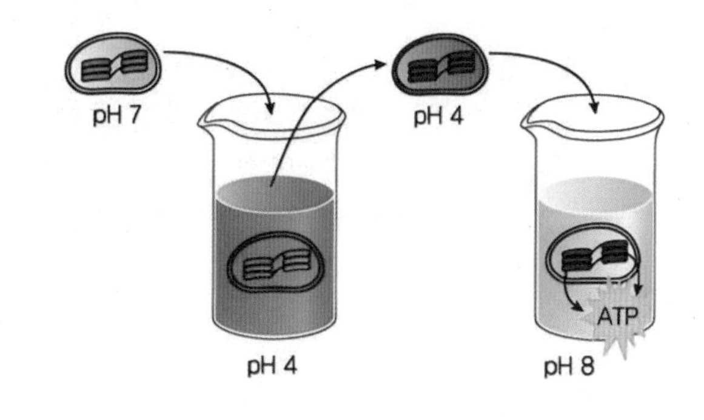

화학삼투 인산화의 증명

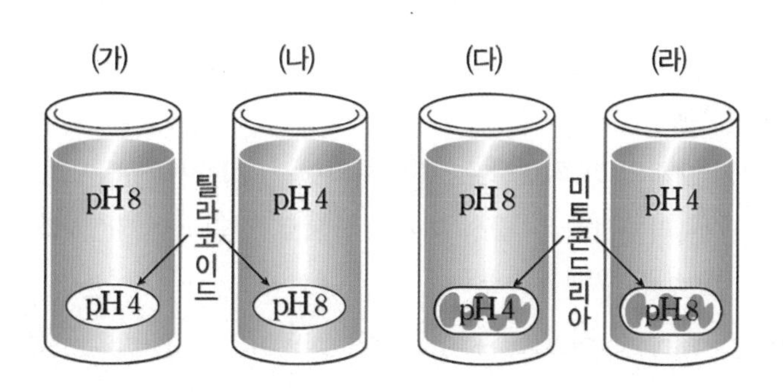

4 당을 이용한 에너지 생성 과정

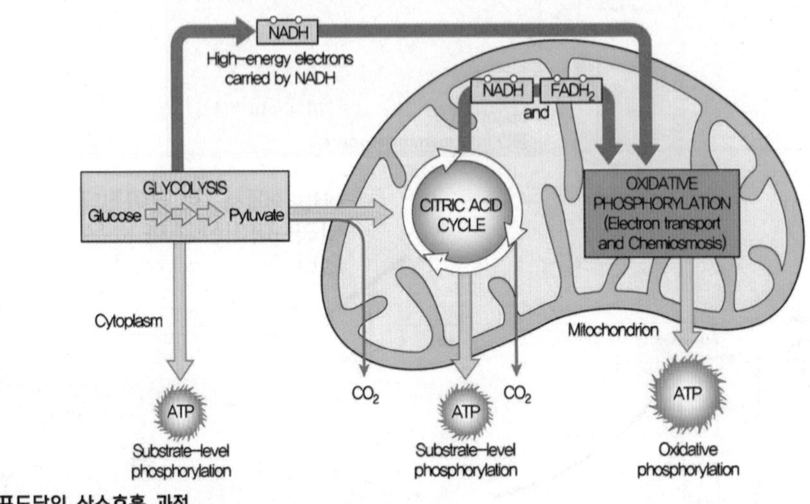

포도당의 산소호흡 과정

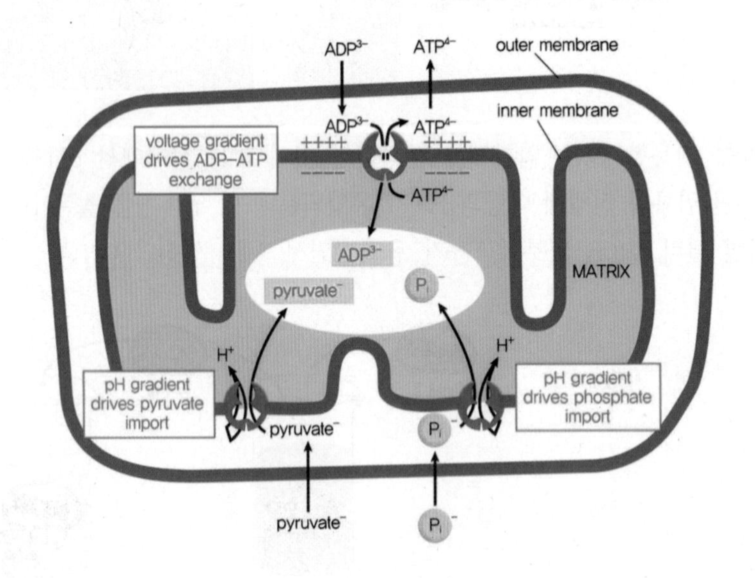

(1) 해당과정(glycolysis)

포도당을 2분자의 피루브산으로 분해시켜 에너지를 생성하는 과정

㉠ 해당과정의 특징

ⓐ 세포질에서 진행됨

ⓑ 포도당 1분자가 2개의 피루브산으로 분해되면서 2분자의 ATP와 2분자의 NADH가 형성

ⓒ 산소가 있을 경우 피루브산은 활성 아세트산으로 전환되어 TCA회로를 진행시키지만, 산소가 없을 경우 발효를 진행함

ⓓ 준비단계(preparatory phase)와 생성단계(payoff phase)로 구분함

1. 준비단계: 안정한 포도당에 2ATP를 사용하여 산화하기 쉬운 2개의 G3P로 분해하여 산화를 준비하는 단계로 전체적으로는 자유에너지가 증가하는 에너지 투입 단계임
2. 생성단계: 산화하기 쉬운 G3P를 피루브산으로 산화시켜 NADH와 ATP를 생성하는 과정으로 에너지 방출 단계임

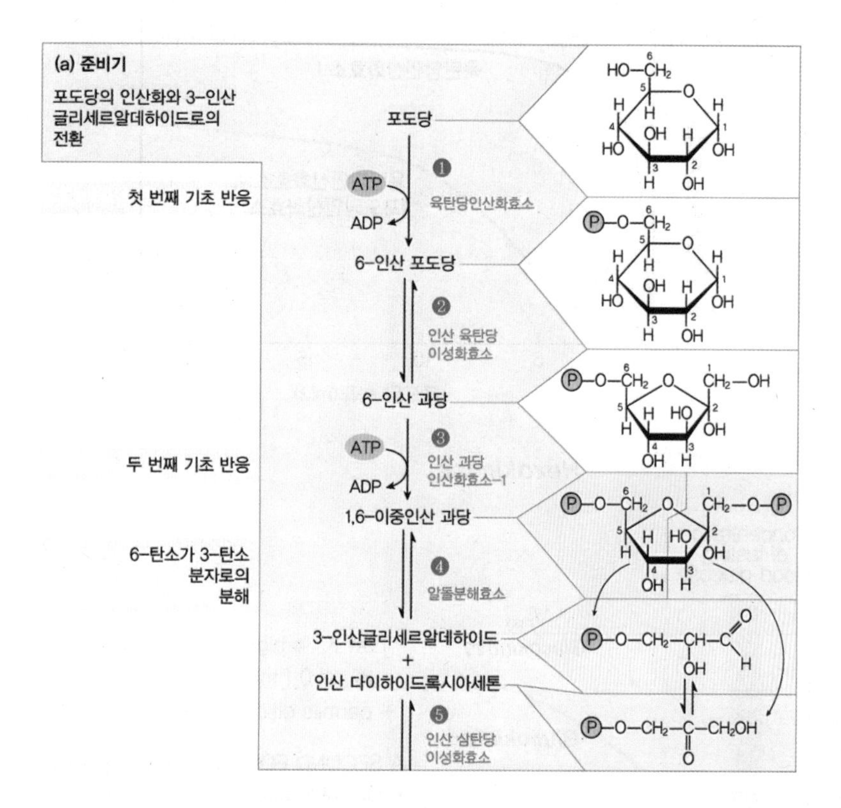

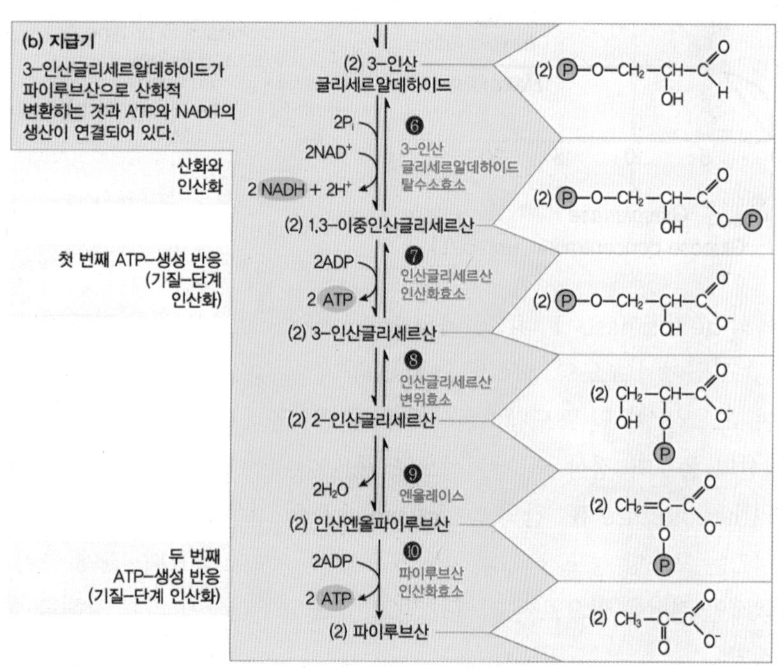

㉡ 해당과정의 조절

ⓐ hexokinase: 간과 근육에 같은 기능을 수행하지만 서로 다른 단백질 효소인 동종효소가 존재함. 근육의 hexokinase Ⅰ~Ⅲ와 간의 hexokinase Ⅳ가 그것임

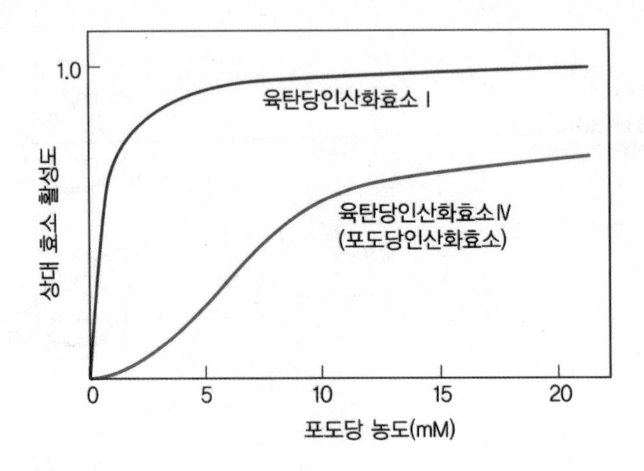

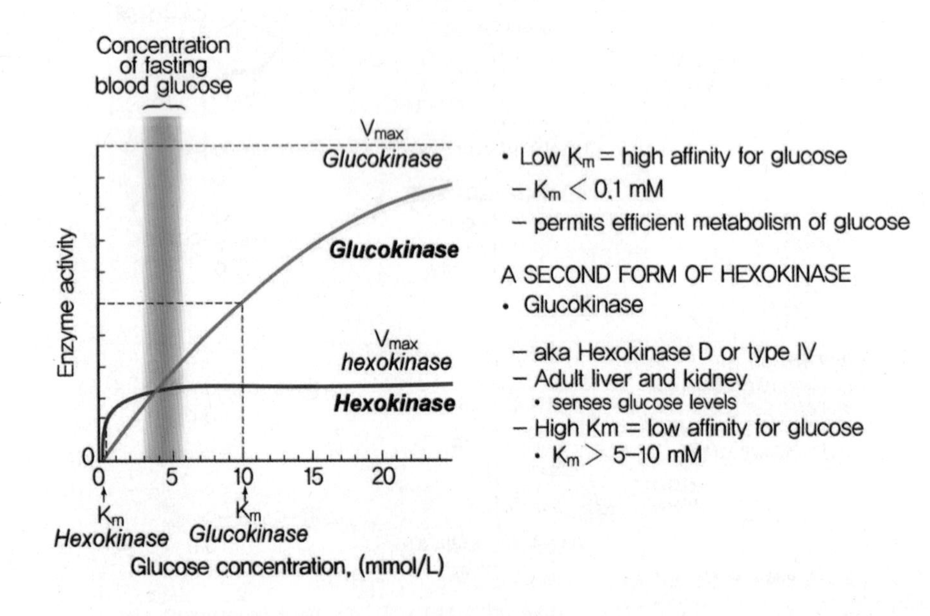

1. 근육의 hexokinase Ⅰ, Ⅱ: 근육의 hexokinase Ⅰ, Ⅱ 등은 포도당에 대한 높은 친화력을 갖고 있어서 포도당 농도가 4~5mM인 경우 해당 hexokinase는 V_{max}에 가깝게 작용하며 효소 생성물인 포도당 6인산에 의해 알로스테릭 저해를 받기 때문에 세포 내 포도당 6인산의 농도가 정상 수준 이상으로 올라가는 경우 효소 활성이 떨어지게 됨
2. 간의 hexokinase Ⅳ: 간의 hexokinase Ⅳ의 경우 hexokinase Ⅰ, Ⅱ에 비해 50% 포화시키는 포도당 농도가 정상 혈중 포도당 농도보다 높으며, 간에 특이적인 조절단백질과 가역적인 결합을 함으로써 저해를 받고, 포도당 6인산에 의해 저해를 받지 않는다는 점이 특징임

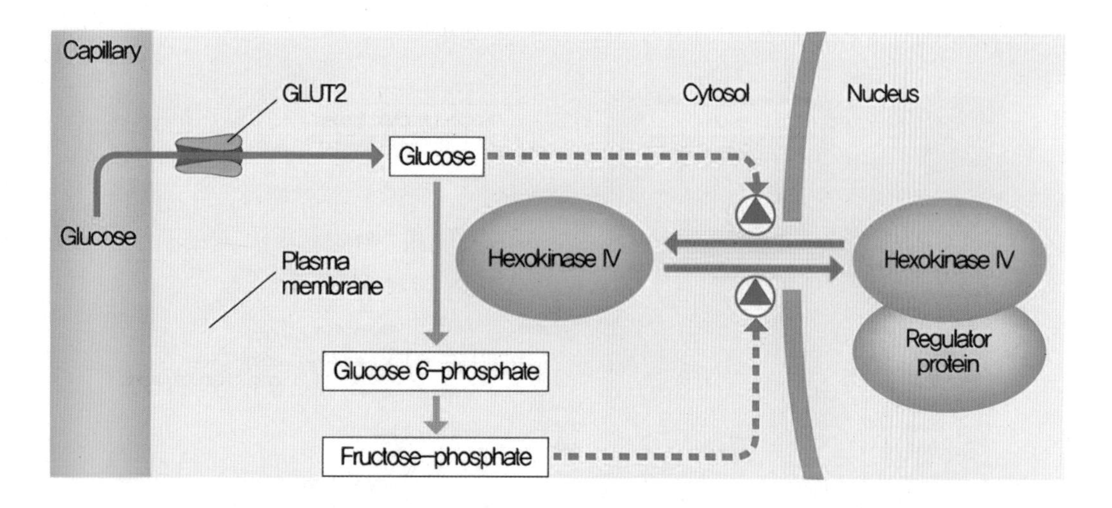

ⓑ phosphofructokinase-1(PFK-1): 해당과정을 조절하는 주요 효소로 여러 가지 물질에 의해 활성이 조절됨

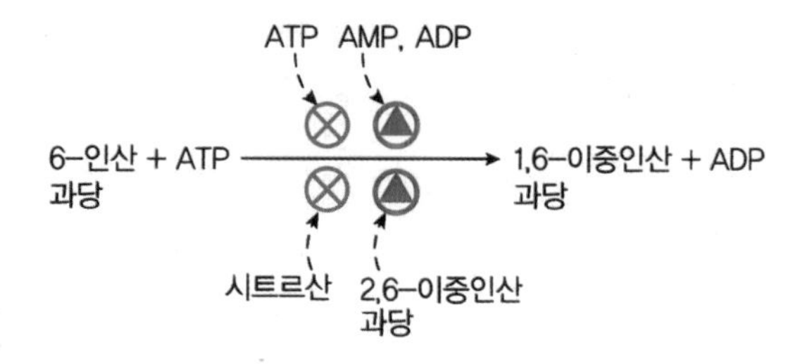

1. ATP: 알로스테릭 억제를 하여 과당6인산에 대한 친화력을 감소시킴

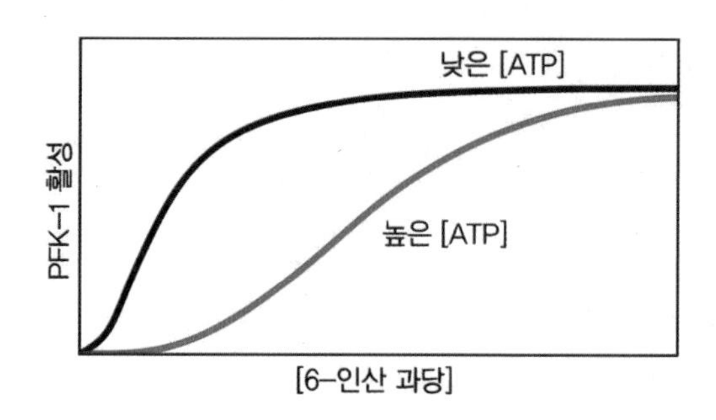

2. ADP, AMP: ATP의 억제효과를 감소시켜 PFK의 활성을 증가시킴
3. 시트르산: ATP의 저해효과를 증가시켜 포도당의 당분해 과정을 더욱 어렵게 함
4. 과당2,6 이인산: 알로스테릭 활성 촉진에 의해 과당 6인산에 대한 친화력을 증가시킴

ⓒ pyruvate kinase: 해당 과정에서의 최종 조절자

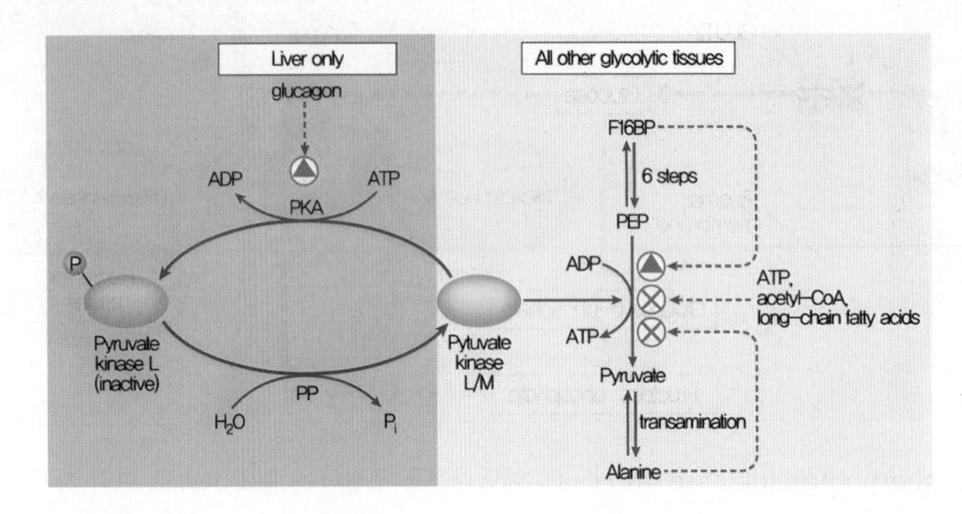

1. 과당 1,6 이인산에 의해 활성이 촉진됨
2. ATP, 알라닌, 아세틸-CoA, 긴 지방산 등에 의해 억제됨
3. 인산화되면 억제됨

ⓒ 글리코겐, 이당류 등의 해당과정 준비기로의 유입 과정

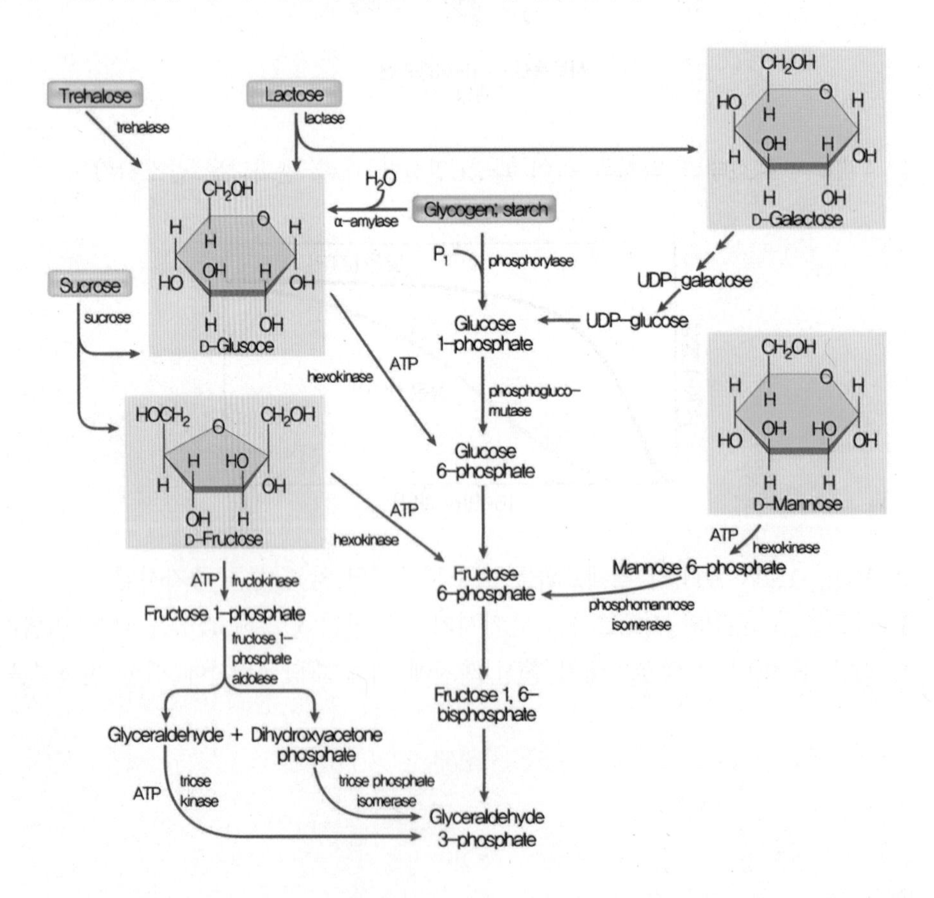

ⓐ 글리코겐과 녹말의 가인산분해: 동물 조직의 글리코겐과 식물의 녹말은 각각 글리코겐 가인산분해효소(glycogen phosphorylase)와 녹말 가인산분해효소(strach phosphorylase)에 의해 분해됨. 이 효소는 Pi가 2개의 포도당 잔기를 연결하는 $\alpha 1 \rightarrow 4$ 글리코시드 결합을 공격하는 것을 촉매하여 포도당 1인산과 포도당 잔기 수가 하나 짧은 중합체를 생성하게 됨. 글리코겐 가인산분해효소는 그 작용이 멈추게 되는 $\alpha 1 \rightarrow 6$ 분지점에 도달할 때까지 작용하고 가지제거 효소(debranching enzyme)가 분지를 제거함

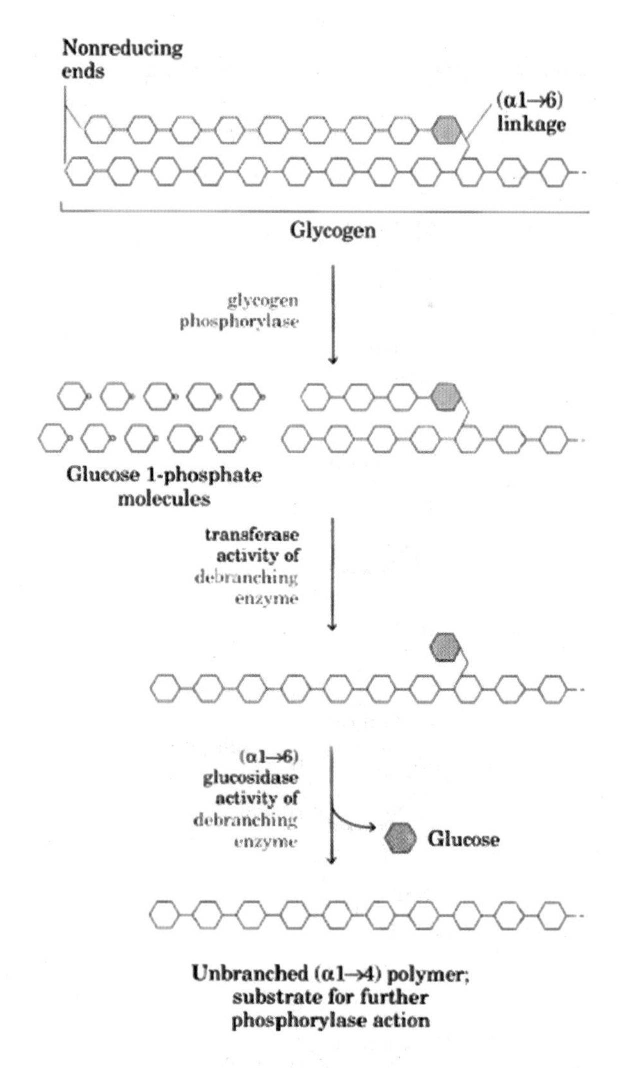

ⓑ 글리코겐 가인산분해효소에 의해 형성된 포도당 1인산은 phosphoglucomutase에 의해 포도당 6인산으로 전환되는데 포도당 6인산은 해당과정이나 오탄당 인산 경로로 진입하게 됨

ⓒ 다당류와 이당류와 가수분해: 녹말이나 글리코겐은 α-아밀라아제에 의해 가수분해되며 그렇게 해서 분해된 올리고당과 각종 이당류는 소장의 각종 효소들에 의해 가수분해됨

덱스트린+n$H_2O \xrightarrow[dextrinase]{}$ nD-포도당

엿당+$H_2O \xrightarrow[maltase]{}$ 2D-포도당

젖당+$H_2O \xrightarrow[lactase]{}$ D-갈락토오스+D-포도당

설탕+$H_2O \xrightarrow[sucrase]{}$ D-과당+D-포도당

ⓓ 그 외 단당류의 해당과정 진입 경로

과당+ATP $\xrightarrow[hexokinase]{Mg^{2+}}$ 과당6인산+ADP

과당+ATP $\xrightarrow[fructokinase]{Mg^{2+}}$ 과당1인산+ADP과당1인산 $\xrightarrow[fructose1-phosphate\,aldolase]{}$ 디하이드록시아세톤 인산+글리세르알데히드글리세르알데히드+ATP $\xrightarrow[triose\,kinase]{Mg^{2+}}$ 글리세르알데히드3인산+ADP

ⓔ 갈락토오스의 포도당 1인산으로의 전환: 다음과 같은 대사과정에 참여하는 효소 중 하나라도 결핍이 되면 갈락토오스 혈증(galactosemia)이 유발됨. 유아의 경우 갈락토오스 대사물질인 갈락티톨의 축적으로 백내장이 생김

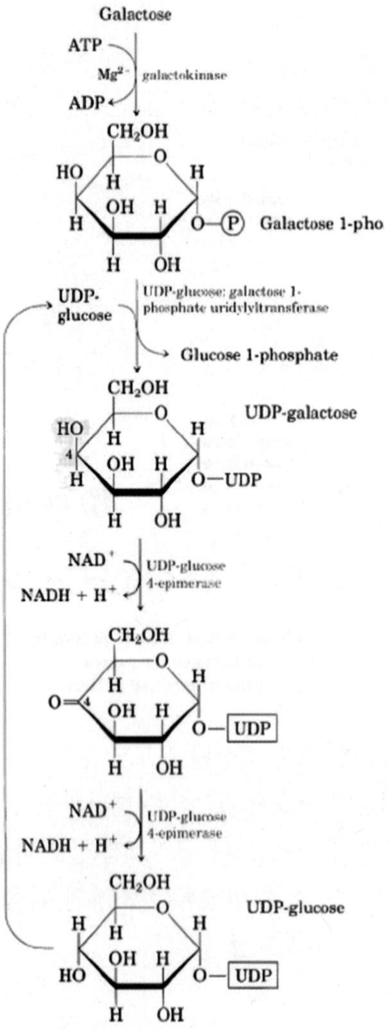

(2) 오탄당 인산 경로(pentose phophate pathway)

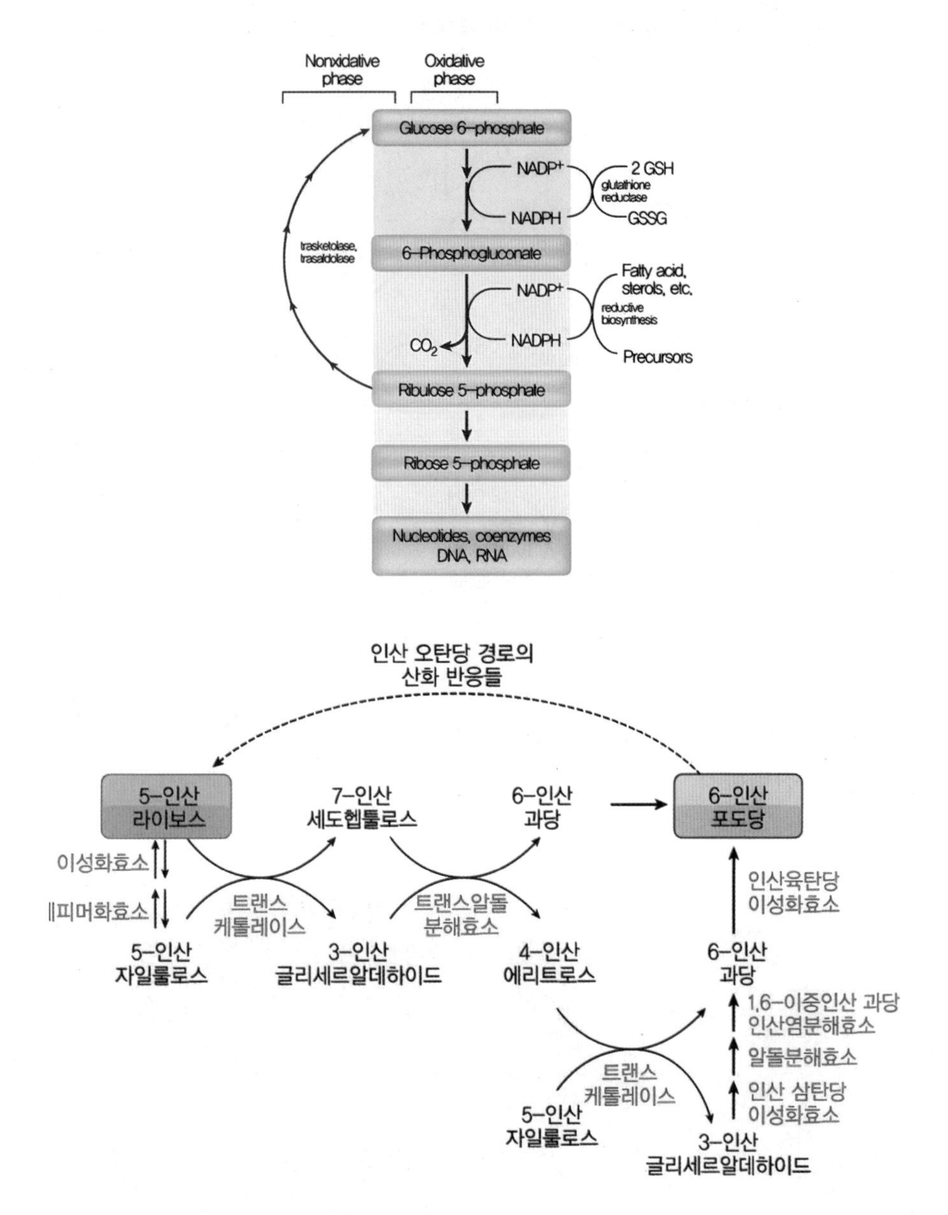

㉠ 골수, 피부, 소장의 점막 등과 같이 빠르게 분열하는 조직은 육탄당을 오탄당으로 전환시키고 RNA, DNA, ATP, NADH, $FADH_2$, coenzyme A 등의 합성에 이용함

㉡ 광범위한 지방산 합성이 일어나는 조직 또는 콜레스테롤과 스테로이드 호르몬의 합성이 매우 활발한 조직은 NADPH를 필요로 하므로 $NADP^+$의 환원과정이 활발히 일어남

㉢ 환원형 글루타티온(GSH)은 과산화수소나 하이드록실 라디칼을 파괴하여 세포를 보호하는데 산화형 글루타티온(GSSG)으로부터 GSH가 재생되는 과정에는 glucose 6-phosphate dehydrogenase(G6PD)의 촉매작용을 통해 형성된 NADPH가 필요함

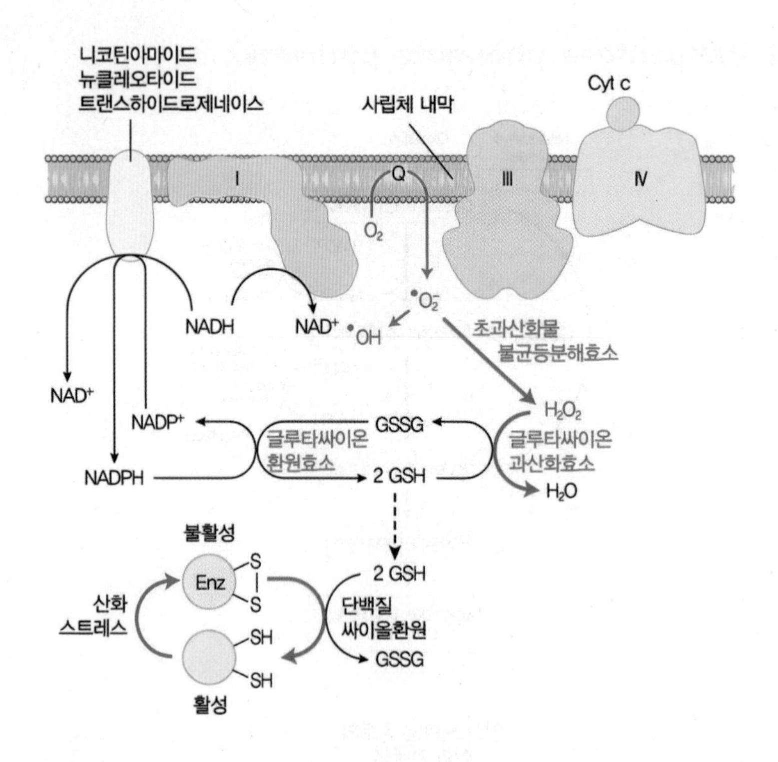

(3) 피루브산의 탈탄산 과정

시트르산 회로로 진입하기 전에 당질은 탄소 골격이 분해되어 아세틸-CoA의 아세틸기로 분해되어야 함

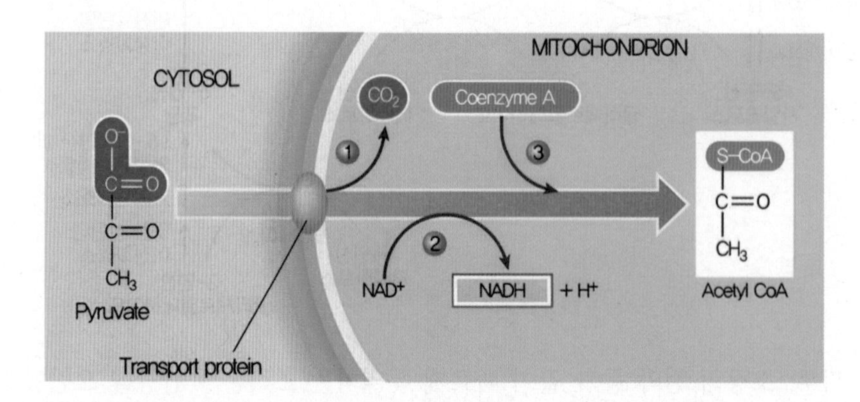

㉠ 피루브산의 미토콘드리아로의 진입: 해당과정의 산물인 피루브산은 미토콘드리아 내막의 막단백질을 통해 H^+와 함께 미토콘드리아 기질로 공동수송됨

㉡ 피루브산의 탈탄산 과정의 특징: 전체적으로 이 반응은 산화적 탈탄산과정(oxidative decarboxylation)임

ⓐ 피루브산 탈수소효소 복합체(pyruvate dehydrogenase complex)에 의해 피루브산의 카르복실기가 CO_2 분자로 제거되고 남은 2개의 탄소는 아세틸-CoA의 아세틸기가 되며 NAD^+는 환원되어 NADH가 됨

ⓑ 피루브산이 아세틸-CoA가 되는 본 반응은 비가역적임. 즉, 방사능으로 표지한 CO_2는 아세틸-CoA와 재결합하여 카르복실기가 표지된 피루브산을 생성할 수 없음

(4) TCA 회로(tricarboxylic acid cycle)

시트로산 회로 또는 크렙스 회로라고도 하며 유기물질의 고에너지 전자를 확보하여 산소를 통한 산화를 통해 더 많은 에너지를 얻도록 하는데 목적이 있음

㉠ TCA회로의 과정

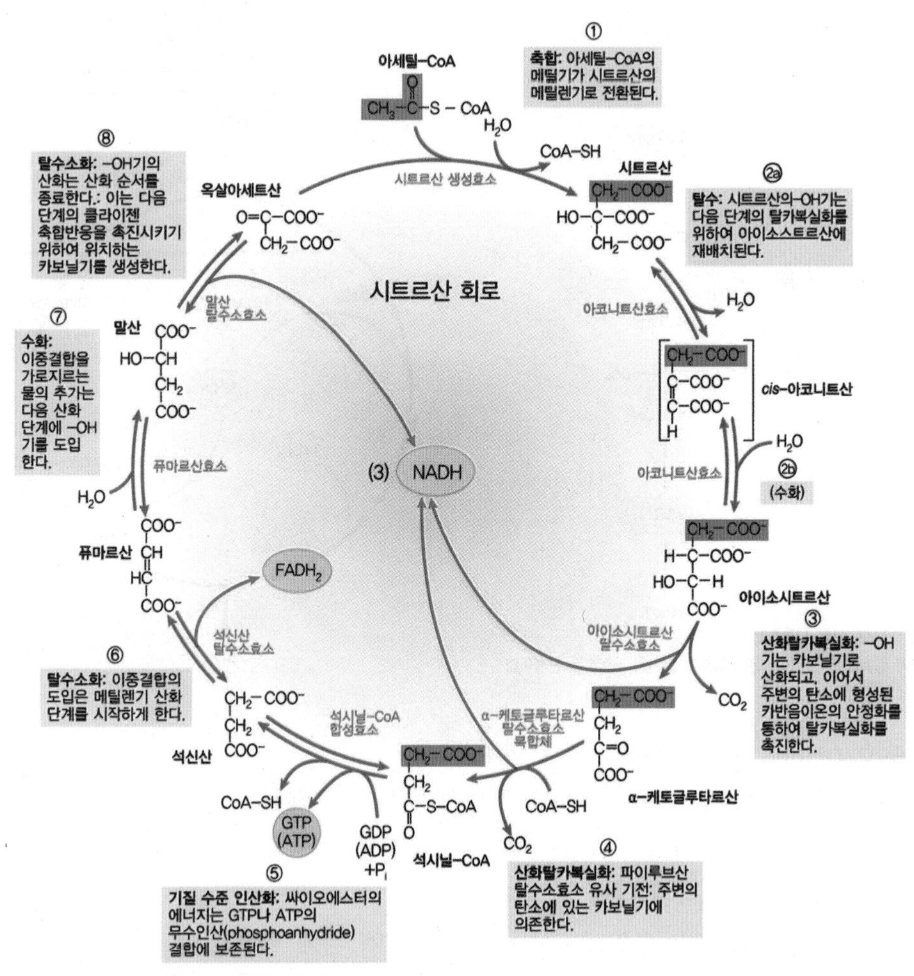

acetyl-CoA + $2H_2O$ → $2CO_2$ + 1GTP + 3NADH + $1FADH_2$ + CoA

TCA 회로

ⓐ 미토콘드리아 기질에서 진행됨

ⓑ 아세틸-CoA는 TCA회로의 중간생성물인 옥살로아세트산과 결합하여 시트르산을 형성함

ⓒ 아세틸-CoA는 결국 CO_2로 모두 분해가 되며, 1분자의 피루브산이 미토콘드리아로 진입한 후 TCA회로를 거치면서 3NADH, $1FADH_2$, 1ATP가 형성됨

ⓓ 산화적 탈탄산과정(oxidative decarboxylation)에 관여하는 효소
1. 피루브산 탈수소효소 복합체(pyruvate dehydrogenase complex): 피루브산 → 아세틸-CoA
2. 이소시트르산 탈수소효소(iscitrate dehydrogenase): 이소시트르산 → α-케토글루타르산
3. α-케토글루타르산 탈수소효소 복합체(α-ketoglutarate dehydrogenase complex): α-케토글루타르산 → succinyl-CoA

ⓒ TCA회로의 조절

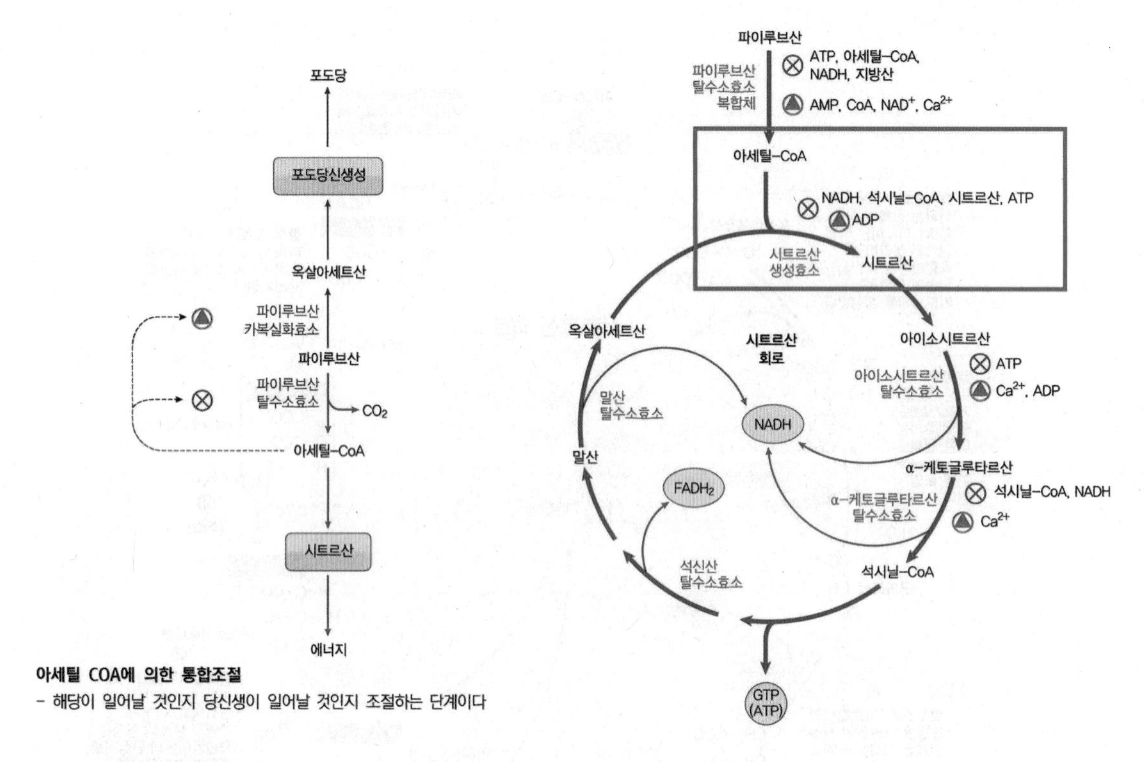

ⓐ pyruvate dehydrogenase의 활성 조절
1. ATP, 아세틸-CoA, NADH, 지방산에 의해 억제됨
2. AMP, CoA, NAD^+, Ca^{2+}에 의해 촉진됨

ⓑ citrate synthase의 활성 조절
1. NADH, succinyl-CoA, 시트르산, ATP에 의해 억제됨
2. ADP에 의해 촉진됨

ⓒ isocitrate dehydrogenase의 활성 조절
1. ATP에 의해 억제됨
2. Ca^{2+}, ADP에 의해 촉진됨

ⓓ α-ketoglutarate dehydrogenase complex의 활성 조절
1. succinyl-CoA, NADH에 의해 억제됨
2. Ca^{2+}에 의해 촉진됨

(5) 전자전달계(electron transport chain)

전자전달이라는 산화환원 반응을 통해 ATP를 형성

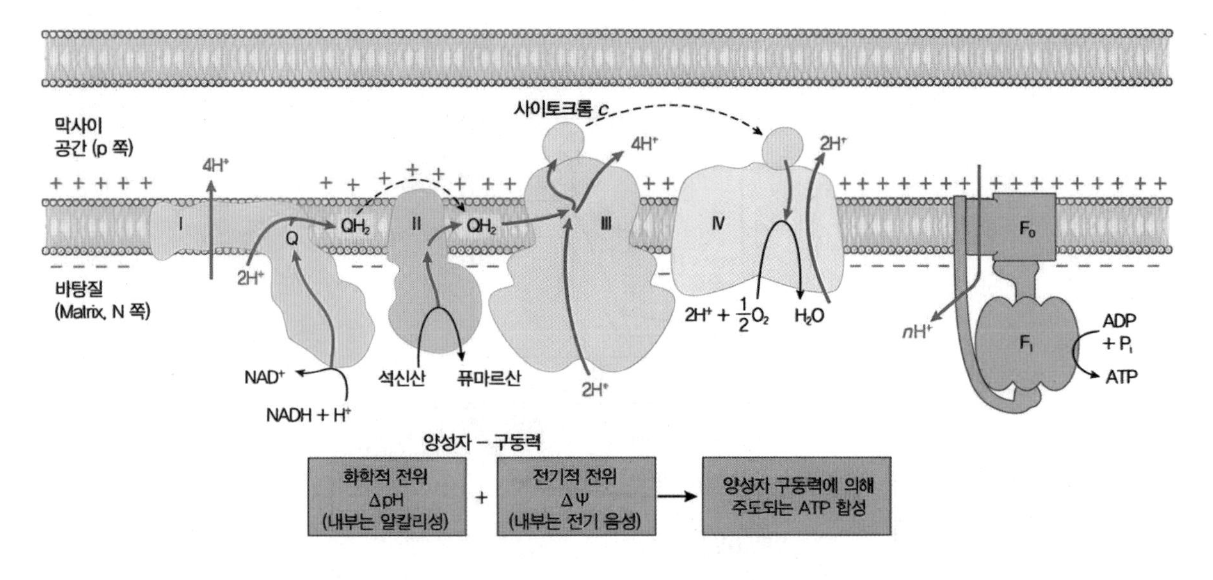

㉠ 전자전달계의 특성

ⓐ 미토콘드리아 내막에서 진행됨

ⓑ 전자는 전자친화도가 높은 전자운반체로부터 전자친화도가 낮은 전자운반체로 전달됨

ⓒ 화학삼투를 인산화 과정: NADH나 $FADH_2$로부터 전자가 미토콘드리아 내막의 전자운반체를 통해 전달되면서 미토콘드리아 기질의 H^+이 미토콘드리아 외막과 내막 사이 공간으로 수송되어 막 사이 공간의 H^+이 ATP 합성효소를 통해 미토콘드리아 기질로 들어오면서 ATP 합성

ⓓ NADH로부터 건네진 전자가 O_2에 전달되면서 생성된 ATP는 3분자이며, $FADH_2$로부터 건네진 전자가 O_2에 전달되면서 생성된 ATP는 2분자임

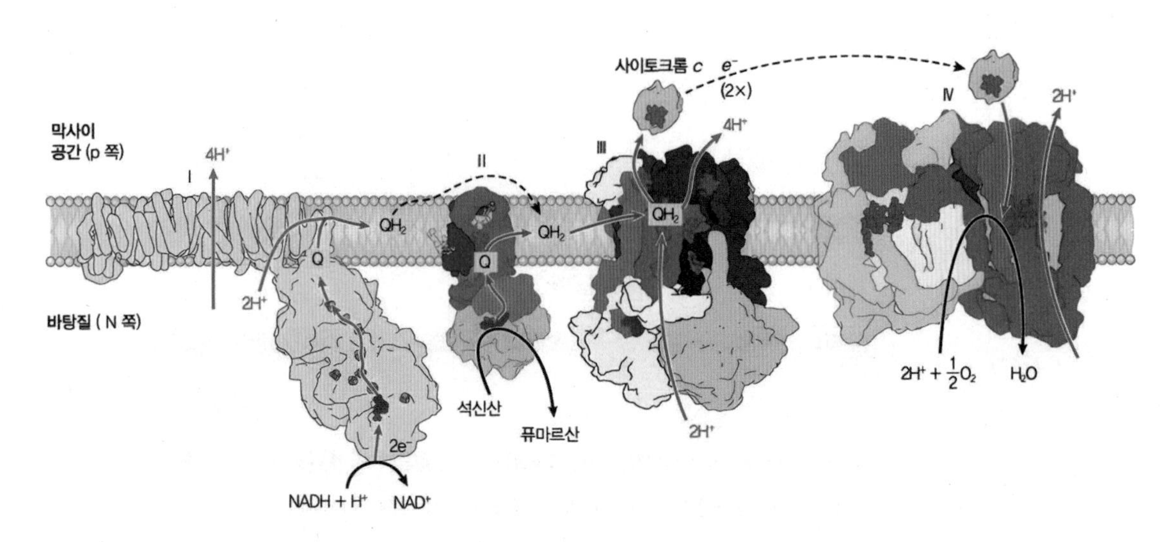

1. NADH → 복합체 Ⅰ → Quinone → 복합체 Ⅲ → Cytc → 복합체 Ⅳ → O_2
2. Succinate → 복합체 Ⅱ → Quinone → 복합체 Ⅲ → Cyte → 복합체 Ⅳ → O_2

ⓛ 미토콘드리아에서의 전자 전달과 ATP 합성의 짝지음 관련 실험: 짝지음을 설명하는 실험에서 미토콘드리아는 완충 배지에 부유시키고 O_2는 전극으로 O_2소비를 측정함

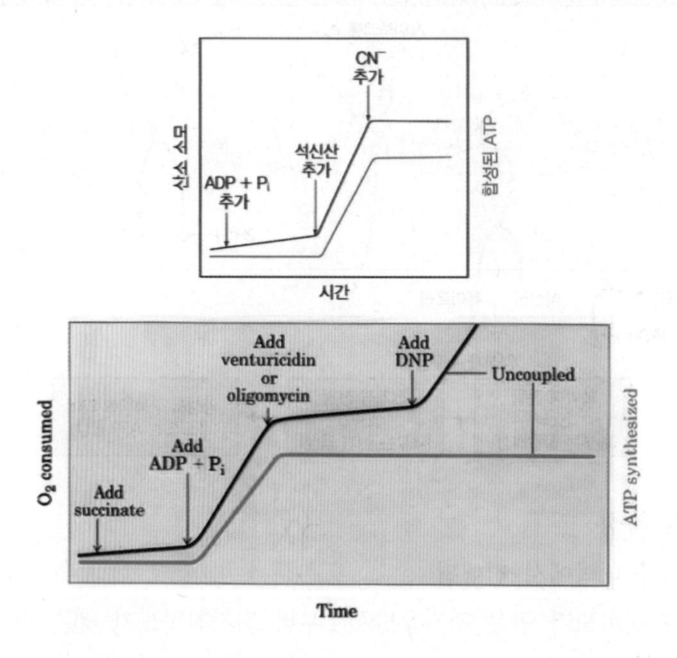

ⓐ ADP와 P_i의 첨가만으로는 O_2의 소비나 ATP 합성이 증가하지 않음. 숙신산이 첨가될 때 O_2 소비가 즉각 시작되고 ATP가 합성됨. 시토크롬 산화효소와 O_2 사이의 전자전달을 막는 시안화물(CN^-)의 첨가는 O_2 소비와 ATP 합성을 저해함

ⓑ 숙신산이 첨가된 미토콘드리아는 ADP와 P_i가 존재할 때만 ATP를 합성함. ATP 합성 효소 억제자인 벤투리시딘이나 올리고마이신을 첨가하면 ATP 합성과 O_2 소비를 모두 막음. DNP는 짝풀림제로서 ATP 합성 없이 O_2가 소비되도록 함

ⓒ ATP 합성 억제제

ⓐ 전자전달 저해제

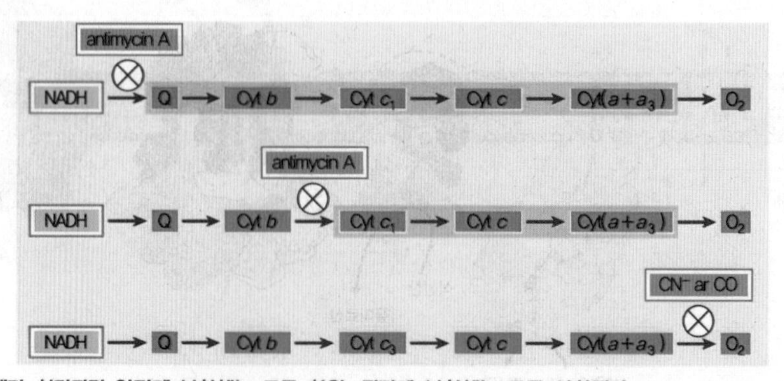

전자전달계 억제제가 처리되면 앞단계 복합체는 모두 환원, 뒷단계 복합체는 모두 산화된다.

1. 로테논, 아미탈: NADH 탈수소효소로부터 quinone으로의 전자전달을 저해함
2. 안티마이신 A: 시토크롬 b로부터 시토크롬 c_1으로의 전자전달을 저해함
3. 시안화물, CO: 시토크롬 산화효소로부터 O_2로의 전자전달을 저해함

ⓑ ATP 합성효소를 통한 H^+ 수송 저해제: 올리고마이신, 벤투리시딘

ⓒ 화학적 짝풀림제(unicoupler): DNP, FCCP

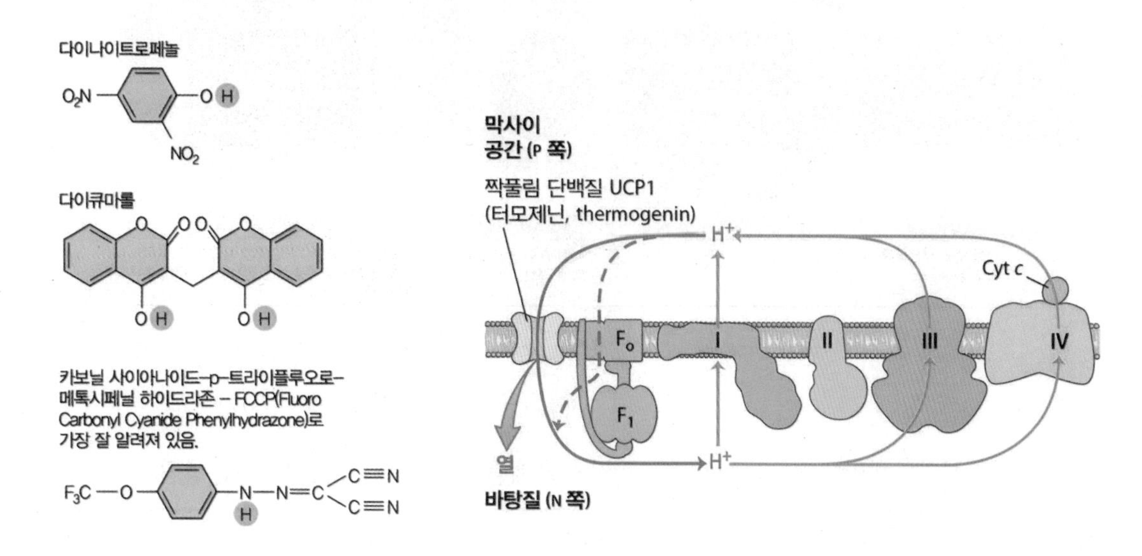

「생체내 짝풀림 단백질 thermogenin의 짝풀림 기전」

Ⓐ thermogenin: UCP1(uncoupling protein 1)라고도 하며 ATP 합성 효소를 통하지 않고 미토콘드리아 기질로 다시 되돌아오는 양성자 통로를 제공함. 양성자의 비정상 순환의 결과로서 산화 에너지는 ATP 생성으로 보존되지 않고 열로서 발사노디어 새로 태어난 새끼의 체온을 유지하는 데 기여함

Ⓑ thermogenin의 활성 조절: thermogenin은 뉴클레오티드에 의해 활성이 억제되고 지방산에 의해 활성이 촉진됨. thermogenin의 활성시 교감신경에서 방출된 노르에피네프린이 β-아드레날린 수용체에 결합하면 결국 세포내에 저장된 중성지방이 지방산으로 분해되고 그 지방산은 미토콘드리아로 유입되어 thermogenin을 활성화시킴

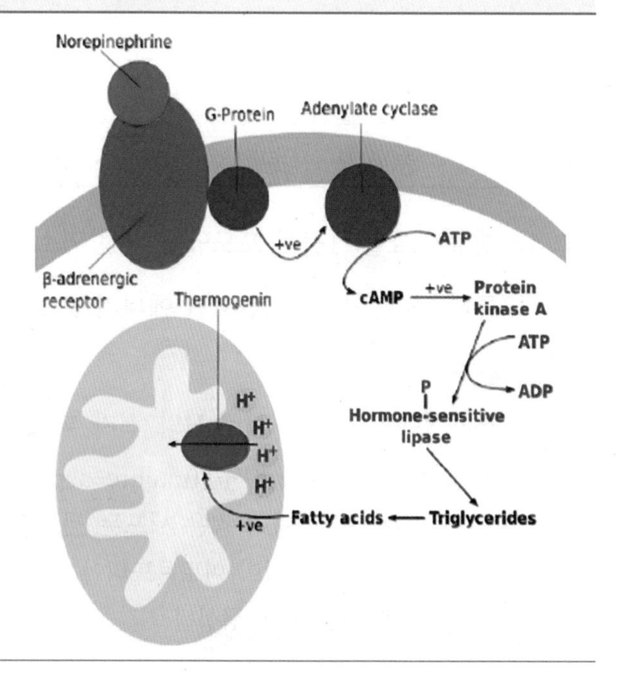

(6) ATP 합성량과 에너지 효율

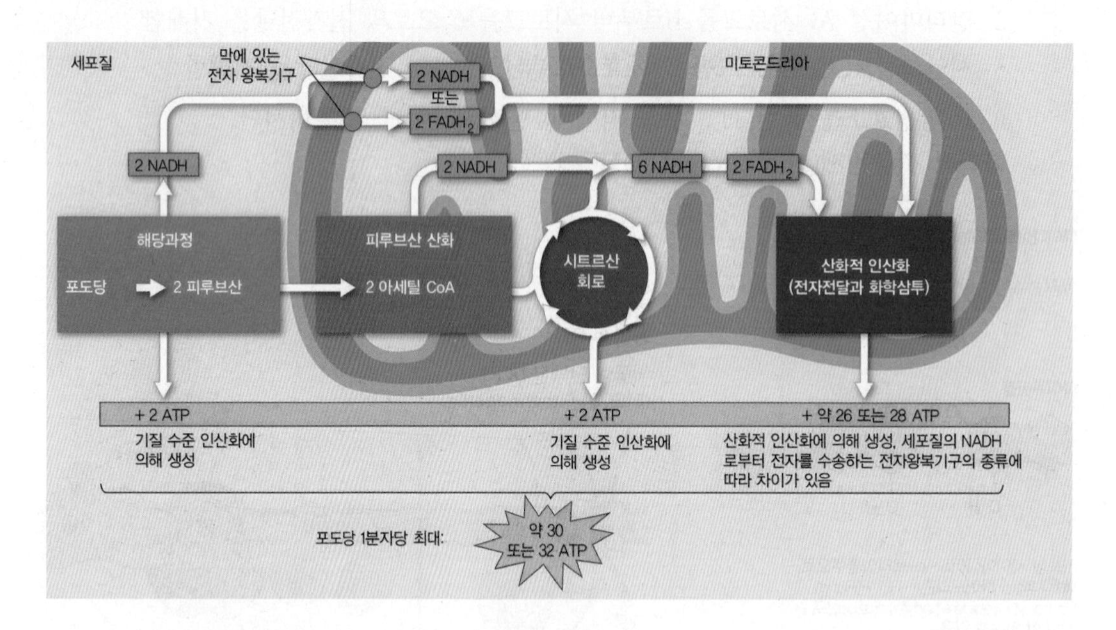

㉠ ATP 합성량: 해당과정, TCA회로, 전자전달계를 거쳐 총 38ATP가 합성됨

구분	$NADH_2$	$FADH_2$	ATP
해당과정	2		2
	2		
TCA회로	6	2	2
총 합성량	10	2	4
총 ATP 합성량	30	4	4

㉡ 에너지 효율: 1몰의 포도당을 완전 연소시키면 686kcal의 열량이 방출되는데, 세포호흡을 통해 38ATP가 형성된다면 에너지 효율은 아래와 같음 에너지효율= $\frac{38 \times 7.3kcal}{686kcal} \times 100$ ≒ 40(%)

㉢ 세포질에서 형성된 NADH의 전자 확보

ⓐ 말산-아스파르트산 셔틀(malate-aspartate shuttle): 간, 신장, 심장세포와 같이 단위 시간당 에너지 요구량이 적은 세포는 세포질 NADH의 전자를 말산-아스파르트산 셔틀을 이용해 ATP의 소실 없이 미토콘드리아 기질로 수송시키므로 산소 호흡과정에서는 포도당 1분자당 최대 38ATP가 생성됨

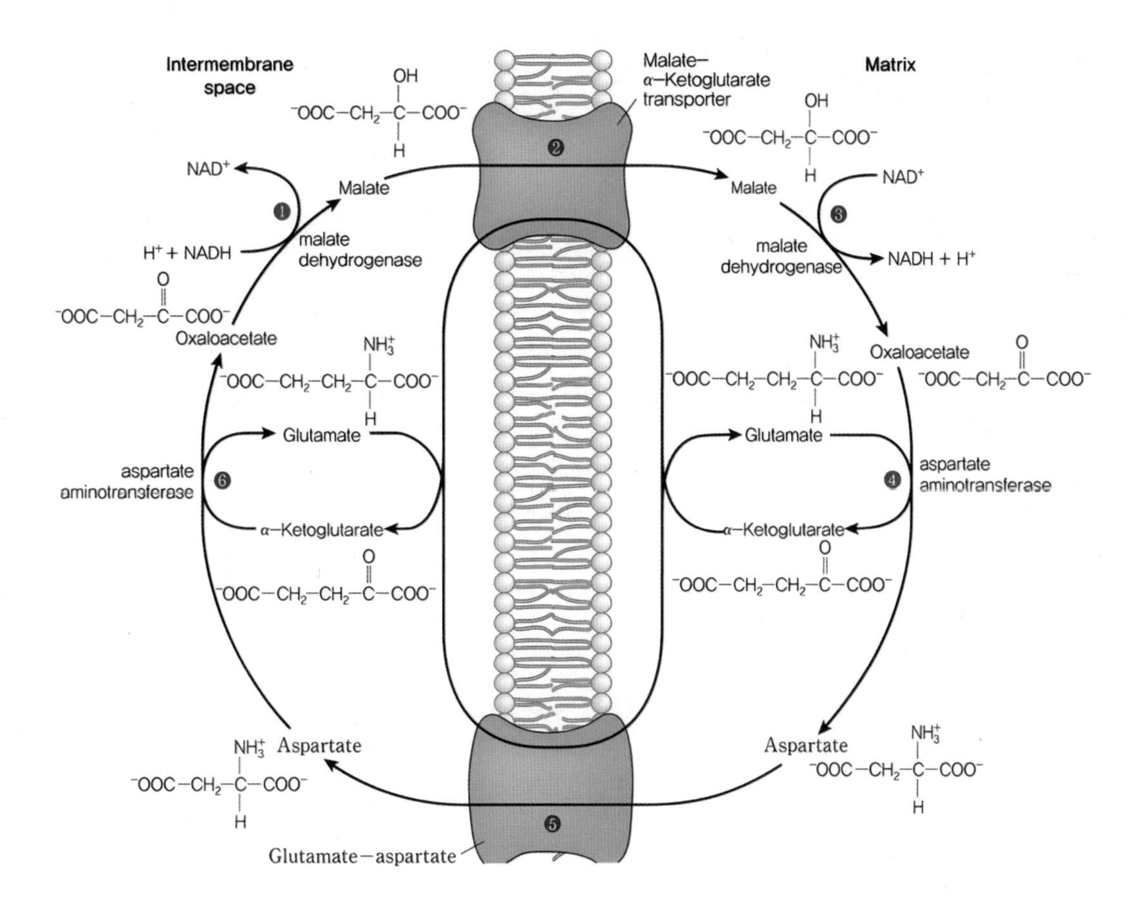

ⓑ 글리세롤-3인산 셔틀(glycerol 3-phosphate shuttle): 뇌, 근육과 같이 단기간에 다량의 에너지를 요구하는 세포의 경우 세포질에서 형성된 NADH의 전자가 글리세롤-3인산 셔틀을 통해 미토콘드리아 기질로 수송되면서 FADH2가 형성되므로 포도당 1분자당 2ATP가 소모되는 셈. 따라서 뇌, 근육에서는 포도당 1분자당 36ATP가 형성되는 것으로 간주함

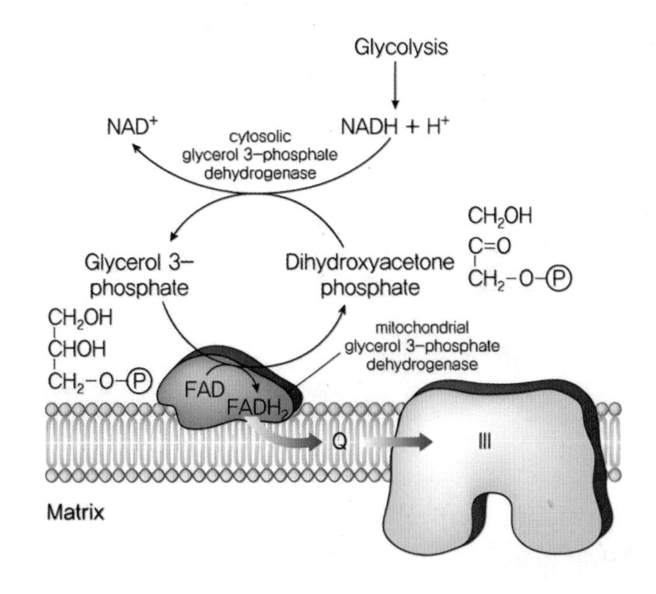

5 발효와 무기호흡

「에너지 생성방식에 따른 생물의 구분」

• 호흡과 발효의 구분

Ⓐ 호흡(respiration): 전자의 최종수용체가 무기물임

1. 유기호흡(aeorobic respiration; 유산소호흡): 전자의 최종수용체가 O_2
2. 무기호흡(anaeorobic respiration; 무산소 호흡): 전자의 최종수용체가 황산염(SO_4^{2-}), 질산염(NO_3^-), CO_2 등으로 세균에서만 무기호흡 방식이 발견됨

Ⓑ 발효(fermentation): 전자의 최종수용체가 유기물임

1. 젖산발효(lactate fermentation): 피루브산이 NADH에 의해 환원되어 젖산이 생성되는 과정 ex. 근육, 젖산균
2. 알코올 발효(alcohol fermentation): 피루브산으로부터 CO_2가 탈락되고 NADH에 의해 환원되어 알코올이 되는 과정 ex. 효모, 다양한 세균

• 에너지 생성방식에 따른 생물의 구분

Ⓐ 절대 호기성 생물(obligate aerobe): 산소호흡을 수행(산소가 없으면 死)
ex. 인간의 대부분의 세포들이 이에 속하나, 근육세포의 경우 조건 형기성적 특징을 보임

Ⓑ 조건 형기성 생물(facultative anaerobe): 호기성 환경에서는 산소호흡을 수행하나, 형기성 환경일 때는 발효를 수행

Ⓒ 절대 형기성 생물(obligate anaerobe): 무산소호흡 수행

(1) 발효(fermentation)

산소가 없는 경우, 유기물을 분해하여 유익한 생성물을 형성하는 과정으로 알코올 발효, 젖산 발효로 구분됨

㉠ 알코올 발효(alcohol fermentation): 산소가 없는 상태에서 포도당이 이산화탄소와 에탄올로 분해되는 과정. 효모를 통해 진행됨

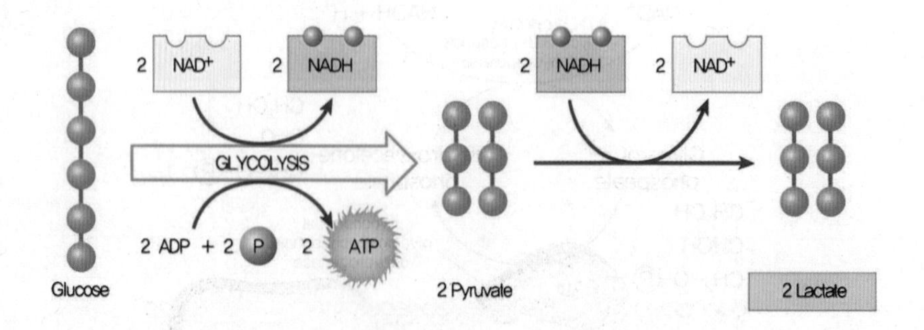

젖산발효

㉡ 젖산 발효(lactate fermentation): 산소가 없는 상태에서 포도당이 젖산으로 환원되는 과정. 젖산균과 근육에서 진행됨

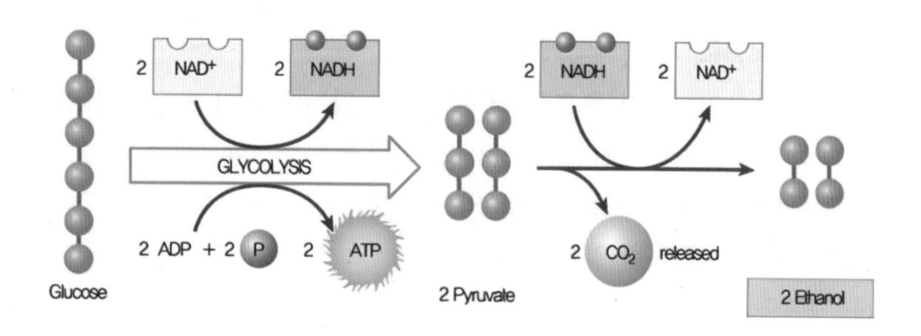

「코리 회로(Cori cycle)」

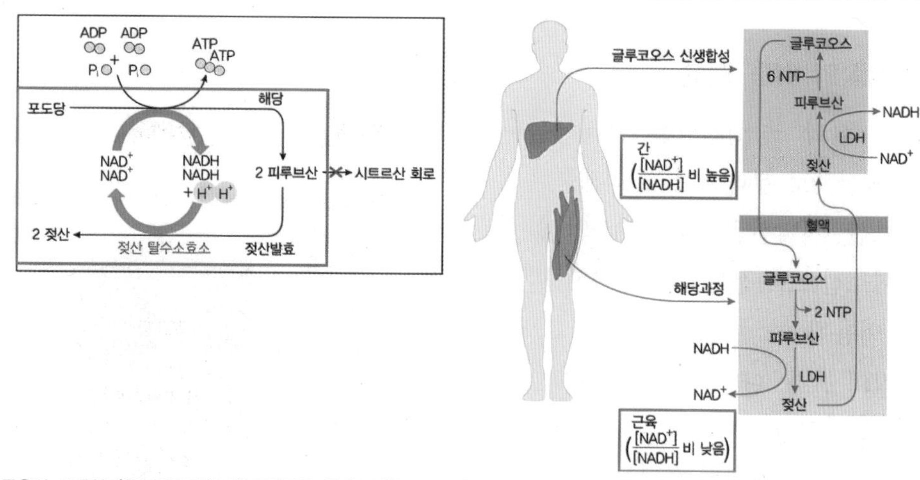

근육이 대단히 활발하게 일할 때 골격근은 글리코겐을 에너지원으로 사용하여 당분해를 통해 젖산을 생성함. 회복 중에는 젖산의 일부가 간으로 운반되어 포도당 신생합성을 통해 포도당으로 전환됨. 포도당은 혈액으로 방출되고 근육으로 되돌아와 글리코겐으로 저장됨

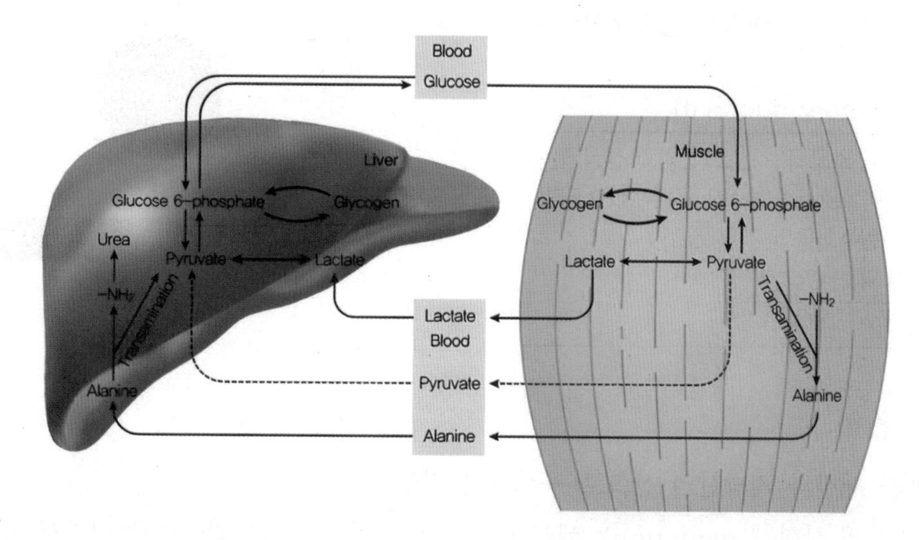

근육이 대단히 활발하게 일할 때 골격근은 글리코겐을 에너지원으로 사용하여 당분해를 통해 젖산을 생성함. 회복 중에는 젖산의 일부가 간으로 운반되어 포도당 신생합성을 통해 포도당으로 전환됨. 포도당은 혈액으로 방출되고 근육으로 되돌아와 글리코겐으로 저장됨

(2) 무기호흡(anaeorobic respiration)

일부 세균은 혐기적 조건하에서 호흡을 행하는 것이 있는데 무기 호흡은 산소이외의 물질 즉 이산화탄소, Fe^{2+}, 푸마르산, 질산염, 아질산염, 산화질소, 황, 황산염 등을 최종전자 수용체로 사용하는 호흡 대사임. 녹농균 또는 대부분의 장내세균과의 균도 혐기적 조건하에서 질산염의 존재하는 상황에서 질산호흡을 일으킬 수 있음

6 다른 에너지원의 이용

(1) 지방, 단백질의 이용 개요

㉠ 지질의 산화: 중성지방은 글리세롤과 지방산으로 분해되며, 글리세롤은 피루브산, 지방산은 여러 분자의 활성아세트산으로 전환되어 에너지 발생에 이용됨

㉡ 단백질의 산화: 단백질은 아미노산으로 분해가 되고, 각 아미노산은 아미노기(-NH_2)가 떨어져 유기산으로 전환된 후 각 유기산은 TCA 회로의 경로로 진입하여 에너지 발생에 이용됨

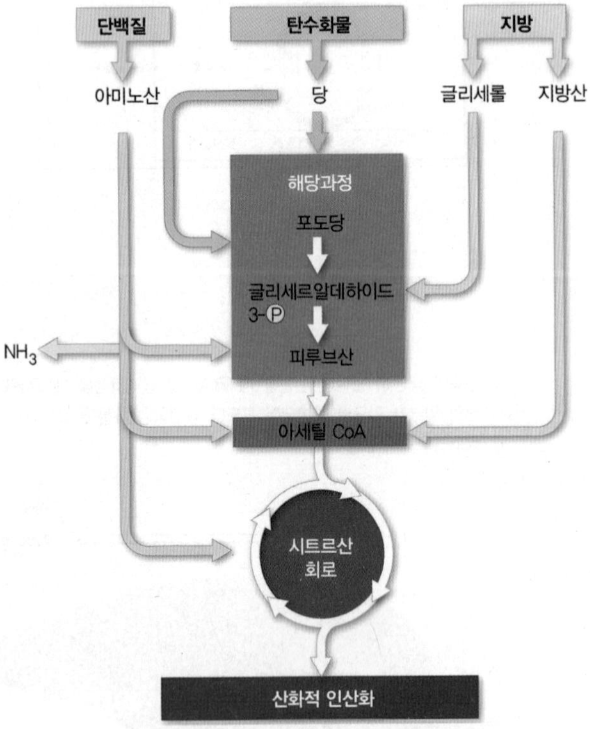

「호흡률(respiratory quotient)」

세포호흡 동안에 소모되는 산소의 양과 생성되는 이산화탄소의 비율로서 단백질의 경우 0.8, 지방의 경우 0.7, 탄수화물의 경우 1.0임

$$\text{호흡률} = \frac{\text{생성되는 } CO_2\text{의 양}}{\text{소모되는 } O_2\text{의 양}}$$

(2) 지질의 산화

글리세롤 대사와 지방산의 산화로 구분하여 진행됨

㉠ 지방산의 산화(β oxidation): 세포 내의 지방산이 미토콘드리아로 들어가서 산화되어 아세틸-CoA가 생성되는데 지방산으로부터 다량의 아세틸-CoA가 형성되어 다량의 ATP를 생성하기 때문에 지방산은 생체내의 에너지 주요 공급원이 됨

ⓐ 지방산의 활성화: 지방산은 acyl-CoA synthetase의 촉매작용으로 acyl-CoA로 활성화되어야 함

ⓑ 지방산의 미토콘드리아로의 수송: 활성화된 지방산은 미토콘드리아 기질로 수송됨

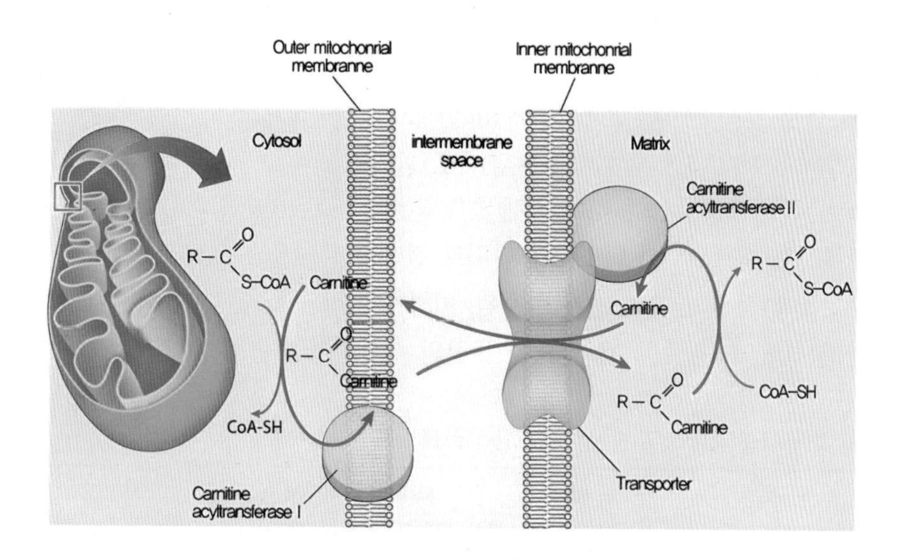

1. acyl-CoA의 acyl기는 carnitine acyl transferase의 작용으로 acyl carnitine이 되어 미토콘드리아 기질로 진입함
2. 미토콘드리아 기질로 들어온 acyl carnitine은 기질에 존재하는 carnitine acyl transferase의 촉매작용을 통해 CoA-SH와 반응하여 다시 acyl-CoA가 됨

ⓒ 지방산 산화 과정 - 포화지방산의 산화

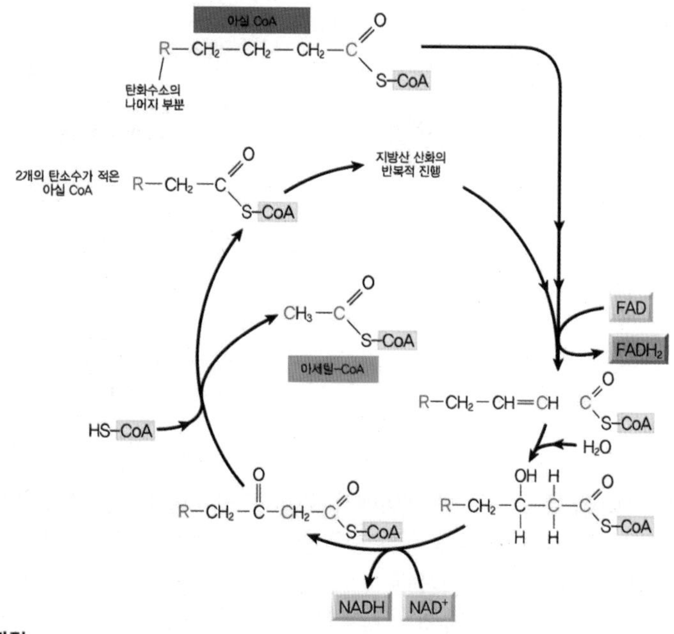

지방산의 β-산화 과정

1. 첫 번째 탈수소반응: acyl-CoA 탈수소효소에 의해 촉매되어 α, β탄소에서 첫 번째 탈수소반응이 일어나 trans형의 이중결합을 형성하여 β-enoyl acyl-CoA를 형성함. 이 때 FAD는 $FADH_2$로 환원됨
2. 가수반응: enoyl-CoA hydratase의 촉매작용을 통해 이중결합에 물 분자가 부가되어 L-β-hydroxyacyl-CoA가 형성됨
3. 두 번째 탈수소반응: β-hydroxyacyl-CoA 탈수소효소에 의해 촉매되어 β-ketoacyl-CoA가 생성되고 NAD^+는 NADH로 환원됨
4. thiol 분해반응: thiolase에 의해 촉매되는데 β-ketoacyl-CoA는 분해되어 지방산의 카르복시 말단으로부터 탄소 2개 단위로 절단되어 acetyl-CoA로 방출되고 처음보다 탄소 수가 2개 적은 acyl-CoA가 형성됨. 이렇게 형성된 acetyl-CoA는 TCA회로에 진입하여 완전 산화되거나 생체내 필요한 물질의 생합성에 이용됨

「미토콘드리아와 퍼옥시좀에서의 지방산 산화과정 비교」

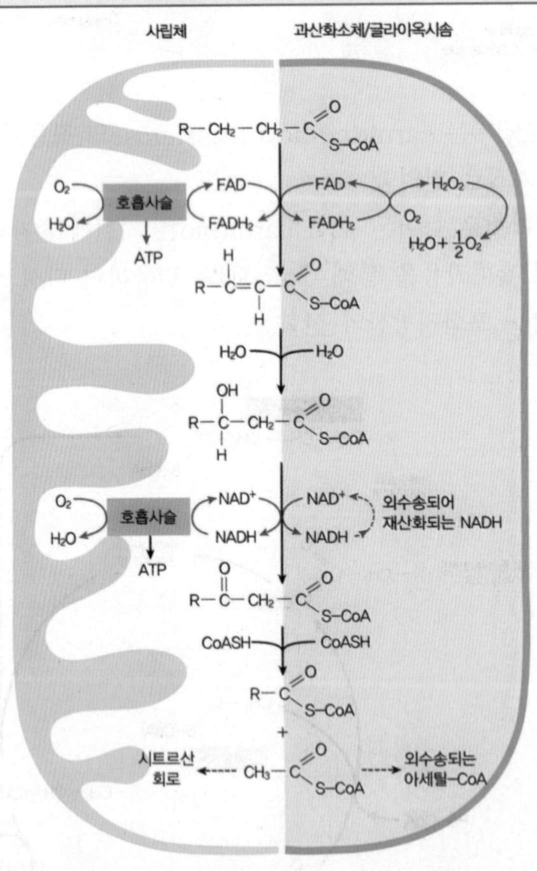

동물에서는 지방산 산화가 주로 미토콘드리아에서 일어나지만 식물에서는 주로 퍼옥시좀이나 글리옥시좀에서 일어남. 미토콘드리아에서의 지방산 산화를 통해 환원된 전자운반체의 전자는 전자전달계로 진입하지만, 퍼옥시좀이나 글리옥시좀의 지방산 산화를 통해 환원된 전자운반체는 오히려 산소를 환원시켜 과산화수소를 발생시킨다는 것을 주목해야 함. 하지만 곧 과산화수소는 catalase에 의해 분해됨

ⓓ 케톤체의 형성: 간에서의 지방산 산화 과정을 통해 형성된 아세틸-CoA는 시트르산 회로를 유입되거나 아세톤, 아세토아세트산, β-히드록시뷰티르산으로 전환되어 다른 조직으로 운반됨. 기아나 조절되지 않는 제1당뇨병의 경우 간세포 내의 중간산물(옥살로아세트산)이 과도하게 소비되어 지방산이 분해된 아세틸-CoA는 시트르산 회로로 유입되지 못하고 케톤체를 형성하세 되는네, 케톤체는 골격근이나 심장근, 신장피질, 기아에 적응한 뇌의 에너지원으로 이용됨

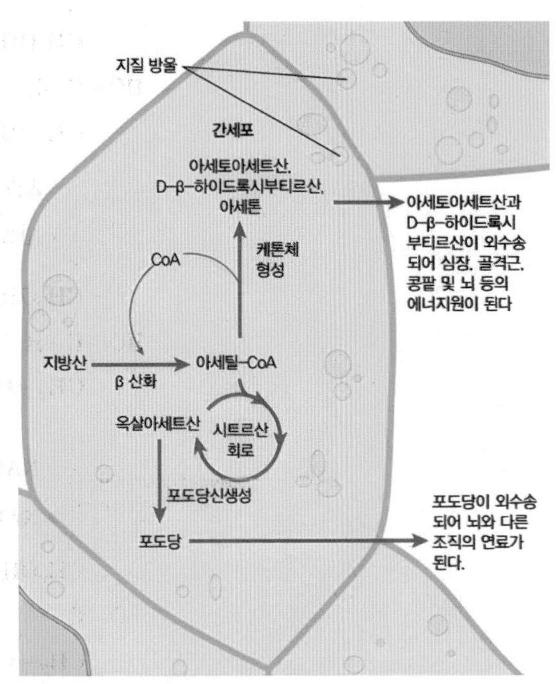

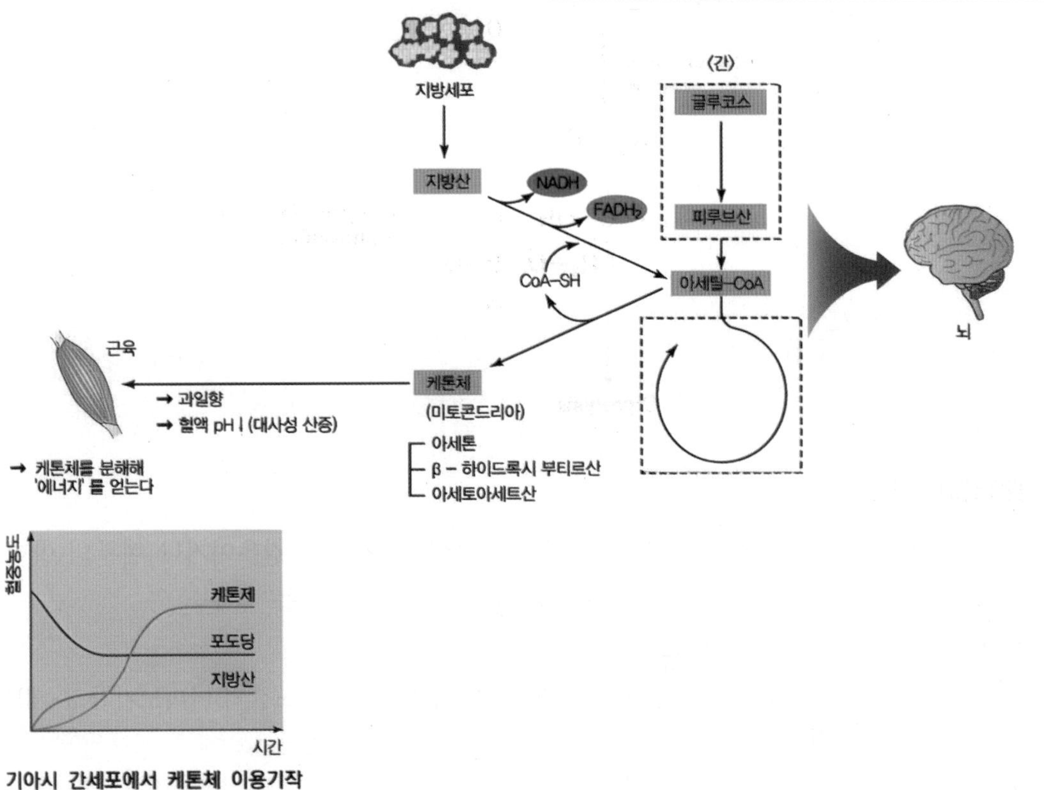

기아시 간세포에서 케톤체 이용기작

ⓛ 글리세롤 대사: 중성지방의 생물학적으로 이용 가능한 에너지의 약 5%는 글리세롤 부분에서 제공되는데 lipase에 의하여 유리된 글리세롤은 글리세롤 키나아제에 의해 인산화되고 이렇게 해서 생긴 글리세롤 3인산은 다이하이드록시아세톤 인산으로 전환되어 해당과정에 진입함

CH_2OH / HO—C—H / CH_2OH — Glycerol

↓ glycerol kinase (ATP → ADP)

CH_2OH / HO—C—H / CH_2—O—P(=O)(—O^-)—O^- — L-Glycerol 3-phosphate

⇅ glycerol 3-phosphate dehydrogenase (NAD^+ → $NADH + H^+$)

CH_2OH / O=C / CH_2—O—P(=O)(—O^-)—O^- — Dihydroxyacetone phosphate

⇅ triose phosphate isomerase

H—C=O / H—C—OH / CH_2—O—P(=O)(—O^-)—O^- — D-Glyceraldehyde 3-phosphate

↓

Glycolysis

(3) 단백질의 산화

㉠ 단백질이 산화/분해되는 경우: 단백질 합성 필요량이 적은 경우이거나 여분의 아미노산이 존재하는 경우, 그리고 당뇨병과 같이 당을 이용할 수 없는 경우

㉡ 아미노산 이화 경로의 개요

ⓐ 아미노기의 전이: 아미노기 전이효소에 의해 촉매되며 아미노산의 아미노기가 α-케토글라타르산으로 전이되어 글루탐산이 형성됨

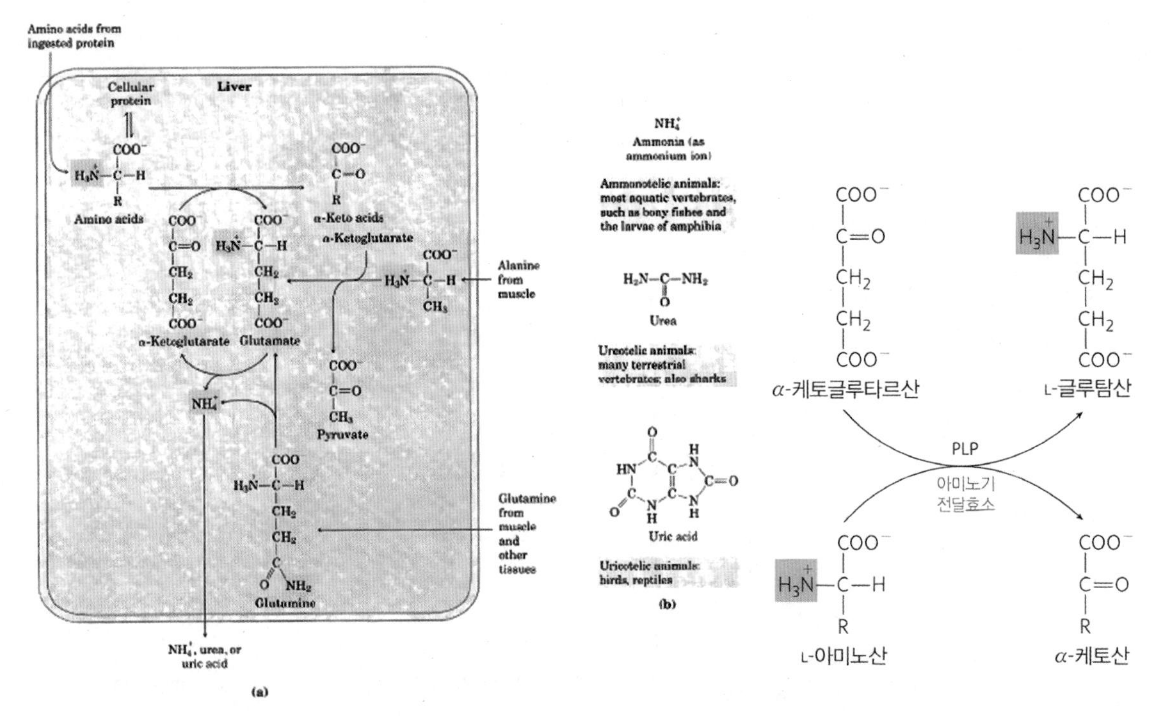

ⓑ 탈아미노 반응: 글루탐산은 간세포 내의 세포질에서 미토콘드리아로 운반되고 글루탐산 탈수소효소에 의해 산화적 탈아미노기 반응이 진행됨. 이 반응은 미토콘드리아 기질에서 진행되며 NAD^+나 $NADP^+$가 이용됨

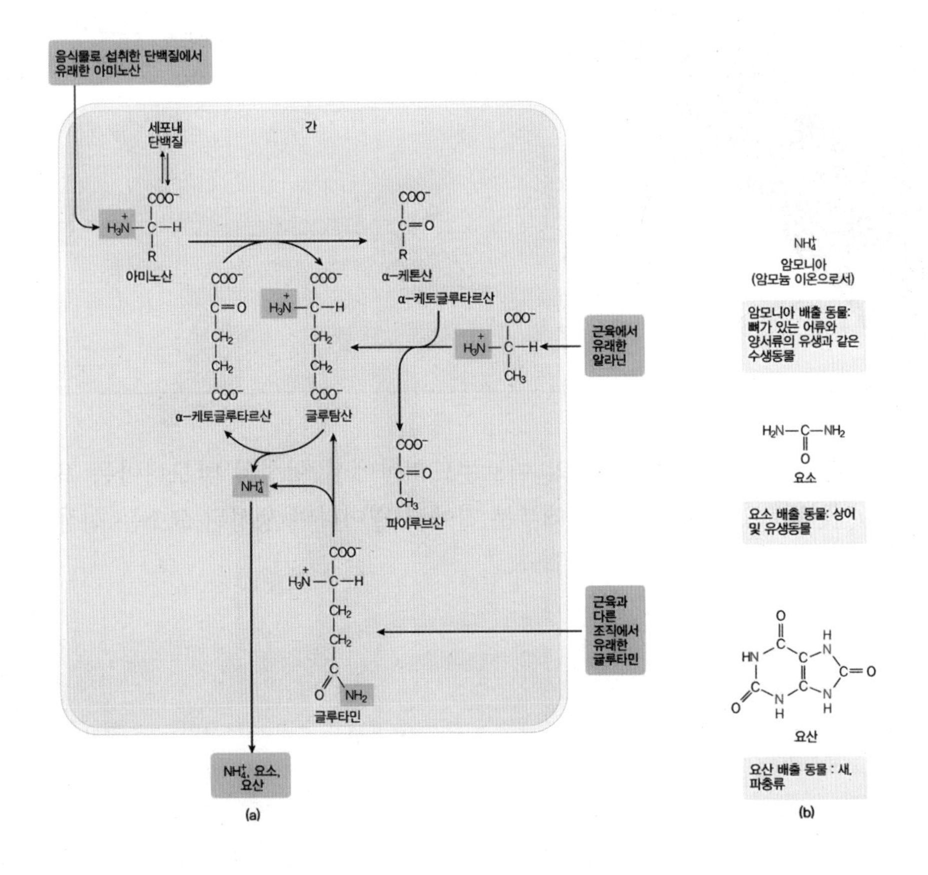

「포도당-알라닌 회로(glucose-alanine cycle」

알라닌은 무독성의 아미노기를 간으로 운반하는 특별한 역할을 수행하는데 이 때 아미노기는 아미노기 전달에 의해 글루탐산 형태로 모이게 됨. 글루탐산은 글루타민으로 전환되어 간으로 운반되거나 알라닌 아미노트랜스퍼라아제의 작용에 의해 아미노기를 피루브산으로 전달함. 이러한 작용으로 생성된 알라닌은 혈류를 통하여 간으로 운반되고 간세포의 세포질에서 알라닌 아미노트랜스퍼라아제는 알라닌의 아미노기를 α-케토글루타르산으로 전달하여 피루브산과 글루탐산을 생성함. 글루탐산은 미토콘드리아로 운반되어 글루탐산 탈수소효소에 의하여 암모니아로 유리되거나 또는 옥살로아세트산에 아미노기를 전달하여 요소 합성에 또 다른 질소 공급원이 되는 아스파르트산을 생성하는 아미노기 전달 반응에 참여할 수 있게 됨

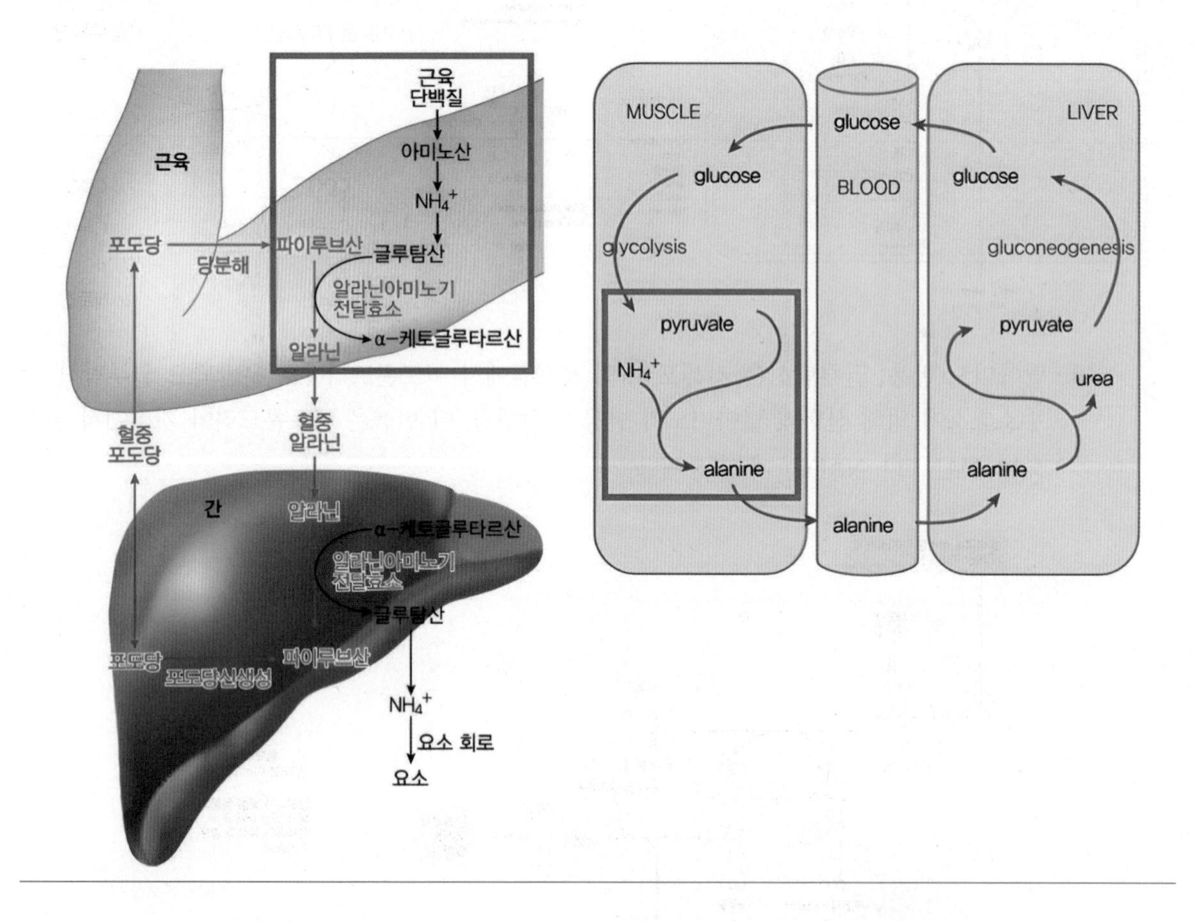

㉢ 요소 회로(urea cycle): 간세포의 미토콘드리아에서 형성된 암모니아는 요소회로에 의해 요소로 전환됨. 요소회로는 거의 대부분 간에서 일어나며 생성된 요소는 신장을 통해 배설됨

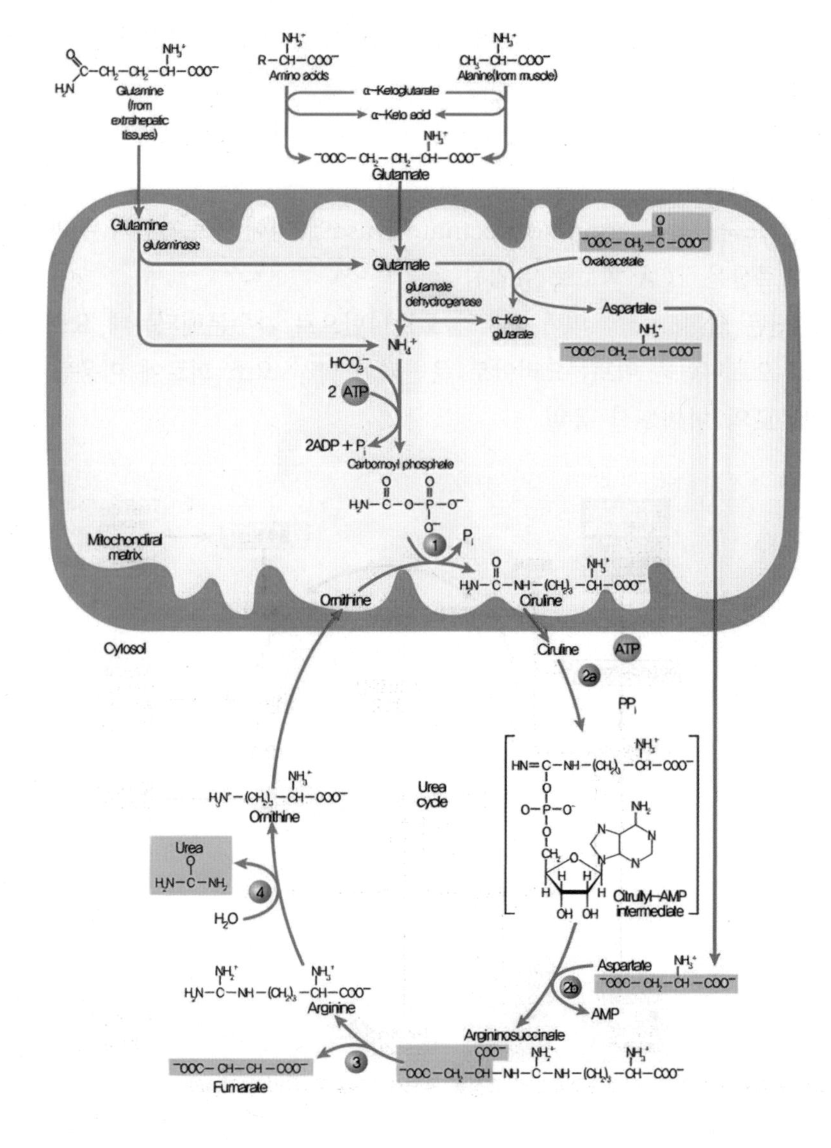
Glutamine
(from
extrahepatic
tissues)
Amino acids
Alanine(from muscle)
α-Ketoglutarate
α-Keto acid
Glutamate
Glutamine
glutaminase
Glutamate
Oxaloacetate
glutamate
dehydrogenase
α-Keto-
glutarate
Aspartate
2 ATP
2ADP + P_i
Carbamoyl phosphate
Mitochondrial
matrix
Ornithine
Citruline
Cytosol
Citruline
ATP
PP_i
Urea
cycle
Ornithine
Urea
Citrullyl-AMP
intermediate
Aspartate
AMP
Arginine
Argininosuccinate
Fumarate

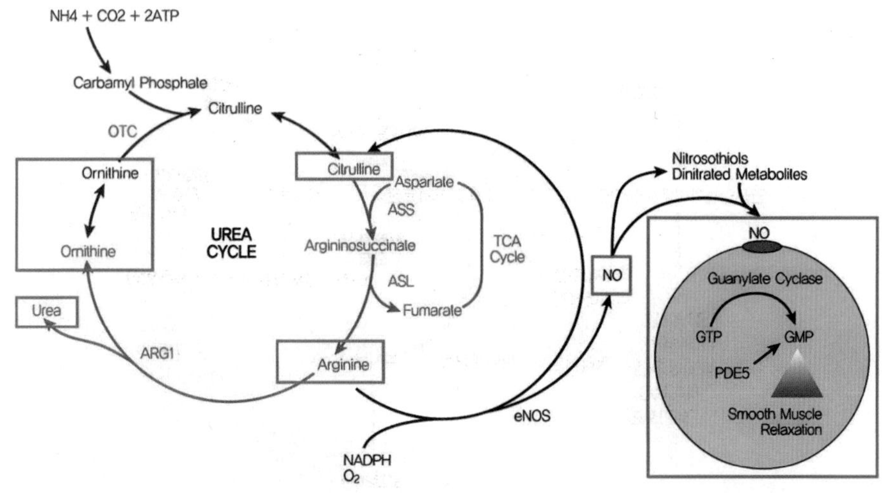
NH4 + CO2 + 2ATP
Carbamyl Phosphate
Citrulline
OTC
Ornithine
Citrulline
Aspartate
ASS
UREA
CYCLE
Ornithine
Argininosuccinate
TCA
Cycle
ASL
Fumarate
Urea
ARG1
Arginine
eNOS
NADPH
O_2
NO
Nitrosothiols
Dinitrated Metabolites
NO
Guanylate Cyclase
GTP
GMP
PDE5
Smooth Muscle
Relaxation

ⓐ ornithine transcarbamoylase에 의해 카바모일 인산과 오르니틴이 반응하여 시트룰린이 됨

ⓑ 시트룰린은 argininosuccinate synthetase에 의해 아스파르트산과 반응하여 아르기니노숙신산이 됨

ⓒ 아르기니노숙신산은 argininosuccinate lyase에 의해 아르기닌과 푸마르산으로 분해되는데 푸마르산은 TCA 회로로 유입됨

ⓓ 아르기닌은 arginase에 의해 요소와 오르니틴으로 가수분해되는데 요소는 신장을 통해 배설되고 오르니틴은 미토콘드리아로 운반되어 다시 요소 회로에 이용됨

㉣ TCA 회로로의 아미노산 유입

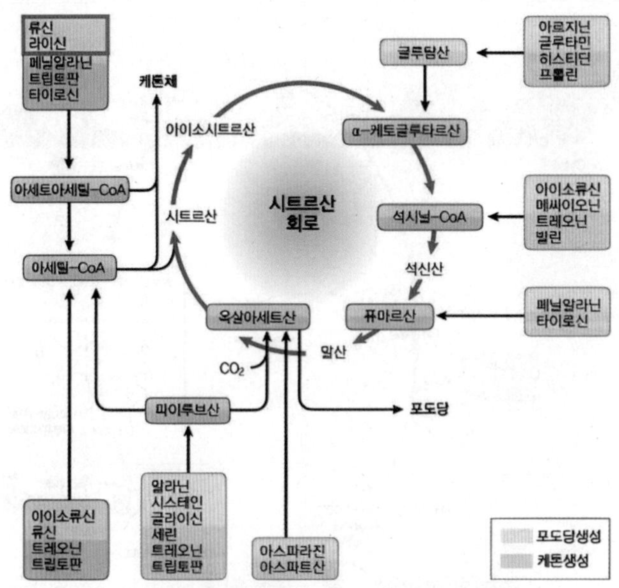

류신과 리신을 제외하고 아미노산의 탈아미노화 과정을 통해서 TCA회로 유입이 가능하다

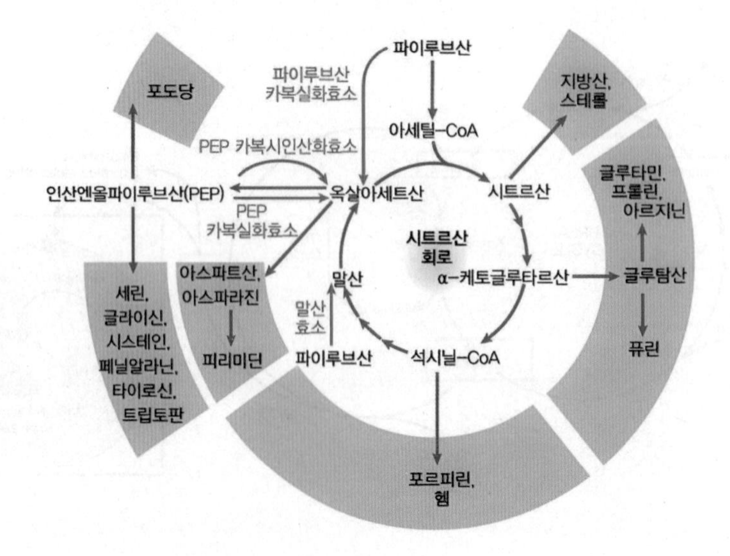

ⓐ 페닐알라닌, 티로신, 이소류신, 류신, 트립토판, 트레오닌, 리신 등의 7가지 아미노산은 아세토아세틸-CoA와 아세틸-CoA로 전환되는데, 아세토아세틸-CoA와 아세틸-CoA는 간에서 케톤체를 형성하게 됨. 이러한 아미노산들은 케톤생성(kotogenic) 아미노산이라 함. 그 중에서 리신과 류신은 오직 케톤체만을 형성하는 케톤생성 아미노산임

ⓑ 아미노산 중에서 피루브산, α-케토글루타르산, 숙시닐-CoA, 퓨마르산, 옥살로아세트산 등으로 전환되는 것들은 포도당이나 글리코겐으로 전환됨. 이들을 포도당생성(glucogenic) 아미노산이라 함

ⓒ 트립토판, 페닐알라닌, 티로신, 트레오닌, 이소류신 등의 5가지 아미노산은 케톤생성 아미노산이기도 하고 포다당생성 아미노산이기도 함

08 세포내 물질대사 II - 생합성과 대사조절

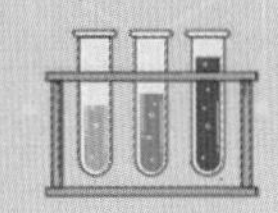

1 당의 생합성

(1) 포도당신생합성(gluconeogenesis)

포도당 신생합성 경로는 해당과정의 단순한 역과정과는 다름

㉠ 포도당신생합성 과정에서의 우회 경로: 해당과정 중 hexokinase, PFK-1, pyruvate dehydrogenase complex에 의해 진행되는 반응은 본질적으로 비가역적이므로 포도당신생합성 과정에서는 위의 반응을 우회하는 역과정을 이용함

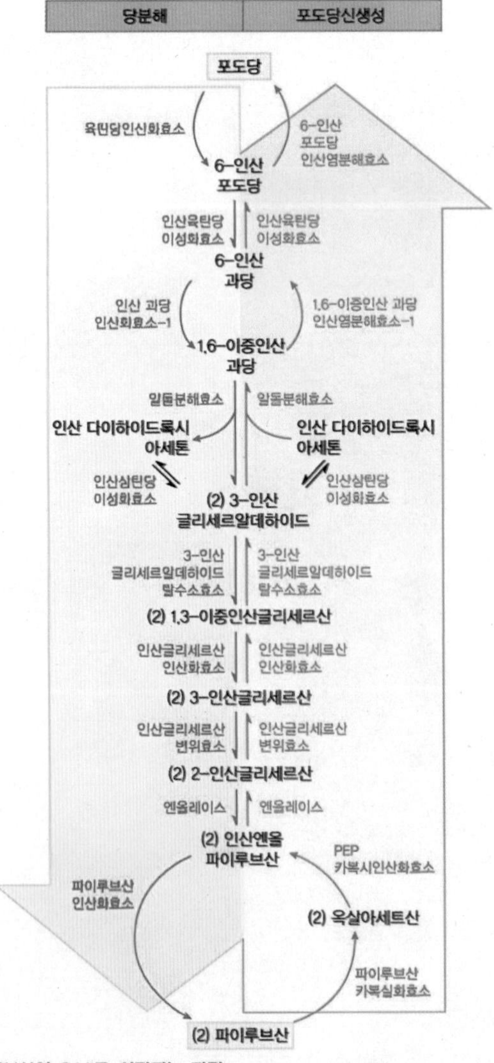

당신생의 제1단계 mt에서 피루브산이 OAA로 회귀되는 과정

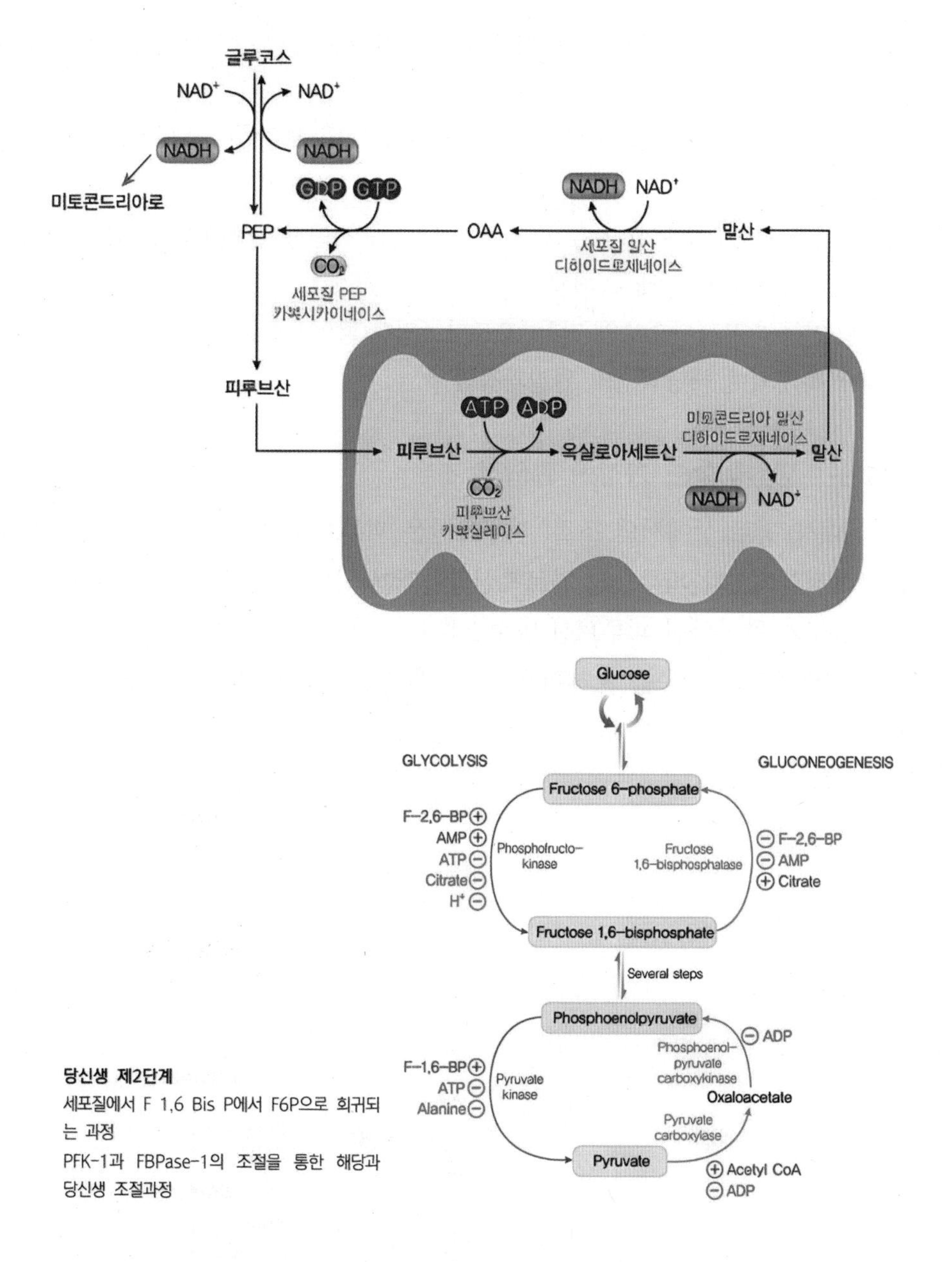

당신생 제2단계
세포질에서 F 1,6 Bis P에서 F6P으로 회귀되는 과정
PFK-1과 FBPase-1의 조절을 통한 해당과 당신생 조절과정

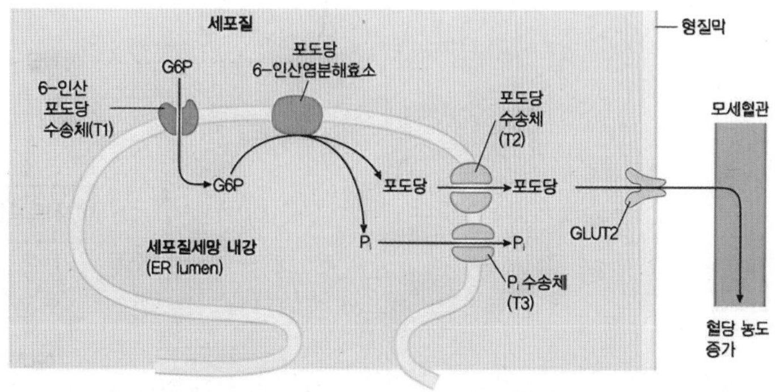

당신생 제3단계 간의 활면소포체를 거치면서 G-6p에서 G로 마지막 단계 회귀되는 과정

ⓐ 피루브산의 옥살로아세트산으로의 전환: 피루브산 카르복실라아제(pyruvate carboxylase)에 의해 촉매됨

ⓑ 옥살로아세트산의 PEP로의 전환: PEP 카르복시키나아제(PEP carboxykinase)에 의해 촉매됨

ⓒ 과당1,6이인산의 과당6인산으로의 전환: 과당1,6 이인산 탈인산화효소(fructose 1,6-bisphosphatase)에 의해 촉매됨

ⓓ 포도당 6인산의 포도당으로의 전환: 포도당 6인산 탈인산화효소(glucose 6-phosphatase)에 의해 촉매되며 해당과정의 완결과정임

(2) 해당과정과 포도당신생합성 과정의 통합적 조절

㉠ 피루브산 대사 경로 상에서의 조절: 피루브산은 피루브산 탈수소효소 복합체에 의해 아세틸-CoA로 전환되거나 피루브산 카르복실라아제에 의해 옥살로 아세트산이 되는데 아세틸-CoA의 농도가 증가하면 피루브산 탈수소효소 복합체를 저해하여 피루브산으로부터 아세틸-CoA가 생성되는 반응을 저해하게 되고 반면 피루브산 카르복실라아제를 활성화하여 포도당신생합성을 촉진하게 됨

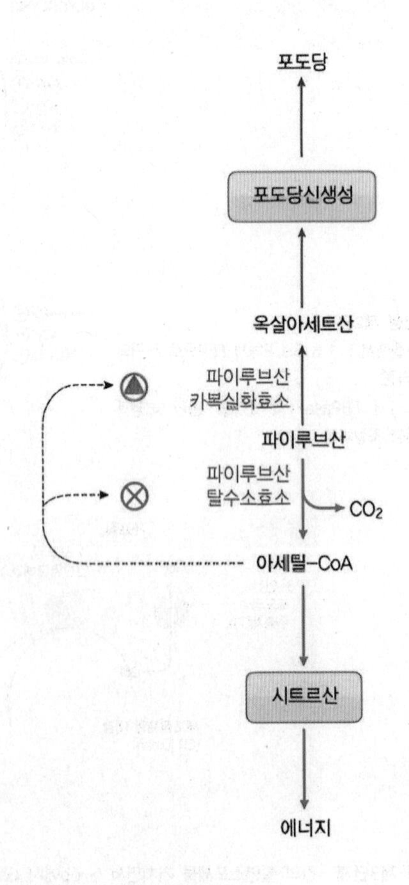

아세틸 COA에 의한 통합조절
- 해당이 일어날 것인지 당신생이 일어날 것인지 조절하는 단계이다

ⓛ PFK-1과 FBPase-1의 활성 조절: 서로 상반된 이 과정은 상호 통합적인 방식으로 조절됨

ⓐ 세포 내 물질농도 변화에 따른 알로스테릭 기작에 의한 다양한 조절 방식: 아래 조절 작용들은 세포 내 변화에 의해 개시되고 매우 빠르고 가역적이며 알로스테릭 조절 방식에 의해 조절됨

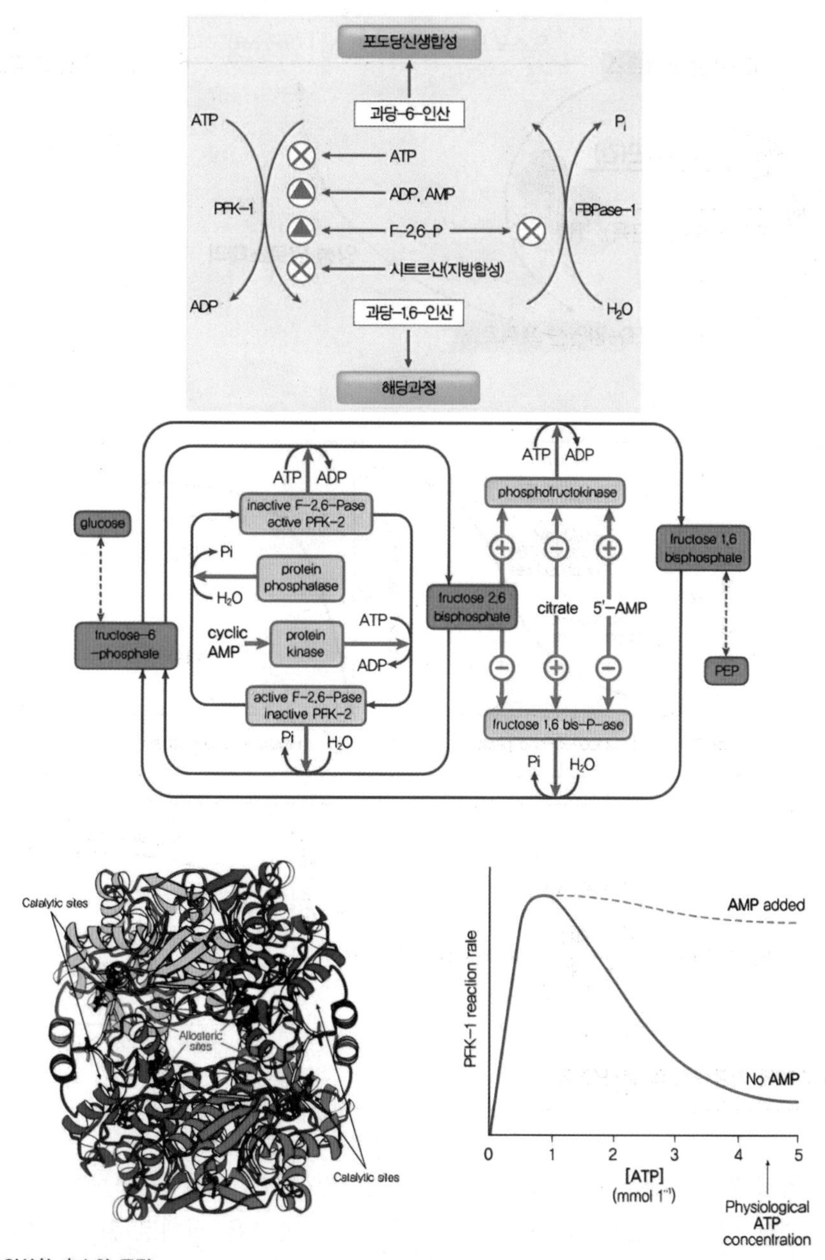

PFK-1인산화 효소의 조절

포스포 프락토오스 인산화 효소는 해당과정의 속도를 조절하는 밸브 역할을 한다. ATP는 이 PFK-1의 기질로 작용할 뿐만 아니라 알로스테릭 저해제이기도 하다. 이처럼 PFK-1은 ATP에 대해서 2개의 서로 다른 결합부위(친화성 이 높은 기질결합부위와 친화성이 낮은 조절부위)가 있다. ATP농도가 높을 때에는 PFK-1은 서로 협동적으로 작용 하여 프락토오스 6-P에 대한 효소활성의 그래프 모양은 S자형을 나타내고 F-6P에 대한 Km 값은 증가한다. 따라서 세포질 내 ATP가 충분히 높을 때에는 해당과정이 중지된다.

ⓑ 과당 2,6 이인산에 의해 매개되는 호르몬 조절: 해당과정이나 포도당신생합성의 호르몬 조절은 과당 2,6 이인산에 의해 매개되는데

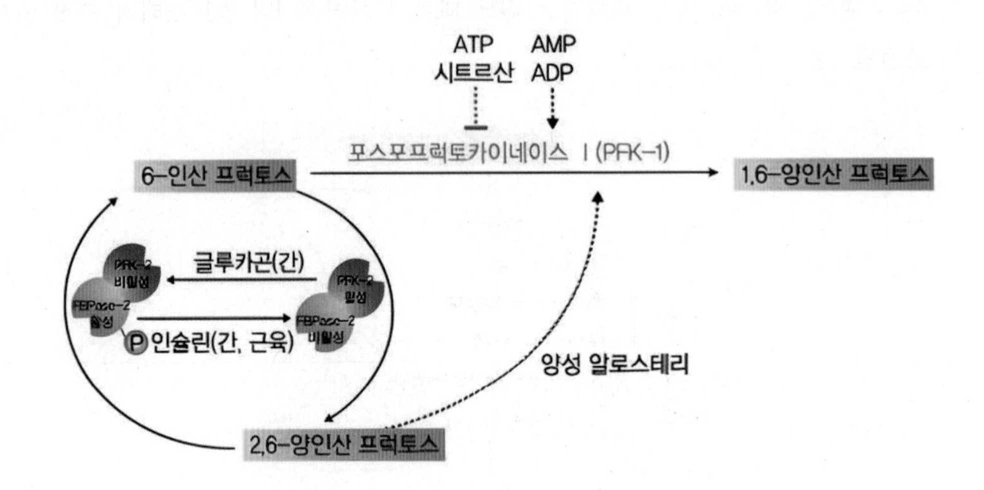

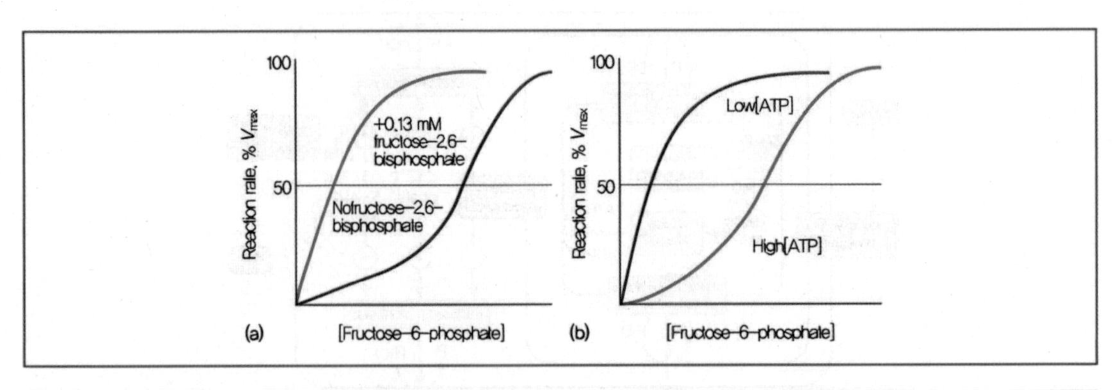

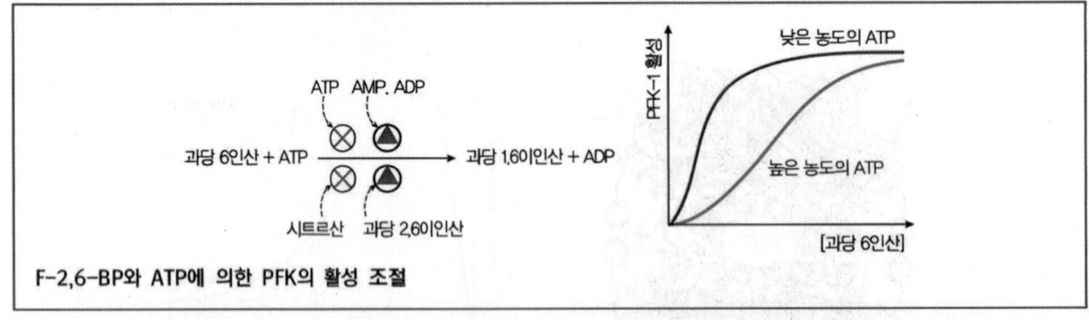

F-2,6-BP와 ATP에 의한 PFK의 활성 조절

1. PFK-1의 기질인 과당6인산, ATP와 조절자인 ATP, AMP, 시트르산 등이 생리적 농도로 존재할 때 과당 2,6 이인산의 존재 없이는 PFK-1은 실제로 활성이 없음
2. 과당 2,6 이인산은 해당과정이나 포도당신생합성 과정의 중간체는 아니나 혈중 글루카곤의 수준을 반영하는 조절자이며 과당 2,6 이인산의 세포 내 농도는 이 물질을 분해시키는 FBPase-2와 생성시키는 PFK-2의 활성 정도에 의해 결정됨

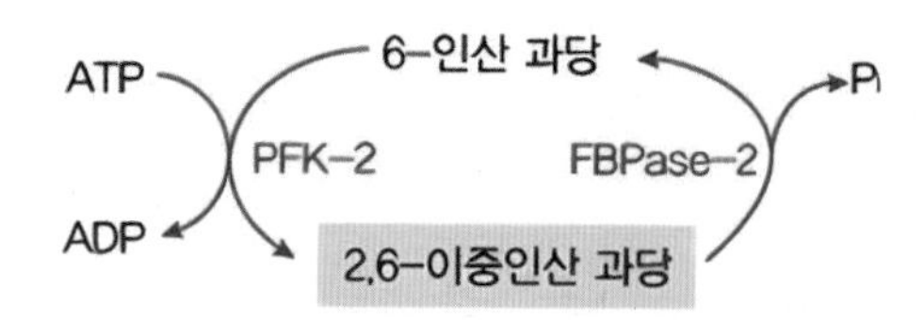

3. PFK-2와 FBPase-2는 두 가지 기능을 가진 단일 단백질이며 이 단백질에 존재하는 두 가지 다른 효소 활성부위가 각각의 기능을 수행하는 것임. 아래의 그림을 통해서 알 수 있는 것처럼 글루카곤은 PFK-2를 활성화시키고 FBPase-2를 저해시켜 과당 2,6 이인산의 농도를 증가시킴으로써 해당과정 촉진을 유도하나 인슐린은 FBPase-2를 활성화시키고 PFK-2를 저해시켜 포도당신생합성과정 촉진을 유도함

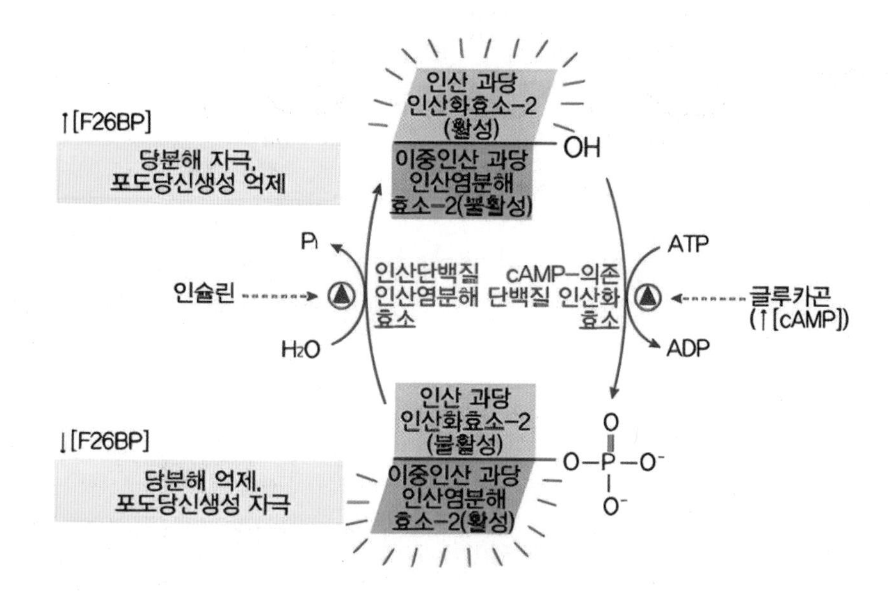

(3) 글리코겐 생합성

글리코겐 생합성은 거의 모든 동물조직에서 일어나지만 특히 간과 골격근에서 현저함. 글리코겐 생합성의 출발점은 포도당 6인산이며 다음과 같은 여러 가지 반응을 통해 UDP-포도당이 합성되어야 글리코겐 생합성이 가능함

㉠ 포도당 6인산의 UDP-포도당으로의 전환 과정 정리

포도당 6인산 $\xrightarrow[phosphoglucomutase]{}$ 포도당1인산

포도당 1인산+UTP $\xrightarrow[UDP-glucose\ pyrophosphorylase]{}$ UDP-포도당+PP_i

㉡ UDP-포도당을 이용한 글리코겐 사슬 합성: 글리코겐 사슬은 glycogen synthase에 의해 촉매됨. 이 효소는 UDP-포도당의 포포당 잔기를 글리코겐 가지의 비환원 말단에 추가해 새로운 α1→4 결합을 형성함

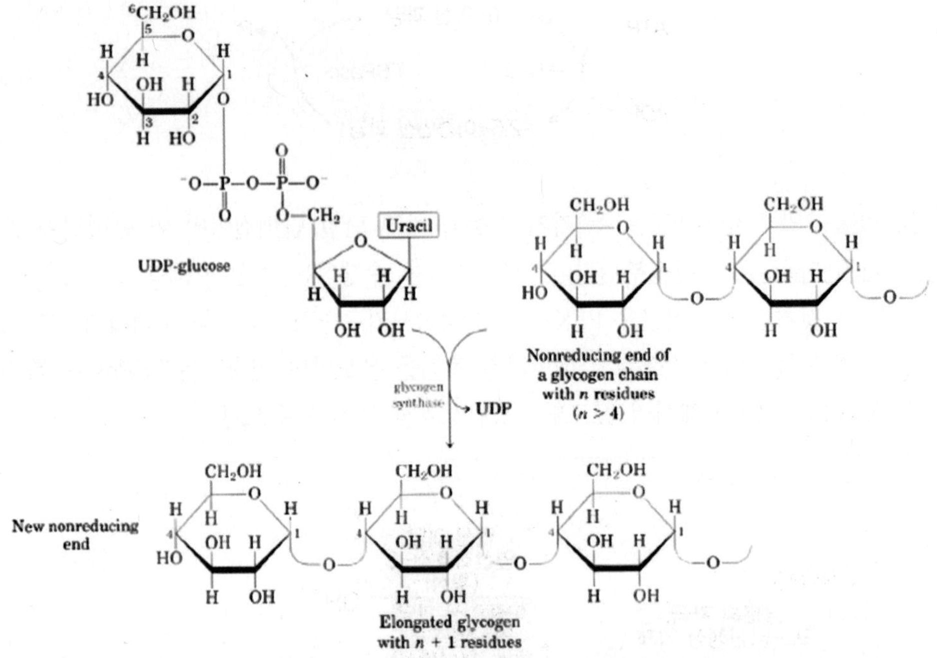

UDP-glucose

Uracil

glycogen synthase

UDP

Nonreducing end of a glycogen chain with n residues ($n > 4$)

New nonreducing end

Elongated glycogen with $n + 1$ residues

㉢ 글리코겐 가지 합성: glycogen synthase는 글리코겐 가지를 만들 수 없고 대신 글리코겐 가지합성 효소(glycogen branching enzyme)에 의해 새로운 분지점이 형성됨

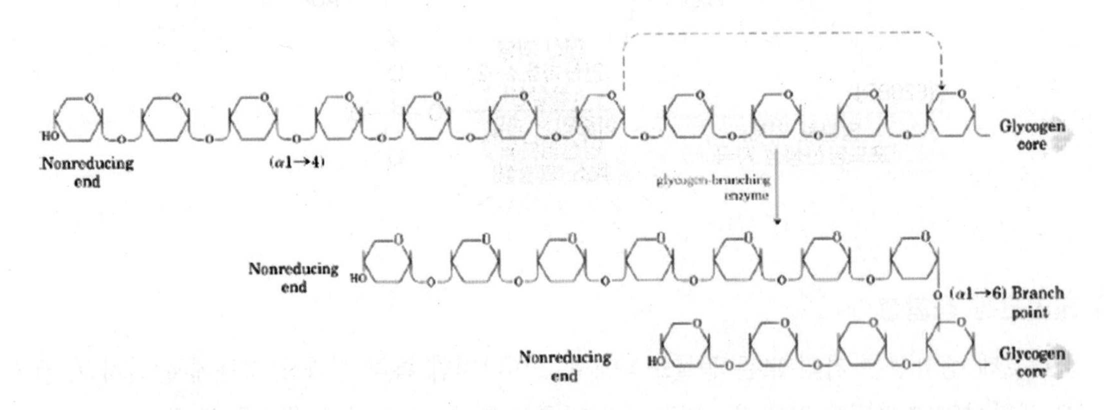

㉣ 글리코겐 대사 조절: 글리코겐 포스포릴라아제를 비롯한 여러 가지 효소의 활성화, 불활성화 작용을 통해 글리코겐 대사가 조절됨

ⓐ 글리코겐 포스포릴라아제(glycogen phophorylase)의 활성 조절: 글리코겐 포스포릴라아제는 알로스테릭 작용과 가역적인 인산화 과정에 의해 활성이 조절됨

1. 인산화, 탈인산화에 의한 근육 글리코겐 포스포릴라아제의 활성 조절: 보다 활성이 낮은 포스포릴라아제 b의 각 소단위에 있는 세린 잔기가 포스포릴라아제 a 키나아제에 의해 인산화되면서 활성이 높은 포스포릴라아제 a로 전환되며 포스포릴라아제 a 탈인산화효소(PPI)에 의해 포스포릴라아제 a가 포스포릴라아제 b로 전환됨

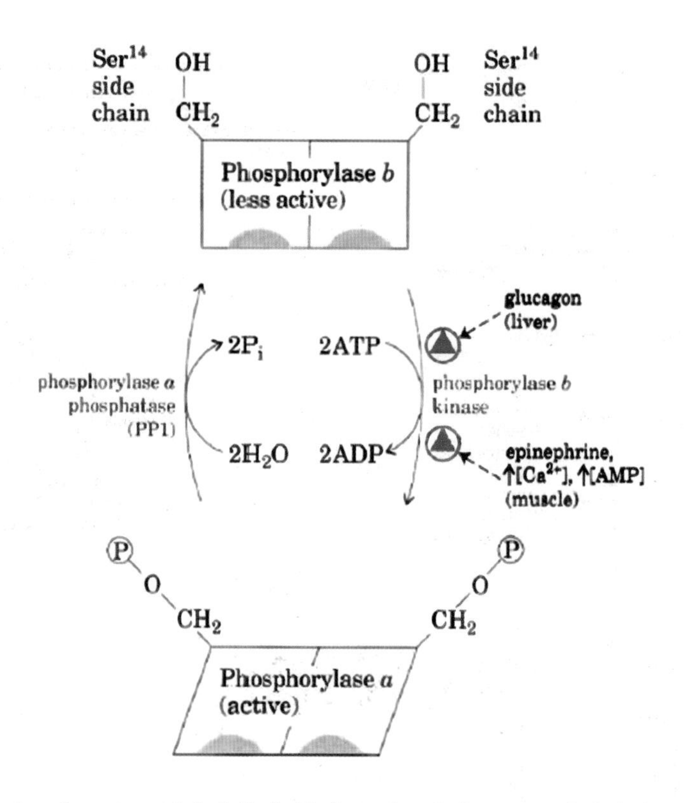

2. 간 글리코겐 포스포릴라아제의 활성 조절: 간의 포스포릴라아제 a의 알로스테릭 자리에 포도당이 결합하면 3차 구조의 변형이 일어나 인산화된 세린잔기가 포스포릴라아제 a 탈인산화효소(PPI)에 노출됨. 이 탈인산화효소는 포스포릴라아제 a를 b로 전환시켜 포스포릴라아제의 활성을 급격히 감소시킴으로써 고혈당에 대한 반응으로 글리코겐의 분해를 지연시킴. 인슐린 역시 간접적으로 PPI을 활성화시키고 글리코겐 분해를 지연시킴

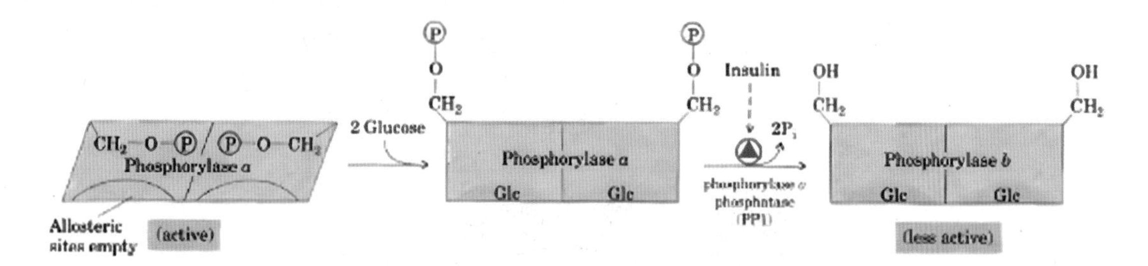

3. 간과 근육에서의 글리코겐 포스포릴라아제 활성화 유도 과정: 간의 경우 글루카곤, 근육의 경우 에피네프린, Ca^{2+}, AMP 등이 포스포릴라아제 b 키나아제를 활성화시켜 글리코겐 분해를 유도함

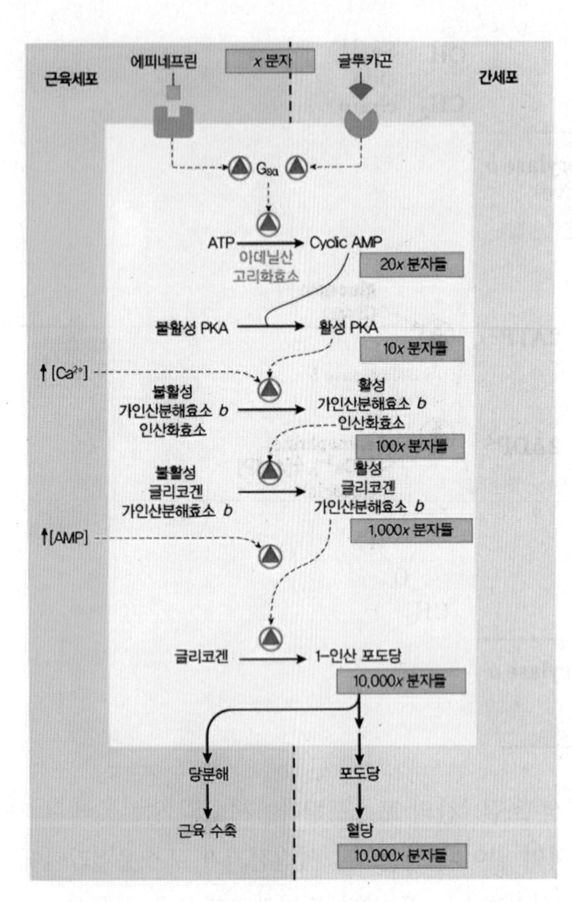

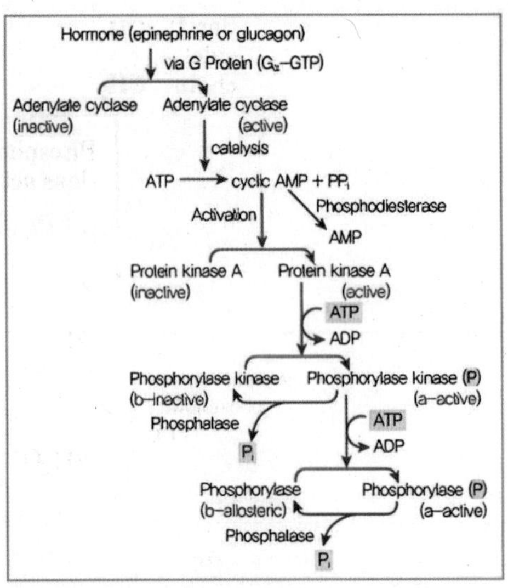

ⓑ 글리코겐 합성효소(glycogen synthase)의 활성 조절: 글리코겐 합성효소는 글리코겐 합성효소 키나아제 3(glycogen synthase kinase 3; GSK3)에 의해 인산화되어 불활성화되고 PP1에 의해 탈인산화되어 활성화됨. 아래 그림에 제시되어 있는 여러 가지 인자들이 GSK3와 PP1의 활성에 영향을 주어 글리코겐 합성효소 활성을 조절함

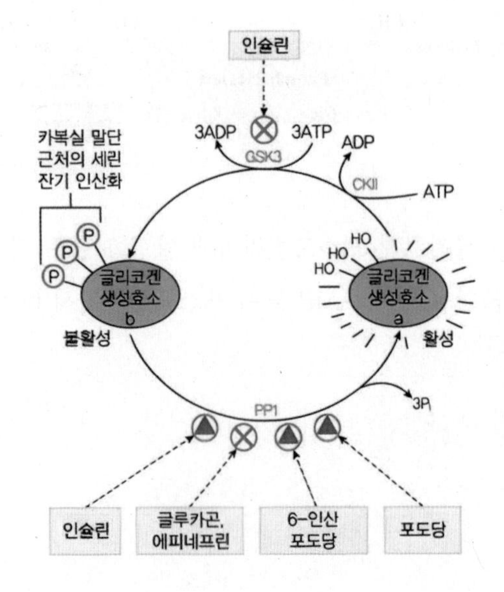

(4) 다른 에너지원의 당으로의 전환

㉠ 단백질의 당화: 포도당 생성에 이용되는 아미노산은 미토콘드리아 내에서 유기산으로 전환된 뒤 피루브산이나 TCA회로 중간산물로 전환되어 포도당신생합성 과정에 이용됨

㉡ 지질의 당화: 대부분의 지방산은 당으로 전환될 수 없으나 글리세롤의 경우 G3P로 전환되어 포도당신생합성 과정에 이용됨. 또한 글리옥시좀을 지니는 생물의 경우 글리옥실산 회로를 통해 지방산을 당으로 전환시킬 수 있음

「글리옥실산 회로와 시트르산 회로를 이용한 당의 생합성」

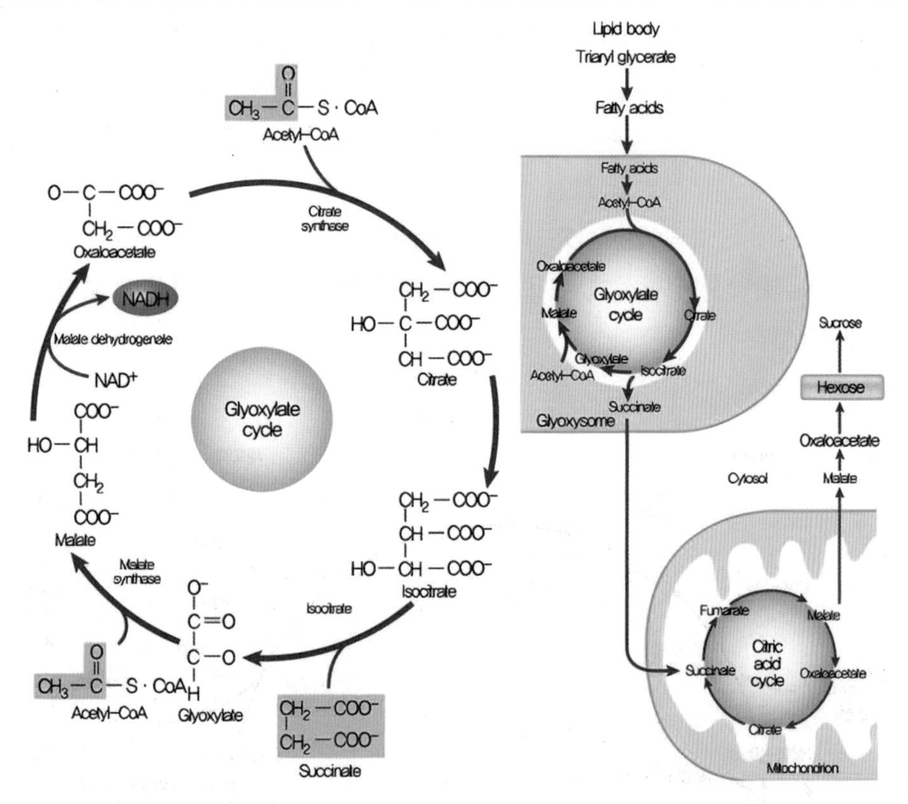

Ⓐ 글리옥실산 회로(glyoxylate cycle): citrate synthase, aconitase, isocitrate dehydrogenase 등은 시트르산 회로의 동종 효소들이며 isocotrate lyase와 malate synthase는 글리옥실산 회로의 고유 효소들임. 2개의 아세틸기가 회로로 진입하게 되고 4개의 탄소가 숙신산의 형태로 방출되는 것을 주목해야 함

Ⓑ 글리옥실산 히로와 시트르산 회로 간의 관계: 글리옥실산 회로의 반응은 중간체가 양 구획 사이를 왕래함으로써 시트르산 회로의 반응과 동시에 서로 맞물려 진행됨. 숙신산이 옥살로아세트산으로 전환되는 반응은 시트르산 회로 효소에 의하여 촉매됨

2 지질의 생합성

(1) 지방산의 생합성

동물세포의 경우 팔미트산까지의 생합성은 세포질에서 이루어지나 식물체의 경우 지방산의 생합성은 엽록체에서 일어남

㉠ 미토콘드리아로부터 세포질로의 아세틸기 수송: 미토콘드리아 외막은 상당히 투과성이 높은 막임. 미토콘드리아 기질에서 일어나는 아미노산의 이화과정 또는 세포질에서 일어나는 해당과정에서 만들어진 피루브산은 미토콘드리아 기질에서 아세틸-CoA로 전환됨. 아세틸기는 시트르산 형태로 미토콘드리아 밖으로 나가고 세포액에서 다시 아세틸-CoA로 전환되어 지방산 합성에 이용됨. 옥살로아세트산은 말산으로 환원되어 미토콘드리아 기질로 되돌아오고 다시 옥살로아세트산으로 전환됨. 별도의 경로로 말산은 세포질에서 malic enzyme에 의해 산화되어 NADPH를 만들며 이 때 생성된 피루브산은 미토콘드리아 기질로 되돌아옴. 지방산 생합성에 이용되는 NADPH는 이 과정과 아울러 오탄당 인산 경로를 통해 공급됨

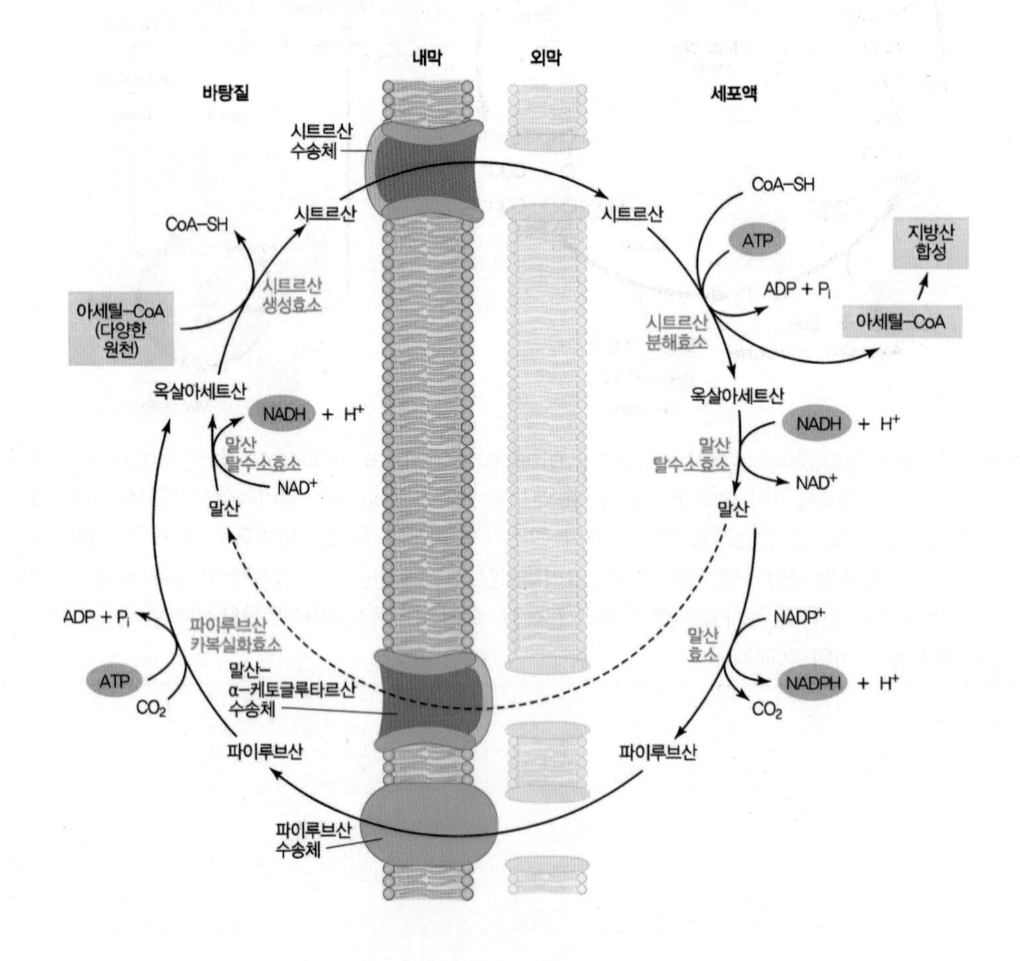

㉡ 말로닐-CoA의 합성: acetyl-CoA carboxylase에 의해 아세틸-CoA와 HCO_3^-로부터 말로닐-CoA가 합성됨. acetyl-CoA carboxylase는 3개의 기능 부위가 있는데 하나는 비오틴 운반 단백질이고 또 다른 하나는 biotin carboxylase로 CO_2를 비오틴 고리의 질소에 부착시키는 ATP 의존 반응을 촉매하여 CO_2를 활성화시킴. 세 번째 기능 부위는 transcarboxylase로서 활성화된 CO_2를 비오틴에서 아세틴-CoA로 전달하여 말로닐-CoA를 합성함

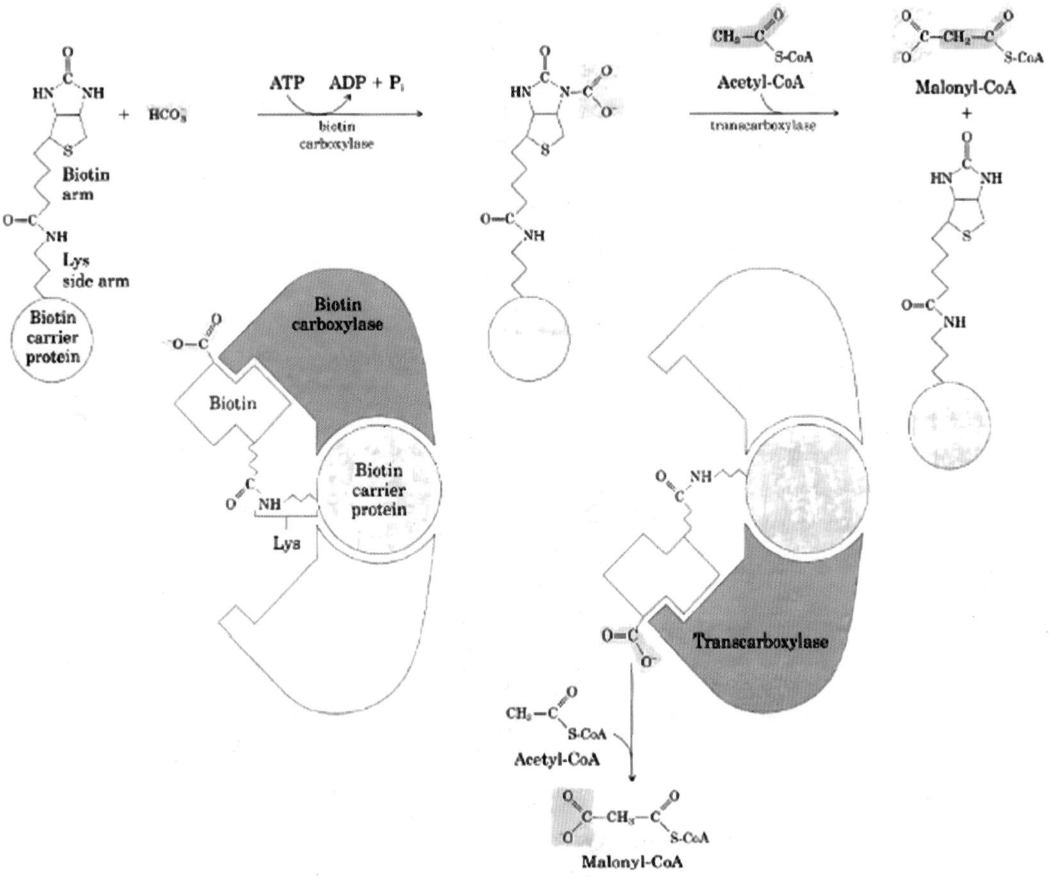

㉢ 지방산이 길어지는 4단계 반응: fatty acid synthase에 의해 촉매되며 4단계의 반응이 반복되어 지방산이 길어지게 되는데 일련의 반응으로 만들어진 포화 지방산의 아실기는 동일한 다음 4단계 반응에서 기질로 사용되어 활성화된 말로닐기와 축합이 일어남. 반복 반응이 1회 일어날 때마다 탄소 2개씩 탄소 사슬이 길어지고 탄소 수가 16개인 팔미트산이 되면 반응 회로로부터 떨어져 나옴

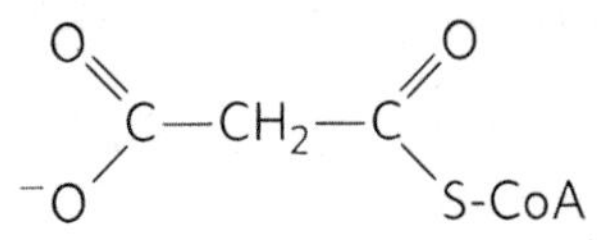

$$^{-}O-C(=O)-CH_2-C(=O)-S\text{-}CoA$$

말로닐-CoA

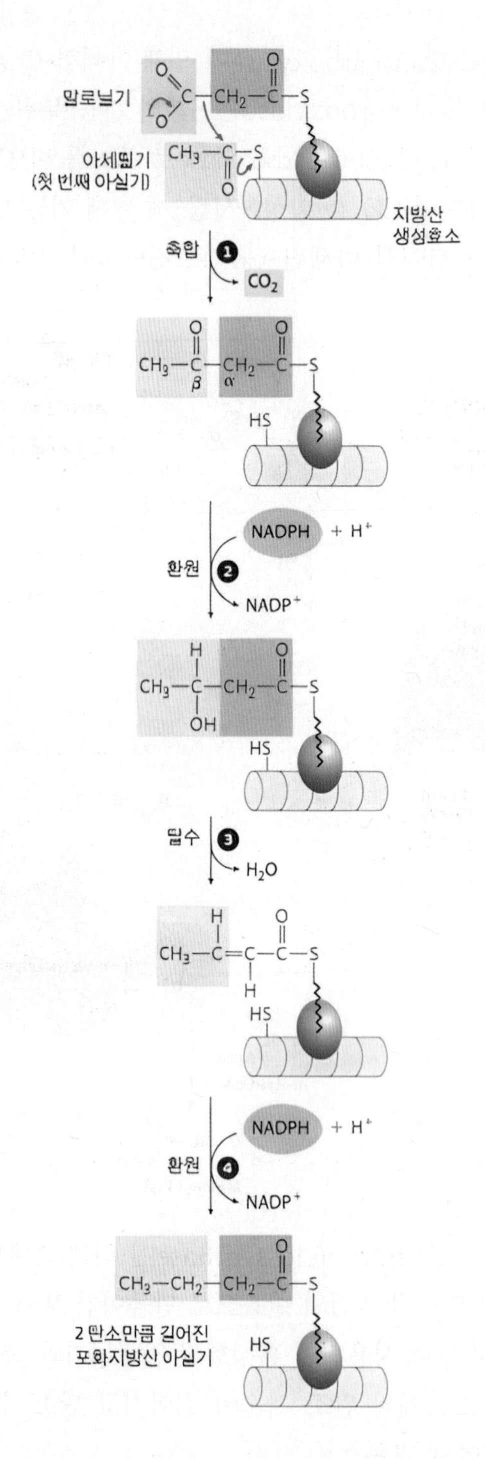

① 축합반응: 첫단계에서 활성화된 아실기와 말로닐-CoA의 말로닐기에서 CO_2가 유리되고 나는 탄소 2개 사이에 축합 반응이 일어나 아실 사슬이 탄소 2개 만큼 길어짐

② 카르보닐기의 환원: β-케토기가 환원되어 알코올이 됨

③ 탈수: H_2O가 제거되며 이중 결합이 형성됨

④ 이중 결합의 환원: 이중 결합은 환원되어 이에 상응하는 포화 지방산 아실기가 됨

㉣ 그 밖의 지방산은 소포체에서 팔미트산으로부터 연장되거나 변형되어 합성됨

ⓐ 지방산의 연장: 동물세포의 경우 팔미트산으로부터 다른 긴 지방산을 만드는 것은 활면소포체나 미토콘드리아에서 이루어짐

ⓑ 지방산의 불포화: 포유류의 간세포는 지방산의 △9 위치에 이중 결합을 형성할 수 있어서 올레산이나 팔미톨레산의 형성은 가능하지만 △10 위치에는 이중결합을 만들 수 없으므로 포유류는 리놀레산과 리놀렌산을 합성할 수 없음. 그러나 식물은 이 2가지 지방산을 모두 합성할 수 있는데 이중결합을 형성하는 불포화 효소는 활면소포체와 엽록체에 존재함

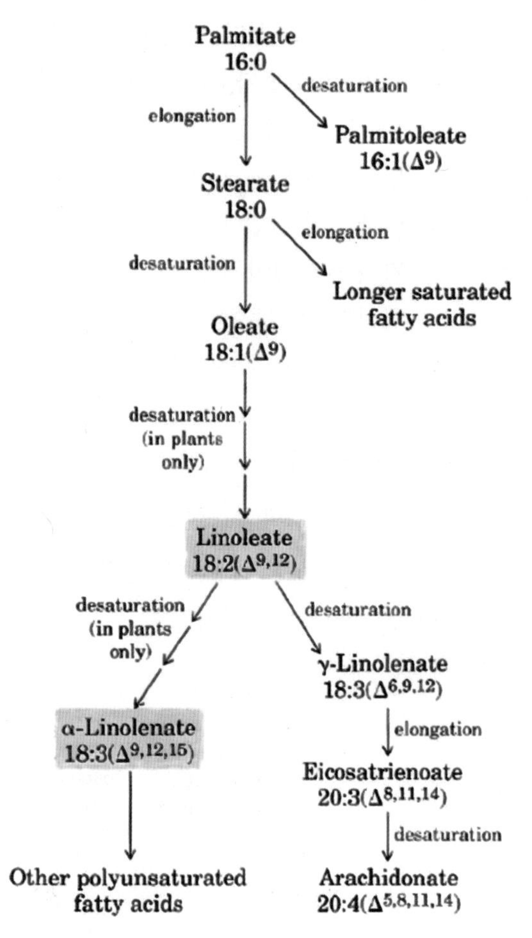

㉤ 지방산 대사 조절: 연료로 즉시 사용할 수 있는 탄수화물이 식이로 섭취되면 β 산화는 불필요하게 되고 따라서 억제됨. 2가지 효소가 지방산 대사의 조절에 중요한데, acetyl-CoA carboxylase(ACC)와 carnitine acyltransferase Ⅰ임

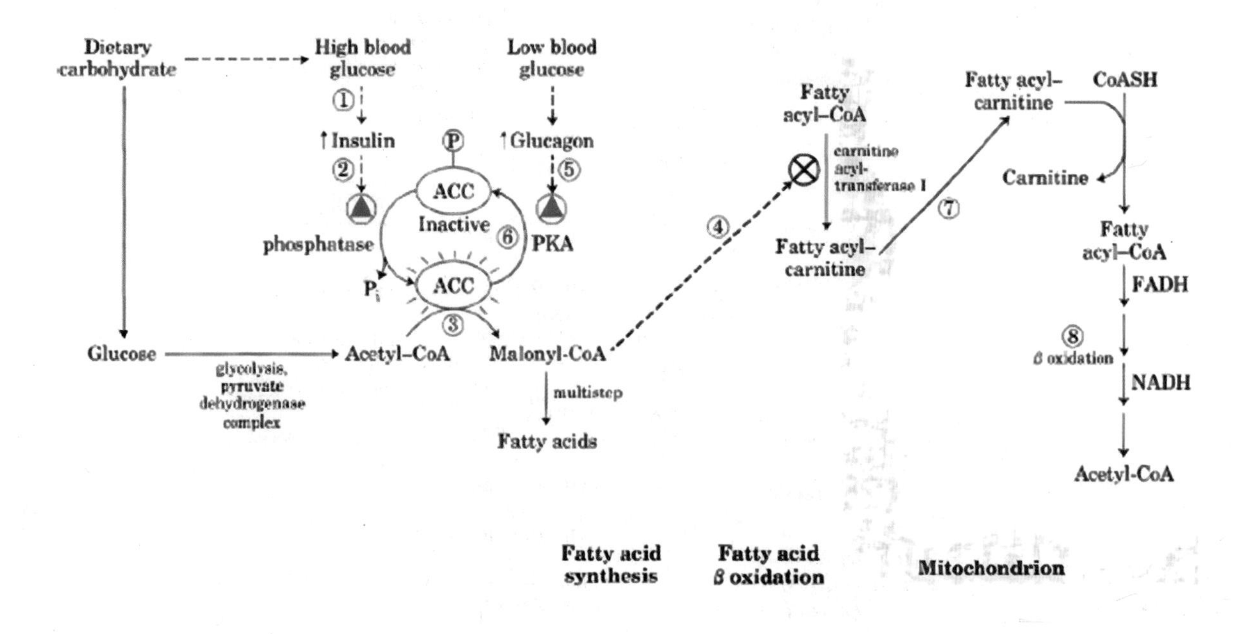

ⓐ 고탄수화물 식이는 혈당을 높이고 이로 인해 인슐린 분비를 촉발하며 인슐린 의존 단백질 탈인산화효소가 ACC를 탈인산화시켜 활성화시킴. ACC는 지방산 합성의 첫 중간체인 말로닐-CoA 생성을 촉진시키고 말로닐-CoA는 carnitine acyltransferase Ⅰ을 억제하여 지방산이 미토콘드리아 기질로 진입하는 것을 저해함

ⓑ 식사와 식사 간에 혈당이 떨어지면 글루카곤이 분비되어 cAMP 의존 단백질 키나아제(PKA)가 활성화되어 ACC를 인산화시켜 불활성화시킴. 따라서 말로닐-CoA의 농도가 떨어져 지방산이 미토콘드리아로 진입할 수 있게 되어 지방산 산화가 일어나며 또한 글루카곤은 지방세포에서의 지방산 동원을 촉발하므로 지방산이 혈액으로 공급되기 시작함

(2) 중성지방의 생합성

중성지방은 포스파티드산으로부터 합성되거나 피루브산으로부터 생합성됨

㉠ 포스파티드산으로부터의 중성지방 생합성: 포도당으로부터 합성된 포스파티드산은 중성지방과 글리세로인산지질의 전구체가 됨

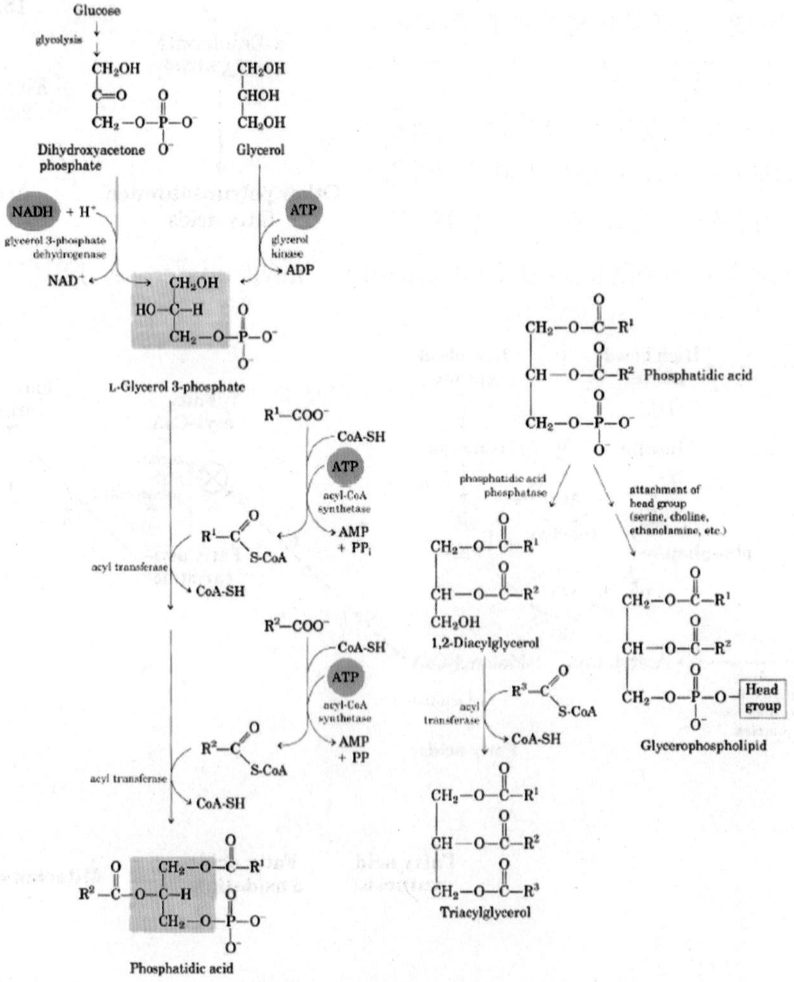

㉡ 피루브산으로부터의 글리세롤 생합성

ⓐ 중성지방 회로(triacylglycerol cycle): 지방세포에서 중성지방의 분해로 생성된 지방산 중 일부는 혈중으로 방출되고 나머지는 중성지방으로 재합성됨. 혈중으로 유리된 지방산 중 일부는 에너지원으로 이용되고 일부는 간으로 흡수되어 중성지방으로 재합성됨. 간에서 만들어진 중성지방은 다시 혈중으로 나와 지방 조직으로 가고 거기에서 세포밖 지질 단백질 리파아제에 의해 지방산으로 떨어져 나온 후 지방세포에 흡수되어 중성지방으로 재합성됨

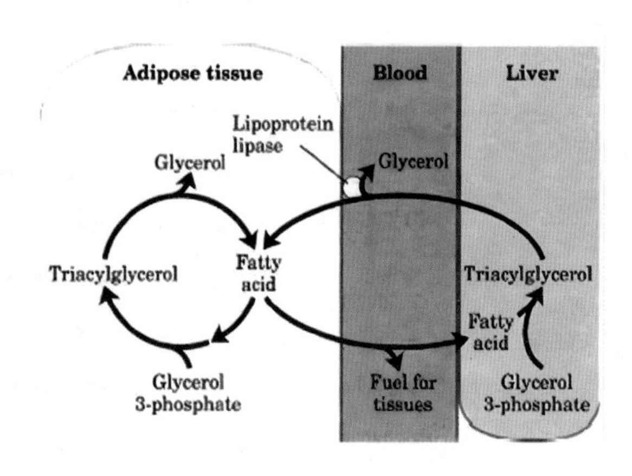

ⓑ 기아 상태에서는 글루카곤이나 에피네프린의 작용 하에서 해당 과정이 억제되어 DHAP가 거의 없고 지방 조직 내에는 포스파티드산 합성에 중요한 효소인 glycerol kinase도 존재하지 않기 때문에 지방 분해 과정 중에 유리된 글리세롤로부터 글리세롤 3인산을 합성할 수 없으므로 피루브산으로부터 합성하는 경로를 채택함

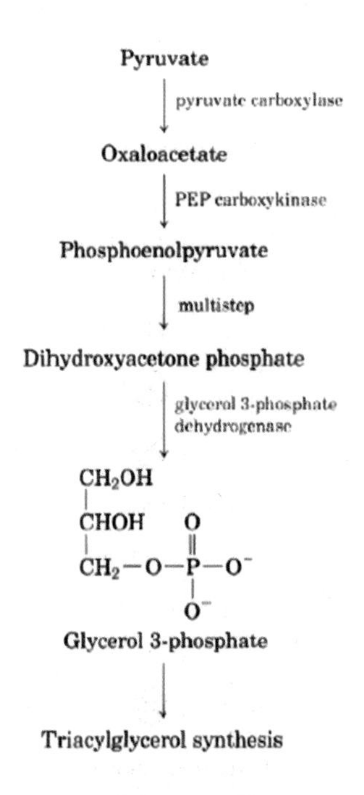

㉢ 중성지방의 생합성 조절: 인슐린은 당이 중성지방으로 전환되는 것을 촉진시키는데 인슐린이 합성되지 않는 당뇨병 환자의 경우 포도당을 잘 이용하지 못할 뿐만 아니라 당이나 아미노산으로부터 지방산 합성도 잘 일어나지 않아 지방산 산화와 케톤체 합성이 증가되어 체중이 감소하게 됨

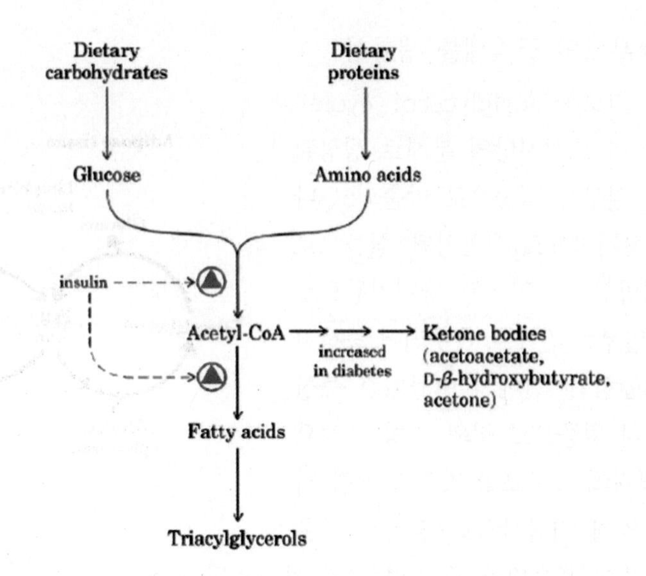

(3) 콜레스테롤 생합성

지방산과 마찬가지로 콜레스테롤도 아세틸-CoA로부터 합성되지만 그 경로는 전혀 다름

㉠ 콜레스테롤 합성과 그 조절: 글루카곤은 HMG-CoA reductase의 인산화를 촉진하여 불활성화시키고 인슐린은 탈인산화를 촉진하여 활성화시킴. X는 밝혀지지 않은 콜레스테롤의 대사물질로서 HMG-CoA reductase의 가수분해를 촉진함

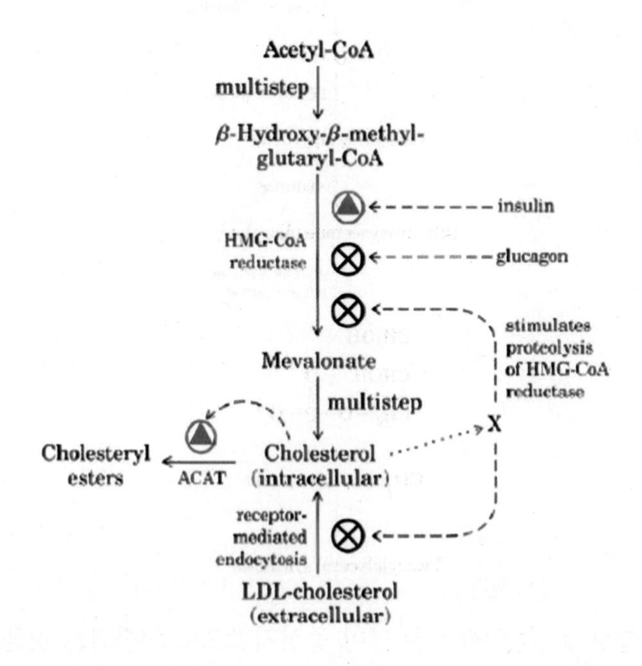

ⓛ 콜레스테롤로부터 만들어지는 스테로이드 호르몬

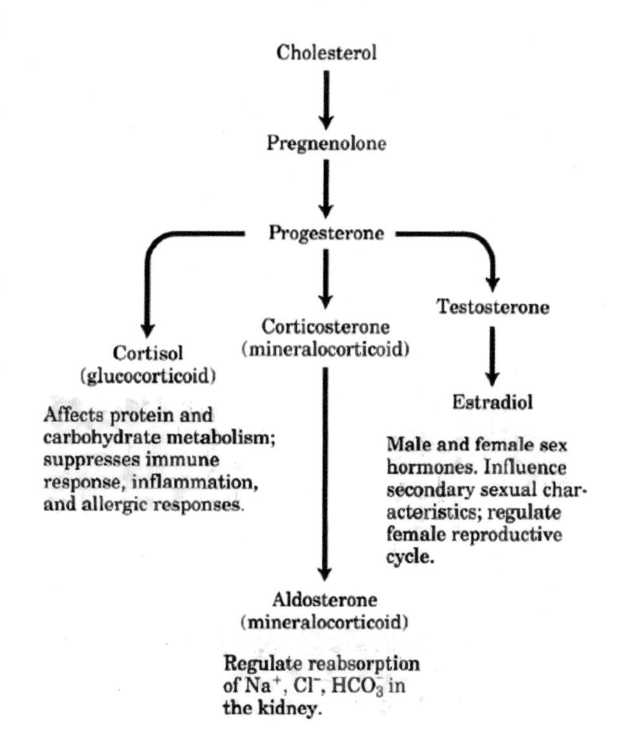

(4) 지질 대사 관련 세포소기관 기능 분담

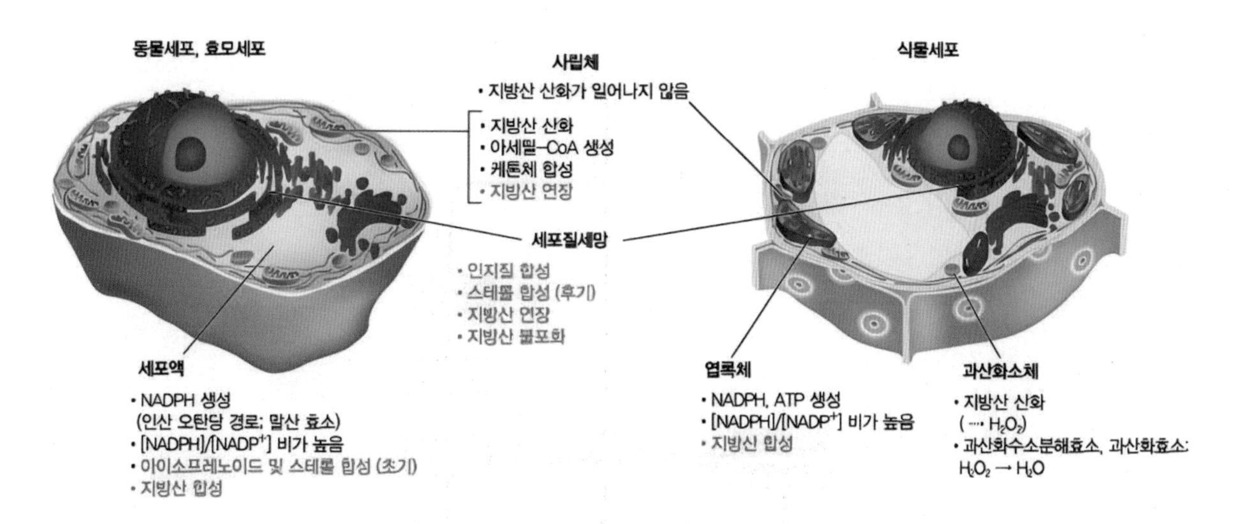

구분	동물세포 효모	식물세포
세포질	• NADPH 생성(오탄당 인산 경로, 말산 효소) • 지방산 합성 • 아이소프레노이드 및 스테롤 합성(초기 단계)	

구분	동물세포 효모	식물세포
미토콘드리아	• 지방산 산화 • 아세틸-CoA 생성 • 케톤체 합성 • 지방산 길이 연장	
엽록체		• NADPH, ATP 생성 • 지방산 합성
퍼옥시좀		• 지방산 산화 • H_2O_2 제거
소포체	• 인지질 합성 • 스테롤 합성(후기 단계) • 지방산 길이 연장 • 지방산 불포화	

3 아미노산과 아미노산 유래 물질 생합성

(1) 아미노산 생합성 과정 개요

모든 아미노산은 해당과정, 시트르산, 오탄당 인산 경로의 중간체로부터 유래함. 질소는 이 경로에서 글루탐산과 글루타민의 형태로 들어감

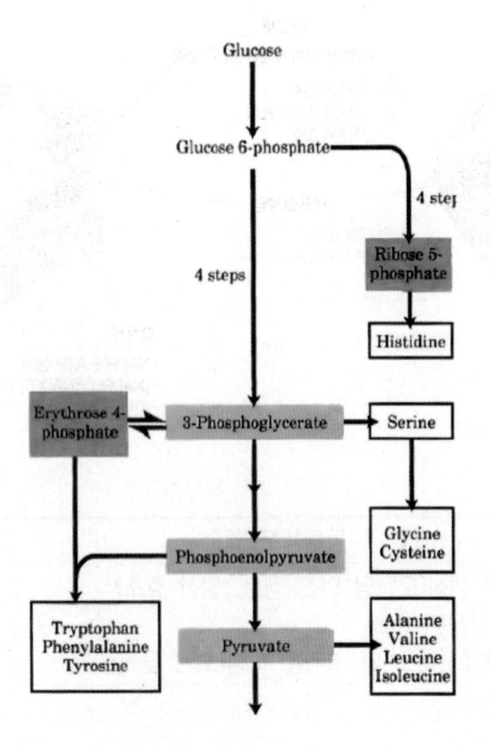

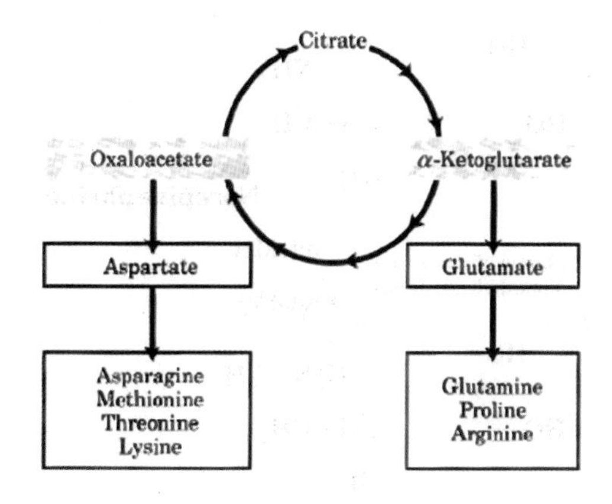

(2) 아미노산 유래 물질인 생체 아민의 생합성

많은 신경전달물질 및 각종 신호물질은 아미노산의 탈카르복실화 과정을 통해 형성됨

㉠ 티로신으로부터 형성되는 생체 아민(카테콜아민): 도파민, 노르에피네프린, 에피네프린

$HO-C_6H_4-CH_2-CH(\overset{+}{N}H_3)-COO^-$

Tyrosine

tyrosine hydroxylase (Tetrahydrobiopterin, O_2 → H_2O, Dihydrobiopterin)

$(HO)_2C_6H_3-CH_2-CH(\overset{+}{N}H_3)-COO^-$

Dopa

aromatic amino acid decarboxylase (PLP, → CO_2)

$(HO)_2C_6H_3-CH_2-CH_2-\overset{+}{N}H_3$

Dopamine

dopamine β-hydroxylase (Ascorbate, O_2 → H_2O, Dehydroascorbate)

Norepinephrine

phenylethanolamine N-methyltransferase

adoMet → adoHcy

Epinephrine

㉡ 글루탐산으로부터 형성되는 생체 아민: γ-aminobutyrate(GABA)

타이로신

타이로신 수산화효소 (사수소바이오테린, O_2 → H_2O, 이수소바이오테린)

도파

방향족 아미노산 탈카복실기효소 (PLP, → CO_2)

도파민

도파민 β-수산화효소 (아스코브산, O_2 → H_2O, 데하이드로아스코브산)

노에피네프린

페닐에탄올아민 N-메틸전달효소 (adoMet → adoHcy)

에피네프린

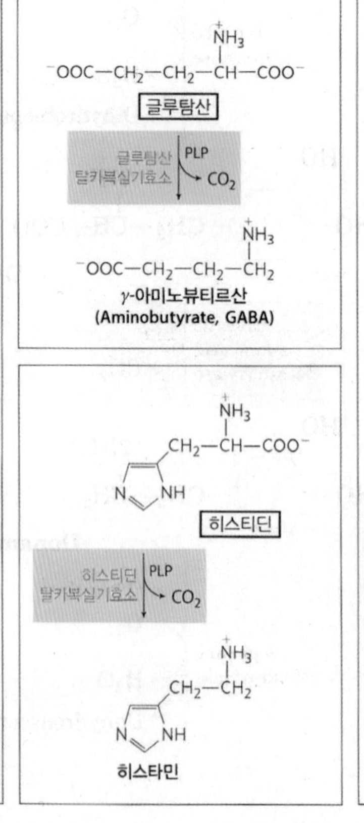

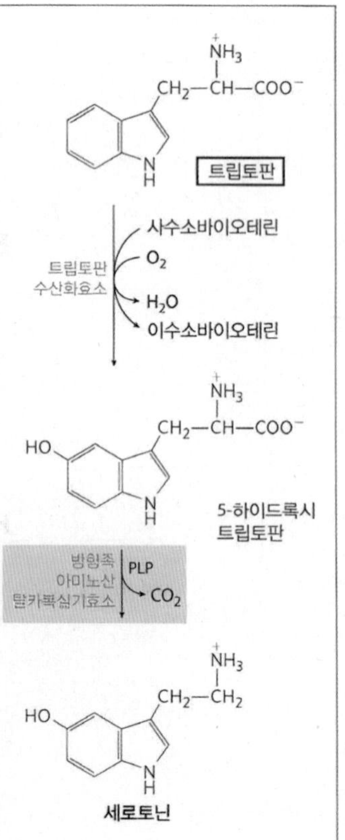

ⓒ 히스티딘으로부터 형성되는 생체 아민: 히스타민

ⓓ 트립토판으로부터 형성되는 생체 아민: 세로토닌

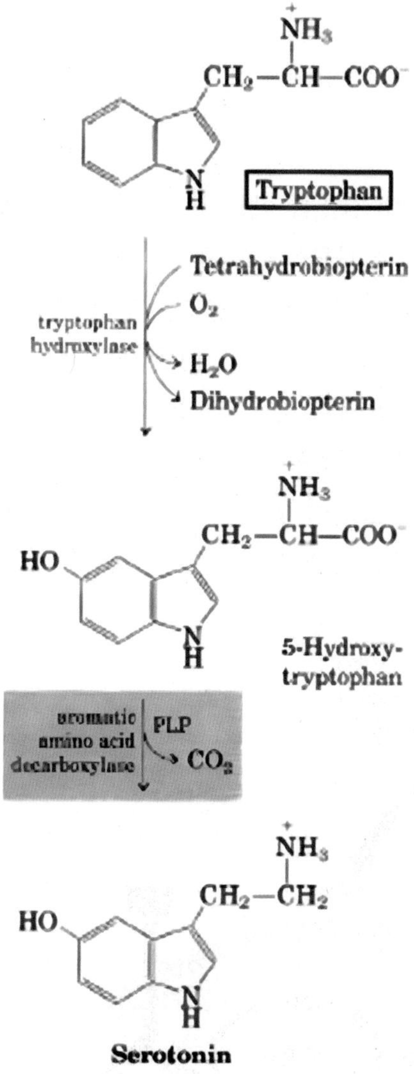

Tryptophan

tryptophan hydroxylase

Tetrahydrobiopterin

O_2

H_2O

Dihydrobiopterin

5-Hydroxy-tryptophan

aromatic amino acid decarboxylase

PLP

CO_2

Serotonin

09 광합성(photosynthesis)

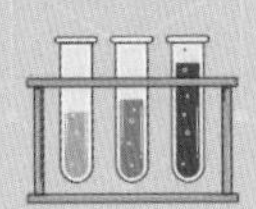

1 광합성 서론

(1) 광합성의 생태학적 의미

㉠ 세포호흡과 광합성의 관계: 산소를 이용하는 호기성 종속영양생물은 ATP 형성시 광합성에 의해 생성된 에너지 풍부 유기물을 CO_2와 H_2O로 분해하며 대기로 돌아간 CO_2는 광합성 생물에 의해 다시 이용됨. 그러므로 태양 에너지는 생물권을 통하여 CO_2와 O_2의 지속적인 순환을 위한 추진력을 공급하는 한편 광합성을 할 수 없는 생물이 살아가기 위하여 의존하는 환원형 기질인 포도당과 같은 연료를 공급함

㉡ 광합성의 명반응과 암반응: 명반응은 태양 에너지를 이용해 고에너지성의 NADPH와 ATP를 형성함. 이 산물들은 탄소 동화 반응에 이용되는데 탄소 동화 반응은 밝을 때도 혹은 어두울 때도 일어나며 CO_2를 환원시켜 유기물을 합성함

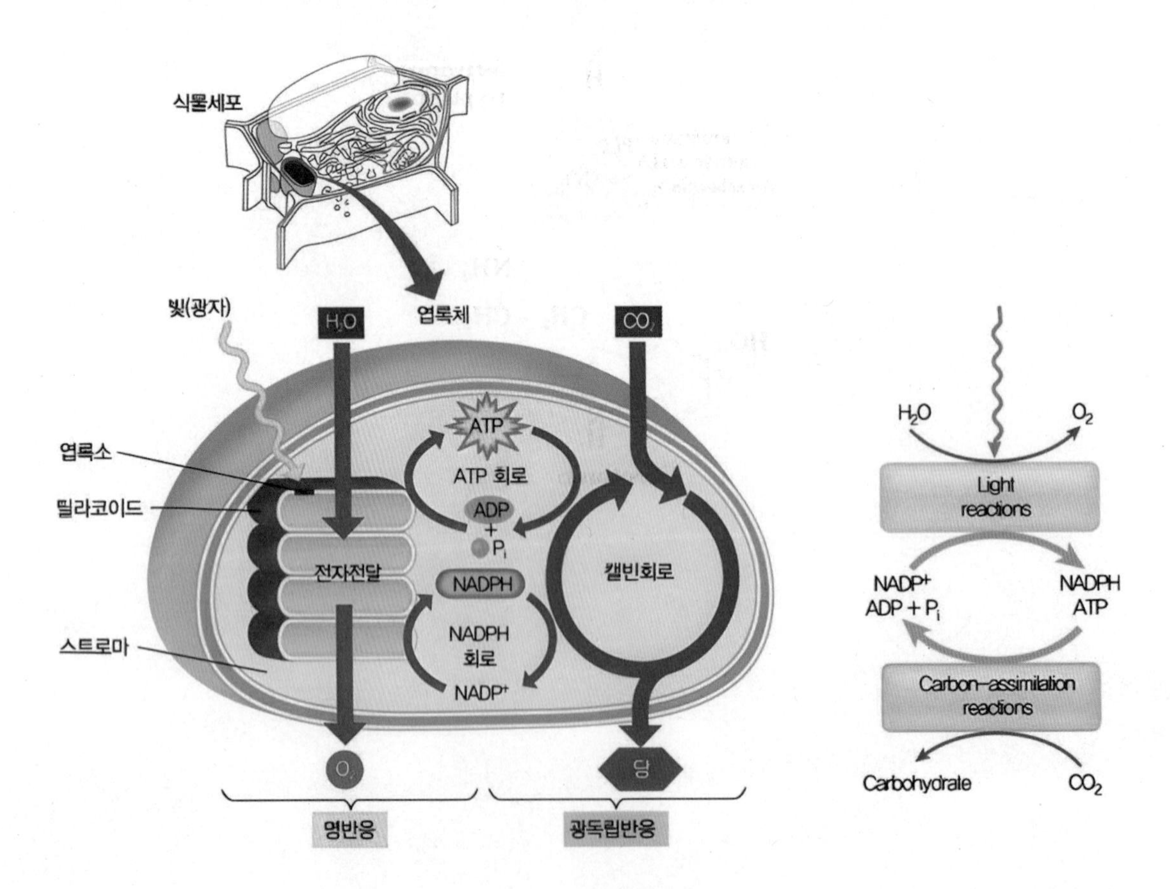

(2) 엽록체의 구조

조류와 식물 세포 내에서 광합성이 일어나는 세포소기관으로 외막과 내막의 2중막으로 싸여 있음

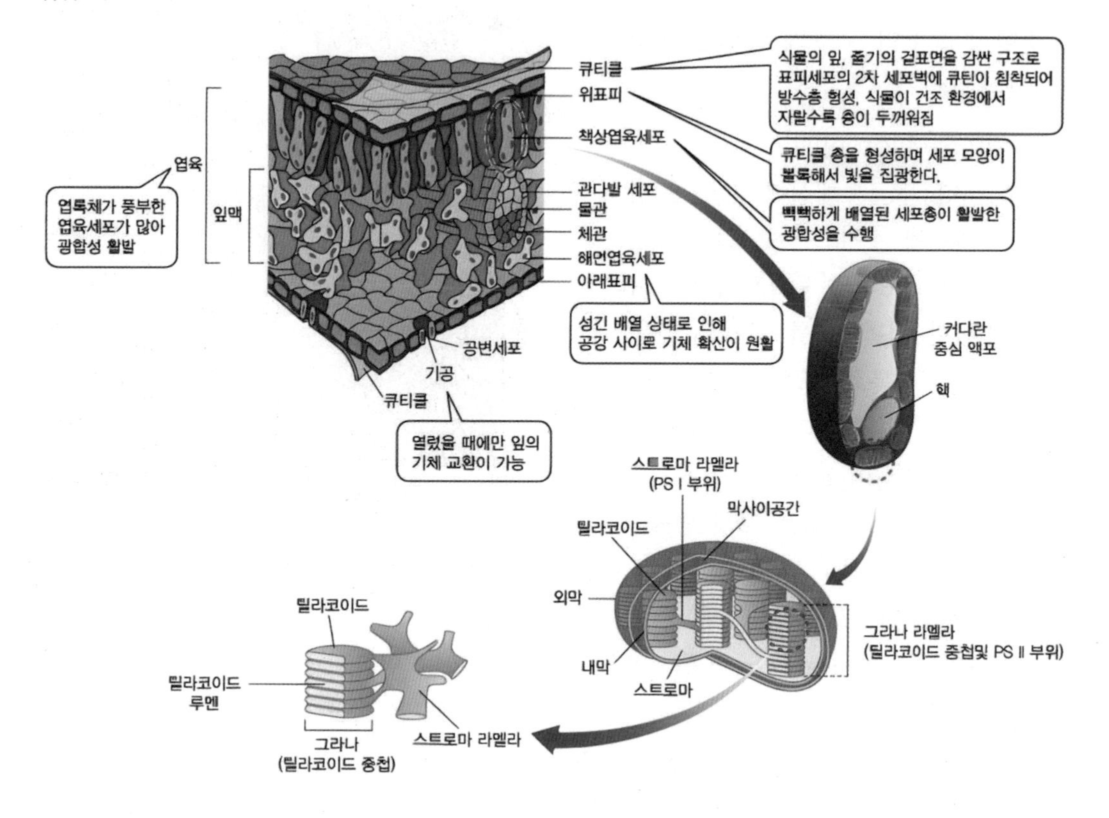

㉠ 그라나(grana): 광계가 존재하는 틸라코이드막이 층상구조를 형성하며 틸라코이드막 상에는 빛을 흡수하는 색소 및 전자전달 관련 단백질 및 ATP 합성효소가 존재하여 명반응이 일어나게 됨. 그라나를 구성하는 막을 지칭하며 틸라코이드막으로 싸여진 안쪽부위는 루멘(lumen)이라고 함

ⓐ 틸라코이드막의 구분: 대부분의 틸라코이드는 서로 매우 밀접하게 중첩되어 있는데 이러한 틸라코이드막을 그라나 라멜라(grana lamella)라고 하며 그러한 중첩이 없이 노출된 틸라코이드막을 스트로마 라멜라(stroma lamella)라고 함

ⓑ 틸라코이드막의 내재성 단백질: 광합성 명반응 관련 단백질은 대부분 내재성 단백질로 소수성 아미노산 비율이 높으며 막 내에서 독특한 방향성을 지님. 예를 들어 ATP 합성효소의 경우 ATP를 합성하는 부위가 스트로마를 향하는 방향성을 지님

㉡ 스트로마(stroma): 엽록체의 기질 부분으로 자가 복제에 필요한 DNA, RNA 및 리보솜을 지니고 있으며 암반응 관련 효소들이 존재함. 엽록체 내에서 작용을 하는 대부분의 단백질은 엽록체 자체 내에서 일어나는 전사 및 번역의 산물이며 이외의 단백질은 핵의 DNA에 의해서 암호화되고 세포질 리보솜 상에서 합성된 후 엽록체 내로 진입하게 됨

(3) 광합성 색소

빛을 흡수하여 광합성에 필요한 에너지를 제공함

㉠ 광합성 색소의 구조와 종류 그리고 기능

ⓐ 엽록소(chlorophyll)

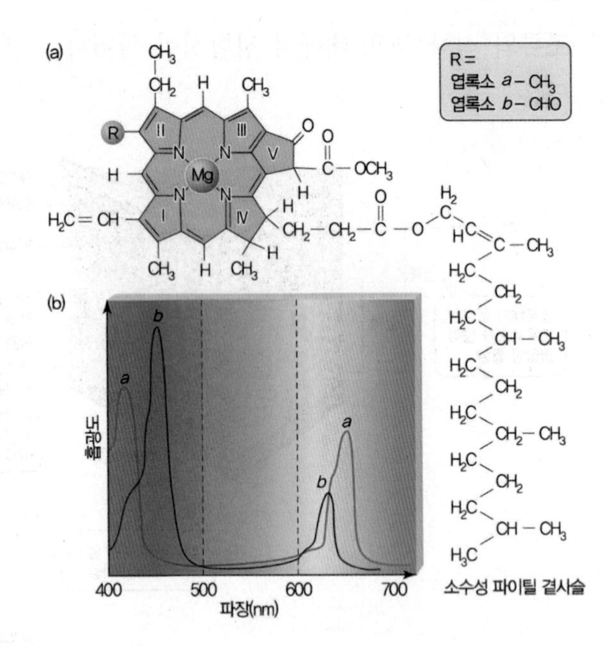

1. 구조: Fe^{2+} 대신에 Mg^{2+}을 중앙부에 가지고 있는 것 외에는 헤모글로빈의 원포르피린과 유사한 평판구조를 가지고 있음. 모든 엽록소는 고리 Ⅳ에서 카르복실기의 치환기가 에스테르화된 피톨(phytol)기를 지니고 있으며 햄에는 없는 다섯 번째의 고리 구조에 다섯 번째 고리 구조를 가지고 있어서 총 다섯 부분으로 이루어진 고리 구조를 형성하고 있음
2. 종류: 엽록소 a, b, c, d 등으로 구분되는데 그 중 엽록소 a와 b는 녹색식물에 풍부하며 c와 d는 원생생물과 남세균에 존재함. 광합성 세균은 식물 색소와 약간 다른 형태의 세균 엽록소(bacteriochlorophyll)를 지님
3. 기능: 엽록소는 크산토필과 같은 보조 색소와 함께 특이적인 결합 단백질과 회합하여 광수확복합체(light-harvesting complex)를 형성함

ⓑ 카로티노이드(carotenoid): 보조 색소로 작용함

1. 구조: 모두 다수의 공액이중결합을 갖는 선형의 분자들이며 틸라코이드막의 필수적 성분이고 반응 중심 단백질과 밀접하게 결합함

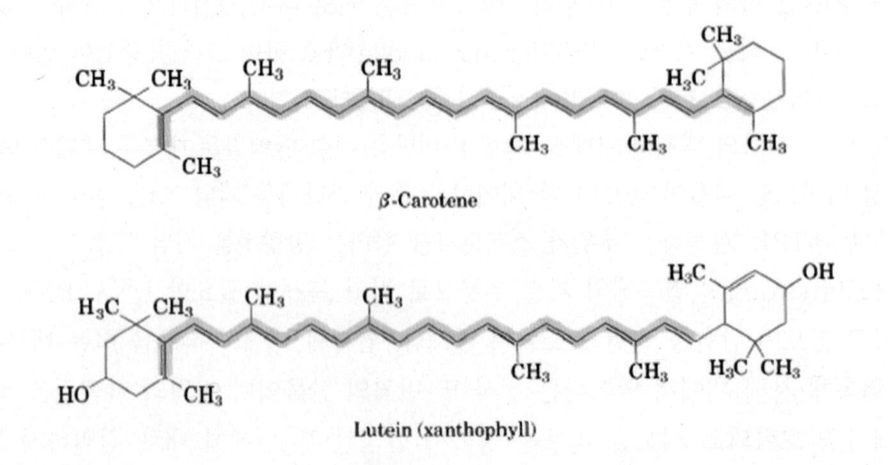

2. 종류: 황색 계통의 색소로 카로틴과 크산토필로 구분

3. 기능: 엽록소가 흡수할 수 없는 파장의 빛을 흡수하여 광합성에 이용될 수 있게 하는 보조 색소로 기능을 수행하며 과다한 빛을 흡수하여 엽록소에 의한 활성산소의 형성을 막아 광보호를 수행함

ⓒ 피코빌린(phycobilin)

1. 구조: 열린 사슬 모양의 테트라피롤 구조임. 고리 구조나 중앙부에 Mg^{2+}을 지니지 않음

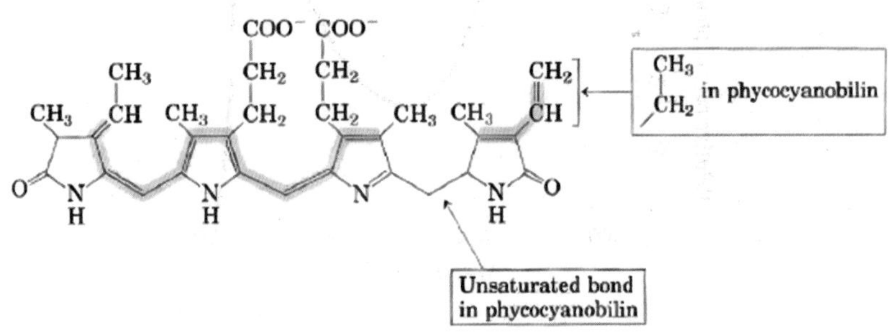

Phycoerythrobilin

2. 종류: 피코에리트로빌린(phycoerythrobilin)과 피코시아노빌린(phycocyanobilin)으로 구분함

3. 기능: 남세균과 홍조류에 존재하는 광수집 색소임

ⓛ 색소의 빛 흡수와 광합성: 가시광선 영역의 서로 다른 파장의 빛은 서로 다른 광합성 효율을 지니는데 이것은 흡수 스펙트럼과 작용 스펙트럼을 비교함을 통해 알 수 있음

ⓐ 흡수 스펙트럼(absorption spectrum): 각 파장의 빛이 흡수되는 정도를 나타낸 그래프를 의미하며 순수 비극성 용매에 용해된 순수한 색소의 스펙트럼임을 인식해야 함. 많은 경우에 생체 내 광합성 색소의 스펙트럼은 광합성 막 내의 색소환경에 의해서 실제로 영향을 받게 됨

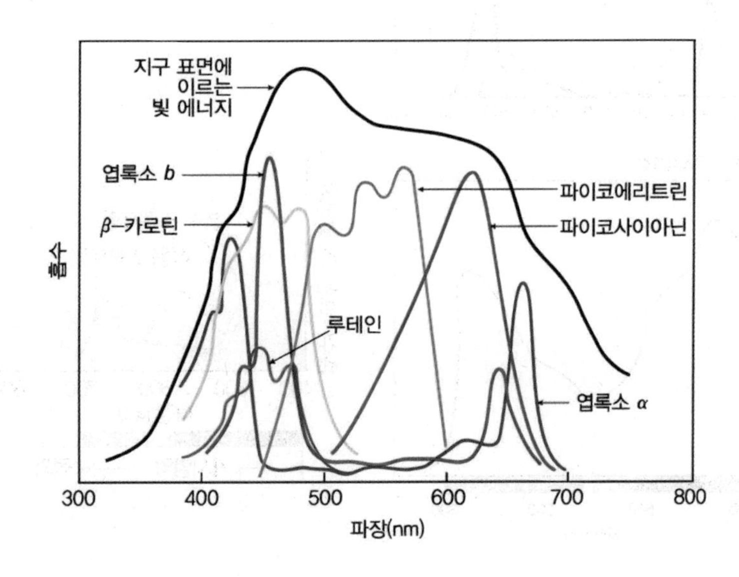

ⓑ 작용 스펙트럼(action spectrum): 서로 다른 파장의 광자의 조사에 의해서 광합성의 상대적 속도를 기록한 것으로 산소 생성을 측정하기 위해서 산소 전극을 이용한 현대적 기술을 통해 얻게 된 결과임

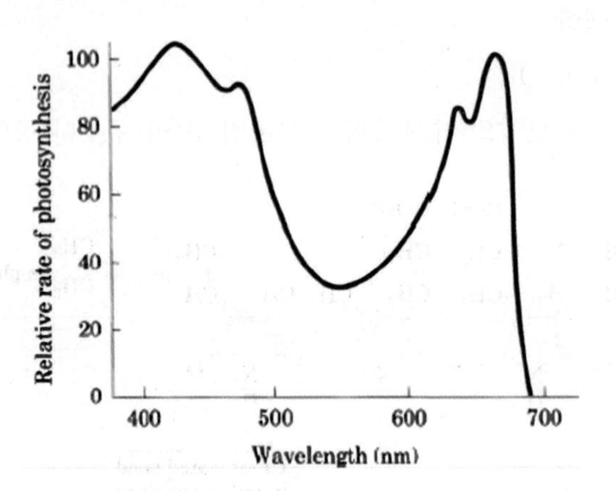

ⓒ 흡수 스펙트럼과 작용 스펙트럼의 비교: 만약 흡수 스펙트럼과 작용 스펙트럼이 동일한 그래프를 그린다면 모든 파장의 빛이 동일한 광합성 효율을 가질 것이라 생각할 수 있음. 하지만 카로티노이드가 흡수하는 450~500nm 영역에서 불일치가 존재하며 이것은 카로티노이드로부터 엽록소로 에너지가 전달되는 효율이 엽록소 간에 에너지가 전달되는 효율보다 낮다는 것을 의미함

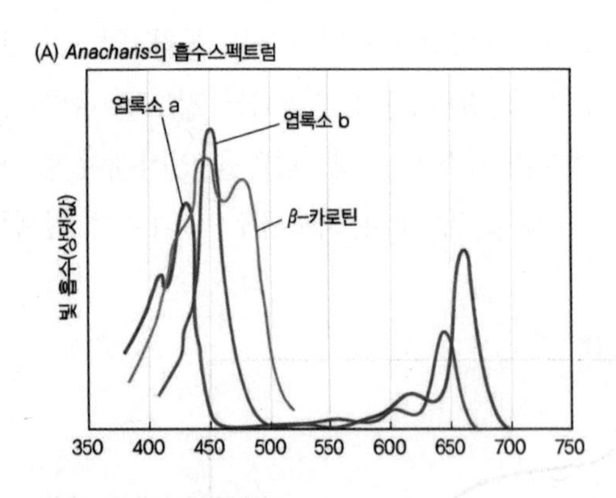

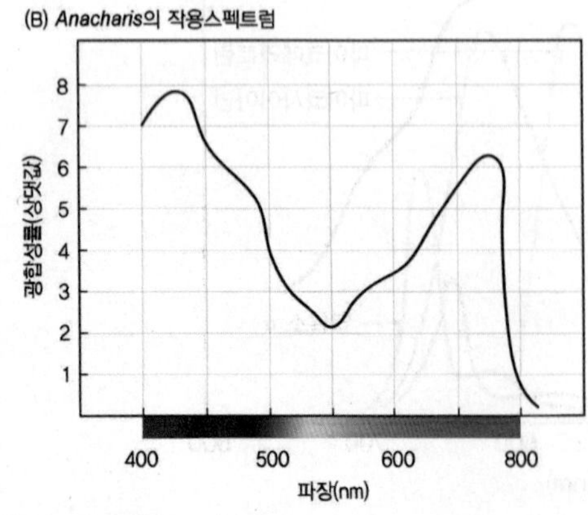

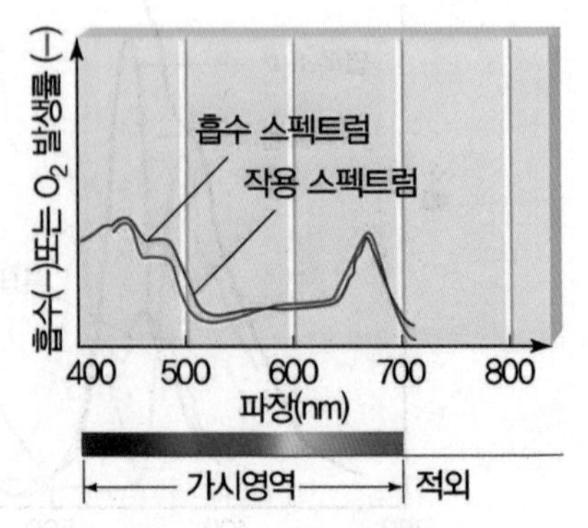

㉢ 광합성 색소의 추출 및 분리정제

ⓐ 광합성 색소는 물에는 잘 녹지 않지만 메탄올과 아세트산이 3: 1 정도로 섞인 유기용매에는 잘 녹아 식물의 잎으로부터 광합성 색소를 추출할 수 있음

ⓑ 종이 크로마토그래피를 실시할 경우 색소의 종류에 따라 유기용매에 대한 용해도와 분자량에서 미세한 차이를 보이므로 각각의 전개율이 모두 다름

ⓒ 전개율(Rf): 원점에서 색소까지의 거리/원점에서 용매 전선까지의 거리

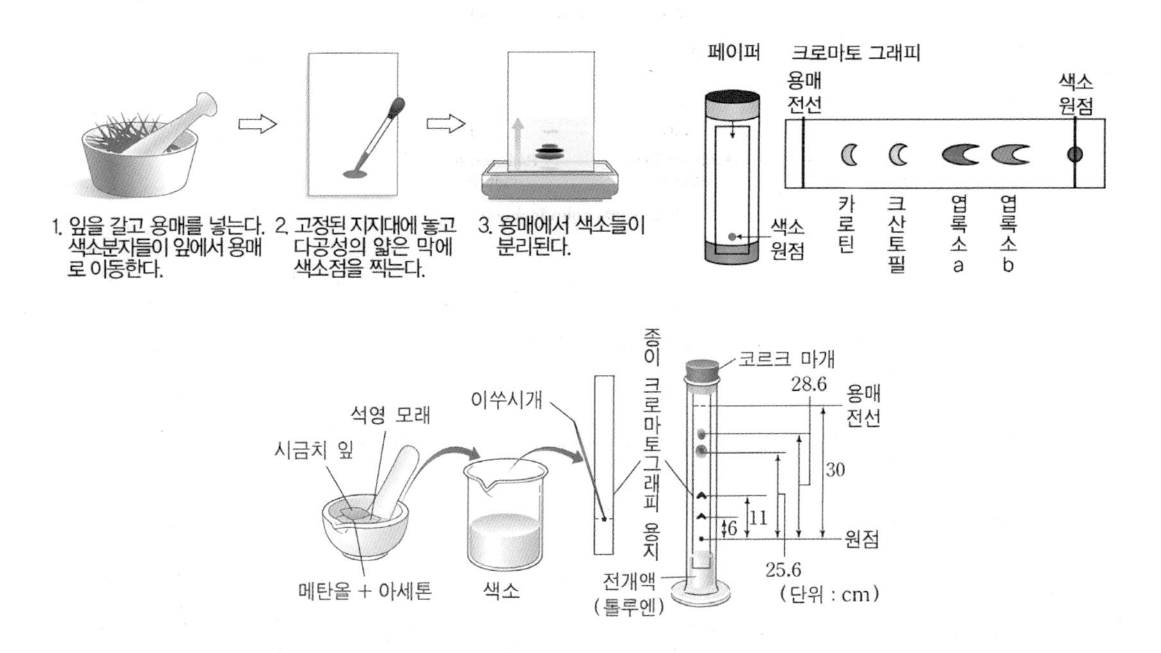

1. Rf 값의 크기 순서: 카로틴>크산토필>엽록소 a>엽록소 b 순임
2. 엽록소의 Rf 값이 카로티노이드의 Rf 값보다 작은 이유는 엽록소가 카로티노이드보다 분자량이 크고 톨루엔 등의 소수성 전개액에 대한 흡착력이 약하기 때문임

(4) 광합성 반응에 대한 전체적 이해

㉠ 생물에 따른 광합성 반응식의 차이

ⓐ 식물, 남세균: $6CO_2+12H_2O \rightarrow C_6H_{12}O_6+6O_2+6H_2O$

ⓑ 녹색황세균, 홍색황세균: $6CO_2+12H_2S \rightarrow C_6H_{12}O_6+12S+6H_2O$

㉡ Hill 반응을 통한 식물의 광합성 반응식의 이해: DCPIP를 첨가한 잎 추출물이 빛을 받을 때 파란색 색이 없어지고 산소가 발생하며 빛이 없는 곳에서는 산소의 발생과 색소의 감소가 일어나지 않음. 이것은 흡수된 빛 에너지가 전자를 물로부터 전자 수용체로 이동하도록 유도하고 있다는 증거임

ⓐ Hill 반응의 개요: $2H_2O+2A \xrightarrow{\text{빛}} 2AH_2+O_2$

ⓑ Hill 시약(Hill reagent): A는 인위적인 전자 수용체로서 Hill 시약이라고도 하며 Hill 시약 중 하나인 색소 2, 6-다이클로로페놀린도페롤(2, 6-dichlorophenolindophenol; DCPIP)은 산화(A)될 때 파란색이고 환원(AH_2)될 때는 색이 없어져 반응을 쉽게 알 수 있음

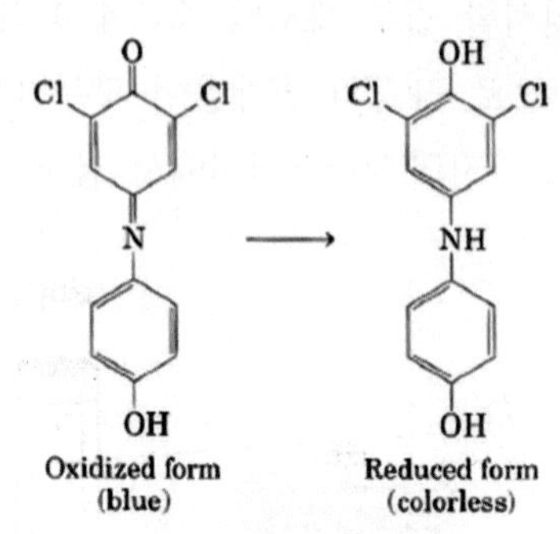

㉢ 광합성에 대한 전체적 개요

ⓐ 광합성 과정은 빛을 직접적으로 필요로 하는 명반응과 유기물을 합성하는 암반응으로 구분되는데 광합성의 명반응은 광의존적 반응이며 암반응은 명반응 산물에 의존하는 반응임

ⓑ 현재 우리가 알고 있는 광합성 기전은 세균, 조류, 식물 엽록체 등에 대한 연구의 종합임

(5) 광합성 관련 주요 실험

㉠ 벤슨의 실험: 광합성이 빛을 사용하는 단계와 이산화탄소를 사용하는 두 단계로 구분될 수 있으며 빛을 사용하는 단계가 먼저 일어난다는 것을 알아낸 계기된 됨

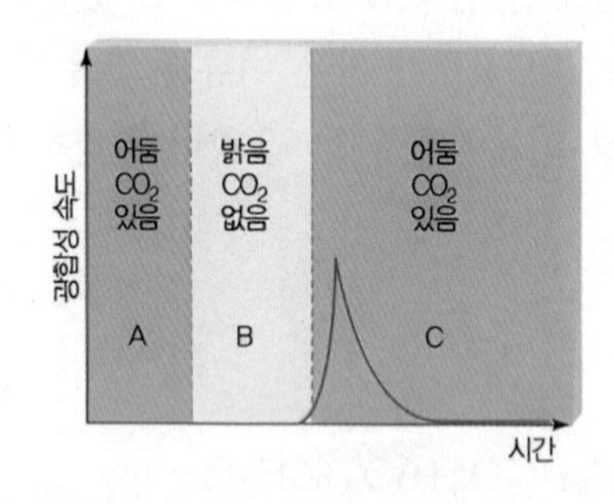

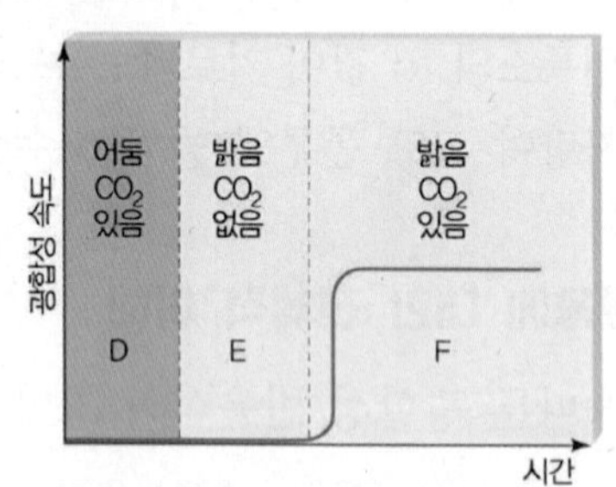

벤슨의 실험

ⓐ 벤슨의 실험에서 처리된 환경 조건

Ⅰ. 이산화탄소는 있지만 빛이 없는 상태

Ⅱ. 빛은 있지만 이산화탄소가 없는 상태

Ⅲ. (A) 이산화탄소와 빛이 모두 있는 상태 / (B) 이산화탄소는 있지만 빛이 없는 상태

ⓑ 벤슨의 실험 결론

1. 빛과 이산화탄소는 광합성에 필수적이지만 이 두가지 요소가 반드시 동시에 존재하지 않더라도 광합성을 일어날 수 있다는 것임. 즉 빛을 사용하는 단계(명반응)와 이산화탄소를

사용하는 단계(암반응)로 나누어 생각할 수 있음

2. 이 두 단계는 순차적으로 일어나는데, 명반응이 암반응보다 먼저 일어나며 만약 순서가 중요하지 않거나 암반응이 먼저라면 Ⅱ의 경우 광합성이 일어나야 함
3. Ⅲ-(B)의 경우 광합성이 계속 일어나지 못했다는 점에서 암반응에는 계속적인 명반응이 필요하다는 것을 생각할 수 있음. 따라서 벤슨은 Ⅲ-(A)의 경우를 이산화탄소와 빛이 모두 있는 상태로 바꾸어 보았으며, 이 경우 광합성이 계속 일어났음. 즉 빛이 주어지기 때문에 명반응이 계속 일어나고 따라서 명반응의 산물을 사용하는 암반응 또한 계속 일어난다고 생각할 수 있음

ⓛ 엥겔만의 실험: 빛의 파장에 따른 광합성률을 측정한 실험

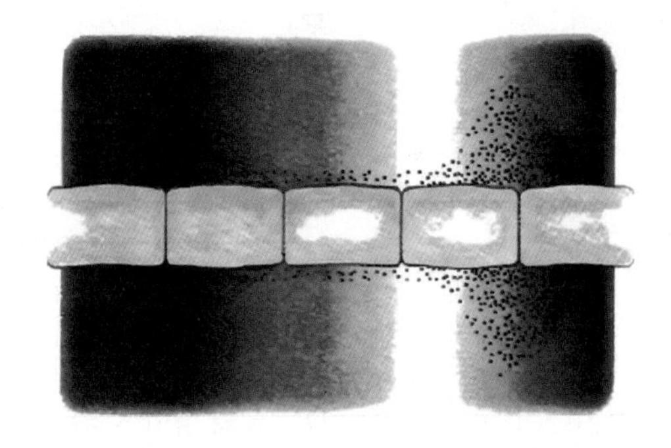

ⓐ 실험 내용: 빛을 분광시켜 사상형 조류에게 쪼여주니 호기성 세균이 청색광과 적색광을 쬐어준 해캄 주위로 몰림

ⓑ 결론: 가시광선의 모든 빛이 동일한 효율로 이용되는 것이 아니라는 증거가 되며 광합성에서의 효율적인 가시광선 영역은 청색광과 적색광이라는 사실을 알 수 있음

ⓒ 적색저하 효과(red drop effect): 광합성의 양자수율(광화학 효율)은 680 nm보다 긴 극적 외광 파장에서 급격하게 떨어져 근적외광만으로는 광합성을 효율적으로 추진할 수 없다는 점이 드러남. 500nm 근처의 약간의 양자수율 감소는 보조색소 카로티노이드에 의해 흡수된 빛이 광합성에 덜 효율적으로 이용된다는 것을 의미함

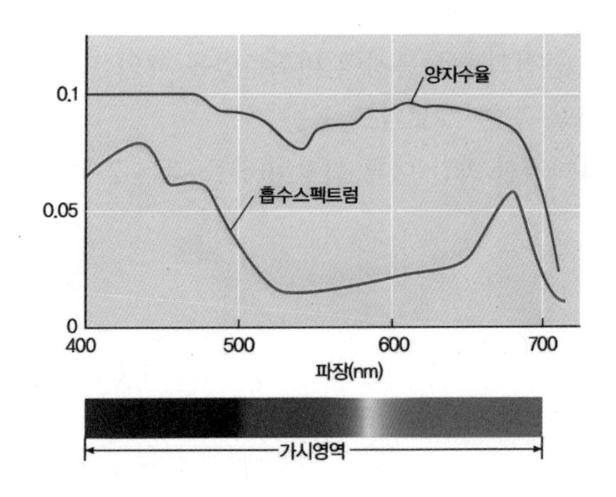

㉣ Duysens의 길항 효과: 시토크롬 f 산화에 미치는 빛의 길항 효과를 설명함

ⓐ 실험내용: 홍조류에 보다 장파장의 빛인 근적외광을 쪼이면 시토크롬 f의 산화정도가 증가하고 보다 단파장인 녹색광을 같이 쪼이면 시토크롬 f의 산화정도가 일부 감소함

ⓑ 결론: 서로 다른 파장의 빛을 효과적으로 흡수하는 두 광계가 존재하는데 광계 하나(광계Ⅱ)는 보다 단파장의 빛을 흡수하여 시토크롬에게 전자를 제공하며 또 다른 광계(광계Ⅰ)는 보다 장파장의 빛을 흡수하여 시토크롬을 산화시키는 역할을 함

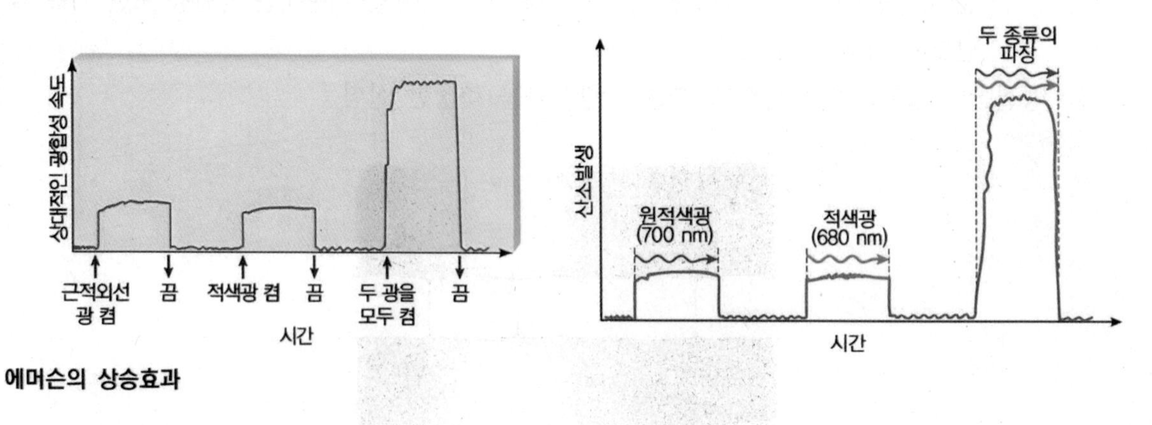

에머슨의 상승효과

㉤ 에머슨의 상승효과(enhancement effect): 광합성에서의 2개의 광계의 협동 효과

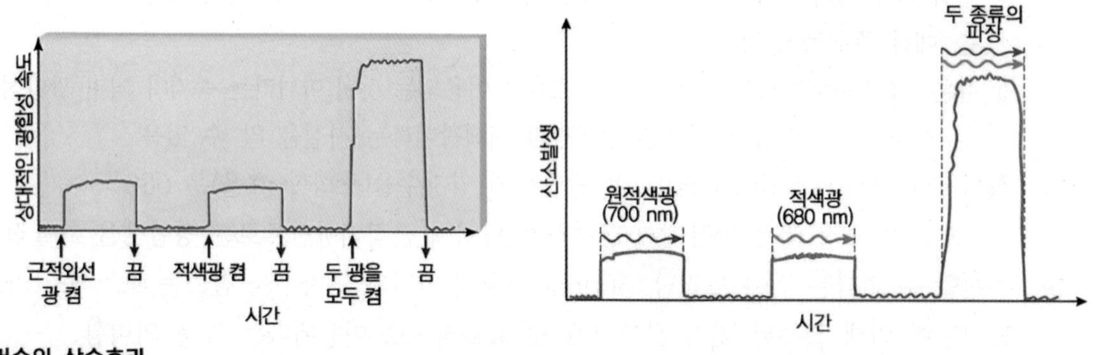

에머슨의 상승효과

ⓐ 실험내용: 적색광과 근적외광을 동시에 비춰주었을 때의 광합성율이 각각의 파장을 비춰주었을 때의 광합성율을 합한 것보다도 높음

ⓑ 결론: 협동하여 작용하지만 약간 다른 최적 파장을 갖는 2개의 광계에 의해 광합성이 수행됨

2 명반응(light reaction)

(1) 세균과 식물의 명반응 비교

㉠ 세균의 명반응 개요 - 홍색 세균(purple bacteria)과 녹색 황세균(green sulfur bacteria)의 광합성 명반응

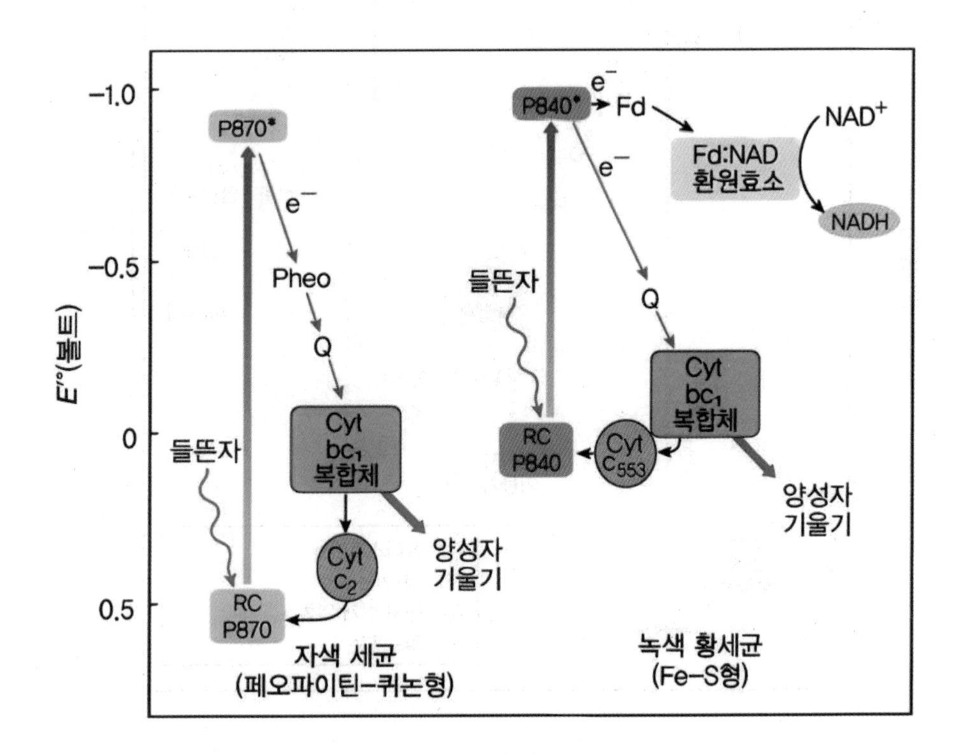

ⓐ 홍색 세균의 명반응: 홍색 세균에서 빛 에너지는 반응 중심(Ⅱ형 반응중심) P870으로부터 전자를 유도하여 페오피틴(Pheo), 퀴논(Q), 시토크롬 bc_1 복합체(Cyt bc_1 complex), 시토크롬 c_2(Cyt c_2)를 통해 다시 전자 반응 중심으로 유도함. 시토크롬 bc_1 복합체를 통한 전자의 흐름은 양성자 수송과 ATP 합성을 일으키는 전기화학적 구배인 양성자 구동력을 형성하게 됨

ⓑ 녹색 황세균의 명반응(Ⅰ형 반응중심): 녹색 황세균은 P840의 들뜬 상태에 의해 전자가 유도되는 두 가지 과정을 갖고 있는데 순환적 과정은 퀴논을 통하여 시토크롬 bc_1 복합체로 이동하여 시토크롬 c를 통해 반응중심으로 돌아오는 것이고 비순환적 과정은 반응 중심으로부터 페레독신(Fd)을 통하여 페레독신-NAD 환원효소에 의해 촉매되는 반응에서 NAD^+로 이동하는 것임. 비순환적 과정의 경우 산화된 반응중심은 H_2S의 산화에 의해 전자가 대체되어 환원됨. H_2S는 원소 S로, 그 다음 SO_4^{2-}로 산화됨. 세균에 의한 H_2S의 이러한 산화는 유기호흡을 하는 식물에 의한 H_2O의 산화와 화학적으로 유사함

㉡ 식물의 명반응 개요 - 광계 Ⅰ과 Ⅱ의 통합

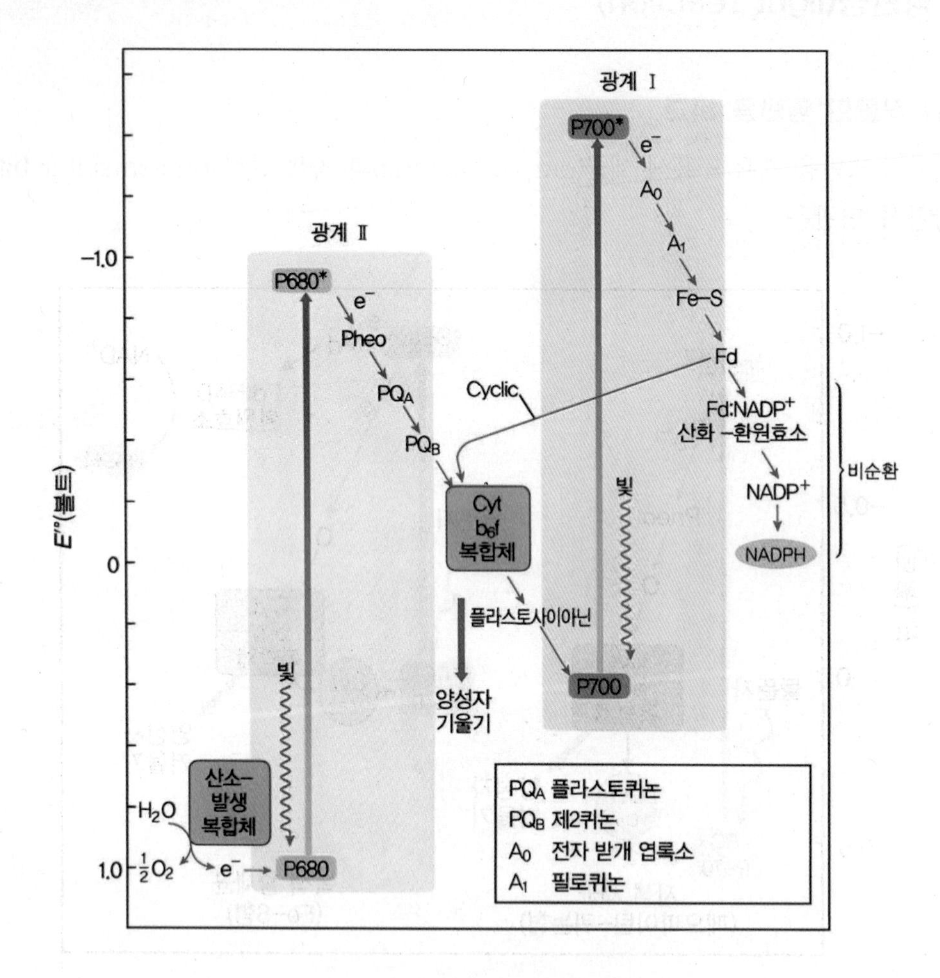

ⓐ 전자의 들뜸: 물로부터 유래한 전자들의 에너지를 $NADP^+$의 환원에 필요한 에너지 수준으로까지 올리기 위해서는 광계 Ⅰ과 Ⅱ에서 두 번 들떠야 함

ⓑ 양성자 구동력의 형성: 광계 Ⅱ에서 들뜬 전자는 위에 표시된 전자잔달 체계를 통해서 광계 Ⅰ로 이동하면서 ATP형성의 근간이 되는 양성자 구동력을 형성함

ⓒ 전자의 순환적 경로: 점선으로 된 화살표는 순환적 전자전달 경로를 나타내는데 광계Ⅰ만이 관여하고 있고 전자는 $NADP^+$를 환원시키는 대신 광계Ⅰ로 되돌아가게 됨

(2) 식물의 명반응 체계

엽록체의 그라나에서 일어나며 암반응에 필요한 물질인 ATP와 NADPH를 생성함

㉠ 산소 발생 복합체(oxygen evolving complex; OEC): 물 분자가 산화된 망간복합체에 전자를 제공하게 되면서 산소가 발생하게 되고 망간복합체로 건네진 전자는 광계Ⅱ 단백질을 구성하는 아미노산인 티로신에게 하나씩 차례대로 건네지고 망간복합체가 산화되면서 발생한 H^+는 틸라코이드 내강인 루멘으로 이동함

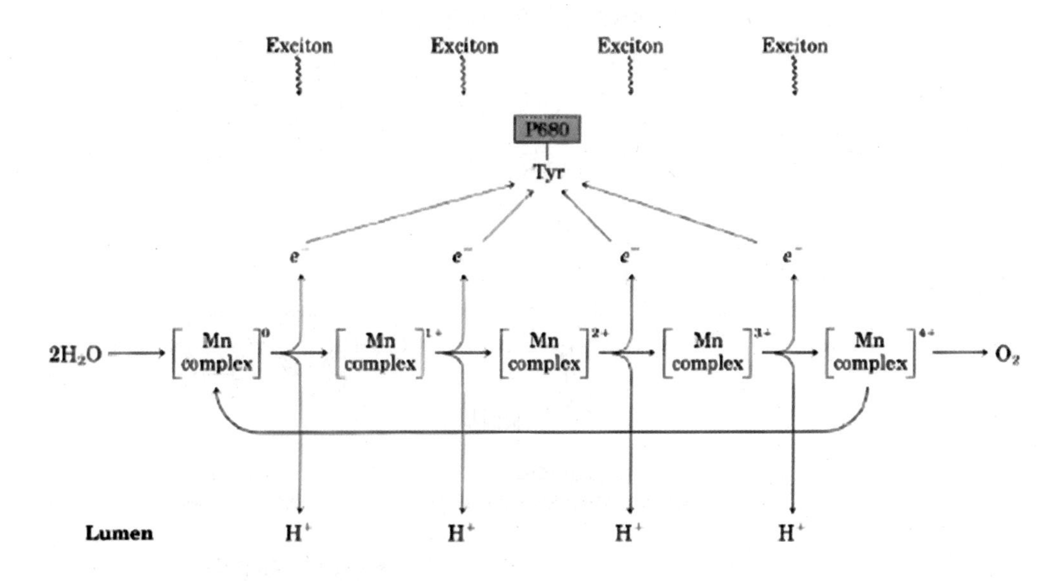

ⓛ 광계(photosystem): 광계Ⅱ(P680)와 광계Ⅰ(P700)으로 구분함

ⓐ 반응중심복합체(reaction center complex): 엽록소 a와 일차 전자 수용체를 포함하며 빛으로부터 받은 에너지를 이용해 전자를 흥분시켜 엽록소a의 전자를 일차 전자 수용체에게 건네게 함

ⓑ 광수확복합체(light harvesting complex; LHC): 엽록소 a, b, 카로티노이드 등으로 구성되며 카로티노이드를 포함하며 보다 다양한 파장의 빛을 흡수하여 그 에너지를 반응중심복합체에서 건네서 광합성 효율을 극대화시킴. 카로티노이드는 보조색소로서 역할도 수행하지만 엽록소의 광보호에도 관여한다는 사실을 명심해야 함

ⓒ 전자전달 체계: 두 개의 광계 간에 전자가 전달되면서 암반응을 위한 에너지 물질이 형성됨

ⓐ 전자 전달 과정: H_2O → 광계 Ⅱ의 반응중심(P680) 엽록소 a → 광계 Ⅱ의 반응중심 일차 전자 수용체인 페오피틴(pheophytin; Pheo) → 플라스토퀴논(plastoquinone; PQ_A) → 두 번째 퀴논(second quinone; Q_B) → 시토크롬 b_6f 복합체(cytochrome b_6f complex) → 플라스토시아닌(plastocyanin; PC) → 광계 Ⅰ의 반응중심(P700) 엽록소 a → 광계 Ⅰ의 반응중심 일차 전자 수용체인 수용체 엽록소(acceptor chlorophyll; An) → 필로퀴논(phylloquinone; A_1) → 철-황 복합체(Fe-S complex; Fe-S) → 페레독신(ferredoxin; Fd) → $NADP^+$

ⓑ 전자 전달 과정에서 일어나는 주요 화학 반응: 광합성의 명반응을 이루는 거의 모든 화학적인 과정은 광계Ⅱ, 시토크롬 b_6f 복합체, 광계Ⅰ, ATP 합성효소에 의해 수행됨

1. 광계Ⅱ: 틸라코이드 루멘에서 물을 산소로 산화시키고 그 과정에서 루멘으로 양성자를 배출함
2. 시토크롬 b_6f 복합체: 광계Ⅱ로부터 전자를 받아 광계Ⅰ으로 전달하면서 양성자를 스트로마로부터 루멘으로 방출함

3. 광계 I : 스트로마 내에서 페레독신 및 페레독신-NADP 환원효소(ferredoxin-NADP reductase; FNR)의 작용에 의해서 $NADP^+$를 NADPH로 환원시킴
4. ATP 합성효소: 양성자가 루멘에서 스트로마로 이동할 때 ATP를 합성함

ⓒ 명반응 억제제: DCMU 및 파라쿼트 같은 제초제들은 광합성적 전자전달을 저해함

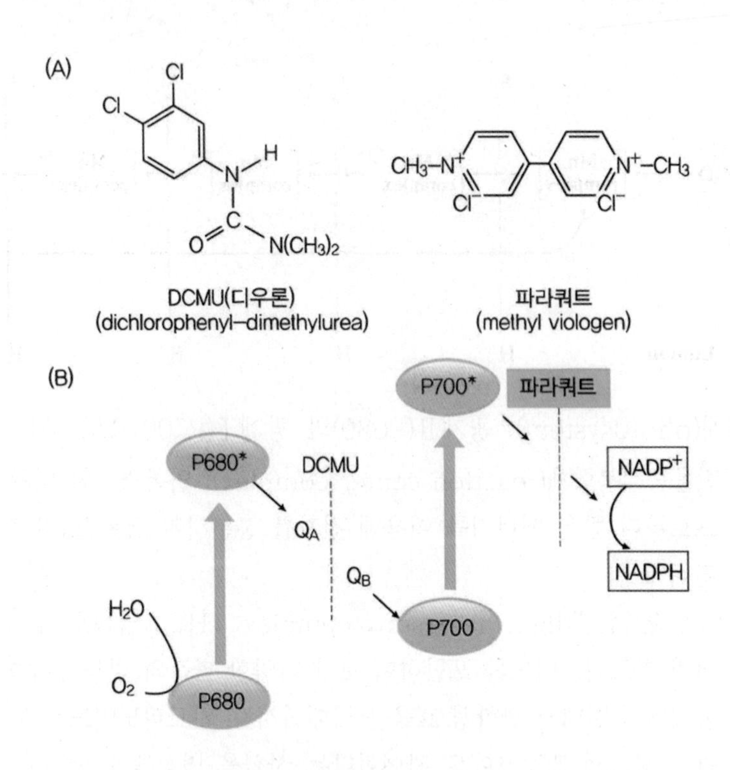

명반응 억제제들의 구조

1. DCMU(dichlorophenyldimethylurea): 디우론(diuron)이라고도 알려져 있으며 광계 II의 퀴논 수용체에서 전자전달을 차단하고 Q_B가 담당하는 플라스토퀴논의 결합 부위와 경쟁함으로써 PQH_2의 형성을 억제함
2. 파라콰트: 페레독신과 $NADP^+$ 사이에 흐르는 전자를 받아들여 초산화물이나 히드록실 라디칼(superoxide) 같은 산소종을 발생시켜 막지질을 손상시킴

(3) 식물의 광인산화(photophosphrylation)

전자전달계를 통한 전자전달에 의해 시토크롬 b_6f 복합체를 통해 스트로마의 H^+가 루멘으로 이동하면서 양성자 구동력이 형성되고 ATP 합성효소를 통해 H^+가 lumen으로 진입하면서 ATP가 생성됨. 미토콘드리아의 산화적 인산화와 동일한 기작으로 화학삼투 인산화(chemiosmotic phosphorylation)의 일환임

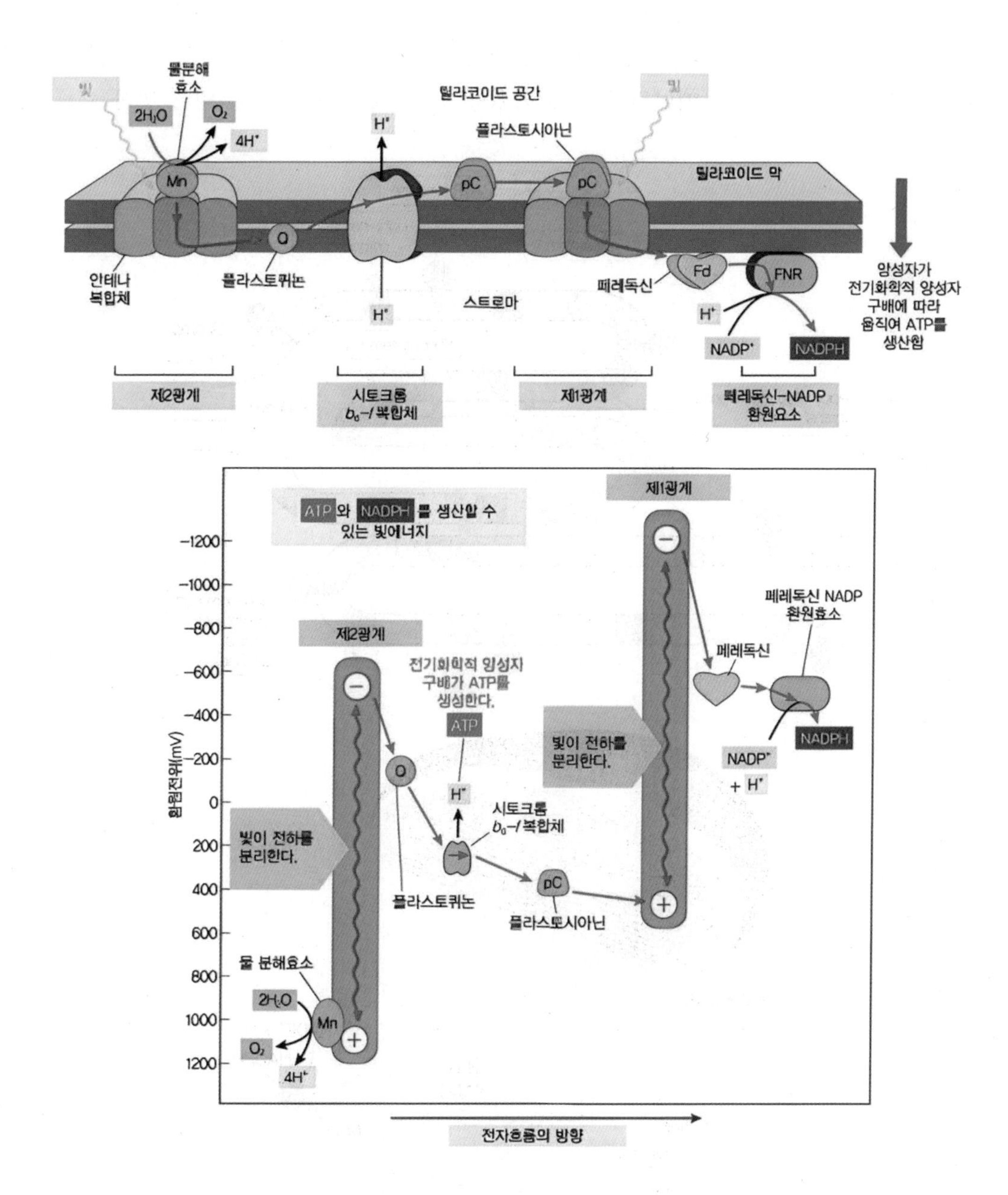

㉠ 광인산화의 구분

ⓐ 순환적 광인산화(cyclic photophosphorylation): 전자의 흐름이 순환되어 새로운 전자의 공급이 필요 없는 과정으로 ATP만이 형성됨. 특히 C_4 탄소고정을 수행하는 일부 식물의 유관속초 세포 엽록체에서의 ATP 공급원으로 중요함

ⓑ 비순환적 광인산화(noncyclic photophosphrylation): 전자의 흐름이 순환하지 않아 새로운 전자의 공급을 필요로 하는 과정으로 ATP, NADPH, O_2가 형성됨

㉡ 광인산화의 조절

ⓐ 틸라코이드 막상에서의 단백질 복합체 분포: PS Ⅱ는 주로 그라나 라멜라에 분포하며 PS Ⅰ 및 ATP 합성효소는 스트로마 라멜라에 분포하고 시토크롬 b_6f 복합체는 골고루 분포함.

PS Ⅱ와 PS Ⅰ의 차등적 분포의 역할은 완전히 알려지지 않았지만 일부 연구자들은 이러한 분리가 두 광계 간의 에너지 분포 효율성을 높이는데 기여한다고 믿고 있음

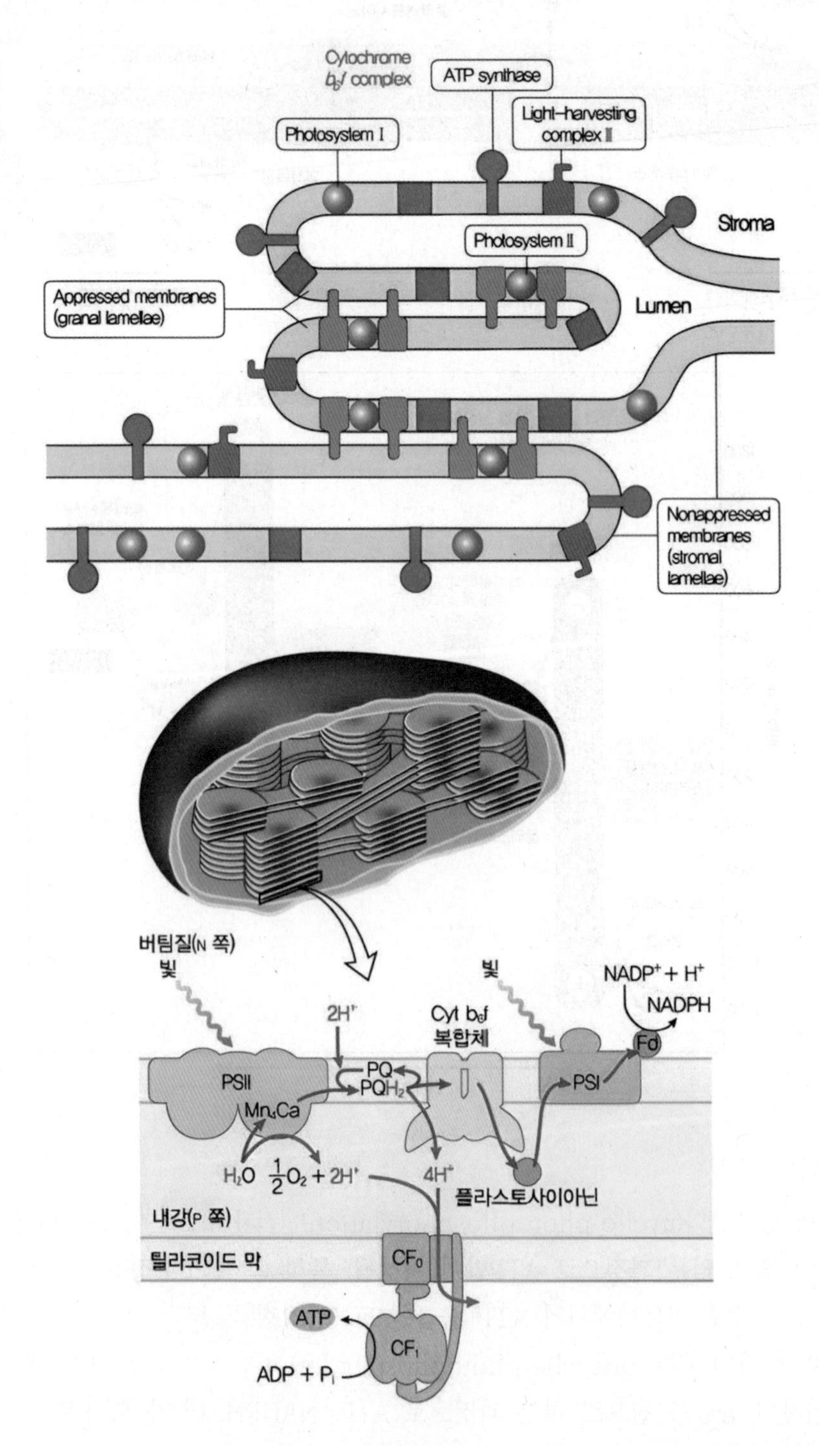

ⓑ PS Ⅰ과 PS Ⅱ 간의 전자 흐름 조절: 짧은 파장의 빛은 광계 Ⅱ를 더욱 흥분시켜 전자전달계는 점차 환원되고 긴 파장의 빛은 광계 Ⅰ을 더욱 흥분시켜 전자전달계는 점차 산화되는데 이러한 전자 흐름 불균형을 해소하는 조절방식이 존재함

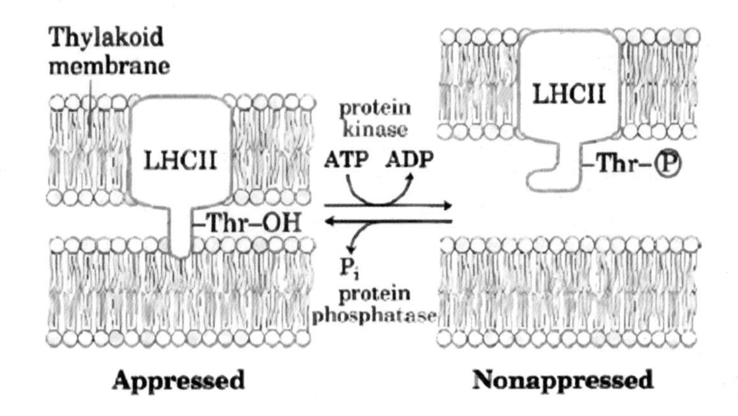

1. 청색광의 비율이 상대적으로 높은 대부분의 밝은 빛 하에서는 PS Ⅱ가 PS Ⅰ 보다 빛을 더욱 많이 흡수하게 되고 따라서 PQH_2가 축적됨. 이것은 LHC Ⅱ의 Thr잔기를 인산화 시키는 단백질 인산화효소를 활성화하게 되며 인산화된 LHC Ⅱ는 PS Ⅱ와의 결합력이 약해지고 일부 LHC Ⅱ는 분해되어 스트로마 라벨라로 이동하게 됨
2. 적색광의 비율이 상대적으로 높은 약한 빛 하에서는 PQH2가 산화되어 PQ 농도가 증가하여 LHC Ⅱ의 탈인산화가 초래되고 인산화와 반대효과가 나타나게 됨

㉢ 미토콘드리아, 엽록체, 세균에서의 화학삼투 비교: 미토콘드리아, 엽록체, 세균 모두 전자전달계를 통해 전자가 흐르면서 H^+가 H^+ 농도가 낮은 지역으로부터 높은 지역으로 막을 가로질러 펌프질되고 다시 ATP 합성효소를 통해 확산되면서 ATP가 형성됨. 각각의 H^+ 펌프질 방향과 확산 방향을 잘 비교해 보기 바람

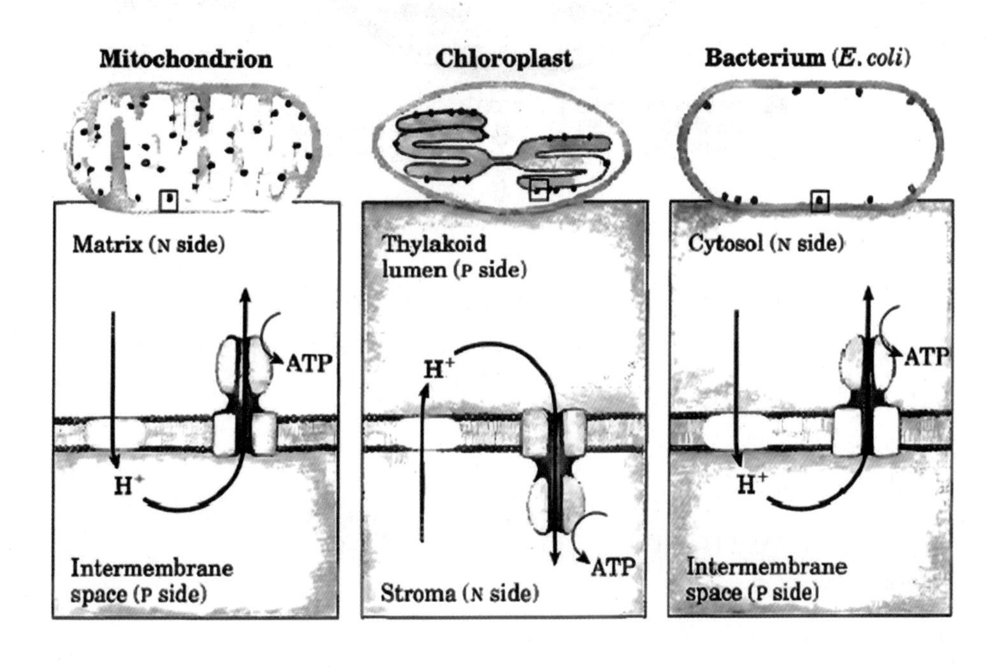

3 암반응(dark reaction)

(1) 캘빈 회로(calvin cycle)

C_3 식물에서 처음으로 밝혀진 광합성의 탄소환원 회로임

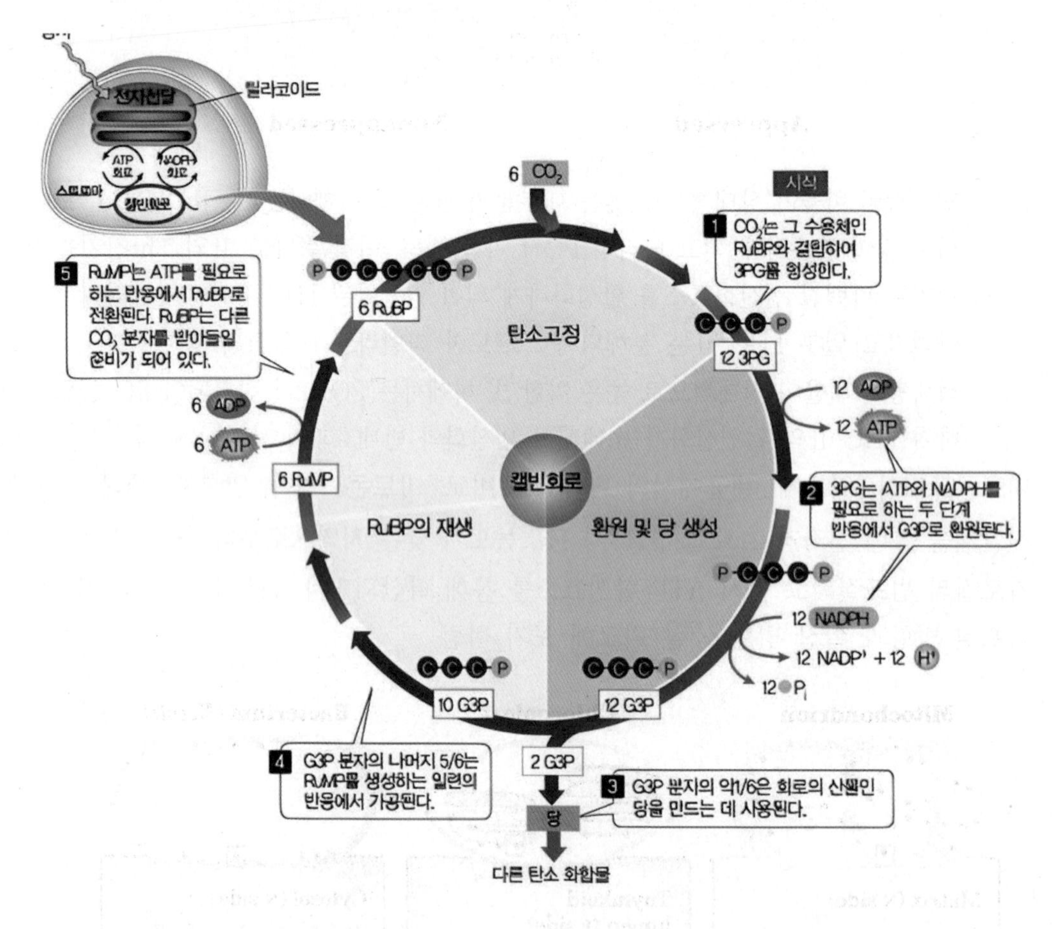

㉠ 캘빈회로 과정: 캘빈 회로는 CO_2 고정, 환원, 재생의 세 단계로 진행 됨

ⓐ 1단계: CO_2 고정 단계. 이 반응은 rubisco라고 하는 효소에 의해 진행 됨

$6CO_2+6RuBP+6H_2O \rightarrow 12PGA$

ⓑ 2단계: 환원 단계

$12PGA+12ATP \rightarrow 12DPGA+12ADP$

$12DPGA+12NADPH_2 \rightarrow 12PGAL+12NADP^+ +12H_2O$

ⓒ 3단계: 재생 단계

$10PCAL+6ATP \rightarrow 6RuBP+6ADP$

$2PAGL \rightarrow$ 포도당

㉡ 캘빈회로에서 소모된 에너지 화합물: 포도당 1분자 형성시 18ATP와 12NADPH가 소모됨

㉢ 캘빈회로의 조절

ⓐ 루비스코(rubulose 1,5 bisphosphate carboxylase/oxygenase; rubisco)의 활성 조절: 루비스코는 CO_2 고정능(carboxylase) 뿐만 아니라 O_2(oxygenase)고정능도 있기 때문에 광호흡을 유발함

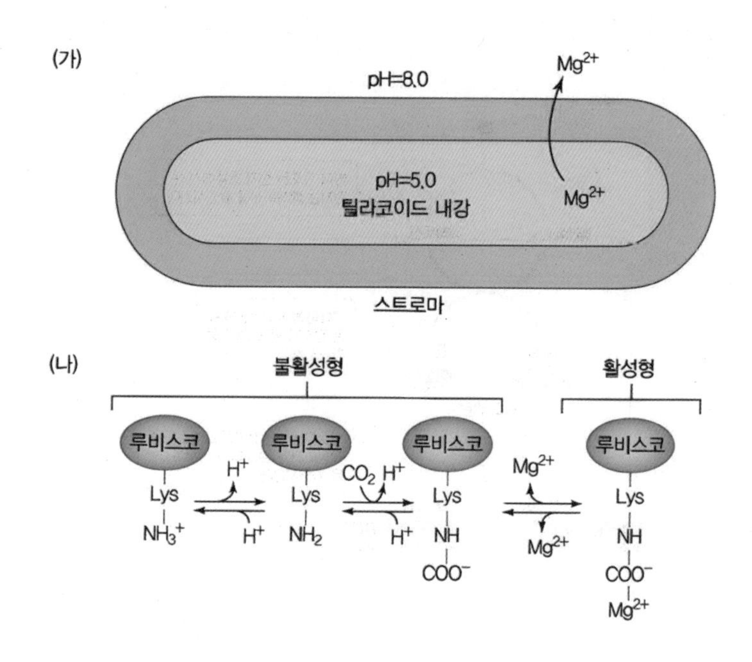

1. 두 소단위체로 구성되어 있는데 대소단위체는 엽록체 DNA에 암호화 되어 있고 소소단위체는 핵 DNA에 암호화되어 있음
2. 광조건 하에서 rubisco의 유전자 발현이 촉진되고 스트로마의 H^+가 루멘으로 방출되면서 높아진 스트로마의 pH와 Mg^{2+}의 증가가 rubisco의 활성을 증가시킴

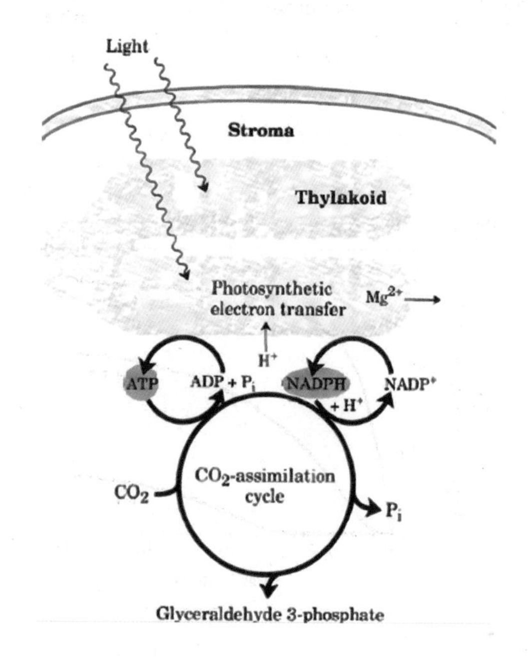

ⓑ 그 밖의 캘빈회로 관련 효소들인 G3P dehydrogenase, F1,6BPase, ribulose 5-phophate kinase의 활성 조절

1. 위 효소들은 하나 이상의 이황화(-S-S-)기를 포함하고 있는데 빛에 의한 페레독신과 티오레독신 산화환원 과정에 의해 활성화됨. 일부 종에 존재하는 루비스코 활성효소(rubisco activase)도 이러한 산화환원 기전에 의해 활성화되는 것으로 알려져 있음

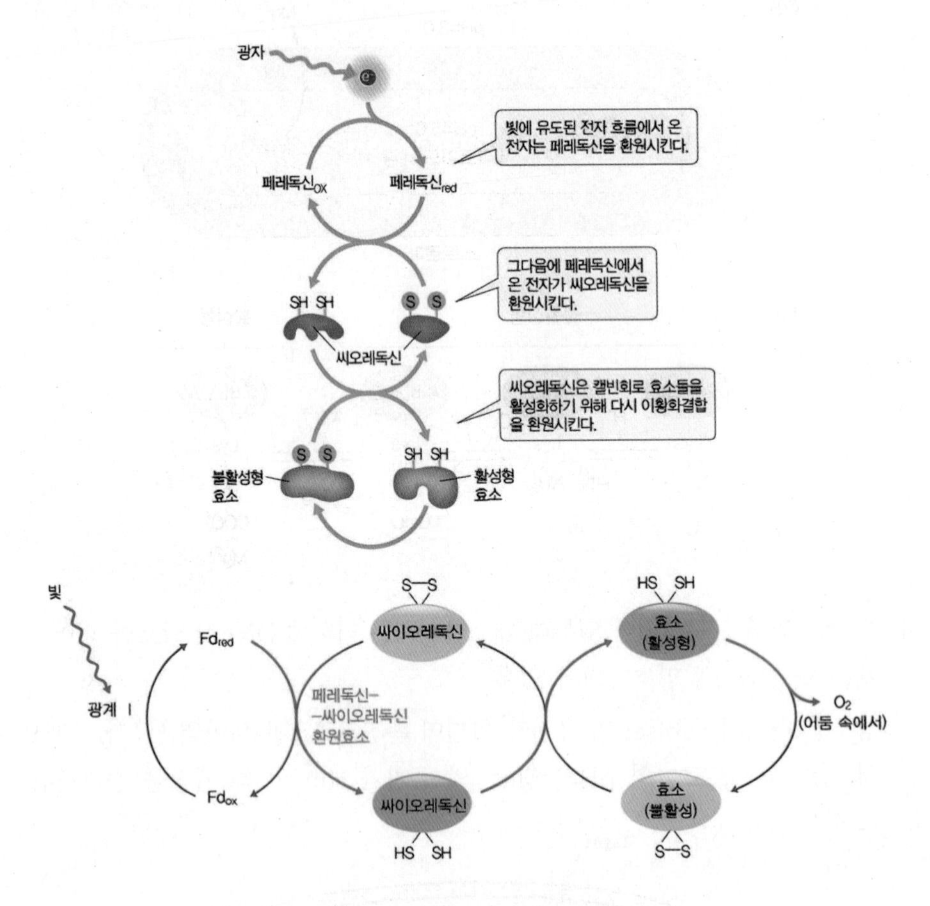

2. 루비스코와 마찬가지로 스트로마의 높은 pH와 Mg^{2+} 증가에 의해 활성화됨

「다양한 pH, $[Mg^{2+}]$ 조건 하에서의 FBPase-1의 활성 변화」

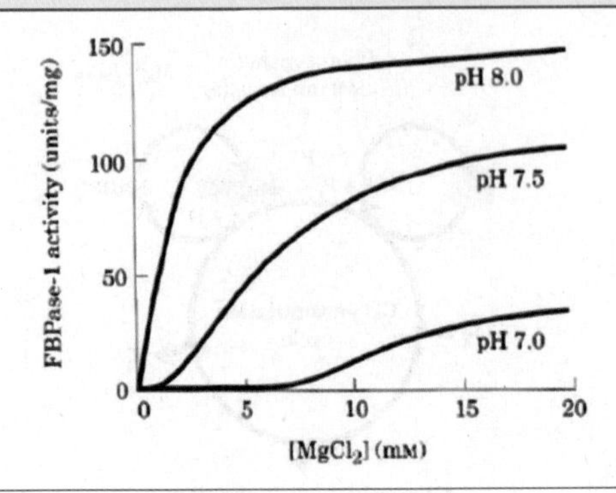

(2) 설탕과 녹말의 합성

㉠ 설탕과 녹말 합성의 조절 개요: 녹말과 설탕의 합성은 각각 엽록체와 세포질에서 일어나는 경쟁적 과정으로서 세포질의 P_i 농도가 높으면 엽록체의 삼탄당인산은 P_i 수송 단백질을 통해 P_i와 교환되어 세포질로 수출되며 설탕이 합성되고 세포질의 Pi 농도가 낮으면 삼탄당인산은 엽록체에 남게 되며 녹말이 합성됨

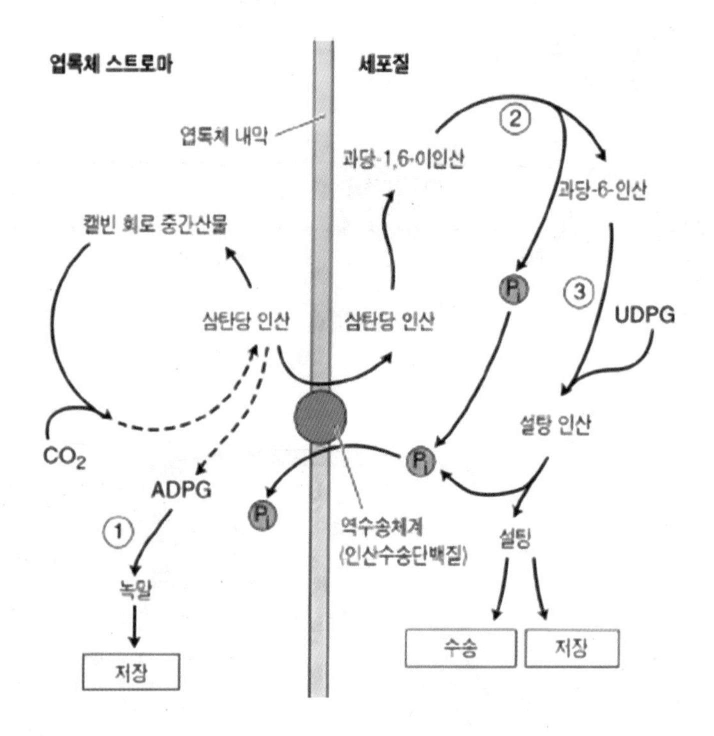

㉡ 삼탄당 인산의 설탕과 녹말로의 전환 과정에서의 조절

ⓐ 과당 2,6 이인산의 설탕 합성 조절: 식물세포에서 알로스테릭 조절자인 과당 2,6 이인산의 농도는 광합성의 탄소동화 생성물과 P_i에 의하여 조절됨. CO_2 동화로 생성된 다이하이드록시 아세톤 인산과 3-인산글리세르산은 이 조절자를 합성하는 효소인 PFK-2를 억제함. 반면에 P_i는 이 효소의 활성화를 자극함. 따라서 이 조절자의 농도는 광합성의 속도에 반비례하게 되는데 어두운 곳에서 과당 2,6 이인산의 농도는 증가하고 이에 따라 당분해효소인

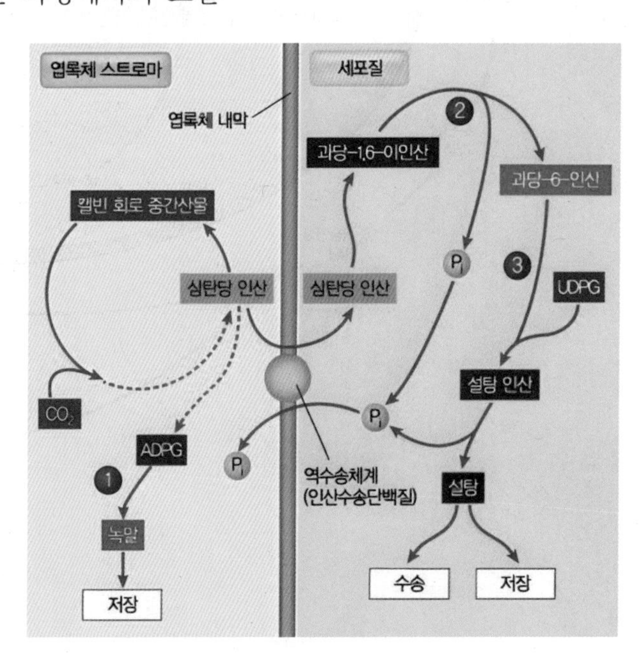

PP_i 의존 PFK-1은 활성화되는 반면에 포도당신생합성 효소인 FBPase-1은 억제됨. 반대로 빛이 존재하는 상황에서 광합성이 활발하면 이 조절자의 농도는 떨어지게 되고 과당 6인산과 설탕의 합성은 촉진됨

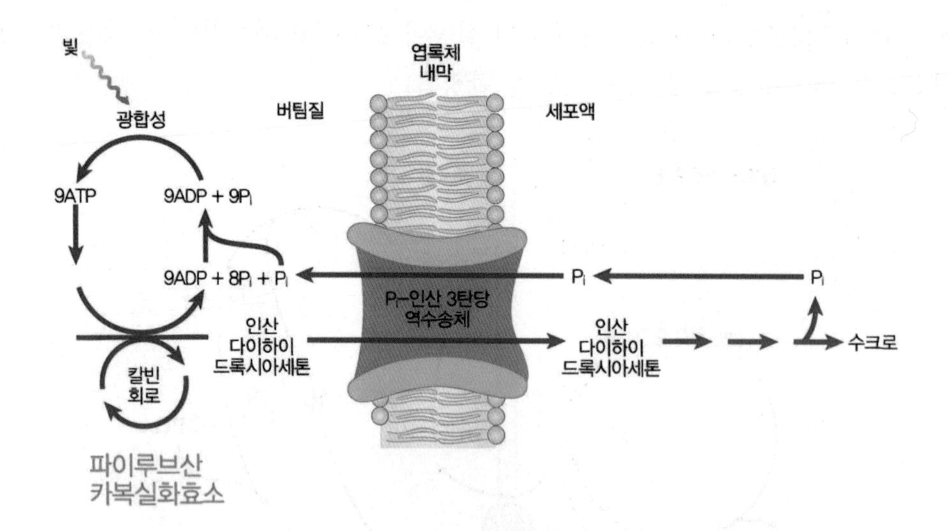

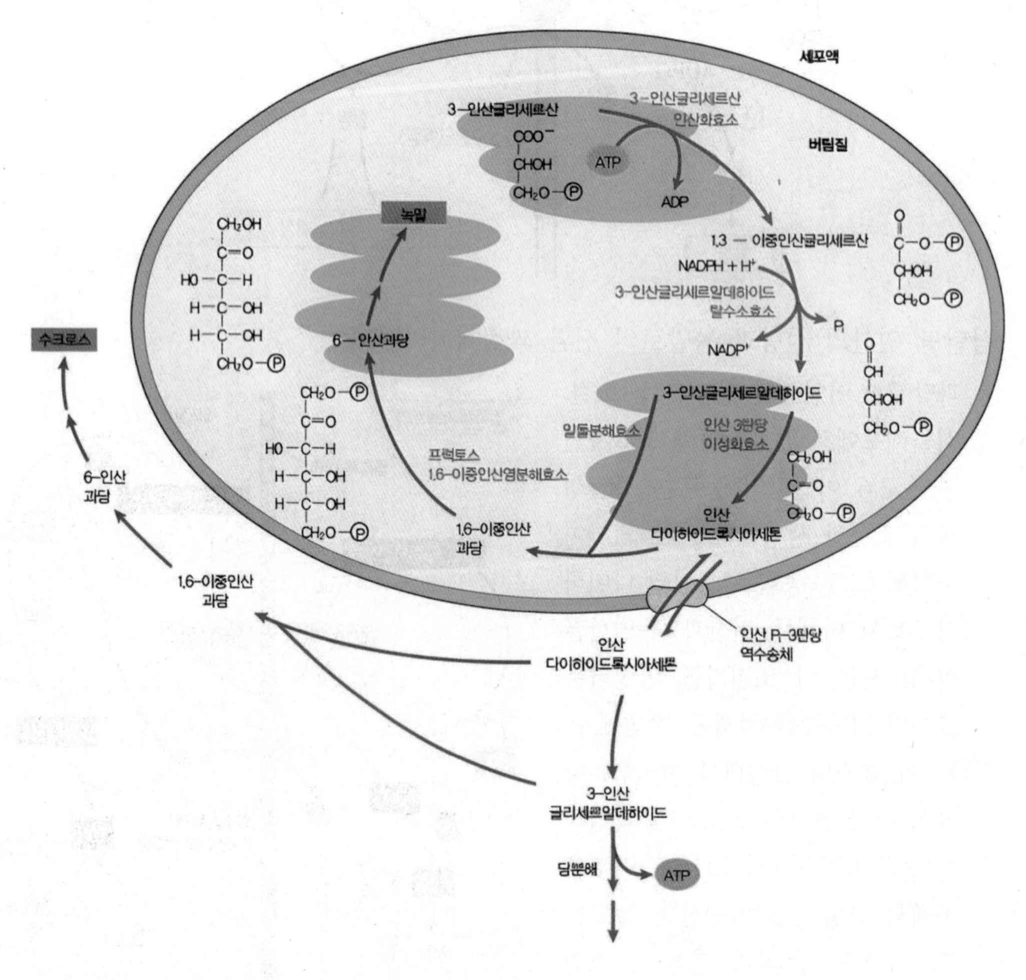

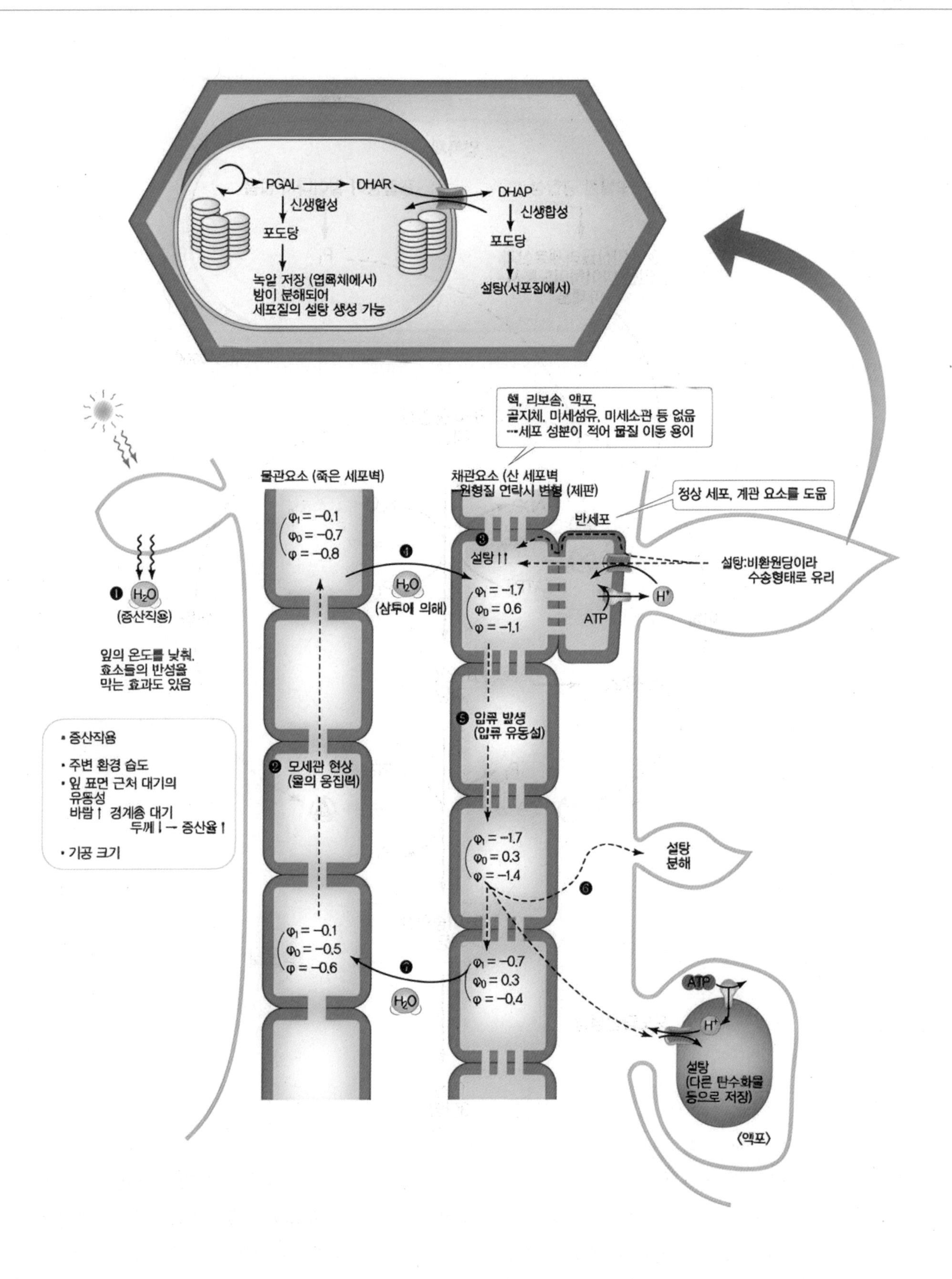
PGAL
DHAR
신생합성
포도당
녹말 저장 (엽록체에서)
밤이 분해되어
세포질의 설탕 생성 가능
DHAP
신생합성
포도당
설탕(세포질에서)
핵, 리보솜, 액포,
골지체, 미세섬유, 미세소관 등 없음
→세포 성분이 적어 물질 이동 용이
물관요소 (죽은 세포벽)
채관요소 (산 세포벽
원형질 연락사 변형 (체판)
정상 세포, 계관 요소를 도움
반세포
설탕↑↑
설탕:비환원당이라
수송형태로 유리
ATP
(증산작용)
잎의 온도를 낮춰,
효소들의 변성을
막는 효과도 있음
(삼투에 의해)
• 증산작용
• 주변 환경 습도
• 잎 표면 근처 대기의
유동성
바람↑ 경계층 대기
두께↓→ 증산율↑
• 기공 크기
모세관 현상
(물의 응집력)
압류 발생
(압류 유동설)
설탕
분해
설탕
(다른 탄수화물
등으로 저장)
〈액포〉

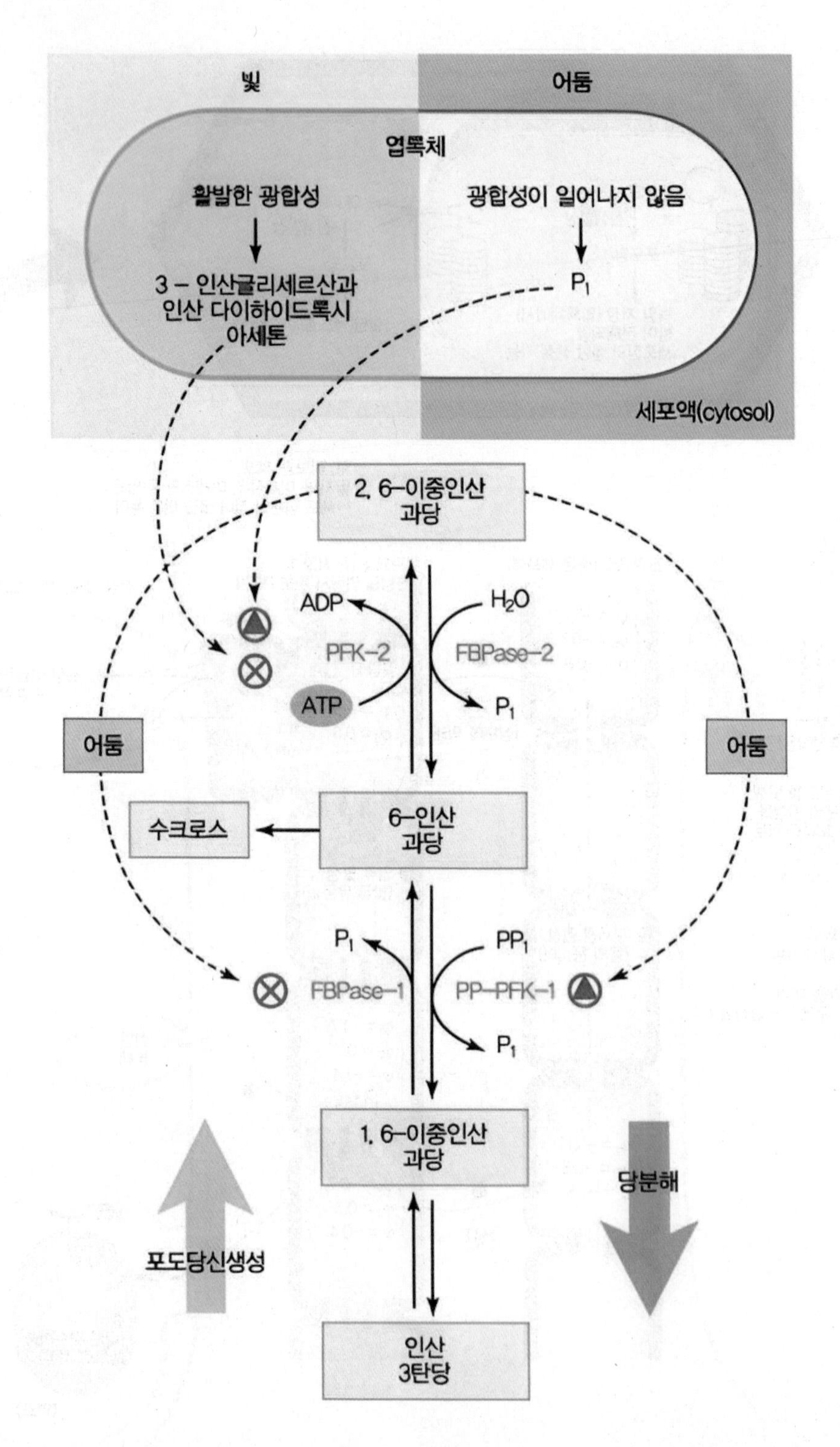

ⓑ 설탕 6인산 합성효소(sucrose 6-phosphate synthase; SPS)의 활성 조절: SPS에 특이적인 단백질 키나아제(SPS kinase)는 SPS의 Ser 잔기를 인산화시켜 불활성화시킴. 또한 SPS phosphatase는 이 억제를 복원시킴. 포도당 6인산은 이 키나아제를 알로스테릭 저해하고 SPS를 알로스테릭 활성화시킴. Pi는 phosphatase를 억제하고 SPS도 직접적으로 억제함.

이와 같이 활발한 광합성으로 포도당 6인산의 농도가 높아지면 SPS가 촉진되어 설탕 6인산이 만들어지면 ADP를 ATP로 전환시키는 광합성이 느려져 Pi 농도가 높아지면 설탕 6인산의 합성이 억제됨

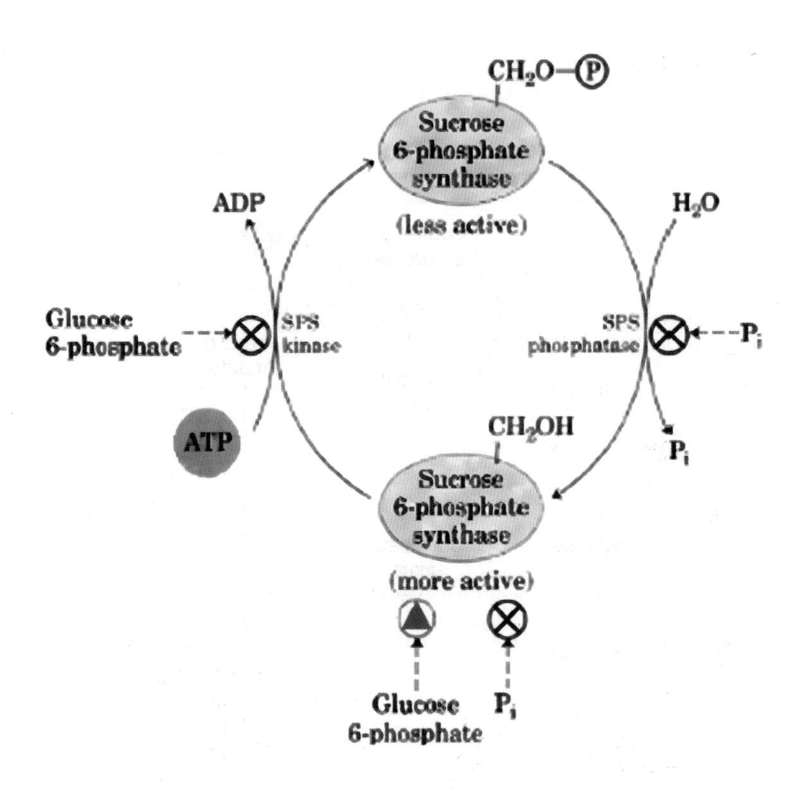

ⓒ 3-인산글리세르산과 P_i에 의한 ADP-포도당 포스포릴라아제의 활성 조절: 녹말 합성에 이용되는 전구체를 생성하는 이 효소는 녹말 생성 속도를 결정함. 이 효소는 3-인산글리세르산에 의하여 알로스테릭 활성화 되며 P_i에 의하여 억제됨. 실제로 [3-PGA]/[P_i]의 비율은 광합성 속도의 증가에 따라 올라가며 이 단계에서 녹말 합성을 조절함

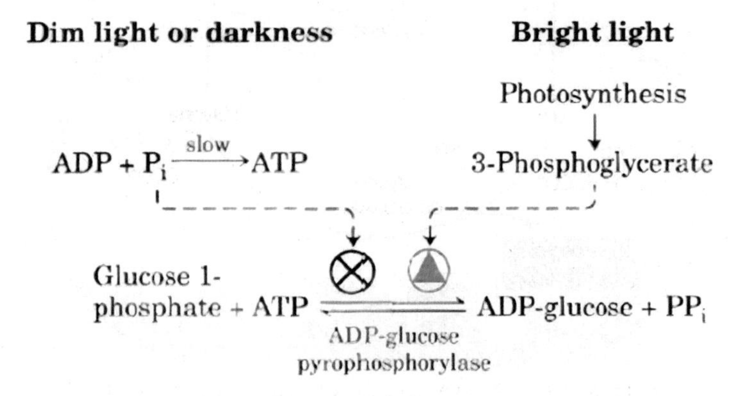

4 광호흡과 그 밖의 암반응 경로

(1) 광호흡(photorespiration)

빛과 연관되어 O_2를 소비하여 CO_2를 생성하는 반응으로 이 과정은 루비스코의 특이성 부족에서 기인하게 됨

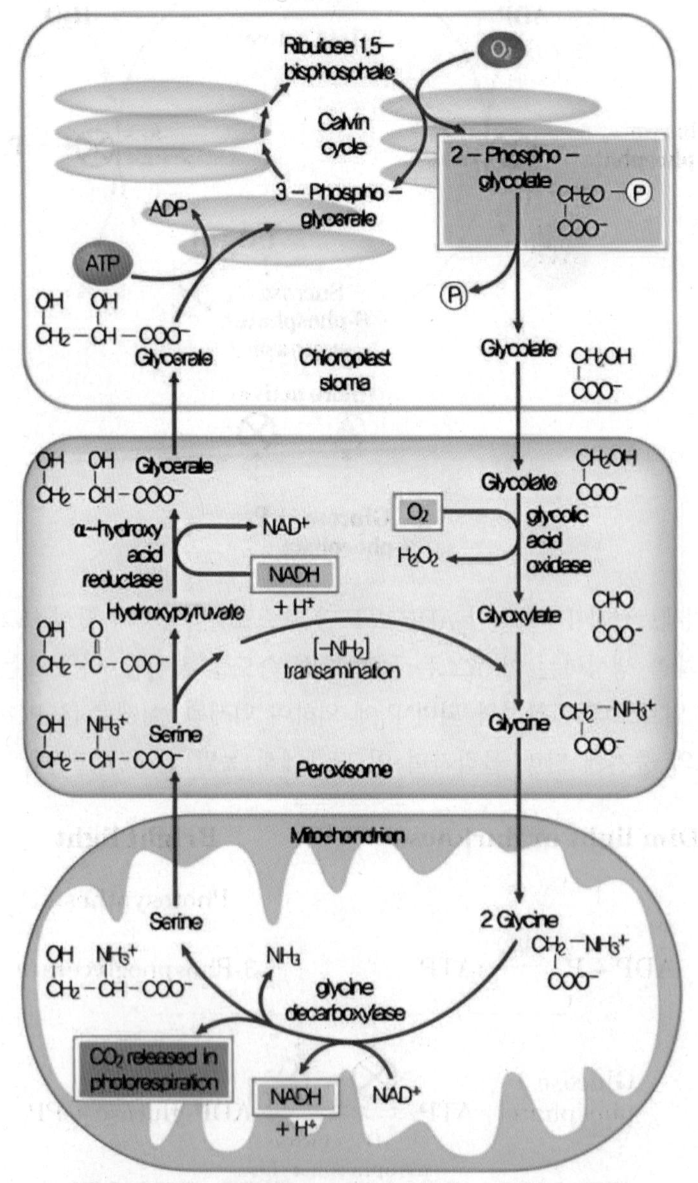

〈광호흡과정- 결국엔 ATP를 낭비하는 회로가 된다〉

㉠ 광호흡이 일어나게 되는 이유: 온도가 더 높아지면 용액 내의 CO_2dp 대한 O_2의 비율이 증가하게 되며 CO_2에 대한 루비스코의 친화력이 감소하게 되고 또한 CO_2가 동화반응에

서 소비됨에 따라 잎 주변의 공기 중에서 CO_2에 비하여 O_2가 차지하는 비율이 높아지기 때문에 결국 oygenase 반응이 선호됨

㉡ 광호흡 관련 세포소기관: 엽록체, 퍼옥시좀, 미토콘드리아

㉢ 광호흡의 역할: 광호흡을 수행하지 못하는 식물은 과도한 빛에 의해 유도된 손상에 보다 민감한 것으로 볼 때 광호흡의 역할은 과도한 빛에 의해 생성된 명반응의 유해 생성물을 중화한다고 간주됨

(2) C_4 경로(C_4 pathway)

온도가 높을수록 광호흡률이 높아지고 광합송 효율이 감소하게 되는데 호흡을 줄이기 위한 전략의 일환으로 존재하며, C_4 경로가 발달한 식물을 C_4 식물이라고 함

㉠ C_3식물(왼쪽)과 C_4식물(오른쪽)의 잎의 해부학적, 생리학적 비교: C_4 식물은 C_3 식물과는 달리 유관속초 세포가 발달되어 있으며 엽육세포와 유관속초세포가 매우 인접해 있음. 또한 C4 식물은 C3식물에 비해 순환적 광인산화 비율이 높으며 특히 유관속초 세포의 경우 순환적 광인산화만 일어나는 것이 특징임

(A) C_3 잎에서 세포의 배열

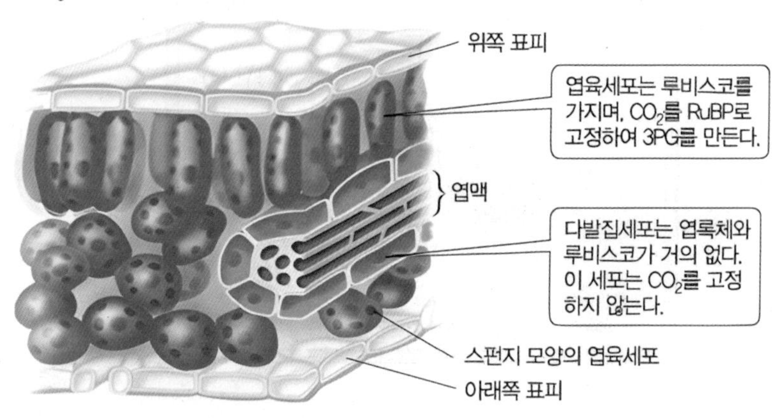

(B) C_4 잎에서 세포의 배열

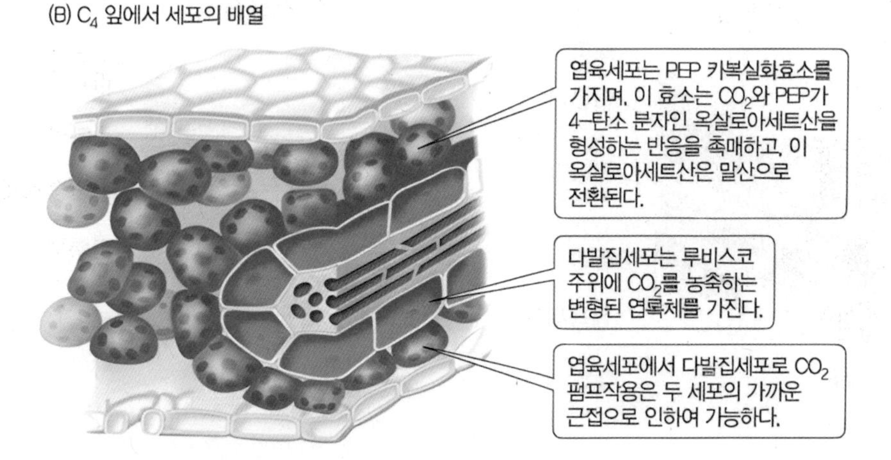

엽육세포는 PEP 카복실화효소를 가지며, 이 효소는 CO_2와 PEP가 4-탄소 분자인 옥살로아세트산을 형성하는 반응을 촉매하고, 이 옥살로아세트산은 말산으로 전환된다.
다발집세포는 루비스코 주위에 CO_2를 농축하는 변형된 엽록체를 가진다.
엽육세포에서 다발집세포로 CO_2 펌프작용은 두 세포의 가까운 근접으로 인하여 가능하다.

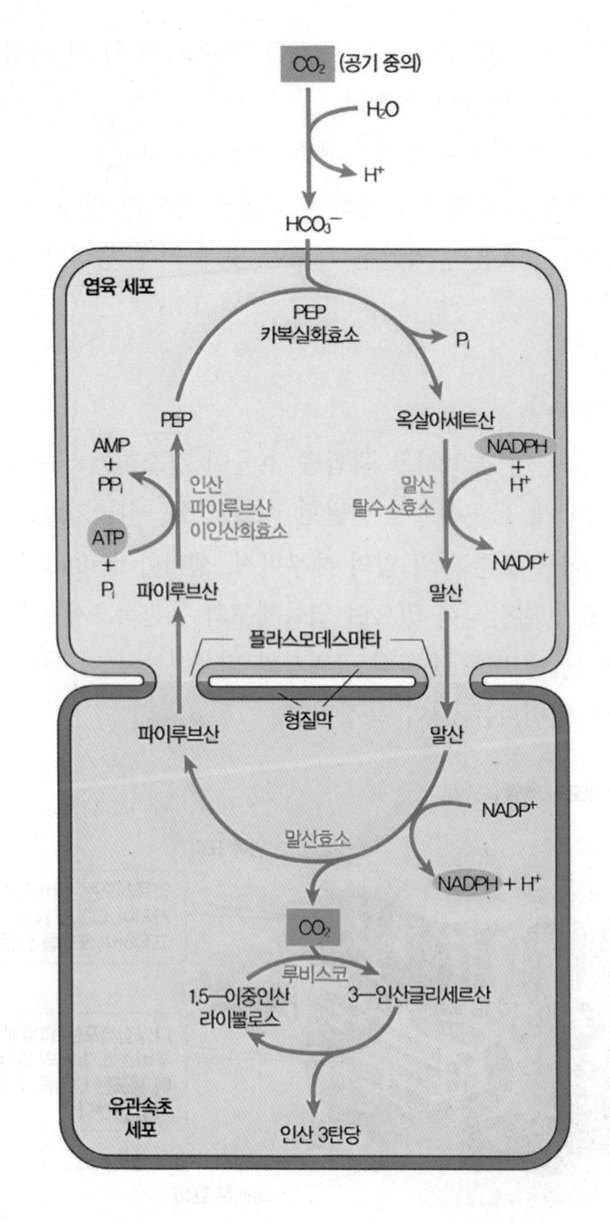

CO_2 (공기 중의)
H_2O
H^+
HCO_3^-
엽육 세포
PEP
카복실화효소
P_i
옥살아세트산
NADPH
+
H^+
말산
탈수소효소
$NADP^+$
말산
PEP
AMP
+
PP_i
인산
파이루브산
이인산화효소
ATP
+
P_i
파이루브산
플라스모데스마타
형질막
파이루브산
말산
$NADP^+$
말산효소
NADPH + H^+
CO_2
루비스코
1,5—이중인산
라이불로스
3—인산글리세르산
유관속초
세포
인산 3탄당

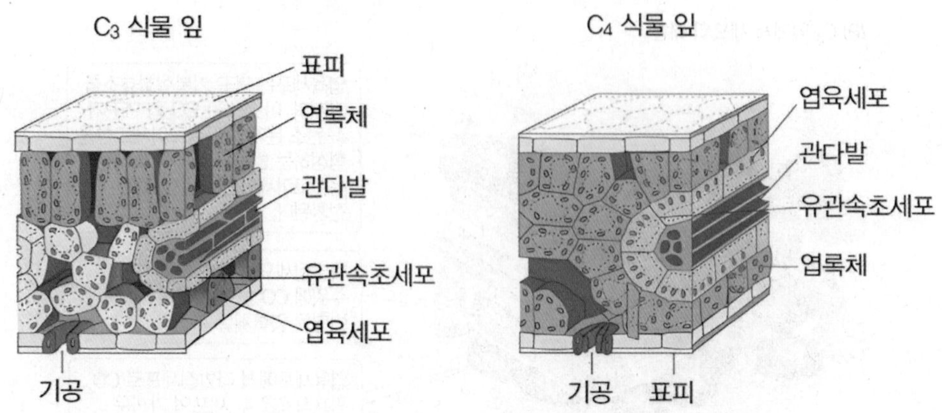

C_3 식물 잎
표피
엽록체
관다발
유관속초세포
엽육세포
기공
C_4 식물 잎
엽육세포
관다발
유관속초세포
엽록체
기공
표피

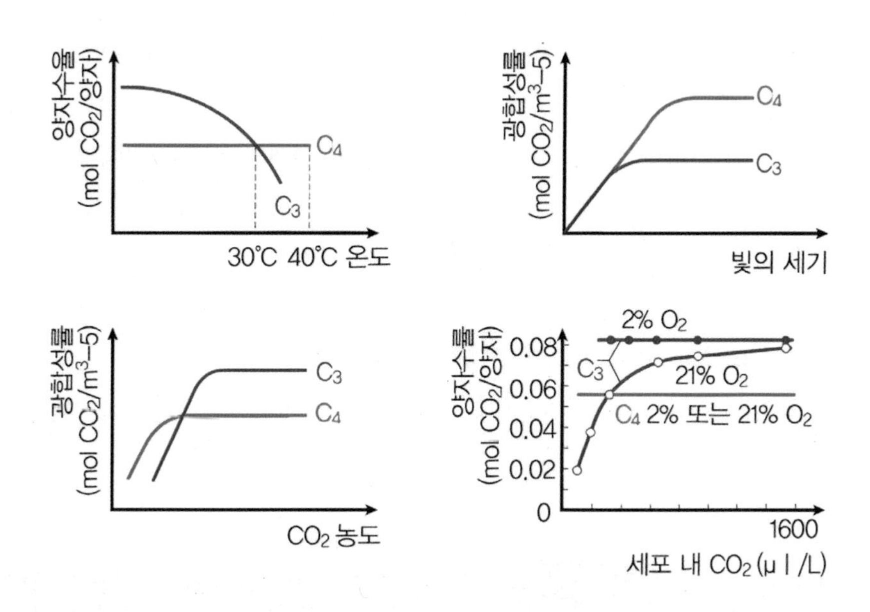

㉡ C_4 경로 과정: 기본적인 C_4 경로는 네 단계로 구성됨

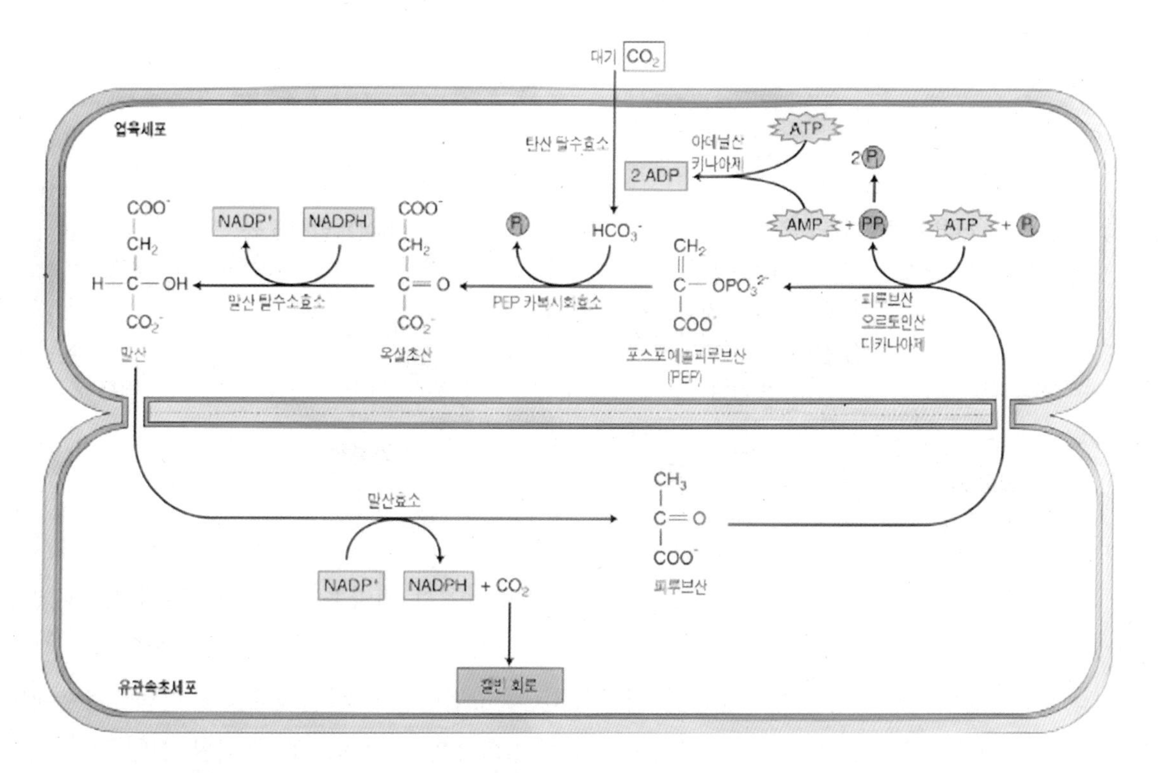

ⓐ 엽육세포에서 PEP의 카르복시화에 의해 CO_2가 고정되어 C_4산이 형성 됨

ⓑ C_4산이 유관속초세포로 수송됨

ⓒ 유관속초세포내에서 C_4산이 탈카르복시화되면서 형성된 CO_2가 캘빈 회로를 통하여 탄수화물로 환원됨

ⓓ 탈카르복시화에 의해 형성된 C_3산이 엽육세포로 수송되어 CO_2 수용체인 PEP로 재생성됨

㉢ C_4 경로의 특징: 엽육세포에서는 CO_2를 고정하는 반응을 수행하는데 엽육세포 내의 O_2농도가 높다 하더라도 CO_2 고정반응을 수행하는 PEP carboxylase가 O_2 고정능이 존재하지 않고 HCO_3^-에 대한 친화도가 충분히 높음. 또한 유관속초세포 내에는 rubisco가 있어서 캘빈회로 진행능력과 함께 O_2 고정능이 있지만 O_2 농도가 높지 않아 광호흡률은 떨어지게 되는 것임

(3) CAM 경로(Crassulacean acid metabolism pathway)

수분 부족 스트레스를 견디기 위한 전략으로 사막 식물 등에서 잘 발달되어 잇으며 CAM 경로를 지니는 식물을 CAM 식물이라 함

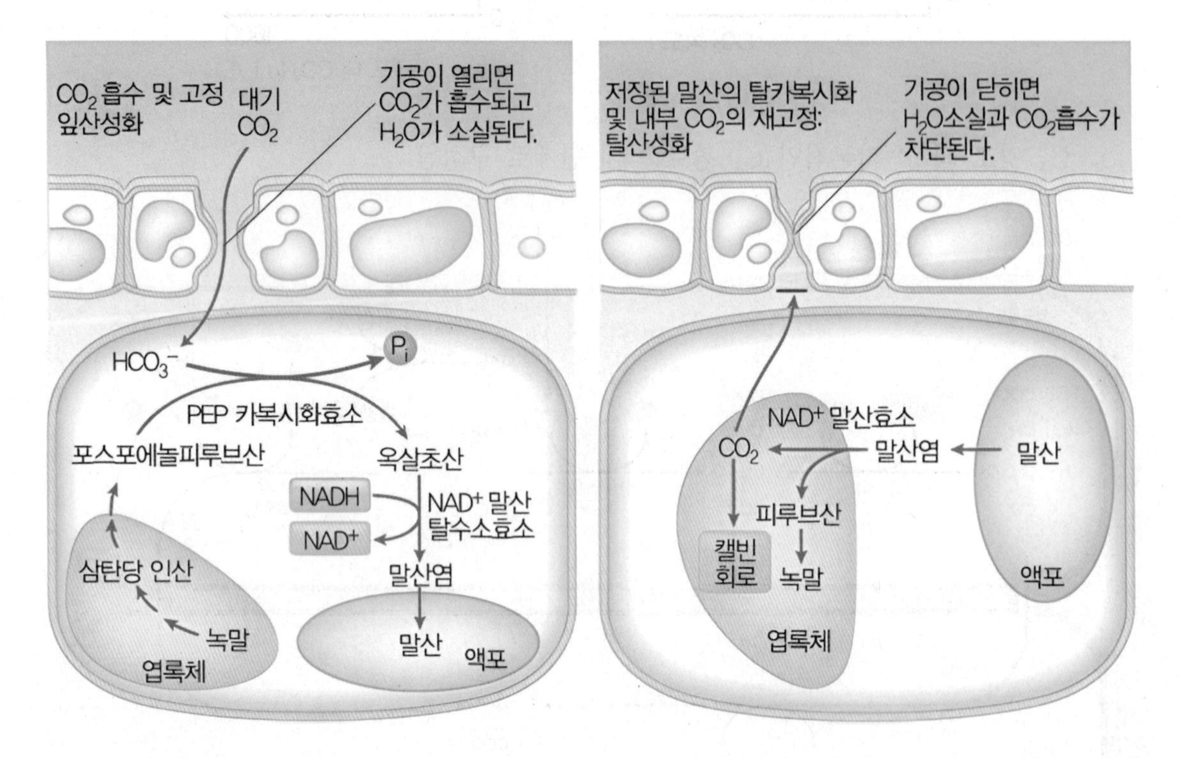

㉠ 기공의 개폐: 선인장과 같은 CAM 식물은 암조건에서 기공을 열고 명조건에서는 기공을 닫아 수분 이용 효율을 높임

㉡ C_4 경로와 CAM 경로의 구분: C_4 경로가 CO_2 고정반응과 캘빈회로를 공간적으로 분리한 것이라면 CAM 경로는 CO_2 고정반응과 캘빈회로를 시간적으로 분리한 것임

㉢ 시간의 추이에 따른 세포질과 액포 내 pH 변화: 암조건 하에서는 액포로의 말산 유입에 따라 액포의 pH가 떨어지고 명조건 하에서는 말산의 방출에 따라 액포의 pH가 올라감

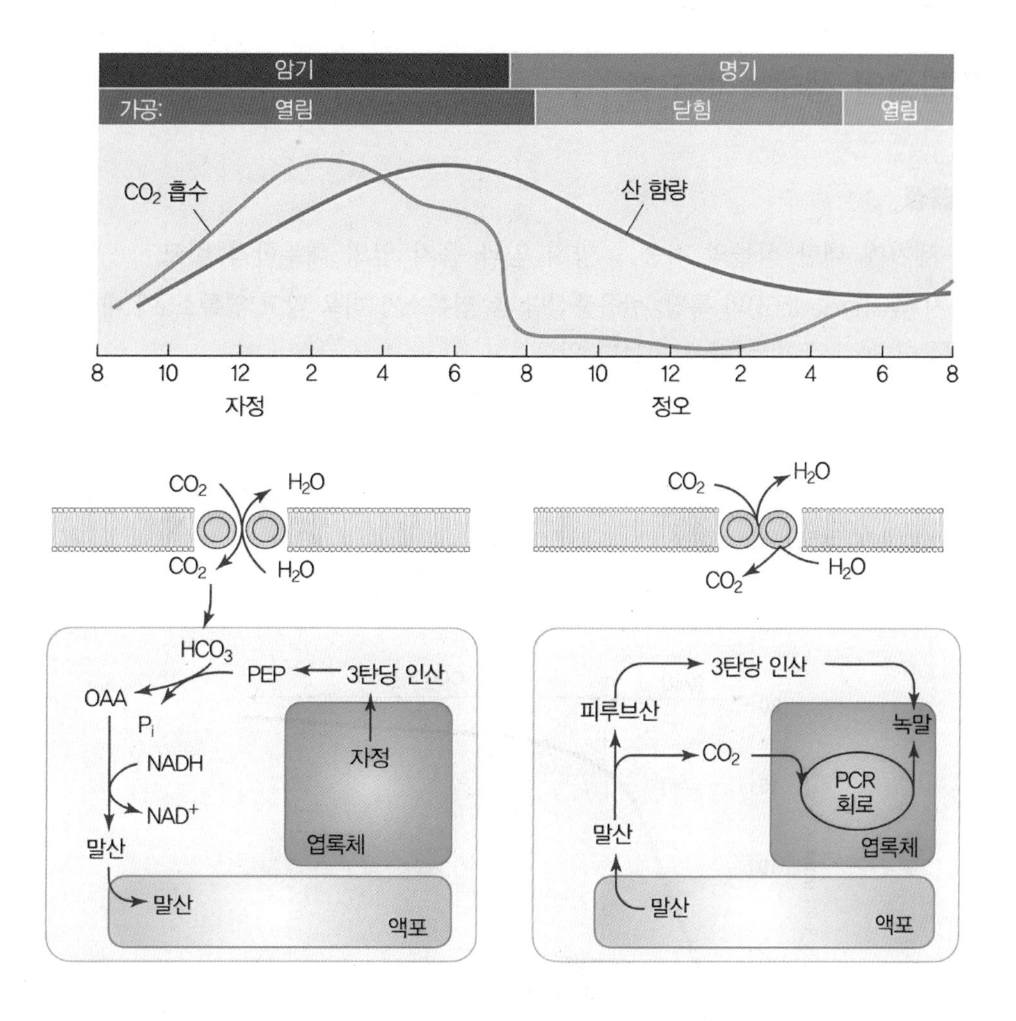

(4) C_3, C_4, CAM 식물 간 비교

아래와 같이 각 식물의 대사 형태를 거시적으로 분명하게 정리하길 바람. 또한 일부 CAM 식물은 스트레스를 받지 않는 조건에서는 C_3 대사를 수행하며 열이나 수분이나 염 스트레스를 받으면 CAM 대사를 진행한다는 점도 숙지해야 함

구분	C_3 식물	C_4 식물	CAM 식물
광호흡률	높음	낮음	낮음
명반응이 일어나는 장소와 발생 시간대	엽육세포(낮)	엽육세포(낮) 유관속초세포(낮-순환적 광인산화)	엽육세포(낮)
Calvin 회로 장소와 발생 시간대	엽육세포(낮)	유관속체세포(낮)	엽육세포(낮)
C_4 고정 장소와 발생 시간대	×	엽육세포(낮)	엽육세포(밤)
CO_2 수용체 물질	RuBP	PEP	PEP
CO_2 고정효소	Rubisco	PEP carboxylase	PEP carboxylase
CO_2 고정 산물	3-PGA	옥살로아세트산	옥살로아세트산

3 광합성의 생태학적 고찰

(1) 빛과 광합성

㉠ 빛에 세기에 대한 식물의 적응 - 양지 잎과 음지 잎의 해부학적 비교

ⓐ 음지 잎(shade leaf)의 특징: 반응중심당 총 엽록소가 더욱 많고 엽록소a에 대한 엽록소 b의 비율이 높고 두께는 양지 잎보다 얇음

ⓑ 양지 잎(sun leaf)의 특징: 루비스코를 더욱 많이 가지며 크산토필 회로 구성성분의 농도도 높음

㉡ 빛의 세기와 광합성률의 관계: 온전한 잎에서 빛의 세기에 따른 CO_2 고정을 측정하면 광-반응 곡선을 그려볼 수 있음

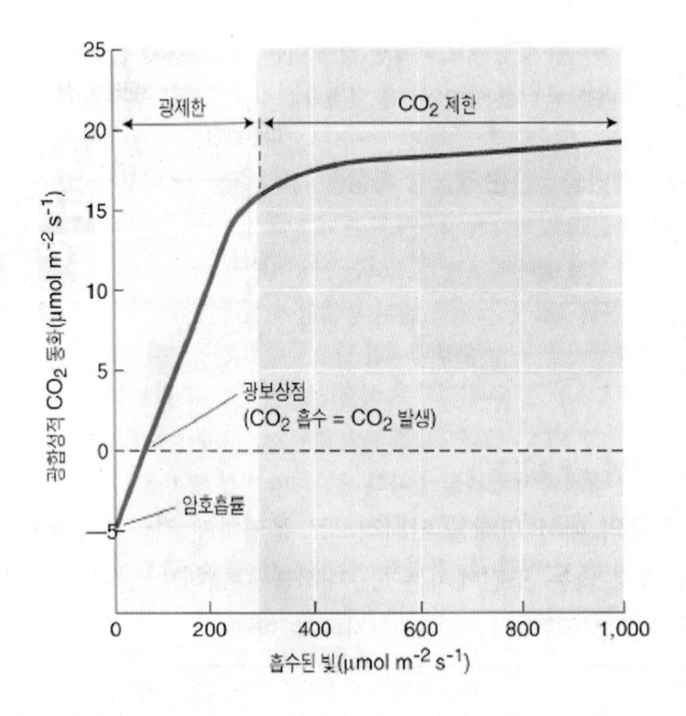

ⓐ 광-반응 곡선 이해를 위한 개념 정리

1. 광합성량과 호흡량: 온도가 일정할 경우 호흡량은 일정하며 빛의 세기가 증가하면 광합성량은 증가하다가 더 이상 증가하지 않는 일정 구간이 형성됨
2. 광보상점: 호흡량과 총광합성량이 동일할 때의, 다시 말하면 외관상의 CO_2 흐름이 없을 경우의 빛의 세기를 말함
3. 광포화점: 광합성량이 더 이상 증가하지 않을 때의 빛의 세기
4. 순광합성량: 총광합성량에서 호흡량을 뺀 값으로 광보상점에서의 순광합성량은 총광합성량과 호흡량이 동일하므로 제로임

ⓑ 양지식물과 음지식물의 광-반응 곡선 비교: 일반적으로 음지식물은 광보상점이 낮으며 최대 광합성률도 낮음

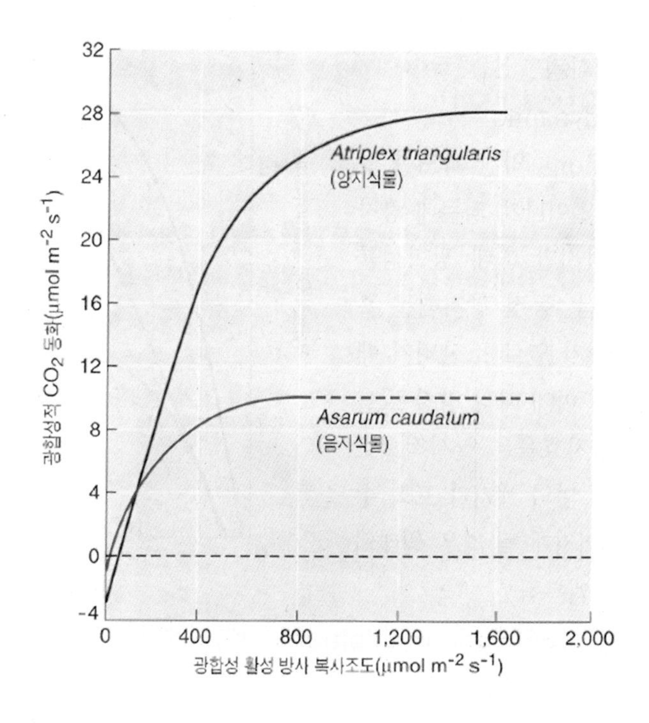

㉢ 과도한 광에너지의 소산: 과도한 빛을 받을 경우 광합성 장치가 해를 입지 않기 위해서 과도하게 흡수한 빛에너지를 소산시켜야 함

ⓐ 과도한 광에너지: 접선은 광합성률의 제한이 없을 때의 이론적인 산소 발생량을 나타내는데 빛의 세기가 어느 정도 수준까지는 흡수된 빛이 광합성적 산소 발생에 이용되지만 그 세기가 넘어가면 광합성은 포화되며 흡수광 에너지의 보다 많은 양이 소산되어야 함. 음지식물의 경우가 양지식물보다 과도한 광에너지 영역의 크기가 더욱 큰 경향이 있음

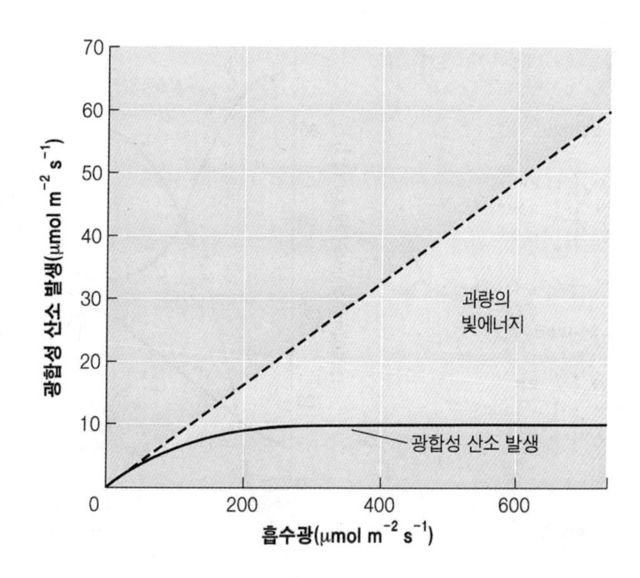

ⓑ 광저해(photoinhibition): 잎이 사용할 수 있는 것보다 더 많은 빛을 받으면 광저해 현상에 의하여 PS Ⅱ의 반응중심이 불활성화됨

1. 동적 광저해(dynamic photoinhibition): 약간 과도한 빛을 받을 경우 일어나게 되는데 양자효율은 감소하지만 최대 광합성률은 변하지 않음. 동적 광저해는 흡수된 빛에너지가 열로 소산되기 때문에 일어나며 이에 따라 양자 효율이 감소함. 양자효율은 일시적으로 감소하게 되며 빛의 세기가 포화 수준 이하로 떨어지게 될 경우 원래의 높은 값으로 회복됨

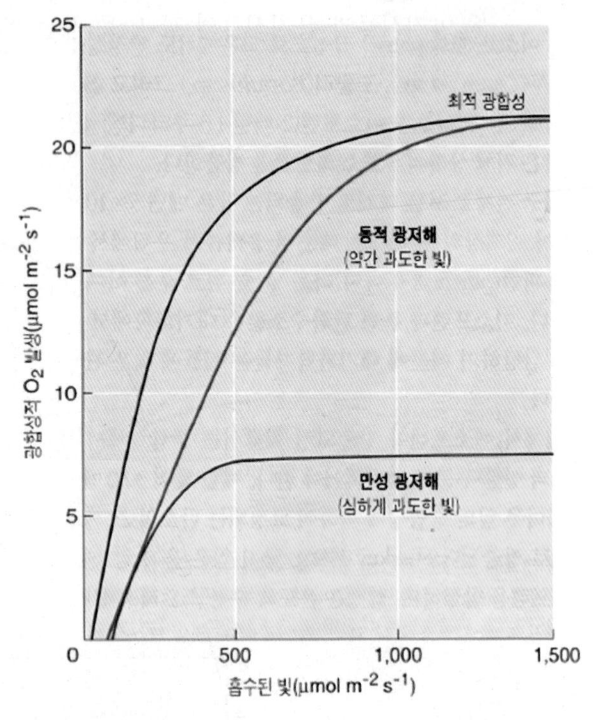

2. 만성 광저해(chronic photoinhibition): 광합성계를 손상시키고 양자효율과 최대 광합성률 모두를 감소시키는 과도한 수준의 광에 노출될 때 일어남, 동적 광저해와는 다르게 이 영향은 수주일 또는 몇 개월 동안 비교적 오랫동안 지속됨

ⓒ 크산토필 회로(xanthophyll cycle): 비올라크산틴, 안테라크산틴, 제아크산틴 등 세 종류의 카로티노이드로 이루어진 크산토필 회로는 앞에서의 과도한 광에너지 소산에 참여하게 됨. 그 중 제아크산틴은 세 크산토필 중 열소산 효과가 가장 큼. 잎에 입사하는 광량이 증가할수록 더욱 많은 비올라크산틴이 안테라크산틴과 제아크산틴으로 전환되어 과도한 들뜬 에너지를 소산시키고 광합성 장치를 보호하게 됨

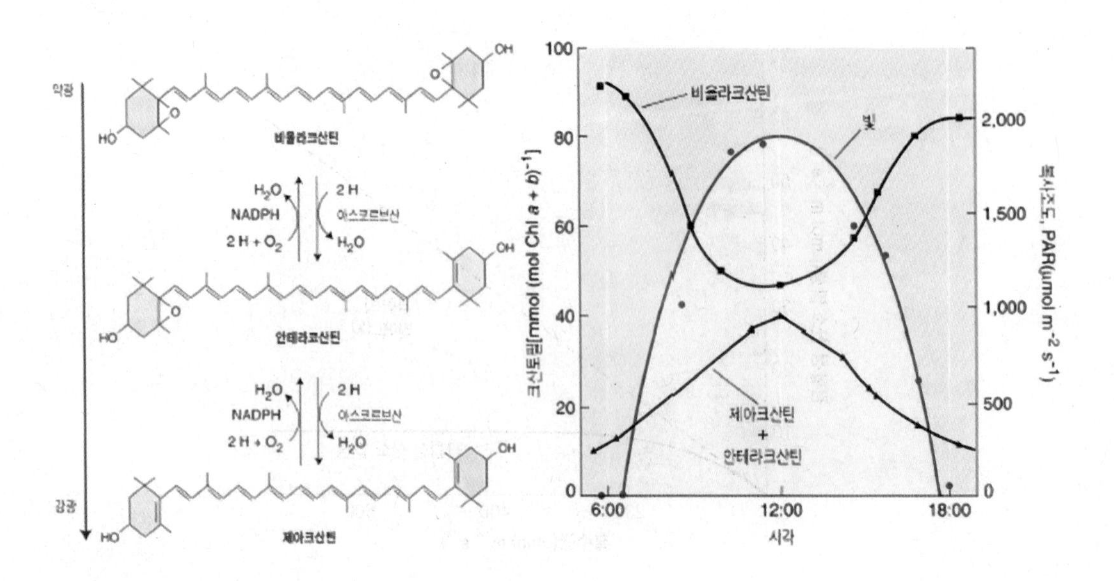

㉣ 열의 소산: 최고도의 햇빛에 노출된 잎의 열부담은 매우 큰데 실제로 모든 태양에너지가 흡수되고 열이 소실되지 않는다면 잎은 상당히 높은 온도로 데워지게 될 것임

ⓐ 현열소실(perceptible heat loss): 잎의 온도가 공기의 온도보다 따뜻할 때 잎 주위로 공기가 흐르면 잎에서 열이 제거됨

ⓑ 잠열소실(evaporative heat loss): 물이 잎에서 증발될 때 열을 빼앗아 잎을 냉각시킴

ⓒ 이소프렌 합성에 의한 열의 소산: 강한 빛에 의해 잎의 온도가 올라가게 되면 엽록체 내에서는 이소프렌을 합성하여 막의 안정성을 유지하게 됨. 양지식물의 잎은 음지식물의 잎보다 더 많은 이소프렌을 합성하며 합성량은 온도와 수분 스트레스 정도에 비례함

(2) CO_2와 광합성 - CO_2 농도와 광합성량률의 관계

㉠ 개념 정리

ⓐ CO_2 포화점: CO_2 농도가 증가하면서 광합성 속도가 증가하지만 어느 수준 이상의 CO_2 농도에서는 광합성 속도가 증가하지 않는 일정구간이 나타남

ⓑ CO_2 보상점: 총광합성량과 호흡량이 동일할 때의 CO_2 농도로 CO_2 보상점이 낮은 식물이 CO_2를 효율적으로 이용한다고 간주함

㉡ C3식물과 C4식물 간의 비교: C_3 식물은 C_4 식물에 비해 CO_2 보상점과 CO_2 포화점이 모두 높은 경향이 있음. C4 식물은 CO2 농축 기작이 존재하기 때문에 기공을 더욱 짧은 시간만 열고 있어도 되기 때문에 수분 이용률도 높음

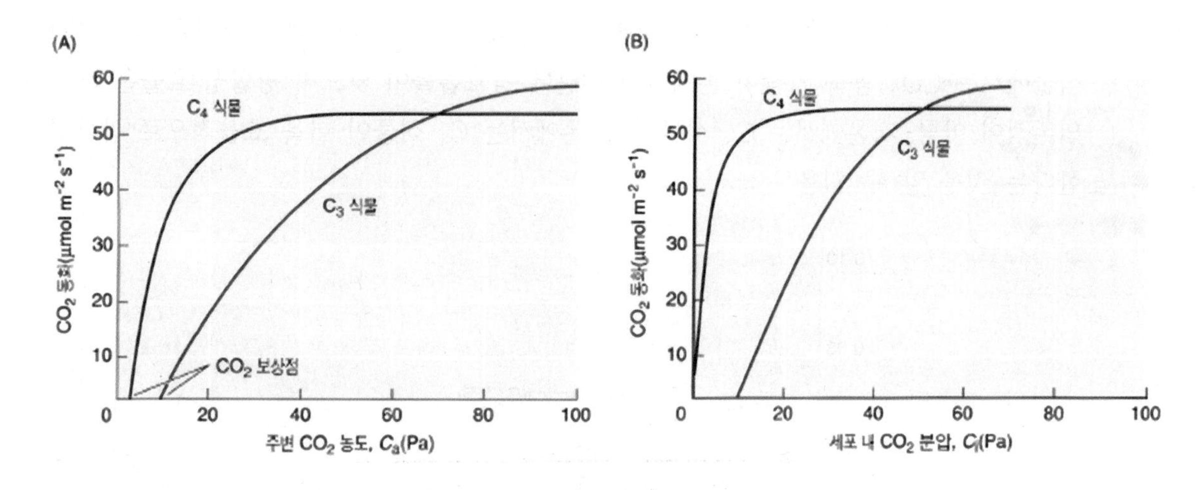

(3) 온도와 광합성 - 온도와 광합성률간의 관계

㉠ 최적 온도: 온도반응에서 볼 수 있는 최대 광합성률은 소위 최적온도반응을 나타내며 이 온도를 초과하면 광합성률은 다시 감소함. 다른 온도를 갖는 서식처에서 자란 다른 식물종들은 광합성에 대하여 다른 최적온도를 나타내며 동일한 종의 식물들을 서로 다른 온도에서 키우고 이들의 광합성반응을 측정하면 생육 온도와 관계가 있는 최적온도를 보임

㉡ 포화 CO_2 농도와 정상적 대기의 CO_2 농도에서 온도에 따른 광합성률의 변화: 광합성은 포화 CO_2 농도에서는 온도에 크게 의존적임

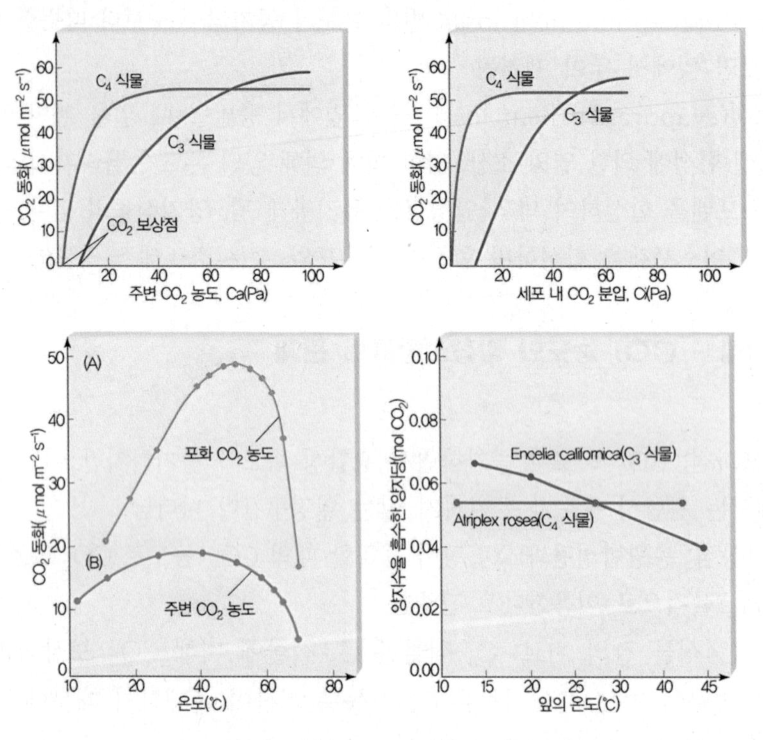

㉢ C_3 식물과 C_4 식물에서 잎 온도에 따른 광합성 효율: 정상적인 대기 조건에서 C_3 식물의 광호흡률은 온도에 따라 증가하며 이에 따라 순 CO_2 고정의 에너지 부담은 증가함. C_4 식물에서는 CO_2 농축 기작이 존재하기 때문에 광호흡률이 낮으며 광합성 효율은 온도에 의존적이 아님. 저온에서는 C_3 식물이, 고온에서는 C_4 식물이 더욱 효율적으로 광합성을 한다는 것을 알 수 있음

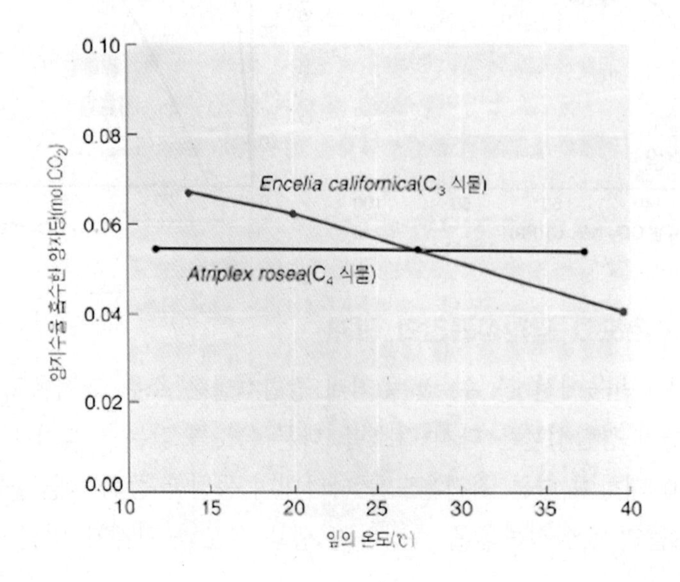

MEMO

비밀병기

심화편 ❶

PART 03

유전학(Genetics)

세포주기(cell cycle)

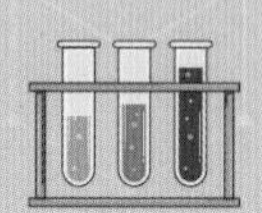

1 염색체와 세포분열

(1) 염색체(chromosome)

세포분열 시 핵 속에 나타나는 굵은 실타래나 막대모양의 구조물임

㉠ 원핵생물 염색체의 구성: 원핵생물의 염색체는 환형 DNA로 결합 단백질이 거의 없는 것이며 염색체 분리에 방추사가 이용되지 않는 것이 특징임

㉡ 진핵생물의 염색체: 핵을 염료로 염색했을 때 광학현미경에서 관찰되는 진하게 염색되어있는 덩어리로 나타남

ⓐ 일반적 구성: DNA와 히스톤 등의 단백질이 결합한 상태로 평소에는 염색사 상태로 풀어져 있으며 분열시 응축하여 염색체가 됨. 세포분열 중기에 염색체를 관찰하는 것이 가장 선명함

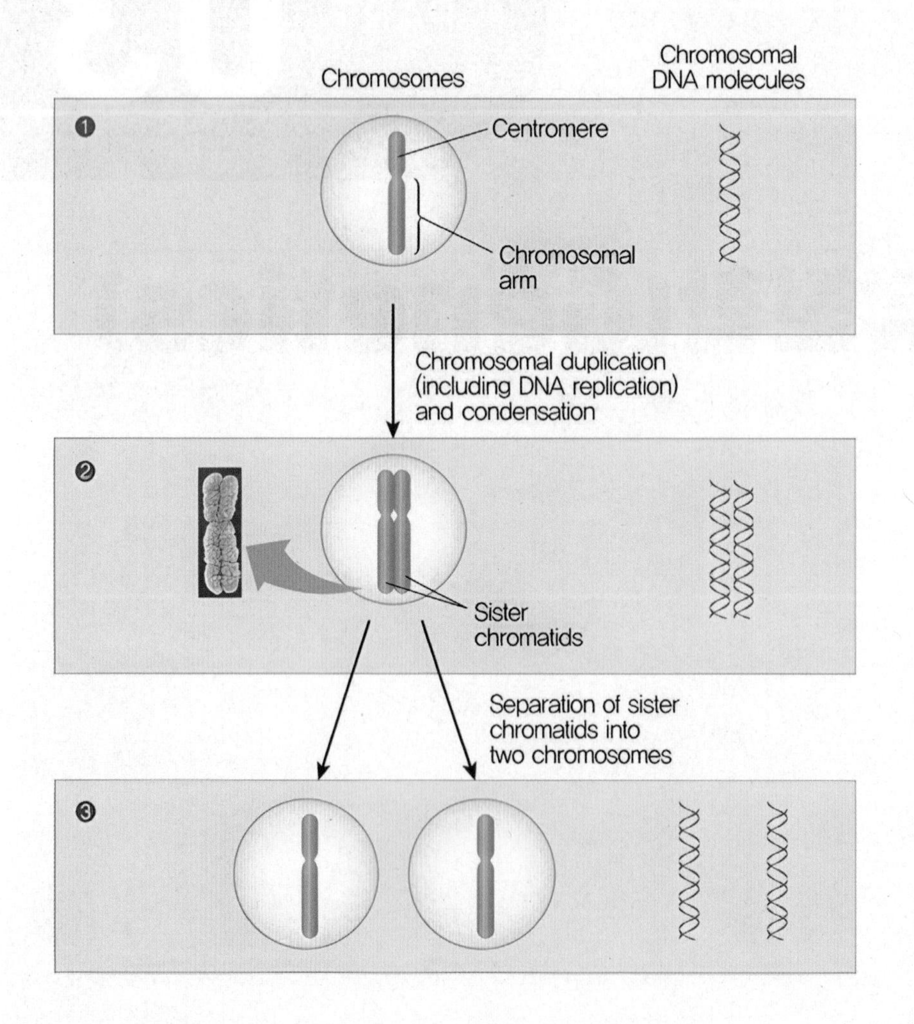

1. 염색분체(chromatid): 염색체는 복제 후 자매염색분체 둘로 구성되며 자매염색분체는 서로를 주형으로 하여 S기에 합성된 것이므로 유전물질 내용이 동일함
2. 동원체(centromere): 세포분열기의 염색체에서 1차협착을 형성하는 영역으로 분열장치의 미세소관은 이 영역에서 염색체에 결합함. 전자현미경으로 관찰이 자세히 이루어짐에 따라 동원체판(kinetochore)이란 동원체 영역 내의 외측부에서 직접 미세소관이 결합하는 특수한 3층 구조체에 한하여 사용하는 용어임. 따라서 동원체는 동원체판 구조랄 포함한 영역으로 분열기에 있어 염색체의 운동, 분배의 제어에 필수인 염색체 영역이 됨. 동원체를 중심으로 해서 짧은 염색체 팔 부위를 parm이라하고 긴 염색체 팔 부위를 q arm이라고 지칭함
3. 말단소립(telomere): 염색체의 말단부위로서 염색체 말단이 복제되는데 반드시 필요한 DNA 반복서열을 지니고 있음
4. 염색질(chromatin): 분열기가 아닌 세포주기 시기의 염색체 물질을 가리키며 이것은 무정형 상태로 핵 내 전체에 무작위적으로 퍼져 있음. 염색질 내의 DNA는 히스톤 단백질과 매우 단단히 결합되어 있으며 히스톤은 DNA를 뉴클레오솜(nucleosome)이라는 구조 단위로 뭉쳐서 배열함. 염색질에는 또한 많은 비히스톤 단백질들이 존재하며 이들 중 일부는 특정 유전자의 발현을 조절함

ⓑ 진핵생물 염색체에 관련된 다양한 개념적 정의

1. 상동 염색체(homologous chromosome): 크기와 모양이 같아 짝을 이루는 염색체로 인간의 경우 전체 염색체 수가 46개이므로 상동염색체가 23쌍이 있는 셈임

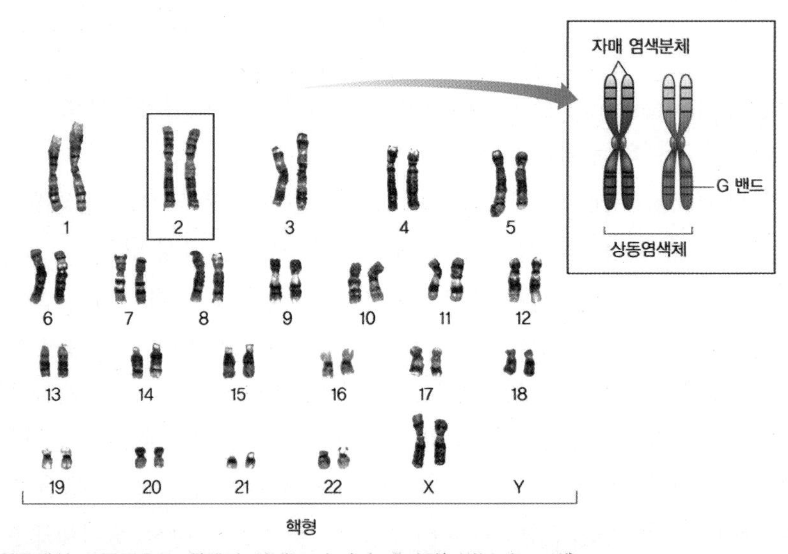

Ⓐ 염색체 번호는 왼쪽에서 오른쪽으로 위에서 아래로 숫자가 매겨짐(1번부터 23번)
Ⓑ 오른쪽 아래 끝에 위치하는 염색체(23번 염색체) 2개 염색체가 한눈에 보기에도 크기가 다름을 알 수 있음. 이는 전형적인 남성의 핵형(XY)임. 여성이라면 Y대신 X가 2개 있어 크기가 큰 염색체가 두 개 있음
Ⓒ 수적 이상은 쉽게 알아 낼 수 있지만 염색체 상의 구조적 이상은 쉽게 알기가 어려움

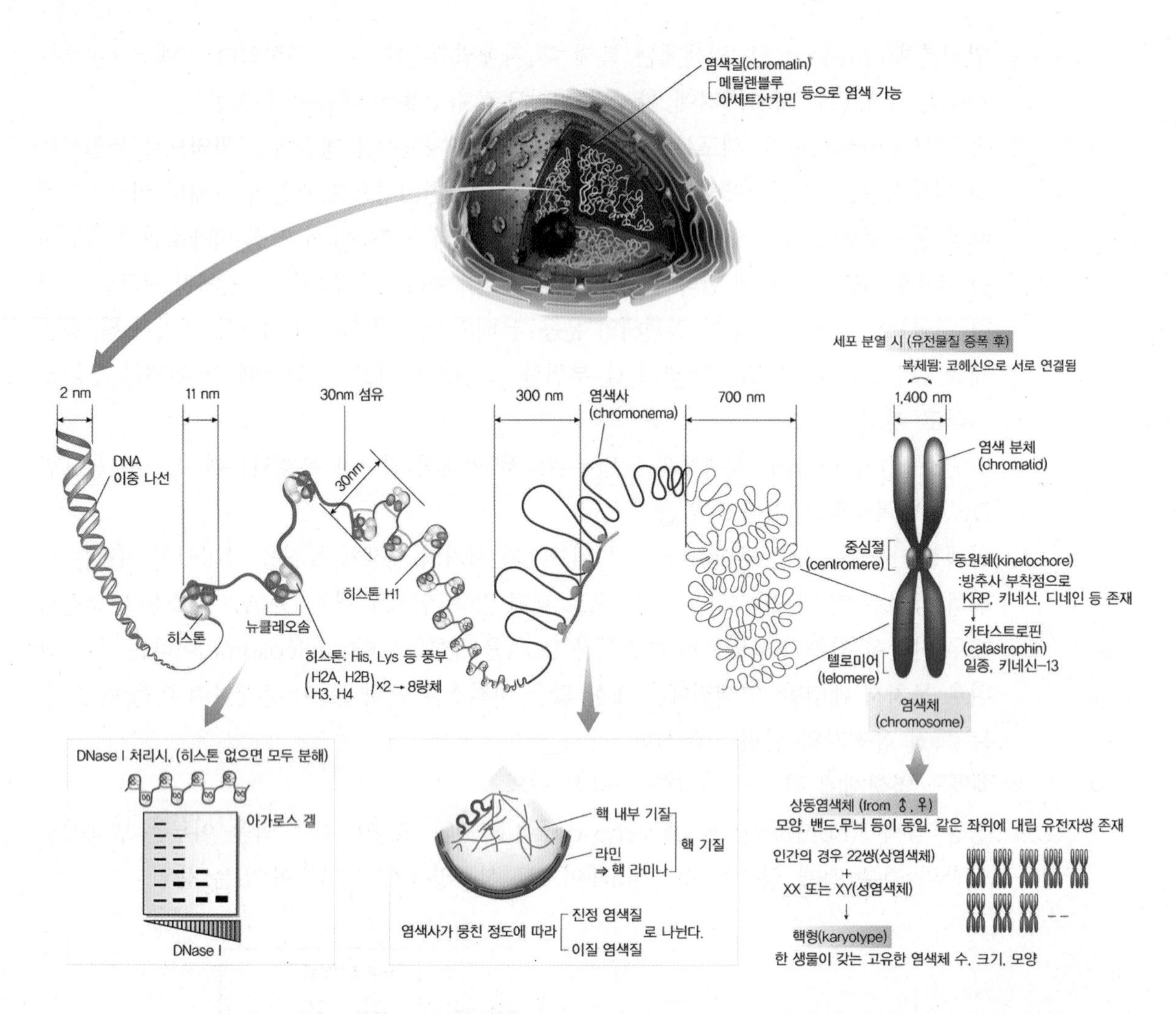

2. 상염색체(autosomal chromosome): 성의 구별 없이 공통적으로 존재하여 일반적인 물질대사에 관여하는 유전자를 지닌 염색체임
3. 성염색체(sex chromosome): 성을 결정하는 유전자를 지닌 염색체로 인간의 경우 XX 염색체 쌍을 지니면 여성, XY 염색체 쌍을 지니면 남성이 됨
4. 핵상(nuclear phase): 염색체의 상대적인 수를 말함. 사람의 경우 모든 유전자는 부모로부터 이어받아 각각 1쌍씩으로 존재하는데 이를 복상이라 하고 일반적으로 2n으로 표시하며 1쌍으로 존재하는 염색체를 상동염색체라 함. 예를 들어 눈을 만드는 유전자라면 하나의 유전자가 홀로 존재하지 않고 염색체 내의 동일한 위치에 엄마와 아빠로부터 물려받은 유전자가 쌍으로 존재하게 됨. 생식세포의 경우에는 감수분열을 통하여 핵상이 반으로 줄어드는데 이를 단상이라 하고 n으로 표시함. 따라서 생식세포인 정자와 난자에는 각각의 유전자가 쌍으로 존재하지 않고 홀로 존재하게 되고 수정을 통해 생식세포인 정자와 난자가 만나게 되면 n과 n이 합쳐져 다시 복상인 2n이 됨

5. 핵형(karyotype): 세포의 핵분열 중의 중기 또는 후기에 나타나는 염색체의 형태・크기・수의 특징을 말하는데 핵형 분석에 의하여 생물간의 계통・분류나 유연관계를 어느 정도 알 수 있음. 사람의 핵형 표기법은 국제적으로 통일되어 있는데, 처음에 염색체의 총수를 쓰고, 성염색체의 구성을 표시하는데 예를 들어 남자는 44+XY, 여자는 44+XX로 나타냄. 아래 핵형 분석 결과 대상은 다운 증후군 환자인데 21번 염색체가 3개인 것을 통해서 알 수 있음

「핵형 분석의 예」

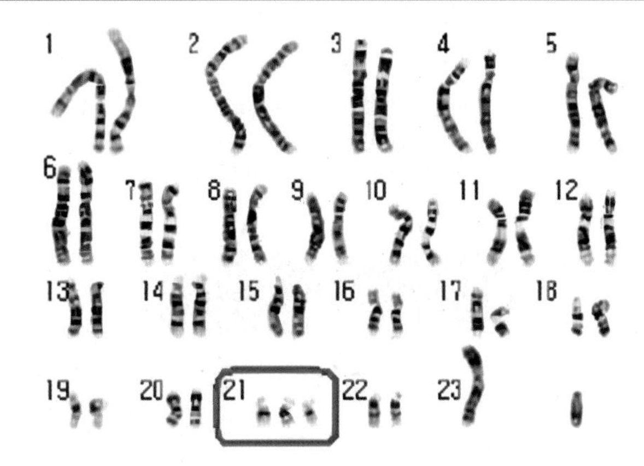

Ⓐ 염색체 번호는 왼쪽에서 오른쪽으로 위에서 아래로 숫자가 매겨짐(1번부터 23번)
Ⓑ 오른쪽 아래 끝에 위치하는 염색체(23번 염색체) 2개 염색체가 한눈에 보기에도 크기가 다름을 알 수 있음. 이는 전형적인 남성의 핵형(XY)임. 여성이라면 Y대신 X가 2개 있어 크기가 큰 염색체가 두 개 있음
Ⓒ 상염색체인 1번 염색체부터 22번 염색체 중에 빨간색으로 표시한 21번 염색체가 3개 존재하므로 전형적인 다운증후군임을 알 수 있음. 이런 수적 이상은 쉽게 알아 낼 수 있지만 염색체 상의 구조적 이상은 쉽게 알기가 어려움

(2) 세포분열의 의미

㉠ 원핵생물의 세포분열: 세포분열시 방추사가 형성되지 않아 메소좀이라는 구조를 통해 염색체 분리를 진행하는 무사분열을 수행하며 이러한 이분법을 통해 형성된 생물은 유전적으로 동일함. 따라서 원핵생물의 다양성은 세포분열 그 자체에 있지 않고 주로 돌연변이와 유전자 도입을 통해 이루어지는 것임

㉡ 진핵생물의 세포분열

ⓐ 체세포분열(mitosis): 생장이나 회복 등의 목적을 지닌 세포분열로 분열 후에도 염색체 수의 변화가 없음

ⓑ 감수분열(meiosis): 생식세포 형성의 목적을 지닌 세포분열로 분열 후에 염색체 수가 원래 상태의 1/2이 됨

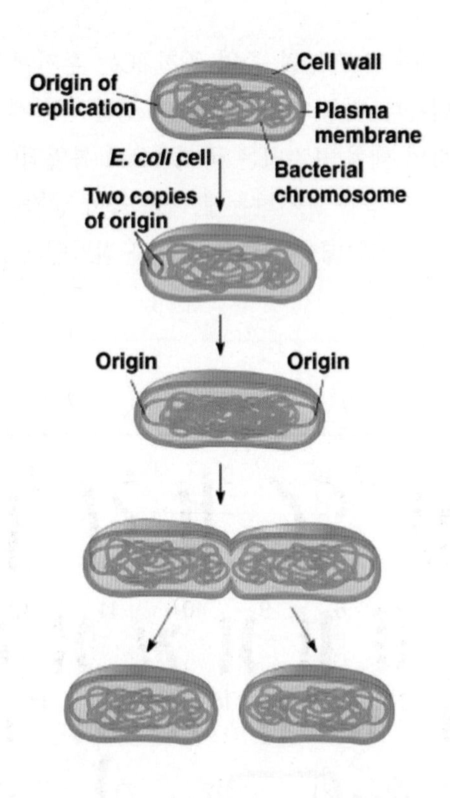

2 세포주기(cell cycle)의 개요

㉠ 세포주기의 구분: 세포가 분열하지 않는 기간인 간기와 세포분열이 실제로 일어나는 시기인 분열기로 구분됨

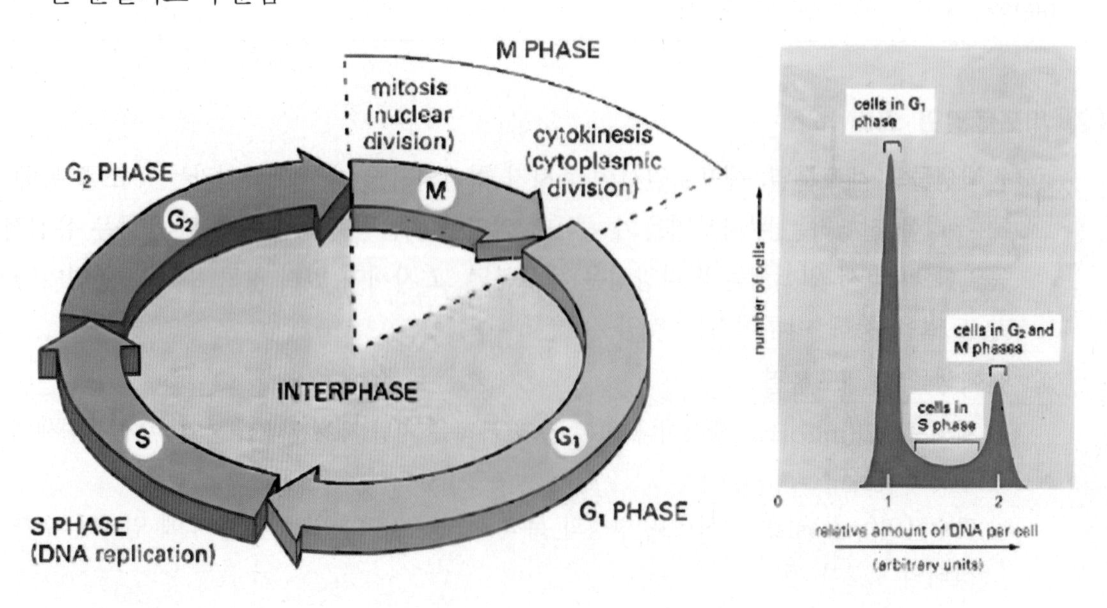

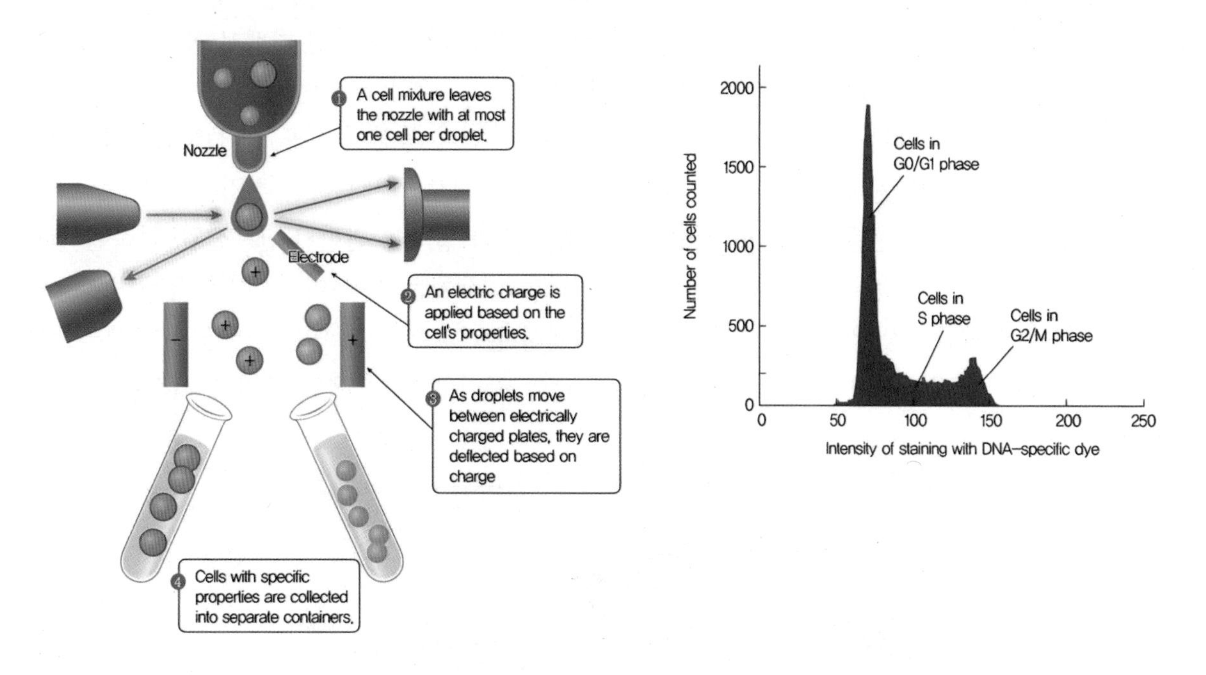

ⓐ 간기(interphase): 분열기와 분열기 사이로 세포 본연의 기능이 수행 되는 기간임

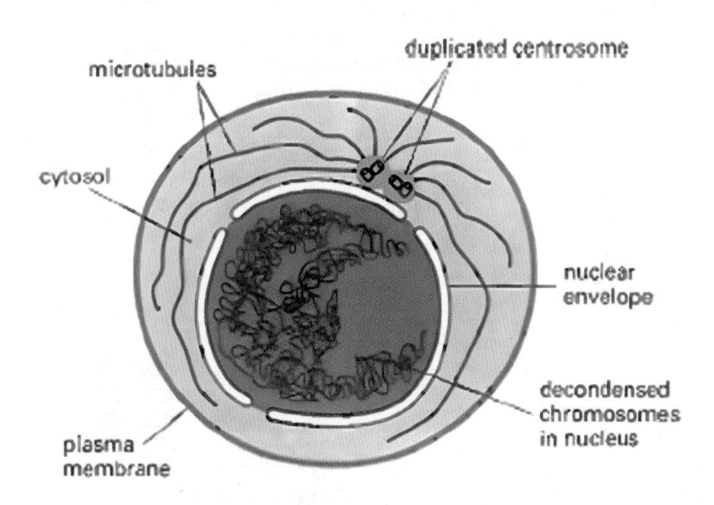

During interphase, the cell increases in size. The DNA of the chromosomes is replicated, and the centrosome is duplicated.

1. G_1기: 세포성장, 효소 및 세포소기관 생성, 세포주기 진행여부가 결정되는 시기임. 더 이상이 진행되지 않고 멈춰 있으면 G_0기라고 함. 완전히 분화된 신경세포와 근육세포는 보통 G_0기에 놓여 있음
2. S기: DNA 합성시기로 진핵생물의 경우 히스톤 단백질이 합성되며 중심체 복제가 시작되는데 중심체 복제는 G_2기에 완료됨

3. G_2기: 세포 성장, 세포소기관 생성, 방추사 형성물질인 튜불린 단백질 합성이 이루어짐

ⓑ 분열기: 핵 분열기와 세포질 분열기로 구분함

㉡ 세포 주기 동안의 진핵생물 염색체 구조의 변화: 간기 동안에 세포 내 DNA는 압축되어 있지 않음. 간기는 G_1기, S기, G_2기로 나뉘는데 DNA는 체세포분열 전기 때 압축됨. 코헤신(cohesin)과 콘덴신(condensin)은 염색체 응집과 압축에 관련된 단백질임. 압축된 염색체는 중기 시에 방추극의 중간 지점에 위치하며 염색체는 각각 미세소관을 통해 방추극에 각각 연결되어 있음. 자매 염색분체는 후기에서 분리되어 각각 연결되어 있는 방추극으로 당겨짐. 세포분열이 완성되면 염색체는 압축이 풀리고 다시 세포 주기가 시작됨

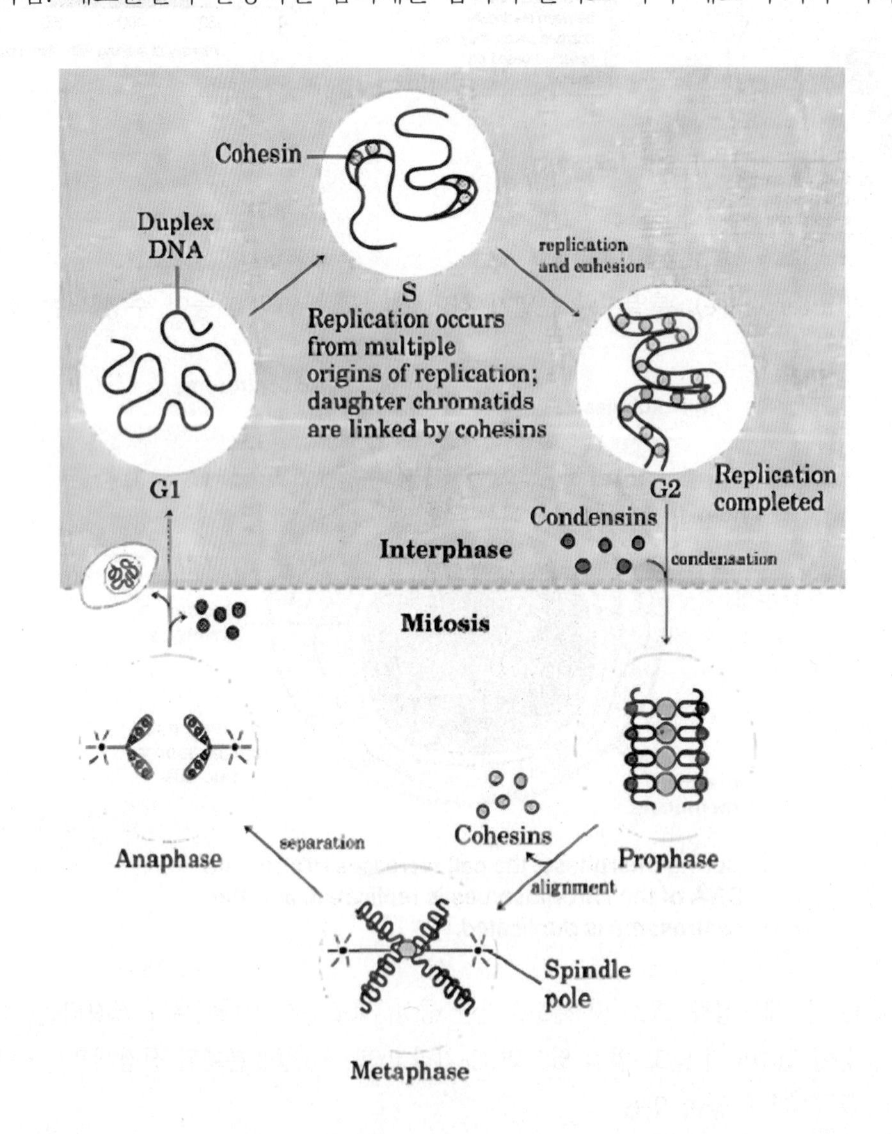

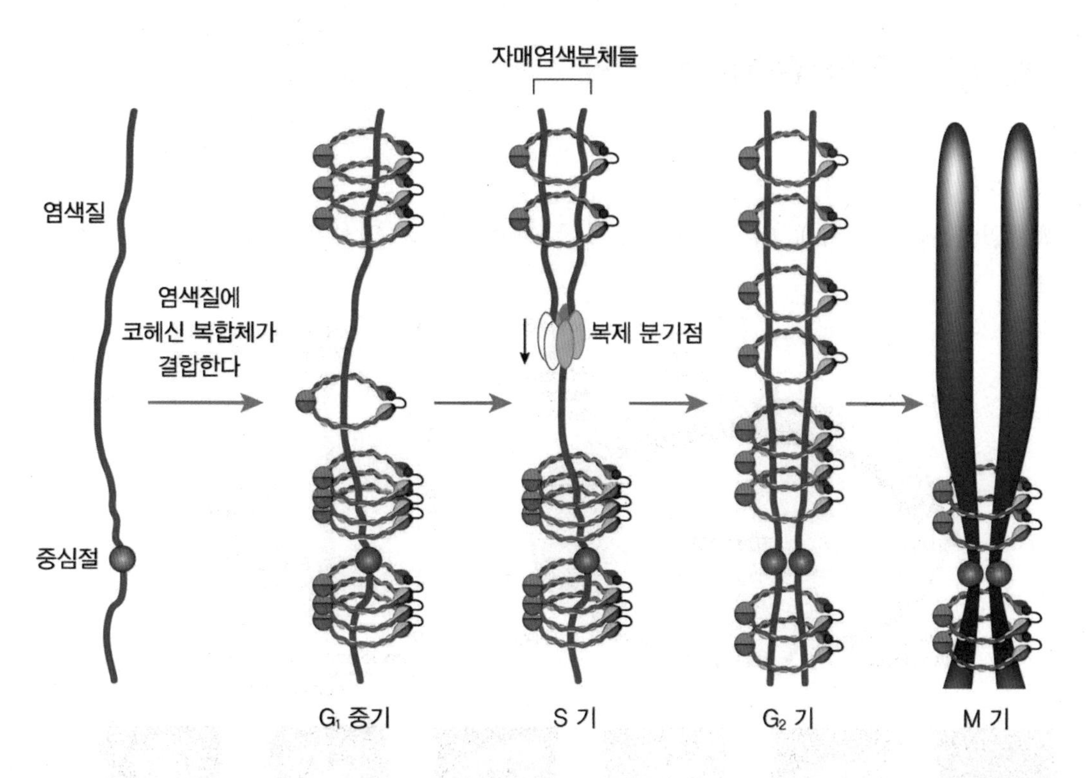

㉢ 중심체(centrosome) 복제와 이동: 중심체의 복제는 S기에 시작되어 G2기에 완료되며 G2기에서 M기로 전환되면서 두 개의 중심체가 분리되어 반대편 쪽으로 이동하여 분열면을 결정함

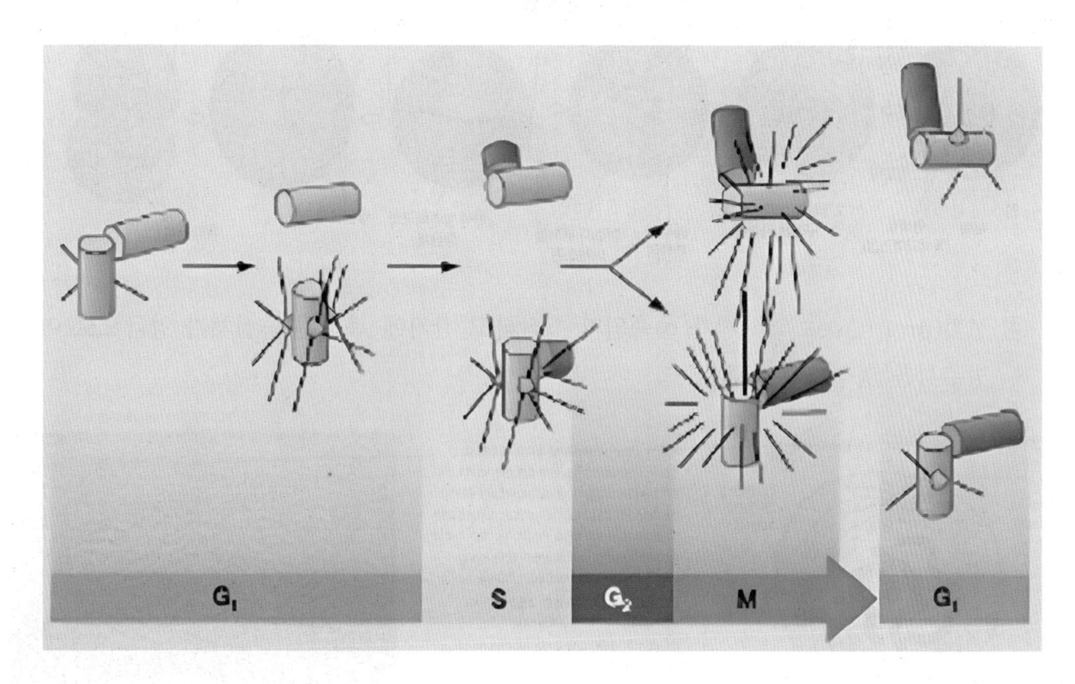

2 체세포 분열과 감수분열

(1) 체세포 분열

㉠ 핵분열(karyokinesis): 염색체가 둘로 나누어져 각각의 딸세포로 분배됨

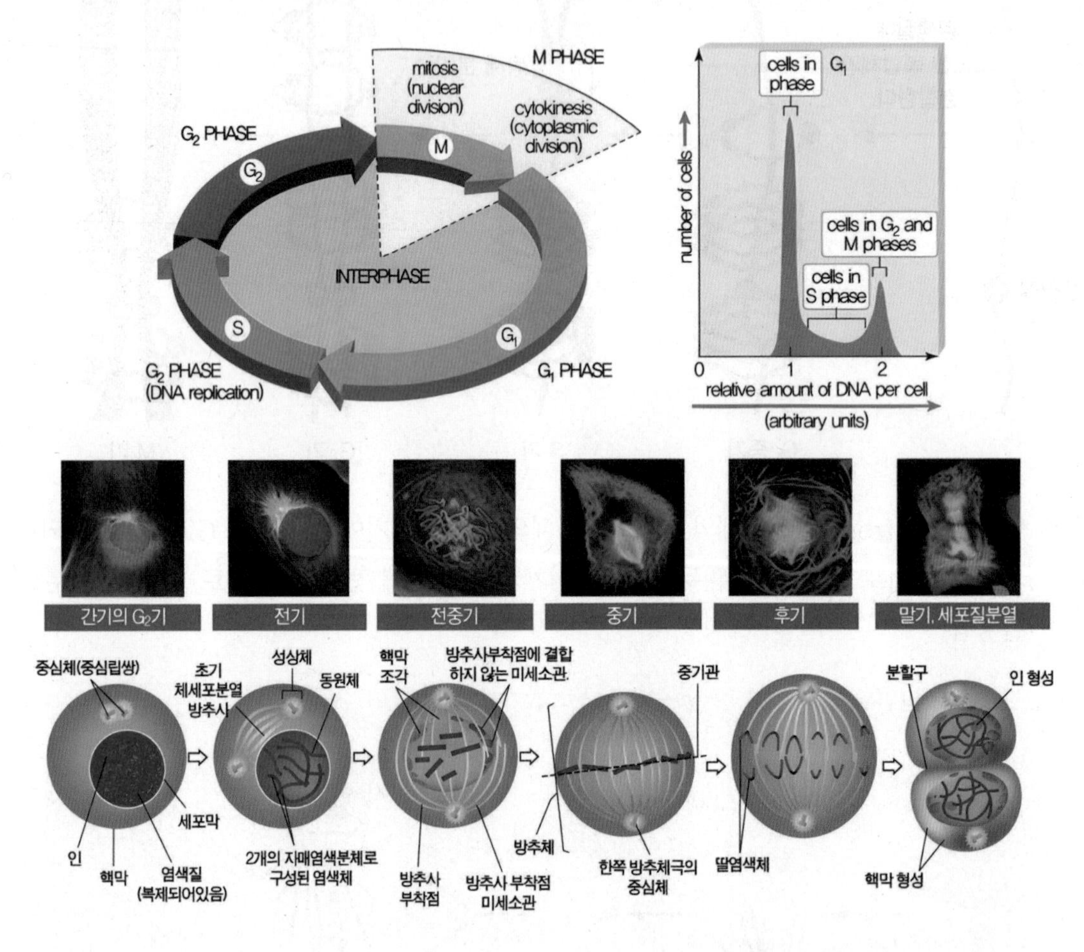

ⓐ 전기(prophase): 염색체가 응축되기 시작하고 간기에 복제된 중심체가 양극으로 이동하고 방추사를 형성하기 시작함

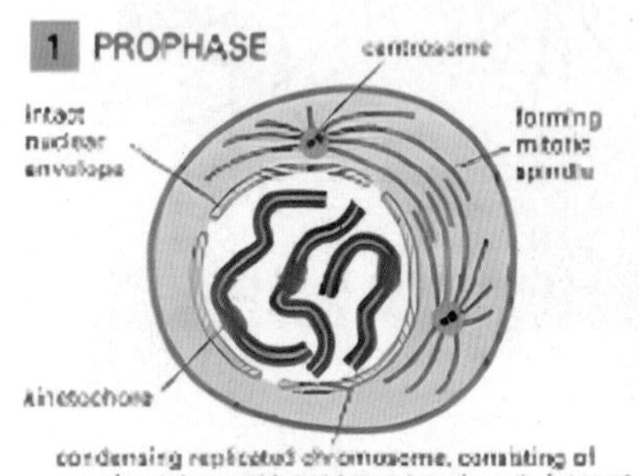

At prophase, the replicated chromosomes, each consisting of two closely associated sister chromatids, condense. Outside the nucleus, the mitotic spindle assembles between the two centrosomes, which have replicated and moved apart. For simplicity, only three chromosomes are shown. In diploid cells, there would be two copies of each chromosome present.

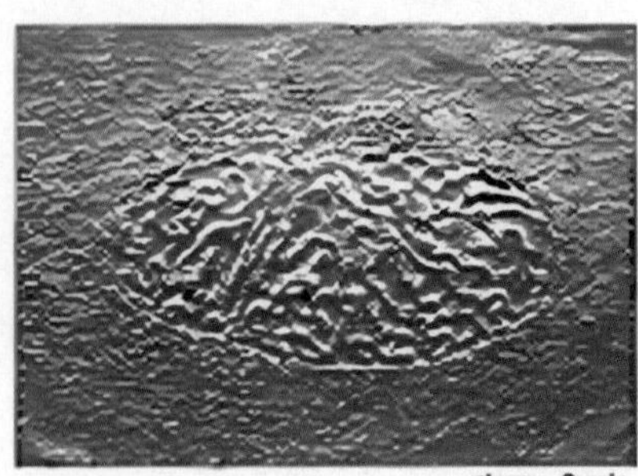

ⓑ 전중기(prometaphase): 핵막이 완전히 사라지고 방추사가 동원체에 결합하여 염색체를 적도판으로 이동시키는 과정이 진행됨

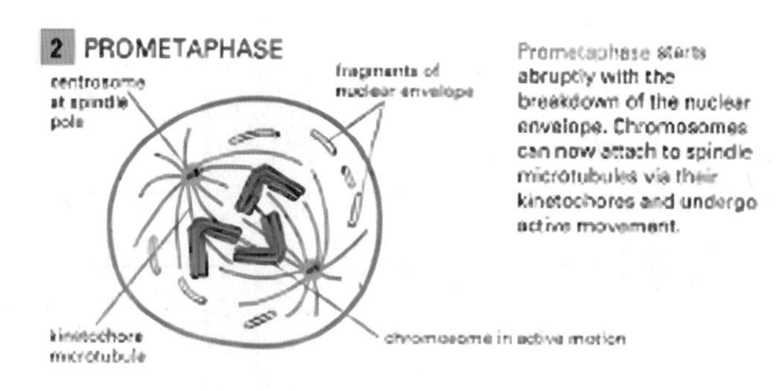

ⓒ 중기(metaphase): 방추사에 결합한 염색체가 적도판에 배열되는 시기로 염색체가 가장 뚜렷하게 관찰됨. 하나의 염색체를 구성하는 각각의 자매염색분체에 모두 방추사가 결합하였으므로 자매염색분체는 후기에 분리될 것임

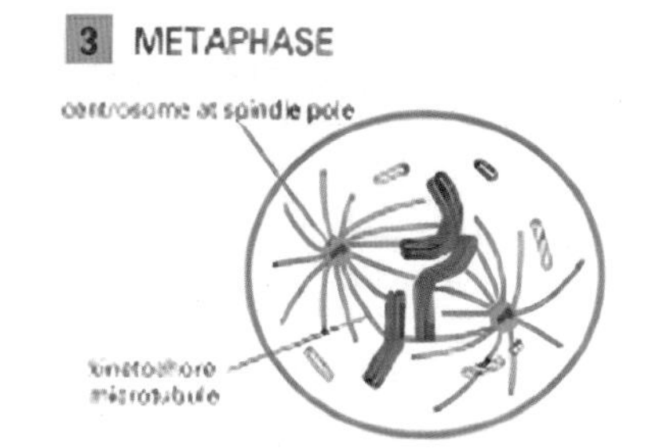

At metaphase, the chromosomes are aligned at the equator of the spindle, midway between the spindle poles. The kinetochore microtubules attach sister chromatids to opposite poles of the spindle.

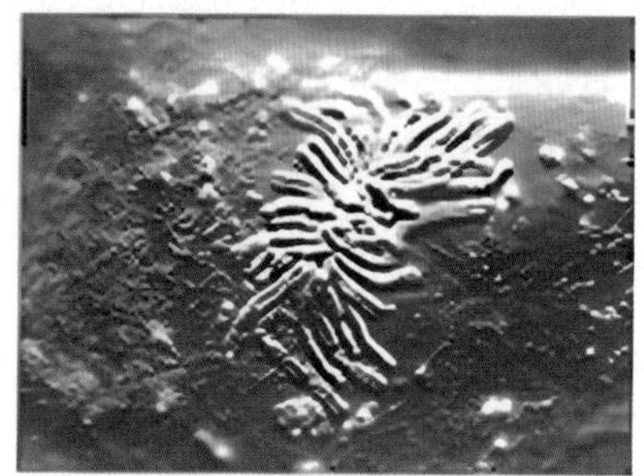

ⓓ 후기(anaphase): 자매염색분체를 붙잡고 있는 코헤신(cohesin)이 분해되어 각 자매염색분체가 양극으로 이동함. 동원체판 미세소관(kinetochore microtubule)이 짧아지면서 염색체의 분리가 시작되고 극성 미세소관(polar microtubule)이 길어지면서 양 극이 서로 멀어지게 됨

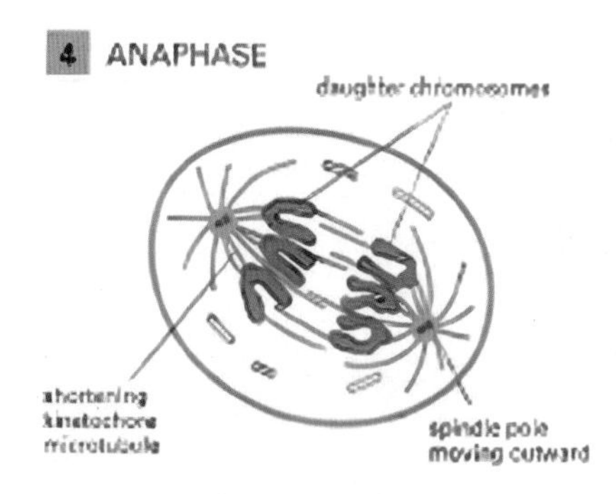

At anaphase, the sister chromatids synchronously separate to form two daughter chromosomes, and each is pulled slowly toward the spindle pole it faces. The kinetochore microtubules get shorter, and the spindle poles also move apart; both processes contribute to chromosome separation.

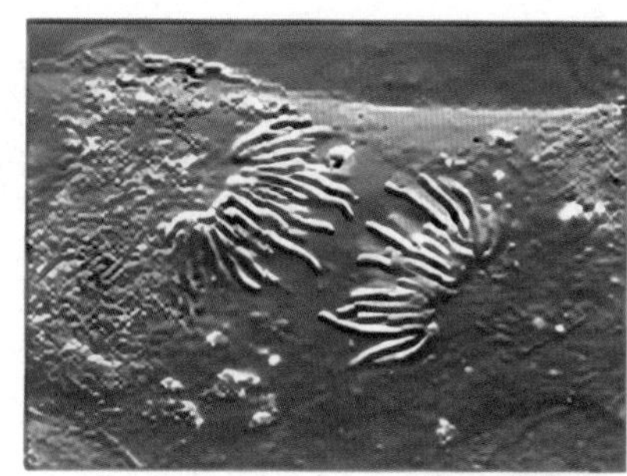

「세포 분열시 나타나는 미세소관」

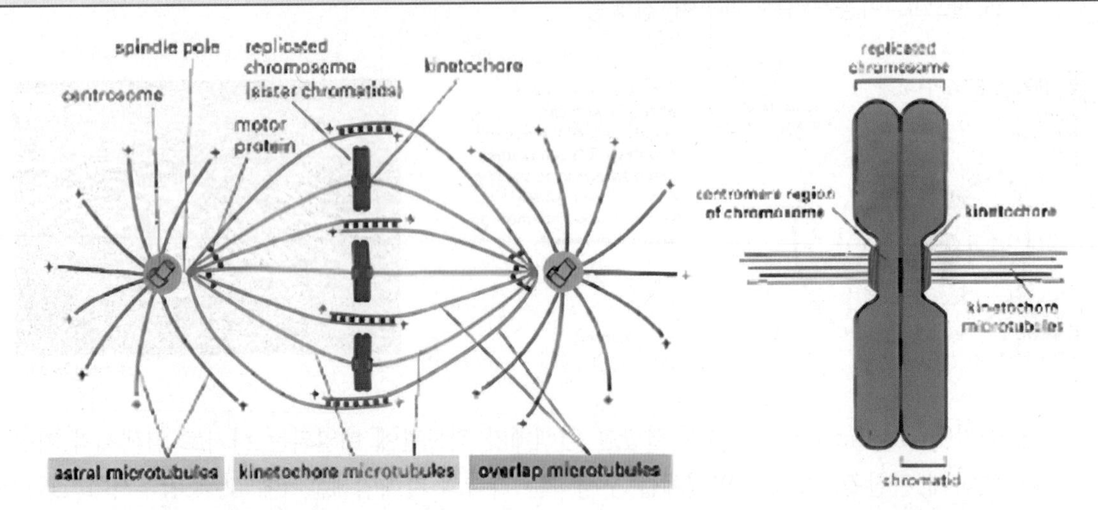

Ⓐ 세포분열시 나타나는 미세소관은 동원체판 미세소관, 극성 미세소관, 성상체미세소관 3가지로 구분됨. 특히 동원체 미세소관은 염색체에 결합하여 후기에 염색체의 염색분체 분리에 이용되며 극성 미세소관은 운동 단백질의 도움을 통해 방추체극과 두 쌍의 염색체를 더욱 멀리 밀어내게 함

Ⓑ 동원체판 미세소관은 염색체상의 동원체에 양면에 존재하는 동원체에 결합하여 염색분체 분리에 이용됨

「세포분열 후기시의 미세소관의 작용」

Ⓐ 후기 A와 후기 B: 후기 A에서는 동원체판 미세소관들이 탈중합에 의해 짧아지며 따라서 부착된 염색체들은 극쪽으로 이동함. 후기 B에는 방추체극 자체가 서로 반대방향으로 이동함으로써 두 쌍의 딸염색체 분리에 기여하게 됨. 후기 B에는 겹쳐 있는 극성 미세소관들이 신장하고 서로 밀려 멀어짐으로써 방추체극과 두 쌍의 염색체를 먼 쪽으로 밀어냄. 이 과정의 원동력은 극성 미세소관에 작용하는 두 종류의 운동성 단백질인 키네신과 디네인에 의해 제공되는 것으로 여겨짐. 또 다른 조의 운동 단백질은 방추체극으로부터 뻗어 나와 염색체의 반대방향, 즉 세포 피층 방향으로 뻗어 있는 성상체미세소관에 작용하는데 이 운동 단백질은 세포피층에 부착되어 각각의 극을 인접한 세포피층 쪽으로 끌어당겨 다른 극으로부터 멀어지게 한다고 여겨짐

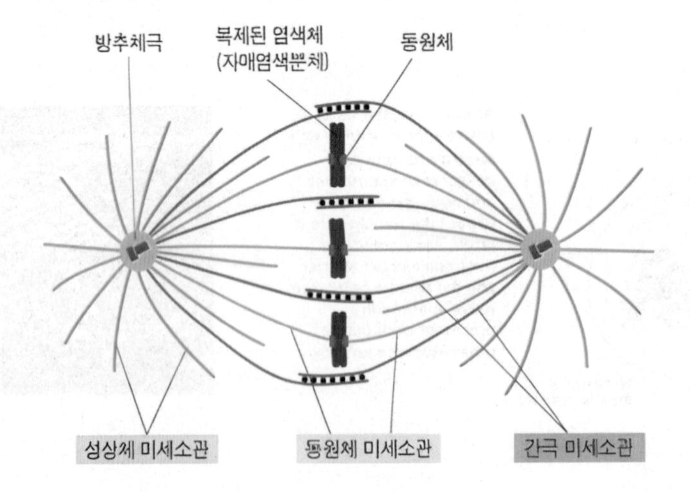

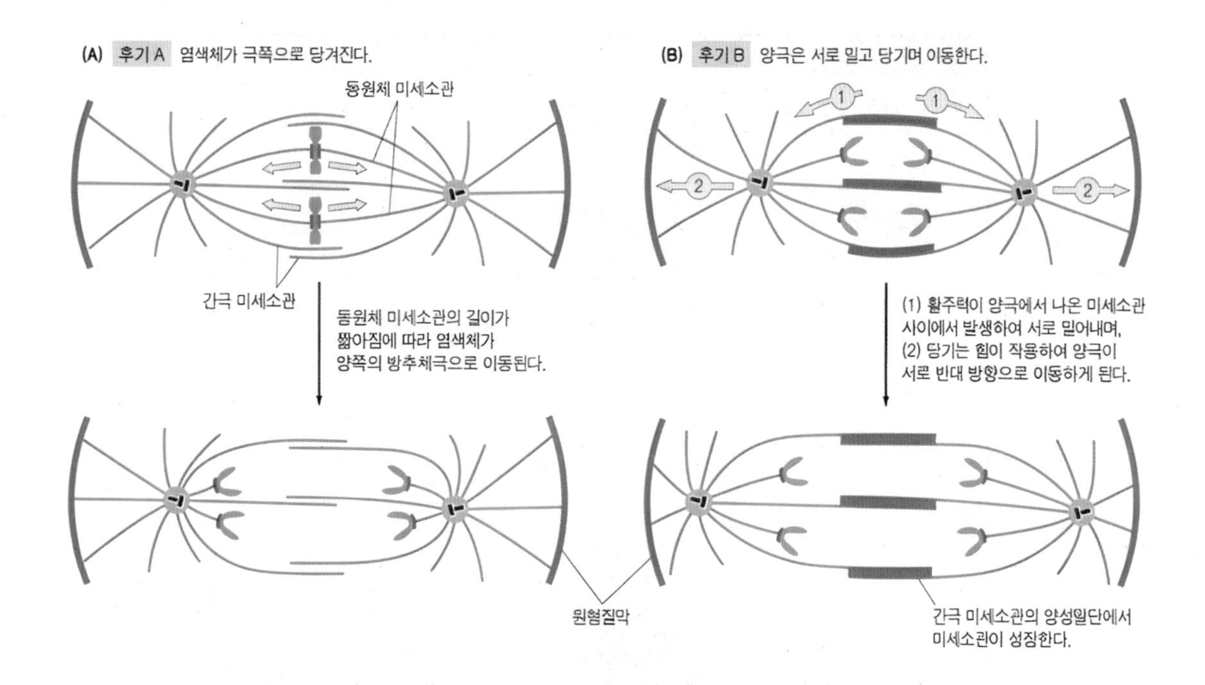

(A) 후기 A 염색체가 극쪽으로 당겨진다.
동원체 미세소관
간극 미세소관
동원체 미세소관의 길이가 짧아짐에 따라 염색체가 양쪽의 방추체극으로 이동된다.
(B) 후기 B 양극은 서로 밀고 당기며 이동한다.
(1) 활주력이 양극에서 나온 미세소관 사이에서 발생하여 서로 밀어내며,
(2) 당기는 힘이 작용하여 양극이 서로 반대 방향으로 이동하게 된다.
원형질막
간극 미세소관의 양성말단에서 미세소관이 성장한다.

Ⓑ 동원체판 미세소관이 짧아지는 기작: 후기 A의 이동 원동력은 동원체판에 작용하는 미세소관 운동성 단백질에 의해 주로 제공되는 것으로 생각되며 동원체 미세소관이 염색체에 붙어 있는 곳에서 튜불린 소단위체가 소실됨으로써 촉진됨. 동원체판에서 튜불린 소단위체의 소실은 미세소관과 동원체판 양쪽에 모두 결합한 카타스트로핀(catastrophin)에 의해 일어나며 미세소관으로부터 튜불린 소단위체를 제거하기 위해 ATP 가수분해 에너지를 이용함

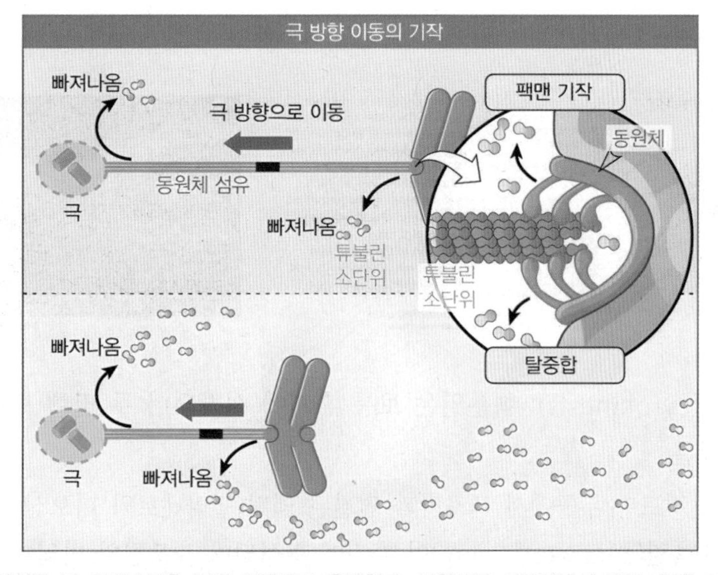

동원체의 모터는 동원체섬유 내 미세소관을 따라 극쪽으로 움직인다. 동원체가 이동하면서 미세소관은 모터 뒤쪽에서 탈중합된다. 동시에 다른 힘이 전체 동원체섬유를 극 방향으로 이동시키며, 그곳에서도 마찬가지로 소단위는 미세소관에서 빠져나간다. 동원체섬유의 한 부위를 검은색으로 표시하면, 이곳과 동원체 사이의 거리 및 이곳과 극 사이의 거리 모두는 염색체가 이동할 때 감소한다.

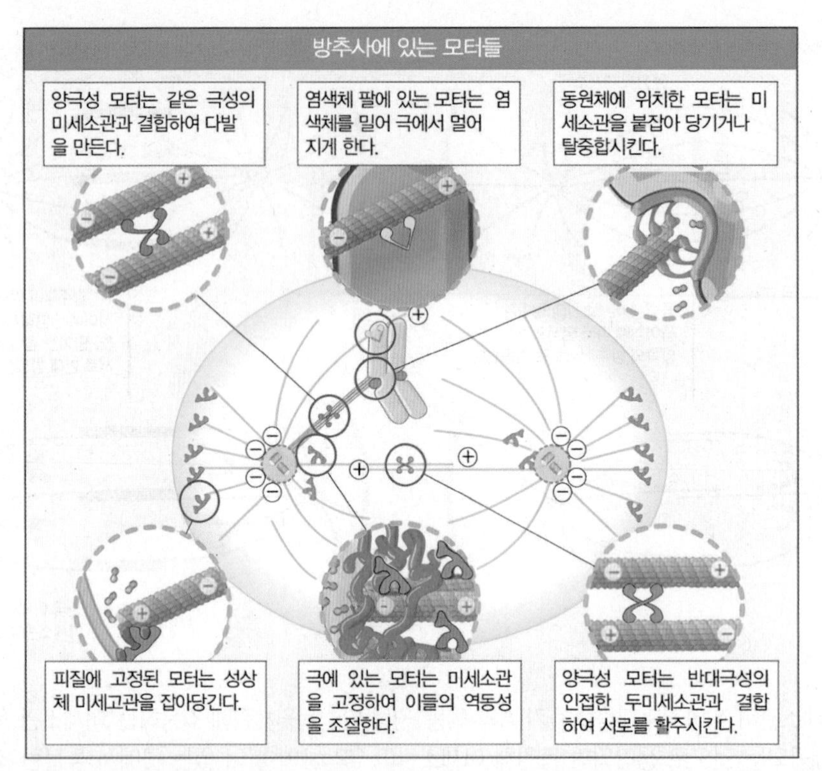

방추사는 미세소관에 작용하는 모터분자들로 채워져 있다. 이들 분자와 미세소관 사이의 특이한 상호작용은 방추사를 형성하고 움직임을 만들고 힘의 생성에 필요로 한다. 화살표는 모터가 이동하는 방향을 가리킨다.

ⓔ 말기(telophase): 핵막과 핵인이 재생되고 염색체가 염색사 상태로 풀리며 방추사가 해체됨

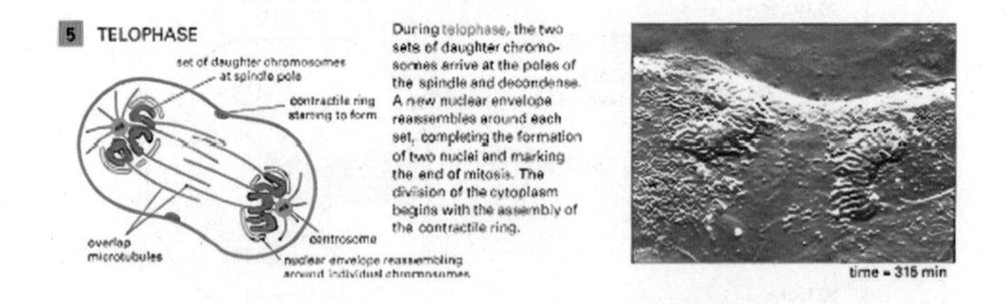

㉡ 세포질 분열(cytokinesis): 핵분열은 보통 후기에 시작되며 두 딸핵 형성이 끝날 때까지는 완료되지 않음

ⓐ 동물세포: 적도판 부근에서 세포막과 연결된 액틴 필라멘트와 미오신 필라멘트의 중첩으로 구성된 수축환(contractile ring)이 후기에 형성되며 세포질의 만입이 발생하게 되어 세포질 분열이 일어나게 됨

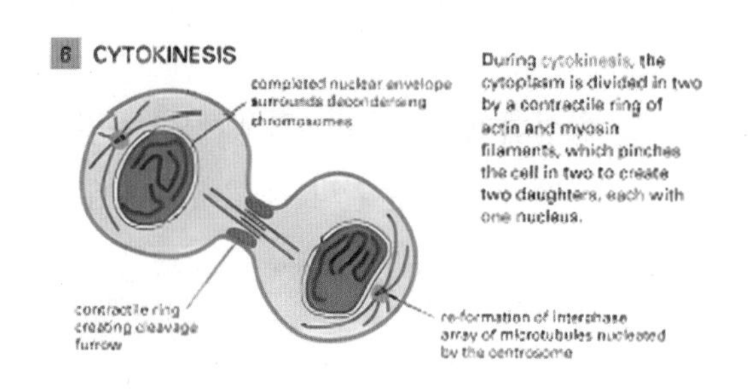

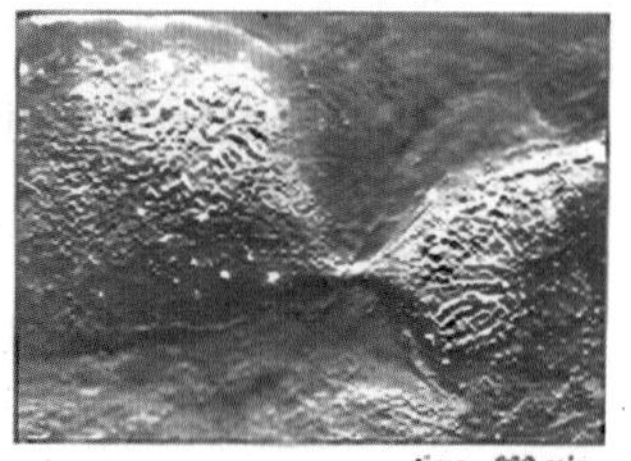

ⓑ 식물세포: 새로운 세포벽은 말기가 시작할 무렵 세포질에서 분리된 염색체의 두 집단 사이에서 형성되기 시작함. 이러한 형성 과정은 격막형성체(phragmoplast)라고 불리는 구조물에 의해 유도되는데 이 격막형성체는 극성 미세소관의 잔재들에 의해 적도판 위치에서 형성됨. 대개 골지체로부터 유래되어 세포벽 기질에 필요한 다당류와 당단백질로 채워져 있는 박성 소낭들이 미세소관을 따라 격막형성체의 적도면으로 이동함. 여기서 소낭들은 원반 모양의 구조물을 형성하게 되는데 이들은 더 많은 소낭들이 융합하여 밖으로 확장하여 그 결과 세포를 두 부분으로 나누게 됨. 그 다음 섬유 성분의 미세섬유들이 기질 내부에 놓이게 되어 새로운 세포벽의 형성이 완료됨

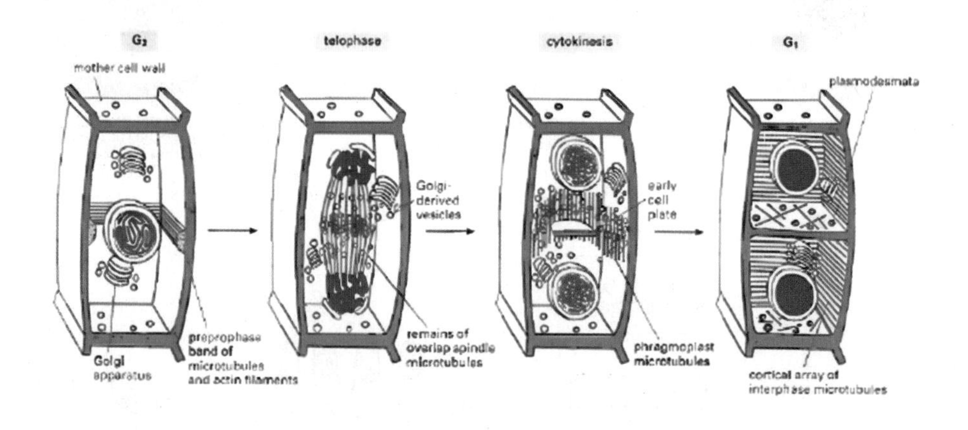

「세포판의 확장 과정」

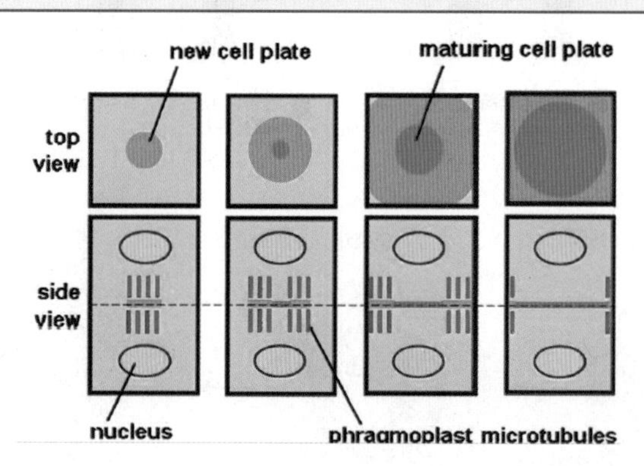

격막 형성체 미세소관이 위치한 곳부터 세포판이 형성되어 성숙되고 미세소관은 적도판의 바깥쪽으로 점점 위치 이동하게 되는데 이 와중에 세포판의 형성과 성숙은 세포피질을 향해 이루어지게 됨

(2) 감수분열(meiosis)

염색체의 수가 줄어드는 분열로 생식세포를 형성하게 되는 됨. 염색체의 독립적 분리와 교차를 통해 유전적 다양성이 증가하는 과정으로서 제 1 감수분열과 제 2 감수분열 사이에는 간기가 없어서 DNA 복제가 일어나지 않는다는 점이 특징임

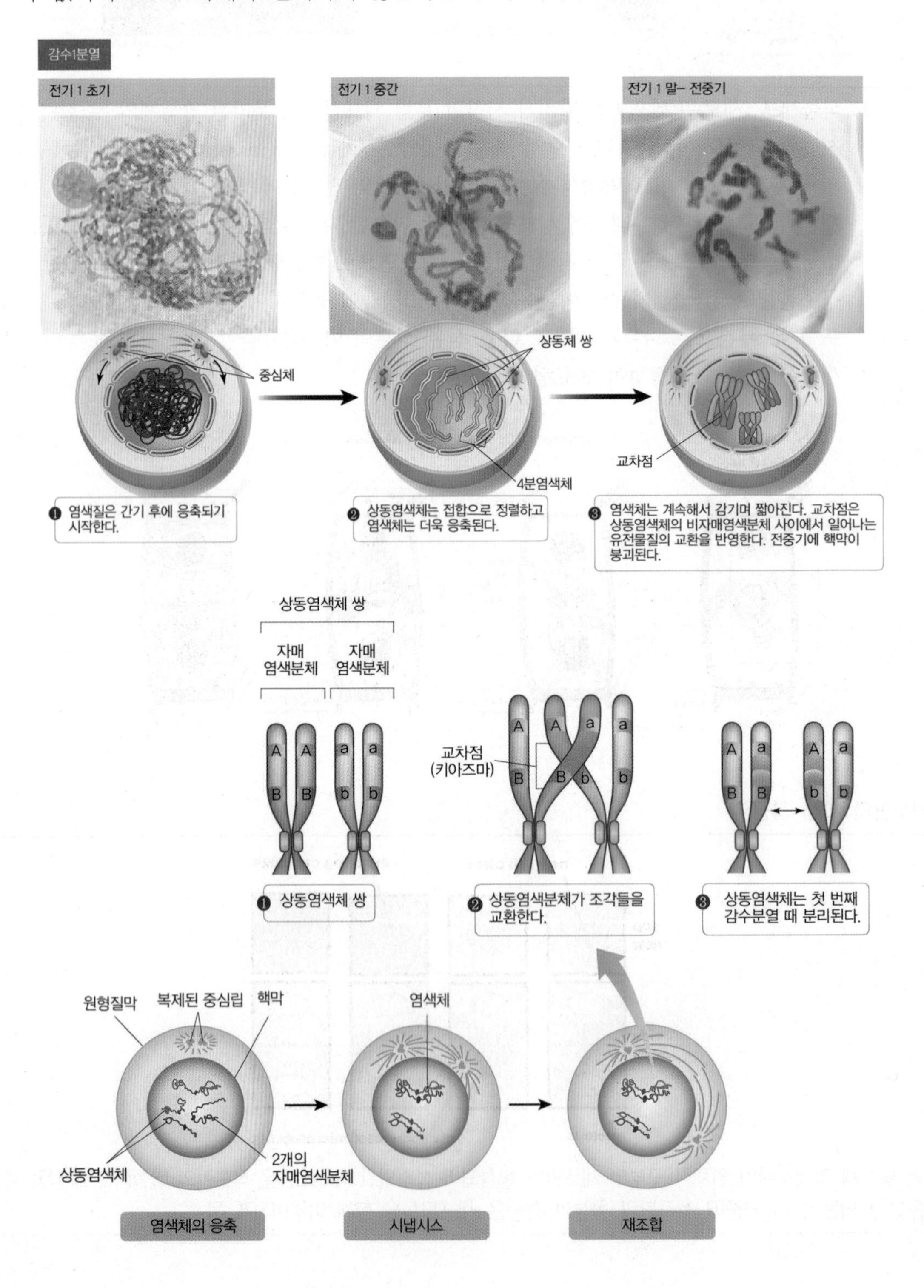

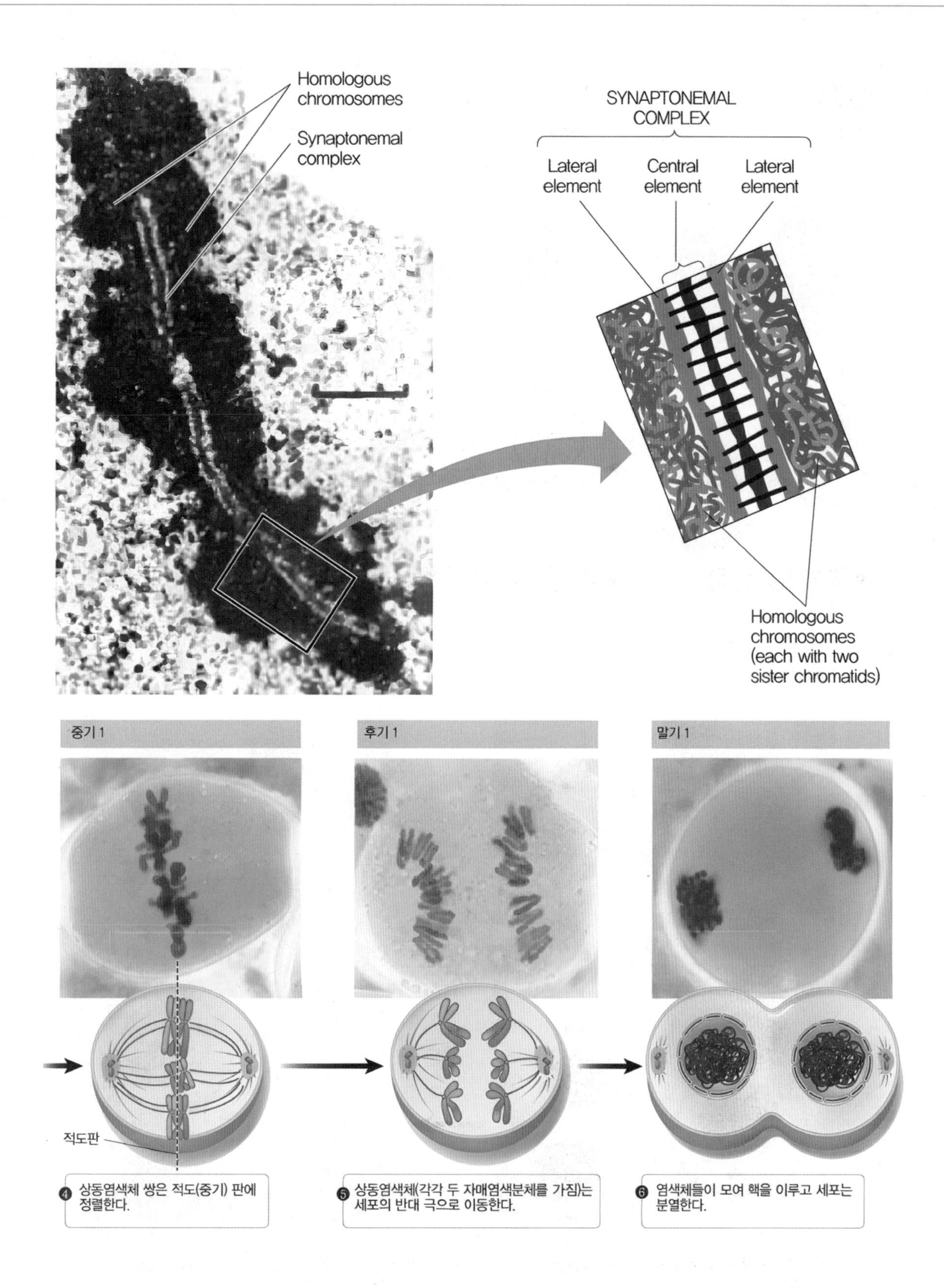
Homologous chromosomes
Synaptonemal complex
SYNAPTONEMAL COMPLEX
Lateral element
Central element
Lateral element
Homologous chromosomes (each with two sister chromatids)
중기 1
후기 1
말기 1
적도판
❹ 상동염색체 쌍은 적도(중기) 판에 정렬한다.
❺ 상동염색체(각각 두 자매염색분체를 가짐)는 세포의 반대 극으로 이동한다.
❻ 염색체들이 모여 핵을 이루고 세포는 분열한다.

감수2분열

전기 2

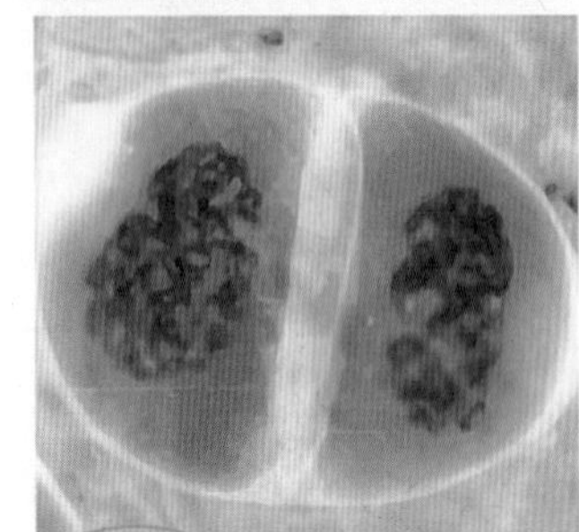

❼ 염색체는 짧은 간기 후 다시 응축된다. 이때 DNA는 복제되지 않는다.

중기 2

적도판

❽ 쌍을 이룬 자매염색분체의 동원체가 각 세포의 적도판을 따라 정렬한다.

후기 2

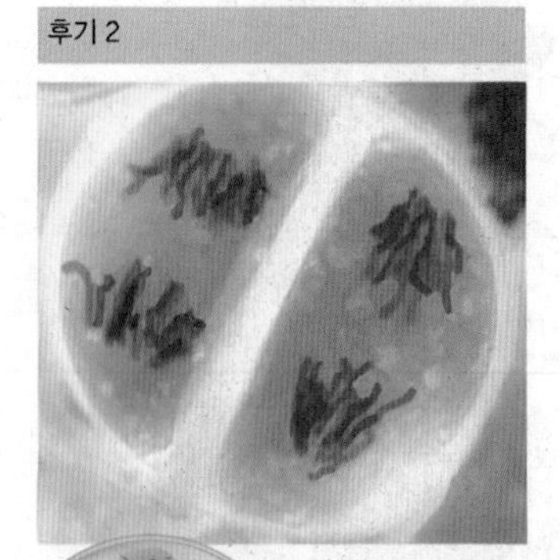

❾ 염색분체는 최종적으로 분리되어 염색체가 되며 각 염색체는 반대 극으로 이동한다. 교차와 독립분리 때문에 새로운 각 세포는 서로 다른 유전자 조합을 갖는다.

말기 2

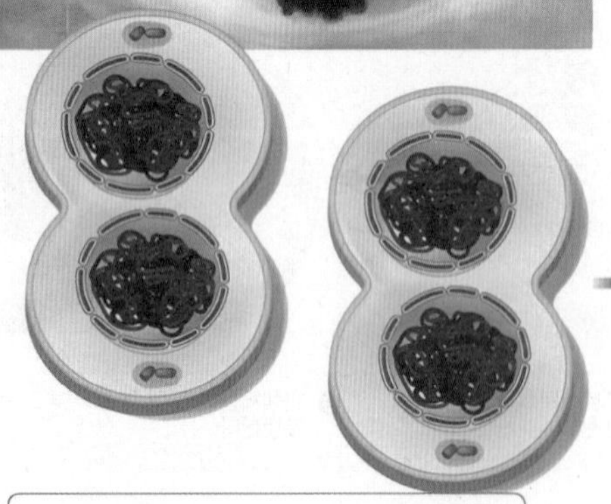

❿ 염색체들이 모여 핵을 이루고 세포는 분열한다.

산물

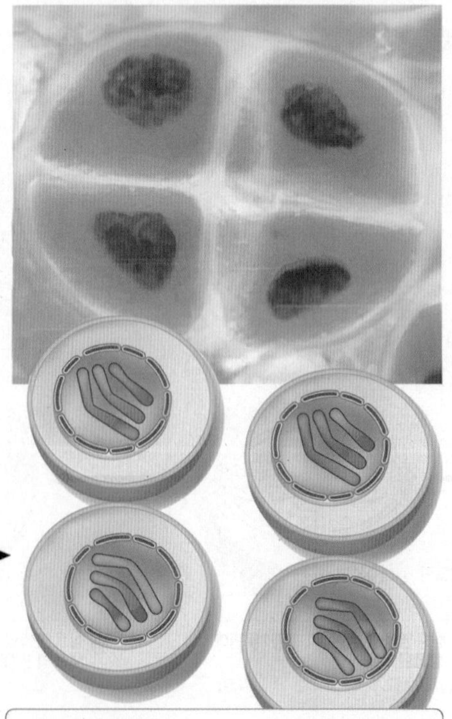

⓫ 4개 세포 각각은 반수체 염색체를 포함하는 핵을 가진다.

㉠ 제 1 감수분열: 상동염색체가 각각 서로 다른 세포로 분배되는 분열로 이형분열이라고도 하며 염색체 수와 DNA량이 모두 반감됨

ⓐ 전기: 2개의 염색분체가 동원체에 결합된 상태로 상동염색체 간의 접합을 통해 접합복합체(syneptonemal comples)가 형성되는데 이것은 2가 염색체 또는 4분 염색체로 보이며 그 접혭된 부근의 염색체 조각 간에 교차가 일어나 유전적 다양성이 확보됨

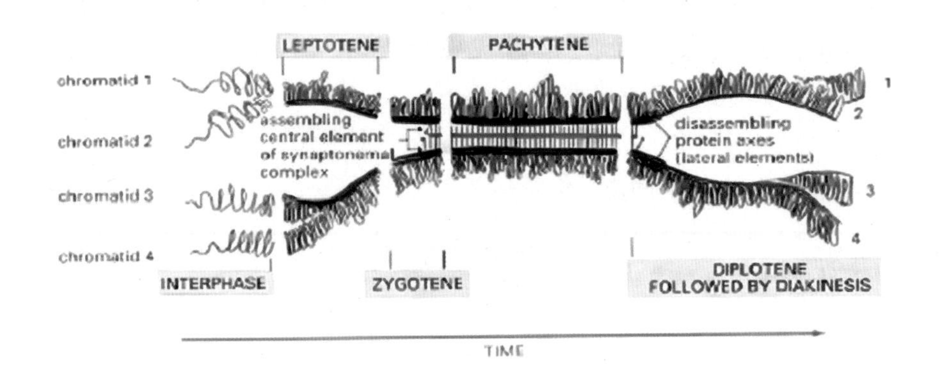

1. 세사기(leptotene): 염색체 응집이 시작됨
2. 접합기(zygotene): 상동염색체가 쌍(synapsis; 사분체 tetrad)을 이루는 단계로서 synaptomal complex가 형성됨
3. 태사기(pachytene): 교차(crossing over)를 통해 염색체 일부가 교환 됨

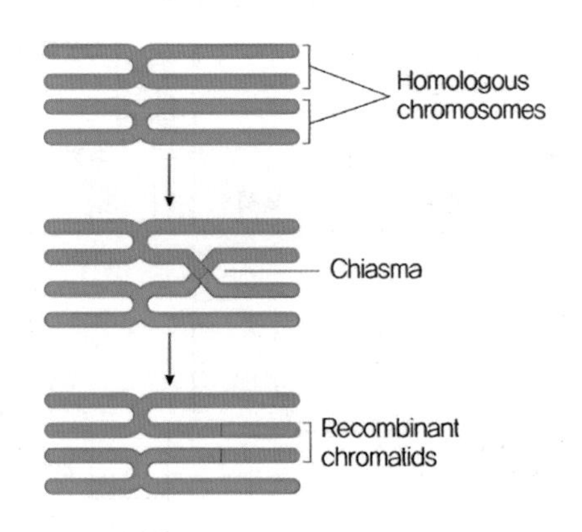

4. 복사기(diplotene): 상동염색체 분리 시작 단계로 키아즈마가 관찰됨
5. 이동기(diakinesis): 상동염색체가 거의 분리된 상태

ⓑ 중기 Ⅰ: 2가 염색체가 적도판에 배열되며 이 시기에 상동염색체는 무작위적으로 배열된 것임

ⓒ 후기 Ⅰ: 각 상동염색체가 양극으로 이동함

ⓓ 말기 Ⅰ과 세포질 분열: 보통 염색체가 풀림, 핵막과 인의 재형성 등의 사건이 일어나지 않으나 일부 종에서는 전기와의 반대 현상이 일어나기도 함. 세포질 분열을 통해 두 개의 딸세포(n)가 형성됨

㉡ 제 2 감수분열: 핵상이 n에서 n으로 유지되는 동형분열로서 체세포분열 양상과 거의 유사한 방식으로 분열함

ⓐ 전기 II: 방추사가 각 자매염색체의 동원체판에 연결됨

ⓑ 중기 II: 적도판에 염색체가 1열로 배열됨

ⓒ 후기 II: 염색분체가 분리되고 양극으로 이동함

ⓓ 말기 II과 세포질 분열: 말기 I과는 달리 염색체 풀림, 핵막과 인의 재형성 등의 사건이 일어나며 세포질 분열을 통해 각각의 모세포로부터 두 개의 반수체 딸세포가 형성됨으로써 총 네 개의 딸세포가 형성되게 됨

(3) 체세포 분열과 감수분열의 비교

특성	체세포 분열	감수분열
DNA 복제	1회	1회
분열 횟수	1회	2회
상동염색체 접합	×	전기 I에서 일어나 4분체 형성
딸세포 수와 유전적 구성	2개, 유전적으로 동일함	4개, 유전적으로 서로 다름
역할	성장, 회복	배우자 형성

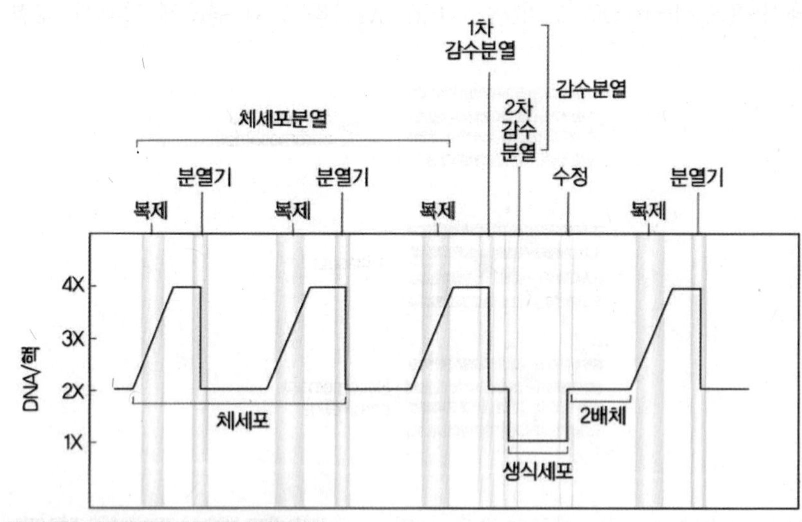

체세포분열과 감수분열 과정에서의 DNA양 변화 양상

(4) 유성생식 생활사에서 형성된 유전적 변이

㉠ 자손간의 유전적 변이의 근원

ⓐ 염색체의 독립적 분리: 중기 I에서 각각의 상동염색체 쌍은 다른 염색체 쌍과 독립적으로 배열되고 분리되기 때문에 여러 가지 염색체 조합을 가진 딸세포들이 형성됨. 예를 들어 염색체 쌍이 n개인 모세포의 경우 감수분열을 통해 2^n개의 조합이 형성될 수 있음

ⓑ 교차: 교차가 발생하면 모계의 유전자와 부계의 유전자의 새로운 조합을 가진 재조합 염색체 (recombinant chromosome)가 형성됨

ⓒ 무작위적 수정: 여러 조합의 생식세포들이 무작위적 수정을 하게 되면 유전적 변이가 훨씬 다양해짐

㉡ 유성생식 식물의 생활사 다양성

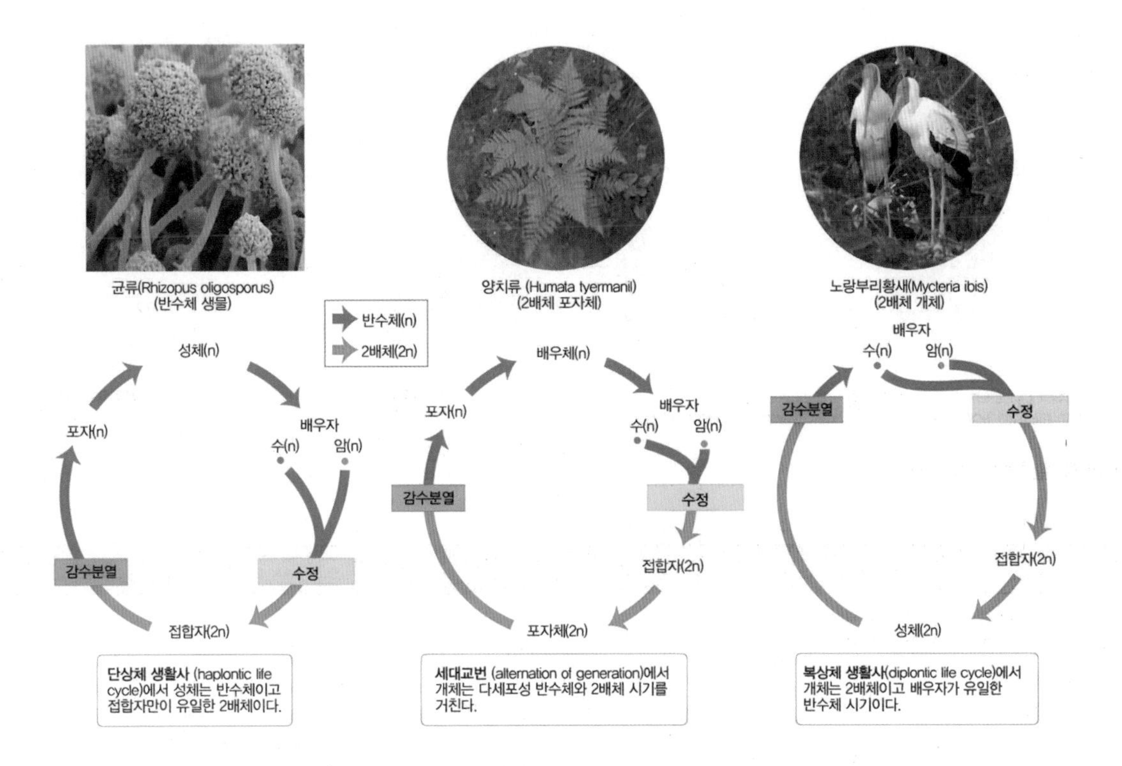

ⓐ 동물: 이배체의 다세포 개체가 감수분열을 통해 반수체 배우자를 형성하고 형성된 배우자는 수정을 통해 접합자를 형성한 후 이배체의 다세포 개체를 형성함

ⓑ 식물 및 몇 가지 조류: 이 경우에 두 종류의 생식세포를 볼 수 있는데 하나는 무성생식세포인 포자이고 또 하나는 유성생식세포인 배우자임. 포자체의 감수분열을 통해 형성된 포자는 유사분열을 통해 배우체를 형성하고 배우체는 유사분열을 통해 배우자를 형성함. 배우자는 수정을 통해 접합자를 형성하고 접합자는 유사분열을 통해 포자체를 형성하여 생활사를 완성하게 됨. 포자가 유사분열을 통해 배우체를 형성하는 것은 무성생식에 속하고 배우자가 수정을 통해 접합자를 형성하여 포자체를 형성한 것은 유성생식에 속함. 이렇게 배우체로 대표되는 유성세대와 포자체로 대표되는 무성세대가 교대로 반복되는 생활사의 특징을 가리켜 세대교번이라고 함

ⓒ 대부분의 균류와 몇몇 원생동물: 반수체의 다세포성 개체는 배우자를 형성하고 배우자는 세포질 융합을 통해 이핵체를 형성하고 곧이어 수정을 통해 접합자를 형성하는데 이 경우 접합자는 이배체 개체를 형성하지 않고 바로 감수분열에 돌입하여 반수체 포자를 형성하게 됨. 포자는 유사분열을 통해 반수체 개체를 형성함

3 세포주기의 조절

(1) 세포주기 조절물질의 존재를 확인한 실험

㉠ 특정 세포주기 세포질 주입 실험

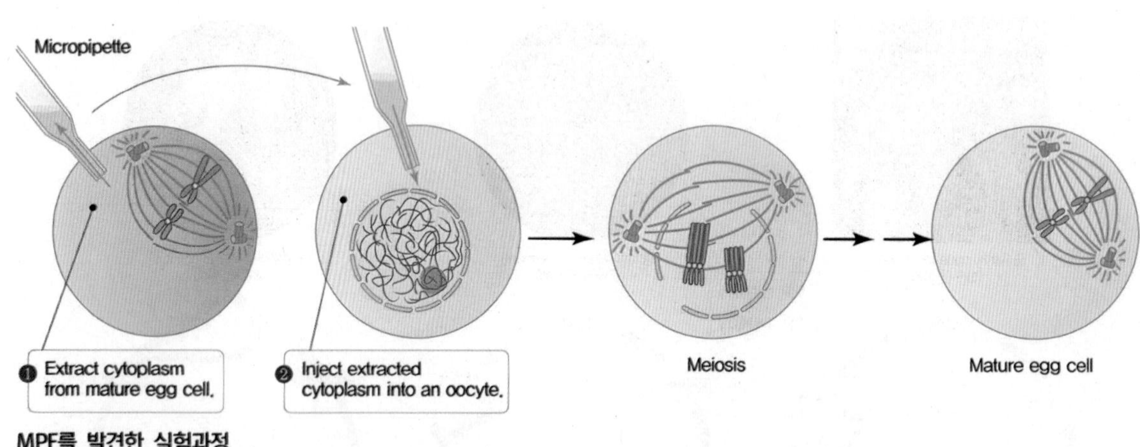

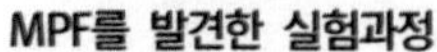
MPF를 발견한 실험과정

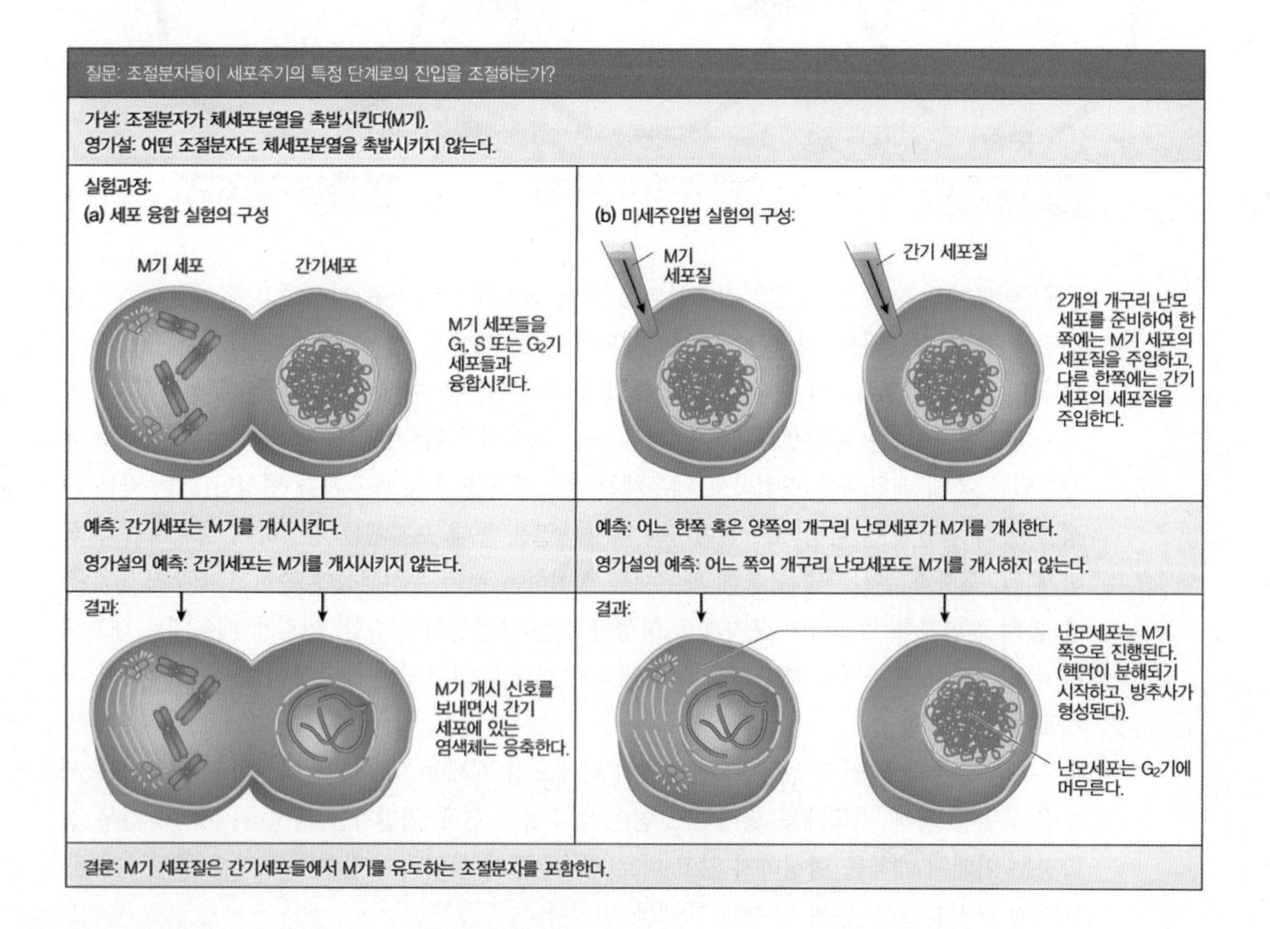

질문: 조절분자들이 세포주기의 특정 단계로의 진입을 조절하는가?
가설: 조절분자가 체세포분열을 촉발시킨다(M기).
영가설: 어떤 조절분자도 체세포분열을 촉발시키지 않는다.
실험과정:
(a) 세포 융합 실험의 구성
M기 세포
간기세포
M기 세포들을 G1, S 또는 G2기 세포들과 융합시킨다.
(b) 미세주입법 실험의 구성:
M기 세포질
간기 세포질
2개의 개구리 난모세포를 준비하여 한 쪽에는 M기 세포의 세포질을 주입하고, 다른 한쪽에는 간기 세포의 세포질을 주입한다.
예측: 간기세포는 M기를 개시시킨다.
영가설의 예측: 간기세포는 M기를 개시시키지 않는다.
예측: 어느 한쪽 혹은 양쪽의 개구리 난모세포가 M기를 개시한다.
영가설의 예측: 어느 쪽의 개구리 난모세포도 M기를 개시하지 않는다.
결과:
M기 개시 신호를 보내면서 간기 세포에 있는 염색체는 응축한다.
결과:
난모세포는 M기 쪽으로 진행된다. (핵막이 분해되기 시작하고, 방추사가 형성된다).
난모세포는 G2기에 머무른다.
결론: M기 세포질은 간기세포들에서 M기를 유도하는 조절분자를 포함한다.

ⓐ 실험 내용: M기의 수정란에서 얻은 추출액은 난자를 즉시 M기에 진입하도록 하는 반면 다른 시기에 있는 수정란의 세포질은 이와 같은 능력이 없음. 이러한 활성을 나타내는 인자를 성숙촉진인자(maturation promoting factor; MPF)라고 불렀음

ⓑ 결론: M기의 세포질에는 M기를 유도하는 인자(M phase promoting factor; MPF)가 존재함

ⓒ 참고사항: 프로게스테론이라는 성 호르몬에 의해 난자 세포질 내의 MPF 활성이 높아지게 되고 이후 분열기에 주기적으로 높아지는 것을 볼 수 있음

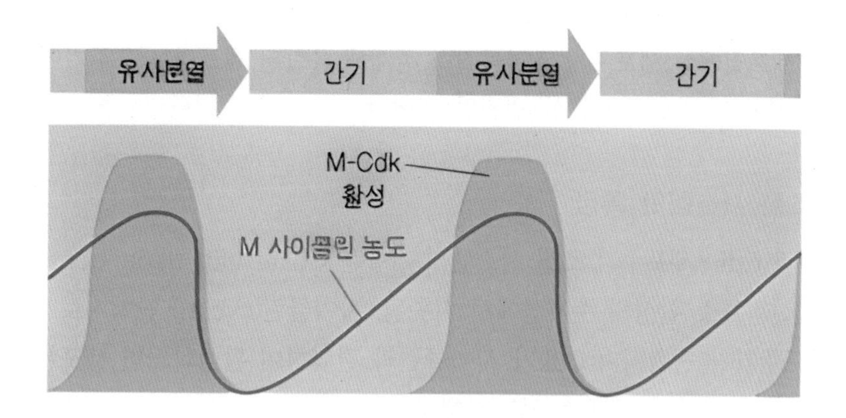

ⓛ 세포 융합 실험

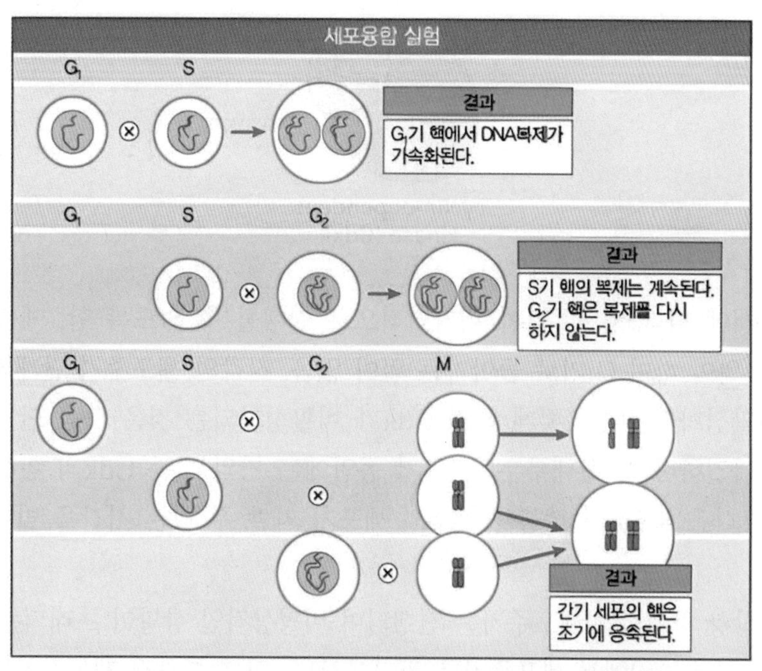

1. 위쪽 열 : 포유류의 G_1기 세포를 S기 세포와 융합시키면 G_1 핵에서 DNA 복제가 가속화된다.
2. 중간 열 : S기 세포가 G_2기 세포와 융합하면, G_2기 세포는 DNA 복제를 다시 하지 않고, 동시에 유사분열에도 진입하지 못한다. 그보다는 유사분열에 들어가기 전에 S기의 핵이 DNA 복제를 끝마치길 기다린다.
3. 아래 열 : 간기(G_1, S 또는 G_2)의 세포가 유사분열 세포와 융합하면, 간기 세포는 즉각 염색체 응축을 하고 가짜 유사분열 상태로 들어간다. 이는 유사분열 세포가 우성 유사분열 촉진인자를 가지고 있음을 가리킨다.

ⓐ 실험 내용

1. 실험 1: G1기 세포와 S기 세포를 융합하였더니 G1기 핵은 S기로 즉시 진입하게 되고 S기 핵은 DNA 복제를 계속함
2. 실험 2: S기 세포와 G2기 세포를 융합하였더니 G2기 핵은 G2기에 머물러 있고 Srl 핵은 DNA 복제를 계속함
3. 실험 3: G1기 세포와 G2기 세포를 융합하였더니 G2기 핵은 G2기에 머물러 있고 G1기 핵은 자신의 일정대로 S기로 진입함

ⓑ 결론: 세포질에는 세포주기 조절물질이 존재해 융합된 세포의 세포주기에 영향을 주며 하며 DNA 복제는 세포주기당 한 번씩만 일어남

(2) 세포주기 조절 시스템의 특징

㉠ 사이클린과 Cdk: 세포주기 조절 시스템의 가동은 Cdk(cyclin-dependent kinase)라 불리는 단백질인산화효소 활성의 주기성에서 비롯됨. 사이클린(cyclin) 단백지로가의 상호 작용으로 인해 세포주기가 진행되며 Cdk가 사이클린과 결합하여 활성화되면 세포분열에 필요한 신호 단백질을 인산화시켜 세포주기를 진행시킴

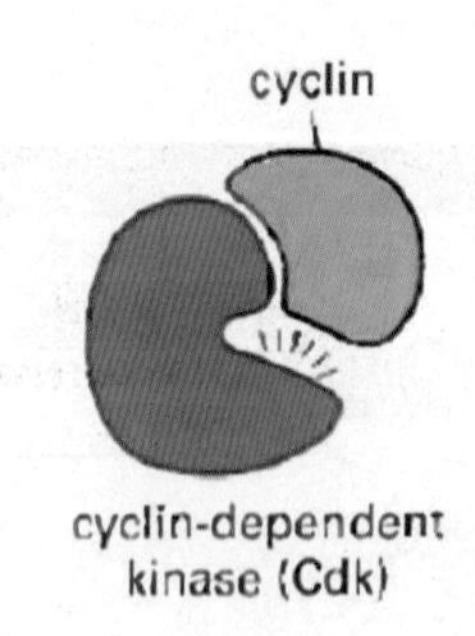

㉡ 정해진 순서에 따라 세포주기가 비가역적으로 진행될 수 있도록 함. 예를 들어 S기 후에는 G_2기가 와야 하며 G_1기로 돌아가는 일이 없음. 각각의 세포주기 단계의 끝에서는 특정 Cdk는 비활성화되는데 이렇게 특정 Cdk가 비활성화되는 것은 다음 단계로 진입하기 위해 필수불가결하며 특히 대부분의 G1기 동안에는 거의 모든 Cdk의 활성이 존재하지 않음. 이것은 다음 S기로의 진행을 늦추고 세포가 자랄 수 있는 시간을 벌어주는 셈이 되기 때문임

㉢ 정상적인 상황 하에서만 세포주기는 진행되며 비정상적인 상황이 초래되는 경우 다양한 검문지점(checkpoint)에서 세포주기를 정지시킬 수 있는 분자적 제동장치를 통해 세포주기 진행을 지연시킴

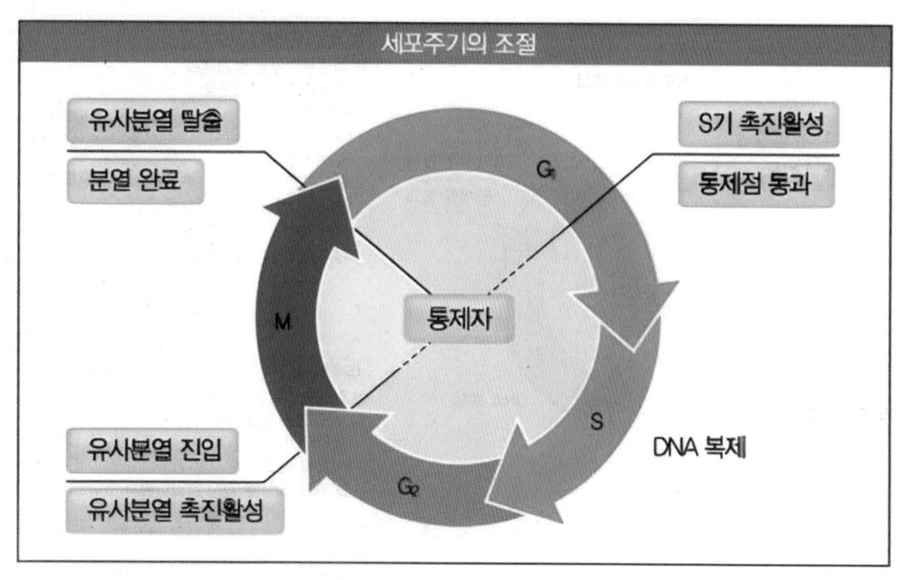

세포주의 주요한 이행을 통제하는 세포주기 조절체계

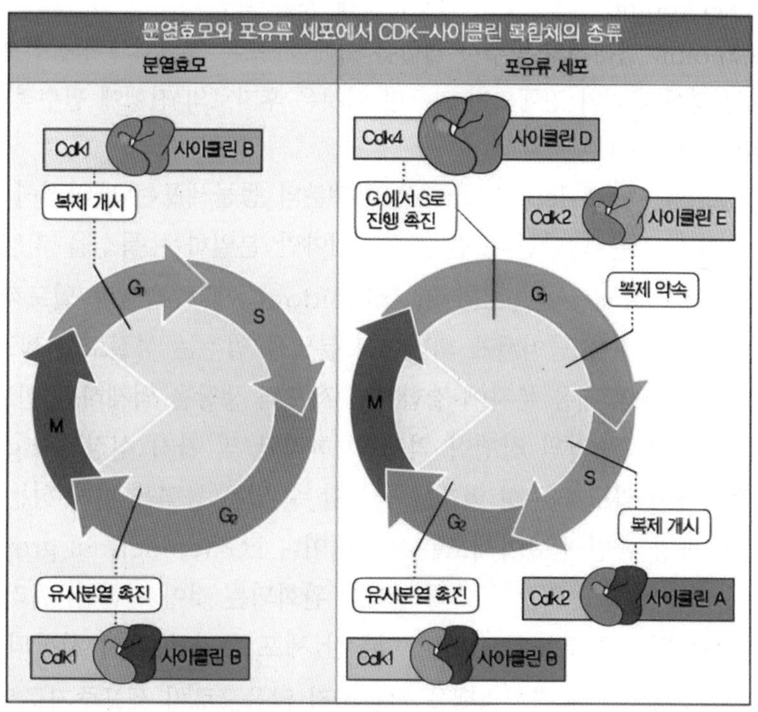

분열효모에서는 단일 CDK-사이클린 복합체(Cdk1-사이클린 B)가 여러 단계의 세포주기 이행을 유도하지만(왼쪽) 반면에 포유류에서는 여러 종류의 CDK-사이클린 복합체가 이 임무를 수행한다(오른쪽).

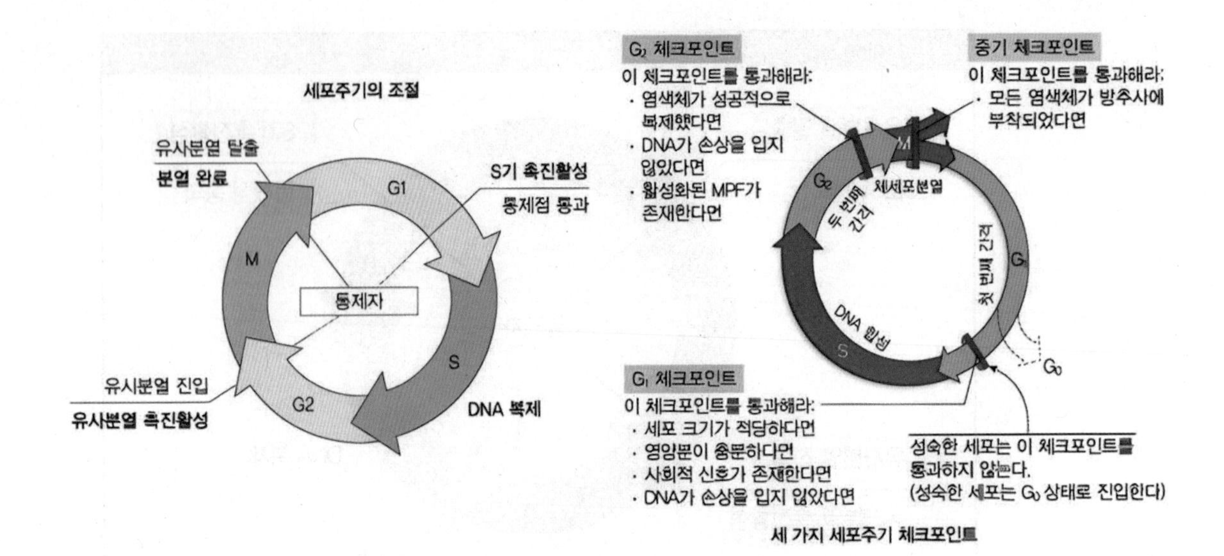

ⓐ G_1기 checkpoint: 세포크기, 영양상태, DNA 손상 여부, 성장인자 존재여부 등을 검사함

ⓑ G_2/M checkpoint: 세포 크기, DNA 복제 등을 확인함

ⓒ M checkpoint: 염색체의 방추사 결합을 확인함. 모든 염색체가 정상적으로 방추사에 결합하지 않는 경우 후기가 진행되지 않으며 이것은 후기로의 진행에 필수적인 후기촉진복합체가 활성화되지 않기 때문임

㉣ 부착의존성(anchorage dependence): 대부분의 동물세포는 배양접시의 내부나 조직의 세포외 바탕질과 같은 단단한 표면에 접촉해야만 분열하는 특성을 지님

㉤ 밀도의존성 억제(density-dependent inhibition): 세포가 일정 밀도까지는분열을 계속하지만 밀도가 임계값을 넘어서게 되면 세포분열을 멈추는 성질로서 세포 표면에 있는 단백질이 이웃한 세포의 대응 분자에 결합하면 세포의 생장을 억제하는 신호를 두 세포 모두에 보내게 되며 세포주기의 진행이 억제됨. 하지만 몇 가지 성장인자(growth factor)는 세포가 성장하면서 밀도 의존성 억제를 극복할 수 있는 능력을 갖게 하는 것으로 알려졌는데 예를 들어 배양 중인 섬유아세포는 인슐린이나 EGF(epidermal growth factor)와 같은 물질을 처리하면 밀도 의존성 억제 현상이 완화되는 것이 관찰됨. 이러한 물질은 세포가 DNA의 합성을 하도록 유도함으로써, 멈춰진 세포 주기가 다시 시작되도록 유도함

㉥ G_0기로의 진입: 세포는 조절시스템을 작동하지 않음으로써 세포주기로부터 벗어날 수 있음. 신경세포와 골격 및 근육세포는 평생 동안 분열하지 않는 상태를 유지하는데 이들은 G_0라 불리는 변형된 G_1기에 진입하며 이 시기에는 많은 Cdk와 사이클린이 사라진다는 점에서 세포주기 조절시스템이 부분적으로 와해된 것으로 이해됨. 포유류 세포는 일반적으로 다른 세포가 보내는 신호에 의해 자극을 받을 때에만 분열하는 것처럼 보임. 만약 그러한 신호가 제거되면 세포주기는 G_1 검문지점에 정지하고 G_0기로 진입함

(3) Cdk의 활성 조절: 다양한 방식을 통해 Cdk의 활성이 조절됨

㉠ 사이클린의 축적과 분해에 의한 조절: 특정 Cdk는 사이클린과의 결합을 통해 활성화의 첫 단계를 시작함

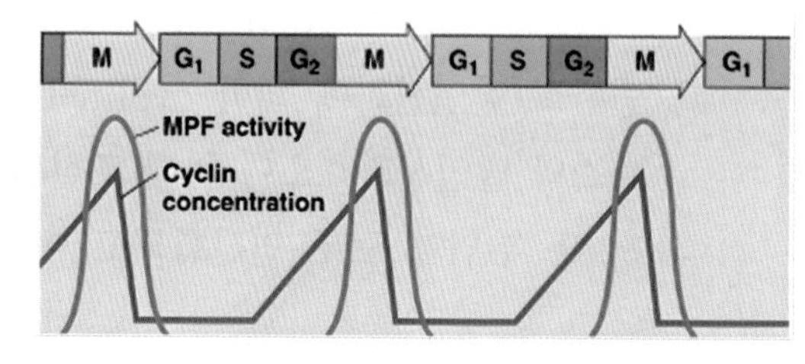

ⓐ 사이클린의 농도에 따라 Cdk의 활성도는 주기성을 갖게 되지만 Cdk의 농도는 거의 일정하다는 점을 주목해야 함

ⓑ 유비퀴틴화를 통한 사이클린의 분해: M-사이클린의 경우 M-Cdk의 활성화에 의해 유사분열 후반에 비로소 활성화된 후기촉진복합체(anaphase promoting complex; APC)라 불리는 단백질 복합체에 의해 유비퀴틴화가 유도되어 분해됨

「후기 촉진 복합체의 기능」

Ⓐ M-사이클린의 유비퀴틴화 유도(왼쪽)/securin 유비퀴틴화 유도에 의한 코헤신 분해(오른쪽)

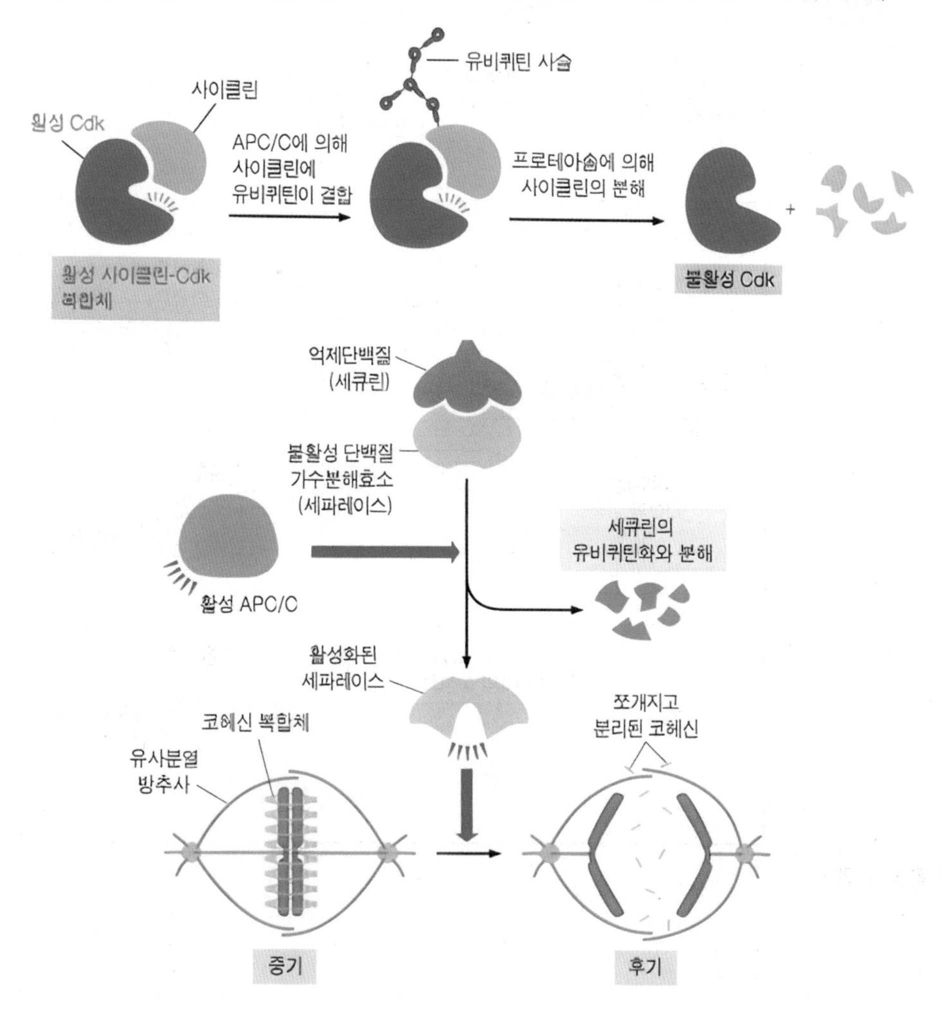

Ⓑ 유사분열을 종결하기 위한 단백질 분해의 필요성을 입증한 두 가지 결과: APC를 저해하면 M-사이클린과 코헤신이 모두 분해되지 않고 APC는 활성화되었으나 분해저항성 M-사이클린이 존재하는 경우에는 코헤신만 분해가 되어 후기가 정상적으로 진행되지 않음

ⓛ 인산화/탈인산화에 의한 cyclin-Cdk의 활성 조절: cyclin-Cdk 복합체의 활성은 인산화효소와 탈인산화효소에 의해 조절됨. 예를 들어 M-Cdk가 최대로 활성화되기 위해서는 먼저 두 부위가 모두 인산화되고 이후에 한 부위가 탈인산화되는 과정을 거쳐야 함

「M-Cdk의 활성 조절」

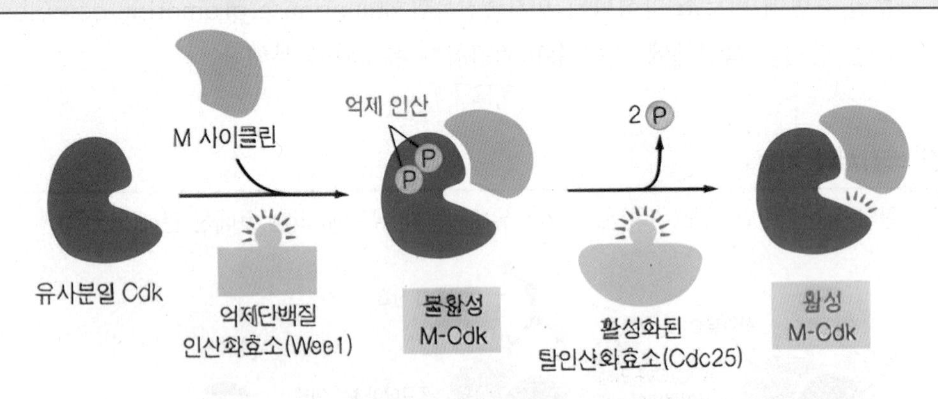

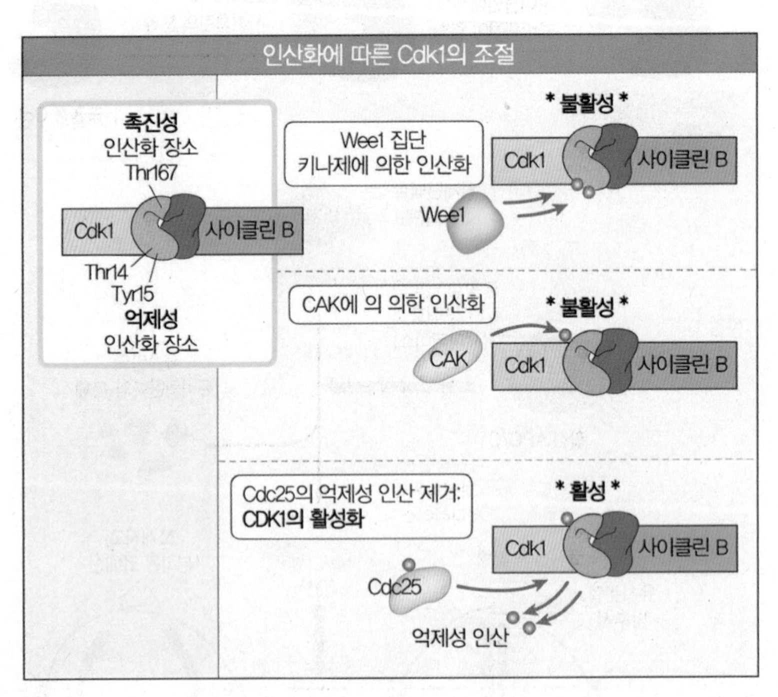

MPF의 활성화 과정

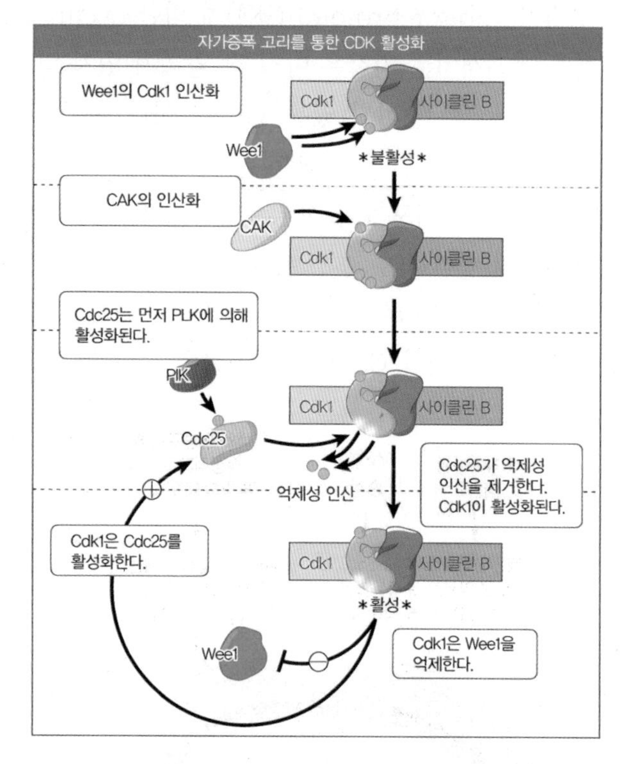

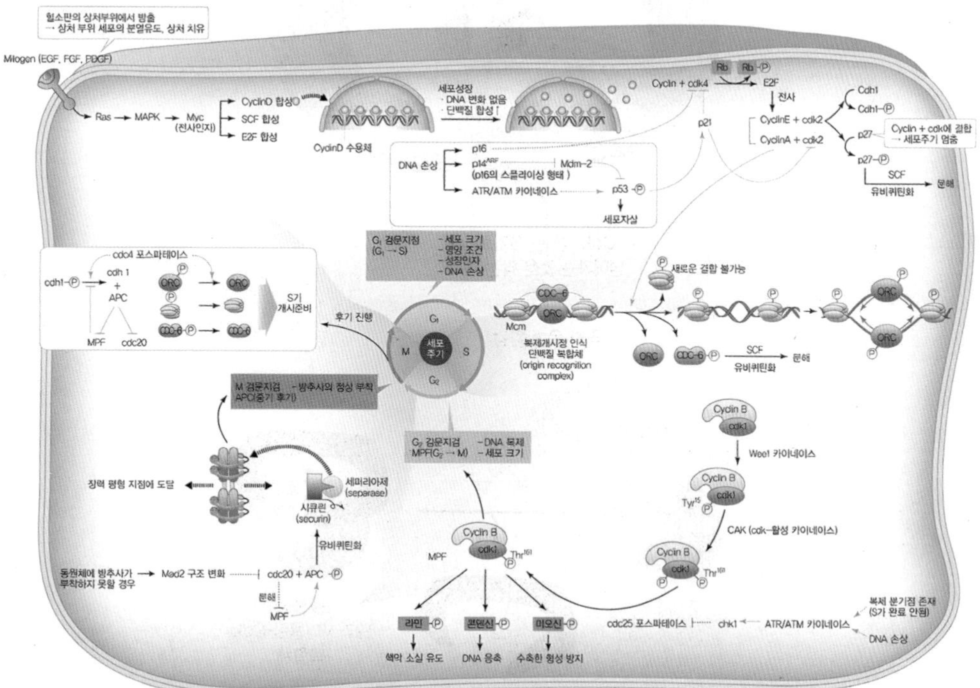

① Cdk1과 M-cyclin이 결합하여 불활성 M-Cdk를 형성함
② CAK와 Wee1dp 의해 인산화됨
③ 인산화되어 활성화된 Cdc25는 M-Cdk의 억제 인산기를 제거하여 M-Cdk를 활성화시킴
④ 활성화된 M-Cdk는 불활성 Cds25를 인산화하여 활성화시키고 Wee1의 활성을 억제함

㉢ Cdk 저해 단백질(Cdk inhibitor protein; CKI)에 의한 cyclin-Cdk 활성 조절: 검문지점에서 세포주기 진행을 정지시키는 기작은 아직 잘 알려져 있지 않지만 몇몇 경우 특정 CKI가 그 역할을 담당하는 것으로 알려져 있음. CKI는 하나 이상의 사이클린-Cdk 복합체의 결합과 활성을 저해하는 것인데 가장 잘 알려진 확인지점 중 하나는 DNA가 손상된 경우 G_1기에 세포주기를 정지시켜 세포가 손상된 DNA를 복제하지 않도록 함

ⓐ p53에 의한 CKI p21의 발현 유도: X선 등에 의해 돌연변이가 발생한 경우 p53 단백질이 인산화되어 활성화되는데 활성화된 p53 단백질은 G1/S Cdk와 S Cdk에 대한 CKI인 p21 단백질의 발현을 촉진하게 되어 G1기에서 S기로의 전환을 유도함

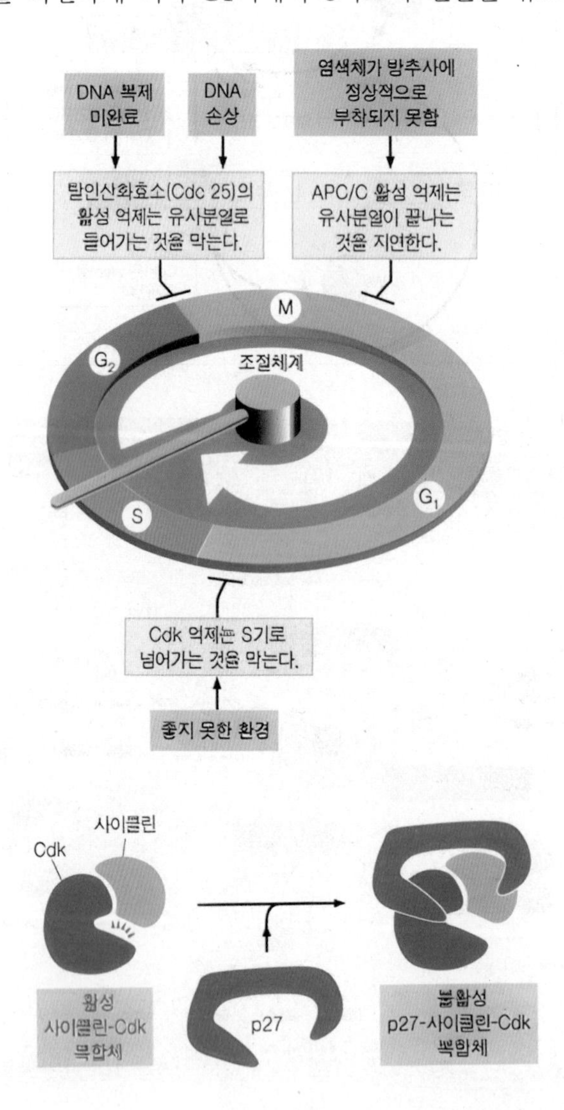

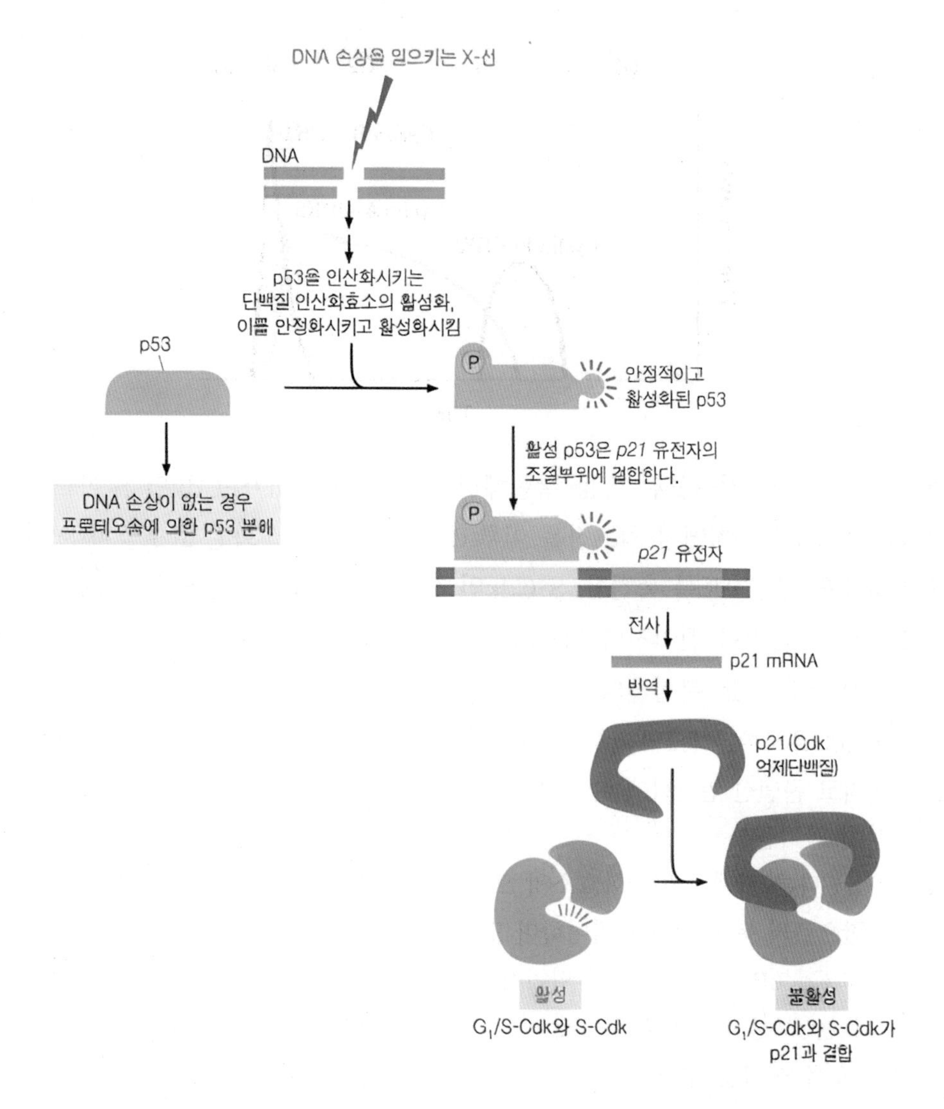

ⓑ p53의 다양한 기능: 세포 예정사 유도, 혈관형성 및 암 전이 저해, 세포주기 억류 및 DNA 수선 유도

(4) 사이클린-Cdk 복합체의 종류와 기능

㉠ 척추동물의 주요 사이클린-Cdk의 종류와 기능: 사이클린에는 다양한 종류가 있으며 세포주기 조절에 관여하는 Cdk도 여러 종류가 있음

사이클린-Cdk 복합체	기능	사이클린	Cdk
G_1-Cdk	G_1/S Cdk의 활성을 조절함	사이클린 D	Cdk4, Cdk6
G_1/S-Cdk	S기로의 진입을 유도함	사이클린 E	Cdk2
S-Cdk	DNA 복제 개시와 복제 억제에 관여함	사이클린 A	Cdk2
M-Cdk	분열기로의 진입을 유도함	사이클린 B	Cdk1(cdc2)

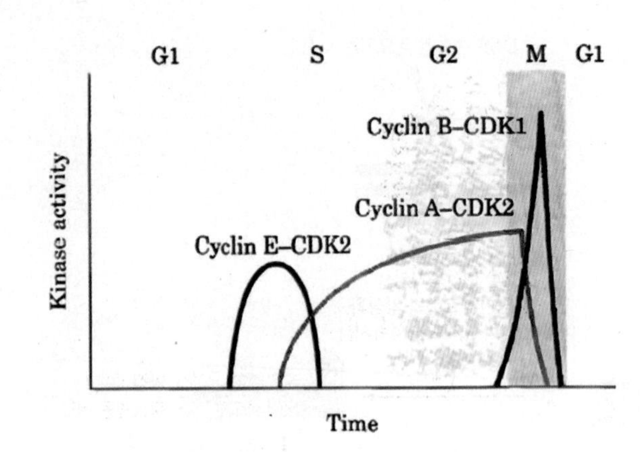

㉡ 척추동물의 주요 사이클린-Cdk 복합체의 활성 변화: G1/S-Cdk인 사이클린 E-Cdk2의 활성은 G1/S기 근처에서 최고점을 이루고 그 시기에 활성화된 효소들이 DNA 합성에 필요한 효소를 합성하도록 촉진함. S-Cdk인 사이클린 A-Cdk2는 S기와 G2기에서 증가하다가 M기에서 급격히 떨어지며 M-Cdk인 사이클린 B-Cdk1은 M기에서만 활성이 높음

㉢ 주요 사이클린-Cdk 복합체의 기능

ⓐ M-Cdk: 유사분열기로의 전환에 관여하는데 핵막 하층의 라민 인산화에 따른 핵막 소멸에 관여하고 콘덴신 인산화에 따른 염색체 응축을 유도하며 튜불린 단백질 중합에 따른 방추사 형성에 관여함

ⓑ S-Cdk: 다른 단백질 인산화효소의 도움으로 DNA 중합효소와 복제 관련 단백질의 결합을 유도함으로써 복제 개시에 관여하며 또한 복제 시작 후에는 Cdc6이 인산화 되는 것을 도움으로써 Cdc6이 복제원점에서 떨어져나가 분해되도록 하여 DNA 복제를 억제하기도 함. 즉 S-Cdk는 DNA 복제가 일어나게 하면서 세포주기 한 번당 1회의 DNA 복제가 일어나게 하는 것으로 생각할 수 있음

3 세포의 증식과 암

(1) 세포의 증식 조건

세균이나 효모와 같은 단세포 생물은 가능한 한 빨리 자라고 분열하는 경향이 있으며 그들의 증식 속도는 그들이 처한 환경 내에서 사용가능한 양분에 의존함. 이와는 대조적으로 다세포 생물체의 세포는 고도로 조직화된 사회의 구성원인 까닭에 이들의 증식은 개체가 자라거나 손실된 세포를 보충하기 위해서만 분열하도록 조절됨. 따라서 동물세포의 성장, 분열은 영양분에 의해서만 결정되지 않고 인접한 세포로부터 자극성 화학신호를 받아야 함

(2) 성장인자에 의한 세포분열의 촉진

㉠ 성장인자의 기능: 성장인자는 대부분 세포 표면의 수용체(수용체 티로신 인산화효소)에 결합하는 분비된 신호 단백질로서 성장인자에 의해 수용체가 활성화되면 세포분열을 촉진하는 많은 세포 내 신호전달과정이 활성화됨. 이러한 신호전달과정은 G_1기에서 S기로의 세포주기 진행을 억제하는 데 관여하는 분자제동 물질을 해체하는 역할을 수행함

㉡ 성장인자의 몇 가지 예: 대부분의 성장인자들은 배양중인 세포에서 그 효과를 통해 존재가 알려지고 기능이 규명됨

ⓐ 혈소판유래성장인자(platelet-derived growth factor; PDGF): 혈액이 응고될 딱지에 포함된 혈액 내 혈소판에서 분비되어 상처 부근 세포의 수용체 티로신 인산화효소와 결합하여 증식, 치유를 도움

ⓑ 간세포성장인자(hepatocyte growth factor): 간의 일부가 수술이나 심한 상처에 의해 손실된 경우 간염에서 분비되어 생존한 간세포의 증식을 촉진시킴

ⓒ 인슐린유사성장인자(insulin-like growth factor; IGF): 생장호르몬에 의해 간세포에서 분비가 촉진되어 연골세포의 증식이나 단백질생합성에서 생장호르몬의 작용을 매개함

ⓓ 표피생장인자(epidermal growth factor; EGF): 포유류나 닭의 표피 증식, 케라틴화 및 사람섬유아세포 증식 증을 촉진함

ⓔ 섬유아세포생장인자(fibroblast growth factor; FGF): 섬유아세포를 자극하여 증식을 유도하는 성장 인자로 혈관계 세포의 증식을 촉진하거나 신경세포의 성장을 촉진함

ⓕ 신경생장인자(nerve growth factor; NGF): 신경조직의 분화 및 생장을 촉진함

ⓖ 에리트로포이에틴(erythropoietin): 적혈구증식촉진인자로서 골수에 영향을 미쳐 적혈구 형성을 자극함

ⓗ 과립구집락자극인자(granulocyte colony-stimulating factor): 골수를 자극하여 과립구와 줄기세포의 생성을 촉진함

㉢ 성장인자가 세포증식을 촉진하는 방식의 예

ⓐ 망막아세포종(retinoblastoma; Rb) 단백질: Rb 단백질이 없거나 손상될 경우 어린아이 눈에 나타나는 악성 종양인 망막아세포종이라는 암을 연구함으로써 밝혀졌으며 Rb 단백질은 모든 척추동물 세포의 핵에 풍부하게 존재함. Rb 단백질은 특정한 유전자 조절 단백질에 결합하여 세포증식에 필요한 유전자의 전사를 방해하도록 함

ⓑ 성장인자의 Rb 단백질 해체 방식: 성장인자가 없을 경우 탈인산화된 Rb 단백질은 세포 증식 관련 유전자 발현에 관련된 조절 단백질을 비활성상태로 유지시켜 세포증식을 억제함. 성장인자가 세포 표면의 수용체에 결합하게 되면 G_1-Cdk 및 G_1/S-Cdk 복합체의 형성과 활성화를 유도함. 이러한 복합체는 Rb 단백질을 인산화시킴으로써 불활성화시키는데 Rb 단백질로부터 자유로워진 유전자 조절 단백질은 표적 유전자의 전사를 활성화시킴으로써 세포증식이 촉진됨

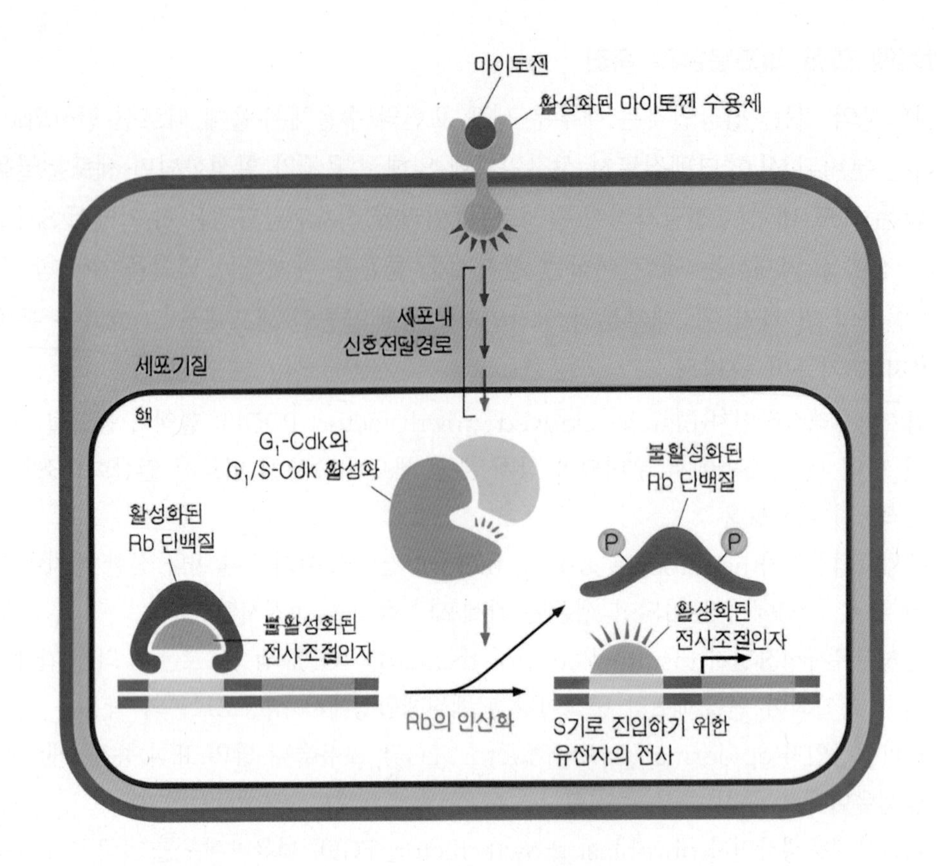

(3) 암세포 - 비정상적인 세포 활동을 보이는 악성 종양

㉠ 양성종양과 악성종양: 과도한 증식은 하지만 한 덩어리로만 남아 있는 종양을 양성종양(genign tumor)이라고 하며 이러한 종양은 외과적인 수술에 의해 완전히 제거될 수 있음. 그러나 한 종양이 주변 조직으로 침입하는 능력이 있으면 악성 종양(malignant)이라 불리는 암이 되는데 침입 능력이 있는 악성종양 세포는 일차종양으로부터 떨어져 나와 혈류나 림프관 속으로 들어가 신체의 다른 부위로 전이(metastasis)되어 이차종양을 형상할 수 있음

㉡ 암세포의 일반적 특징

ⓐ 성장과 생존, 분열을 위해 다른 세포로부터의 신호에 의존하는 정도가 낮음. 이는 외부 신호에 대해 반응하는 세포 신호 경로의 구성요소에서 돌연변이가 발생했기 때문임 ex. ras 유전자의 돌연변이

ⓑ 정상 세포에 비해 세포예정사에 저항적임. 이러한 경향은 세포예정사 기작을 조절하는 유전자의 돌연변이에 기인함 ex. p53 유전자 돌연변이

ⓒ 대부분의 정상세포와는 달리 암세포는 자주 무한정 증식할 수 있음. 이것은 높은 텔로머라아제(telomerase) 활성을 갖고 있어서 분열을 계속해도 말단소립(telomere)이 짧아지는 것을 막을 수 있기 때문임

ⓓ 암세포의 유전적 불안정성은 게놈(genome)의 정교한 복제를 방해하여 돌연변이율을 증가시키고 DNA 회복의 효율을 감소시키며 염색체의 절단과 재배열이 증가되는 원인이 됨

ⓔ 비정상적으로 침투력이 강함. 이는 부분적으로 정상 세포를 적절한 위치에 고착시키는 기능을 수행하는 카드헤린과 같은 세포부착분자를 지니고 있지 않기 때문임

ⓕ 정상세포와는 달리 다른 조직에서 생존하고 증식하여 전이체를 형성할 수 있음

ⓖ 혈관신생성이라는 과정을 통해 새로운 혈관 생성을 촉진하여 정상세포와의 경쟁에 있어 유리한 입장을 차지함

ⓗ 부착의존성이나 밀도의존성 억제와 같은 특성을 보이지 않음

4 세포의 생존과 죽음

(1) 동물세포의 생존 조건

동물세포는 생존하기 위해서 다른 세포로부터의 신호를 필요로 함. 생존인자(survival factor)가 제거되면 세포는 내부의 자살 프로그램을 활성화시켜 세포예정사가 유발됨

㉠ 생존인자에 의한 동물세포 생존 지지의 예 - 신경세포의 생존: 신경계의 발생 과정에서 신경세포는 과량 형성된 후 연접된 표적세포들이 분비하는 한정된 양의 생존인자를 두고 경쟁하고 되는데 충분한 생존인자를 받은 신경세포는 생존하고 나머지는 사멸함. 발생과정과 성체 모두 주변 세포로부터의 생존신호는 조직에서의 세포 수를 조절하는데 필수적임

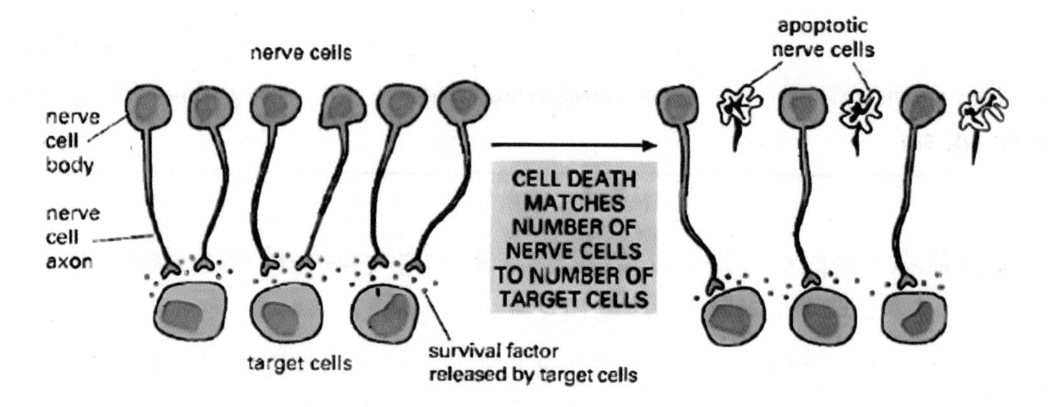

㉡ 생존인자의 세포 예정사 억제 기작: 생존인자들이 세포 표면에 결합하게 되면 Bcl-2 계열의 단백질 발현을 유도하여 세포예정사가 억제됨

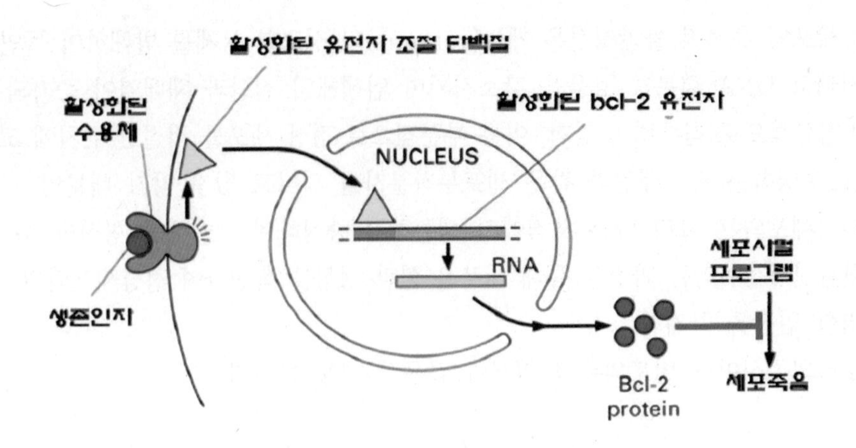

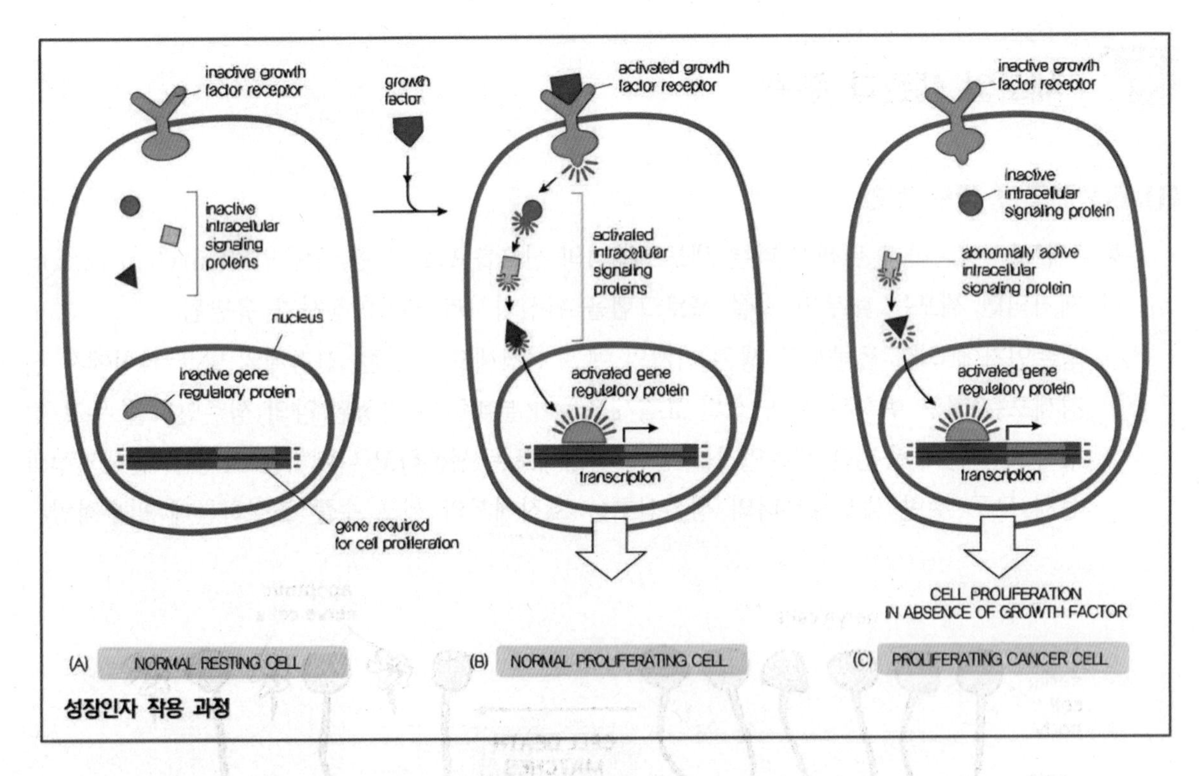

성장인자 작용 과정

(2) 세포 예정사(apoptosis): 예정된 세포 죽음(programmed cell death)

㉠ 세포 예정사 의의

ⓐ 세포가 감염되거나 손상을 받은 경우 세포예정사가 진행되어 개체 생존에 유리한 환경 조성

ⓑ 정상적인 발생에 필수적임. 척추동물의 경우 신경계 발생, 면역계의 작용, 사지의 형태 형성에 관여함

ⓒ 세포예정사가 정상적으로 일어나지 않는 경우 암발생률이 높아진다는 증거가 있음

㉡ 세포 예정사의 과정

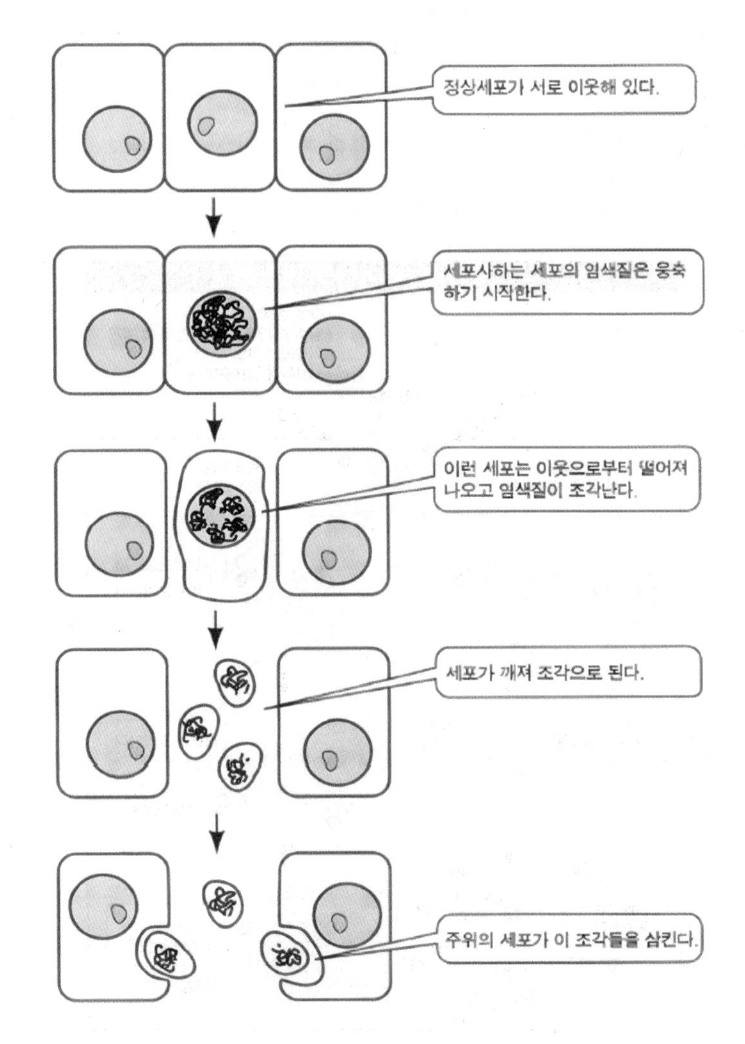

정상세포가 서로 이웃해 있다.
세포사하는 세포의 염색질은 응축하기 시작한다.
이런 세포는 이웃으로부터 떨어져 나오고 염색질이 조각난다.
세포가 깨져 조각으로 된다.
주위의 세포가 이 조각들을 삼킨다.

㉢ 세포예정사와 괴사와의 차이점: 심한 상처로 죽는 세포는 보통 부풀어오르고 터져서 내용물을 사방에 흘리는데 이런 과정을 괴사(necrosis)라고 하는데 이러한 발진 현상은 염증반응을 일으키게 됨. 이와는 대조적으로 세포예정사가 진행되는 세포는 주변세포에 해를 끼치지 않으면서 죽게 되는데 이 경우 세포 표면이 변화하여 그 내용물이 새어나가기 전에 주변 세포나 대식세포에 의해 즉시 잡아먹히게 되어 세포 괴사를 피하고 잡아먹힌 유기성분을 재사용할 수 있다는 특징을 갖고 있음

구분	세포괴사	세포예정사
원인	병리학적	물리학적
발생 범주	임의의 세포 집단	특정 세포
리소좀 효소 방출 유무	있음	없음
DNA 분해	무작위적 분해	뉴클레오솜 크기로 분해

구분	세포괴사	세포예정사
세포 모양의 변화	팽창 후 터짐	apoptotic body 형성
염증의 유무	있음	없음
다른 세포에 의한 식균 작용	없음	있음
ATP 요구성 유무	없음	있음

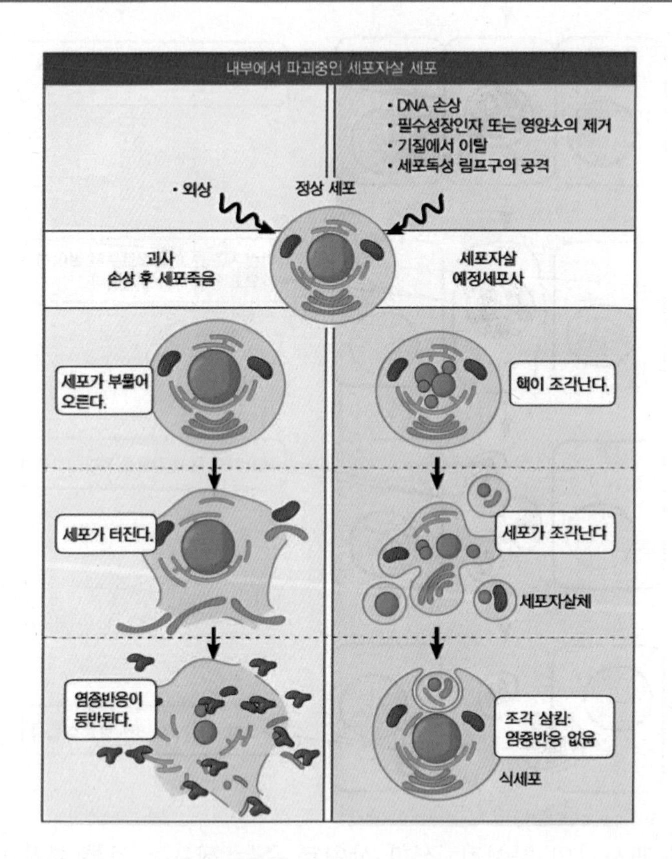

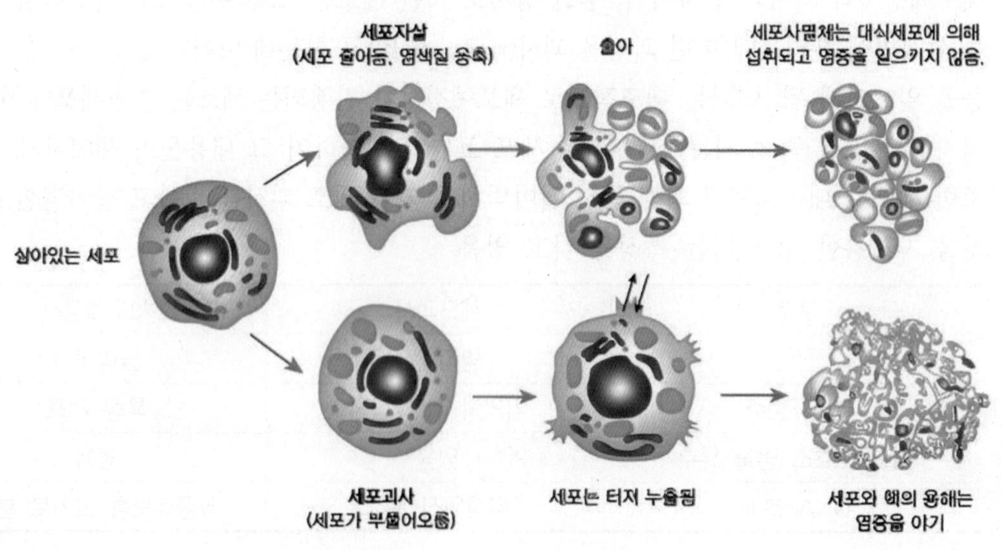

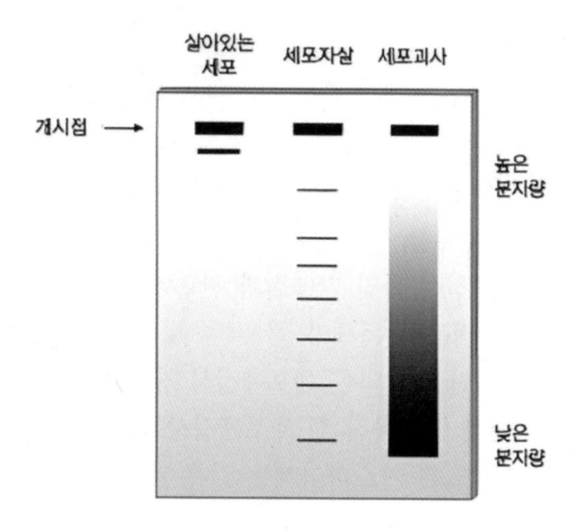
살아있는 세포
세포자살
세포괴사
개시점
높은 분자량
낮은 분자량

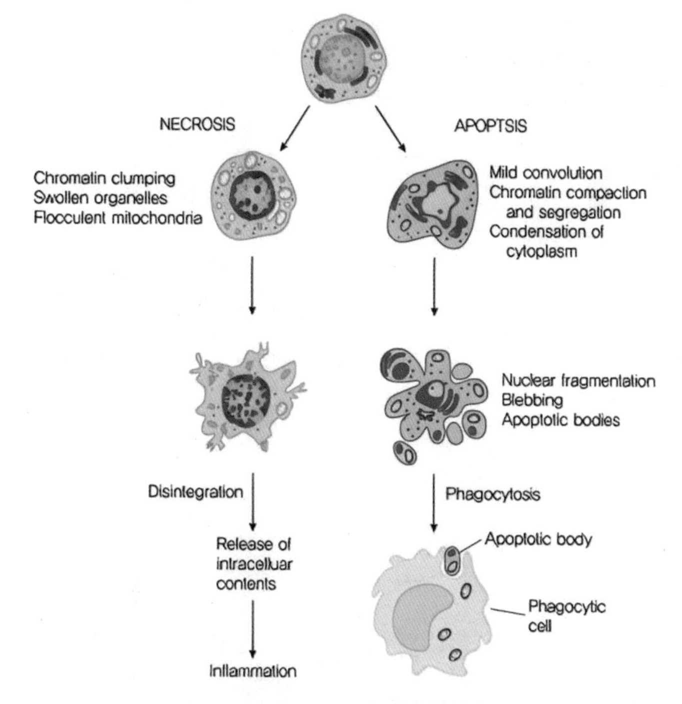
Necrosis vs Apoptosis
NECROSIS
APOPTSIS
Chromatin clumping
Swollen organelles
Flocculent mitochondria
Mild convolution
Chromatin compaction and segregation
Condensation of cytoplasm
Nuclear fragmentation
Blebbing
Apoptotic bodies
Disintegration
Phagocytosis
Release of intracelluar contents
Apoptotic body
Phagocytic cell
Inflammation
• Apoptosis–programmed cell death
• Necrosis–un–programmed cell death

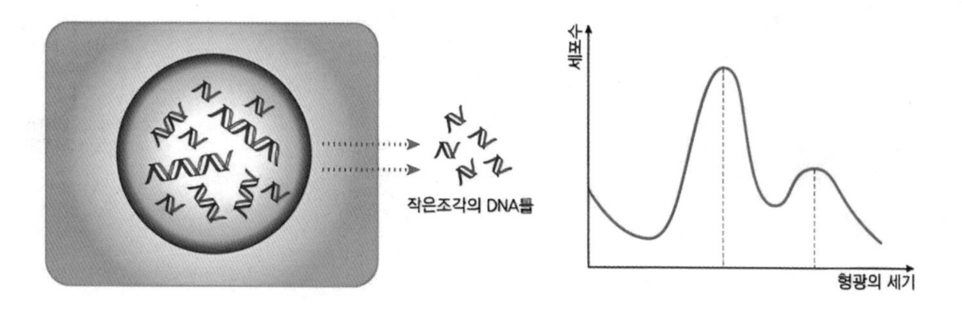
작은조각의 DNA들
세포수
형광의 세기

㉣ 세포예정사의 기작과 조절

ⓐ 세포예정사의 유발신호와 경로: 세포예정사는 세포 내부의 DNA 손상이나 비정상적으로 접힌 단백질의 축적 등과 같이 세포 내부로부터 세포예정사 신호가 형성되는 내인성 경로를 통해 유발될 수 있고 면역세포 등으로부터의 외부신호와 같이 세포외부로부터 세포예정사 신호가 존재하는 외인성 경로를 통해 유발될 수 있음. 특히 내인성 경로는 미토콘드리아의 시토크롬 c와 같은 세포예정사 촉진 단백질과 관련이 깊고 Bcl2 단백질이 세포예정사의 내인성 경로를 조절한다는 점을 주목해야 함

ⓑ 카스파아제(caspase) 연쇄반응에 의한 세포예정사 진행: 카스파아제는 프로카스파아제라 불리는 활성이 없는 전구체로 만들어진 후 세포예정사를 유도하는 신호에 의해 효소가 잘려지면서 활성을 갖게 됨. 활성화된 카스파아제는 같은 계열의 카스파아제를 잘라 활성화시킴으로써 단백질 분해의 연쇄반응을 증폭시킴

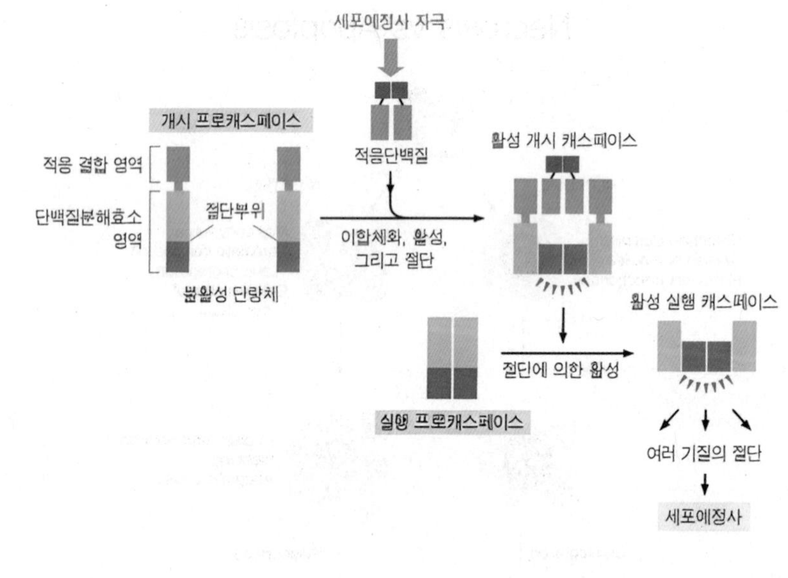

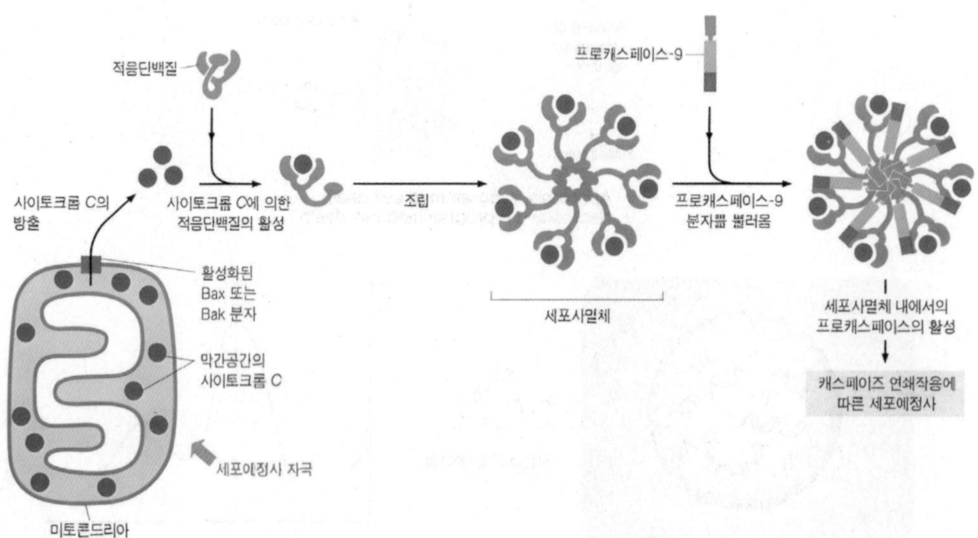

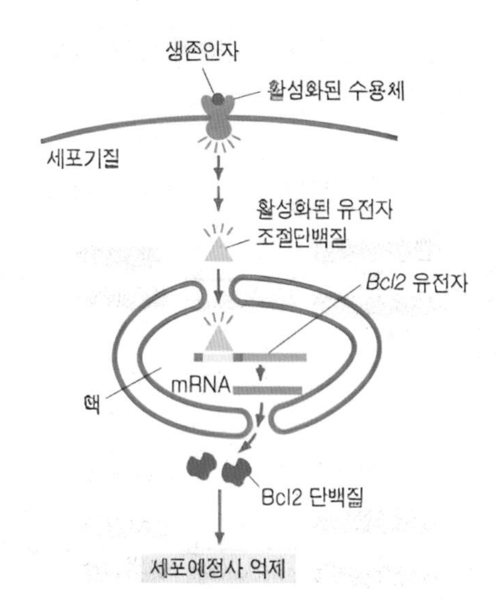

ⓑ Bax와 Bak의 작용: Bcl2 계열 단백질인 Bax와 Bak은 미토콘드리아에서 세포질로 시토크롬 c가 분비되도록 채널을 형성함으로써 간접적으로 프로카스파아제를 활성화시키는데 관여하는데 이러한 Bax와 Bak 단백질은 DNA 손상과 같은 세포의 다양한 손상에 의해 활성화되거나 생성되는 세포예정사 촉진 Bcl2 계열 단백질에 의해 활성화됨

ⓒ Bax와 Bcl2의 균형: Bax의 발현이 Bcl2의 발현보다 더욱 많으면 세포예정사가 유발되며 그 반대의 경우가 되면 세포예정사는 억제됨. 정상세포는 Bax와 Bcl2의 발현이 균형적으로 이루어지는 것임

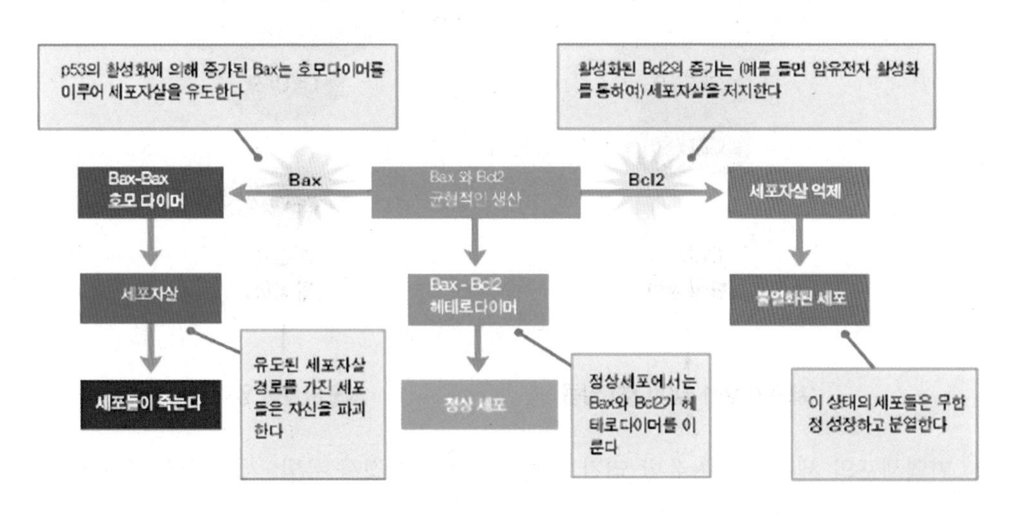

ⓜ 세포예정사의 예 몇 가지

ⓐ 예쁜꼬마선충(Caenorhaditis elegans; C.elegans)의 세포 예정사

1. C.elegans의 성충은 1000여개의 세포만을 지녀 각 세포의 기원을 전부 조사할 수 있었음
2. C.elegans의 정상적 발생과정 동안에, 세포예정사는 정확히 131번 일어남
3. 세포예정사는 자살 단백질의 연속적 활성화를 유도하는 신호에 의해 발생

4. 죽음신호가 없을 경우, 미토콘드리아 외막의 Ced-9 단백질이 Ced-4를 불활성화시켜 세포예정사가 진행되지 않음

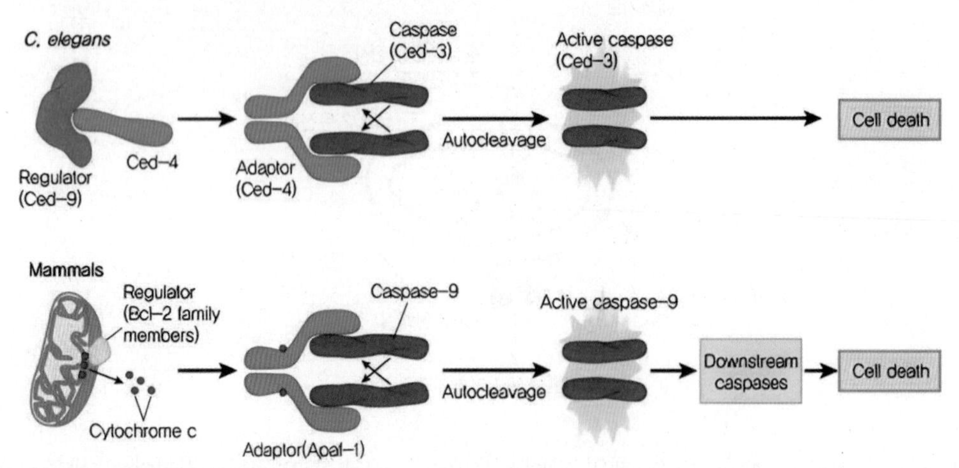

예쁜꼬마선충과 포유류에서의 세포사멸 관련 유전자

5. 죽음신호가 있을 경우, Ced-9 단백질이 불활성화되어 Ced-4 단백질이 활성화되고, 결국 활성화된 Ced-3가 핵산 분해효소와 단백질 분해효소 등을 활성화시켜 세포예정사가 진행됨

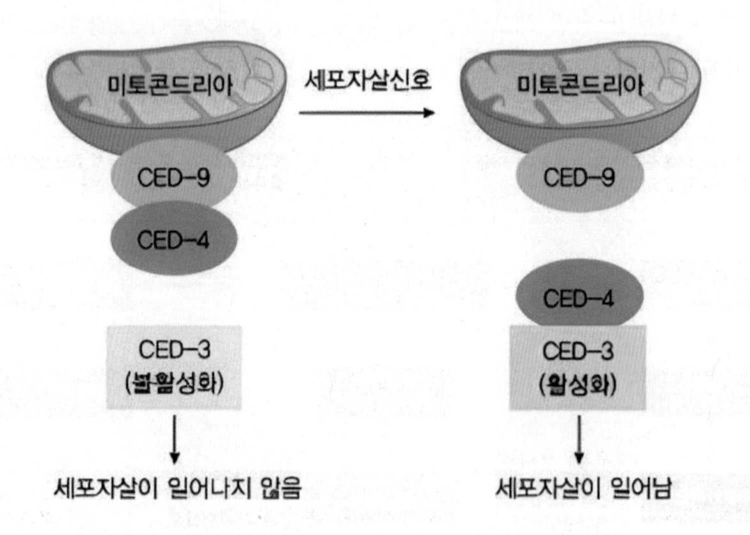

ⓑ 면역세포의 세포예정사 유발 리간드에 의한 세포예정사 유발: 세포막에 위치하고 있는 수용체인 Fas나 종양괴사인자(tumor necrosis factor; TNF) 수용체가 세포 외부로부터 신호를 받음. 수용체가 활성화되면 Fas나 TNF의 "사망영역"과 세포질 단백질인 FADD 또는 TRADD의 "사망영역"이 서로 반응하도록 촉진됨. FADD는 세포질에서 카스파아제 8이라는 단백질 분해효소를 활성화시키고 이 효소는 다른 단백질 분해효소들을 활성화시킴. TRADD 역시 단백질 분해효소를 활성화시킴

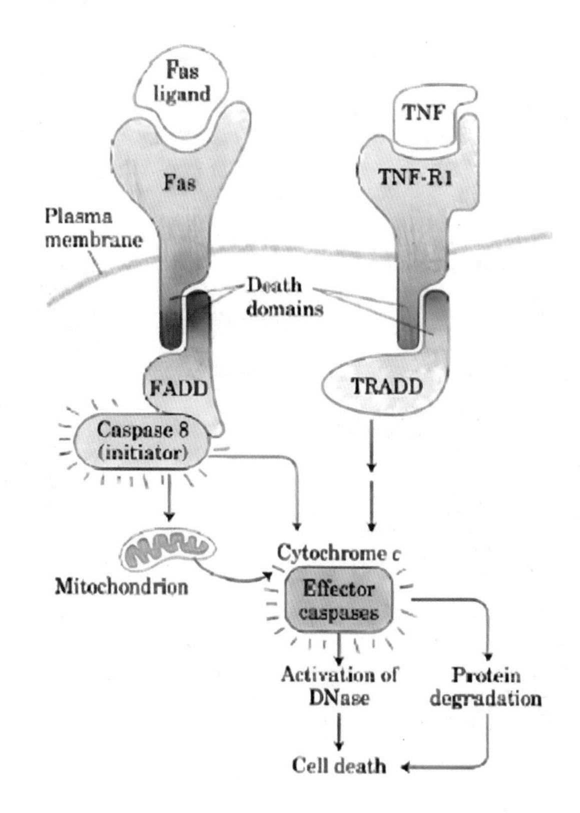
Fas ligand
TNF
Fas
TNF-R1
Plasma membrane
Death domains
FADD
TRADD
Caspase 8 (initiator)
Mitochondrion
Cytochrome c
Effector caspases
Activation of DNase
Protein degradation
Cell death

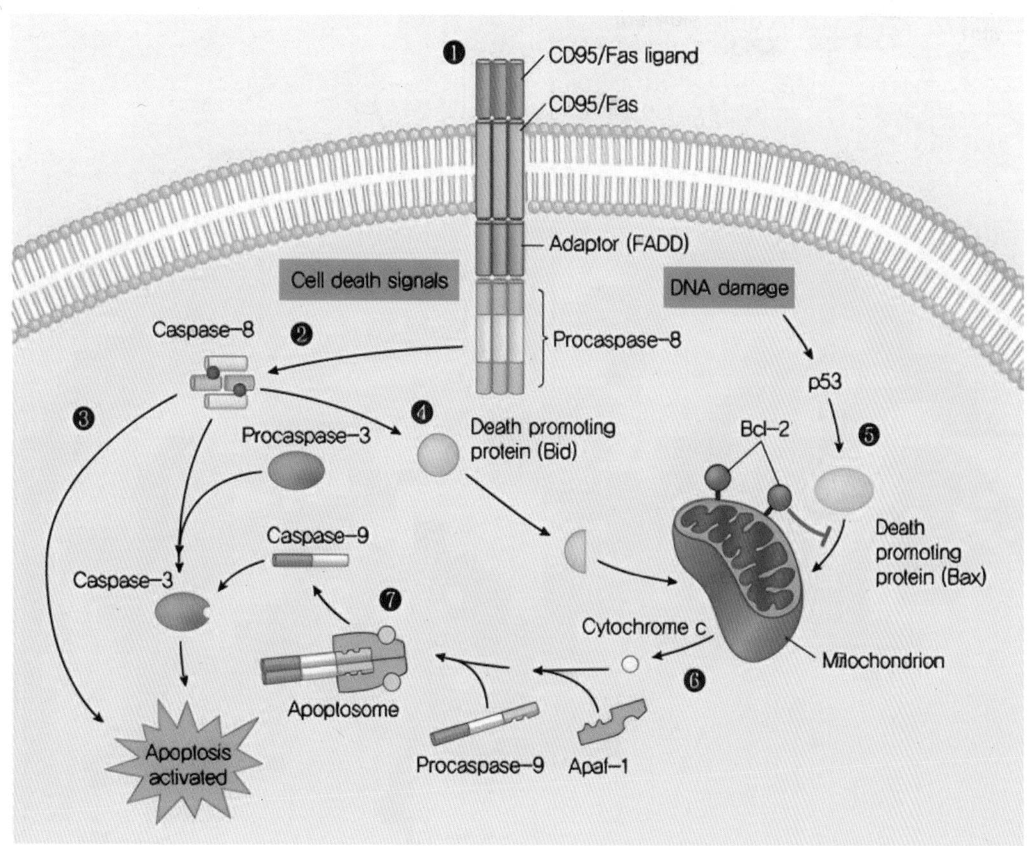
❶
CD95/Fas ligand
CD95/Fas
Adaptor (FADD)
Cell death signals
DNA damage
Caspase-8
❷
Procaspase-8
p53
❸
❹
Procaspase-3
Death promoting protein (Bid)
Bcl-2
❺
Caspase-9
Death promoting protein (Bax)
Caspase-3
❼
Cytochrome c
Mitochondrion
❻
Apoptosome
Apoptosis activated
Procaspase-9
Apaf-1

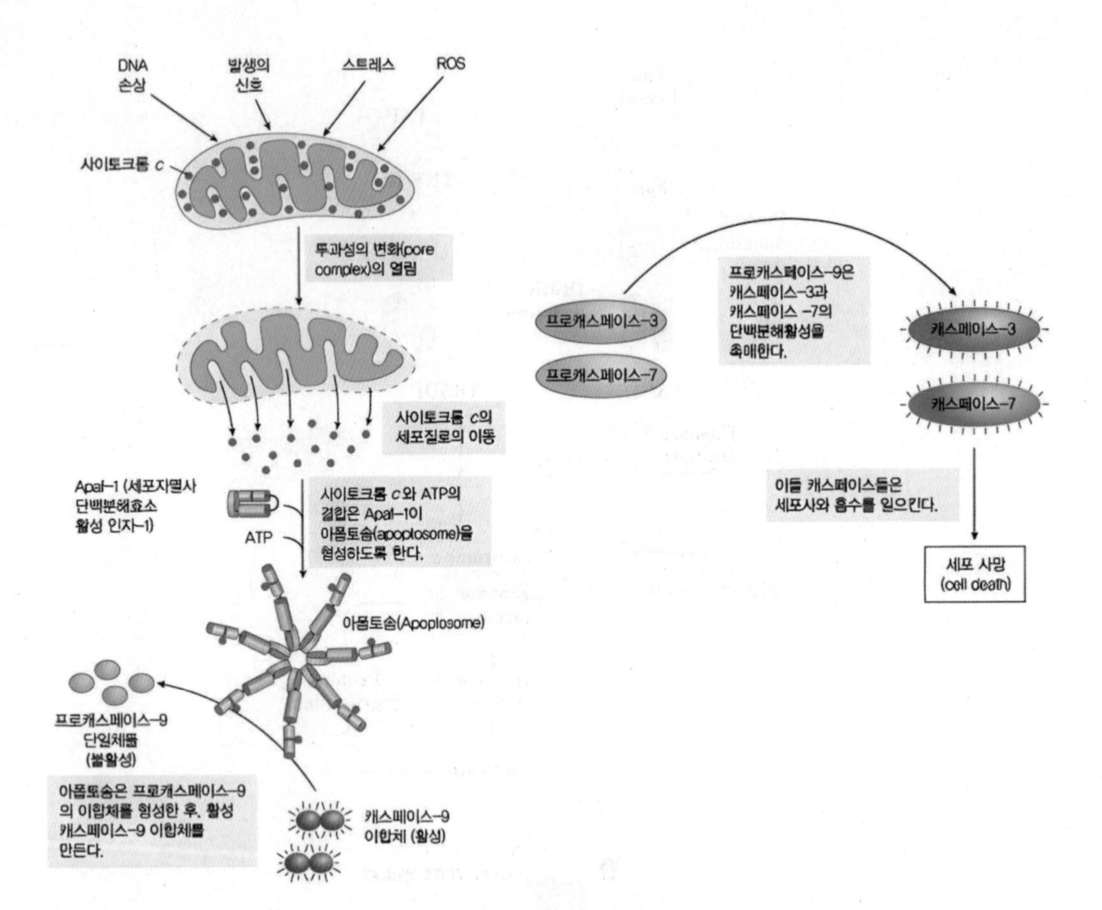
DNA
손상
발생의
신호
스트레스
ROS
사이토크롬 c
투과성의 변화(pore complex)의 열림
사이토크롬 c의 세포질로의 이동
Apaf-1 (세포자멸사 단백분해효소 활성 인자-1)
ATP
사이토크롬 c와 ATP의 결합은 Apaf-1이 아폽토솜(apoptosome)을 형성하도록 한다.
아폽토솜(Apoptosome)
프로캐스페이스-9 단일체들 (불활성)
아폽토솜은 프로캐스페이스-9의 이합체를 형성한 후, 활성 캐스페이스-9 이합체를 만든다.
캐스페이스-9 이합체 (활성)
프로캐스페이스-3
프로캐스페이스-7
프로캐스페이스-9은 캐스페이스-3과 캐스페이스 -7의 단백분해활성을 촉매한다.
캐스페이스-3
캐스페이스-7
이들 캐스페이스들은 세포사와 흡수를 일으킨다.
세포 사망
(cell death)

11 유전양식

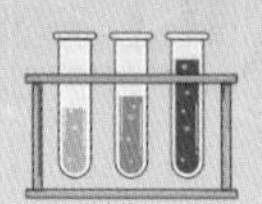

1 유전연구를 위한 몇 가지 지식

(1) 유전자형(genotype)

개체의 형질을 결정하는 유전정보 조합으로 상동염색체의 동일한 유전자 자리에 있는 대립유전자의 조합으로 구성됨

㉠ 동형접합자(homozygote): 동일한 대립유전자를 지니는 것 ex. AA 또는 aa

㉡ 이형접합자(heterozygote): 서로 다른 대립유전자를 지니는 것 ex. Aa

(2) 표현형(phenotype)

관찰되는 여러 가지 특성으로 유전자형에 의해 결정됨

㉠ 야생형(wild type): 특정 집단에서 보편적인 표현형

㉡ 돌연변이형(mutant type): 돌연변이의 결과로 생긴 계통으로서 보통 야생형보다는 특정 집단에서 보편적이지 않음

(3) 대립형질(allelomorphic character)

생물 내에 한 쌍 존재하는 염색체 상에서 동일한 위치에 자리잡고 있는 대립유전자에 의해 나타나는 생물의 특성 ex. 쌍커풀의 유무, 혀말기 능력의 유무

(4) 교배(mating) 방식

㉠ 단성잡종교배: 한 가지 대립형질만을 대상으로 하는 교배

㉡ 양성잡종교배: 두 가지 대립형질만을 대상으로 하는 교배

㉢ 검정교배: 유전자형이 알려져 있지 않은 개체와 열성순종과의 교배

㉣ 역교배: F_1 개체와 그 양친의 어느 한 쪽과의 교배

(5) 유전연구 재료의 조건

㉠ 우열관계가 뚜렷해야 함

㉡ 짧은 세대를 가지며 자손의 수가 많아야 함

㉢ 재배가 용이해야 함

㉣ 교배 또는 수정의 인위적 조절이 용이해야 함

㉤ 유전적 변이의 빈도가 적어야 함

특징	우성 형질	×	열성 형질	F_2 세대 우성 : 열성	비율
꽃 색깔	보라색	×	흰색	705 : 224	3.15 : 1
꽃 위치	액생	×	정생	651 : 207	3.14 : 1
종자 색깔	황색	×	녹색	6,022 : 2,001	3.01 : 1
종자 모양	둥근	×	주름진	5,474 : 1,850	2.96 : 1
콩깍지 모양	부푼	×	수축된	882 : 229	2.95 : 1
콩깍지 색깔	녹색	×	황색	428 : 152	2.82 : 1
줄기 길이	큰 키	×	작은 키	787 : 277	2.84 : 1

2 멘델 유전

(1) 잡종교배를 통한 멘델의 유전법칙 이해

㉠ 우열의 법칙(law of dominance): 특정한 형질을 결정하는 대립 인자가 다를 경우 한 인자만 발현되고 다른 인자의 발현은 억제되는 현상

㉡ 분리의 법칙(law of segregation): 생식세포를 형성하게 되는 경우 한 쌍의 대립인자가 서로 다른 생식세포로 분리되는 현상

㉢ 독립의 법칙(law of independent assortment): 서로 다른 형질의 유전자 분리는 독립적으로 일어나는 현상으로 한 쌍의 대립인자의 분리는 다른 쌍의 대립인자 분리에 영향을 미치지 않음

「단성잡종교배를 통한 우열의 법칙과 분리의 법칙 이해」

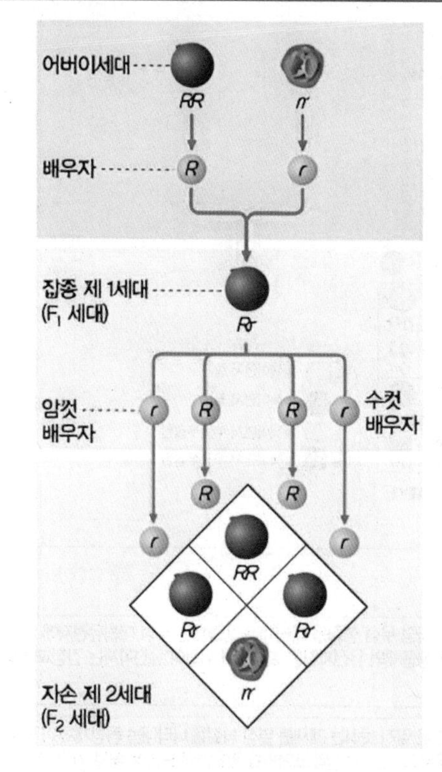

멘델의 제1법칙(분리의 법칙)은 F2 자손에서 어떻게 우성과 열성의 표현형이 3 : 1로 분리되는지를 보여준다. R은 우성 유전자를 r은 열성 유전자를 나타낸다. 둥근 종자는 우성 표현형을 주름진 종자는 열성 표현형을 나타낸다.

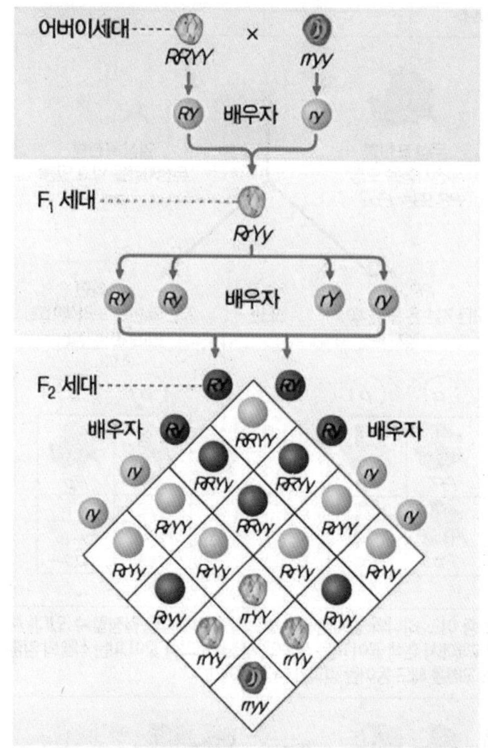

멘델의 제2법칙(독립의 법칙)은 어떻게 작동하는가. 이 예에서 노란색(Y)과 초록색(y) 종자의 유전과 둥근(R) 것과 주름진(r) 종자의 유전을 함께 다룬다. R과 Y 대립유전자는 r과 y에 대하여 우성이다. 다양한 어버이와 자손의 인자형은 문자 조합으로 나타냈고, 네 가지 표현형은 적당한 모양으로 구별하였다.

「양성잡종교배를 통한 독립의 법칙 이해」

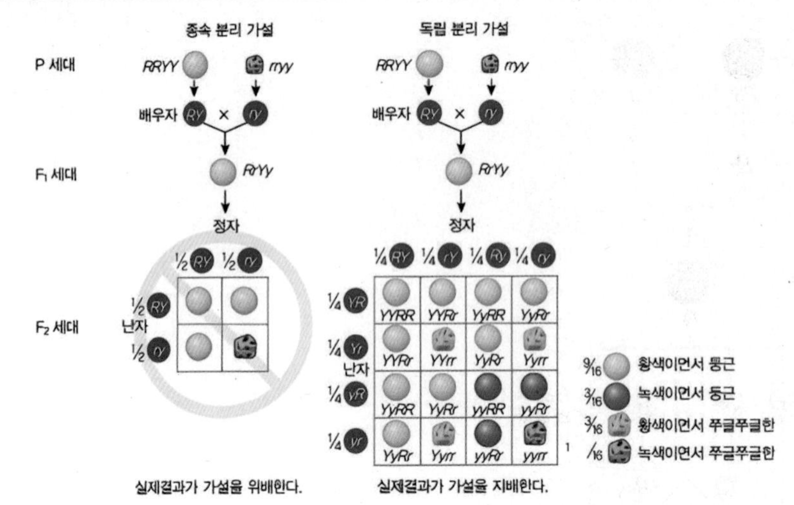

멘델의 제 2법칙

(2) 검정교배를 통한 유전자형 분석

우성표현형을 나타내지만 유전자형은 알려지지 않은 개체를 열성호모개체와 교배시키는 것으로 후세대에 나타나는 포현형을 조사하여 어버이 세대의 헤테로 개체의 유전자형을 조사함. 유전자의 연관 양상을 알아내는 데에도 이용됨

(3) 멘델 유전의 확률 법칙 적용

두 가지 이상의 형질이 관련된 확률 문제를 풀 경우에 각각의 형질이 서로 독립적으로 유전된다는 가정 하에서 독립적으로 확률 계산을 한 뒤에 곱셈의 법칙과 덧셈의 법칙을 이용하여 문제를 풀게 됨

실험 완두 식물의 보라색 꽃처럼 우성 형질을 나타내는 생물체는 우성 대립유전자에 대해 동형이거나 이형일 수 있다. 생물체의 유전자형을 결정하기 위하여 유전학자는 검정교배를 시행한다.

방법 검정교배에서 유전자형을 알지 못하는 개체를 열성 형질을 나타내는 동형개체(이 경우 흰색 꽃)와 교배한다. 교배로부터 나온 자손의 표현형을 관찰하면 보라색 꽃을 가진 부모의 유전자형을 알 수 있다.

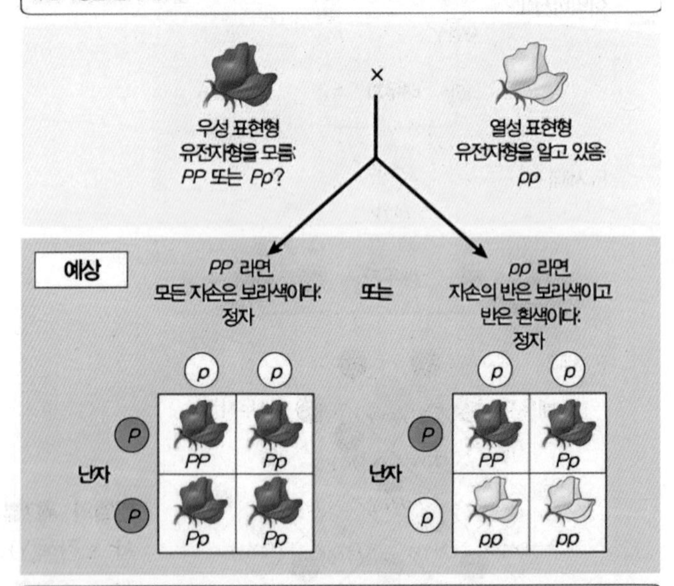

결과 두 가지 예상 중 어느 하나와 일치한다면 부모의 유전자형을 결정할 수 있다(PP 또는 Pp). 이 검정교배에서 흰색 꽃이 피는 식물의 화분을 보라색 꽃이 피는 식물의 암술에 옮겨놓았다. 반대의 교배를 해도 동이한 결과가 나올 것이다.

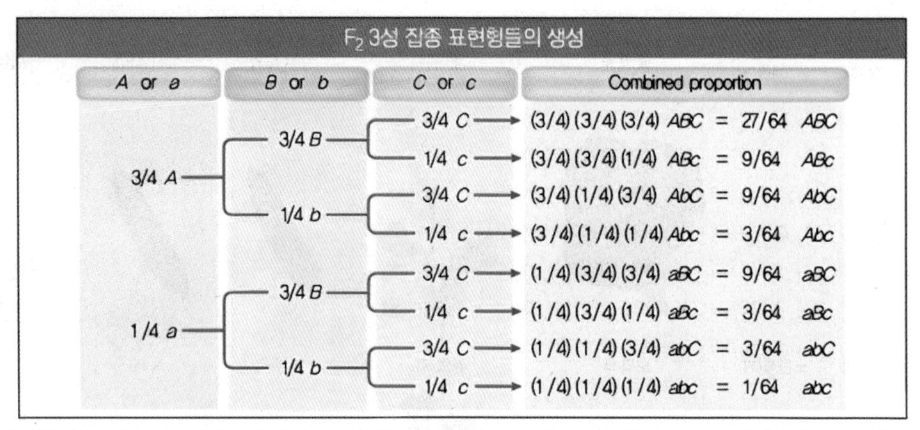

F_2 3성 잡종 표현형들의 생성
A or a
B or b
C or c
Combined proportion
3/4 A
1/4 a
3/4 B
1/4 b
3/4 B
1/4 b
3/4 C → (3/4)(3/4)(3/4) ABC = 27/64 ABC
1/4 c → (3/4)(3/4)(1/4) ABc = 9/64 ABc
3/4 C → (3/4)(1/4)(3/4) AbC = 9/64 AbC
1/4 c → (3/4)(1/4)(1/4) Abc = 3/64 Abc
3/4 C → (1/4)(3/4)(3/4) aBC = 9/64 aBC
1/4 c → (1/4)(3/4)(1/4) aBc = 3/64 aBc
3/4 C → (1/4)(1/4)(3/4) abC = 3/64 abC
1/4 c → (1/4)(1/4)(1/4) abc = 1/64 abc

※ 주의 : 결과적으로 얻어진 분율은 표현형의 비이다. 27/64의 ABC란 유전자형 AABBCC를 비롯하여 AABBCc, AABbCC, AABbCc, AaBBCC, AaBBCc, AaBbCC, AaBbCc등이 포함된 값이다. 이들 유전자형들은 모두 우성 형질인 A_B_C_를 나타낸다.

㉠ 곱셈의 법칙: 독립적인 사건이 각각 일어날 확률을 곱하는 것

㉡ 덧셈의 법칙: 배타적인 사건이 각각 일어날 확률을 더하는 것

3 멘델유전의 확장

(1) 중간유전(intermediary inheridity)

불완전우성(incomplete dominance) 유전자에 의해 일어나는 우성 형질과 열성 형질의 중간 단계로 결과가 드러나는 유전 현상으로 유전자형의 비율이 표현형의 비율과 일치한다는 것이 특징임. 우성과 열성이 확실하게 드러나는 유전자는 한 쪽 대립유전자에서 만들어지는 단백질로도 그 효과가 완전히 드러나게 되지만 불완전우성 유전자는 한 쪽에만 유전자가 있어서는 단백질이 불충분하기 때문에 그 효과가 완전히 나타나지 못하게 됨. 현재 분자생물학이 발달함에 따라 멘델의 법칙을 충실하게 따르는 완전 우성인 유전자보다 이러한 불완전우성 유전자가 훨씬 일반적이라는 사실을 알게 됨

㉠ 분꽃의 예: 분꽃의 경우에는 붉은 색을 만드는 색소 단백질이 대립유전자에 기록되어 있는데 이 유전자가 한 쪽 대립유전자만 발현되면 단백질의 양이 충분하지 못하기 때문에 분홍색 꽃이 피는 것임

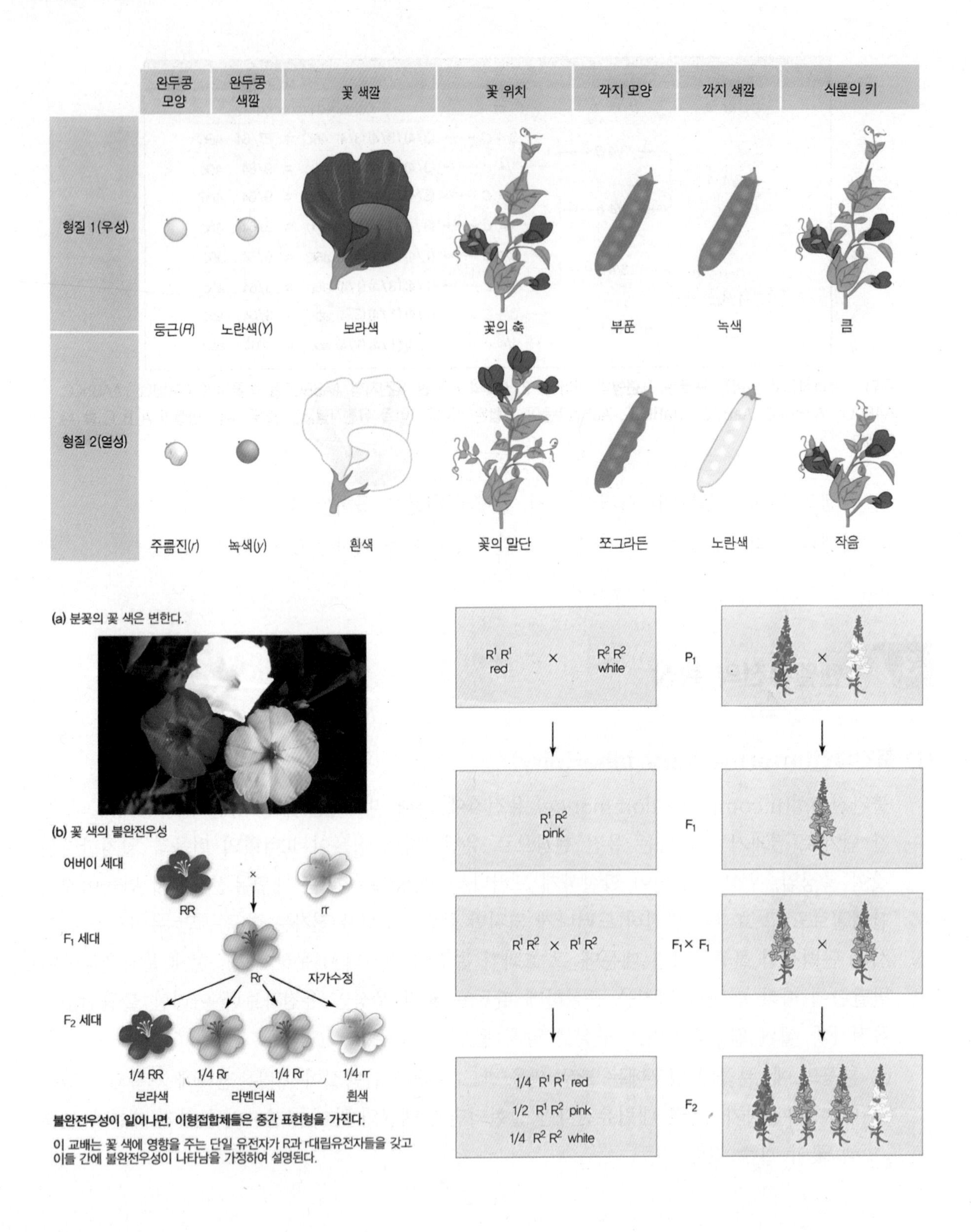

불완전우성이 일어나면, 이형접합체들은 중간 표현형을 가진다.

이 교배는 꽃 색에 영향을 주는 단일 유전자가 R과 r대립유전자들을 갖고 이들 간에 불완전우성이 나타남을 가정하여 설명된다.

㉡ 가족성 고콜레스테롤혈증의 예: LDL에 대한 수용체를 발현하는 유전자의 경우 이형접합성의 경우는 우성 동형접합성이거나 열성 동형접합성의 중간 표현형을 가지게 됨

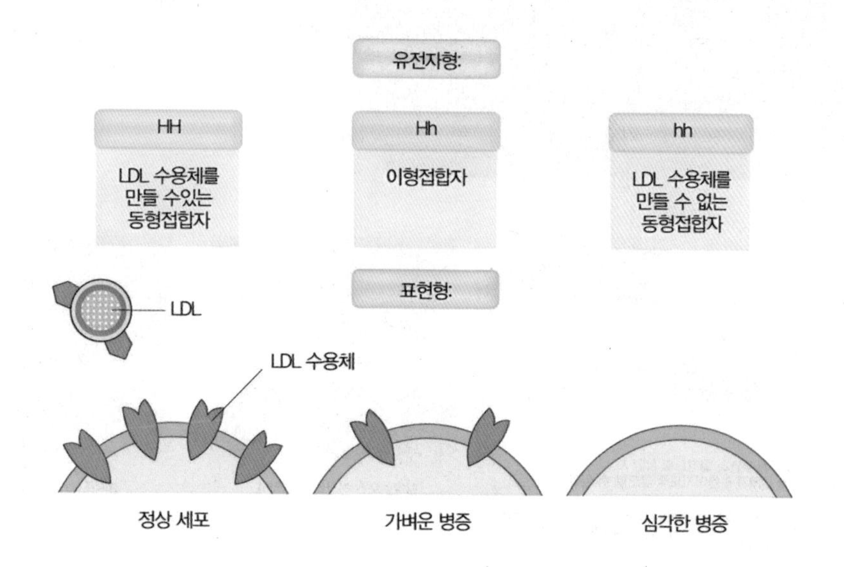

(2) 복대립 유전

하나의 형질에 관련된 대립 유전자의 종류가 3종류 이상인 것의 유전 양상. 그러나 한 개인은 특정 형질에 대해서 최대 2개의 대립유전자만 있다는 것을 유념해야 함

㉠ ABO식 혈액형: A항원을 암호화하는 I_A와 B항원을 암호화하는 I_B는 O항원을 암호화하는 i에 대하여 우성이며 I_A와 I_B 사이에는 우열관계가 없음

혈액형 (표현형)	유전자형	혈액에 존재하는 항체	왼쪽 혈액형의 혈액의 항체를 아래 혈액형의 혈액과 섞었을 때 나타나는 반응			
			O	A	B	AB
O	ii	항-A 항체 항-B 항체				
A	I^AI^A 또는 I^Ai	항-B 항체				
B	I^BI^B 또는 I^Bi	항-A 항체				
AB	I^AI^B	—				

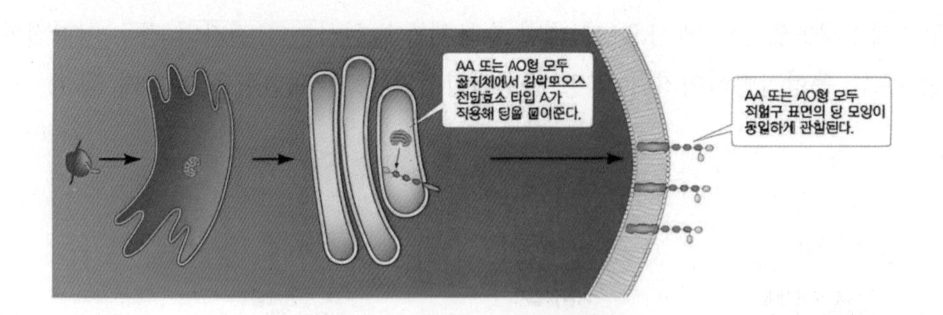

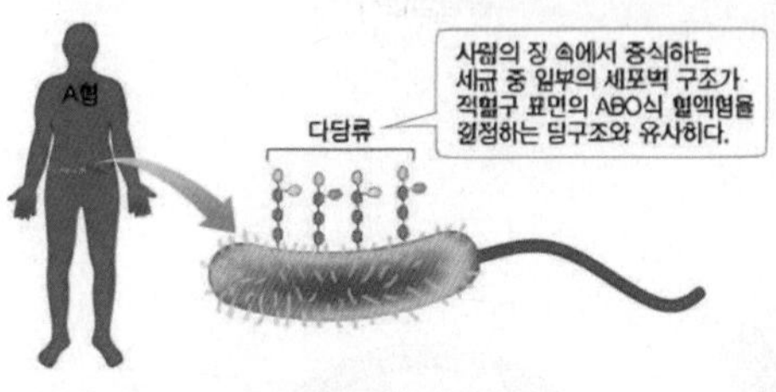

→ 세균의 다당류 성분 일부가 우연히 혈액으로 유입 시,
B 세포들을 활성화시켜 항체가 만들어지도록 유도할 수 있다.

α 항체 / β 항체 → A형인 사람은 α 항체가 자기항원 (적혈구 표면 당)을 인식하므로 α 항체를 생산하는 B 세포가 체내에서 활성화되지 못하고 미리 클론 삭제된다.

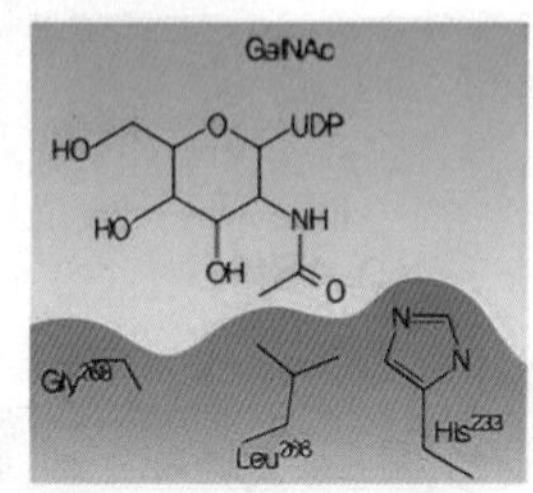

갈락토오스 전달효소 타입 A

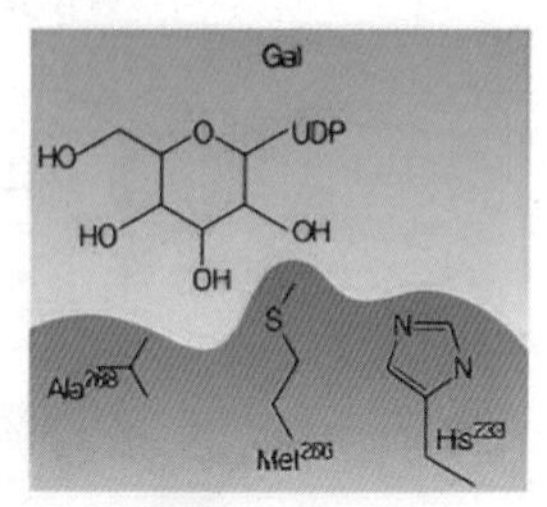

갈락토오스 전달효소 타입 B

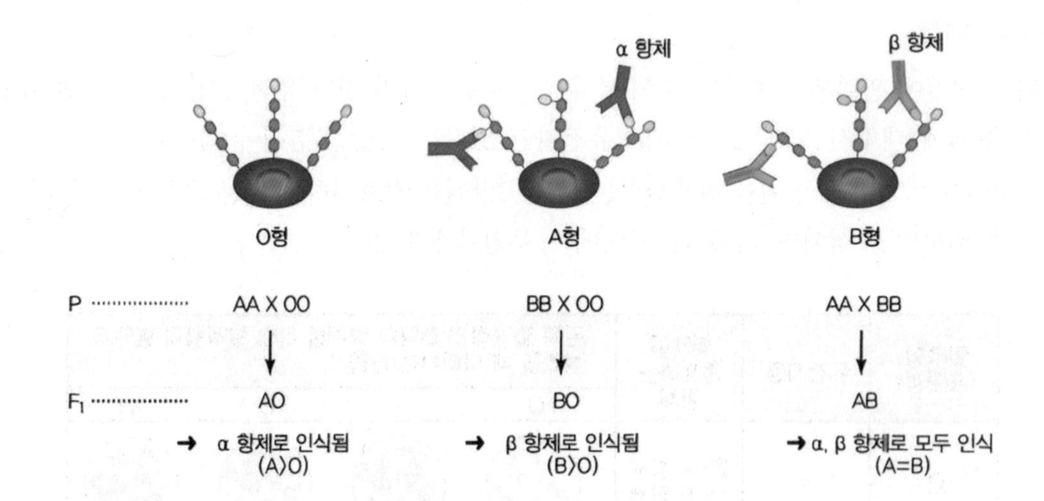

㉡ 토끼의 털색 유전: $C > C^{ch} > C^{h} > c$

가능한 인자형	CC, Cc^{ch}, Cc^{h}, Cc	$c^{ch}c^{ch}$	$c^{ch}c^{h}$, $c^{ch}c$	$c^{h}c^{h}$, $c^{h}c$	cc
표현형	어두운 회색	친칠라색	밝은 회색	히말라야색	흰색

(3) 다인자 유전(polygenic inheritance)

양적 유전(quatitative inheritance)이라고도 하며 2종류 이상의 유전자가 하나의 형질에 관여하는 것을 말함 ex. 키, 피부색 등

㉠ 표현형에 일정량 기여하는 대립유전자를 가지는 다수의 좌위에 의해 발현되는 표현형은 연속분포를 이루게 되는데 이런 종류의 형질은 연속변이(continuous variation), 양적 변이(quantitative variation)를 보여줌

㉡ 복대립 유전과는 완전히 개념이 다른 유전 양상이며 복대립 유전은 단일 인자 유전에 포함되는 것이나 다인자 유전은 여러 개의 인자가 하나의 형질에 관여하는 것임

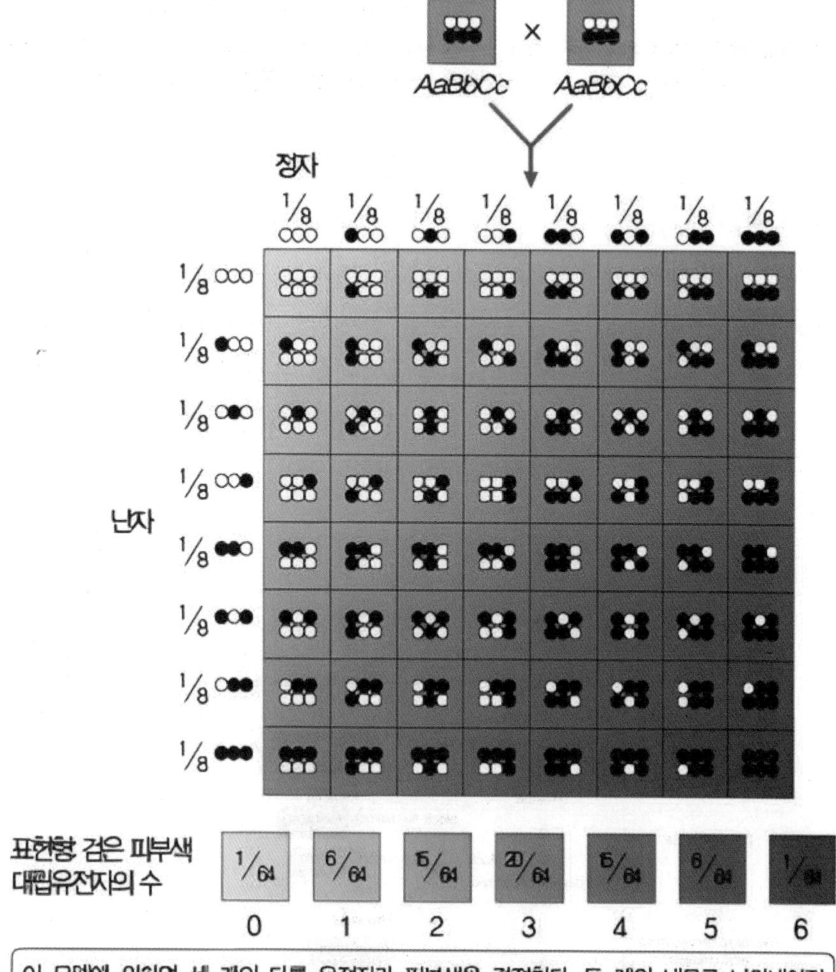

이 모델에 의하면 세 개의 다른 유전자가 피부색을 결정한다. 두 개의 네모로 나타내어진 이형접합자인 개인들(AaBbCc)은 검은 피부색에 대한 대립유전자 세 개(검은 원: A, B, C)와 옅은 피부색(하얀 원: a, b, c)에 대한 대립유전자 세 개를 가지고 있다. 이 이형접합자들 사이의 가정적인 교배 시 각 배우자의 모든 가능한 유전자형과 태어나는 자손에서 나타날 수 있는 유전자 조합이 퍼넷사각형에 나타나 있다. 결과는 퍼넷사각형 아래에 표현형의 비로 요약되어 있다.

〈피부색의 다인자 유전에 대한 단순화된 모델〉

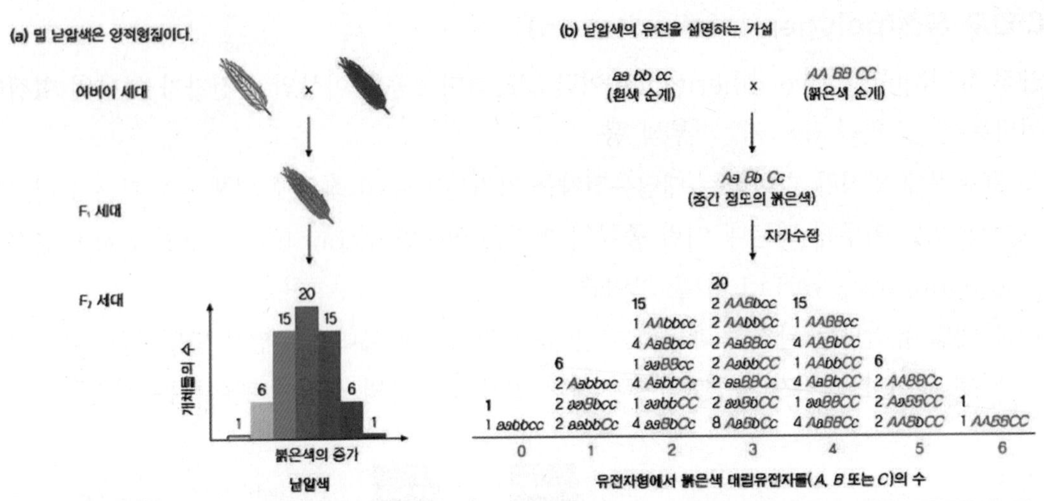

양적형질들은 많은 수의 유전자들의 작용에 의해 이루어진다. (a) 흰 낟알을 만드는 붉은 낟알을 만드는 밀을 교배하면, F_2 자손들은 흰색과 붉은색 사이의 다양한 색들을 보인다. 이들 표현형의 빈도는 대강 정상분포를 한다. (b) 이 모형은 (a)의 결과들을 설명하고자 한다.

(4) 다면발현(pleiotropy)

단일 유전자의 돌연변이 발생이 하나 이상의 표현형의 변화를 나타내는 것 ex. 페닐케톤뇨증: 단백질 속에 약 2~5% 함유되어 있는 페닐알라닌을 분해하는 효소의 결핍으로 페닐알라닌이 체내에 축적되어 경련 및 발달장애를 일으키는 상염색체성 유전대사 질환으로서 페닐알라닌을 티로신으로 전환시키는 페닐알라닌 수산화효소의 활성이 일반인에 비하여 선천적으로 저하되어 있어 결국 지능 장애, 연한 담갈색 피부와 모발 등이 발생하게 됨

「페닐케톤뇨증 관련 물질대사 경로」

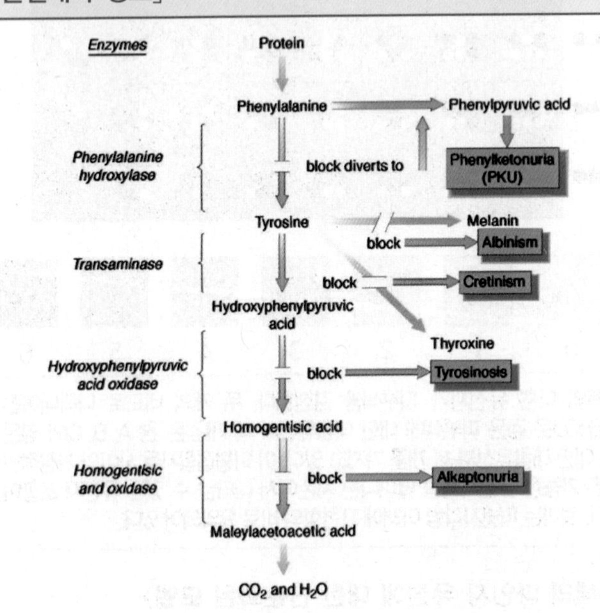

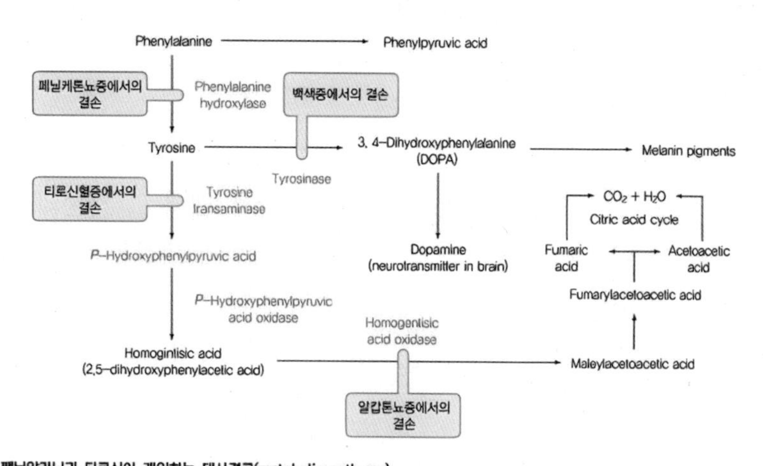

페닐알라닌과 티로신이 개입하는 대사경로(metabolic pathway)
게로드의 생각 ~ "인간의 효소질환 = 물질 대사의 선천성(유전적) 결함(inborn errors of metabolism)"

(5) 치사작용

㉠ 열성치사(recessive lethal): 유전인자가 동형접합일 경우에 그 개체가 둑는 현상 ex. 쥐의 털색 유전: 쥐의 털색 유전자 Y는 황색을 나타내며 치사유전자임. 따라서 YY인 개체는 죽게 되므로 Yy(황색) 개체끼리 교배하게 되면 자손은 황색: 회색이 2: 1의 비율로 나타나게 됨

㉡ 우성치사(dominant lethal): 치사유전자를 하나만 가져도 죽는 현상

ex. 헌팅턴 무도병(Huntington's disease): 헌팅턴 질병유전자를 하나만 가져도 죽게 되나 발병시기가 중년기이므로 다음 세대 높은 비율로 유전됨

㉢ 불완전 우성치사: 동형우성의 경우에는 치사를 일으키고 이형우성의 경우에만 중간 유전의 표현형을 나타냄 ex. 연골발육 부전증

(6) 침투도와 발현도

유전자는 성별이나 나이와 같은 생물적인 환경요소나 온도, 빛, 양분과 같은 물리적 환경요소의 영향을 받게 되는데 이러한 상호작용이 반영된 특정 유전자의 발현은 항상 완전한 것이 아님

㉠ 침투도(penetrance): 어떤 유전자를 갖는 개체의 집합 중에서 그 유전자의 효과를 어떤 형질로 표현하는 개체의 빈도를 백분율로 나타낸 지표로서 그 형질을 언제나 표현하는 우성 유전자 및 동형접합성의 열성유전자는 완전 침투도를 갖는다고 하며 때에 따라 그 효과를 표현할 수 없는 이형접합성의 우성 유전자 및 동형접합성의 열성유전자는 불완전 침투도를 갖는다고 함

㉡ 표현도(variable expressivity): 유전자의 작용이 개체의 표현형으로 발현하는 정도로서 유전자의 표현효과가 절대적인 것이 아니므로 환경인자, 변경 유전자의 존재에 의해서 변

화가 나타남. 보통은 표현형을 몇 개 등급으로 분류하여 각 등급의 빈도에 의해서 표현도를 나타내고 유전자, 환경인자, 변경 유전자 등의 상호관계를 연구하는데 사용하고 있음

(7) 상위(epistasis)

두 비대립유전자 간의 상호작용으로 인하여 양성잡종 제2세대 자손의 비율 9: 3: 3: 1이 다른 비율로 변형되어 나타나게 되는 현상임. 한 유전자좌의 대립유전자 간에 우성 인자가 열성인자의 표현형을 덮어버리는 일반적인 멘델유전적 상황과 서로 다른 비대립 유전자간의 상호작용인 상위적 상황을 구분해야 함

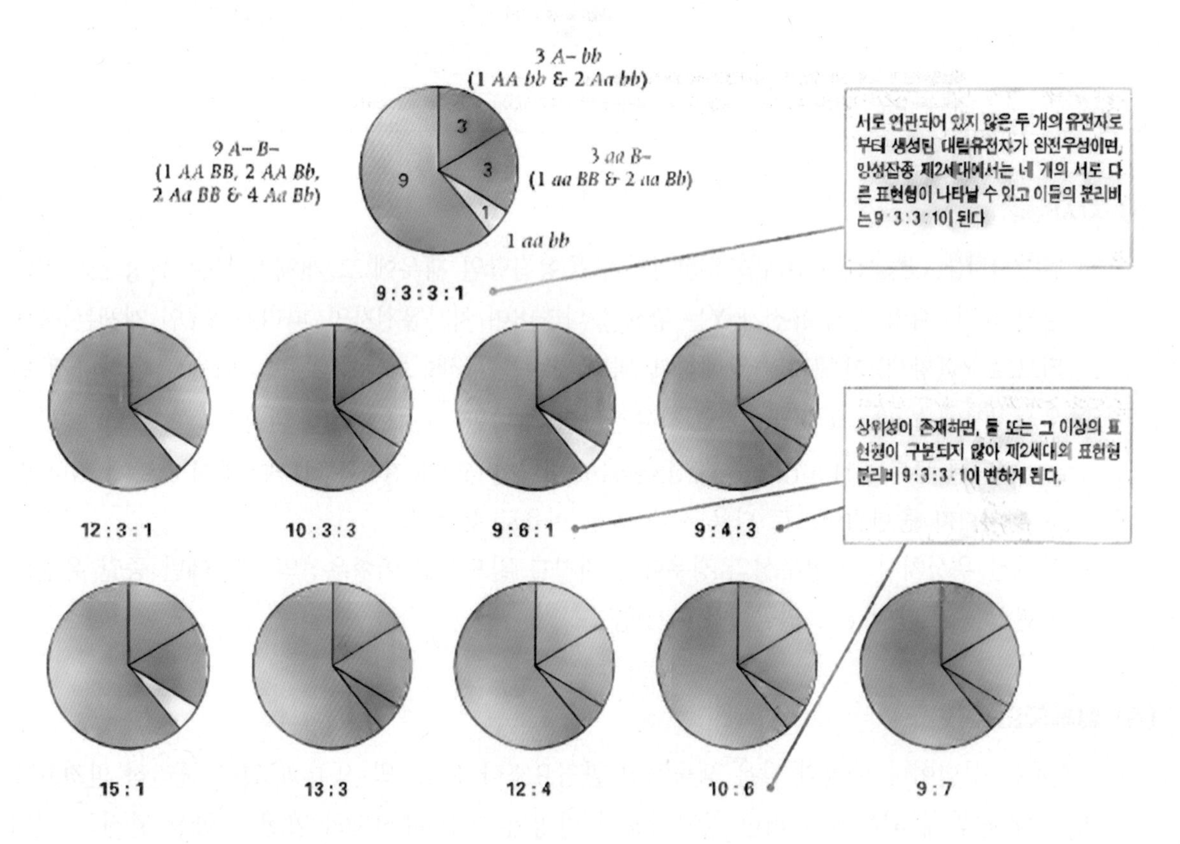

㉠ pattern 1 (9: 7): 두 개의 서로 다른 유전자에서, 둘 중 하나 또는 둘 다에서 동형접합성 열성돌연변이의 형질이 같은 돌연변이 표현형을 보이는 생물에서 이러한 비율이 나타나며 보족유전이라고 함

9/16	C_P_(자주색)
3/16	C_pp(흰색)
3/16	ccP_(흰색)
1/16	ccpp(흰색)

㉡ pattern 2 (12: 3: 1): 한 유전자의 우성 대립유전자가 존재함으로 인해 다른 유전자형이 감추어질 때 12: 3: 1의 변형된 비율이 나타남

9/16	A_B_(검정껍질)
3/16	A_bb(검정껍질)
3/16	aaB_(회색껍질)
1/16	aabb(흰색껍질)

㉢ pattern 3 (13: 3): 이 상위성 유전은 C가 색을 지니는 물질을 암호화하고 I가 해당 발현을 억제하는 유전자인 경우 성립된다.

9/16	C_I_(흰색털)
3/16	C_ii(색 있는 털)
3/16	ccI_(흰색털)
1/16	ccii(흰색털)

㉣ pattern 4 (9: 4: 3): 이 양성잡종 비율은 어떤 한 유전자에 대한 열성 대립유전자의 동형접합성이 다른 유전자의 유전자형 발현을 숨길 때 관찰된다. 예를 들어 만일 aa 유전자형이 다른 유전자형이 BB 또는 bb인지에 상관없이 같은 표현형을 지니게 한다면 9: 4: 3의 결과가 나온다.

9/16	A_C_(아구티)
3/16	A_cc(알비노)
3/16	aaC_(검정색)
1/16	aacc(알비노)

㉤ pattern 5 (9: 6: 1): 두 유전자 중 하나의 열성 대립유전자가 동형접합성이면 동일한 표현형으로 나타나고, 두 유전자의 열성 대립유전자 모두가 동형접합자일 때의 표현형이 다르면, 이 양성잡종 비율이 관찰된다.

9/16	R_S_(빨간색)
3/16	R_ss(모래색)
3/16	rrS_(모래색)
1/16	rrss(흰색)

ⓑ pattern 6 (15: 1): 두 유전자 모두 열성동형접합성인 경우만 다른 표현형을 나타내는 경우 관찰되며 이중열성유전(동의유전)이라고 함

9/16	A_B_(삼각형)
3/16	A_bb(삼각형)
3/16	aaB_(삼각형)
1/16	aabb(난형)

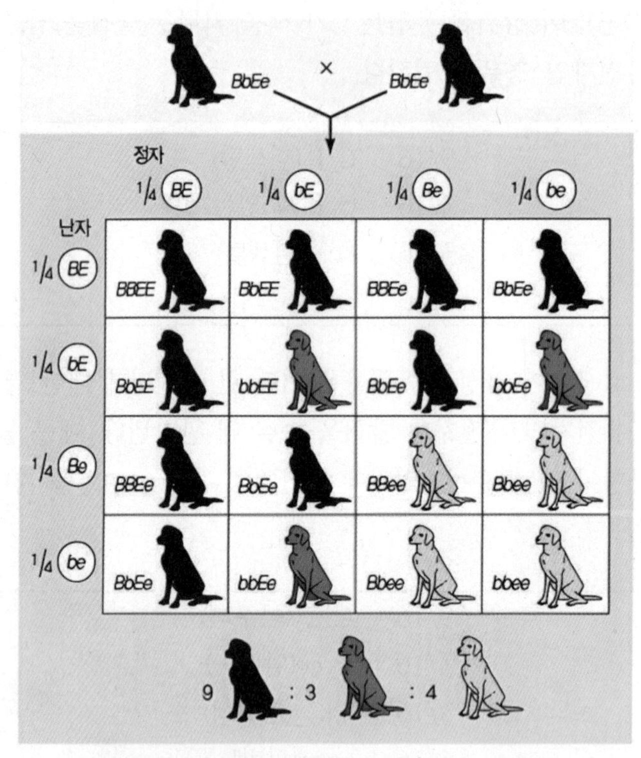

〈상위의 예〉 퍼넷사각형은 유전자형 BbEe를 갖고 있는 두 마리의 검은색 래브라도 리트리버 사이에서 태어난 자손의 예상 유전자형과 표현형을 보여준다. B/b 유전자에 대한 상위 유전자인 E/e 유전자는 색소의 종류에 관계없이 털에 색소가 침착될지의 여부를 결정한다.

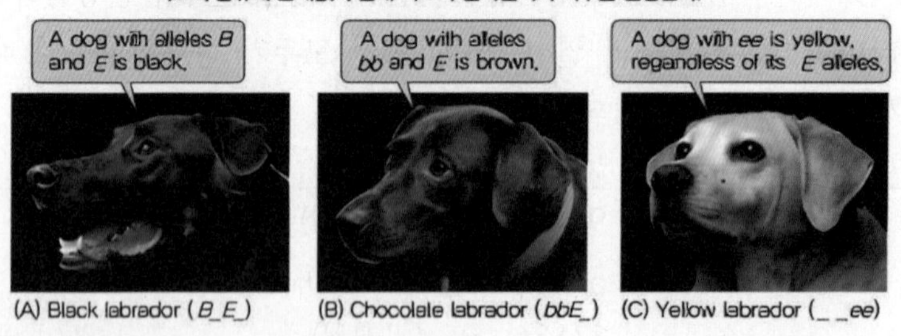

A dog with alleles B and E is black.
A dog with alleles bb and E is brown.
A dog with ee is yellow, regardless of its E alleles.

(A) Black labrador (B_E_) (B) Chocolate labrador (bbE_) (C) Yellow labrador (_ _ee)

유전자는 상위 방식으로 상호작용할 수 있다. 상위는 한 유전자가 다른 유전자의 표현형에 영향을 줄 때 나타난다. 래브라도 리트리버 개에서 E/e 유전자는 B/b 유전자의 발현을 결정한다.

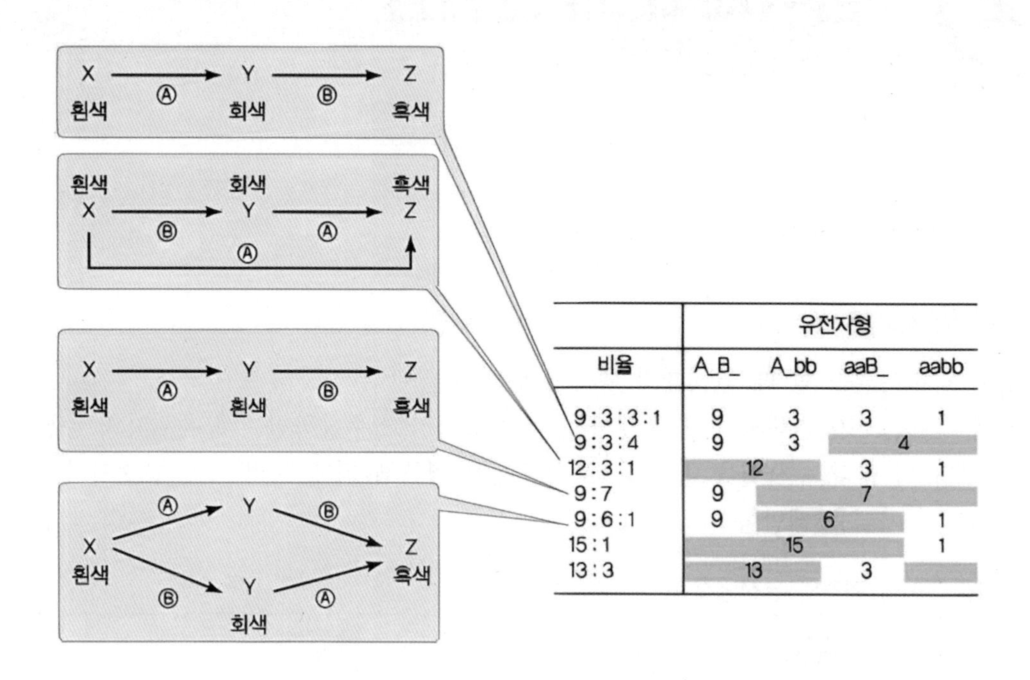

비율	유전자형			
	A_B_	A_bb	aaB_	aabb
9:3:3:1	9	3	3	1
9:3:4	9	3	4	
12:3:1	12		3	1
9:7	9	7		
9:6:1	9	6		1
15:1	15			1
13:3	13		3	

예 봄베이 혈액형

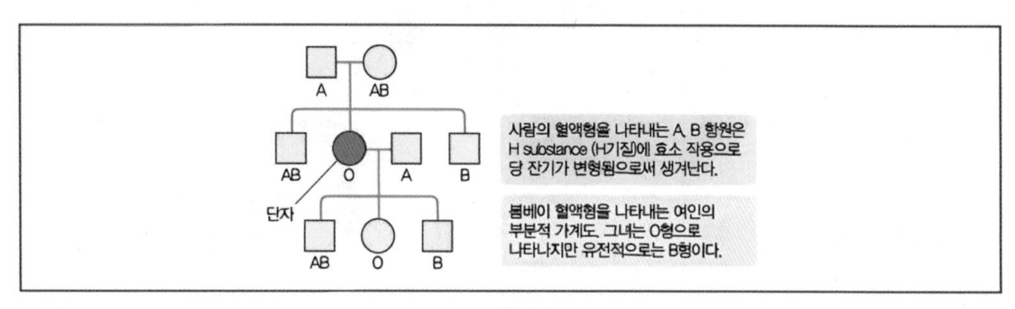

A
AB
AB
O
A
B
단자
AB
O
B
사람의 혈액형을 나타내는 A, B 항원은 H substance (H기질)에 효소 작용으로 당 잔기가 변형됨으로써 생겨난다.
봄베이 혈액형을 나타내는 여인의 부분적 가계도. 그녀는 O형으로 나타나지만 유전적으로는 B형이다.

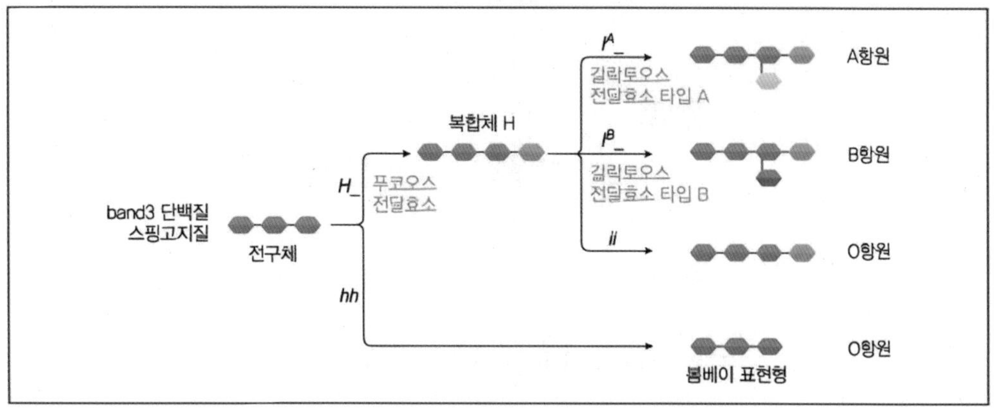

염색체와 유전현상

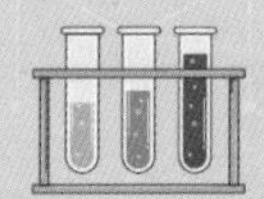

1 염색체와 유전자

(1) 서턴의 염색체설

서턴은 감수분열을 할 때 염색체의 행동이 멘델이 말한 유전자의 행동과 일치한다는 사실을 발견하여 유전자가 염색체 위에 존재하는 작은 입자라고 주장하였는데 유전자의 종류가 염색체 수보다 더 많다는 사실을 발견함으로써 1개의 염색체 위에 여러 가지 유전자가 연관되어 있으리라는 가설을 제안함

「염색체설에 근거한 멘델의 유전법칙 이해」

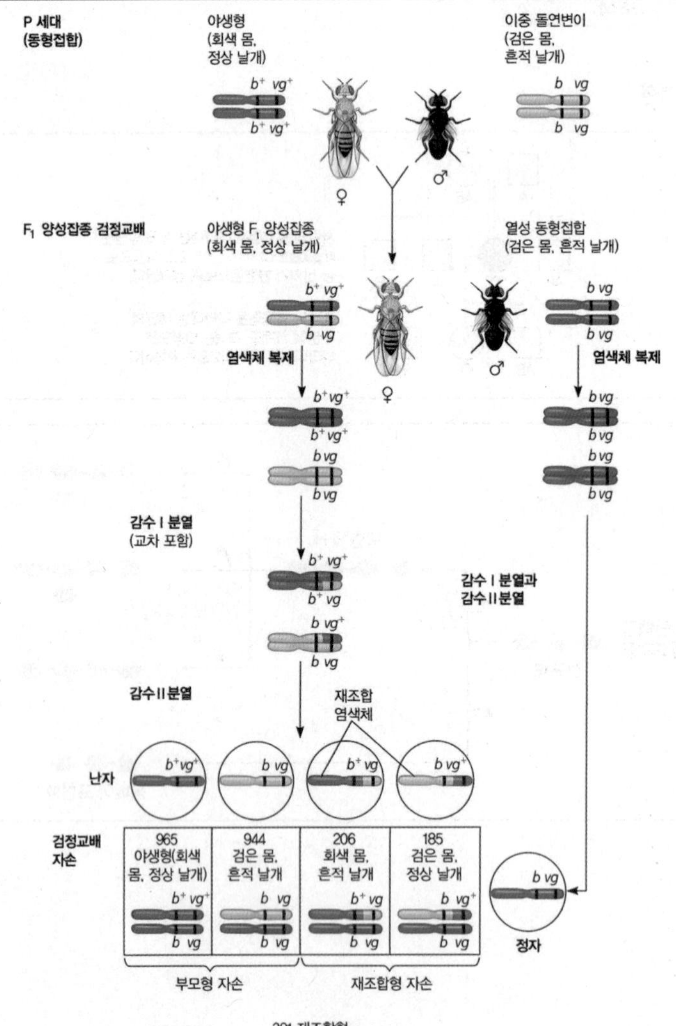

(2) 모건의 유전자설

개체의 형질은 염색체에 쌍을 이루어 존재하는 유전자에 의하여 결정되며 그들 유전자는 염색체 상에 선상으로 배열하여 있고 연관되어 있음. 서로 다른 연관군에 있는 유전자는 멘델법칙에 따라 독립적으로 분리되며 대립하는 연관군 사이에는 교차가 일어나는데 그 빈도는 각 연관군에의 유전자의 상호 위치에 따라 다르다는 학설이며 현재도 유전학의 중요한 기초로 되고 있음

2 독립과 연관

(1) 독립

해당 유전자가 서로 다른 염색체에 있는 경우 두 유전자를 독립되어 있다고 함

㉠ 유전자들이 서로 독립되어 있는 경우, AaBb 유전자형의 세포에서 형성되는 생식세포의 유전자형의 비는 AB: Ab: aB: ab = 1: 1: 1: 1이 됨

㉡ 이렇게 독립적으로 유전되는 양식을 멘델 유전이라고 함

(2) 연관

해당 유전자가 동일한 염색체에 모두 있을 때 두 유전자는 연관되어 있다고 하며 연관되어 있는 유전자들을 연관군이라고 함

㉠ 상인연관: 우성 유전자는 우성 유전자와 열성 유전자는 열성 유전자와 연관되어 있는 형태

㉡ 상반연관: 우성 유전자는 열성 유전자와 열성 유전자는 우성 유전자와 연관되어 있는 형태

(3) 교차

제 1 감수분열 전기에 2가 염색체가 형성되었을 때 상동 염색분체의 염색분체 간의 접합 부의에서 교차가 일어나게 됨.

㉠ 상인연관의 경우, AaBb 유전자형의 세포에서 형성되는 생식세포의 유전자형의 비는 AB: Ab: aB: ab = n: 1: 1: n 이 됨 (단, n>1)

㉡ 상반연관의 경우, AaBb 유전자형의 세포에서 형성되는 생식세포의 유전자형의 비는 AB: Ab: aB: ab = 1: n: n: 1이 됨 (단, n>1)

㉢ 교차가 일어난 생식세포의 유전자형보다 교차가 일어나지 않은 생식세포의 유전자형이 더욱 많음

(4) 교차율과 염색체 지도

㉠ 교차율: 연관되어 있는 두 유전자 사이에 교차가 일어나는 비율로서 연관된 두 유전자 사이의 거리가 가까울수록 교차율은 낮아지게 되며 특히 교차율이 제로가 되는 두 유전자를 완전 연관되어 있다고 함

「교차율 계산」

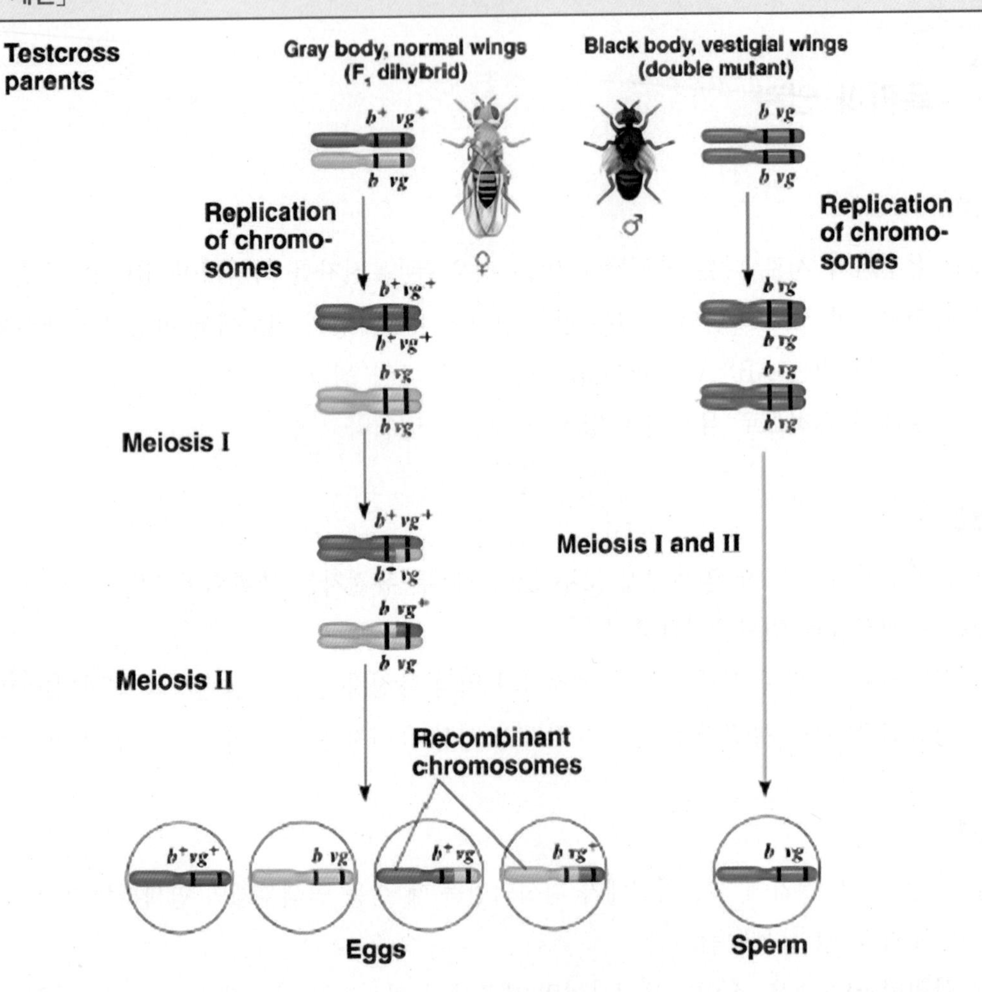

• $교차율(\%) = \dfrac{교차가 일어난 생식세포 수}{전체 생식세포 수} = \dfrac{교차가 일어난 개체 수}{검정교배에 의해 생긴 전체 개체 수}$

• 교차율은 보통 0~50% 사이값이며, 0%인 경우는 완전연관, 50%인 경우는 독립되어 있다고 판단함

㉡ 염색체 지도(chromosome map): 교차율을 통해 유전자 간의 상대적인 거리를 구할 수 있음을 이용해 염색체 내의 유전자의 상대적인 위치를 정하는 것

ⓐ 3점 검정법: 인접한 세 유전자 간의 교차율 정보를 이용해 유전자의 순서와 상대적인 거리를 구하는 것을 가리킴

「3점 검정법의 예」

g~l 간의 교차율이 17%, g~c 간의 교차율이 9%, c~l 간의 교차율이 9.5%라면, 염색체 상의 세 유전자 배열은 다음과 같음

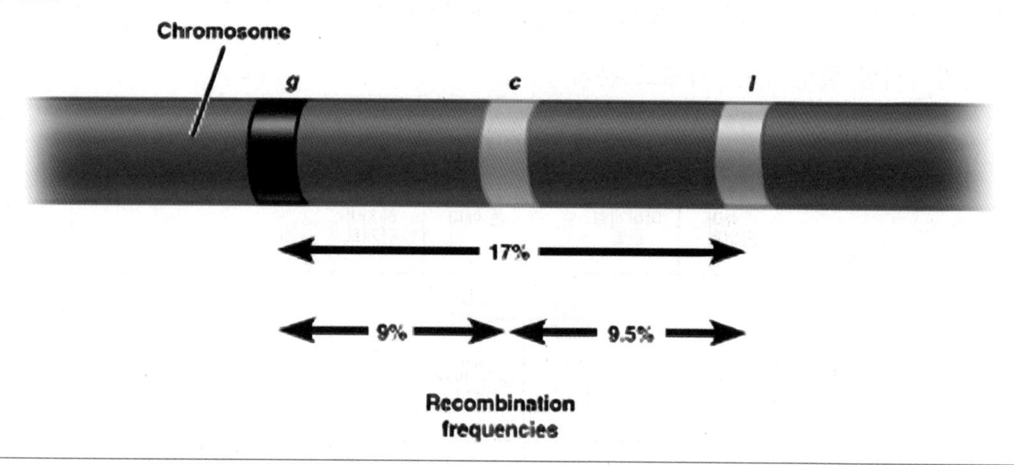

ⓑ 간섭과 일치계수: 두 유전자 사이에서 발생한 이중교차는 관찰된 재조합 빈도값을 감소시키는 경향을 갖게 되고 따라서 더 멀리 떨어져 연관되어 있는 유전자는 실제보다 더 가깝게 나타남. 가장 정확한 유전자 지도 거리는 조금 더 가까이 연관된 유전자들을 이용해 얻은 값에서 나오며 짧게 구한 거리를 합하는 것이 먼 거리를 측정한 값보다 더욱 정확하다는 것을 알 수 있음

1. 간섭(interference): 특정한 교차가 또 다른 교차 발생을 방해하는 것으로 간섭이 완전한 경우에는 실제 유전자 거리가 관찰된 재조합 빈도와 동일한 값을 갖게 되나 간섭이 불완전한 경우에는 실제 유전자 거리가 관찰된 재조합 빈도보다 큰 값을 갖게 됨

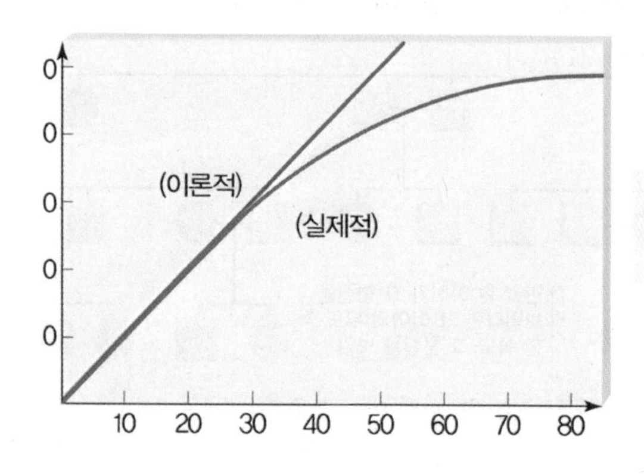

지도거리와 재조합 염색분체 분율 사이의 이론적, 실제적 관계. 직선은 재조합과 지도거리가 직접적으로 비례할 때를, 곡선은 실제적 관계를 나타낸다.

2. 일치계수(coefficient of coincidence): $\frac{\text{관찰된 이중교차의 빈도}}{\text{예상된 이중교차의 빈도}}$이며 일치계수가 높을수록 간섭이 불완전하다는 것을 알 수 있음

4 상염색체성 유전

(1) 상염색체성 열성 유전질환과 우성 유전질환의 가계도 분석

㉠ 상염색체성 열성 유전 가계도 분석

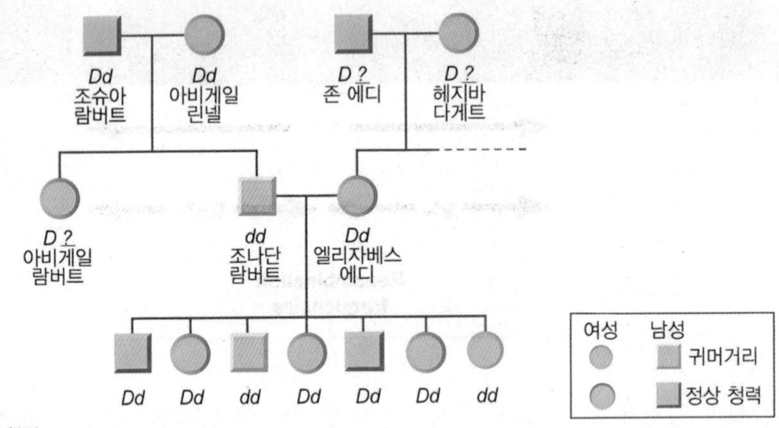

가계도 : 열성 형질

ⓐ 형질은 종종 세대를 건너뜀

ⓑ 이상 형질을 갖는 남성과 여성이 거의 같은 비율로 발생함

ⓒ 이상 형질은 근친혼이 있는 가계도에서 자주 발견됨

ⓓ 부모 모두가 이상이면 자식들도 모두 그 형질을 갖게 됨

㉡ 상염색체성 우성 유전 가계도 분석

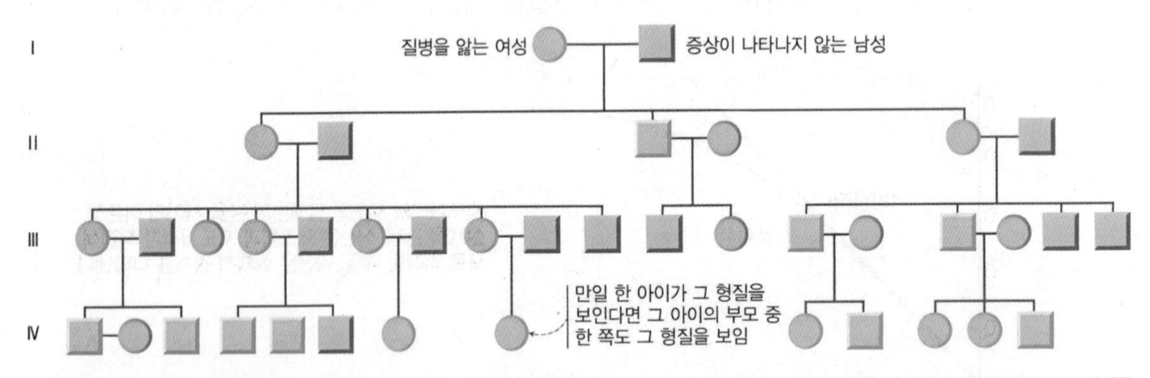

한 상염색체 연관 우성 질병을 가지고 있는 한 가족의 한 가계도. 헌팅톤무도병 같은 상염색체 관련 우성 질병들은 남성들과 여성들에서 모두 발생할 수 있으며 모든 세대에서 발생하는 경향이 있다.

ⓐ 형질은 모든 세대에서 나타나게 됨. 단, 침투도가 완전하지 않은 경우는 제외함

ⓑ 이상 형질을 갖는 사람과 정상 사람 사이에서 태어난 자식들의 50% 이상이 이상임

ⓒ 남녀의 이상 형질 표현형 비율은 거의 같아야 함

(2) 상염색체성 열성 유전질환과 우성 유전질환 목록

㉠ 열성 유전질환: 해당 질환을 유발하는 인자가 동형접합성이라야 발병하는 질환

ⓐ 낭포성 섬유증(cystic fibrosis): 폐와 이자, 그리고 기타 기관에서 아주 진한 점액이 분비되어 호흡곤란, 소화장애, 간기능이 손상되고 주기적인 세균감염에 시달리게 되어 치료하지 않으면 5살 이전에 사망하는 질병임

ⓑ 겸상적혈구빈혈증(sickle cell anemia): 적혈구의 아미노산 한 개가 바뀌면서 나타나게 되는 질환으로 산소량이 적을 때나 육체적 스트레스에 놓이게 될 경우, 헤모글로빈 분자가 뭉쳐, 적혈구의 기형인 낫 모양의 겸상적혈구를 형성하게 됨. 겸상 적혈구 세포는 응집하여 작은 혈관을 막는 등 여러 가지 증상을 일으킴

ⓒ 백화현상(albinism): 피부, 모발, 눈 등에 색소가 생기지 않는 이상 현상으로 대부분 병리적 원인에 의하지 않고 유전적으로 결정되어 나타남. 흰쥐, 집토끼 등은 보통이며 이 동물들의 눈이 빨간 것은 혈액이 투과되어 보이기 때문임. 사람에게도 있으며 일반적으로 백화현상 알비노라고 함. 일반적으로는 티로시나아제의 결손을 일으키는 변이 유전자에 의한 것으로 티로신에서 멜라닌이 형성이 되지 않음

ⓓ 페닐케톤뇨증(phenylketonuria): 단백질 속에 약 2~5% 함유되어 있는 페닐알라닌을 분해하는 효소의 결핍으로 페닐알라닌이 체내에 축적되어 경련 및 발달장애를 일으키는 상염색체성 유전 대사 질환으로서 페닐알라닌을 티로신으로 전환시키는 페닐알라닌 수산화효소의 활성이 일반인에 비하여 선천적으로 저하되어 있어 결국 지능 장애, 연한 담갈색 피부와 모발 등이 발생하게 됨

ⓔ 알캅톤뇨증(alkaptonuria): 오줌 중에 호모겐티진산(알갑톤)의 배설을 특징으로 하는 선천성 대사 이상증의 일종으로 티로신이나 페닐알라닌과 같은 방향족 아미노산으로부터 생긴 호모겐티진산을 산화하는 효소 호모겐티진산-1,2-이산소첨가효소의 결손에 기인함. 환자의 오줌을 그대로 두어 알칼리성이 되면 호모겐티진산이 자동 산화되어 흑색의 색소를 생성시켜 흑색으로 변하는 것이 특징임. 중년, 노년의 결합조직이나 연골조직 등에 이 호모겐틴산(homogentisic acid)의 중합체에 의한 색소침착현상으로 조직 갈변증이 나타내며 또한 상당히 빠른 시기에 관절 등에 침착하여 관절염 증상을 나타냄

ⓕ 테이-삭스병(Tay-Sachs disease: Hexosaminidase A의 결핍으로 뇌의 리소좀에 갱글리오시드의 축적이 일어나게 되며 이로 인해 리소좀이 파괴되어 뇌신경이 죽게 되는 질환

ⓖ 색소성 건피증(Xeroderma pigmentosum): 자외선에 의해 생성이 유발된 피리미딘 이량체를 수선하는 효소 결여에 의해 발생하며 자외선 과민성, 피부암 등이 유발됨

ⓗ 탈라세미아(Thalassemia): 혈액에 의한 유전병 그룹으로 지중해빈혈증이라고도 하며 베타헤모글로빈 사슬 유전자의 점돌연변이 및 결실로 인한 적혈구의 헤모글로빈 부족에 의한 것임

㉡ 우성 유전질환: 해당 질환을 유발하는 인자가 하나만 있어도 발병하는 질환

ⓐ 헌팅턴병(Huntington's disease): 환자 몸의 부위가 제멋대로 움직이게 되며, 뇌세포도 소

실되어 기억력과 판단력도 없어지고 우울증에 빠지게 되고, 운동기능도 점점 없어져 결국에 말하는 것도, 음식을 삼키는 것도 힘들어지는 질병임

ⓑ 연골발육부전증(achondroplasis): 왜소증의 한 형태로 이형접합자인 사람은 난쟁이 표현형을 가짐

ⓒ 망막아세포종(retinoblastoma): 5세 이하의 어린이에 많으며 안저에 울룩불룩하게 황백색 종양이 융기하여 있기 때문에 동공 속이 고양이의 눈같이 황색으로 빛남. 그대로 두면 차차 커져서 안구를 파괴하고 안검을 제쳐 주먹만하게 외부로 나온다. 그리고 뇌・척수・림프절・뼈・간 등으로 옮겨가서 마침내 사망하게 됨

ⓓ 마르판 증후군(Marfan syndrome): 결합조직 이상에 의한 계통적 질환으로 가늘고 사지, 거미모양지증, 척추 이상 등의 골격계 이상 등의 문제가 생기거나 심장계 이상 등의 증상이 나타남. 결합조직에 존재하는 미소피브릴의 성분인 피브릴린을 코드하는 유전자FBNI의 돌연변이에 의해 일어나는데 변이부위에 따라 임상증상이 달라진다. FBNI은 15번 염색체에 존재하지만 염색체의 다른 좌위에도 원인이 있는 것으로 알려져 있음

3 성의 결정과 성염색체 연관 유전

(1) 성의 결정

생물의 성은 대개 유전과 호르몬의 영향에 의한 일련의 매우 복잡한 발생학적 변화에 의해 결정되는데 그러나 간혹 몇몇 유전자가 생물의 성 결정에 영향을 주는 경우도 있음 이러한 스위치 역할을 하는 유전자들은 성염색체에 존재하는 것이 일반적임. 그러나 성염색체가 생물체의 성을 결정짓는 유일한 요소는 아니며 벌, 개미, 말벌의 경우는 개체의 배수성이 성을 결정하게 되며 또한 어떤 경우는 온도 등의 환경요인에 의해 성 결정이 영향을 받는 경우도 있음

㉠ 주요 성 결정 유형

ⓐ XY형: ♂(XY), ♀(XX) ex. 사람, 초파리

ⓑ XO형: ♂(XO), ♀(XX) ex. 메뚜기, 귀뚜라미

ⓒ ZW형: ♂(ZZ), ♀(ZW) ex. 조류, 파충류

ⓓ ZO형: ♂(ZZ), ♀(ZO) ex. 곤충류 일부

ⓔ 반수체-배수체형: 벌과 개미 등에서 볼 수 있는 것으로 벌의 경우 반수체는 수컷, 배수체는 암컷으로 발생함

㉡ 초파리와 인간의 성 결정

ⓐ 초파리의 성 결정: 초파리의 성은 상염색체의 대립유전자와 X염색체의 대립유전자수의 비율로 결정됨. X: A의 비율이 1.00 이상일 경우에는 암컷이 되며 정상 수컷의 경우 그 비율이 0.5이고 0.5 이하라도 수컷임. 암컷의 발생을 결정하는 성 결정 유전자가 발견되었는데

Sex-lethal(Sxl) 유전자라 불리는 이 유전자는 X 염색체상에 위치하며 Sxl 유전자가 발현되면 암컷이 되고 발현되지 않으면 수컷이 되는 셈임. 다시 말하면 X 염색체가 두 개 존재하게 되었을 때 Sxl 유전자는 발현되어 암컷의 발생을 진행하게 되고 X 염색체가 한 개 존재하게 되면 Sxl 유전자는 발현되지 않아 수컷의 발생이 진행됨

ⓑ 인간의 성 결정: Y염색체가 있으면 남성, 없으면 여성이 되는 방식으로 Y 염색체 상의 성 결정 부의(sex determining region of the Y; SRY) 유전자가 정소 결정 인자로 확인되었는데 SRY 단백질은 p450 aromatase 유전자에 결합하여 테스토스테론을 에스트라디올로 전환시키는 단계를 억제하며 정소발생을 유발하고 여성 생식관을 퇴화시키는 물질을 암호화하는 유전자의 발현을 촉진시킴

(2) 반성 유전(sex-linked inheritance)

특정 형질에 대한 유전자가 X염색체에 존재하는 유전으로 특정 형질이 수컷과 암컷에서 다른 빈도로 나타남. 암컷은 두 개의 X염색체가 있기 때문에 동형접합이거나 이형접합일 수 있지만 수컷은 한 개의 염색체만 가지므로 동형접합도 이형접합도 될 수 없는 반접합자(hemizygote)임. 참고로 X염색체와 Y염색체에 모두 존재하는 유전자는 성 연관 유전양식을 따르지 않으며 상염색체 유전양식과 유사한데 이러한 유전자를 위상 유전자(pseudoautosomal gene)라 함

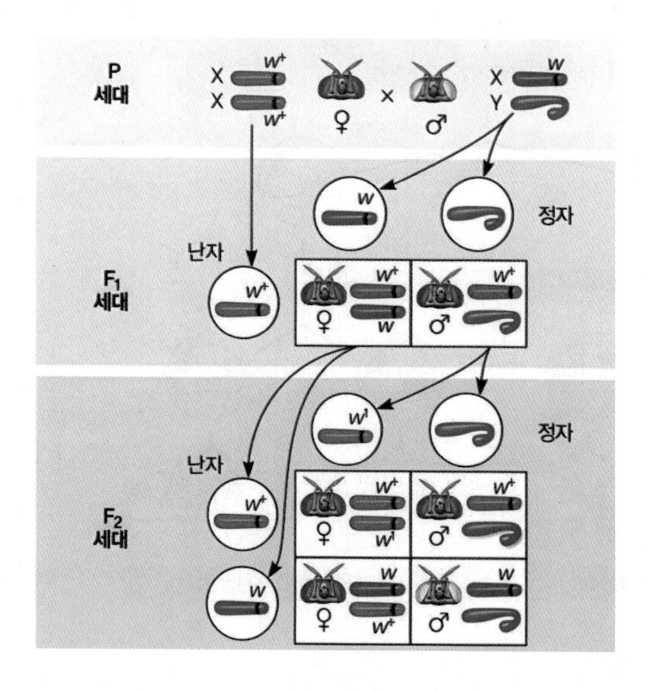

㉠ 양적 보정(dosage compensation): XY 염색체에 의한 성 결정 체계에서 암컷은 X염색체를 두 개 갖고 있지만 수컷은 하나밖에 없으므로 X염색체 상에 존재하는 유전자 발현의 양적 보정이 이루어져야 하는데 이러한 기작은 사람 및 일부 포유류와 초파리 등에서 발견되고 있음

ⓐ X염색체의 불활성화: 사람을 포함한 일부 포유류의 경우 암컷의 X염색체를 불활성화시킴으로써 수컷과 암컷이 모두 활성화된 X염색체를 하나만 갖게 함. X염색체의 불활성화된 형태는 응축된 반점 형태(condensed body)로 관찰되며 바소체(Barr body)라고 명명함

1. 리온 가설(Lyon hypothesis)과 바소체의 수: 세포 종류와 관계 없이 한 개의 X염색체만 활성화된다는 설로서 예를 들어 정상 암컷 고양이는 핵인이 아닌 응축된 반점 한 개가 관찰되나 정상 수컷 고양이에서는 응축된 반점이 관찰되지 않는다는 사실에 근거하여 제안된 것임. 응축된 반점 모양의 바소체 수는 X염색체의 수보다 한 개 적은 개수를 지니게 되는데 예를 들어 비정상적인 유전자형을 가진 XXXX 여성은 세 개의 바소체를 갖게 됨
2. 모자이크 특징(mosaicism): X염색체에 연관된 유전자에 대해 이형접합자인 암컷들은 특이한 표현형의 발현 양상을 보이는데 암컷의 경우 배발생 시작 12일 후에 각 세포에 있는 두 개의 X염색체 중 하나가 무작위적으로 불활성화되며 불활성화된 X염색체인 바소체는 이후의 세포 분열 와중에도 계속 바소체로 남게 됨. 따라서 이형접합 암컷은 세포 수준에서 X 연관 형질에 대해 모자이크 특징을 보이게 됨

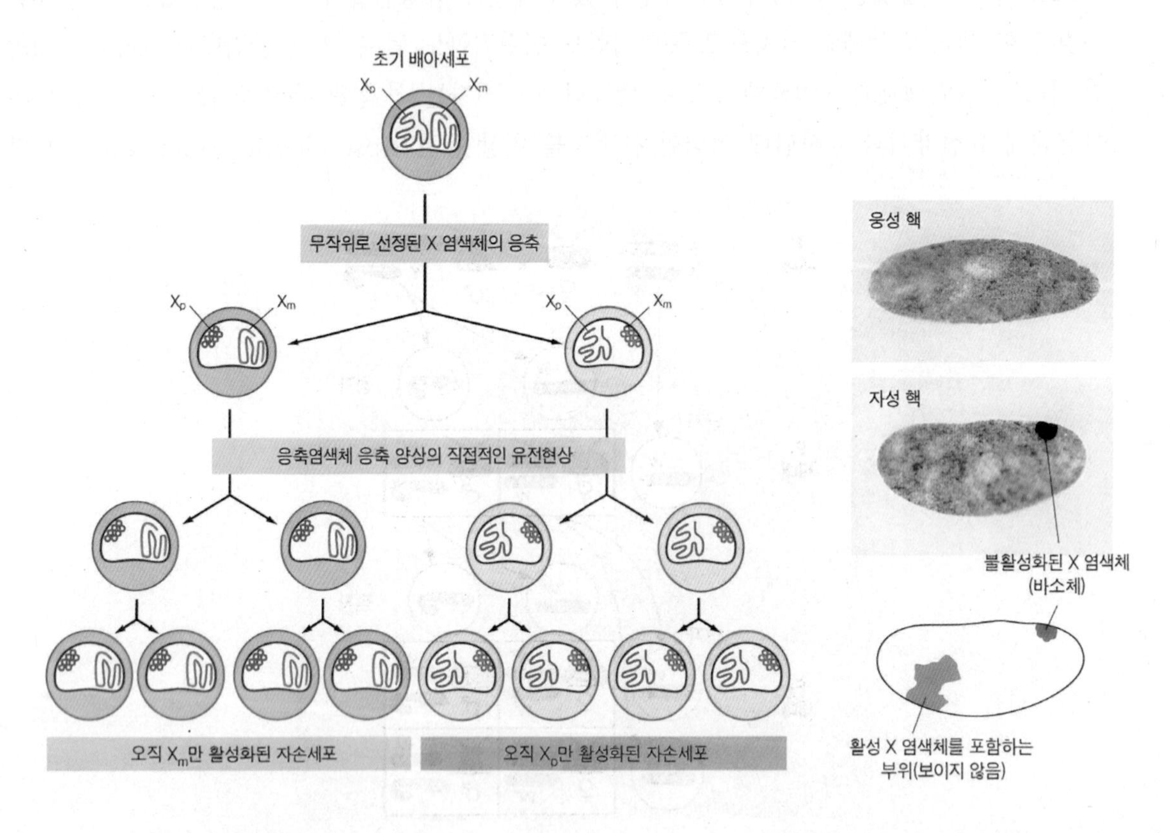

3. X 불활성화 중심(X inactivation center; XIC)과 XIST(X inactive-specific transcript) 유전자: X염색체의 불활성화가 시작되는 부위로서 XIC에는 X염색체를 불활성화시키는 것으로 추정되는 XIST 유전자를 포함하고 있음. XIST 유전자는 정상 암컷의 불활성화된 염색체에서만 활동적인 것으로 알려져 있고 불활성화된 X염색체는 XIST 뿐만 아니라 또 다른 일부 유전자들 몇몇도 활성화상태인 것으로 추정되고 있음

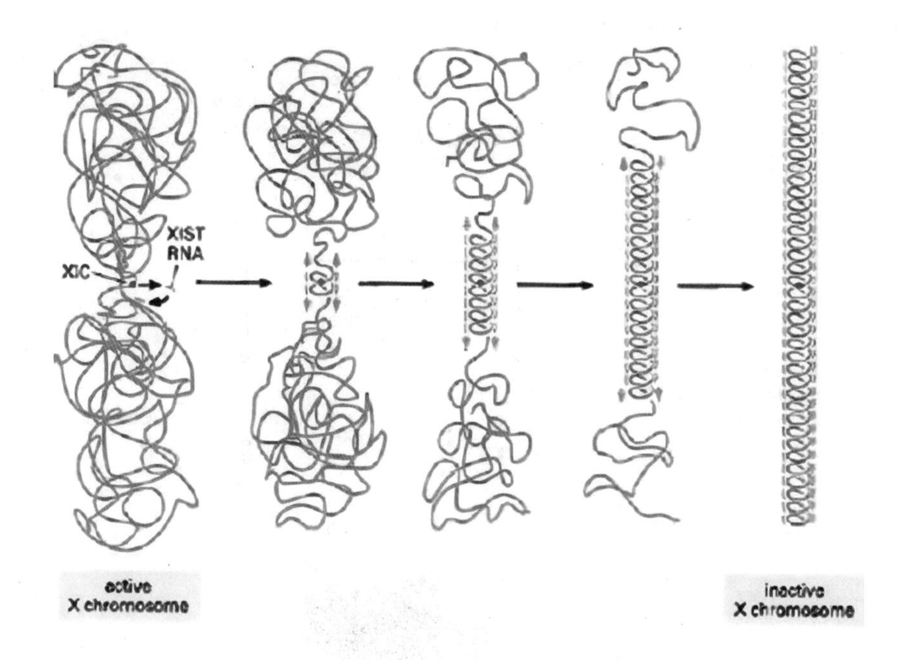

「리온 가설을 증명하는 예」

Ⓐ 포도당 6인산 탈수소효소(glucose 6 phosphate dehydrogease; G6PD)의 발현 양상 연구

1. G6PD: X염색체상에 있는 유전자로부터 만들어지는 효소이며 여러 종류의 대립형이 있으나 기능은 동일함. 예를 들어 두 종류의 효소 A와 B는 모두 포도당 6인산에서 수소를 제거하지만 아미노산 한 개가 다르기 때문에 전기영동 시에 이동 속도 차이가 발생하고 둘은 구분됨
2. G6PD의 전기영동 결과 분석: G6PD에 대해서 이형접합자의 경우 하나의 세포는 A형과 B형 중 한 종류의 G6PD만 존재하지만 혈장에는 각각의 세포로부터 분비된 A형과 B형 G6PD가 모두 존재함

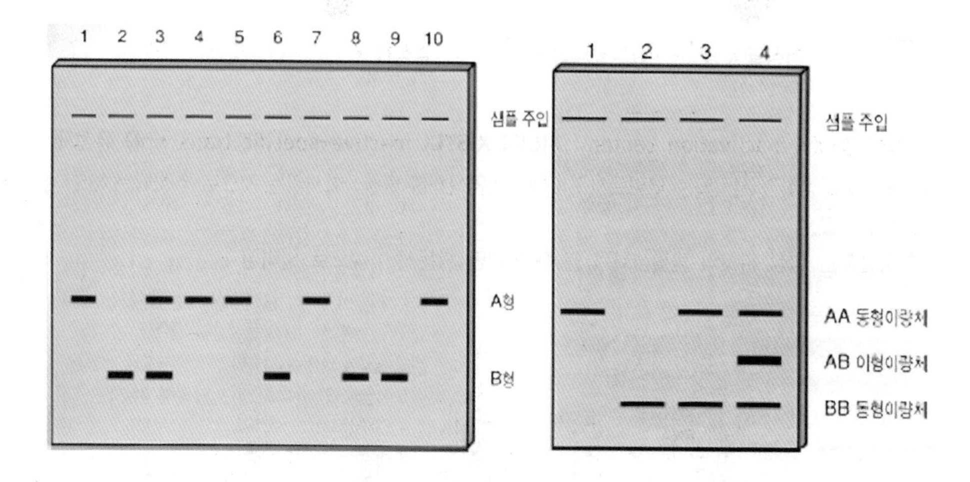

Ⓑ 갑골무늬 고양이: 갑골무늬 고양이들은 보통 X염색체에 연관된 색 유전자의 주황색 검은색 대립유전자에 대해 이형접합자인 암컷인데 두 색에 대한 얼룩을 타나냄. 이것은 발생 단계에서 둘 중 한 X염색체는 불활성화되고 불활성화된 세포의 모든 딸세포들은 역시 같은 X염색체에서 불활성화된 결과 얼룩무늬를 갖게 된 것임

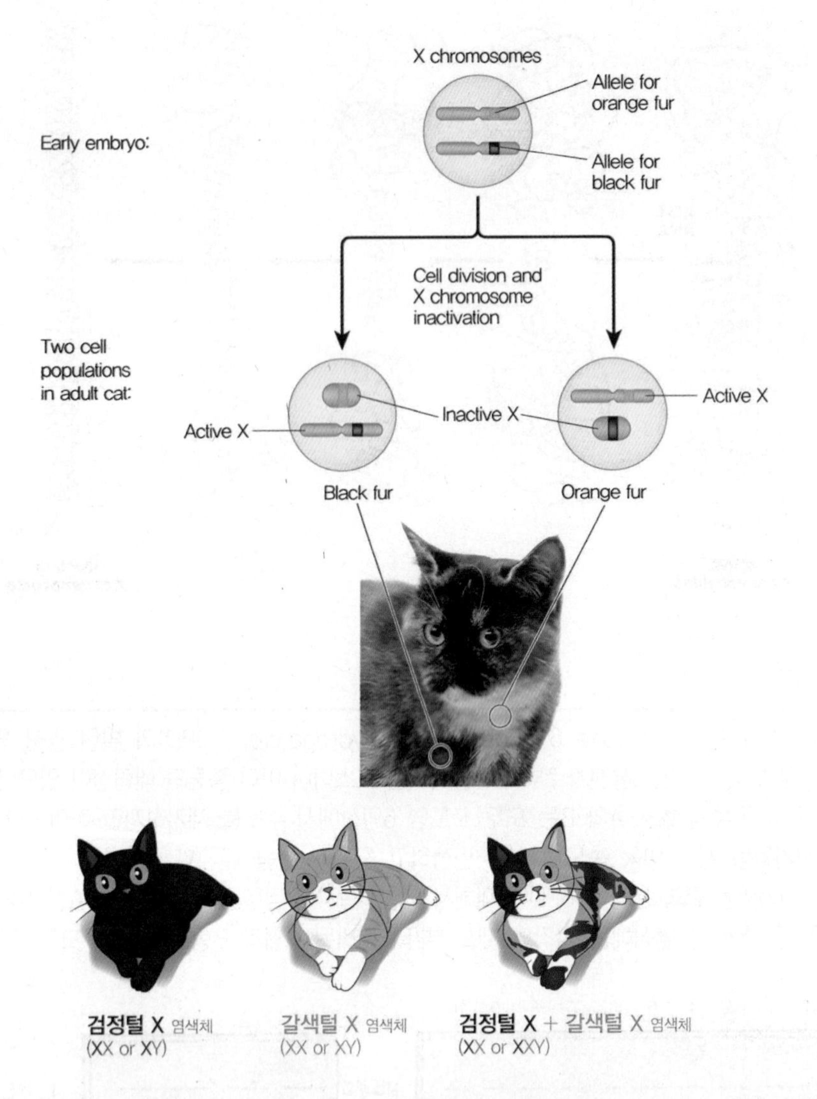

✓ **X 불활성화 중심(X inactivation center ; XIC)과 XIST(X inactive-specific transcript) 유전자**

- X염색체의 불활성화가 시작되는 부위로서 XIC에는 X염색체를 불활성화시키는 것으로 추정되는 XIST 유전자를 포함하고 있음
- XIST 유전자는 정상 암컷의 불활성화된 염색체에서만 활동적인 것으로 알려짐

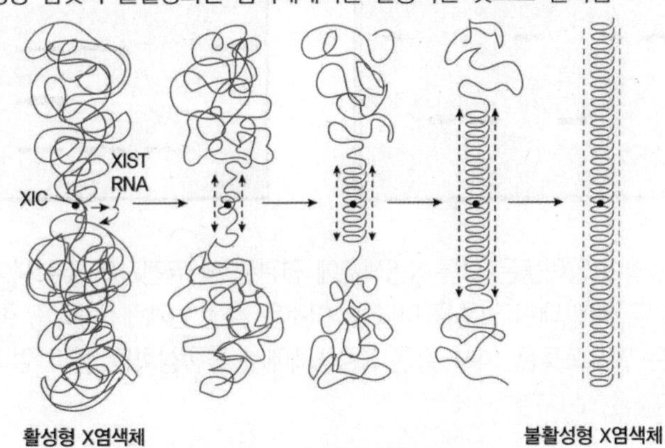

ⓑ X염색체 활성화 기작: 초파리에서도 유전자량 보정이 일어나며 X염색체에 있는 유전자 활동은 수컷과 암컷에서 거의 같은 수준으로 나타나는데 초파리에서는 바소체가 나타나지 않는 것을 볼 때에 양적 보정 기작에 있어서 포유류와는 다르다는 것을 알 수 있음. 수컷에 존재하는 한 개의 X염색체는 매우 활동적이며 그 정도는 암컷의 X염색체 두 개를 합한 수준에 이르게 되는데 이것은 수컷의 X염색체의 수백 곳에 달라붙는 MSL(male specific lehtal) 단백질이 수컷의 X 염색체 연관 유전자의 활성을 증가시키는 것을 통해 이루어지는 것임

ⓒ 반성유전 질환의 종류

ⓐ 뒤셴 근육 위축증(Duchenne muscular dystrophy): 근육이 서서히 약해지고 근육운동의 협조가 약해짐. 디스트로핀(dystrophin)이라는 근육단백질 결핍이 이유이며, 병든 근육이 크레아틴인산을 분비하기 때문에 혈중 크레아틴인산농도가 50~100배 증가하며 이로 인해 지능지수도 떨어지게 됨

ⓑ 혈우병(hemophilia): 혈액응고에 필요한 1개 이상의 단백질 결핍되어 출혈이 지속되는 질병

ⓒ 적록색맹(red-green blindness): 색깔을 감각하는 적원추세포와 녹원추세포를 암호화하는 유전자 중 하나에 이상이 생겨 일어나는 색맹현상

ⓓ 허약성 X 증후군(fragile X syndrome): X연관 우성유전질환으로 정신지체 등이 발생함

ⓒ 반성유전의 가계도 분석

ⓐ 열성 반성유전 가계도 분석

1. 이상 형질은 여성보다 남성에서 더욱 많이 나타나는 경향이 있음
2. 이상 형질을 갖는 남자들의 형질은 어머니에게서 유전된 것임
3. 이상 형질을 갖는 여성은 이상 형질을 갖는 아버지와 이상 형질 인자를 지닌 어머니에게서 그 인자를 모두 물려받은 것임
4. 이상형질을 갖는 여성의 아들들은 모두 이상 형질을 갖게 됨

ⓑ 우성 반성유전 가계도 분석

1. 이상 형질은 세대를 건너뛰지 않음
2. 이상형질을 갖는 남자는 이상형질을 갖는 어머니에게서 그 인자를 물려받은 것임
3. 이상형질을 갖는 여성은 이상형질이 있는 어머니 또는 아버지 둘 중 한 분 이상으로부터 인자를 물려받은 것임
4. 이상형질을 갖는 아버지의 딸들은 모두 이상형질을 갖게 됨

(2) 한성 유전(sex-limited inheritance)

암수 어느 한쪽의 성 표현형에만 나타나는 유전으로 Y염색체에 위치하는 유전자에 의한 부계 형질은 수컷 자손에게만 유전되는 것을 볼 수 있는데 예를 들어 Lebistes reticulatus의 등지느러미에 큰 검은 반점을 만드는 유전자 M은 Y염색체에 들어 있고 X염색체에는 없으므로 따라서 교잡하면 항상 수컷만이 이 반점을 갖게 됨. 한성 유전의 다른 예로는 귓속털 유전이 있음

5 그 외의 유전 양상

(1) 종성유전(sex-controlled inheritance)

성염색체에 있는 유전자에 의하지 않는 유전현상으로 성과 관련되어 있는 것으로 주로 호르몬의 영향으로 성과 관련되어 있는 경우가 많음. 유전자형은 동일하나, 표현형이 틀린 경우이며 성별에 따라 다른 표현형을 지니게 됨 ex. 대머리 유전, 양의 뿔 유전

(2) 유전체 각인(genomic imprinting)

유전자 발현이 모친 유래 또는 부친 우래인가에 따라 상이한 조절을 받는 현상으로 염색체가 어버이로부터 자손에 계승될 때 어떤 영역 또는 유전자는 어버이의 유래가 다르면 발현패턴이 변함. 이것은 염색체 상의 동일 영역이 구별되는 것처럼 난소와 정자가 형성되는 과정에서 사전에 표시가 붙여지고 수정 후에 다른 기능을 하도록 프로그램되어 있는 것에 의함. 이 프로그램은 유전정보를 본질적으로 바꿔버리는 것이 아니라 세대마다 새롭게 프로그램되어 수정하는 것이어서 어느 쪽 부모 유래일까라는 정보를 염색체에 '새겨 넣는다' 라는 의미로 이러한 명칭이 붙게 되었음. 이 현상은 식물로부터 포유류에까지 널리 나타나고 그 분자기구의 일부로서 DNA 메틸화의 관여가 시사되고 있음

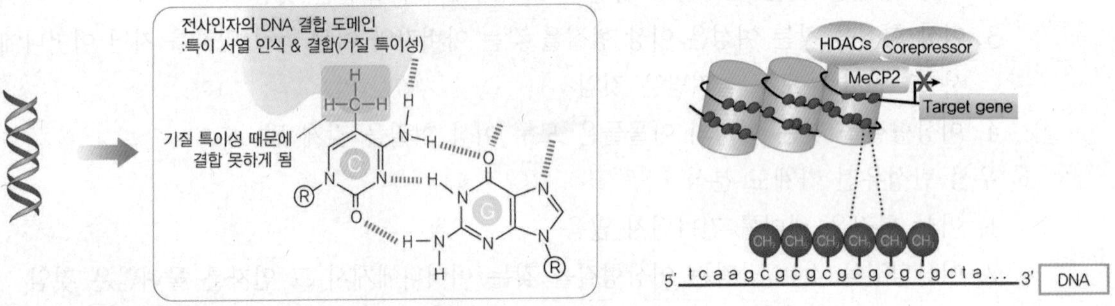

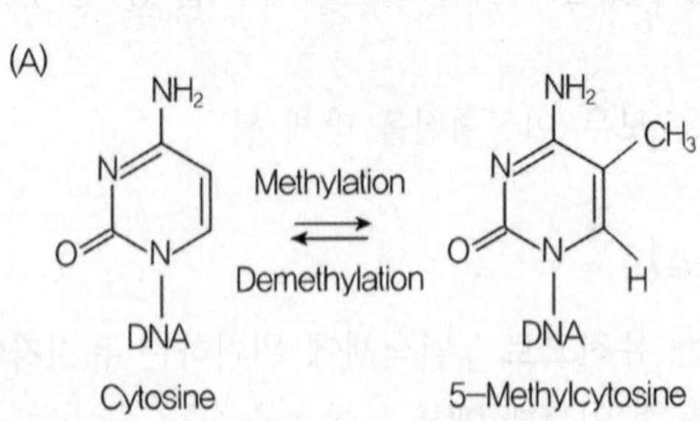

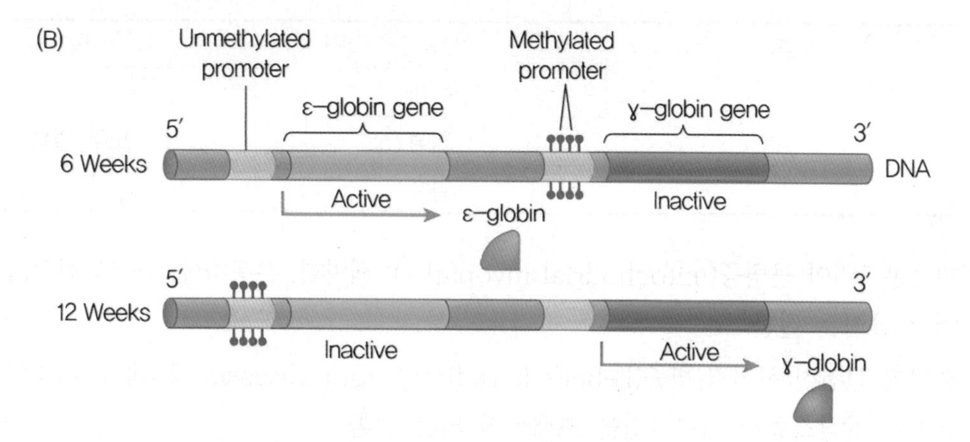

㉠ 배우자가 형서오디는 동안 유전체 각인 프로그램이 진행됨

㉡ 정자와 난자에서 서로 다른 방식으로 각인됨

㉢ 보통은 메틸화가 되면 메틸화된 유전자는 불활성화됨

(3) 세포질 유전(cytoplamic inheritance)

보통 모계의 세포소기관 DNA만이 다음 세대에 전달되는 유전방식인 경우로서 모계의 형질과 모든 자손의 형질이 동일하다는 점이 특징임. 모계 유전과 세포질 유전을 완전히 동일한 의미로 사용해서는 안되는데 모계 유전임에도 불구하고 형질을 지배하는 유전자가 핵 유전체에 존재하는 경우가 있다는 것을 명심해야 함

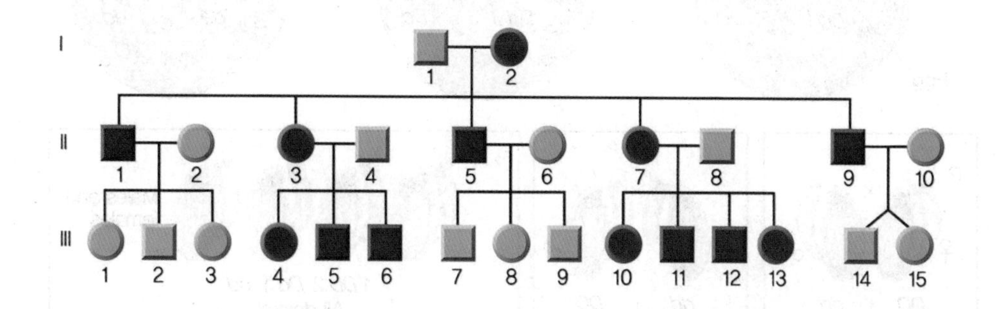

㉠ 분꽃의 잎색 유전: 부계의 형질에 관계없이 잎 색이 모두 모계의 형질을 따름

♀	♂	F_1
녹색	녹색	모두 녹색
	흰색	
	얼룩	
흰색	녹색	모두 흰색
	흰색	
	얼룩	

♀	♂	F1
얼룩	녹색	모두 얼룩
	흰색	
	얼룩	

㉡ 미토콘드리아 근병증(mitochodrial myopathy): 쇠약함, 운동장애, 근육퇴화와 같은 증상에 시달리는 질환

㉢ 레버씨 선천성 시신경 병증(Leber's hereditary optic disease): 20대나 30대의 젊은 사람에게 갑작스럽게 시력상실을 초래하게 되는 질환

(4) 모계 영향 유전

세포질 유전과는 다르게 자손의 형질이 모계의 표현형이 아닌 유전자형에 의해 결정되는 경우로서 아래 연못 달팽이(Limnaea peregra)의 경우 자손의 패각 나선 형태는 모계의 유전자형에 의해 결정되는 것을 볼 수 있음

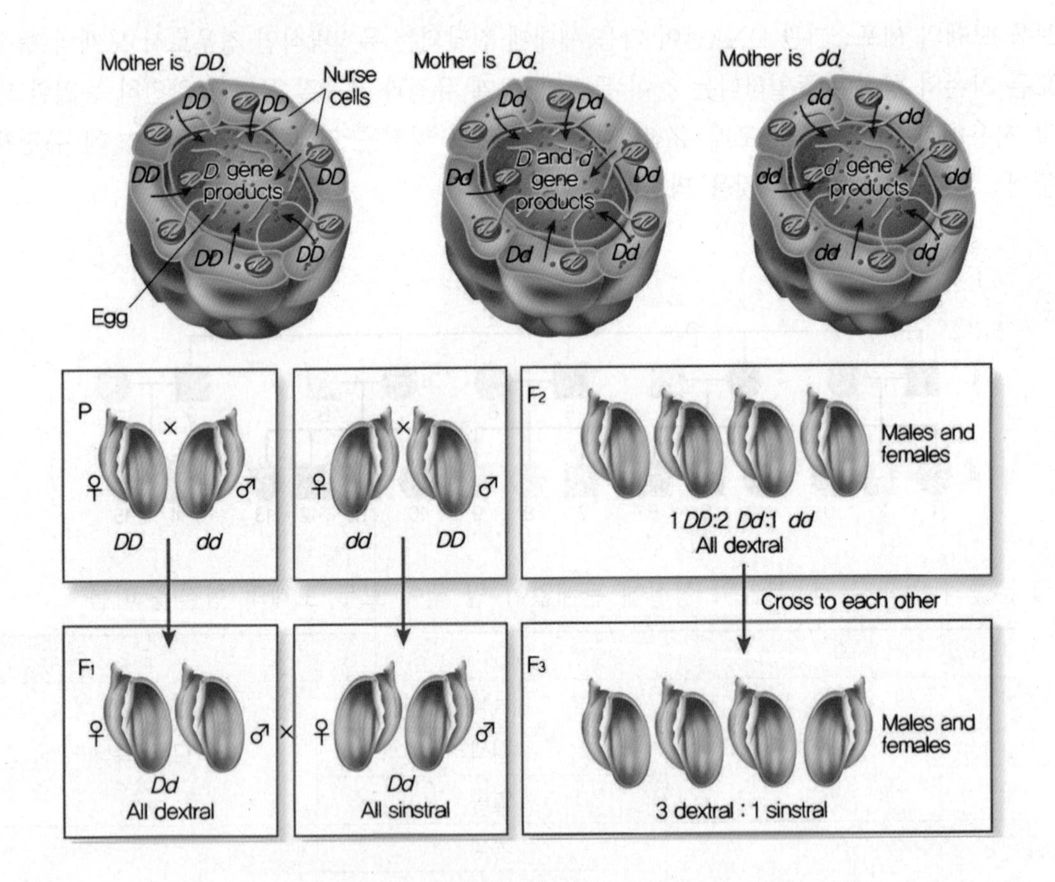

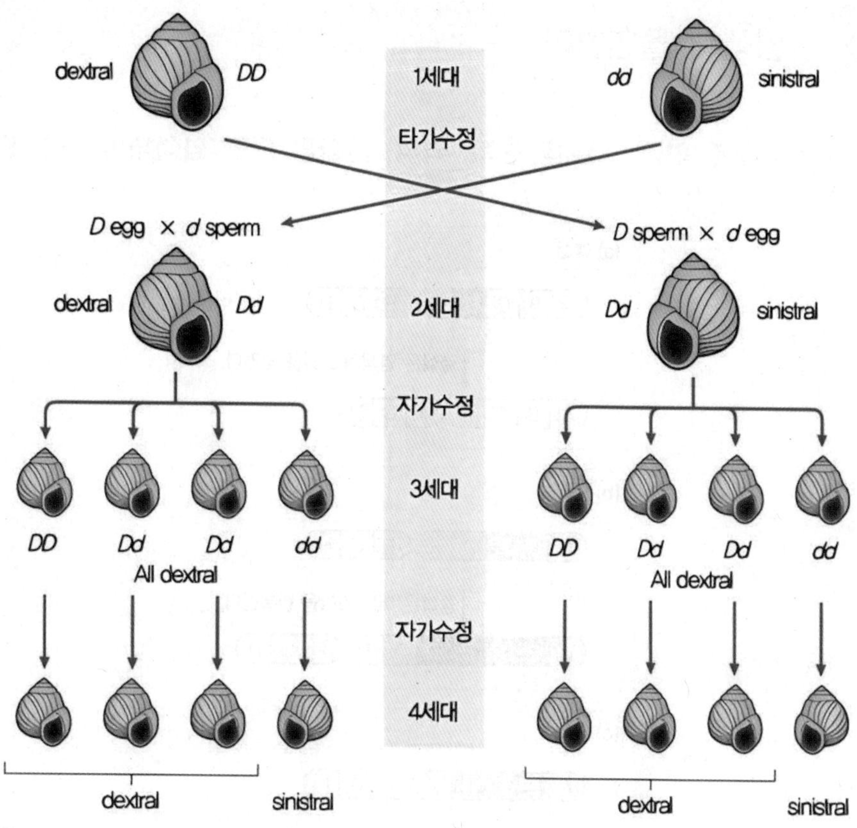

핵 외 유전 : 모계효과

예 달팽이의 회전 방향 ~ 자손들의 표현형은 난자에 존재하는 유전자 산물의 조절에 영향을 받는다.

(5) 크세니아(xenia)

종자 속의 배젖에 화분의 우성 형질이 나타나는 현상으로 1881년부터 알려졌는데, 1898년 L.귀니아르의 속씨식물의 중복수정 연구로부터 그 의미가 밝혀졌음. 예를 들면 벼의 멥쌀은 찹쌀에 대하여 우성인데 찹쌀이 생기는 그루의 꽃에 멥쌀의 화분을 묻혀 수정시키면 거기에 생기는 난알은 우성형질이 나타나 멥쌀이 생기게 됨

배의 형성		♂	
		A	a
♀	A	AA	Aa
	a	Aa	aa

배젖의 형성		♂	
		A	a
♀	AA	AAA	AAa
	aa	Aaa	aaa

4 염색체 돌연변이

(1) 염색체 구조 이상 - 결실, 중복, 역위, 전좌를 통한 염색체의 구조 변화

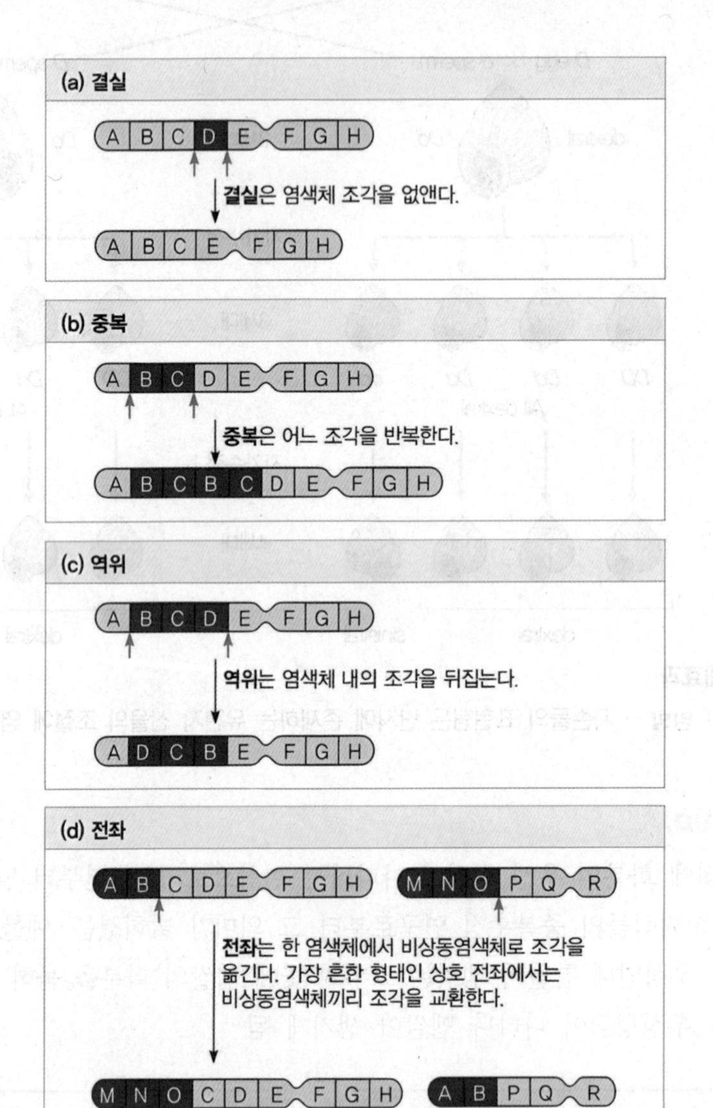

㉠ 결실(deletion): 동일 염색체 상에서 두 개의 절단이 일어나게 되는 경우 무동원체 조각 하나를 제외한 두 조각이 재결합하게 되는 경우가 발생함

ex. 묘성 증후군(cri-du-chat syndrome): 5번 염색체의 결실로 인해 나타나는 증상으로서 고양이 울음소리를 내는 증후인데 소두증, 선천적 심장질환, 심한 정신 박약도 함께 나타남. 결실이 크게 생기면 감수 분열시 사분염색체에서 루프형의 팽창이 일어나게 됨

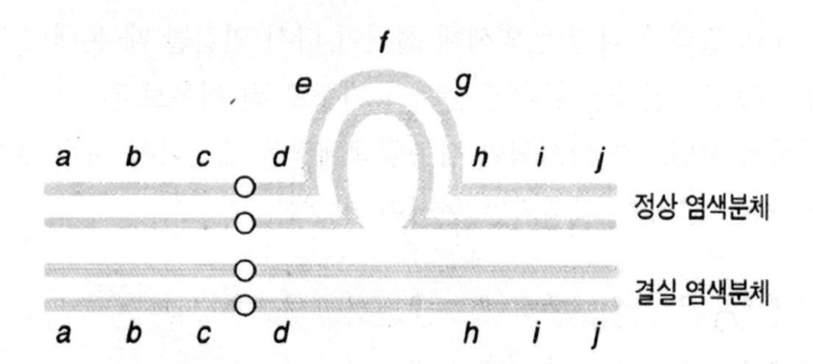

「결실된 개체의 표현형 분석을 통한 염색체 지도 작성의 예」

Ⓐ 아이디어: 염색체 상의 유전자 순서를 결정하는데 있어서 표현형적으로는 정상이나 일부 염색체의 일부가 결실된 개체와 표현형적으로 열성인 개체를 교배하게 되면 자손 중 일부가 결실된 유전자에 대해서 열성 표현형을 갖게 되는데 이 때 동시에 결실된 유전자들은 바로 인접해 있다고 간주함

Ⓑ 예시: 초파리에 γ선을 쪼여 염색체의 다양한 '결실' 돌연변이체들을 얻을 수 있었는데 이들은 각각 결실 1~6으로, 아래 그림은 이들의 결실된 부위를 표시한 것임

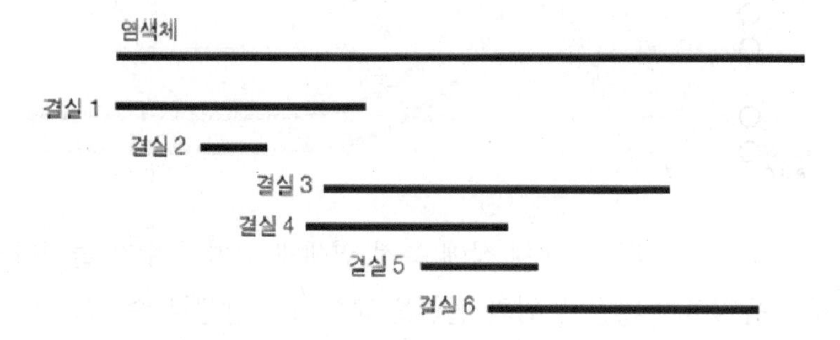

이 염색체 위에 있는 것으로 알려진 유전자 A, B, C, D, E, F의 위치를 확인하기 위해 이들의 열성 대립인자(a, b, c, d, e, f)를 지닌 초파리와 위 결실 돌연변이체들을 각각 교배한 결과 아래와 같은 표를 얻을 수 있었음 (+는 우성 표현형, m은 열성 표현형을 나타냄)

	열성 대립 인자					
	a	b	c	d	e	f
결실 1	m	+	m	+	+	m
결실 2	m	+	+	+	+	+
결실 3	+	m	m	m	m	+
결실 4	+	+	m	m	m	+
결실 5	+	+	+	m	m	+
결실 6	+	m	+	m	+	+

유전자 순서: f-a-c-e-d-b

ⓛ 역위(inversion): 잘려져 나왔던 염색체 절편이 다시 연결될 때 본래의 방향과 반대로 연결되어 염색체사으이 유전자들의 배열 순서가 거꾸로 된 경우로 감수분열시 역위염색체를 갖는 이형접합자에 시냅스가 형성되면 상동염색체쌍을 형성하기 위해 루프가 형성되고 역위된 부위 내에서는 교차가 억제되는 현상이 발생함

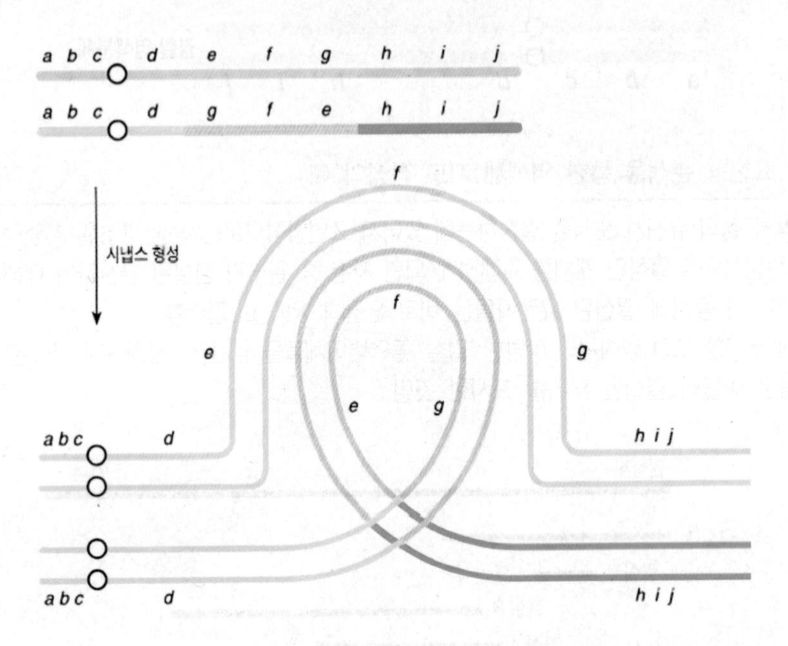

ⓒ 중복(duplication): 동일한 염색체 상에 특정 염색체 절편의 수가 늘어나게 되는 경우로서 상동염색체가 동일하지 않은 부위의 절편을 교환해서 발생할 수 있는데 중복은 염색체 물질의 불공평한 분배를 가져다 주게 됨

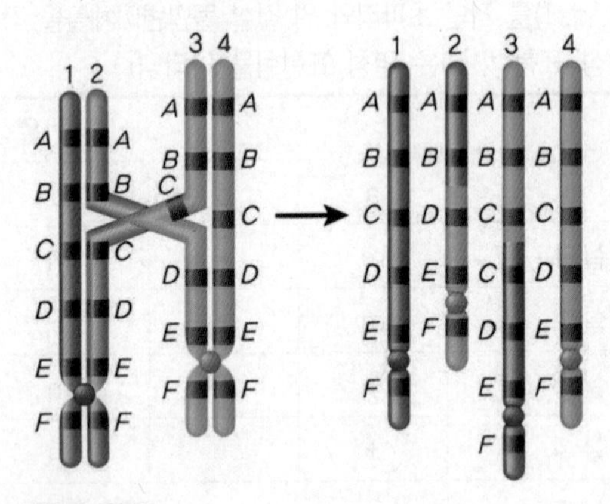

불균등 교차에 의해 생기는 염색체의 중복과 결실

ⓔ 전좌(translocation): 염색체 절편의 위치가 동일 염색체상의 원래 위치가 아닌 다른 위치로 이동한다거나 다른 염색체상으로 이동하는 경우임. 그 중 비상동염색체간의 염색체 조각 교환을 상호전좌(reciprocal translocation)라고 함 ex. 만성 골수성 백혈병(chronic myeloid leukemia; CML): 백혈구로 분화되는 세포의 체세포분열 동안 상호전좌가 일어날 때 발생하는 유전병으로 이들 세포에서는 22번 염색체의 큰 부분과 9번 염색체의 작은 끝 부분 사이에 교환이 일어난 결과 22번 염색체가 눈이 띠게 아주 작은데 이러한 염색체를 필라델피아 염색체라고 함

ⓐ 전좌의 결과: 감수분열시 시냅스를 형성할 때 전좌된 염색체와 정상의 상동염색체는 십자 모양을 형성하여 결합할 수 있게 된다는 것이 특징임

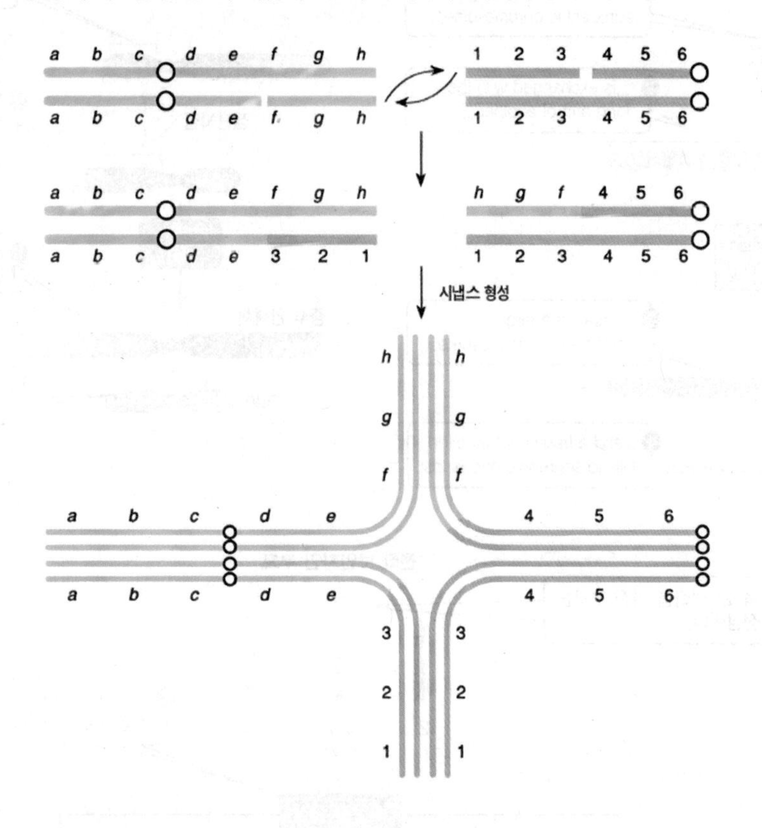

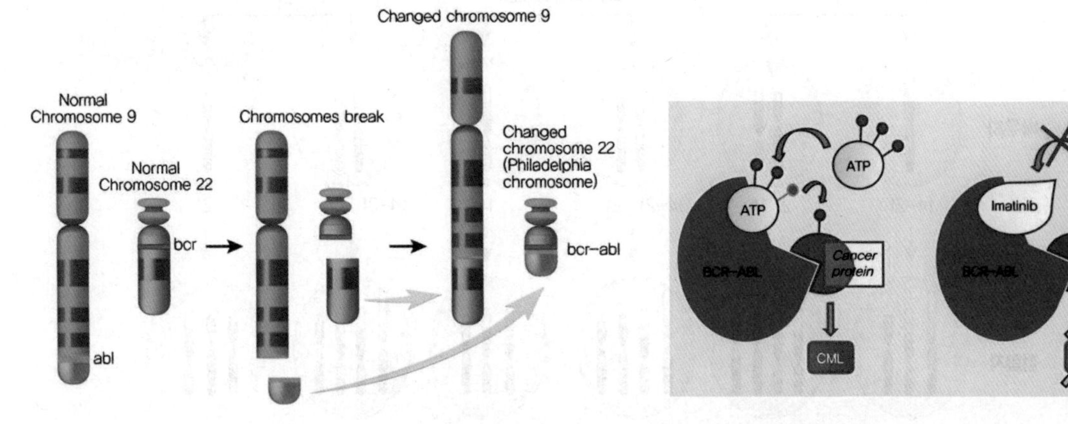

ⓑ 로버트소니안 융합(Robertsonian fusion): 상호전좌의 흥미로운 종류로서 두 개의 차단부 동원체(acrocentric) 염색체들이 동원체 위에 또는 동원에 근처에서 결합할 때 상호전좌가 일어나게 되는데 이 과정은 유전물질의 양은 거의 동일하나 염색체수가 줄어들게 되는 결과를 가져옴

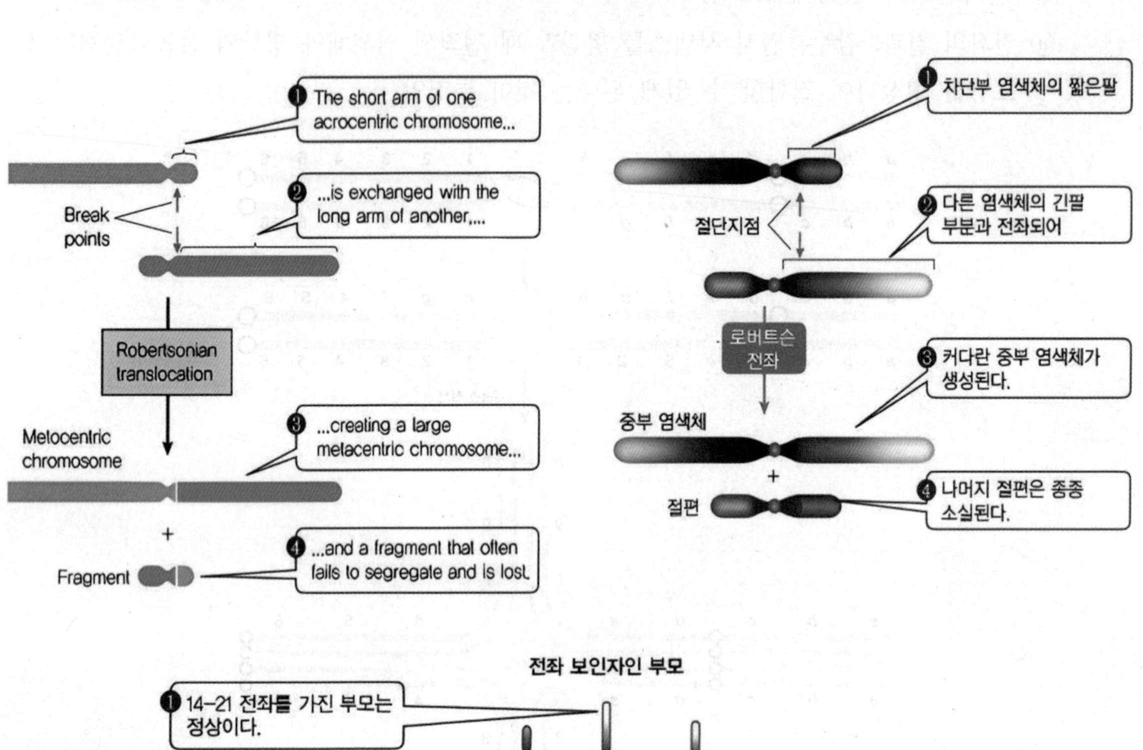

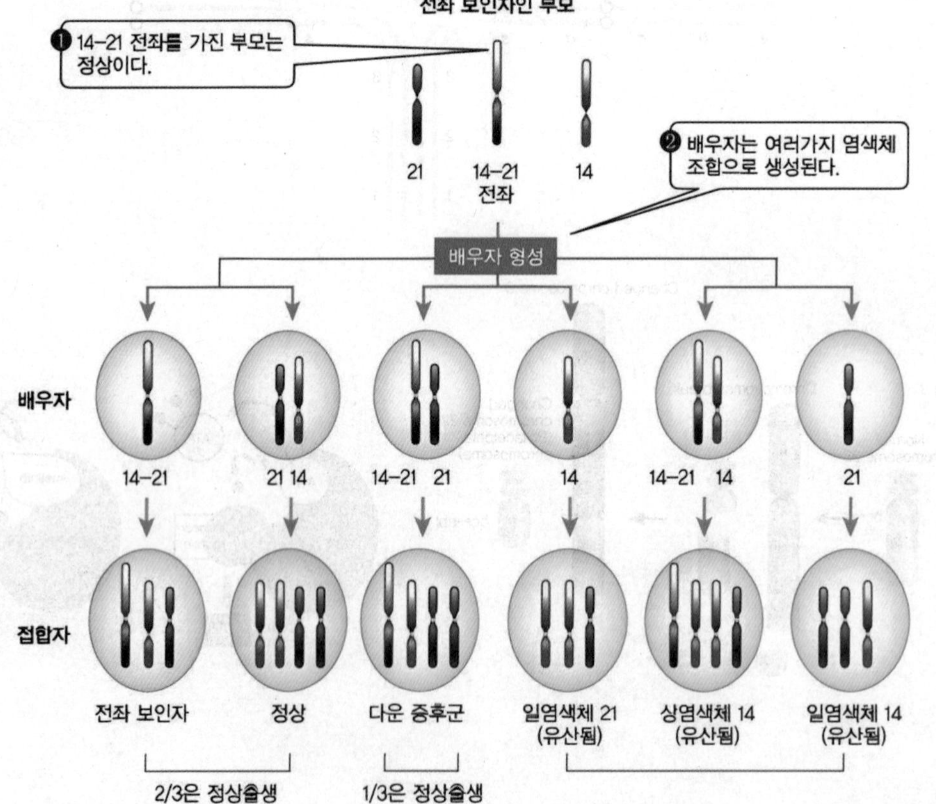

(2) 염색체의 수적 이상

염색체의 비분리 현상이나 감수분열에서의 문제로 인해 염색체의 수가 정상보다 많거나 적게 존재하는 현상으로 정배수성과 이수성으로 구분됨

㉠ 이수성(aneuploidy): 일부 염색체의 비분리 현상으로 인해 발생하여 염색체의 수가 정상보다 1~2개 많거나 적은 현상임. 일염색체성(monosomic)은 이배체 세포가 한 개의 염색체를 잃었을 때를 말하며 삼염색체성(trisomic)은 이배체 세포가 한 개의 염색체를 더 가지고 있을 때를 말하는 것임

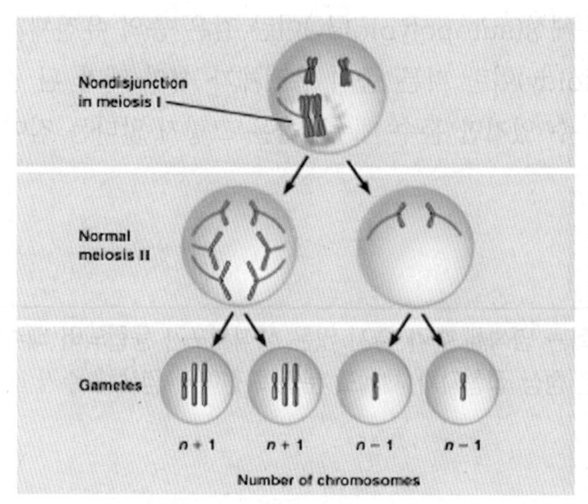

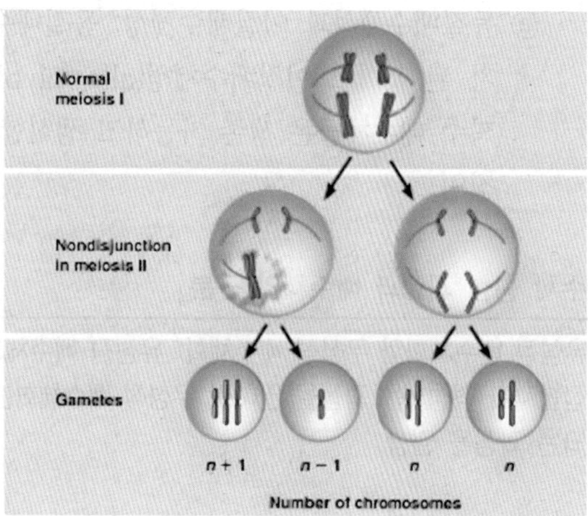

ⓐ 암수모자이크(gynandromorph): 초기 배 발생과정 상에서 성염색체 비분리 현상이 일어나게 되면 그 결과 사람에게서는 XX/X, XY/X, XX/XY, XXX/XX 등의 성염색체 모자이크들이 생기는 것을 볼 수 있음

ⓑ 다운 증후군(Down syndrome): 가장 흔한 염색체 질환으로서 21번 염색체가 정상인보다 1개 많은 3개가 존재하는데 이것은 21번 염색체의 비분리를 통해서나 또는 14, 15, 22번 염색체에 21번 염색체의 일부가 전좌되어서 일어나는 경우로 구분됨. 정신 지체, 신체 기형, 전신 기능 이상, 성장 장애 등을 일으키는 유전 질환으로 신체 전반에 걸쳐 이상이 나타나며 특징적인 얼굴 모습을 관찰할 수 있고 지능이 낮음. 출생 전에 기형이 발생하고 출생 후에도 여러 장기의 기능 이상이 나타나는 질환으로서 일반인에 비하여 수명이 짧음

ⓒ 에드워드 증후군(Edwards syndrome): 신생아 1만명당 한 명에게 나타나며 두 살이 될 때까지 80~90%의 치사율을 보임. 아기는 보통 작은 코와 입, 움푹 들어간 턱, 비정상적인 귀를 지님. 비정상적인 말단 관절로 인해 마음대로 움직일 수 없고 손가락은 약지와 검지가 사이의 두 손가락과 겹치는 특이한 외양을 보이며 일반적으로 심한 정신 박약을 동반함

ⓓ 클라인 펠터 증후군(Klinefelter's syndrome; XXY): 남성의 2차 성징 발현이 저해되고 여성의 특징이 나타나며 생식능력이 없음

ⓔ 터너 증후군(Turner's syndrome; XO): 여성의 성징이 약하며 신장 외소, 심장기형, 피부이상 등이 나타남

ⓕ X-삼염색체성 증후군(X-trisomy syndrome; XXX): 신생아 1000명당 한 명 꼴로 나타나는데 생식은 정상이지만 가벼운 정신 박약 상태에 놓이게 되고 느린 성장 뿐 아니라 선천적 기형도 때로 존재함. 클라인펠터 증후군을 가진 아들이나 X 삼염색체성 증후군을 지닌 딸을 둘 수 있음

ⓛ 배수체화(polyploidy): 염색체의 수가 정상보다 배로 많은 현상으로 대부분 감수분열이 정상적으로 일어나지 않아 발생함

ⓐ 동질배수체성과 이질배수체성: 동질배수체성(autopolyploidy)이란 같은 종의 유전체가 배가 된 것이고 이질배수체성(allopolyploidy)이란 다른 종의 유전체가 섞여 배가 된 것임. 짝수 배수체들은 생존 가능하고 생식할 수 있지만 홀수 배수체들은 그렇지 않다는 점이 특징임

「배수체 형성 과정과 배수체의 구분」

Ⓐ 유성적 배수체화와 무성적 배수체화: 유성적 배수체화는 염색체 수가 줄지 않은 생식세포가 융합되어 배수체 접합자가 형성되는 과정을 말하며 무성적 배수체화는 정상 접합자가 체세포 분열 과정에서 염색체 수가 배가 되는 과정을 말함

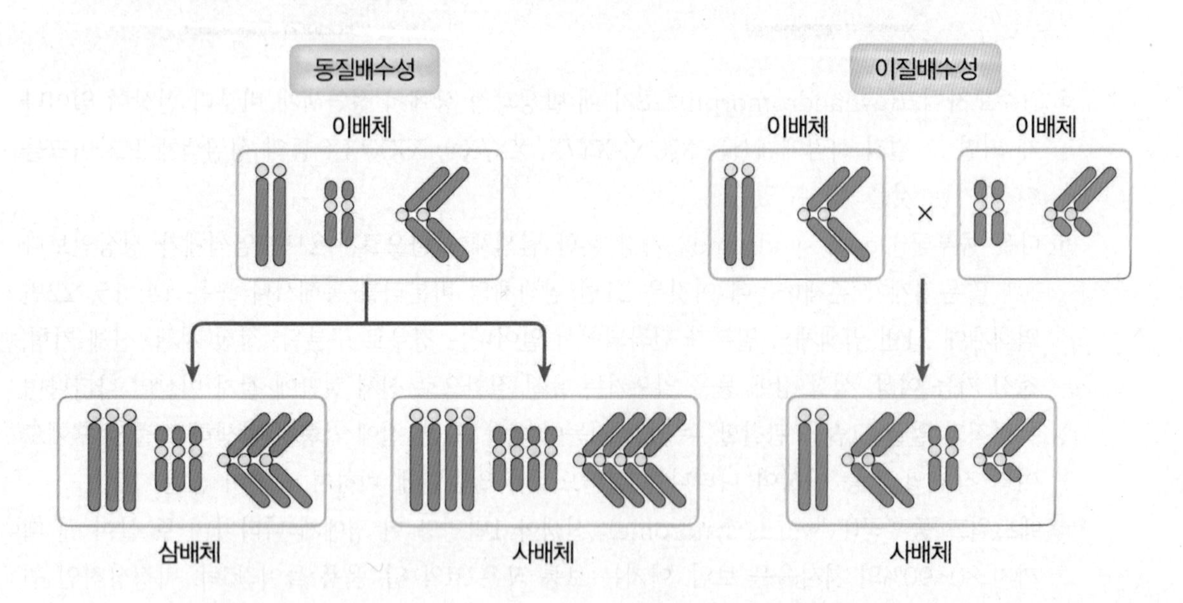

Ⓑ 동질배수체와 이질배수체 형성: 동질 배수체는 유성적 배수체화나 무성적 배수체화를 통해 형성될 수 있으나 이질배수체는 배수체화에 이어 잡종화가 일어나야 한다는 점이 차이점임

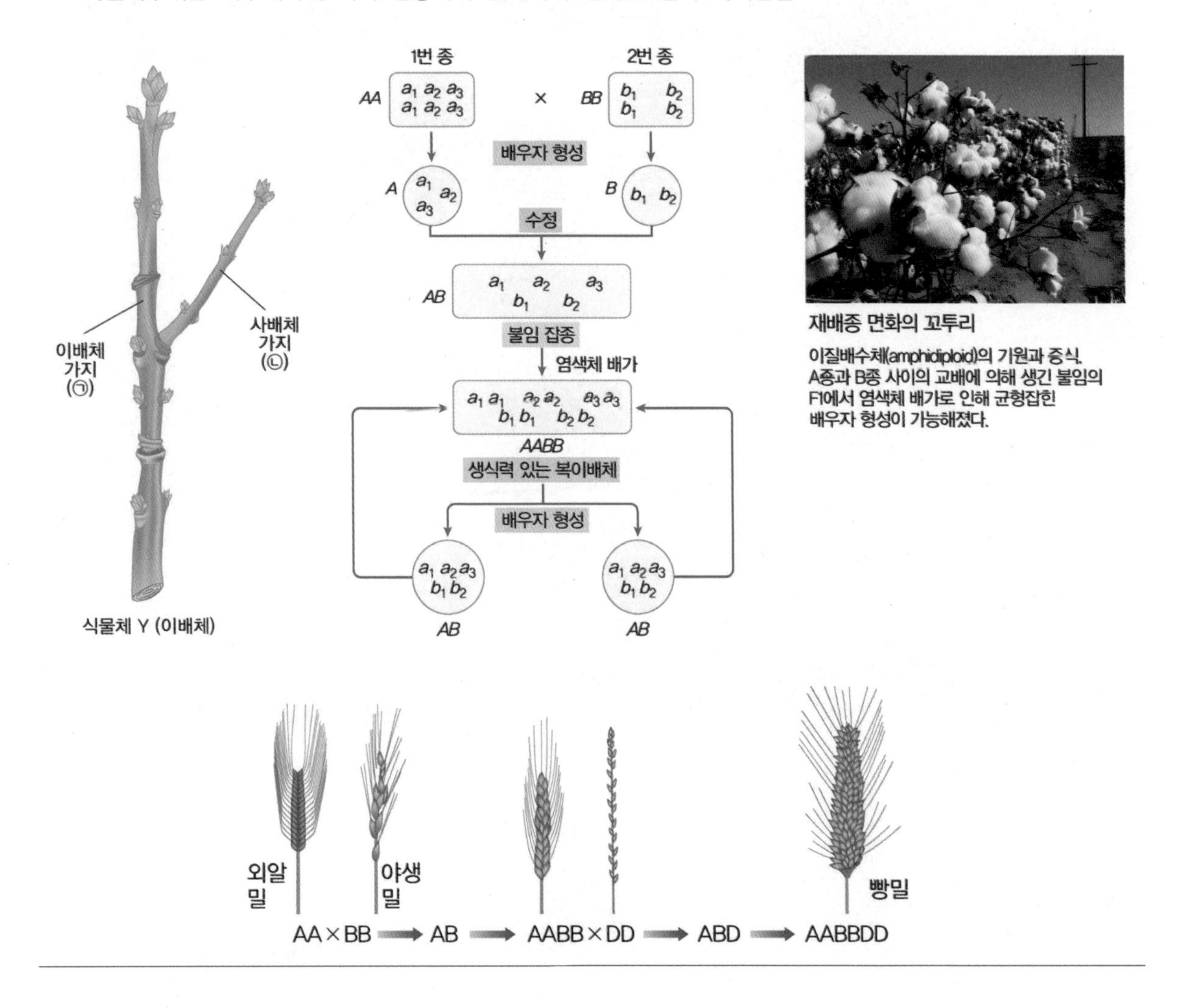

재배종 면화의 꼬투리

이질배수체(amphidiploid)의 기원과 증식. A종과 B종 사이의 교배에 의해 생긴 불임의 F1에서 염색체 배가로 인해 균형잡힌 배우자 형성이 가능해졌다.

편입생물 비밀병기 **심화편 1권**

2024년 5월 10일 초판 발행

저　　자 노용관
발 행 인 김은영
발 행 처 오스틴북스
주　　소 경기도 고양시 일산동구 백석동 1351번지
전　　화 070)4123-5716
팩　　스 031)902-5716
등록번호 제396-2010-000009호
e-mail ssung7805@hanmail.net
홈페이지 www.austinbooks.co.kr

ISBN 979-11-93806-15-9(13470)
정 가 38,000원